12.17 CG 艺术人像

213页/实例描述：通过修饰图像、调整颜色、绘制和添加特殊装饰物等，改变人物原有的气质和风格，打造出完全不同的面貌，既神秘、又带有魔幻色彩。

12.12 淘宝全屏海报设计

203 页 / 实例描述：使用快速选择工具和蒙版抠人像，再放到平面化的插画场景中。使用调整图层调整颜色，并制作投影，完成一幅立体人像与二维插画巧妙合成的淘宝海报。

117 页 /7.9 应用实例：淘宝广告设计

119 页 /7.10 课后作业：调整版面的空间布局

171 页 /11.4 3D 实例：突破屏幕的立体字

101 页 /6.10 课后作业：图像合成习作

6.8 抠图实例：用通道抠婚纱

98页/实例描述：先用钢笔工具描绘出人物的大致轮廓，再用通道制作婚纱的选区，最后用“计算”命令将这两个选区相加。

12.4 制作艺术拼贴照片

180页/实例描述：本实例是在图层蒙版中绘制大小不同的方块，对图像进行遮罩，再通过色彩的调整，产生微妙的变化。

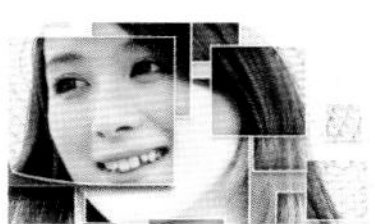

67页/4.10 课后作业：练瑜伽的汪星人

211页/12.15 艺术海报设计

64页/4.9 应用案例：封面设计

119页/7.11 课后作业：制作两种球面全景图

81页/5.7 调色实例：用动作自动处理照片

58页/4.5 剪贴蒙版实例：神奇的放大镜

12.18 动漫美少女形象设计

218页/实例描述：使用钢笔工具绘制少女的轮廓线，再将路径转换为选区，用画笔工具涂色、填色，以及描边路径。

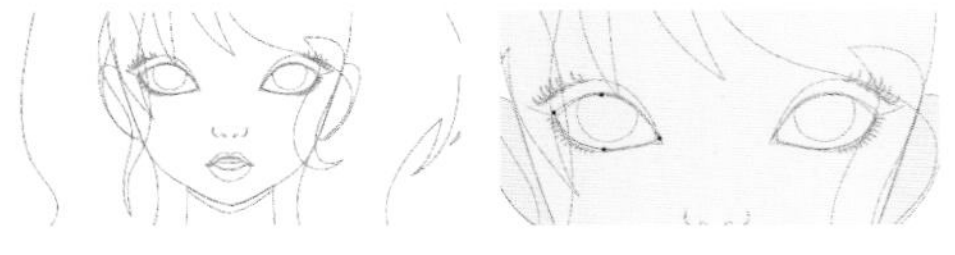

199页/12.11 拟物图标设计

205页/12.13 卡通形象设计

129页/8.5 特效实例：水滴字

12.1 制作3D西游记角色

178页/实例描述：使用3D功能将平面图像制作成立体模型。

189页/12.8 制作影像合成特效

22页/2.7 变换实例：面孔变变变

113页/7.7 特效实例：金银纪念币

89页/6.4 照片处理实例：通过批处理为照片加Logo

9.5 特效字实例：牛奶字

139 页 / 实例描述：在通道中制作塑料包装效果，载入选区后应用到图层中，制作出奶牛花纹字。

138 页 /9.4 路径文字实例：手提袋设计

37 页 /3.4 图层实例：百变鼠标

141 页 /9.6 特效字实例：面包字

131 页 /8.6 特效实例：鎏金字

12.6 制作激光特效字

184 页 / 实例描述：通过图层样式将自定义的图案贴在文字表面，缩放图案并手动调整位置。

186 页 /12.7 制作冰手特效

208 页 /12.14 绚丽光效设计

165 页 /10.5 课后作业：文字变色动画

8.8 课后作业：手机 UI 效果图

133 页 / 实例描述：以书中的实例作品为素材，制作一个手机 UI 效果图。

24 页 /2.10 变形实例：用变形网格为杯子贴图

162 页 / 淘气小火车 GIF 动画

94 页 /6.6 抠图实例：用钢笔工具抠陶瓷工艺品

12.2 制作搞怪表情涂鸦

178页

2.12 变换实例：分形艺术

25页

179页/12.3 制作趣味场景照片

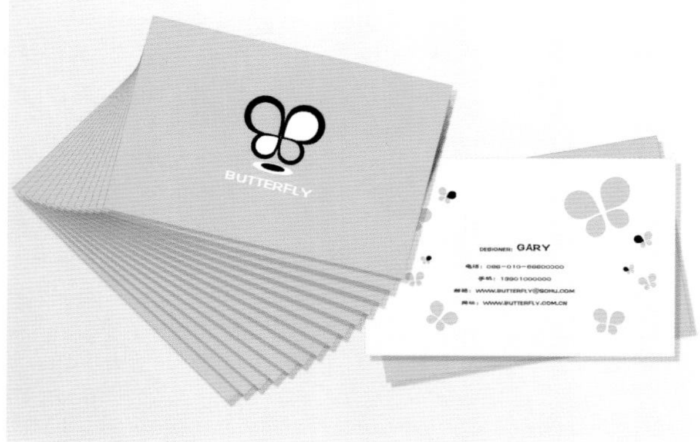

155页/9.12 应用案例：名片设计

192页/12.9 光盘封套设计

51页/3.11 课后作业：愤怒的小鸟

11.5 应用案例：
易拉罐包装设计

173 页

9.13 应用案例：
海报设计

157 页

3.10 应用案例：
平面广告

48 页

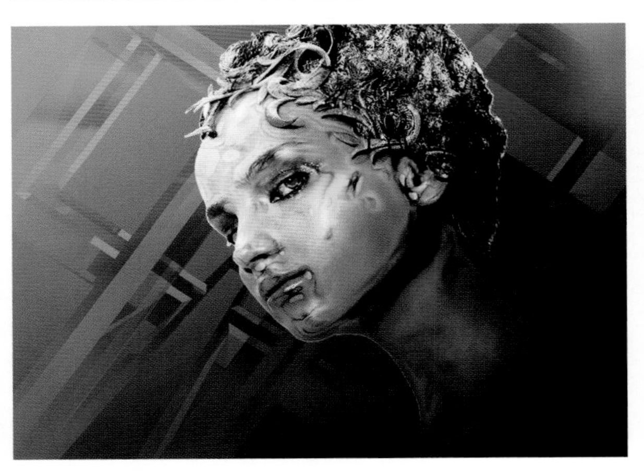

109 页 /7.5 特效实例：金属人像

34 页 /3.3 图层实例：唯美纹身

111 页 /7.6 特效实例：流彩凤凰

57 页 /4.4 剪贴蒙版实例：电影海报

82 页 / 用 CameraRaw 调整照片

12.16 擎天柱重装上阵

212 页 / 实例描述：通过图像合成技术，将虚拟与现实结合，制作具有视觉冲击力的作品。

96 页 /6.7 抠图实例：用调整边缘命令抠人像

45 页 /3.9 应用案例：移形换影

44 页 /3.8 选区实例：春天的色彩

7.4 特效实例：时尚水晶球

107 页

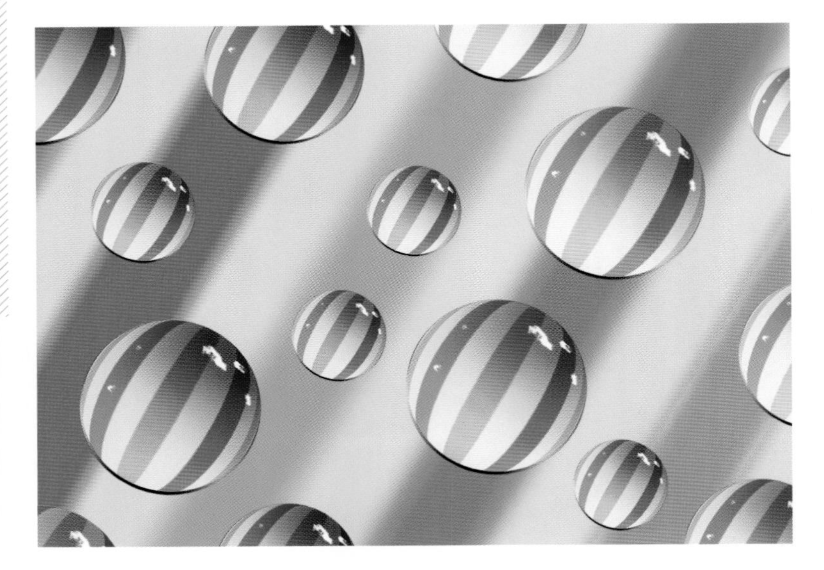

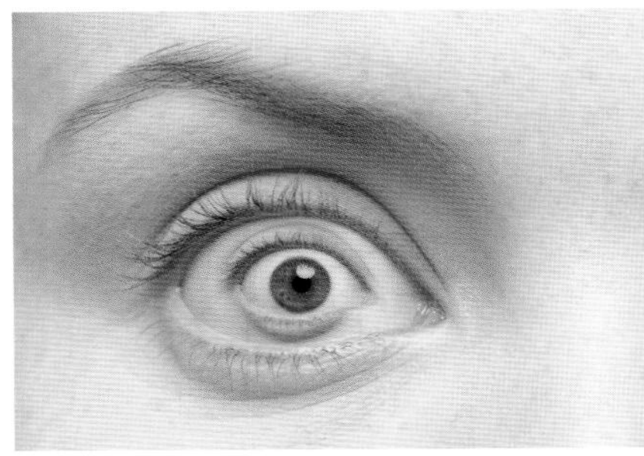

59 页 /4.6 图层蒙版实例：眼中“盯”

88 页 /6.3 锐化实例：用防抖滤镜锐化照片

125 页 /8.4 特效实例：多彩玻璃字

27 页 / 表现雷达图标的玻璃质感

177 页 / 使用材质吸管工具

159 页 /9.14 课后作业：雾状变形字

133 页 / 用光盘中的样式制作金属特效

79 页 /5.6 调色实例：用 Lab 模式调出唯美蓝、橙色

79 页 /5.6 调色实例：用 Lab 模式调出唯美蓝、橙色

6.9 应用案例：
网店宣传单

100页

4.8 通道实例：
爱心吊坠

63页

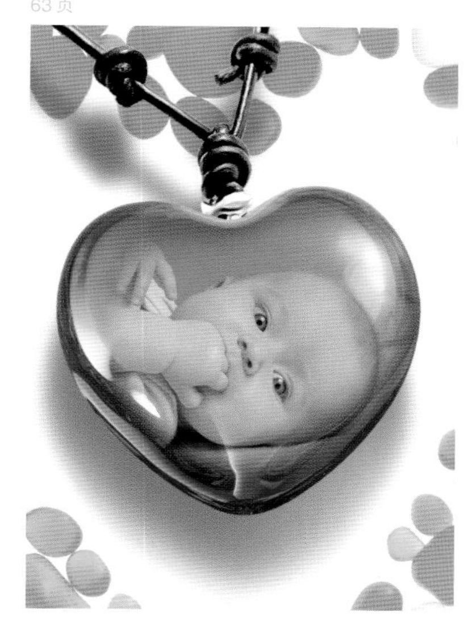

4.3 矢量蒙版实例：
祝福

56页

182页/12.5 制作金属特效字

43页/3.7 选区实例：手撕字

72页/5.4 磨皮实例：缔造完美肌肤

71页/5.3 修图实例：用液化滤镜修出瓜子脸

12.10 UI 图标设计

196 页 / 实例描述：使用图层样式表现图标的纹理、质感和立体效果。

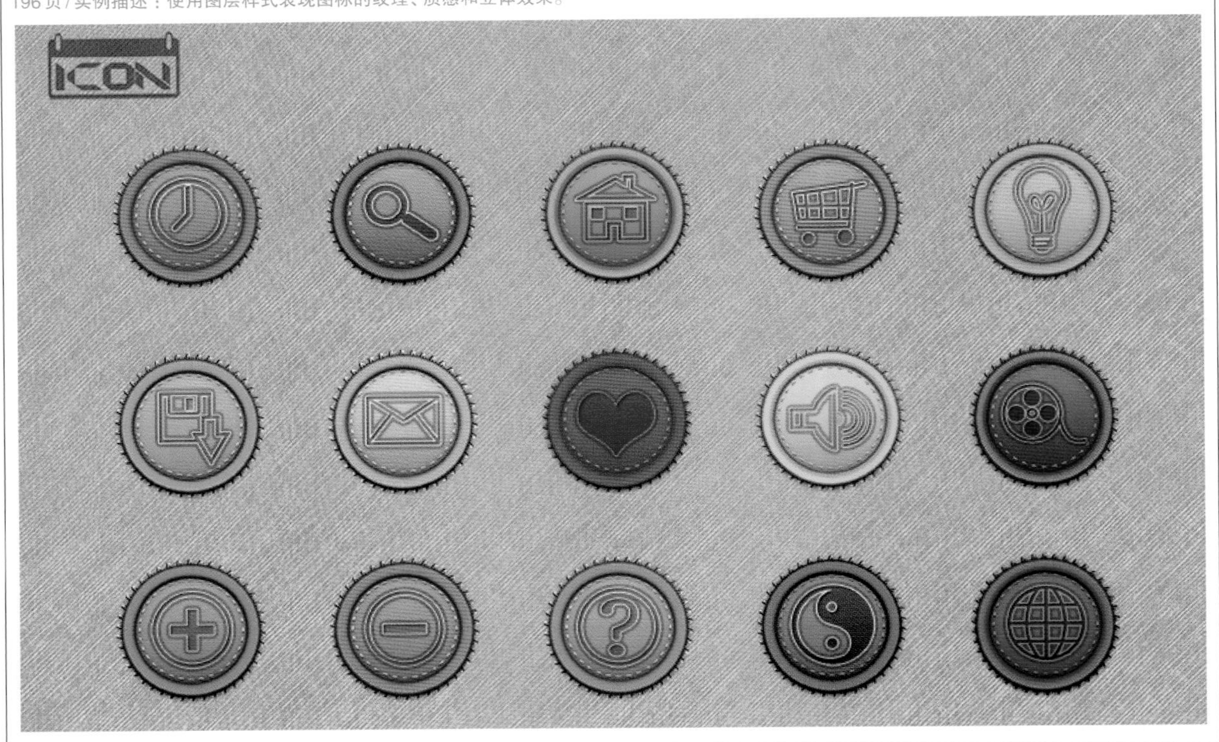

17 页 / 为黑白图像填色

82 页 / 用消失点滤镜修图

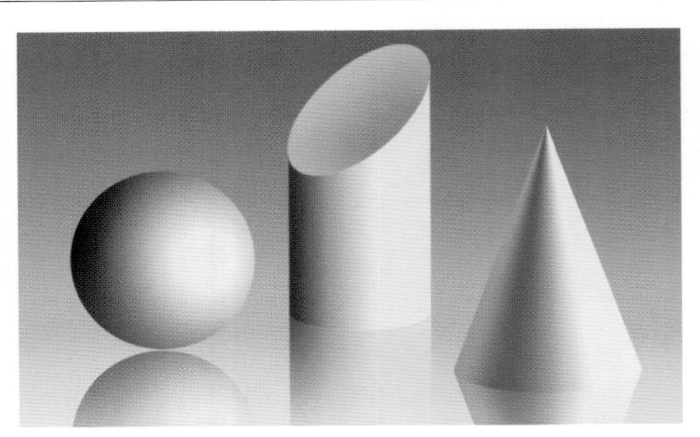

18 页 /2.5 渐变实例：石膏几何体

116 页 /7.8 特效实例：在气泡中奔跑

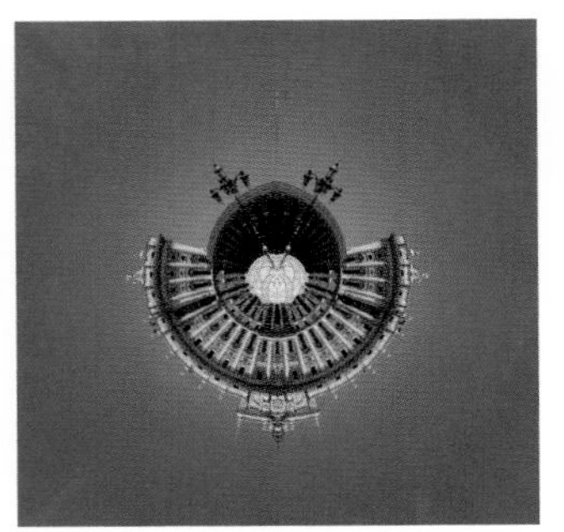

119 页 / 制作两种球面全景图

176 页 /11.6 课后作业：从路径中创建 3D 模型

光盘附赠

500个超酷渐变

一击即现的真实质感和特效

可媲美影楼效果的照片处理动作库

“渐变库”文件夹中提供了500个超酷渐变颜色。

使用“样式库”文件夹中的各种样式，只需轻点鼠标，就可以为对象添加金属、水晶、纹理、浮雕等特效。

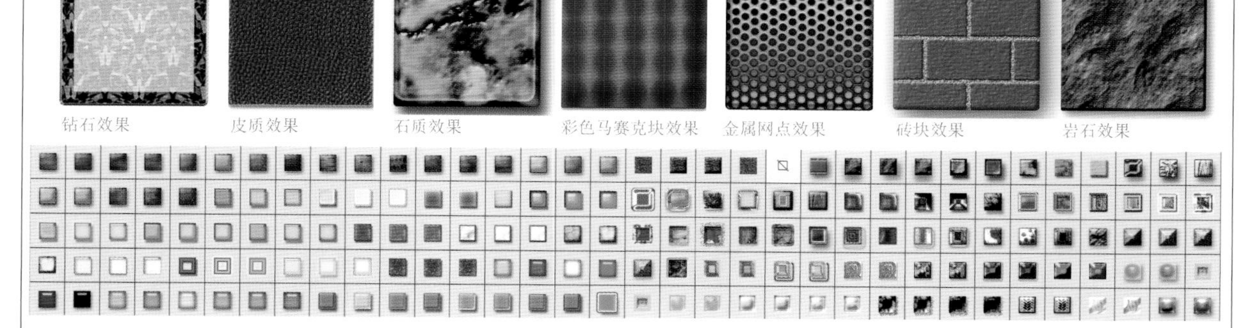

钻石效果　皮质效果　石质效果　彩色马赛克块效果　金属网点效果　砖块效果　岩石效果

“照片处理动作库”文件夹中提供了Lomo风格、宝丽来风格、反冲效果等动作，可以自动将照片处理为影楼后期实现的各种效果。

Lomo效果　宝丽来照片效果　反转负冲效果　特殊色彩效果　柔光照效果　灰色淡彩效果　非主流效果

光盘附赠

《外挂滤镜使用手册》、色谱表电子书

矢量形状库

高清画笔库

“外挂滤镜使用手册”电子书包含KPT7、Eye Candy 4000、Xenofex等经典外挂滤镜。CMYK色谱手册、色谱表。

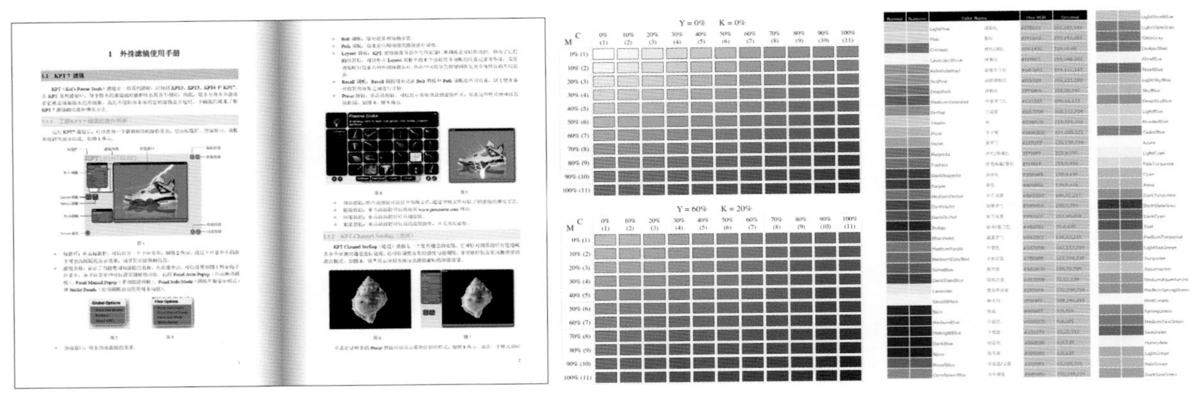

以上电子书为pdf格式，需要使用Adobe Reader观看。登陆 http://get.adobe.com/cn/reader/ 可以下载免费的Adobe Reader。

“形状库”文件夹中提供了几百种样式的矢量图形。

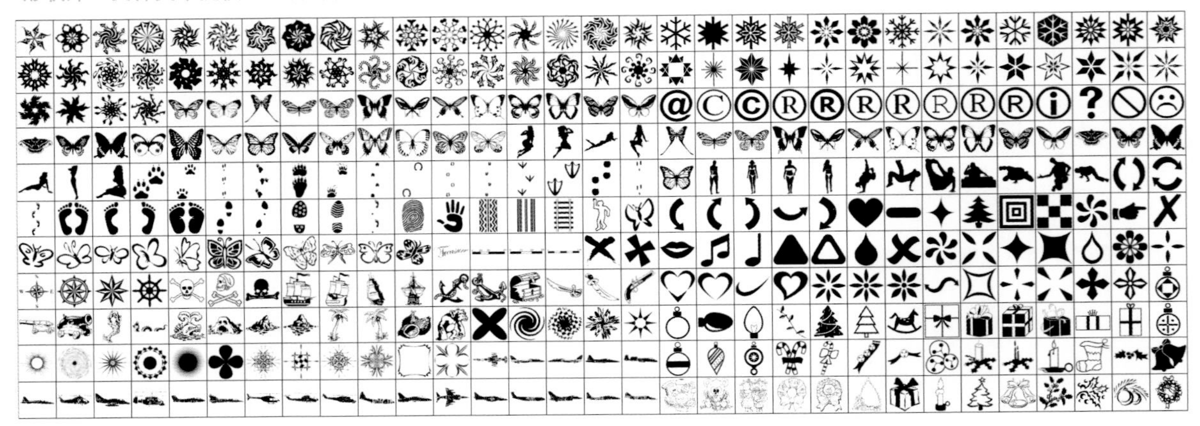

“画笔库”文件夹中提供了几百种样式的高清画笔。

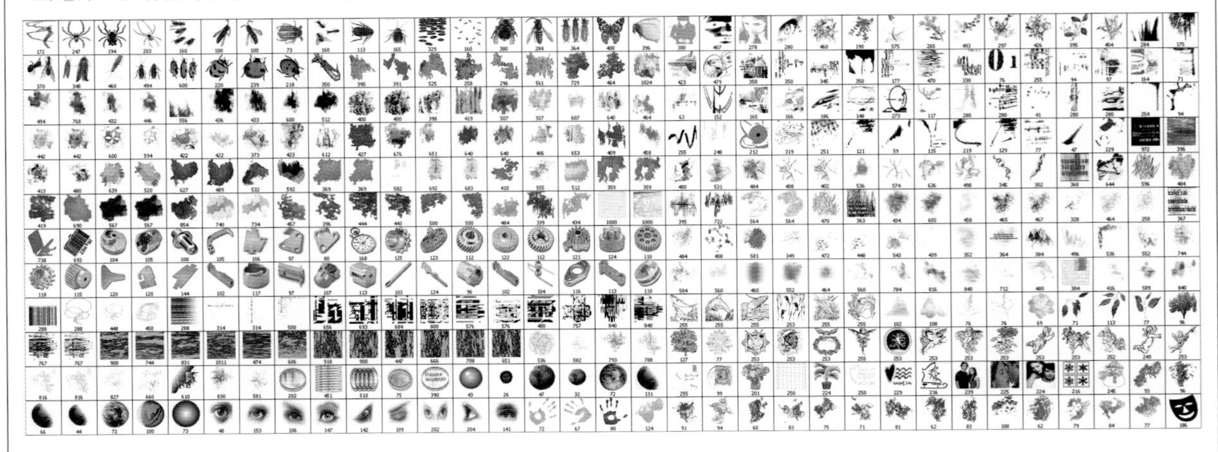

清华大学出版社
北 京

内容简介

本书是初学者快速学习Photoshop的经典实战教程，书中采用从设计理论到软件讲解、再到实例制作的渐进过程，将Photoshop各项功能与平面设计工作紧密结合。全书实例数量多达85个，其中既有抠图、蒙版、绘画、修图、照片处理、文字、滤镜、动作、3D等Photoshop功能学习型实例；也有VI、UI、封面、海报、包装、插画、动漫、动画、CG等设计项目实战型实例。本书技法全面、实例经典，具有较强的针对性和实用性。读者在动手实践的过程中可以轻松地掌握软件使用技巧，了解设计项目的制作流程，充分体验Photoshop学习和使用乐趣，真正做到学以致用。

本书适合广大Photoshop爱好者，以及从事广告设计、平面创意、包装设计、插画设计、UI设计、网页设计和动画设计的人员学习参考，亦可作为相关院校的培训教材。

图书在版编目（CIP）数据

突破平面Photoshop CC 2015设计与制作深度剖析/李金蓉 编著. —北京：清华大学出版社，2016（2023.2重印）
（平面设计与制作）
ISBN 978-7-302-43259-3

Ⅰ.①突… Ⅱ.①李… Ⅲ.①图象处理软件 Ⅳ.①TP391.41

中国版本图书馆CIP数据核字（2016）第043811号

责任编辑：陈绿春
封面设计：潘国文
责任校对：胡伟民
责任印制：丛怀宇

出版发行：清华大学出版社
网　　址：http://www.tup.com.cn，http://www.wqbook.com
地　　址：北京清华大学学研大厦A座　　**邮　　编**：100084
社 总 机：010-83470000　　**邮　　购**：010-62786544
投稿与读者服务：010-62776969，c-service@tup.tsinghua.edu.cn
质 量 反 馈：010-62772015，zhiliang@tup.tsinghua.edu.cn
印 装 者：天津鑫丰华印务有限公司
经　　销：全国新华书店
开　　本：188mm×260mm　　**印　张**：15　　**插　页**：8　　**字　数**：485千字
（附DVD1张）
版　　次：2016年6月第1版　　**印　次**：2023年2月第7次印刷
定　　价：69.00元

产品编号：066920-01

PREFACE
前言

笔者非常乐于钻研Photoshop，它就像是阿拉丁神灯，可以帮助我们实现自己的设计梦想，因而学习和使用Photoshop都是一件令人愉快的事。

任何一个软件，要想学会并不难，而想要精通，都不容易。Photoshop也是如此。最有效率的学习方法，一是培养兴趣，二是多多实践。没有兴趣，就无法体验学习的乐趣；没有实践，则不能将所学知识应用于设计工作。

本书力求在一种轻松、快乐的学习氛围中带领读者逐步深入了解Photoshop软件功能，通过实践掌握其在平面设计领域的应用。在内容的安排上，侧重于实用性强的功能；在技术的安排上，深入挖掘Photoshop使用技巧，并突出软件功能之间的横向联系，即综合使用多种功能进行平面设计创作的具体方法；在实例的安排上，确保每一个实例不仅有技术含量、有趣味性，还能够与软件功能完美结合，以便使学习过程轻松、愉快、有收获。

本书在每一章的开始部分，首先介绍设计理论，并提供作品欣赏，然后讲解软件功能和实例，章节的结尾布置了课后作业和复习题。本书的实例都是针对软件功能的应用设计实例，读者在动手实践的过程中可以轻松掌握软件使用技巧，了解设计项目的制作流程。85个不同类型的设计实例和80个视频教学录像能够让读者充分体验Photoshop学习和使用乐趣，真正做到学以致用。相信通过本书的学习，大家也能够爱上Photoshop！

本书的配套光盘中包含了案例的素材文件、最终效果文件、课后作业的视频教学录像，并附赠了动作库、画笔库、形状库、渐变库和样式库，以及大量学习资料，包括Photoshop外挂滤镜使用手册、色谱表、CMYK色谱手册等电子书和“多媒体课堂——Photoshop视频教学65例”。

本书由李金蓉主笔，此外，参与编写工作的还有李金明、贾一、李哲、王熹、邹士恩、刘军良、姜成繁、白雪峰、贾劲松、包娜、徐培育、李志华、谭丽丽、李宏宇、王欣、陈景峰、李萍、崔建新、徐晶、王晓琳、许乃宏、张颖、苏国香、宋茂才、宋桂华、李锐、尹玉兰、马波、季春建、于文波、李宏桐、王淑贤、周亚威、杨秀英等。由于作者水平有限，书中难免有疏漏之处。如果您有中肯的意见或者在学习中遇到问题，请与我们联系，我们的Email：ai_book@126.com。

微博

微信

扫描二维码，关注李老师的微博、微信，了解更多Photoshop、Illustrator实例和操作技巧。

作者

目录 CONTENTS

目录 CONTENTS

第1章

初识Photoshop 创意设计

Photoshop是当今全球领先的数码影像编辑软件，它从第一个版本（1990年2月Photoshop 1.0正式推出）到现在已经整整25年了。Photoshop最初是从一个叫做Display的程序中改进而来的。1987年秋，美国密歇根大学博士研究生托马斯·洛尔（Thomes Knoll）编写了这个程序，用来在黑白位图显示器上显示灰阶图像。托马斯的哥哥约翰·洛尔（John Knoll）让弟弟编写一个处理数字图像的程序，于是托马斯重新修改了Display的代码，并改名为Photoshop。后来Adobe公司买下了Photoshop的发行权，Photoshop便正式成为了Adobe软件大家族的成员。

扫描二维码，关注李老师的微博、微信。

1.1 创造性思维

思维是人脑对客观事物本质属性和内在联系的概括和间接反映，以新颖、独特的思维活动揭示事物本质及内在联系，并指引人去获得新的答案，从而产生前所未有的想法，称为创造性思维。它包含以下几种形式。

（1）多向思维

多向思维也叫发散思维，它表现为思维不受点、线和面的限制，不局限于一种模式。

（2）侧向思维

侧向思维又称旁通思维，它是沿着正向思维旁侧开拓出新思路的一种创造性思维。正向思维遇到问题是从正面去想，而侧向思维则会避开问题的锋芒，在次要的地方做文章。例如，图1–1所示为运用了侧向思维的广告创意（大众原装配件广告）。狐狸积木刚好可以填在鸡形的凹槽里，虽然能安上，但狐狸遇到鸡，必定会将其吃掉。所以，为避免潜在的危险，还是应该用原装配件，毕竟安全第一。

（3）逆向思维

日常生活中，人们往往有一种习惯性思维，即只看事物的一方面，而忽视另一方面。如果逆转一下正常的思路，从反面想问题，便能得出创新性的设想。图1–2所示为Stena Lines客运公司广告——父母跟随孩子出游可享受免费待遇。广告运用了逆向思维，将孩子和父母的身份调换，创造出生动、新奇的视觉效果，让人眼前一亮。

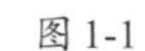

图1-1

图1-2

（4）联想思维

联想思维是指由某一事物联想到与之相关的其他事物的思维过程。图1–3所示为wonderbra内衣广告——专用吸管，超长的吸管让人联想到特制的大号胸衣。图1–4所示为BIMBO Mizup方便面广告，顾客看到龙虾自然会联想到方便面的口味。

图1-3

图1-4

1.2 数字化图像基础

在计算机世界里，图像和图形等都是以数字方式记录、处理和存储的。它们分为两大类，一类是位图，另一类是矢量图。

1.2.1 位图与矢量图

位图是由像素组成的，数码相机拍摄的照片、扫描仪扫描的图像等都属于位图。位图的优点是可以精确地表现颜色的细微过渡，也比较容易在各种软件之间交换。缺点是受分辨率的制约，只包含固定数量的像素，在对其缩放或旋转时，Photoshop无法生成新的像素，它只能将原有的像素变大以填充多出来的空间，产生的结果往往会使清晰的图像变得模糊。例如，图1-5所示为一张照片及放大后的局部细节，可以看到，图像已经有些模糊了。此外，位图占用的存储空间也比较大。

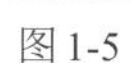
图1-5

矢量图由数学对象定义的直线和曲线构成，因而占的存储空间较小。矢量图与分辨率无关，任意旋转和缩放都会保持清晰、光滑，如图1-6所示。矢量图的这种特点非常适合制作图标、Logo等需要按照不同尺寸使用的对象。

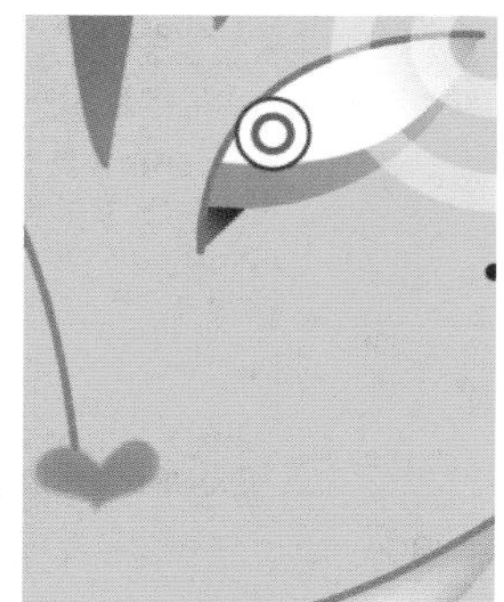

图1-6

位图软件主要有Photoshop和Painter；矢量软件主要有Illustrator、CorelDraw和Auto CAD等。

1.2.2 像素与分辨率

像素是组成位图图像最基本的元素。每一个像素都有自己的位置，并记载着图像的颜色信息，一个图像包含的像素越多，颜色信息就越丰富，图像效果也会更好，不过文件也会随之增大。

分辨率是指单位长度内包含的像素点的数量，它的单位通常为像素/英寸(ppi)，如72ppi表示每英寸包含72个像素点，300ppi表示每英寸包含300个像素点。分辨率决定了位图细节的精细程度，通常情况下，分辨率越高，包含的像素就越多，图像就越清晰。图1–7~图1–9所示为相同打印尺寸但不同分辨率的3个图像，可以看到，低分辨率的图像有些模糊，高分辨率的图像十分清晰。

分辨率为72像素/英寸

图1-7

分辨率为100像素/英寸

图1-8

分辨率为300像素/英寸

图1-9

Tip 在Photoshop中执行“文件>新建”命令新建文件时，可以设置分辨率。对于一个现有的文件，则可执行“图像>图像大小”命令修改它的分辨率。虽然分辨率越高，图像的质量越好，但这也会增加其占用的存储空间，只有根据图像的用途设置合适的分辨率，才能取得最佳的使用效果。如果图像用于屏幕显示或网络，可以将分辨率设置为72像素/英寸（ppi），这样可以减小文件的大小，提高传输和下载速度；如果图像用于喷墨打印机打印，可以将分辨率设置为100～150像素/英寸（ppi）；如果用于印刷，则应设置为300像素/英寸（ppi）。

1.2.3 颜色模式

颜色模式决定了用于显示和打印所处理的图像的颜色方法。在Photoshop中打开一个文件，文档窗口的标题栏中会显示图像的颜色模式，如图1–10所示。如果要转换为其他模式，可以打开“图像>模式”下拉菜单，选择一种模式，如图1–11所示。

图1-10

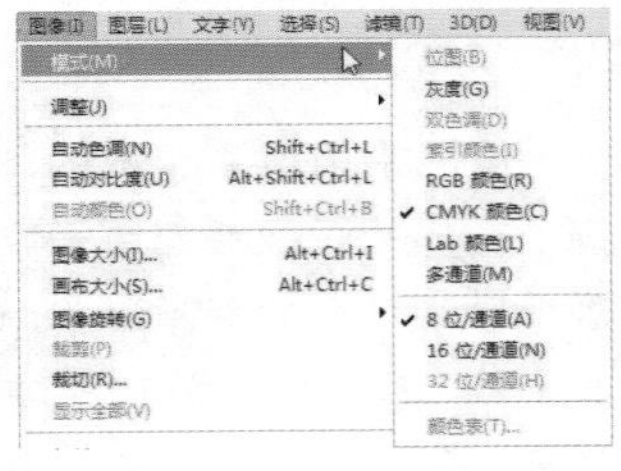

图1-11

颜色模式	具体描述
位图	只有纯黑和纯白两种颜色，适合制作艺术样式或用于创作单色图形
灰度	只有256级灰度颜色，没有彩色信息
双色调	采用一组曲线来设置各种颜色的油墨，可以得到比单一通道更多的色调层次，能在打印中表现更多的细节
索引颜色	使用256种或更少的颜色替代全彩图像中上百万种颜色的过程叫作索引。Photoshop会构建一个颜色查找表(CLUT)，存放图像中的颜色。如果原图像中的某种颜色没有出现在该表中，则程序会选取最接近的一种来模拟该颜色
RGB颜色	由红(Red)、绿(Green)和蓝(Blue)3个基本颜色组成，每种颜色都有256种不同的亮度值，因此，可以产生约1670余万种颜色(256×256×256)。RGB模式主要用于屏幕显示，如电视、计算机显示器等都采用该模式
CMYK颜色	由青(Cyan)、品红(Magenta)、黄(Yellow)和黑(Black)4种基本颜色组成，是一种印刷模式，被广泛应用在印刷的分色处理上
Lab颜色	Lab模式是Photoshop进行颜色模式转换时使用的中间模式。例如，将RGB图像转换为CMYK模式时，Photoshop会先将其转换为Lab模式，再由Lab转换为CMYK模式
多通道	一种减色模式，将RGB图像转换为该模式后，可以得到青色、洋红和黄色通道

1.2.4 文件格式

文件格式决定了图像数据的存储方式（作为像素还是矢量）、压缩方法、支持什么样的Photoshop功能，以及文件是否与一些应用程序兼容。使用“文件 > 存储”或“文件 > 存储为”命令保存图像时，可以打开“存储为”对话框选择文件格式，如图1-12所示。

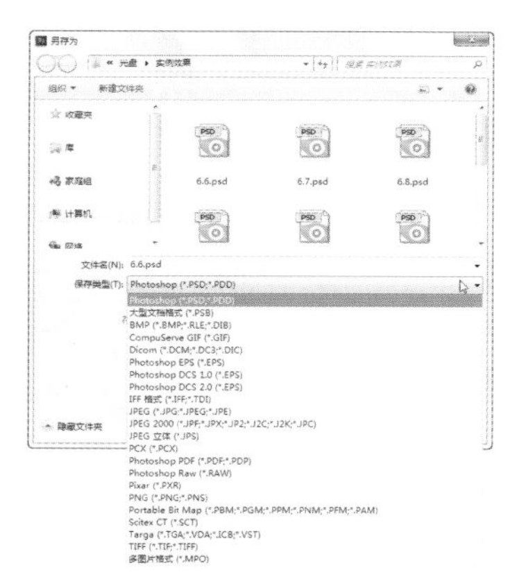

图1-12

PSD是最重要的文件格式，它可以保留文档中的图层、蒙版、文字和通道等所有内容，编辑图像之后，如果尚未完成工作或还有待修改，则应保存为PSD格式，以便以后可以随时修改。此外，矢量软件Illustrator和排版软件InDesign也支持PSD文件，这意味着一个透明背景的PSD文档置入到这两个程序之后，背景仍然是透明的。JPEG格式是众多数码相机默认的格式，如果要将照片或者图像文件打印输出，或者通过E-mail传送，应采用该格式保存。如果图像用于Web，可以选择JPEG或者GIF格式。如果要为那些没有Photoshop的人选择一种可以阅读的文件格式，不妨使用PDF格式保存文件，借助于免费的Adobe Reader软件即可显示图像，还可以向文件中添加注释。

Tip 保存文件有两个要点。第一是把握好时间，可以在图像编辑的初始阶段就保存文件，文件格式可选择PSD格式；编辑过程中，还应适时地按下快捷键（Ctrl+S）将图像的最新效果存储起来。最好不要等到完成所有的编辑以后再存储，以防死机造成文件丢失。

1.3 Photoshop CC 2015新增功能

Adobe公司的Photoshop CC 2015版包含令数字摄影师和设计人员兴奋无比的新增功能，包括针对增进Web、APP、UI设计效率和体验的全新的画板、Adobe Stock图片库资源网站、可共享的库资源等。

1.3.1 全新的设计空间

设计空间（预览）是为Web、UI和移动应用程序设计人员打造的，新颖、高效的工作界面。当开启这一模式时，Photoshop界面中与Web、UI设计等无关的功能会被隐藏，用户可以通过一个直观易用的界面访问所需要的所有设计工具。要启用设计空间（预览），可以执行“编辑 > 首选项 > 技术预览”命令，打开“首选项”对话框，选择“启用设计空间（预览）”选项。目前，设计空间（预览）要求Mac OS X 10.10或Windows 8.1 64位，或更高版本的操作系统，并仅以英语显示。

Tip Adobe公司是由乔恩·沃诺克和查理斯·格什克于1982年创建的，总部位于美国加州的圣何塞市。其产品遍及图形设计、图像制作、数码视频、电子文档和网页制作等领域。除了大名鼎鼎的Photoshop外，矢量软件Illustrator、动画软件Flash、专业排版软件InDesign、影视编辑及特效制作软件Premiere和After Effects等均出自该公司。

1.3.2 Adobe Stock

Adobe Stock是一项全新的服务，用户借助它可以从Photoshop CC 2015中寻找、购买和管理高分辨率的免版税图像、插图和矢量图形，如图1-13所示，这些资源的数量多达4000万个。

Adobe Stock还与Creative Cloud库深度集成。用户可以通过Adobe Stock网站，将有水印的库存图像添加到自己的库中，然后在Photoshop文档中使用这些有水印的图像，以作为与库链接的智能对象。当为该图像授权（可通过“库”面板操作）时，文档中该水印资源的所有实例都会更新为高分辨率的授权图像。

图1-13

1.3.3 Creative Cloud 库

在 Photoshop CC 2015 中，用户可以将图形、颜色、文本样式和图层样式添加到“库”面板，在 Creative Cloud 中启用文件同步后，一台计算机上的所有应用程序（如 Photoshop、Illustrator、InDesign）就可以共享库资源。

1.3.4 设备预览和 Preview CC

Photoshop CC 2015 新增了设备预览功能和 Adobe Preview CC 移动应用程序，当用户的 iOS 设备（Iphone、Ipad）上安装了 Adobe Preview CC 后，可以通过 USB 或 Wi-Fi 将多个 iOS 设备连接到 Photoshop，“设备预览”面板会显示连接设备的名称。当用户在 Photoshop CC 2015 中对 APP、UI 设计等做出修改时，会实时显示在 Preview CC 中，并可通过 iOS（Iphone、Ipad）设备实时预览，查看实际设计效果，如图 1-14 所示。

图 1-14

1.3.5 恢复模糊区域中的杂色

有时候，在应用了模糊画廊滤镜之后，图像的模糊区域看起来像是合成的或不太自然。现在，Photoshop CC 2015 在模糊画廊滤镜中增加了选项，可添加颗粒和杂色，使模糊区域看起来更加逼真。

1.3.6 导出画板、图层及更多内容

执行“文件 > 导出 > 快速导出为（图像格式）”命令，可以按照指定的格式将文档导出为图像资源。如果文档中包含画板，则会单独导出其中的所有画板。

在“图层”面板中，选择要导出为图像资源的图层、图层组或画板，在其上方单击鼠标右键，从打开的下拉菜单中选择“快速导出为（图像格式）”命令，可以将每个选定的图层、图层组或画板生成为一个图像资源。

1.3.7 字形面板

使用“字形”面板可以将标点、上标和下标字符、货币符号、数字、特殊字符，以及其他语言的字形插入文本中，从而更有效地处理字形。

1.3.8 更灵活的图层样式

Photoshop CC 2015 针对图层样式进行了改进，现在，用户可以针对图层和组分别添加“图层样式”，常用的效果还可以多次添加，如图 1-15、图 1-16 所示，也可以根据需要改变它们的堆叠顺序。

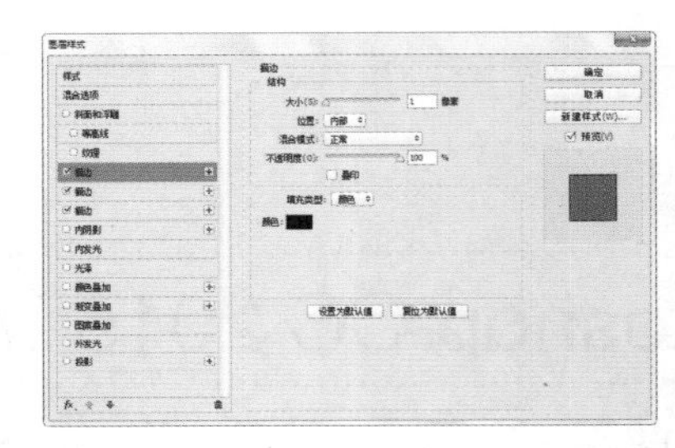

图 1-15

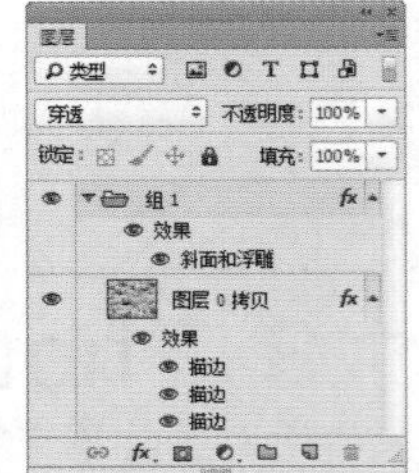

图 1-16

1.3.9 Camera Raw 9.1 新增功能

- 可以调整照片中的薄雾或雾气的量，用户可以用它增加雾效或消除雾霾。
- 局部调整选项现在包括白色和黑色滑块，允许用户有选择性地调整照片中的白点和黑点。
- 可以将多张包围曝光的图像合并为单个 HDR 图像。用户可以预览合并的 DNG 文件并进行修改，包括调整伪影消除量。
- 可以轻松地将一组风景照片合并为令人赞叹的全景图。在最终生成合并的图像之前，可查看全景图的快速预览图，并进行调整。
- 提供了默认启用的全新首选项，允许用户将计算机的图形处理单元（GPU）用于多种操作。

1.4 Photoshop CC 2015 工作界面

Photoshop CC 2015 的工作界面中包含菜单栏、标题栏、文档窗口、工具箱、工具选项栏和面板等组件。

1.4.1 文档窗口

文档窗口是编辑图像的区域。在Photoshop中打开一个图像时，会创建一个文档窗口，如图1–17所示。如果打开了多个图像，则它们会停放到选项卡中，单击一个文档的名称，即可将其设置为当前操作的窗口，如图1–18所示。按下Ctrl+Tab键可按照顺序切换各个窗口。

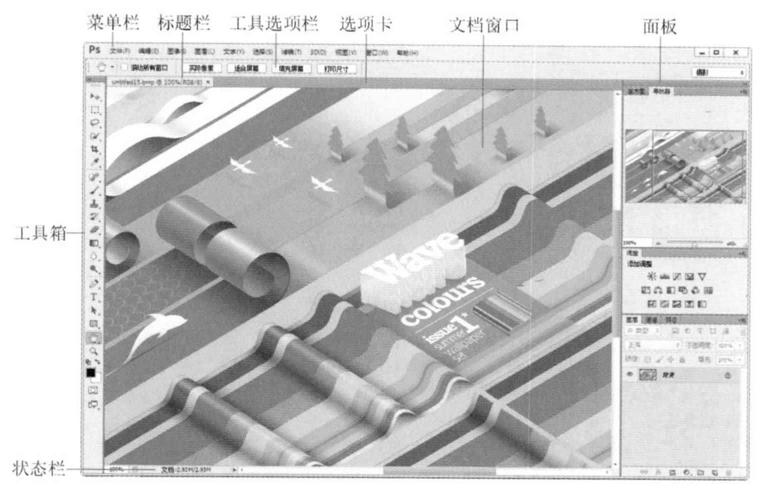

图1-17

Tip 执行“编辑>首选项>界面”命令，打开“首选项”对话框，在“颜色方案”选项中可以选择工作界面的亮度（从深灰到黑色共4种）。

如果觉得图像固定在选项卡中不方便操作，可以将光标放在一个窗口的标题栏上，单击并将其从选项卡中拖出，它就会成为可以任意移动位置的浮动窗口，如图1–19所示。

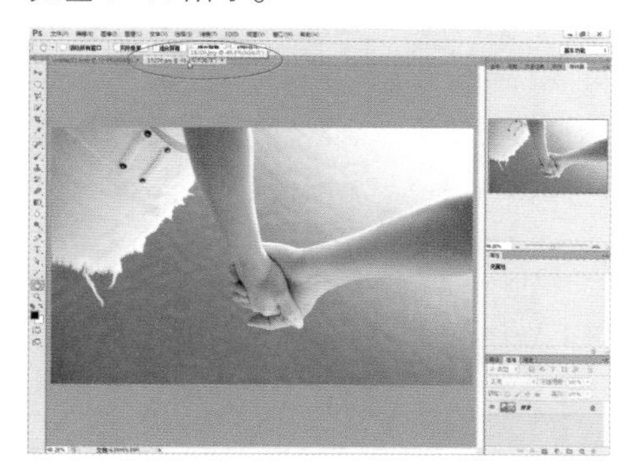
图1-18

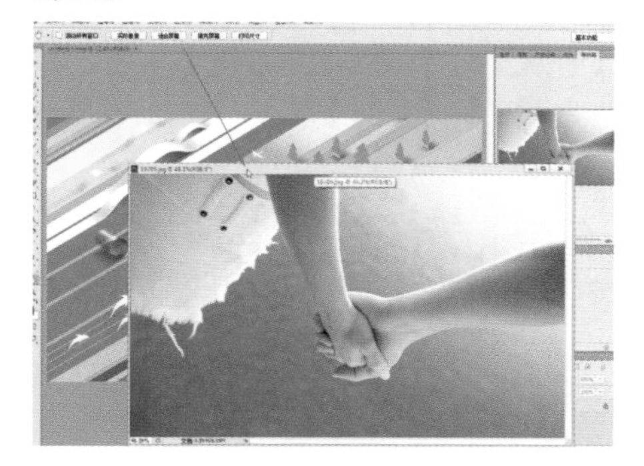
图1-19

浮动窗口与浏览网页时打开的窗口没什么区别，可以最大化、最小化或移动到任何位置，而且，还可以将它重新拖回选项卡中。单击一个窗口右上角的 ✕ 按钮，可以关闭该窗口。如果要关闭所有窗口，可在一个文档的标题栏上单击鼠标右键，打开菜单，选择“关闭全部”命令。

1.4.2 工具箱

Photoshop 的工具箱中包含了用于创建和编辑图像、图稿、页面元素的工具和按钮，如图1–20所示。这些工具分为7组，如图1–21所示。单击工具箱顶部的双箭头按钮 ▸▸，可以将工具箱切换为单排（或双排）显示。单排工具箱可以为文档窗口让出更多的空间。

单击工具箱中的一个工具，即可选择该工具，如图1–22所示。右下角带有三角形图标的工具表示这是一个工具组，在这样的工具上单击并按住鼠标按键会显示隐藏的工具，如图1–23所示，将光标移至隐藏的工具上然后放开鼠标，即可选择该工具，如图1–24所示。

Tip 按下Tab键，可以隐藏工具箱、工具选项栏和所有面板；按下Shift+Tab键可以隐藏面板，但保留工具箱和工具选项栏。再次按下相应的按键，可以重新显示被隐藏的内容。按下Shift+工具快捷键，可在一组隐藏的工具中循环选择各个工具。如果要查看快捷键，可以将光标放在一个工具上停留片刻，就会显示提示信息。

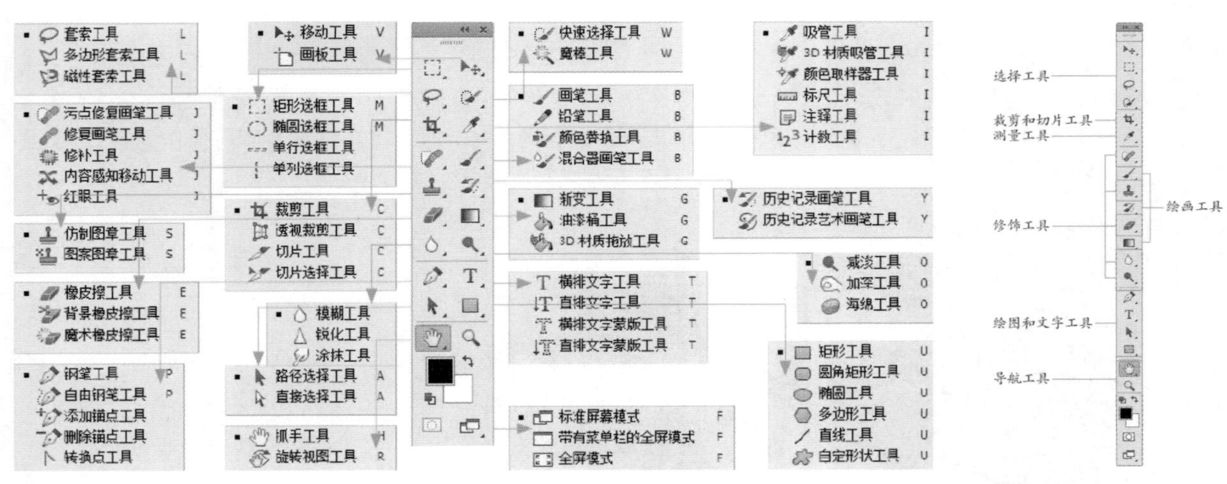

图 1-20　　图 1-21

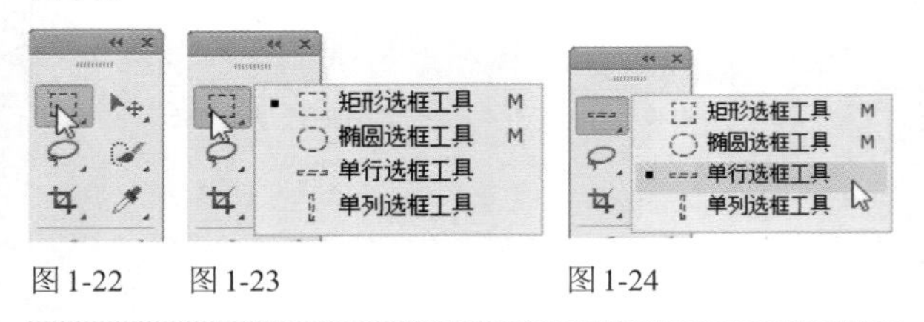

图 1-22　图 1-23　图 1-24

1.4.3 工具选项栏

选择一个工具后，可以在工具选项栏中设置它的各种属性。例如，图 1–25 所示为选择画笔工具 时显示的选项。

图 1-25

单击 ≑ 按钮，可以打开一个下拉菜单，如图 1–26 所示。在文本框中单击，然后输入新数值并按下回车键，即可调整数值。如果文本框旁边有 ▾ 状按钮，则单击该按钮，可以显示一个弹出滑块，拖动滑块也可以调整数值，如图 1–27 所示。

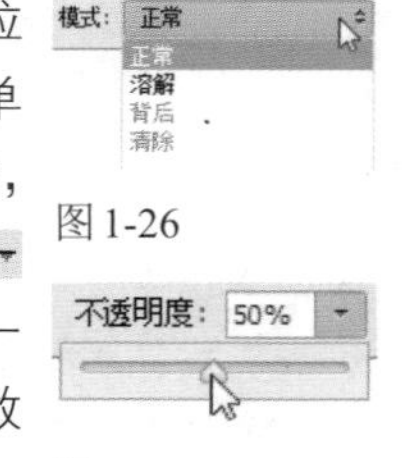

图 1-26

图 1-27

1.4.4 菜单栏

Photoshop 用 11 个主菜单将各种命令分为 11 类，例如，“文件”菜单中包含的是与设置文件有关的各种命令，“滤镜”菜单中包含的是各种滤镜。单击一个菜单的名称即可打开该菜单。带有黑色三角标记的命令表示还包含子菜单，如图 1–28 所示。如果一个命令显示为灰色，就表示它们在当前状态下不能使用。例如，没有创建选区时，“选择”菜单中的多数命令都不能使用。如果一个命令右侧有“…”状符号，则表示执行该命令时会弹出一个对话框。

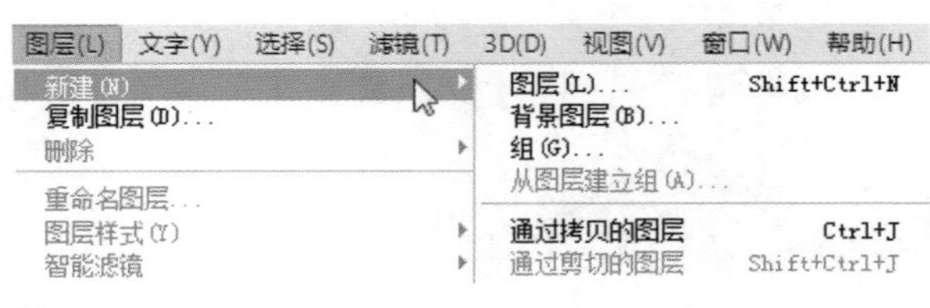

图 1-28

选择一个命令即可执行该命令。如果命令后面有快捷键，则可以通过按下快捷键的方式来执行命令。例如，按下 Ctrl+A 快捷键可以执行“选择 > 全部”命令，如图 1–29 所示。有些命令只提供了字母，要通过快捷方式执行这样的命令，可按下 Alt 键 + 主菜单的字母，打开主菜单，再按下命令后面的字母，执行该命令。例如，按下 Alt+L+D 快捷键可以执行“图层 > 复制图层”命令，如图 1–30 所示。

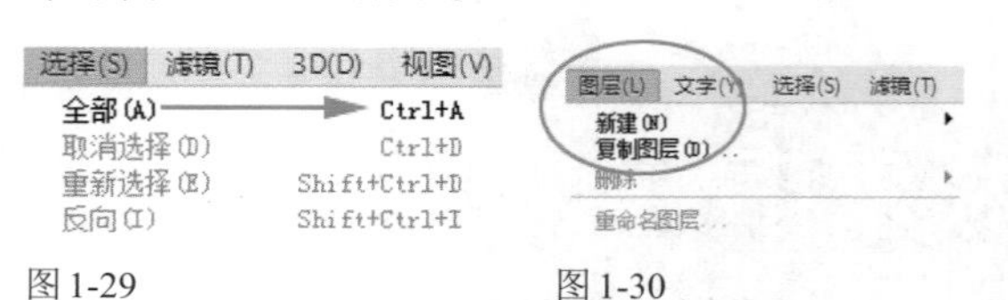

图 1-29　图 1-30

在文档窗口的空白处、在对象上或在面板上单击鼠标右键，可以显示快捷菜单，如图 1–31、图 1–32 所示。

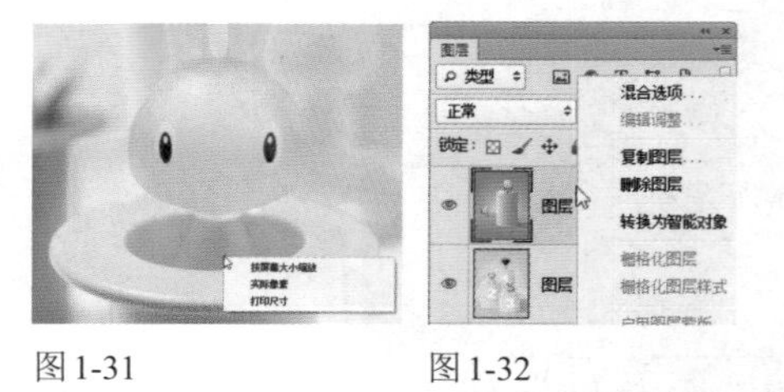
图 1-31　图 1-32

1.4.5 面板

面板用于配合编辑图像、设置工具参数和选项。Photoshop 提供了 20 多个面板，在“窗口”菜单中可以选择需要的面板将其打开。默认情况下，面板以选项卡的形式成组出现，并停靠在窗口右侧，如图1-33所示，用户可根据需要打开、关闭或是自由组合面板。例如，单击一个面板的名称，即可显示面板中的选项，如图1-34所示。单击面板组右上角的三角按钮，可以将面板折叠为图标状，如图1-35所示。单击一个图标可以展开相应的面板。

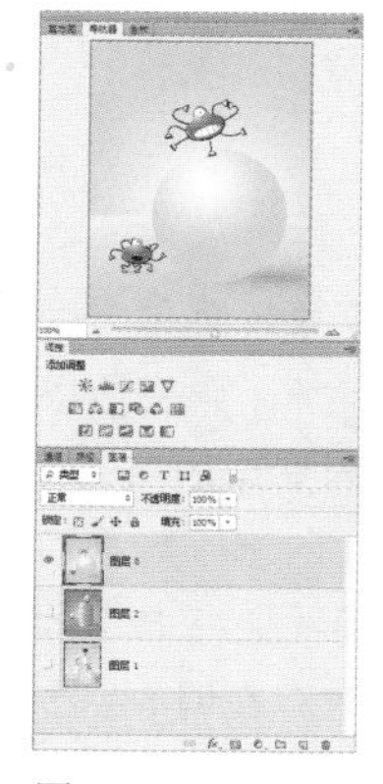

图1-33

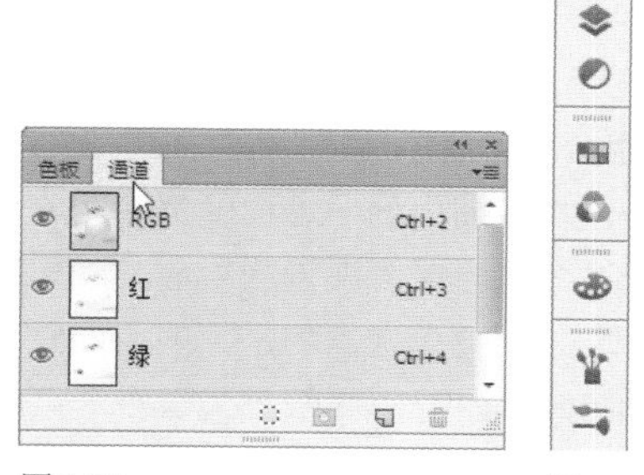

图1-34

图1-35

拖动面板左侧边界可以调整面板组的宽度，让面板的名称显示出来。将光标放在面板的标题栏上，单击并向上或向下拖动，则可重新排列面板的组合顺序，如图1-36所示。如果向文档窗口中拖动，则可以将其从面板组中分离出来，使之成为可以放在任意位置的浮动面板，如图1-37所示。

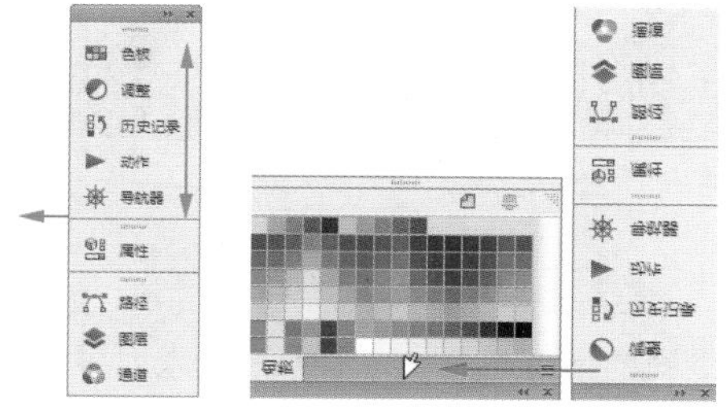

图1-36　图1-37

单击面板右上角的按钮，可以打开面板菜单，如图1-38所示。菜单中包含了与当前面板有关的各种命令。在一个面板的标题栏上单击鼠标右键，可以显示快捷菜单，如图1-39所示，选择“关闭”命令，可以关闭该面板。

图1-38

图1-39

1.4.6 画板和画板工具

Web和UI设计人员需要设计适合多种设备的网站或应用程序。画板可以帮助用户简化设计过程，它提供了一个无限画布，该画布的布置适合不同设备和屏幕的设计。

如果要创建画板文档，可以执行“文件 > 新建”命令，在打开的“新建”对话框的“文档类型”下拉菜单中选择“画板”命令，再从“画板大小”预设中选择一个预设即可，如图1-40所示。画板是一种特殊类型的图层组。它可以将任何所含元素的内容剪切到其边界中。画板中元素的层次结构显示在“图层”面板中，其中还有图层和图层组，如图1-41所示。

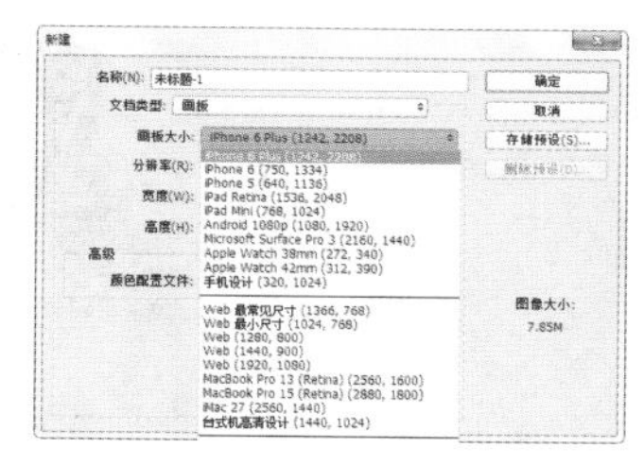

图1-40

图1-41

如果要创建多个画板，可以使用画板工具在文档窗口单击并拖动鼠标绘制画板，如图1-42所示。拖动画板周围定界框上的控制点可以调整画板大小，在工具选项栏中还可以选择预设的画板尺寸，或输入数值自定义画板大小，如图1-43所示。

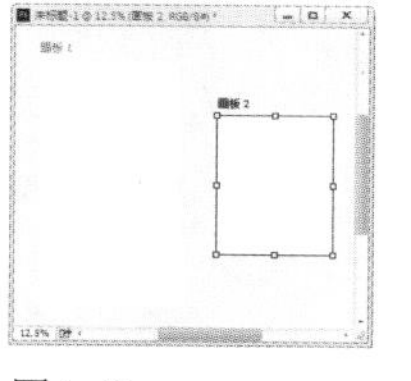

图1-42

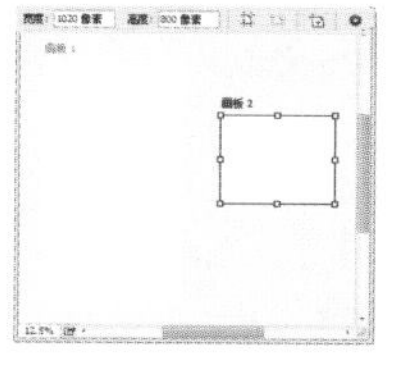

图1-43

> Tip 要删除一个画板，可在“图层”面板中单击它，然后按下Delete键。双击“图层”面板中的画板名称并输入新名称，可重命名画板。选择一个画板，执行“图层>取消画板编组”命令，可将画板分解，其所有构成元素在“图层”面板中将上升一个层次。

1.5 复习题

1. 描述矢量图与位图的特点及主要用途。
2. 哪种颜色模式用于手机、电视和计算机屏幕？哪种模式用于印刷？
3. 如果想要制作一个在iphone 6 plus上使用的壁纸，该怎样创建文档？

第2章

构成设计 Photoshop基本操作

本章介绍Photoshop文档编辑、图稿查看、颜色设置和图像变换等基本操作方法。这其中，颜色设置与很多功能有关联，如使用画笔、渐变和文字等工具，以及进行填充、描边选区、修改蒙版和修饰图像等操作时，都需要设置颜色。变换和变形操作也可以编辑很多对象，包括图像、图层、图层蒙版、选区、路径、矢量形状、矢量蒙版和Alpha通道等。

扫描二维码，关注李老师的微博、微信。

2.1 构成设计

构成是指将不同形态的两个以上的单元重新综合成为一个新的单元，并赋予视觉化的概念。

2.1.1 平面构成

平面构成是视觉元素在二次元的平面上按照美的视觉效果和力学的原理进行编排与组合。点、线、面是平面构成的主要元素。点是最小的形象组成元素，任何物体缩小到一定程度都会变成不同形态的点，当画面中有一个点时，这个点会成为视觉的中心，如图2-1所示；当画面上有大小不同的点时，人们首先注意的是大的点，而后视线会移向小的点，从而产生视觉的流动，如图2-2所示；当多个点同时存在时，会产生连续的视觉效果。

宜家鞋柜广告：节省更多的空间

图2-1

Spoleto酒店：性感美女从天而降

图2-2

线是点移动的轨迹，如图2-3所示，线的连续移动形成面，如图2-4所示。不同的线和面具有不同的情感特征，如水平线给人以平和、安静的感觉，斜线代表了动力和惊险；规则的面给人以简洁、秩序的感觉，不规则的面会产生活泼、生动的感觉。

图2-3

图2-4

学习重点
前景色与背景色/P14
用历史记录面板撤销操作/P13

渐变颜色/P16
移动与复制图像/P20

定界框、中心点和控制点/P21
分形艺术/P25

2.1.2 色彩构成

色彩构成是从人对色彩的知觉和心理效果出发，用科学分析的方法，把复杂的色彩现象还原为基本要素，利用色彩在空间、量与质上的可变幻性，按照一定的规律去组合各构成之间的相互关系，再创造出新的色彩效果的过程。

当两种或多种颜色并置时，因其性质等的不同而呈现出的色彩差别现象称为色彩对比。它包括明度对比、纯度对比、色相对比和面积对比几种方式。图2-5~图2-8所示为色相对比的具体表现。

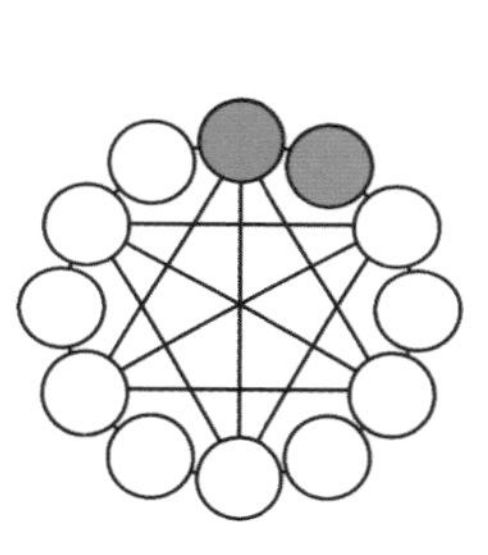

同类色对比

图2-5

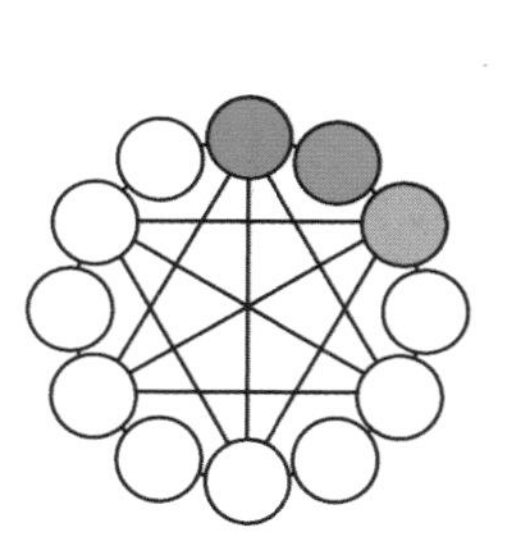

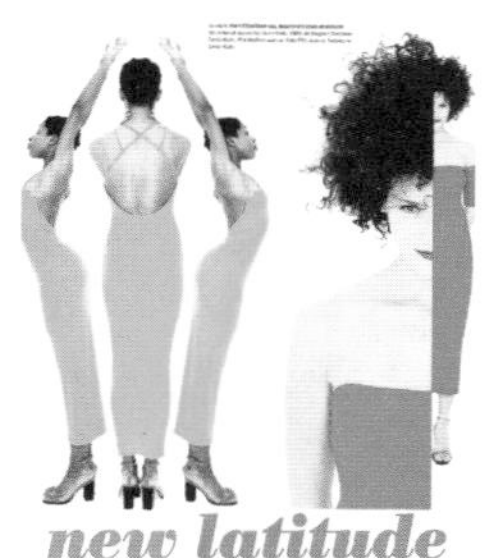

邻近色对比

图2-6

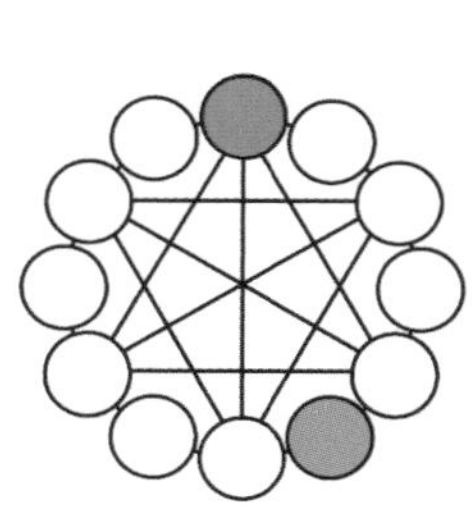

对比色对比

图2-7

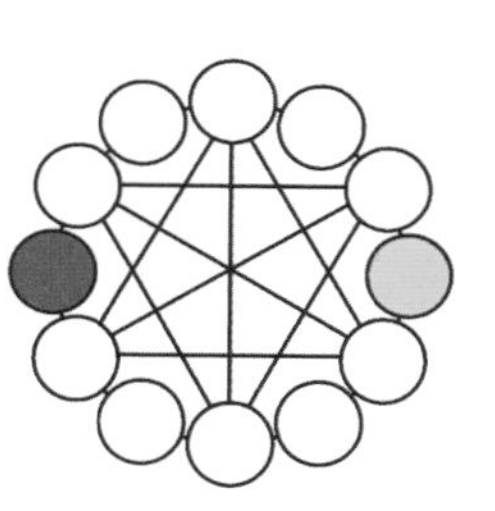

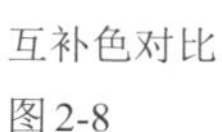

互补色对比

图2-8

当两种或多种颜色秩序而协调地组合在一起，使人产生愉悦、舒适感觉的色彩搭配关系时，称为色彩调和。色彩调和的常见方法是选定一组邻近色或同类色，通过调整纯度和明度来协调色彩效果，保持画面的秩序感、条理性，如图2-9~图2-11所示。

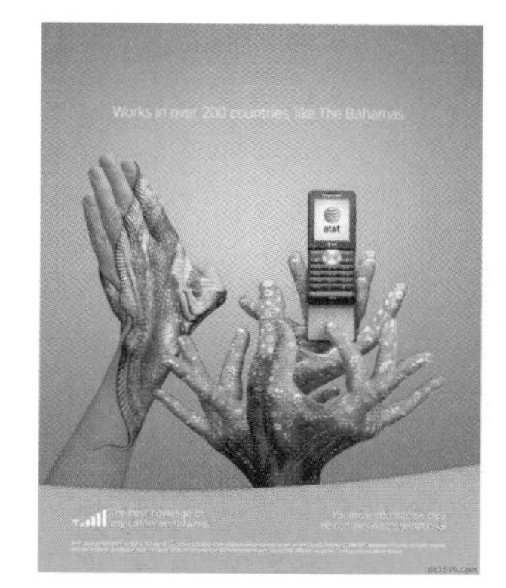

AT&T广告（面积调和）

图2-9

维尔纽斯国际电影节海报（明度调和）

图2-10

澳柯玛电风扇海报（色相调和）

图2-11

2.2 文档的基本操作

Photoshop 文档的基本操作方法包括新建、打开、保存和恢复文档，以及查看文档窗口中的图像。

2.2.1 新建文件

执行"文件＞新建"命令，或按下 Ctrl+N 快捷键，打开"新建"对话框，如图 2-12 所示，设置文件的名称、大小、分辨率、图像的背景内容和颜色模式，单击"确定"按钮，即可创建一个空白文件。

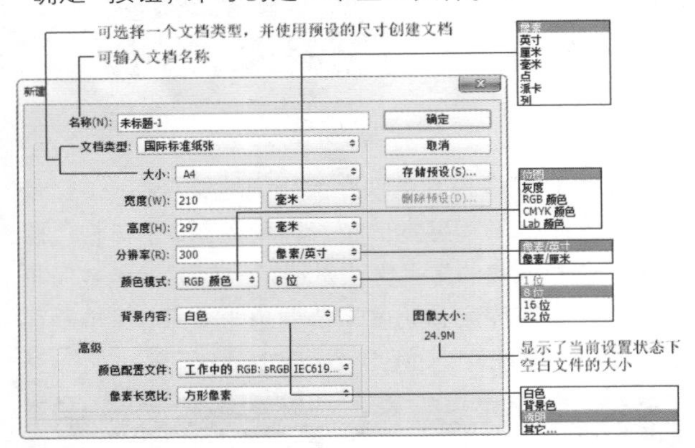

图 2-12

2.2.2 打开文件

如果要打开一个现有的文件（例如本书光盘中的素材），对其进行编辑，可以执行"文件＞打开"命令或按下 Ctrl+O 快捷键，弹出"打开"对话框，选择一个文件（按住 Ctrl 键单击可选择多个文件），如图 2-13 所示，单击"打开"按钮即可将其打开。此外，在没有运行 Photoshop 的情况下，只要将一个图像文件拖动到桌面的 Photoshop 应用程序图标  上，即可运行 Photoshop 并打开该文件。如果运行了 Photoshop，则在 Windows 资源管理器中找到图像文件后，将它拖动到 Photoshop 窗口中，便可将其打开。

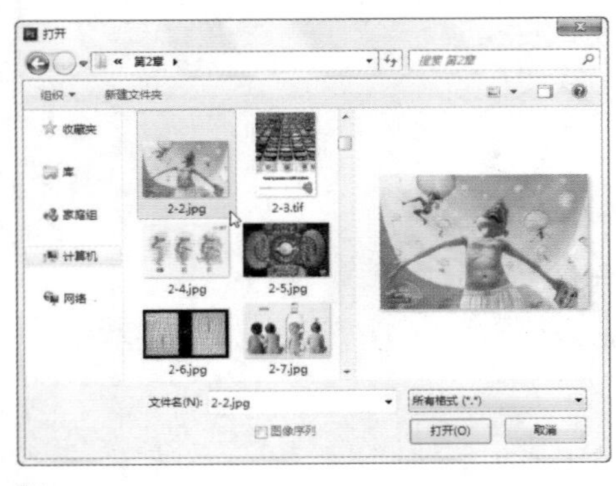

图 2-13

2.2.3 保存文件

图像的编辑是一项颇费时间的工作，为了不因断电或计算机死机等造成劳动成果付之东流，就需要养成及时保存文件的习惯。

如果这是一个新建的文档，可以执行"文件＞存储"命令，在弹出的"另存为"对话框中为文件输入名称，选择保存位置，如图 2-14 所示，在"保存类型"下拉列表中选择文件格式，如图 2-15 所示，然后单击"保存"按钮进行保存。如果这是打开的一个现有的文件，则编辑过程中可以随时执行"文件＞存储"命令（快捷键为 Ctrl+S），保存当前所做的修改，文件会以原有的格式存储。

图 2-14

Photoshop (*.PSD;*.PDD)
大型文档格式 (*.PSB)
BMP (*.BMP;*.RLE;*.DIB)
CompuServe GIF (*.GIF)
Dicom (*.DCM;*.DC3;*.DIC)
Photoshop EPS (*.EPS)
Photoshop DCS 1.0 (*.EPS)
Photoshop DCS 2.0 (*.EPS)
IFF 格式 (*.IFF;*.TDI)
JPEG (*.JPG;*.JPEG;*.JPE)
JPEG 2000 (*.JPF;*.JPX;*.JP2;*.J2C;*.J2K;*.JPC)
JPEG 立体 (*.JPS)
PCX (*.PCX)
Photoshop PDF (*.PDF;*.PDP)
Photoshop Raw (*.RAW)
Pixar (*.PXR)
PNG (*.PNG;*.PNS)
Portable Bit Map (*.PBM;*.PGM;*.PPM;*.PNM;*.PFM;*.PAM)
Scitex CT (*.SCT)
Targa (*.TGA;*.VDA;*.ICB;*.VST)
TIFF (*.TIF;*.TIFF)
多图片格式 (*.MPO)

图 2-15

Tip 如果要将当前文件保存为另外的名称和其他格式，或者存储在其他位置，可以执行"文件>存储为"命令将文件另存。

2.2.4 用缩放工具查看图像

打开一个文件，如图2-16所示。选择缩放工具，将光标放在画面中（光标会变为状），单击可以放大窗口的显示比例，如图2-17所示。按住Alt键（光标会变为状）单击，可缩小窗口的显示比例，如图2-18所示。单击并按住鼠标按键向左、右滑动，可以快速缩放文档；在一个位置单击并按住鼠标按键，可以动态放大。

图2-16

图2-17

图2-18

2.2.5 用抓手工具查看图像

选择抓手工具，按住Ctrl键单击并向右侧拖动鼠标可以放大窗口，向左侧拖动则可缩小窗口。当窗口中不能显示完整的图像时，按住H键，然后单击鼠标，窗口中会显示全部图像并出现一个矩形框，将矩形框定位在需要查看的区域，如图2-19所示，然后放开鼠标按键和H键，可以快速放大并转到这一图像区域，如图2-20所示。放大窗口后，使用抓手工具在窗口单击并拖动鼠标可以移动画面，让不同区域显示在画面的中心，如图2-21所示。

图2-19

图2-20

图2-21

2.2.6 用导航器面板查看图像

放大窗口的显示比例后，只能看到图像的细节。"导航器"面板提供了完整的图像缩览图，如图2-22所示，将光标放在缩览图上，单击并拖动鼠标，可以快速移动画面，将红色矩形框内的图像定位在文档窗口的中心，如图2-23所示。

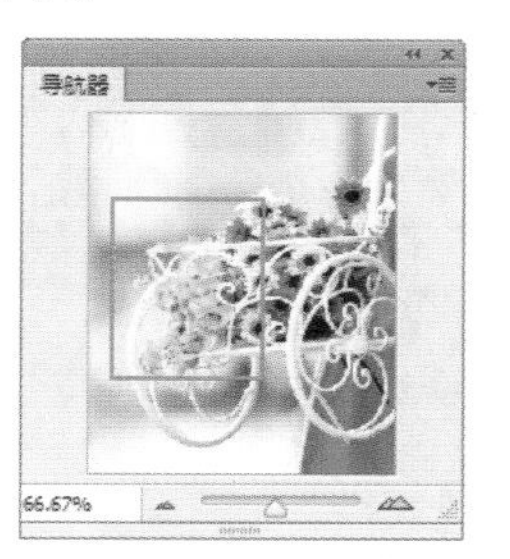

图2-22

图2-23

Tip 按住Ctrl键，再连续按下+键，可以放大窗口；按住空格键（切换为抓手工具）拖动鼠标可以移动画面；按住Ctrl键，再连续按下-键，可以缩小窗口。此外，如果想要让图像满屏显示，可以双击抓手工具（快捷键为Ctrl+0）；如果想要让图像以100%的实际比例显示，可以双击缩放工具（快捷键为Ctrl+1）。

2.2.7 撤销操作

编辑图像的过程中，如果操作出现失误或对当前的效果不满意，需要返回到上一步编辑状态，可以执行"编辑 > 还原"命令，或按下Ctrl+Z快捷键，连续按下Alt+Ctrl+Z快捷键，可依次向前还原。如果要恢复被撤销的操作，可以执行"编辑 > 前进一步"命令，或者连续按下Shift+Ctrl+Z快捷键。如果想要将图像恢复到最后一次保存时的状态，可以执行"文件 > 恢复"命令。

2.2.8 用"历史记录"面板撤销操作

编辑图像时，每进行一步操作，Photoshop都会将其记录到"历史记录"面板中，如图2-24所示，单击面板中的一个操作步骤的名称，即可将图像还原到该步骤所记录的状态中，如图2-25所示。该面板顶部有一个图像缩览图，那是打开图像时Photoshop为其创建的快照，单击它可以撤销所有操作，图像会恢复到打开时的状态。

图2-24

图2-25

Tip 如果要增加“历史记录”面板记录的数量，可以执行“编辑>首选项>性能”命令，打开“首选项”对话框，在“历史记录状态”选项中设定。需要注意的是，历史记录数量越多，占用的内存就越多。

2.3 颜色的设置方法

使用画笔、渐变和文字等工具，以及进行填充、描边选区、修改蒙版和修饰图像等操作时，需要指定颜色。Photoshop提供了非常出色的颜色选择工具，可以帮助用户找到需要的任何颜色。

2.3.1 前景色与背景色

工具箱底部包含了一组前景色和背景色设置选项，如图2-26所示。前景色决定了使用绘画工具（画笔和铅笔）绘制线条，以及使用文字工具创建文字时的颜色。背景色决定了使用橡皮擦工具擦除背景时呈现的颜色。此外，在增加画布的大小时，新增的画布也以背景色填充。单击↰状图标（或按下X键）可以切换前景色和背景色，如图2-27所示。单击▣状图标（或按下D键），可将前景色和背景色恢复为默认颜色（前景色为黑色，背景色为白色）。

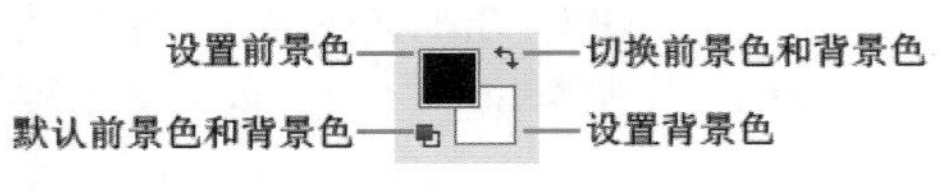

图2-26

图2-27

2.3.2 拾色器

要调整前景色时，可单击前景色图标，如图2-28所示；要调整背景色，则单击背景色图标，如图2-29所示。单击这两个图标以后，都会弹出“拾色器”，如图2-30所示，此时便可设置颜色。

图2-28

图2-29

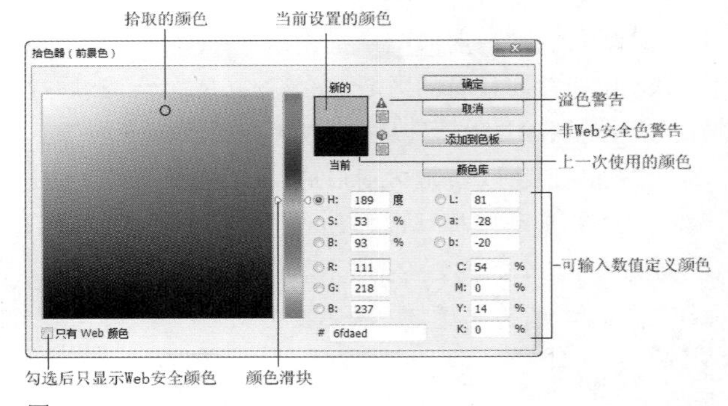

图2-30

在竖直的渐变颜色条上单击选择一个颜色范围，然后在色域中单击可调整颜色的深浅（单击后可以拖动鼠标），如图2-31所示。如果要调整颜色的饱和度，可点选“S”单选按钮，然后再进行调整，如图2-32所示；如果要调整颜色的亮度，可点选“B”单选按钮，然后进行调整，如图2-33所示。

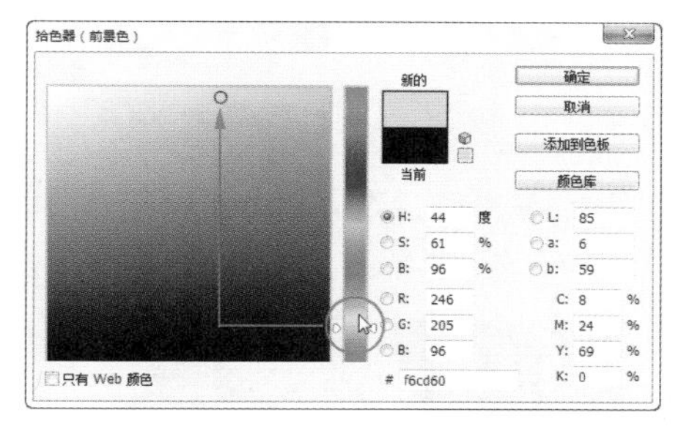

图2-31

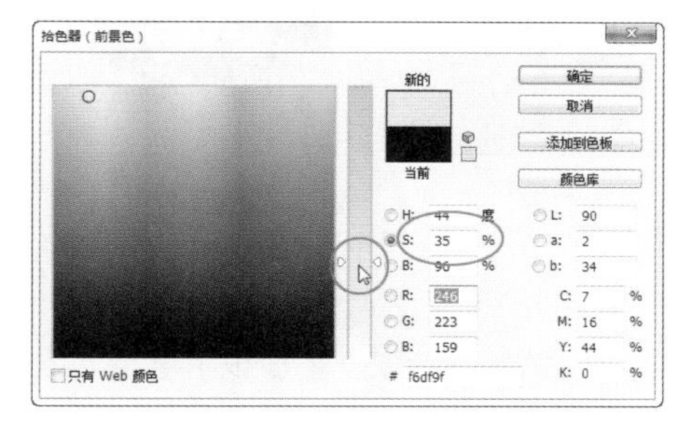

图2-32

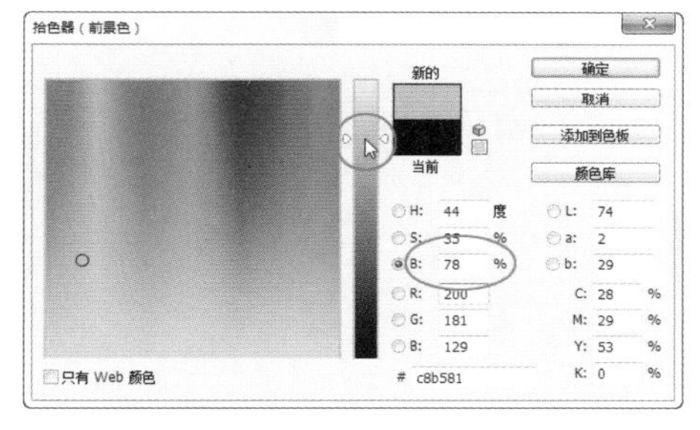

图2-33

Tip 当图像为RGB颜色模式时，如果“拾色器”或“颜色”面板中出现溢色警告图标，就表示当前的颜色超出了CMYK颜色范围，不能被准确打印，单击警告图标下面的颜色块，可将颜色替换为Photoshop给出的校正颜色（CMYK色域范围内的颜色）。如果出现了非Web安全色警告图标，则表示当前颜色超出了Web颜色范围，不能在网上正确显示，单击它下面的颜色块，可将其替换为Photoshop给出的最为接近的Web安全颜色。

2.3.3 颜色面板

在“颜色”面板中，可以利用几种不同的颜色模式来编辑前景色和背景色，屏幕显示可以选择RGB滑块，如图2-34所示；用于印刷可以选择CMYK滑块；用于网页设计可以选择Web颜色滑块。默认情况下，前景色处于当前编辑状态，此时拖动滑块或输入颜色值即可调整前景色，如图2-35所示；如果要调整背景色，则单击背景色颜色框，将它设置为当前状态，然后再进行操作，如图2-36所示。也可以从面板底部的四色曲线图色谱中拾取前景色或背景色。

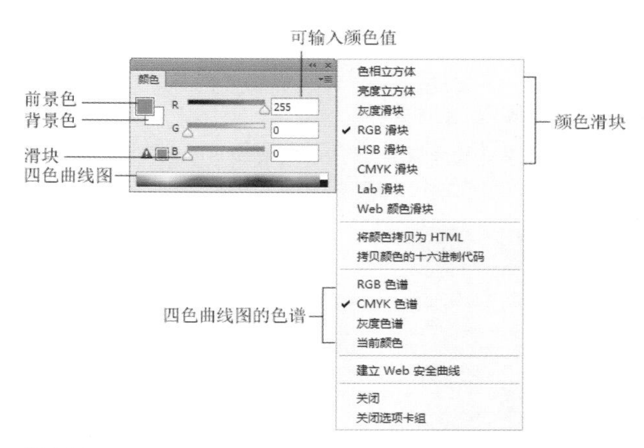

图2-34

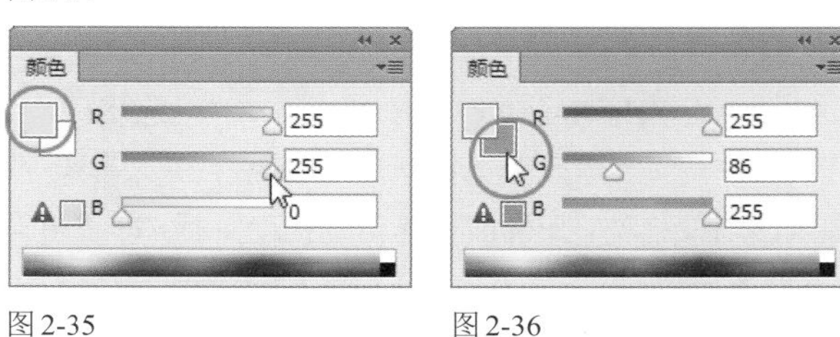

图2-35　图2-36

2.3.4 色板面板

“色板”面板中提供了预先设置好的颜色样本，单击其中的颜色，即可将其设置为前景色，按住Ctrl键单击，则可将其设置为背景色。执行面板菜单中的命令，还可以打开不同的色板库，如图2-37所示。

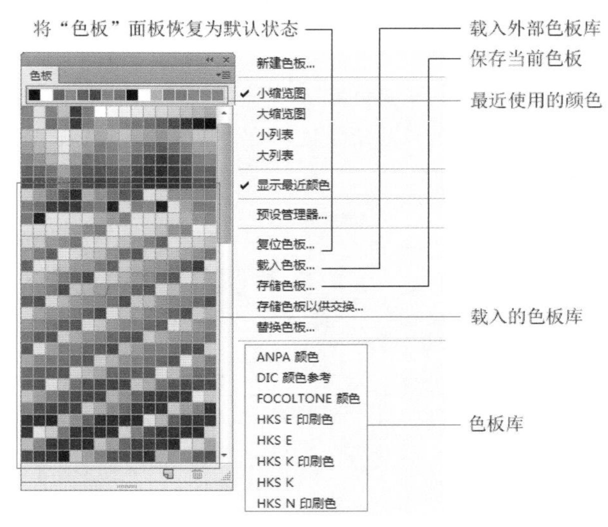

图2-37

Tip 在“拾色器”或“颜色”面板中调整前景色后，单击“色板”面板中的“创建新色板”按钮，可以将颜色保存到“色板”面板中。将“色板”面板中的某一色样拖至“删除”按钮上，可将其删除。

2.3.5 渐变颜色

（1）渐变的类型

渐变是不同颜色之间逐渐混合的一种特殊的填色效果，可用于填充图像、蒙版和通道等。Photoshop 提供了 5 种类型的渐变，如图 2–38 所示。

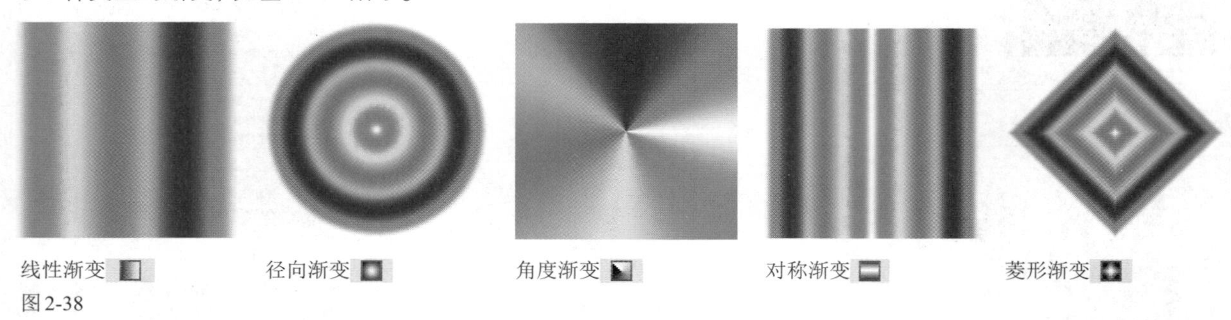

图 2-38

（2）使用预设的渐变颜色

要创建渐变，可以选择渐变工具，在工具选项栏中选择一种渐变类型，然后在渐变下拉面板中选择一个预设的渐变样本，在画面中单击并拖动鼠标，即可填充渐变，如图 2–39 所示。

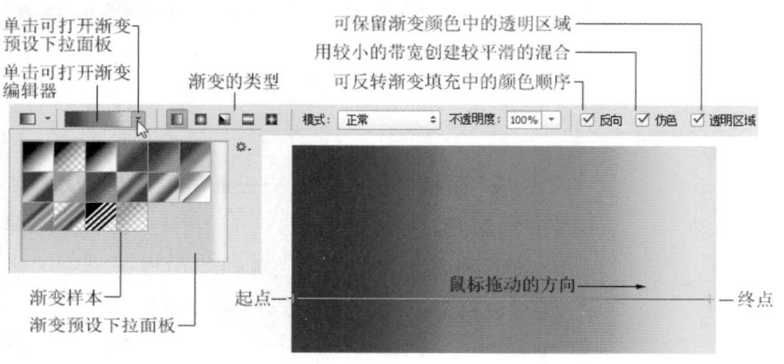

图 2-39

（3）自定义渐变颜色

如果要自定义渐变颜色，可以单击工具选项栏中的渐变颜色条，打开"渐变编辑器"进行调整，如图 2–40 所示。

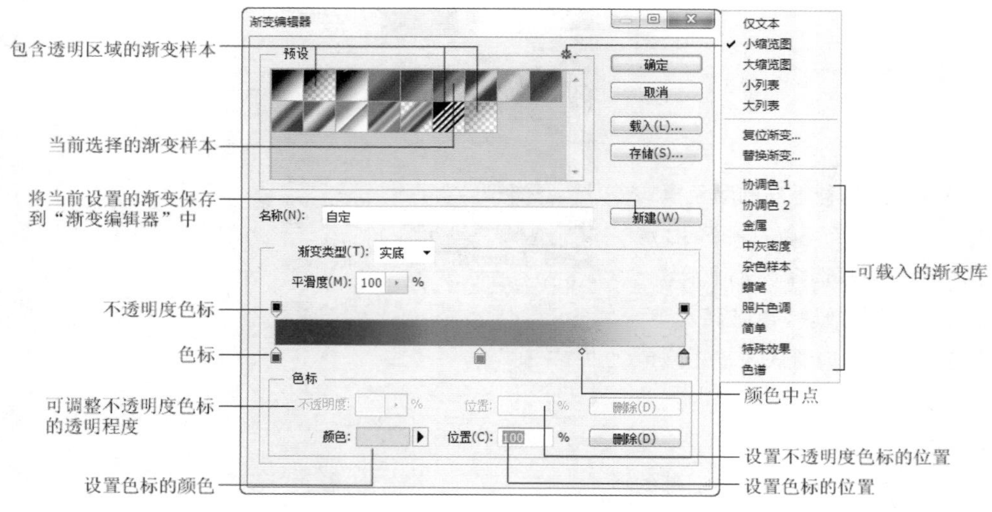

图 2-40

单击一个色标可将其选择。选择色标后，单击“颜色”选项中的颜色块，可以打开“拾色器”调整颜色，如图2–41所示；单击并拖动色标，即可将其移动，如图2–42所示；在渐变条下方单击可以添加色标，如图2–43所示；将一个色标拖动到渐变颜色条外，可以删除该色标。

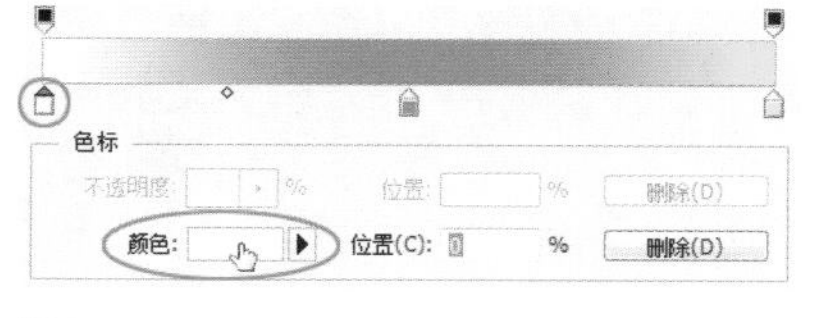

图2-41

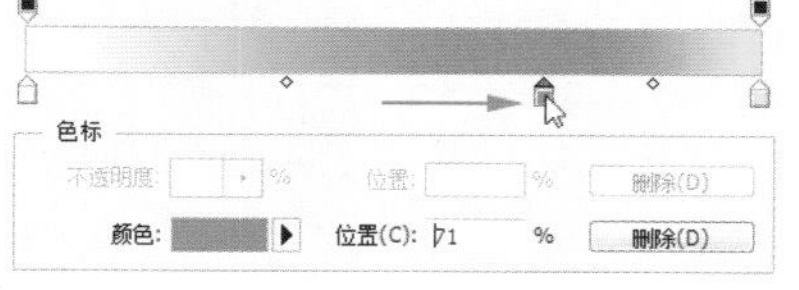

图2-42

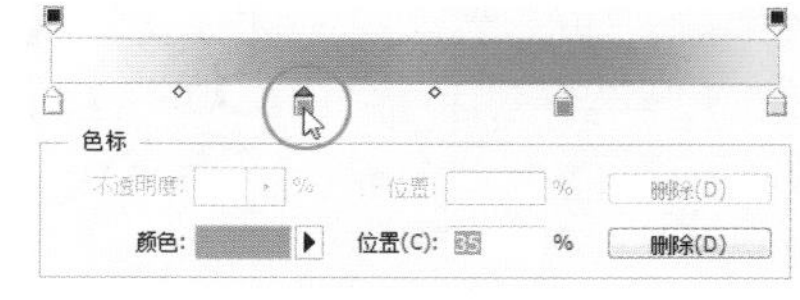

图2-43

选择渐变条上方的不透明度色标后，可以在“不透明度”选项中设置它的透明度，渐变色条中的棋盘格代表了透明区域，如图2–44所示。如果在“渐变类型”下拉列表中选择“杂色”选项，然后增加“粗糙度”值，则可生成杂色渐变，如图2–45所示。

图2-44

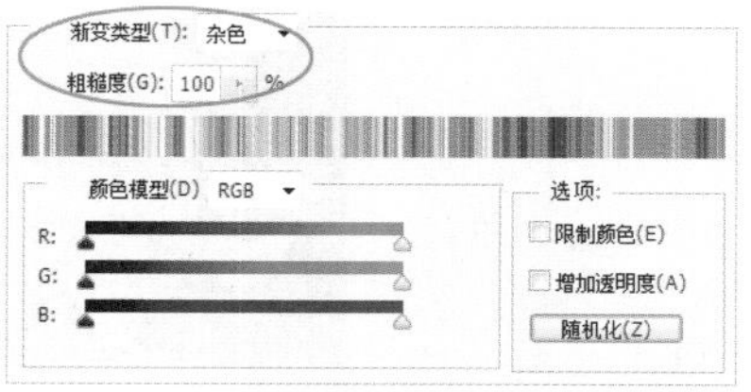

图2-45

每两个色标中间都有一个菱形滑块，拖动它可以控制该点两侧颜色的混合位置。

2.4 填充实例：为黑白图像填色

❶ 按下Ctrl+O快捷键，弹出“打开”对话框，选择光盘中的素材文件，将其打开，如图2-46所示。选择油漆桶工具，在工具选项栏中将“填充”设置为“前景”，“容差”设置为32，如图2-47所示。

图2-46

图2-47

❷ 在“颜色”面板中调整前景色，如图2-48所示。在卡通小狗的眼睛、鼻子和衣服上单击，填充前景色，如图2-49所示。

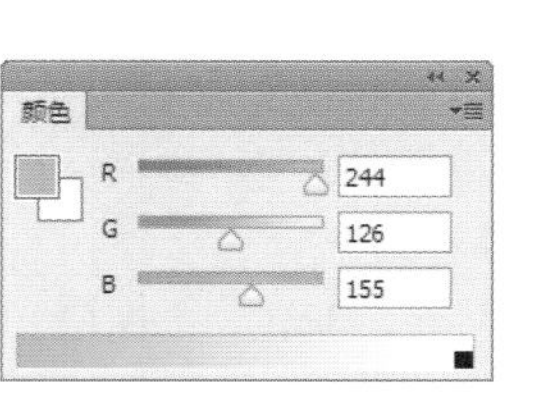

图2-48

图2-49

❸ 调整前景色，如图2-50所示，为裤子填色，如图2-51所示。采用同样方法，调整前景色，然后为耳朵、衣服上的星星填色，如图2-52、图2-53所示。

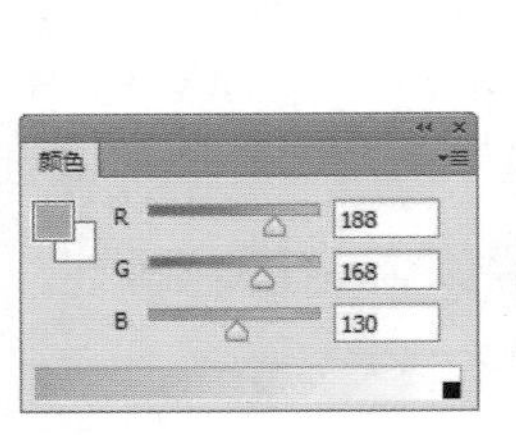

图2-50

图2-51

图2-52

图2-53

❹ 单击“背景”图层，如图2-54所示，将其选择。执行“编辑>填充”命令，打开“填充”对话框，在“内容”下拉列表中选择“图案”，单击“自定图案”选项右侧的三角按钮，打开下拉面板，执行面板菜单中的“图案”命令，载入该图案库，选择图2-55所示的图案；单击“确定”按钮，为背景填充图案，如图2-56所示。

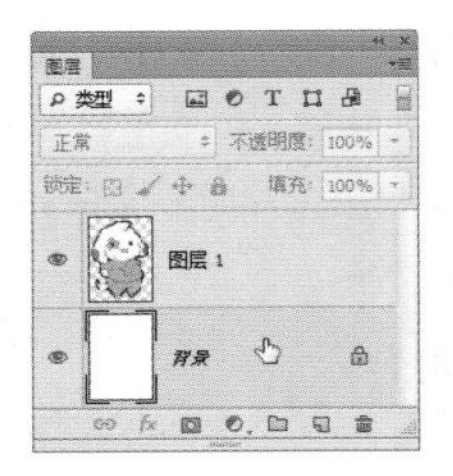

图2-54

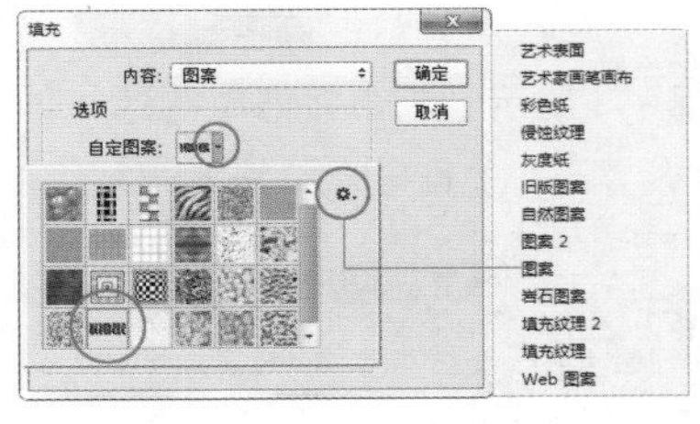

图2-55

图2-56

按下Alt+Delete快捷键可以填充前景色；按下Ctrl+Delete快捷键可以填充背景色。

2.5 渐变实例：石膏几何体

❶ 按下Ctrl+N快捷键，打开“新建”对话框，创建一个A4大小的文档，如图2-57所示。选择渐变工具，单击工具选项栏中的渐变颜色条，打开“渐变编辑器”，调出深灰到浅灰色渐变。在画面顶部单击，然后按住Shift键（可以锁定垂直方向）向下拖动鼠标填充线性渐变，如图2-58所示。

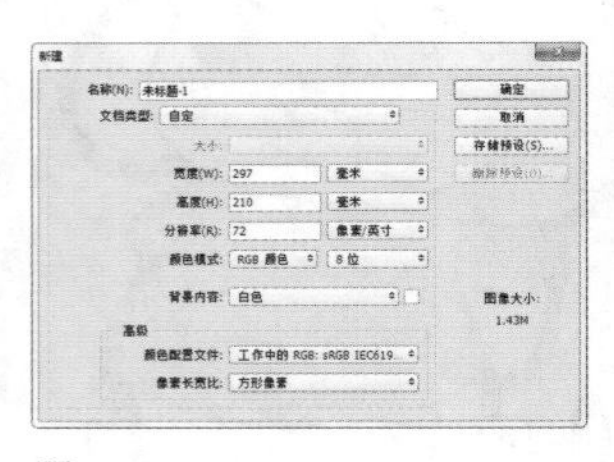

图2-57

图2-58

❷ 单击“图层”面板底部的按钮，新建一个图层。选择椭圆选框工具，按住Shift键创建一个圆形选区，如图2-59所示。选择渐变工具，按下径向渐变按钮，在选区内单击并拖动鼠标填充渐变，制作出球体，如图2-60所示。

图2-59

图2-60

❸ 按下D键，恢复为默认的前景色和背景色。按下线性渐变按钮，选择前景到透明渐变，如图2-61所示。在选区外部右下方处单击，向选区内拖动鼠标，稍微进入选区内时放开按键，进行填充；将光标放在选区外部的右上角处，向选区内拖动鼠标再填充一个渐变，增强球形的立体感，如图2-62所示。

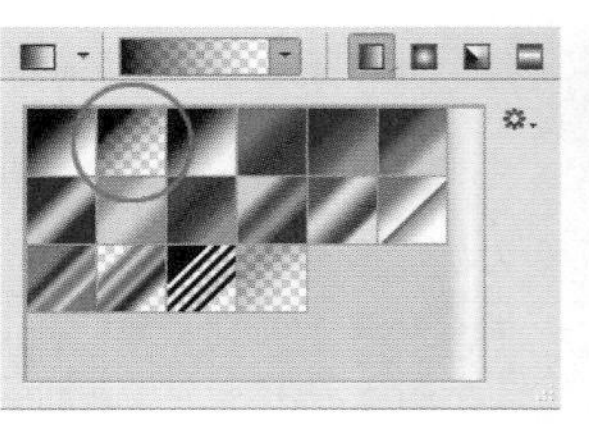

图2-61

图2-62

❹ 按下Ctrl+D快捷键取消选择。下面来制作圆锥。使用矩形选框工具 创建选区，如图2-63所示。单击“图层”面板底部的 按钮，新建一个图层，如图2-64所示。

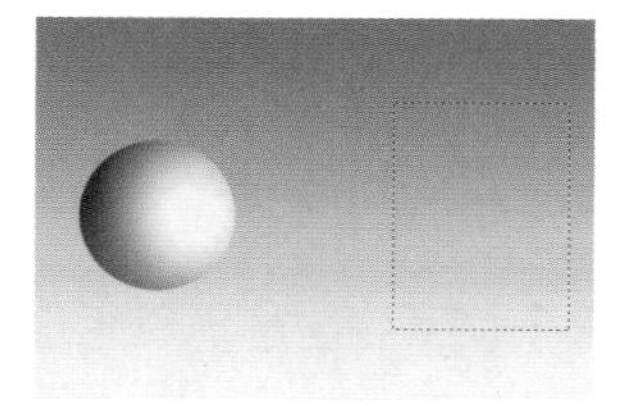

图2-63

图2-64

❺ 选择渐变工具，调整渐变颜色，按住Shift键，在选区内从左至右拖动鼠标填充渐变，如图2-65所示。按下Ctrl+D快捷键取消选择。执行“编辑>变换>透视”命令，显示定界框，将右上角的控制点拖动到中央，如图2-66所示，然后按下回车键确认。

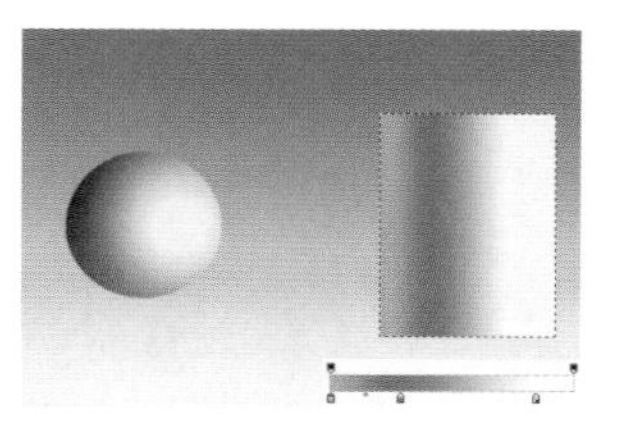

图2-65

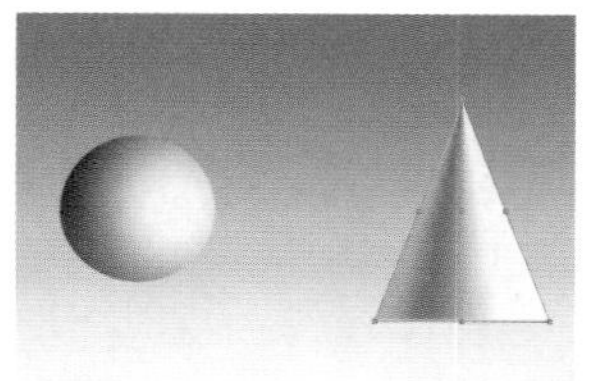

图2-66

❻ 使用椭圆选框工具 创建选区，如图2-67所示；再用矩形选框工具 按住Shift键创建矩形选区，如图2-68所示，放开鼠标后这两个选区会进行相加运算，得到图2-69所示的选区。

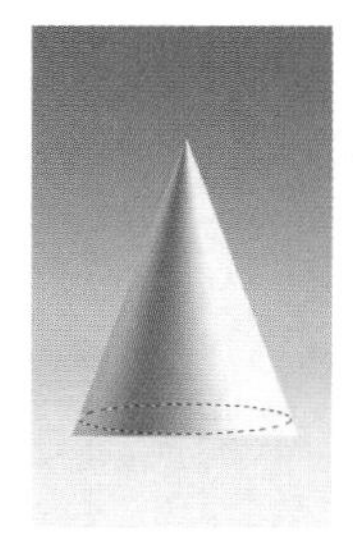

图2-67

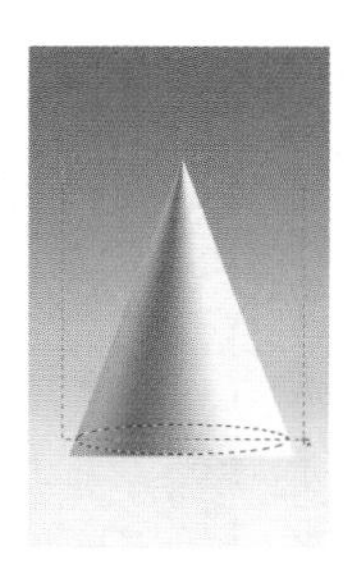

图2-68

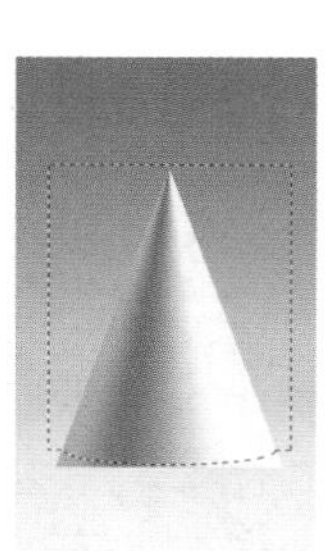

图2-69

❼ 按下Shift+Ctrl+I快捷键反选，如图2-70所示。按下Delete键删除多余的部分，按下Ctrl+D快捷键取消选择，完成圆锥的制作，如图2-71所示。

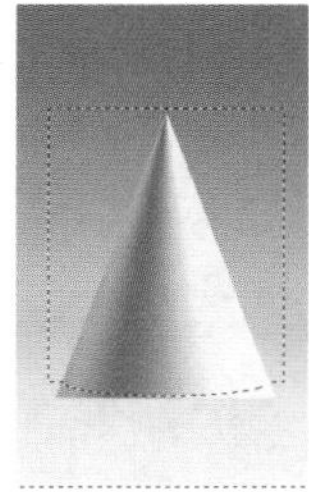

图2-70

图2-71

❽ 下面来制作斜面圆柱体。单击“图层”面板底部的按钮 ，创建一个图层。用矩形选框工具 创建选区，并填充渐变，如图2-72所示。采用与处理圆锥底部相同的方法，对圆柱的底部进行修改，如图2-73所示。

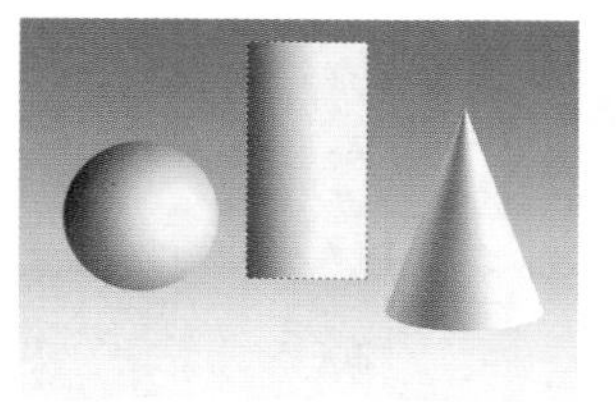

图2-72

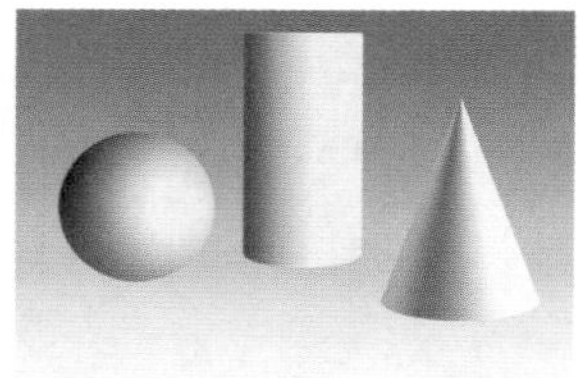

图2-73

❾ 使用椭圆选框工具 创建选区，如图2-74所示。执行“选择>变换选区”命令，显示定界框，将选区旋转并移动到圆柱上半部，如图2-75所示。按下回车键确认。单击“图层”面板底部的按钮 ，创建一个图层。调整渐变颜色，如图2-76所示。

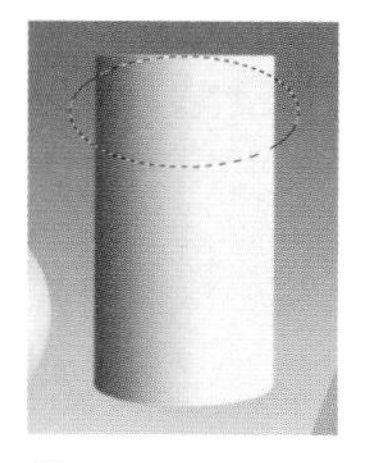

图2-74

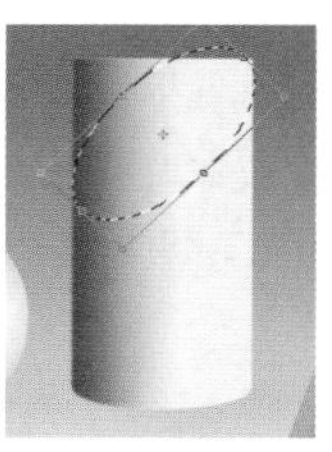

图2-75

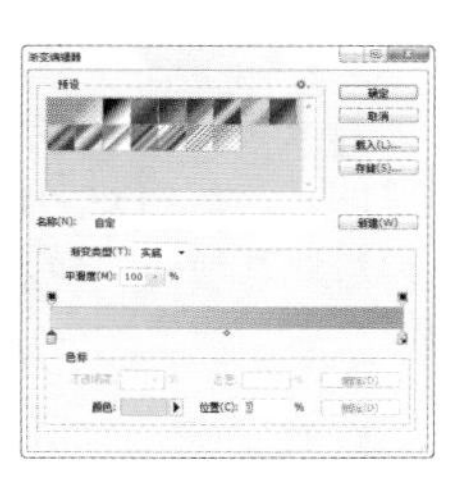

图2-76

❿ 先在选区内部填充渐变，如图2-77所示；然后选择前景到透明渐变样式，分别在右上角和左下角填充渐变，如图2-78、图2-79所示。

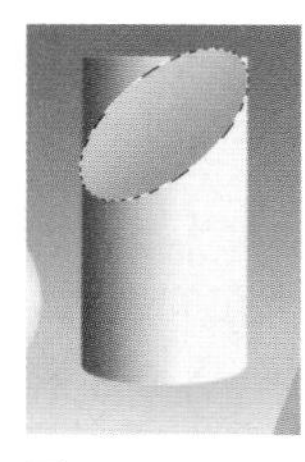

图2-77

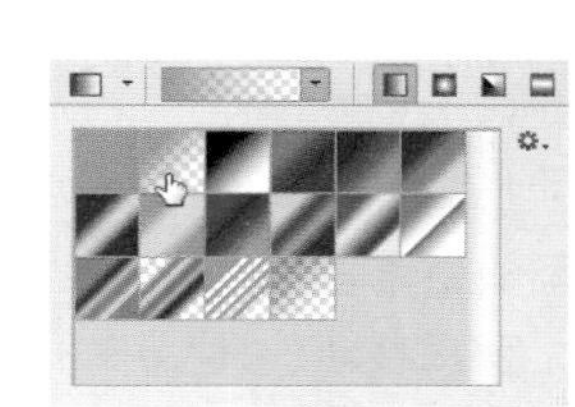

图2-78

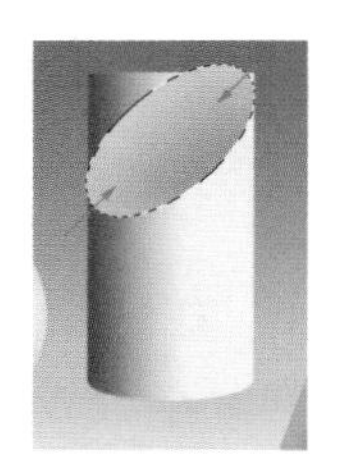

图2-79

⓫ 按下Ctrl+D快捷键取消选择。选择位于下方的圆柱体图层，如图2-80所示。用多边形套索工具 将顶部多余的图像选中，如图2-81所示，按下Delete键删除，取消选择，斜面圆柱就制作好了，如图2-82所示。

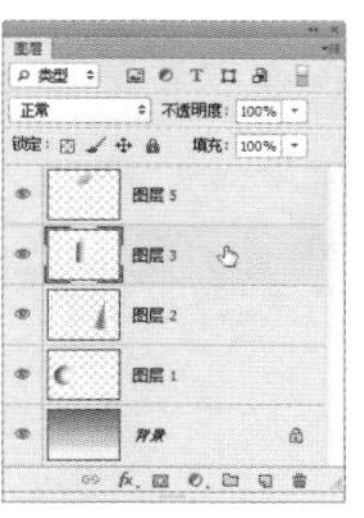

图2-80

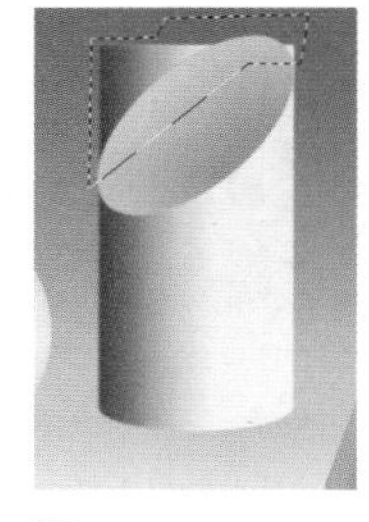

图2-81

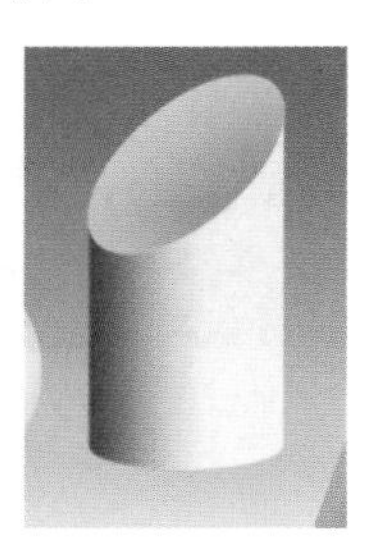

图2-82

⑫ 下面来制作倒影。选择球体所在的图层，如图2-83所示，按下Ctrl+J快捷键复制，如图2-84所示。

图2-83

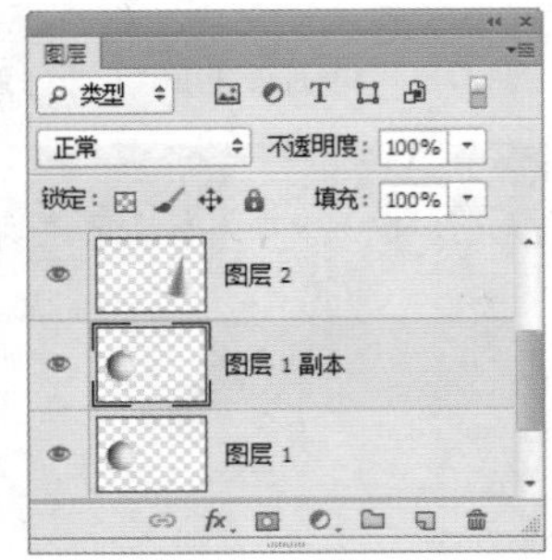

图2-84

⑬ 执行“编辑>变换>垂直翻转”命令，翻转图像，再使用移动工具拖动到球体下方，如图2-85所示。单击“图层”面板底部的按钮，添加图层蒙版。使用渐变工具填充黑白线性渐变，将画面底部的球体隐藏，如图2-86、图2-87所示。

⑭ 采用相同的方法，为另外两个几何体添加倒影。需要注意的是，应将投影图层放在几何体层的下方，不要让投影盖住几何体，效果如图2-88所示。

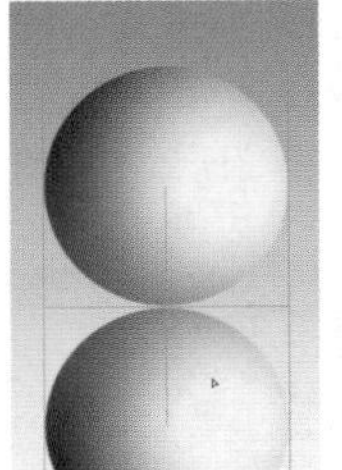
图2-85

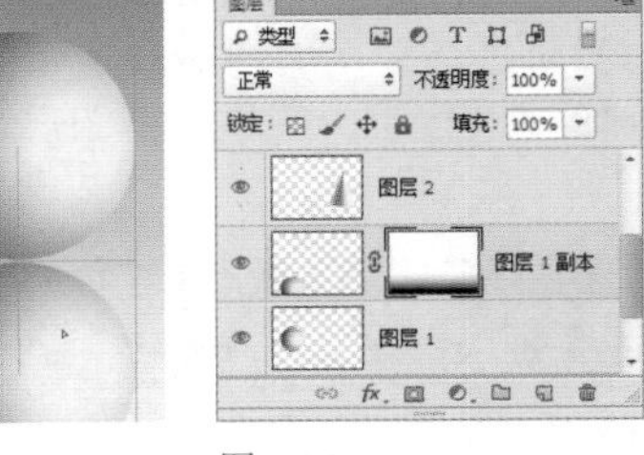

图2-86

图2-87

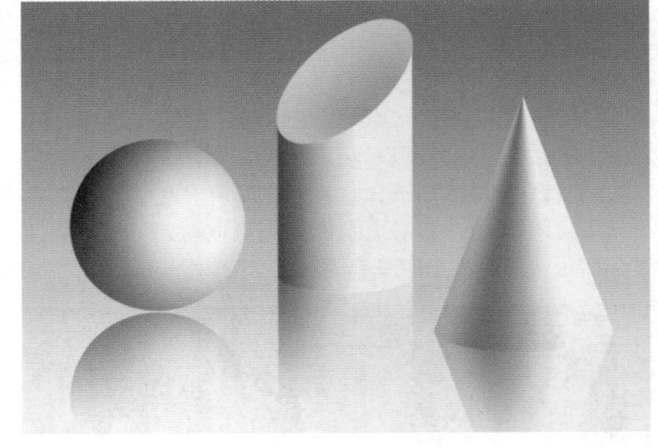
图2-88

2.6 图像的变换与变形操作

在Photoshop中，移动、旋转和缩放称为变换操作，扭曲和斜切则称为变形操作。Photoshop可以对整个图层、多个图层、图层蒙版、选区、路径、矢量形状、矢量蒙版和Alpha通道进行变换和变形处理。

2.6.1 移动与复制图像

在“图层”面板中单击要移动的对象所在的图层，如图2-89所示，使用移动工具在画面中单击并拖动鼠标即可将其移动，如图2-90所示。按住Alt键拖动可以复制图像，如图2-91所示。

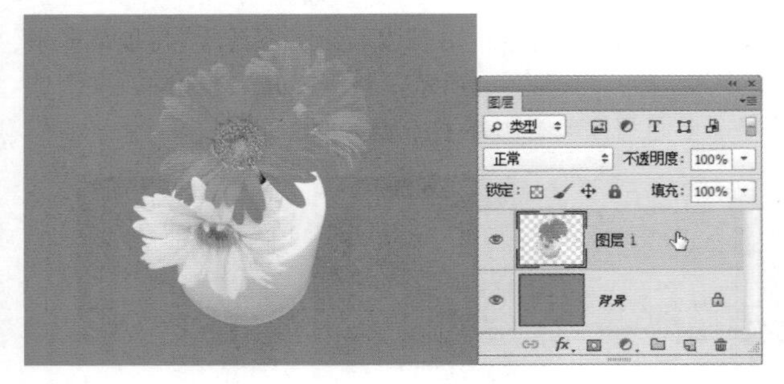

图2-89

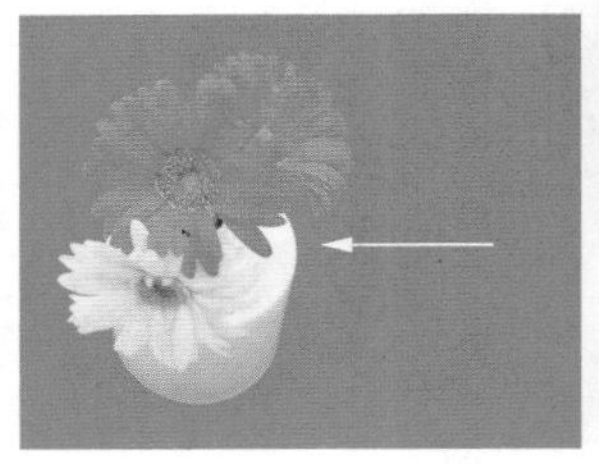
图2-90

图2-91

如果创建了选区，如图2-92所示，则将光标放在选区内，单击并拖动鼠标可，以移动选中的图像，如图2-93所示。

图2-92

图2-93

2.6.2 在文档间移动图像

打开两个或多个文档，选择移动工具，将光标放在画面中，单击并拖动鼠标至另一个文档的标题栏，如图2–94所示，停留片刻切换到该文档，移动到画面中放开鼠标，可以将图像拖入该文档，如图2–95、图2–96所示。

图2-94

图2-95

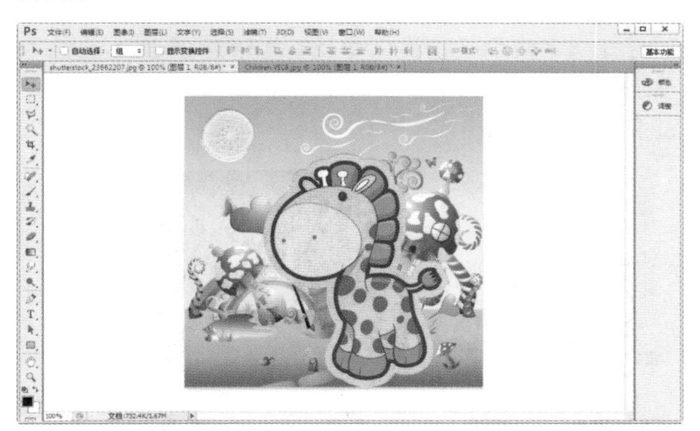

图2-96

2.6.3 定界框、中心点和控制点

在Photoshop中对图像进行变换或变形操作时，对象周围会出现一个定界框，定界框中央有一个中心点，四周有控制点，如图2–97所示。默认情况下，中心点位于对象的中心，它用于定义对象的变换中心，拖动它可以移动它的位置。拖动控制点则可以进行变换操作。图2–98、图2–99所示为中心点在不同位置时图像的旋转效果。

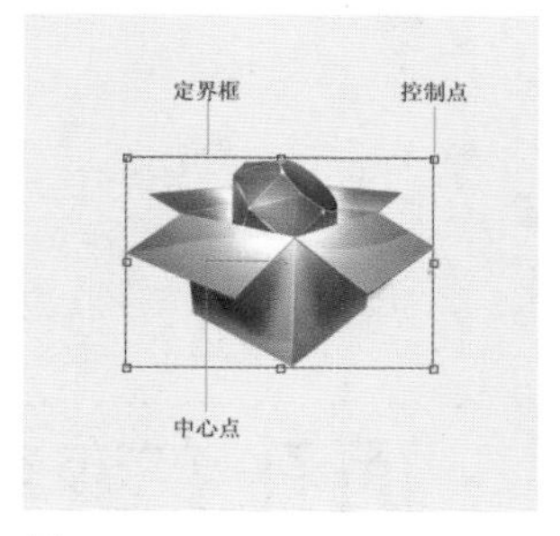

图2-97

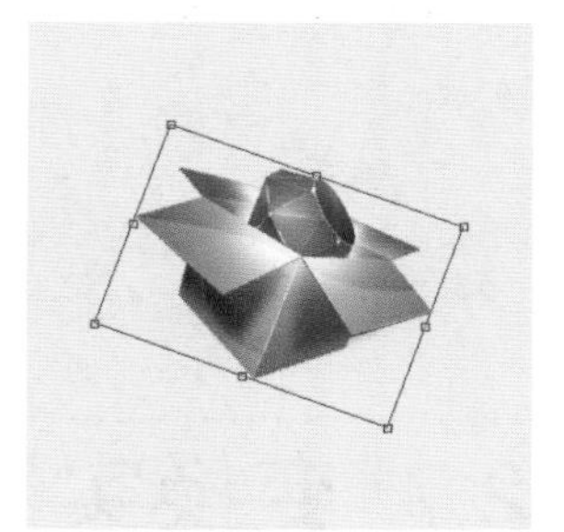

图2-98

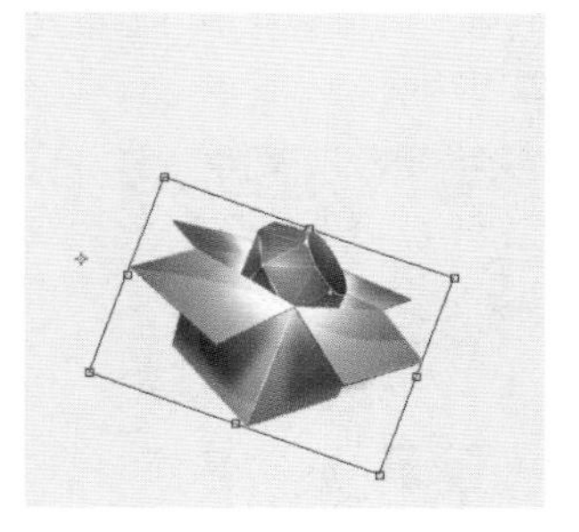

图2-99

2.6.4 变换与变形

选择移动工具后，按下Ctrl+T快捷键（相当于执行“编辑>自由变换”命令），当前对象上会显示用于变换的定界框，拖动定界框和定界框上的控制点，可以对图像进行变换操作，操作完成后，可按下回车键确认。如果对变换的结果不满意，则可按下Esc键取消操作。

- 缩放与旋转：将光标放在定界框四周的控制点上，当光标变为状时，单击并拖动鼠标，可以拉伸对象，如图2-100所示，按住Shift键操作可以进行等比缩放；当光标在定界框外变为状时拖动鼠标，可以旋转对象，如图2-101所示。
- 斜切：将光标放在定界框四周的控制点上，按住Shift+Ctrl键，光标变为状时单击并拖动鼠标，可沿水平方向斜切对象，如图2-102所示；光标变为状时拖动鼠标，可沿垂直方向斜切，如图2-103所示。

● 扭曲与透视：将光标放在控制点上，按住Ctrl键，光标显示为▶状时，单击并拖动鼠标可以扭曲对象，如图2-104所示；如果按住Shift+Ctrl+Alt键操作，则可进行透视扭曲，如图2-105所示。

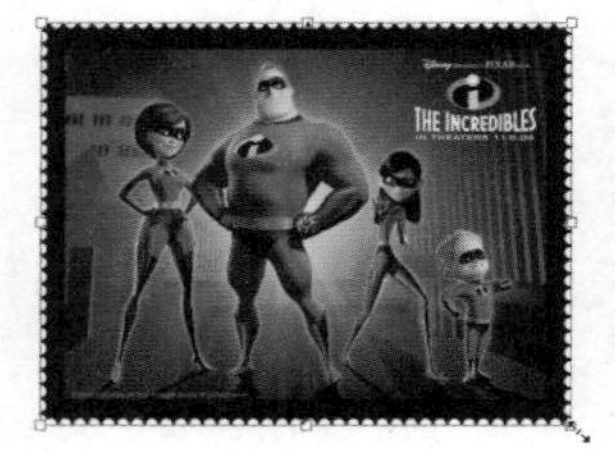

图2-100

图2-101

图2-102

图2-103

图2-104

图2-105

2.7 变换实例：面孔变变变

❶ 打开光盘中的几个素材。其中，人像素材是PSD格式的分层文件，如图2-106、图2-107所示。

图2-106

图2-107

❷ 选择矩形选框工具[]，在卡通画上单击并向右下角拖动鼠标创建选区，如图2-108所示。按下Ctrl+C快捷键复制选中的图像。切换到另一个文档中，按下Ctrl+V快捷键粘贴，使用移动工具▶✥调整图像的位置，如图2-109所示。

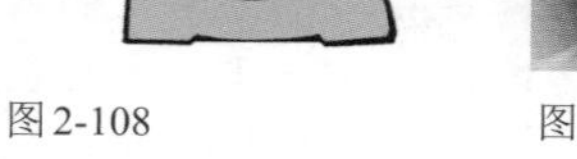

图2-108

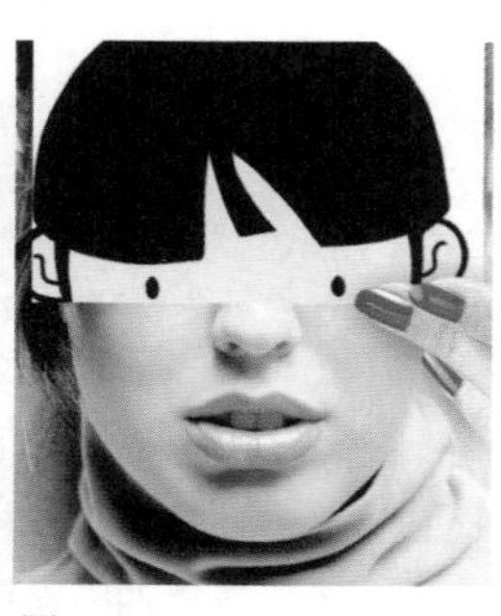

图2-109

❸ 单击“图层”面板底部的fx.按钮，打开下拉菜单，选择“投影”命令，打开“图层样式”对话框，设置参数如图2-110所示，效果如图2-111所示。

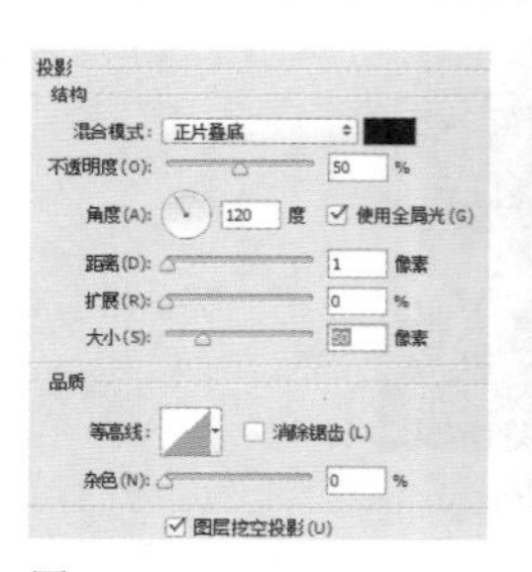

图2-110

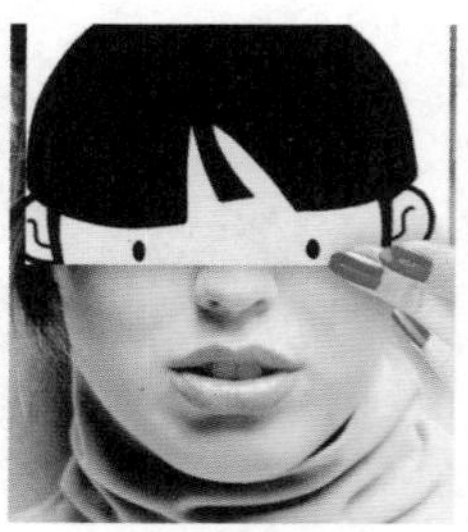

图2-111

❹ 打开一个线描画素材，并使用矩形选框工具[]选取一处图像，如图2-112所示，复制并粘贴到人物文档中，如图2-113所示。

图2-112

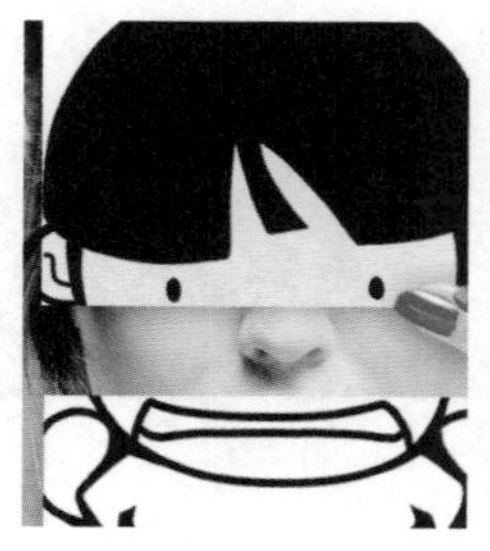

图2-113

❺ 按住Alt键，将“图层1”后面的fx.图标拖动到“图层2”，为该图层复制相同的“投影”效果。按住Ctrl键单击“图层1”及“手”图层，将其与“图层2”一

同选取，按住Alt+Ctrl+G快捷键，创建剪贴蒙版，如图2-114、图2-115所示。

❻ 另外两个素材文件也采用同样的方法选取、复制和粘贴图像，如图2-116~图2-118所示。

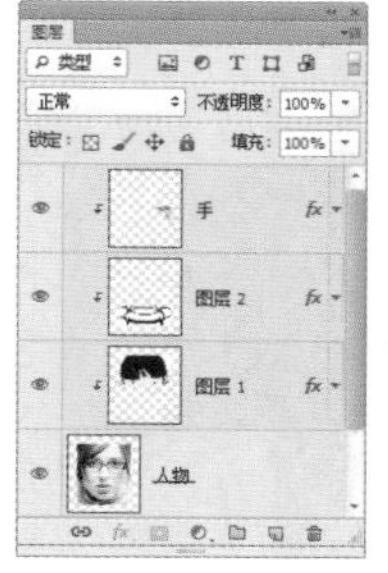

图2-114

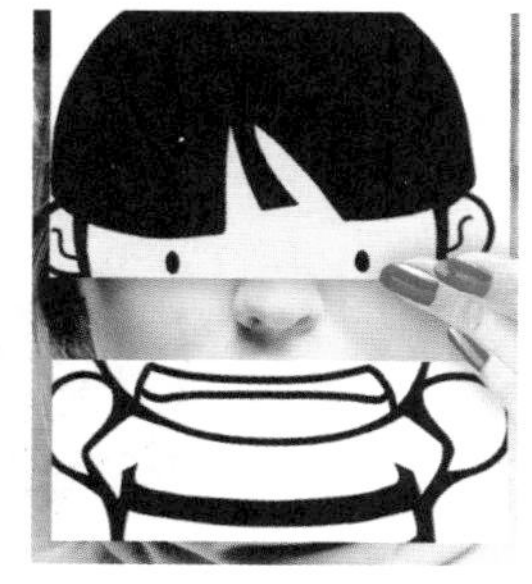

图2-115

图2-116

图2-117

图2-118

2.8 变形实例：透视变形

透视变形功能可以调整图像的透视，特别适合出现透视扭曲的建筑图像和房屋图像。

❶ 打开光盘中的照片，如图2-119所示。执行“编辑>透视变形”命令，图像上会出现提示信息，将其关闭。在画面中单击并拖动鼠标，沿图像结构的平面绘制四边形，如图2-120所示。

图2-119

图2-120

❷ 拖动四边形各边上的控制点，使其与结构中的直线平行。在画面左侧的建筑立面上单击并拖动鼠标创建四边形，并调整结构线，如图2-121、图2-122所示。

图2-121

图2-122

❸ 单击工具选项栏中的“变形”按钮，切换到变形模式。单击并拖动画面底部的控制点，向画面中心移动，让倾斜的建筑立面恢复为水平状态，如图2-123所示。按下回车键确认。最后，使用裁剪工具将空白图像裁掉，如图2-124所示。

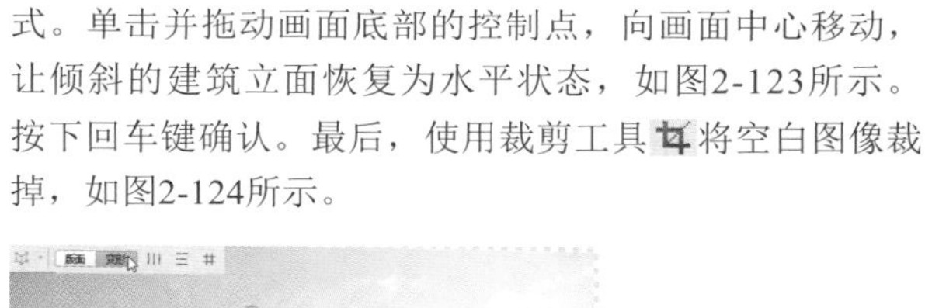

图2-123

图2-124

2.9 变形实例：操控变形

操控变形是一种十分灵活的变形功能。使用该功能时，可以在图像的关键点上放置图钉，然后通过拖动图钉来对其进行变形操作。例如，可以轻松地让人的手臂弯曲、身体摆出不同的姿态等。

❶ 打开光盘中的PSD格式分层素材，如图2-125所示。单击“长颈鹿”图层，如图2-126所示。

图2-125

图2-126

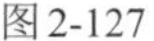

图2-127

图2-128

❷ 执行“编辑>操控变形”命令，长颈鹿图像上会显示变形网格，如图2-127所示。在工具选项栏中将“模式”设置为“正常”，“浓度”设置为“较少点”。在长颈鹿身体的关键点上单击，添加几个图钉，如图2-128所示。

❸ 在工具选项栏中取消对“显示网格”选项的勾选，以便能够更清楚地观察到图像的变化。单击图钉并拖动鼠标，即可改变长颈鹿的动作，如图2-129、图2-130所示。单击一个图钉后，在工具选项栏中会显示其旋转角度，此时可以直接输入数值来进行调整。单击工具选项栏中的✔按钮，结束操作。

图2-129

图2-130

2.10 变形实例：用变形网格为杯子贴图

如果要对图像的局部进行扭曲，可以使用“编辑 > 变换”菜单中的“变形”命令来操作。

❶ 打开光盘中的素材，如图2-131、图2-132所示。使用移动工具将卡通图像拖入咖啡杯文档中。

图2-131

图2-132

❷ 执行“编辑>变换>变形”命令，图像上会显示变形网格，如图2-133所示。将四个角上的锚点拖动到杯体边缘，使之与边缘对齐；拖动左右两侧锚点上的方向点，使图片向内收缩；再调整图片上面和底部的控制点，使图片依照杯子的结构扭曲，并覆盖住杯子，如图2-134所示。

图2-133

图2-134

❸ 按下回车键确认。打开“图层”面板，将“图层1”的混合模式设置为“柔光”，使贴图效果更加真实，如图2-135、图2-136所示。

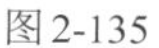

图2-135

图2-136

2.11 变形实例：内容识别缩放

内容识别缩放是一个十分神奇的缩放功能，它主要影响没有重要可视内容的区域中的像素。例如，缩放图像时，画面中的人物、建筑、动物等不会变形。

❶ 打开光盘中的素材，如图2-137所示。由于内容识别缩放不能处理“背景”图层，需要先将“背景”图层转换为普通图层，操作方法是按住Alt键，双击“背景”图层，如图2-138所示。

图2-137

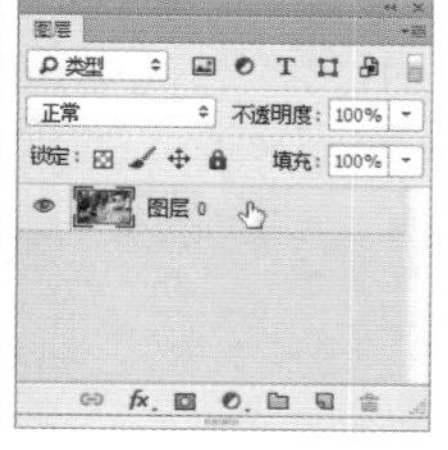

图2-138

❷ 执行“编辑>内容识别缩放”命令，显示定界框，工具选项栏中会显示变换选项，可以输入缩放值，或者向左侧拖动控制点来对图像进行手动缩放，如图2-139所示。如果要进行等比缩放，可按住Shift键拖动控制点。

❸ 从缩放结果中可以看到，人物变形非常严重。单击工具选项栏中的保护肤色按钮，Photoshop会自动分析图像，尽量避免包含皮肤颜色的区域变形，如图2-140所示。此时画面虽然变窄了，但人物比例和结构没有明显的变化。按下回车键确认操作。如果要取消变形，可以按下Esc键。

图2-139

图2-140

2.12 变换实例：分形艺术

❶ 打开光盘中的素材，如图2-141所示。选择“人物”图层，按下Ctrl+J快捷键复制，如图2-142所示。单击“人物”图层前面的眼睛图标，将该图层隐藏，如图2-143所示。

图2-141

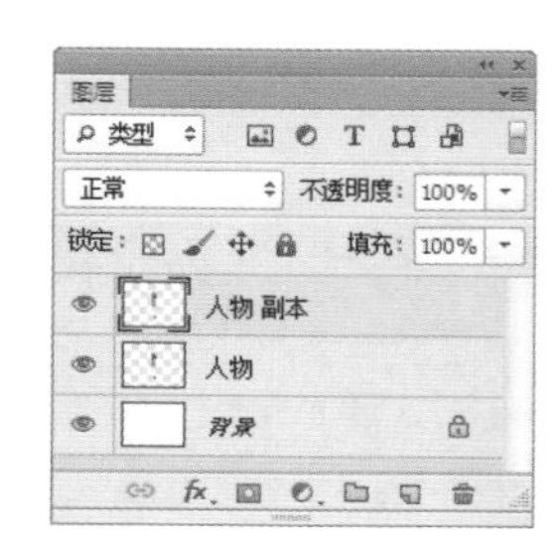

图2-142

图2- 143

❷ 按下Ctrl+T快捷键显示定界框，先将中心点拖动到定界框外，如图2-144所示，然后在工具选项栏中输入数值进行精确定位（X为561像素，Y为389像素），如图2-145所示。

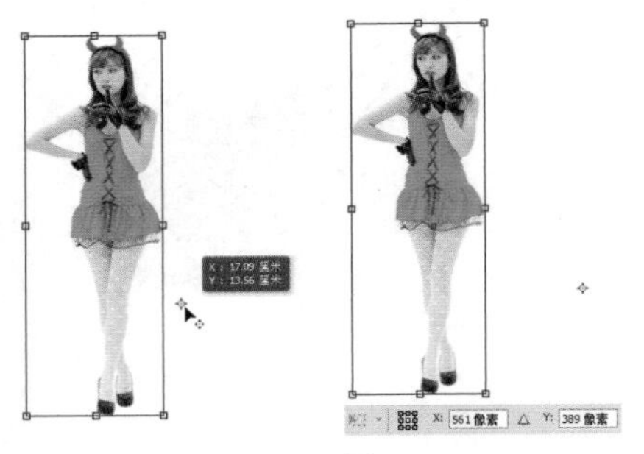

图2-144　　图2-145

❸ 在工具选项栏中输入旋转角度值（14度）和缩放比例（94.1%）值，将图像旋转并等比缩小，如图2-146所示，按下回车键确认，如图2-147所示。

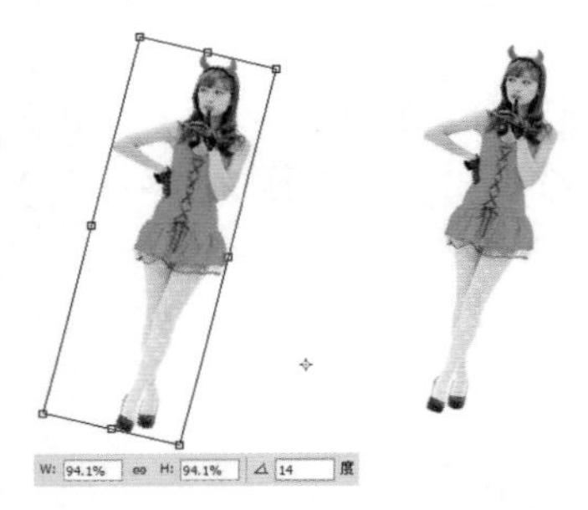

图2-146　　图2-147

❹ 按住Alt+Shift+Ctrl键，然后连续按T键38次，每按一次便生成一个新的人物图像，如图2-148所示。新对象位于单独的图层中，如图2-149所示。

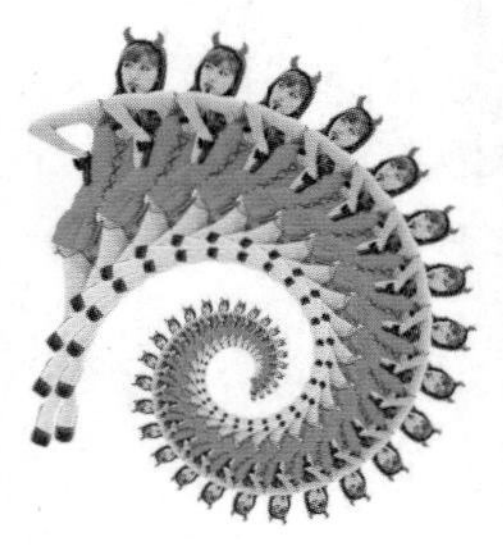

图2-148

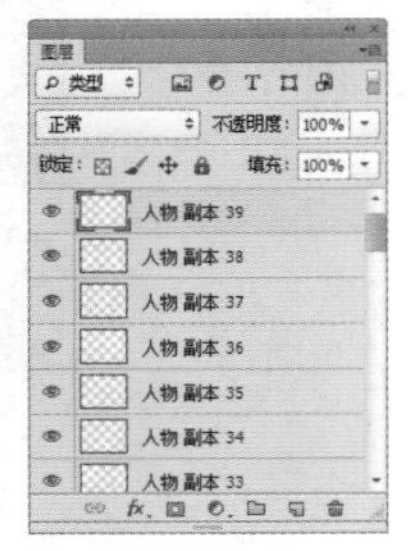

图2-149

❺ 选择新生成的图层，按下Ctrl+E快捷键合并，如图2-150所示。显示“人物”图层，如图2-151所示，将其拖动到最顶层，如图2-152所示。

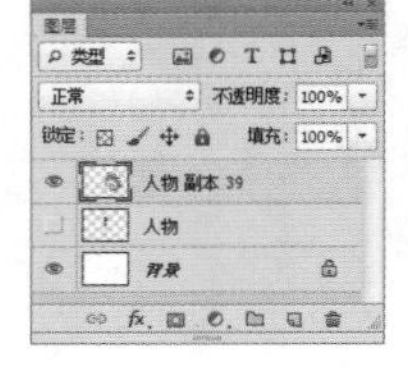

图2-150

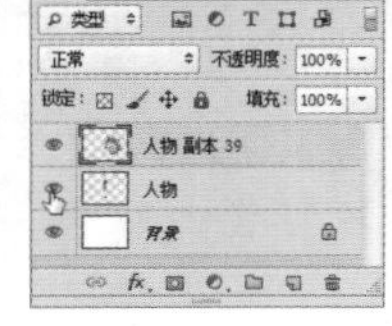

图2-151

图2-152

❻ 打开光盘中的素材文件，如图2-153所示，使用移动工具将其拖入人物文档中，放在“背景”图层上方，如图2-154、图2-155所示。

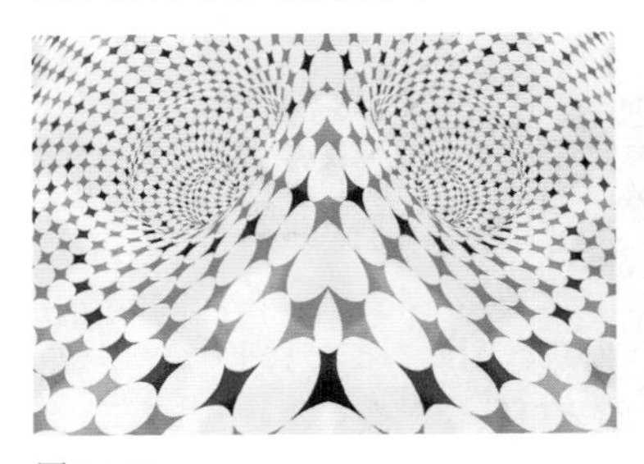

图2-153

图2-154

图2-155

❼ 选择“人物副本39”图层，如图2-156所示，按下Ctrl+J快捷键复制图层，如图2-157所示。再选择“人物副本39”图层，如图2-158所示。

图2-156

图2-157

图2-158

❽ 按下Ctrl+T快捷键显示定界框，按住Shift键拖动控制点，将图像等比缩小，再进行适当旋转，如图2-159所示。按下回车键确认。

❾ 按下Ctrl+J快捷键复制当前图层。按下Ctrl+T快捷键显示定界框，缩小并旋转图像，如图2-160所示。按下回车键确认。

图2-159

图2-160

❿ 按住Ctrl键，单击图2-161所示的3个图层，将它们同时选取，按下Ctrl+J快捷键复制，如图2-162所示。

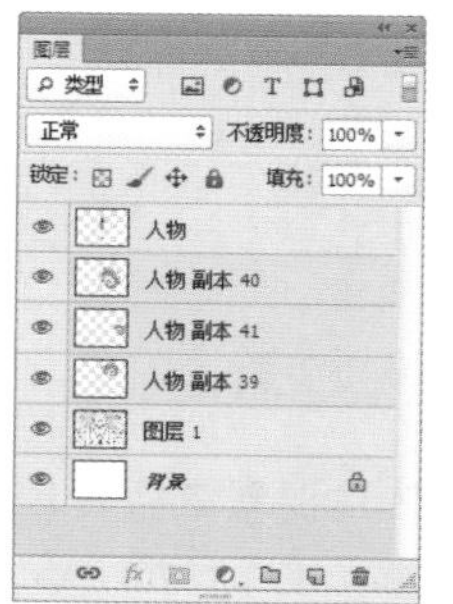
图2-161

图2-162

⑪ 执行“编辑>变换>水平翻转”命令，翻转图像。选择移动工具，按住Shift键锁定水平方向向右侧拖动，效果如图2-163所示。

图2-163

2.13 课后作业：表现雷达图标的玻璃质感

本章学习了Photoshop基本操作方法。下面通过课后作业来强化学习效果。如果有不清楚的地方，请看一下视频教学录像。

素材位置：光盘/素材/2.13　视频位置：光盘/视频/2.13

下面是一个用透明渐变表现雷达图标玻璃质感的实例。首先需要用多边形套索工具创建选区，然后填充前景-透明渐变。

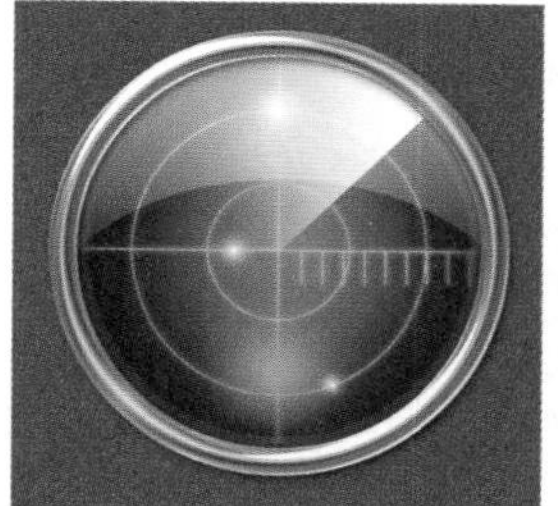

实例效果

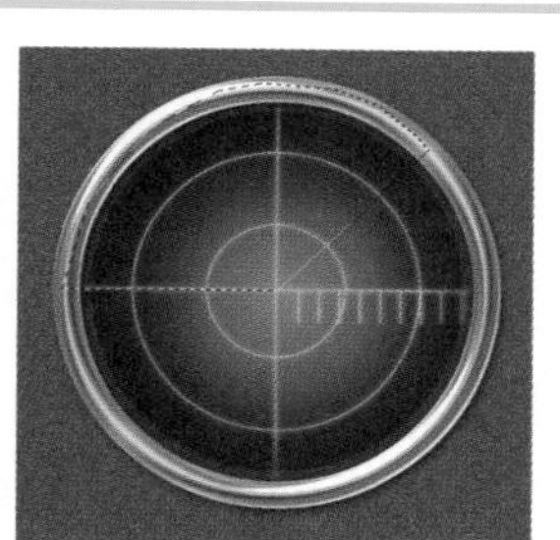
创建类似扇形的选区

选择前景-透明渐变

使用椭圆选框工具通过选区运算创建出月牙形选区，在选区内填充前景-透明渐变。最后用柔角画笔工具点几个圆点。

填充前景-透明渐变

创建月牙状选区

填充前景-透明渐变

2.14 复习题

1. 查看图像时，缩放工具、抓手工具和“导航器”面板分别适合在什么样的情况下使用?
2. 怎样使用“色板”面板加载Pantone颜色。
3. 在Photoshop中，哪些对象可以进行变换和变形操作?

第3章

图层与选区 版面设计

Photoshop图像编辑的基本流程是：先选择需要编辑的对象所在的图层，然后通过选区将其选中，之后再进行相应的操作。在Photoshop中，图层的操作比较简单，选区则具有一定的难度，这主要表现在两个方面，一是选区的用途很广，简单的操作如变换、变形、调色等，复杂的操作如抠图、影像合成和特效等，都有可能用到选区；二是用于制作选区的工具比较多，如选框工具、套索工具、钢笔工具、路径、蒙版和通道等，由这些工具又会派生出很多种选择方法，因而，对于操作者综合运用Photoshop各种工具的能力有一定的要求。

扫描二维码，关注李老师的微博、微信。

3.1 版面编排

版面编排是指将图形、文字和色彩等各种视觉传达要素进行合理的配置和设计。版面编排的基本要素包括点、线和面。

- 点是最基本的形，它可以是一个文字，也可以是一个色块，在画面中单独而细小的形象都可以称之为点。点的面积虽小，但对它的形状、方向、大小、位置等进行编排设计之后，点就会变得生动而富有表现力，产生不同的视觉效果，如图3-1、图3-2所示。

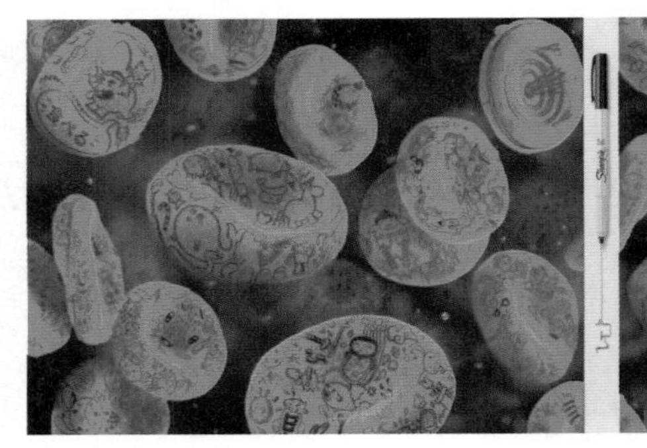

Sharpie笔广告

图3-1

La Cocinera食品广告

图3-2

- 线在构图中的作用在于表示方向、长短、重量，还能产生方向性、条理性，如图3-3、图3-4所示。线是分割画面的主要元素之一，线有不同的形状，因此具有不同的含义和性格表情，给人以不同的视觉感受。

印尼道路交通安全协会广告

图3-3

Audible广告

图3-4

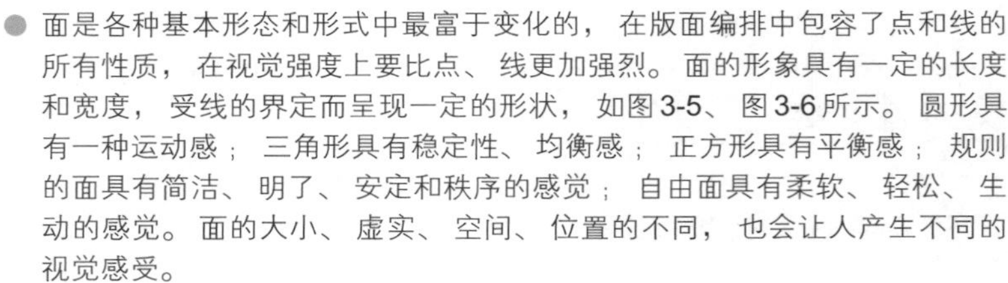

- 面是各种基本形态和形式中最富于变化的，在版面编排中包容了点和线的所有性质，在视觉强度上要比点、线更加强烈。面的形象具有一定的长度和宽度，受线的界定而呈现一定的形状，如图3-5、图3-6所示。圆形具有一种运动感；三角形具有稳定性、均衡感；正方形具有平衡感；规则的面具有简洁、明了、安定和秩序的感觉；自由面具有柔软、轻松、生动的感觉。面的大小、虚实、空间、位置的不同，也会让人产生不同的视觉感受。

学习重点

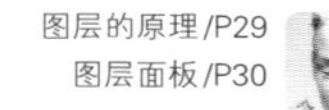
图层的原理/P29
图层面板/P30

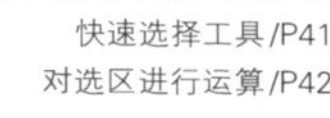
快速选择工具/P41
对选区进行运算/P42

对选区进行羽化/P42
手撕字/P43

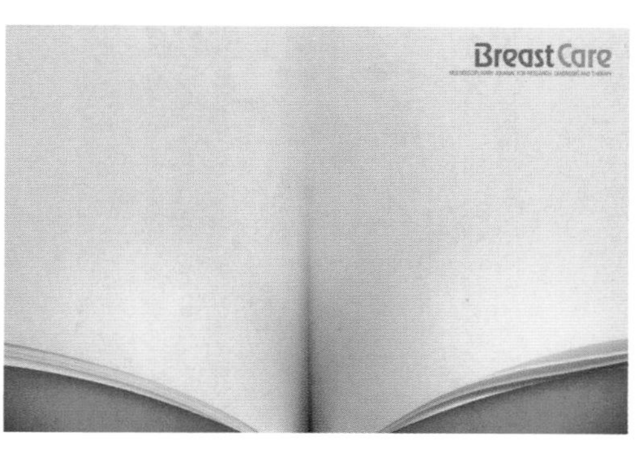

BreastCare Journal 杂志广告

图 3-5

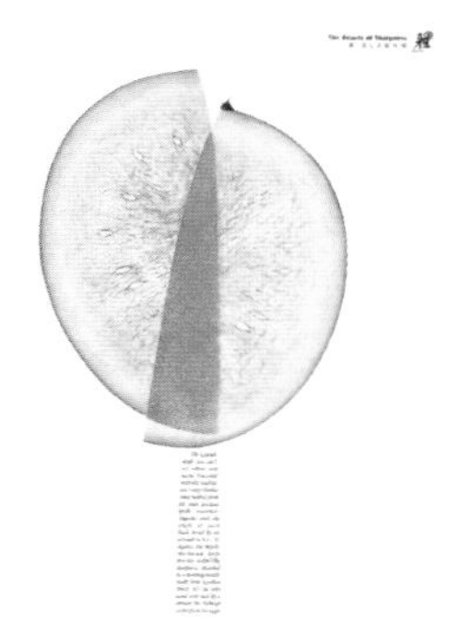

双立人刀具广告

图 3-6

3.2 图层

图层是Photoshop的核心功能，它承载了图像，而且有许多功能，如图层样式、混合模式、蒙版、滤镜、文字、3D和调色命令等都依托于图层而存在。

3.2.1 图层的原理

图层如同堆叠在一起的透明纸，每一张纸（图层）上都保存着不同的图像，透过上面图层的透明区域，可以看到下面层中的图像，如图3-7所示。

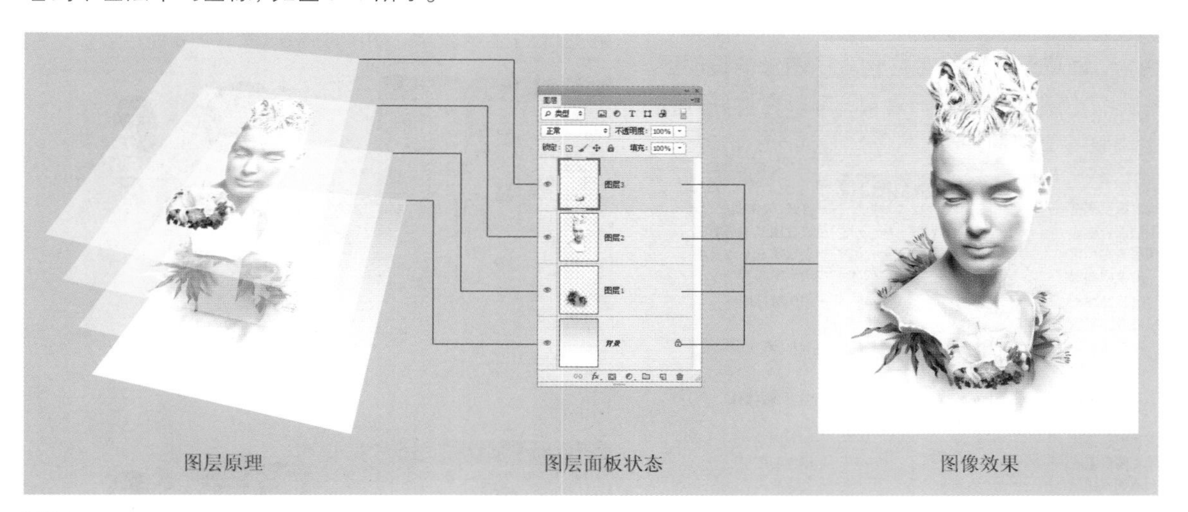

图 3-7

如果没有图层，所有的图像将位于同一平面上，想要处理任何一部分图像内容，都必须先将它选择出来，否则，操作将影响整个图像。有了图层，就可以将图像的不同部分放在不同的图层上，这样的话，就可以单独修改一个图层上的图像，而不会破坏其他图层上的内容，如图3-8所示。

单击“图层”面板中的一个图层即可选择该图层，如图3-9所示，所选图层称为“当前图层”。一般情况下，所有编辑（如颜色调整、滤镜等）只对当前选择的一个图层有效，但是移动、旋转等变换操作可以同时应用于多个图层。要选择多个图层，可以按住Ctrl键，分别单击它们，如图3-10所示。

图 3-8

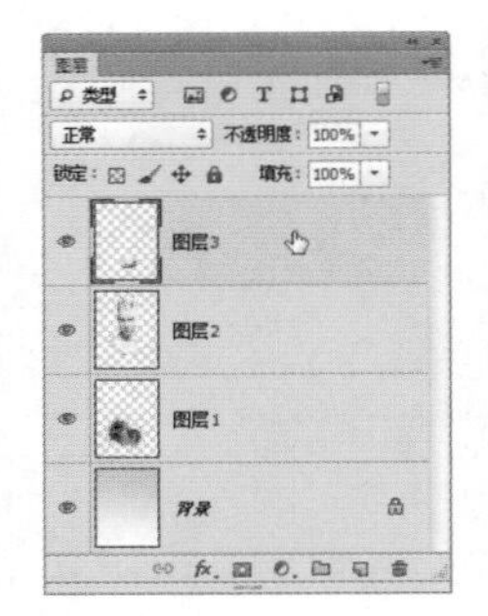

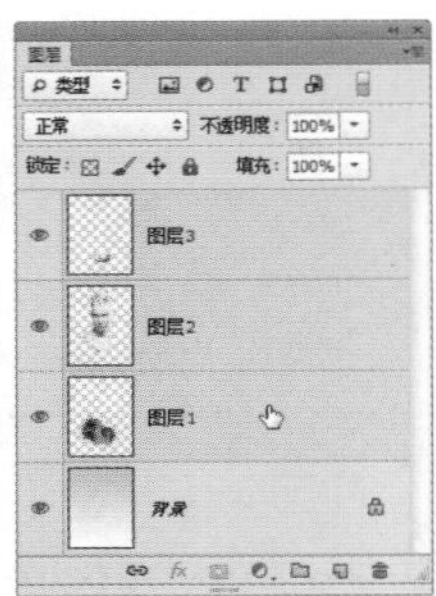

图 3-9　　图 3-10

3.2.2 图层面板

“图层”面板用于创建、编辑和管理图层，以及为图层添加样式。面板中列出了文档中包含的所有图层、图层组和图层效果，如图3-11所示。图层名称左侧的图像是该图层的缩览图，它显示了图层中包含的图像内容，缩览图中的棋盘格代表了图像的透明区域。在图层缩览图上单击鼠标右键，可以在打开的快捷菜单中调整缩览图的大小。

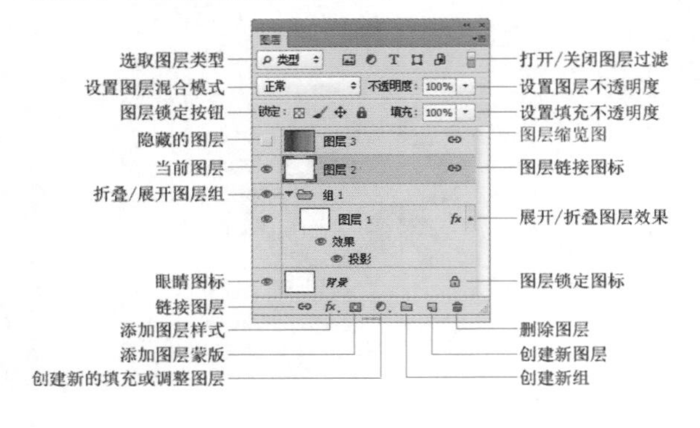

图 3-11

3.2.3 新建与复制图层

单击“图层”面板中的 按钮，即可在当前图层上面新建一个图层，新建的图层会自动成为当前图层，如图3-12、图3-13所示。如果要在当前图层的下面新建图层，可以按住Ctrl键单击 按钮。但“背景”图层下面不能创建图层。将一个图层拖动到 按钮上，可复制该图层，如图3-14所示。按下Ctrl+J快捷键，则可复制当前图层。

图 3-12　　图 3-13

图 3-14

3.2.4 调整图层堆叠顺序

在“图层”面板中，图层是按照创建的先后顺序堆叠排列的。将一个图层拖动到另外一个图层的上面或下面，即可调整图层的堆叠顺序。改变图层顺序会影响图像的显示效果，如图3-15、图3-16所示。

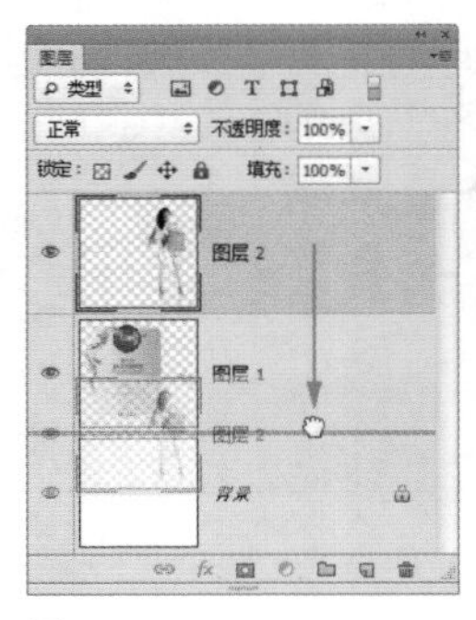

图 3-15

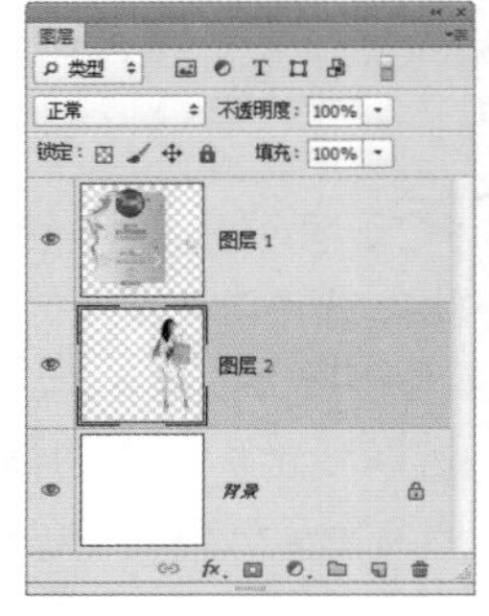

图 3-16

3.2.5 图层的命名与管理

在图层数量较多的文档中，可以为一些重要的图层设置容易识别的名称，或可以区别于其他图层的颜色，以便在操作中能够快速找到它们。

- 修改图层的名称：双击图层的名称，如图3-17所示，在显示的文本框中可以输入新名称。
- 修改图层的颜色：选择一个图层，单击鼠标右键，在打开的快捷菜单中可以选择颜色，如图3-18所示。
- 编组：如果要将多个图层创建在一个图层组内，可以选择这些图层，如图3-19所示，然后执行“图层>图层编组”命令，或按下Ctrl+G快捷键，如图3-20所示。创建图层组后，可以将图层拖入组中或拖出组外。图层组类似于文件夹，单击▼按钮可关闭（或展开）组。

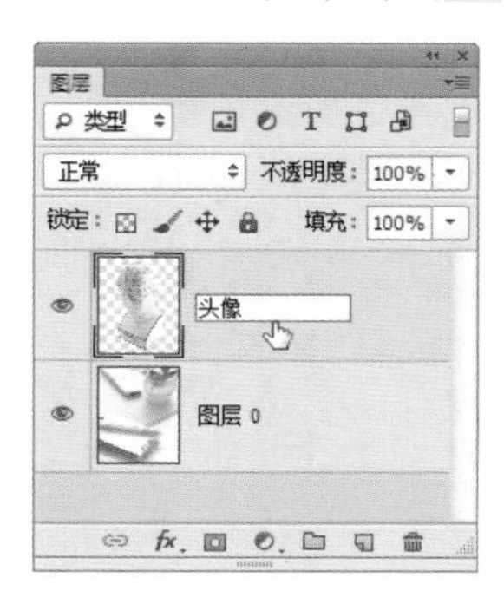

图3-17

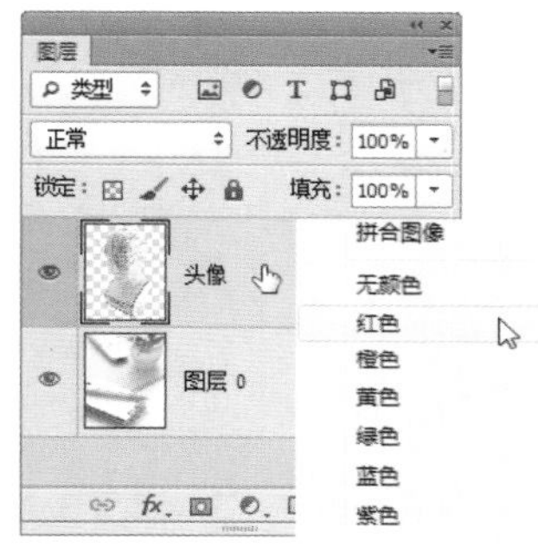

图3-18

图3-19

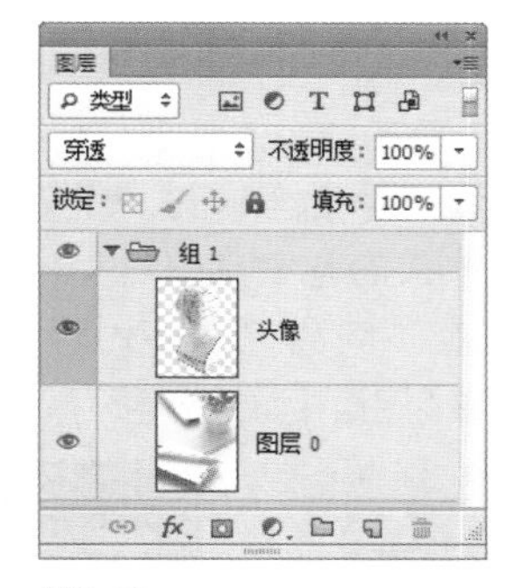

图3-20

3.2.6 显示与隐藏图层

单击一个图层前面的眼睛图标，可以隐藏该图层，如图3-21所示。如果要重新显示图层，可在原眼睛图标处单击，如图3-22所示。

将光标放在一个图层的眼睛图标上单击，并在眼睛图标列拖动鼠标，可以快速隐藏（或显示）多个相邻的图层。按住Alt键单击一个图层的眼睛图标，则可将除该图层外的所有图层都隐藏；按住Alt键再次单击同一眼睛图标，可以恢复其他图层的可见性。

图3-21

图3-22

3.2.7 合并与删除图层

图层、图层组和图层样式等都会占用计算机的内存，这些内容和效果过多，会导致计算机的运行速度变慢。将相同属性的图层合并，或者将没有用处的图层删除可以减小文件的大小。

- 合并图层：如果要将两个或多个图层合并，可以选择它们，然后执行“图层>合并图层”命令，或按下Ctrl+E快捷键，如图3-23、图3-24所示。

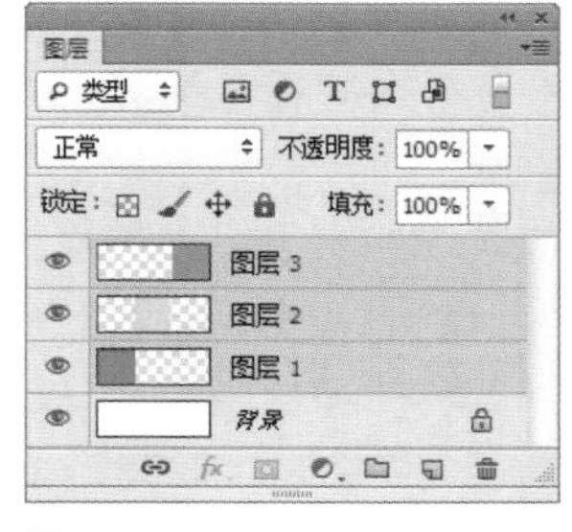

图3-23

图3-24

- 合并所有可见的图层：执行“图层>合并可见图层”命令，或按下Shift+Ctrl+E快捷键，所有可见图层会合并到“背景”图层中。
- 删除图层：将一个图层拖动到“图层”面板底部的按钮上，可删除该图层。此外，选择一个或多个图层后，按下Delete键也可将其删除。

3.2.8 锁定图层

"图层"面板中提供了用于保护图层透明区域、图像像素和位置等属性的锁定功能，如图3-25所示，可帮助用户避免因操作失误而对图层造成修改。

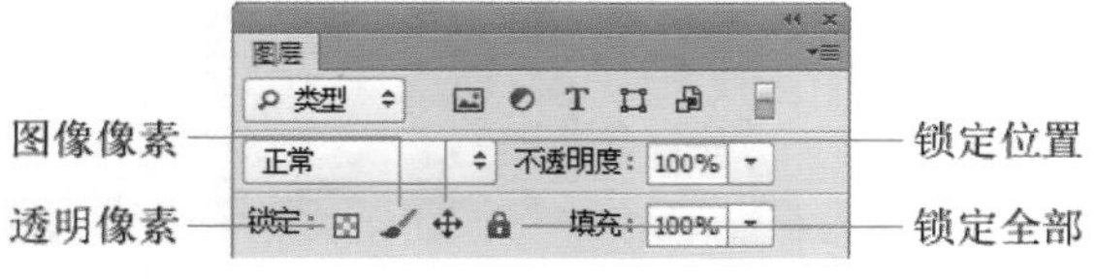

图3-25

- 锁定透明像素 ：按下该按钮后，可以将编辑范围限定在图层的不透明区域，图层的透明区域会受到保护。
- 锁定图像像素 ：按下该按钮后，只能对图层进行移动和变换操作，不能在图层上绘画、擦除或应用滤镜。
- 锁定位置 ：按下该按钮后，图层不能移动。对于设置了精确位置的图像，锁定位置后，就不必担心被意外移动了。
- 锁定全部 ：按下该按钮，可以锁定以上全部项目。

Tip 当图层只有部分属性被锁定时，图层名称右侧会出现一个空心的锁状图标 ；当所有属性都被锁定时，锁状图标 是实心的。

3.2.9 图层的不透明度

在"图层"面板中，有两个控制图层不透明度的选项，即"不透明度"和"填充"。在这两个选项中，100% 代表了完全不透明、50% 代表了半透明、0% 为完全透明。

"不透明度"选项用来控制图层及图层组中绘制的像素和形状的不透明度，如果对图层应用了图层样式，那么图层样式的不透明度也会受到该值的影响。"填充"选项只影响图层中绘制的像素和形状的不透明度，不会影响图层样式的不透明度。

例如，图3-26所示为添加了"投影"样式的图像，当调整图层不透明度时，会对图像和"投影"效果都产生影响，如图3-27所示。调整"填充"不透明度时，仅影响图像，"投影"效果的不透明度不会发生改变，如图3-28所示。

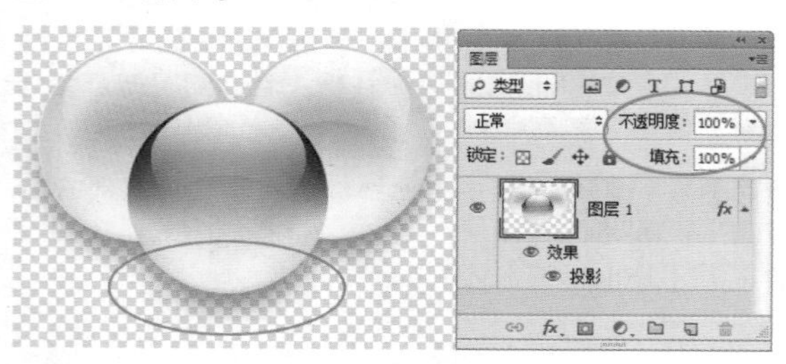

图3-26

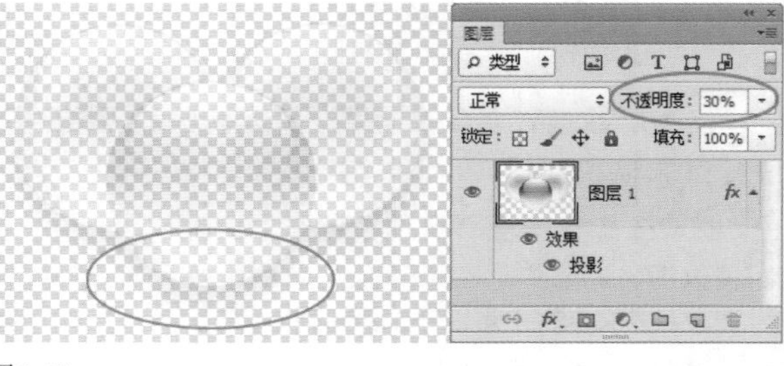

图3-27

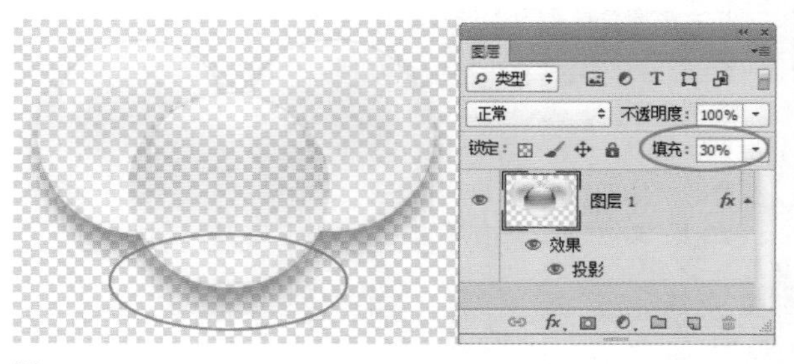

图3-28

Tip 使用除画笔、图章、橡皮擦等绘画和修饰之外的其他工具时，按下键盘中的数字键，可快速修改图层的不透明度。例如，按下"5"，不透明度会变为50%；按下"55"，不透明度会变为55%；按下"0"，不透明度会恢复为100%。

3.2.10 图层的混合模式

混合模式决定了像素的混合方式，可用于合成图像、制作选区和特殊效果。选择一个图层后，单击"图层"面板顶部的 按钮，在打开的下拉菜单中可以为它选择一种混合模式，如图3-29所示。图3-30所示为一个PSD格式的分层文件，下表中显示了为"图层1"设置不同的混合模式后，它与下面图层中的像素（"背景"图层）如何混合。

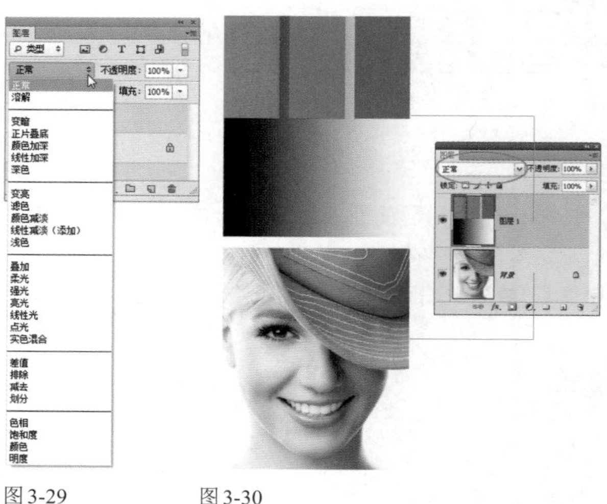

图3-29　　图3-30

正常模式

默认的混合模式，图层的不透明度为100%时，完全遮盖下面的图像。降低不透明度可以使其与下面的图层混合

溶解模式

设置为该模式并降低图层的不透明度时，可以使半透明区域上的像素离散，产生点状颗粒

变暗模式

比较两个图层，当前图层中较亮的像素会被底层较暗的像素替换，亮度值比底层像素低的像素保持不变

正片叠底模式

当前图层中的像素与底层的白色混合时保持不变，与底层的黑色混合时则被其替换，混合结果通常会使图像变暗

颜色加深模式

通过增加对比度来加强深色区域，底层图像的白色保持不变

线性加深模式

通过减小亮度使像素变暗，它与“正片叠底”模式的效果相似，但可以保留下面图像更多的颜色信息

深色模式

比较两个图层的所有通道值的总和并显示值较小的颜色，不会生成第三种颜色

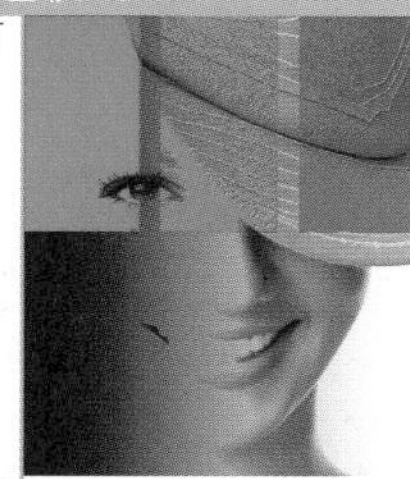

变亮模式

与“变暗”模式的效果相反，当前图层中较亮的像素会替换底层较暗的像素，而较暗的像素则被底层较亮的像素替换

滤色模式

与“正片叠底”模式的效果相反，它可以使图像产生漂白的效果，类似于多个摄影幻灯片在彼此之上投影

颜色减淡模式

与“颜色加深”模式的效果相反，它通过减小对比度来加亮底层的图像，并使颜色变得更加饱和

线性减淡（添加）模式

与“线性加深”模式的效果相反。通过增加亮度来减淡颜色，亮化效果比“滤色”和“颜色减淡”模式都强烈

浅色模式

比较两个图层的所有通道值的总和并显示值较大的颜色，不会生成第三种颜色

叠加模式

可增强图像的颜色，并保持底层图像的高光和暗调

柔光模式

当前图层中的颜色决定了图像变亮或是变暗。如果当前图层中的像素比 50% 灰色亮，图像变亮；如果像素比 50% 灰色暗，则图像变暗。产生的效果与发散的聚光灯照在图像上相似

强光模式

当前图层中比50%灰色亮的像素会使图像变亮；比50%灰色暗的像素会使图像变暗。产生的效果与耀眼的聚光灯照在图像上相似

亮光模式

如果当前图层中的像素比 50% 灰色亮，可通过减小对比度的方式使图像变亮；如果当前图层中的像素比50% 灰色暗，则通过增加对比度的方式使图像变暗。可使混合后的颜色更加饱和

线性光模式

如果当前图层中的像素比 50% 灰色亮，可通过增加亮度使图像变亮；如果当前图层中的像素比 50% 灰色暗，则通过减小亮度使图像变暗。与“强光”模式相比，“线性光”可以使图像产生更高的对比度

点光模式

如果当前图层中的像素比 50% 灰色亮，可替换暗的像素；如果当前图层中的像素比50% 灰色暗，则替换亮的像素，这对于向图像中添加特殊效果时非常有用

实色混合模式		差值模式		排除模式	
如果当前图层中的像素比50%灰色亮，会使底层图像变亮；如果当前图层中的像素比50%灰色暗，则会使底层图像变暗。该模式通常会使图像产生色调分离效果		当前图层的白色区域会使底层图像产生反相效果，而黑色则不会对底层图像产生影响	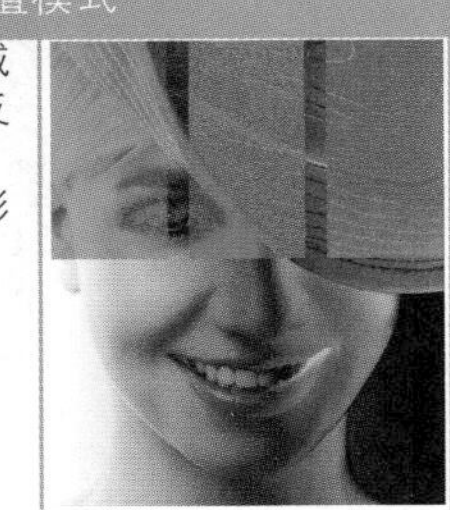	与“差值”模式的原理基本相似，但该模式可以创建对比度更低的混合效果	
减去模式		**划分模式**		**色相模式**	
可以从目标通道中相应的像素上减去源通道中的像素值		查看每个通道中的颜色信息，从基色中划分混合色		将当前图层的色相应用到底层图像的亮度和饱和度中，可以改变底层图像的色相，但不会影响其亮度和饱和度。对于黑色、白色和灰色区域，该模式不起作用	
饱和度模式		**颜色模式**		**明度模式**	
将当前图层的饱和度应用到底层图像的亮度和色相中，可以改变底层图像的饱和度，但不会影响其亮度和色相		将当前图层的色相与饱和度应用到底层图像中，但保持底层图像的亮度不变		将当前图层的亮度应用于底层图像的颜色中，可改变底层图像的亮度，但不会对其色相与饱和度产生影响	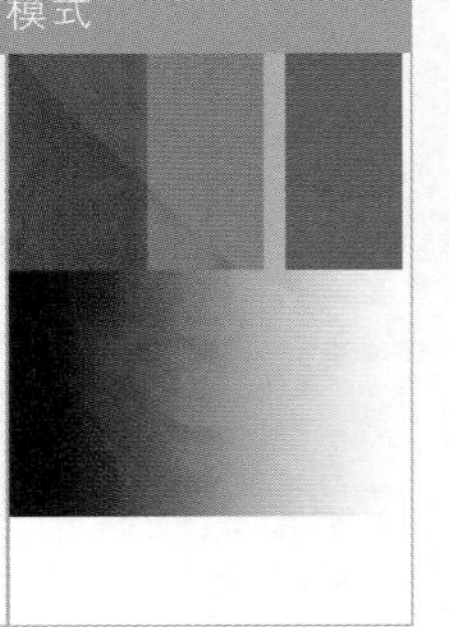

Tip 在混合模式选项栏双击，然后滚动鼠标中间的滚轮，可以循环切换各个混合模式。

3.3 图层实例：唯美纹身

❶ 打开两个素材文件，人物位于单独的图层中，如图3-31、图3-32所示。荷花素材也已经抠去背景，如图3-33、图3-34所示。

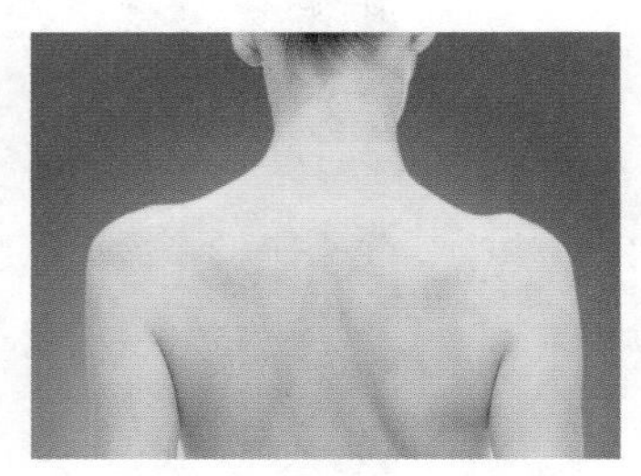

图3-31

图3-32

图3-33

图3-34

❷ 使用移动工具将荷花拖入人物文档中。按下Ctrl+T快捷键显示定界框，按住Shift键锁定图像比例，旋转并缩放，如图3-35所示。按下回车键确认。按下Ctrl+J快捷键复制图层，如图3-36所示。按下Ctrl+T快捷键显示定界框，按住Shift键锁定图像比例，自由变换复制后的图像

效果如图3-37所示。按下回车键确认变换。

图3-35

图3-36

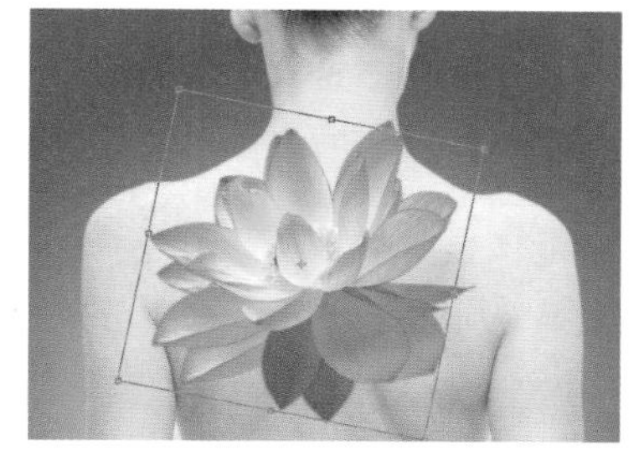
图3-37

❸ 按住Alt+Shift+Ctrl快捷组合键，同时连续按下T键重复变换操作，每按一次便会复制与变换出一个新的图层，直到复制的图像组成一个优美的弧形，如图3-38所示，这时的“图层”面板状态如图3-39所示。

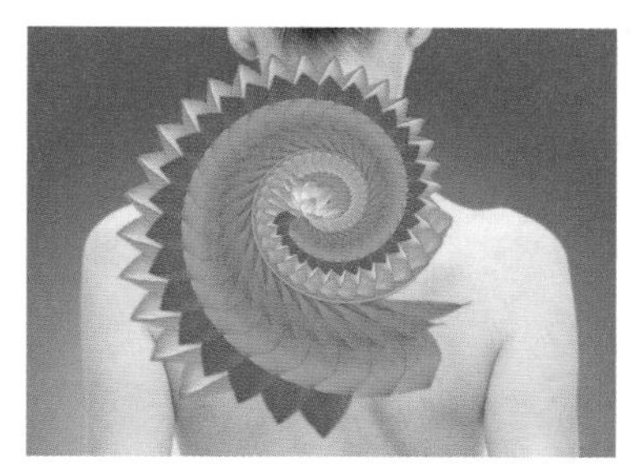
图3-38

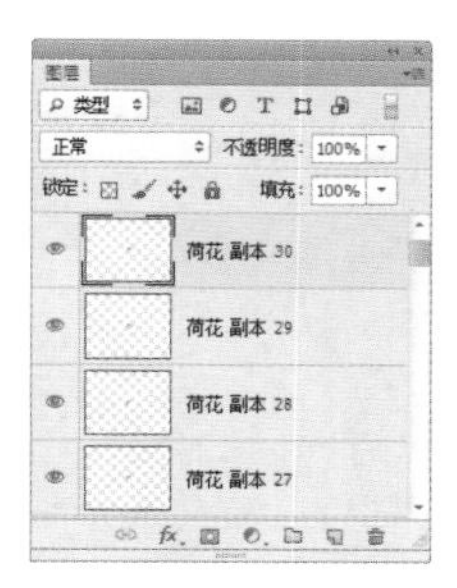

图3-39

❹ 按住Shift键选择荷花的所有副本图层（除“荷花”图层外），按下Ctrl+E快捷键合并。隐藏“荷花”图层，按下Ctrl+[快捷键向下移动位置，如图3-40所示。按下Ctrl+J快捷键复制当前图层，如图3-41所示。

图3-40

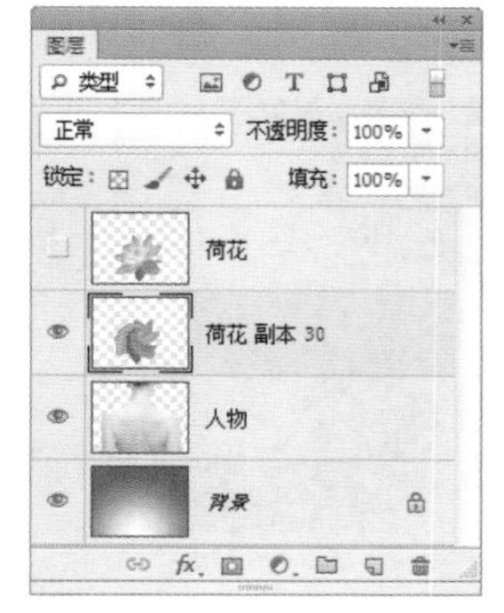

图3-41

❺ 按下Ctrl+T快捷键显示定界框，单击鼠标右键选择“水平翻转”命令，再按住Shift键锁定方向，向右移动图形，使两个图形对称分布，如图3-42所示，按下回车键确认变换。按下Ctrl+E快捷键向下合并图层，按下Ctrl+T快捷键显示定界框，自由变换图形，并放置到适当的位置，如图3-43所示。

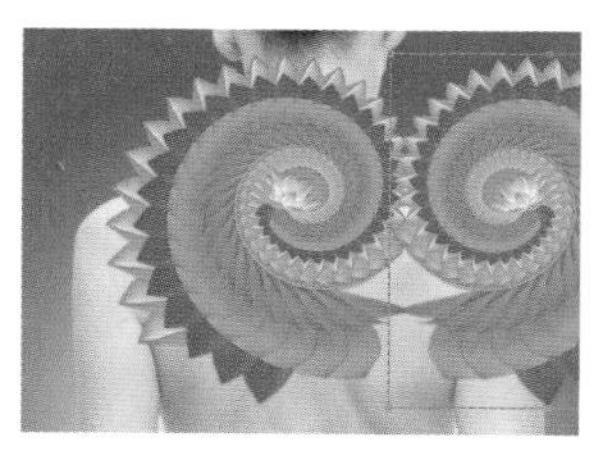
图3-42

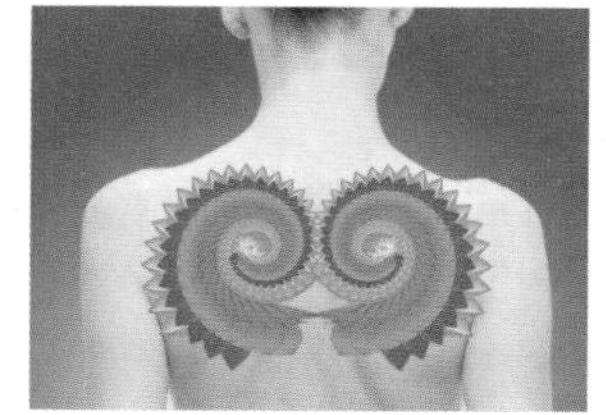
图3-43

❻ 按下Ctrl+J快捷键复制图层，修改图层的混合模式为“柔光”，将该图层与下一图层混合使图形变亮，如图3-44所示。按下Ctrl+E快捷键向下合并图层。按下Ctrl+J快捷键复制对称图形，按下Ctrl+T快捷键自由变换图形，将图形垂直翻转再成比例缩小，按下Ctrl+E快捷键向下合并，如图3-45所示。

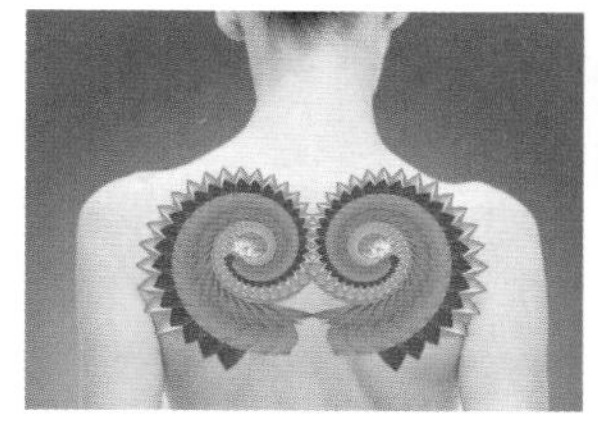
图3-44

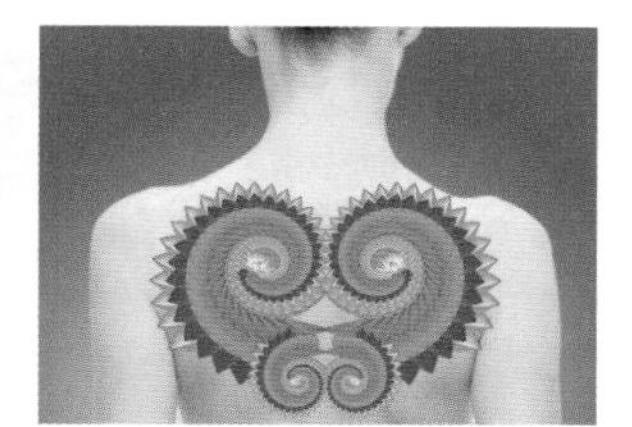
图3-45

❼ 选择并显示“荷花”图层。按下Ctrl+T快捷键显示定界框，经过自由变换后，适当调整它的位置，如图3-46所示，按下Ctrl+J快捷键复制图层，并修改复制图层的混合模式和不透明度，使荷花变亮，如图3-47、图3-48所示。同样按下Ctrl+E快捷键向下合并图层，将荷花与其副本图层合并。

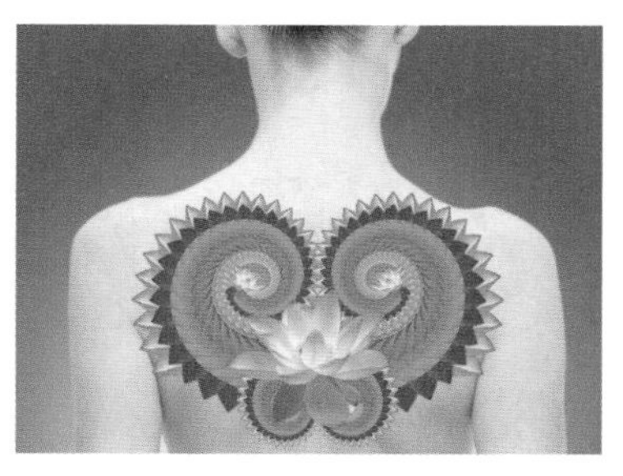
图3-46

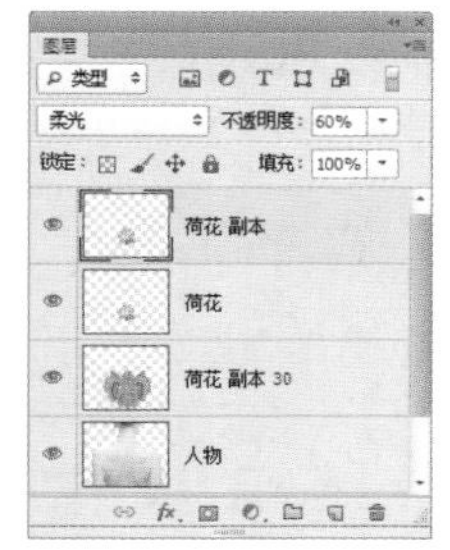

图3-47

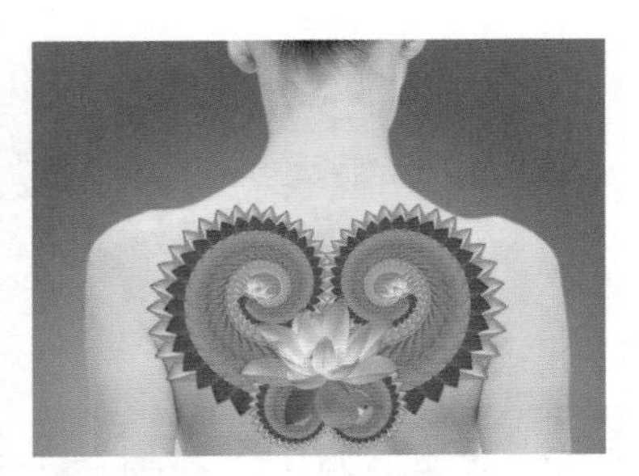

图3-48

❽ 双击当前图层打开“图层样式”对话框，设置参数如图3-49所示，效果如图3-50所示。按下Ctrl+E快捷键，将由荷花组成的图案合并到一个图层中，重新命名为“荷花”，如图3-51所示。

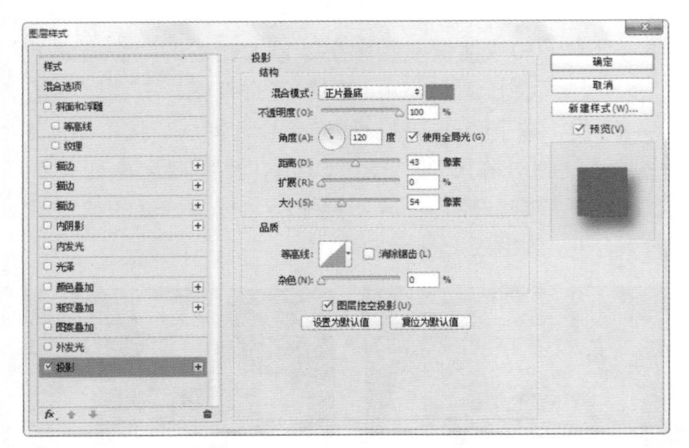

图3-49

图3-50　　图3-51

❾ 按下Ctrl+U快捷键打开“色相/饱和度”对话框，调整荷花的颜色，如图3-52、图3-53所示。

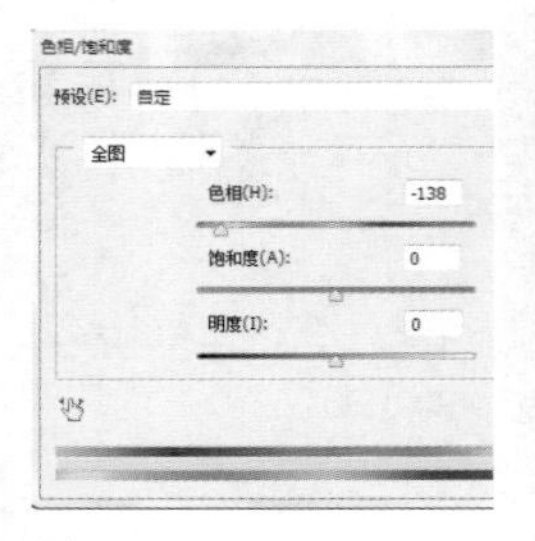

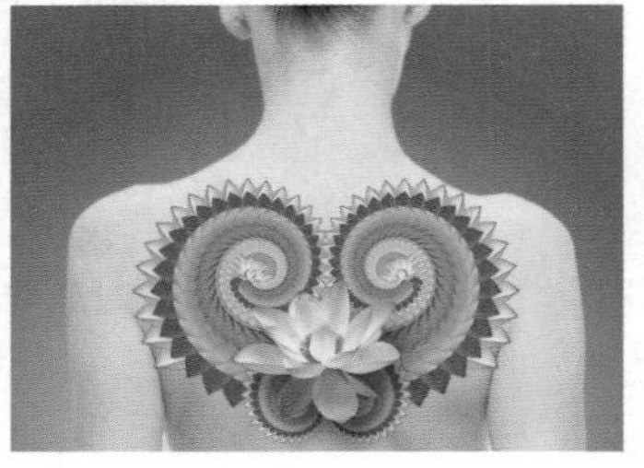

图3-52　　图3-53

❿ 打开一个素材文件，如图3-54所示，将它拖入当前文档中，并适当调整它在画面中的位置。按下Ctrl+E快捷键，将它与“荷花”图层合并。调整该图层的混合模式为“正片叠底”，将图案与人体混合，制作为彩绘效果，如图3-55所示。

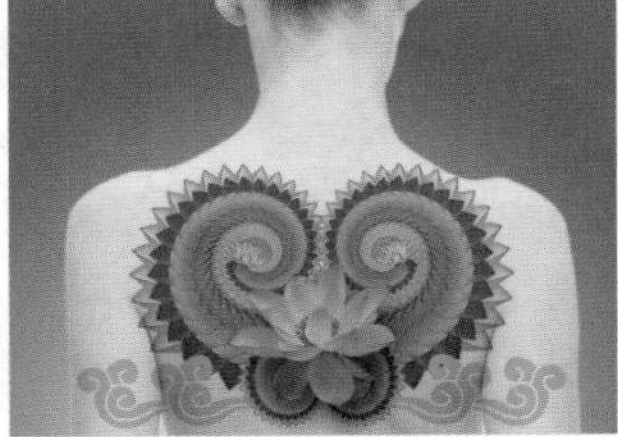

图3-54　　图3-55

⓫ 双击该图层打开“图层样式”对话框，按住Alt键，分别拖动“混合颜色带”中“本图层”和“下一图层”的白色滑块，将白色滑块分开，并向左移动，如图3-56所示，分别将本图层的白色像素隐藏，将下一图层的白色像素显示出来，使彩绘效果更加真实，如图3-57所示。

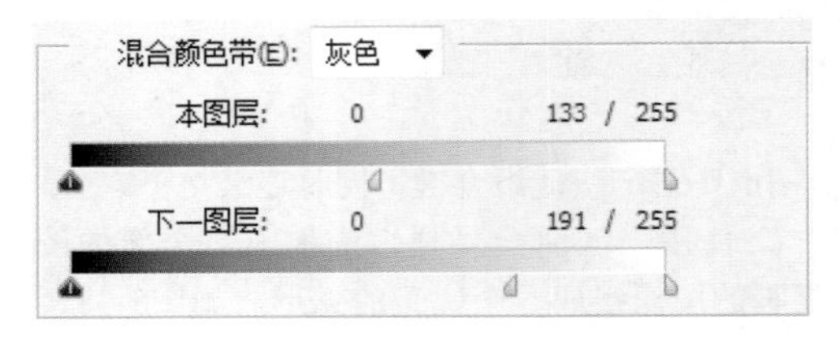

图3-56

图3-57

⓬ 单击“图层”面板中的按钮，添加图层蒙版，使用柔角画笔工具在超出人物背部的图案上涂抹，将它们隐藏，如图3-58、图3-59所示。

图3-58　　图3-59

⑬ 双击“人物”图层，打开“图层样式”对话框，选择“内发光”选项，设置参数如图3-60所示，表现出环境光的效果，如图3-61所示。

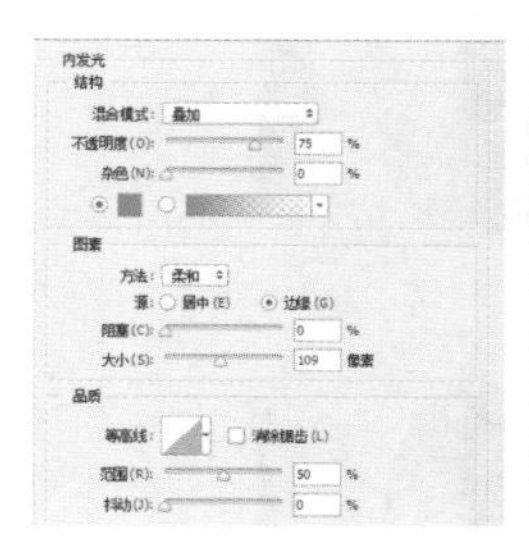
图3-60

图3-61

⑭ 打开一个素材文件，如图3-62所示。这是一个PSD分层文件，使用移动工具将花纹拖入人物文档中，设置“花纹”图层的混合模式为“叠加”，使它与整个图像混合，如图3-63所示。

图3-62

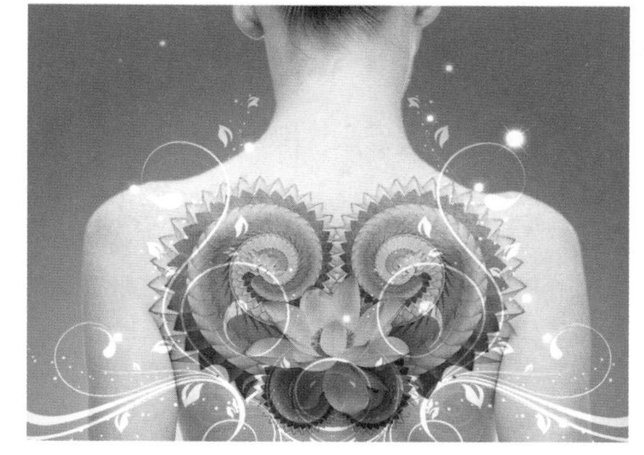
图3-63

3.4 图层实例：百变鼠标

❶ 打开光盘中的素材，如图3-64所示。每个鼠标都位于单独的图层中，如图3-65所示。贴图文件由各种样式的图案组成，如图3-66、图3-67所示。

图3-64

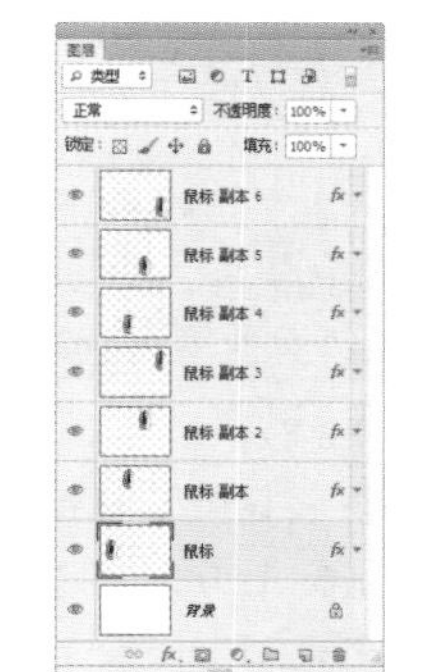
图3-65

图3-66

图3-67

❷ 选择移动工具，在工具选项栏中勾选“自动选择”复选项，并选择“图层”选项，如图3-68所示。

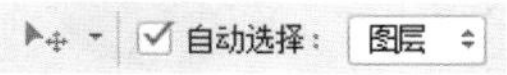

自动选择： 图层

图3-68

❸ 先将卡通图案拖动到鼠标文档中，将它所在的图层移至“鼠标”图层的上方，按下Alt+Ctrl+G快捷键创建剪贴蒙版，作为基底图层的鼠标就可以限定卡通图案的显示范围了，如图3-69、图3-70所示。

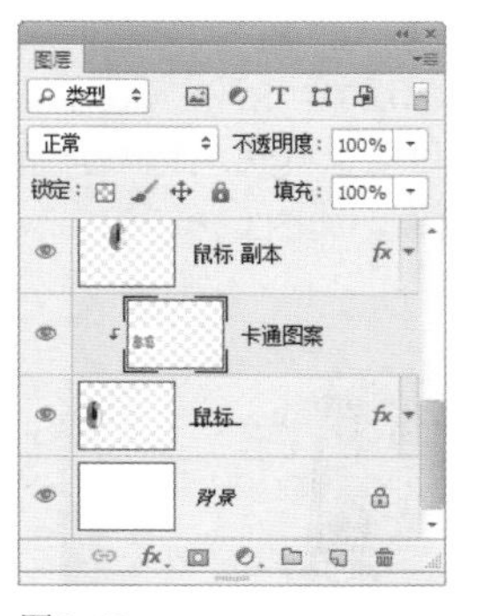

图3-69

图3-70

❹ 设置该图层的混合模式为“正片叠底”，如图3-71所示。使用横排文字工具 T 输入文字，设置文字图层的混合模式为“叠加”，效果如图3-72所示。

图3-71

图3-72

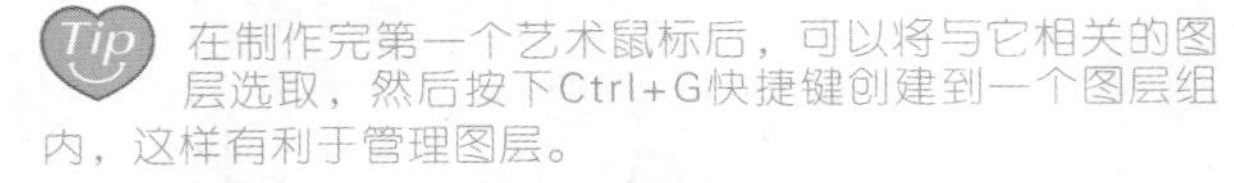

Tip 在制作完第一个艺术鼠标后，可以将与它相关的图层选取，然后按下Ctrl+G快捷键创建到一个图层组内，这样有利于管理图层。

❺ 下面来制作啤酒质感鼠标。将素材文件中的啤酒图像拖动到鼠标文档中，使它位于第一行第一个鼠标上方，如图3-73所示。在“图层”面板中，也要将啤酒图层调整到该鼠标图层的上方，然后按下Alt+Ctrl+G快捷键，创建剪贴蒙版，如图3-74所示。

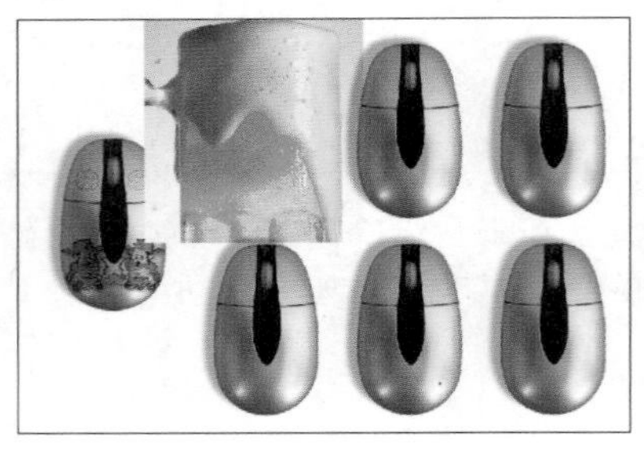

图3-73

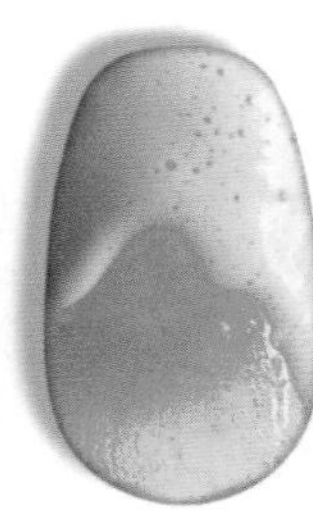

图3-74

❻ 创建剪贴蒙版后，鼠标的滚轮和接缝被挡住了，下面要将它们选取出来。先隐藏啤酒图层，然后选择鼠标所在的图层，如图3-75所示。使用椭圆选框工具在鼠标的接缝处创建一个选区，如图3-76所示，按下工具选项栏中的从选区减去按钮，再创建一个选区，创建的过程中可以按住空格键移动选区，如图3-77所示，放开鼠标后可得到图3-78所示的选区。按下工具选项栏中的添加到选区按钮，将滚轮部分选取，如图3-79所示，这样选区就制作完成了，如图3-80所示。

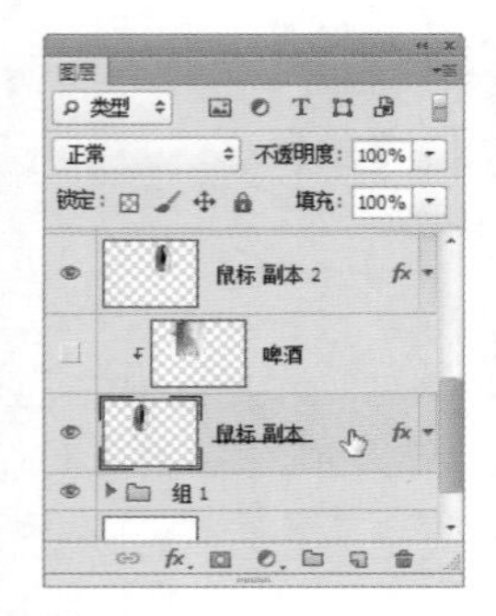

图3-75

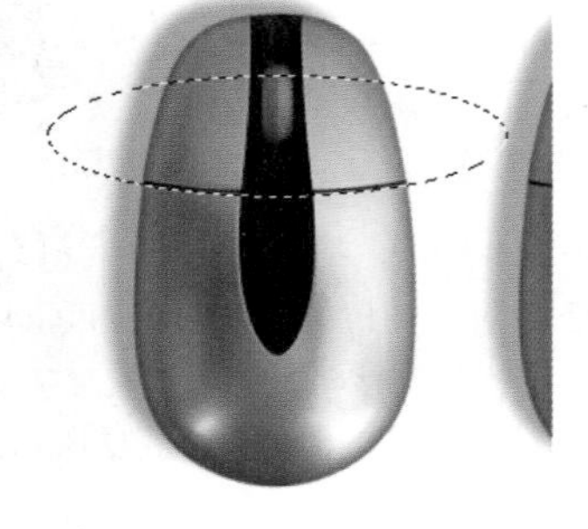

图3-76

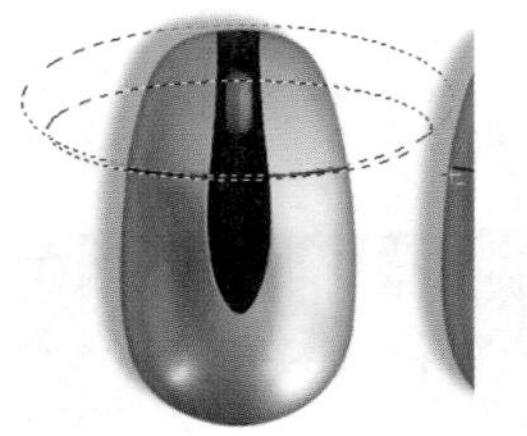

图3-77

图3-78

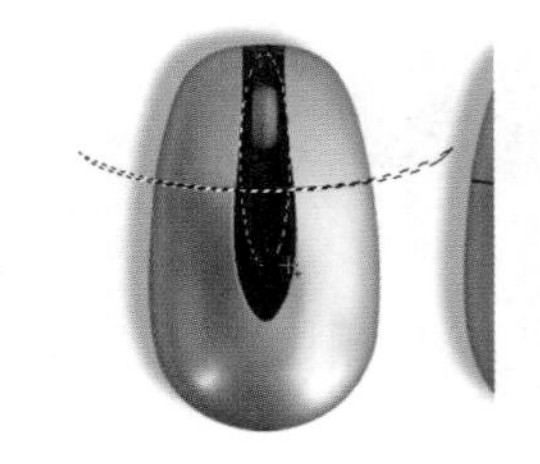

图3-79

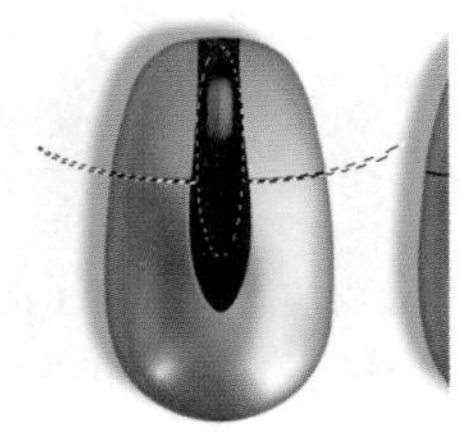

图3-80

❼ 按下Ctrl+C快捷键复制选区内的图像，选择“啤酒”图层，然后单击创建新图层按钮，在该图层上面新建“图层1”，按下Ctrl+V快捷键粘贴图像，再按下Ctrl+D快捷键取消选择。显示“啤酒”图层，如图3-81、图3-82所示。将组成啤酒鼠标的这3个图层选取，按下Ctrl+G快捷键创建在一个图层组内。

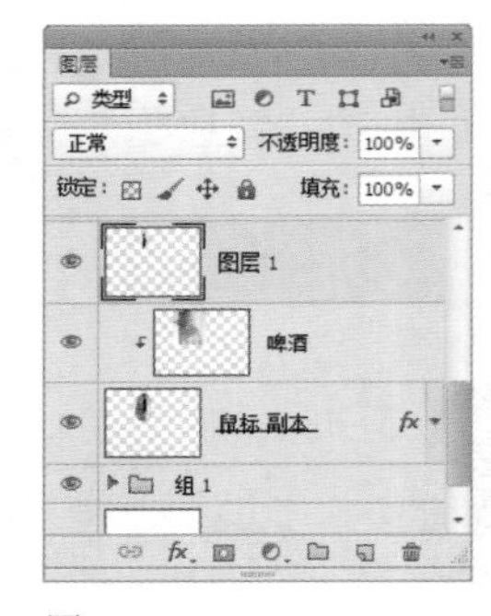

图3-81

图3-82

❽ 将树叶素材拖动到鼠标文件中，使它位于第1行第2个鼠标上方，创建剪贴蒙版，设置树叶图层的混合模式为“叠加”。按下Ctrl+T快捷键显示定界框，将树叶朝顺时针方向旋转，如图3-83所示。按下回车键确认。用同样的方法制作脸谱鼠标，设置混合模式为“叠加”，效果如图3-84所示。

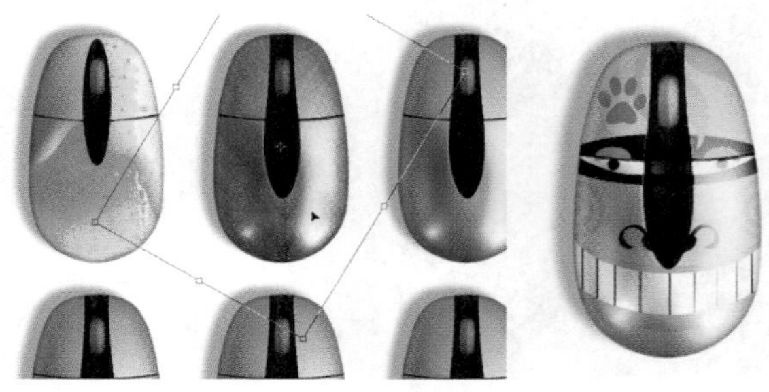

图3-83　图3-84

❾ 制作橄榄球鼠标时，设置它的混合模式为“强光”，如图3-85所示；制作传统图案鼠标时，设置图案的混合模式为“叠加”，如图3-86所示，然后复制该图层，设置混合模式为“线性加深”，不透明度为60%，效果如图3-87所示；制作蓝色水晶石鼠标时，设置石头图层的混合模式为“强光”，效果如图3-88所示。最终效果如图3-89所示。

图3-85

图3-86

图3-87

图3-88

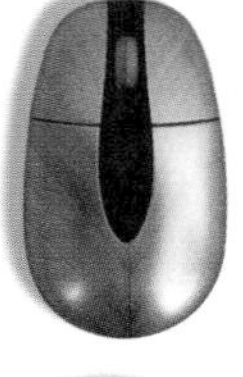

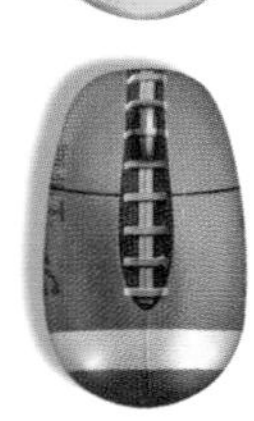

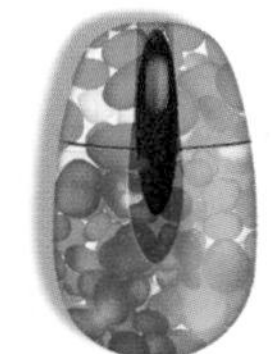

图3-89

3.5 创建选区

选区是指使用选择工具和命令创建的可以限定操作范围的区域。创建和编辑选区是图像处理的首要工作，无论是图像修复、色彩调整还是影像合成，都与选区有着密切的关系。

3.5.1 认识选区

在Photoshop中处理局部图像时，首先要指定编辑操作的有效区域，即创建选区。例如，图3–90所示为一张荷花照片，如果想要修改荷花的颜色，就要先通过选区将荷花选中，再调整颜色。选区可以将编辑限定在一定的区域内，这样就可以处理局部图像而不会影响其他内容了，如图3–91所示。如果没有创建选区，则会修改整张照片的颜色，如图3–92所示。

选区还有一种用途，就是可以分离图像。例如，如果要为荷花换一个背景，就要用选区将它选中，再将其从背景中分离出来，然后置入新的背景，如图3–93所示。

图3-90

图3-91

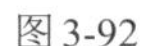

图3-92

图3-93

在Photoshop中可以创建两种选区，普通选区和羽化的选区。普通选区具有明确的边界，使用它选出的图像边界清晰、准确，如图3-94所示；使用羽化的选区选出的图像，其边界会呈现逐渐透明的效果，如图3-95所示。

图3-94

图3-95

3.5.2 创建几何形状选区

矩形选框工具可以创建矩形和正方形选区，椭圆选框工具可以创建椭圆形和圆形选区。这两个工具的使用方法都很简单，只需在画面中单击并拖出一个矩形或椭圆选框，然后放开鼠标即可，如图3-96、图3-97所示。

图3-96

图3-97

Tip 在创建选区时，按住Shift键操作，可创建正方形或圆形选区；按住Alt键操作，将以鼠标的单击点为中心向外创建选区；按住Shift+Alt组合键，可由单击点为中心向外创建正方形或圆形选区。此外，在创建选区的过程中按住空格键拖动鼠标，可以移动选区。

3.5.3 创建非几何形状选区

多边形套索工具可以创建由直线连接成的选区，如图3-98所示。选择该工具后，在画面中单击鼠标，然后移动鼠标至下一点上单击，连续执行以上操作，最后在起点处单击可封闭选区，也可以在任意的位置双击，Photoshop会在该点与起点处连接直线来封闭选区。

套索工具可以创建比较随意的选区，如图3-99所示。使用该工具时，需要在画面中单击并按住鼠标按键徒手绘制选区，在到达起点时放开鼠标，即可创建一个封闭的选区，如果在中途放开鼠标，则会用一条直线来封闭选区。

图3-98

图3-99

Tip 使用套索工具时，按住Alt键，松开鼠标左键，在其他区域单击可切换为多边形套索工具绘制直线。如果要恢复为套索工具，可以单击并拖动鼠标，然后放开Alt键继续拖动鼠标。使用多边形套索工具时，按住Alt键单击并拖动鼠标，可切换为套索工具；放开Alt键，然后在其他区域单击可恢复为多边形套索工具。

3.5.4 磁性套索工具

磁性套索工具具有自动识别对象边缘的功能，使用它可以快速选取边缘复杂、但与背景对比清晰的图像。

选择该工具后，在需要选取的图像边缘单击，然后放开鼠标按键沿着对象的边缘移动鼠标，Photoshop会在光标经过处放置一定数量的锚点来连接选区，如图3-100所示。如果想要在某一位置放置一个锚点，可以在该处单击，如果锚点的位置不准确，则可以按下Delete键将其删除，连续按下Delete键可依次删除前面的锚点，如图3-101所示。如果要封闭选区，只需将光标移至起点处单击即可，如图3-102所示。

图3-100

图3-101

图3-102

3.5.5 魔棒工具

魔棒工具能够基于图像中色调的差异建立选区，它的使用方法非常简单，只需在图像上单击，Photoshop就会选择与单击点色调相似的像素。例如，图3–103~图3–105所示是使用魔棒工具选择背景，然后反转选区选择的苹果。

图3-103

图3-104

图3-105

在魔棒工具的选项栏中，有控制工具性能的重要选项，如图3–106所示。

取样大小：取样点　容差：32　☑消除锯齿　☑连续　☐对所有图层取样

图3-106

- 取样大小：用来设置魔棒工具的取样范围。选择“取样点”，可对光标所在位置的像素进行取样；选择“3×3平均”，可对光标所在位置3个像素区域内的平均颜色进行取样。其他选项以此类推。
- 容差：用来设置选取的颜色范围，该值越高，包含的颜色范围越广。图3-107所示是设置容差值为32时创建的选区，此时可选择到比单击点高32个灰度级别和低32个灰度级别的像素，图3-108所示是设置该值为10时创建的选区。

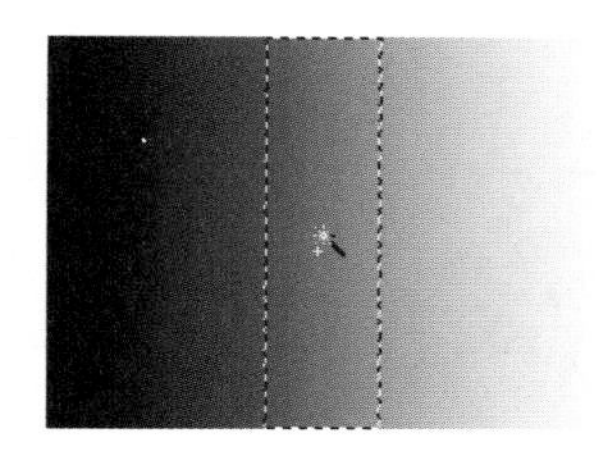
图3-107

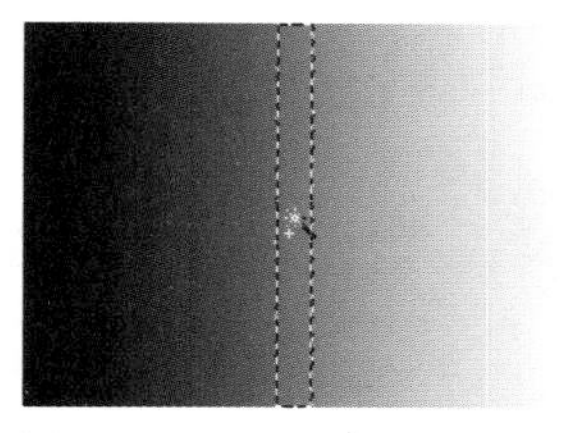
图3-108

- 消除锯齿：选择该选项后，可在选区边缘1个像素宽的范围内添加与周围图像相近的颜色，使边缘颜色的过渡柔和，从而消除锯齿。图3-109所示是在未消除锯齿的状态下选取出来的图像（局部的放大效果），图3-110所示是消除锯齿后选出的图像。

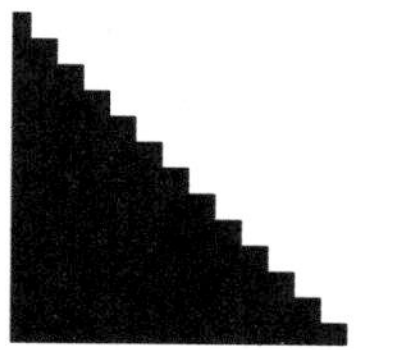
图3-109

图3-110

- 连续：勾选该选项后，仅选择颜色连接的区域，如图3-111所示。取消勾选，则可以选择与单击点颜色相近的所有区域，包括没有连接的区域，如图3-112所示。

图3-111

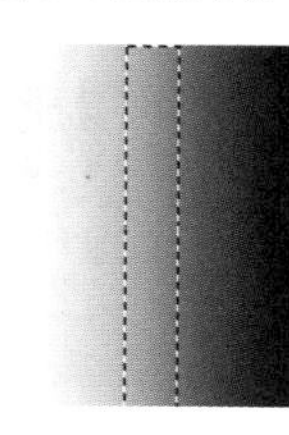
图3-112

- 对所有图层取样：勾选该选项后，可以选择所有可见图层颜色相近的区域；取消勾选该项，则仅选取当前图层颜色相近的区域。

3.5.6 快速选择工具

快速选择工具的图标是一只画笔+选区轮廓，这说明它的使用方法与画笔工具类似。该工具能够利用可调整的圆形画笔笔尖快速“绘制”选区，也就是说，可以像绘画一样涂抹出选区。在拖动鼠标时，选区还会向外扩展，并自动查找和跟随图像中定义的边缘，如图3–113~图3–115所示。

图3-113

图3-114

图3-115

3.6 编辑选区

创建选区以后，往往要对其进行加工和编辑，才能使选区符合要求。

3.6.1 全选与反选

执行“选择 > 全部”命令，或按下 Ctrl+A 快捷键，可以选择当前文档边界内的全部图像，如图 3–116 所示。创建选区之后，如图 3–117 所示，执行“选择 > 反向”命令，或按下 Shift+Ctrl+I 快捷键，可以反转选区，如图 3–118 所示。

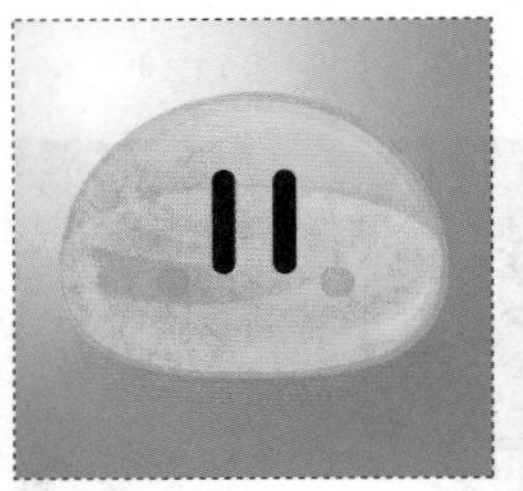
图 3-116

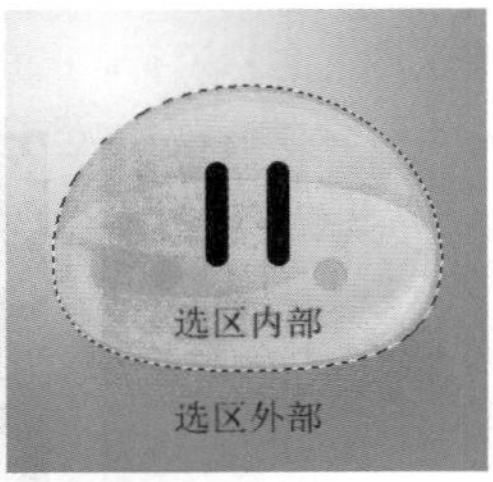

选区内部
选区外部

图 3-117

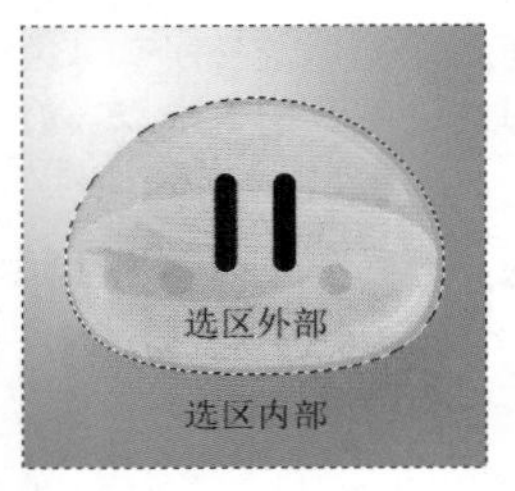

图 3-118

创建选区以后，如果新选区按钮 为按下状态，则使用选框、套索和魔棒工具时，只要将光标放在选区内，单击并拖动鼠标即可移动选区。如果要轻微移动选区，可以按下键盘中的→、←、↑、↓键。

3.6.2 取消选择与重新选择

创建选区以后，执行“选择 > 取消选择”命令，或按下 Ctrl+D 快捷键，可以取消选择。如果要恢复被取消的选区，可以执行“选择 > 重新选择”命令。

3.6.3 对选区进行运算

选区运算是指在画面中存在选区的情况下，使用选框工具、套索工具和魔棒工具等创建新选区时，在新选区与现有选区之间进行运算，生成新的选区。图 3–119 所示为工具选项栏中的选区运算按钮。

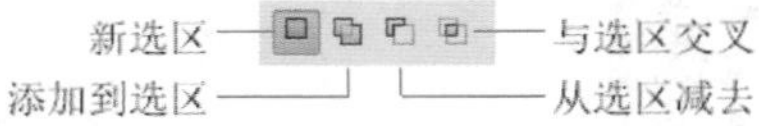

新选区 — 与选区交叉
添加到选区 — 从选区减去

图 3-119

- 新选区 ：按下该按钮后，如果图像中没有选区，可以创建一个选区，图 3-120 所示为创建的矩形选区；如果图像中有选区存在，则新创建的选区会替换原有的选区。
- 添加到选区 ：按下该按钮后，可在原有选区的基础上添加新的选区，图 3-121 所示为在现有矩形选区基础之上添加的圆形选区。
- 从选区减去 ：按下该按钮后，可在原有选区（矩形选区）中减去新创建的选区（圆形选区），如图 3-122 所示。
- 与选区交叉 ：按下该按钮后，画面中只保留原有选区（矩形选区）与新创建的选区（圆形选区）相交的部分，如图 3-123 所示。

图 3-120

图 3-121

图 3-122

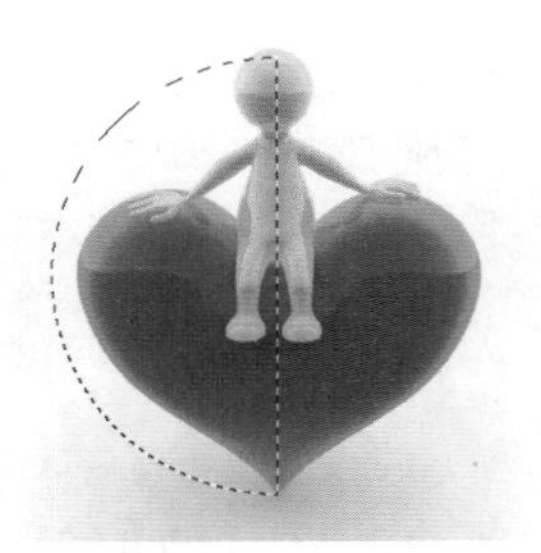
图 3-123

3.6.4 对选区进行羽化

创建选区以后，如图 3–124 所示，执行“选择 > 修改 > 羽化”命令，打开“羽化选区”对话框，通过“羽化半径”可以控制羽化范围的大小，图 3–125 所示为使用羽化后的选区选取的图像。图 3–126 所示为“羽化选区”对话框。

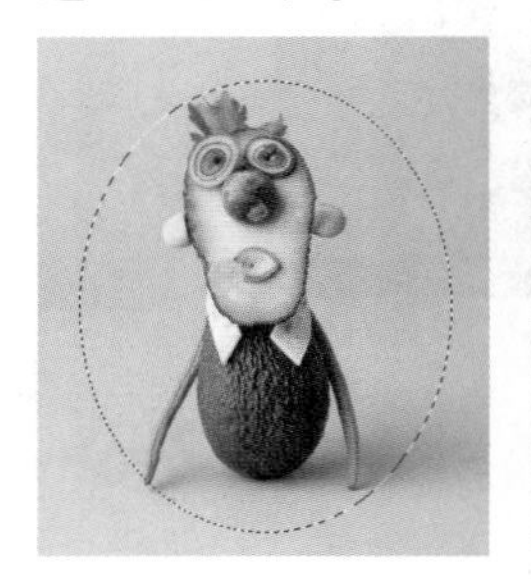
图 3-124

图 3-125

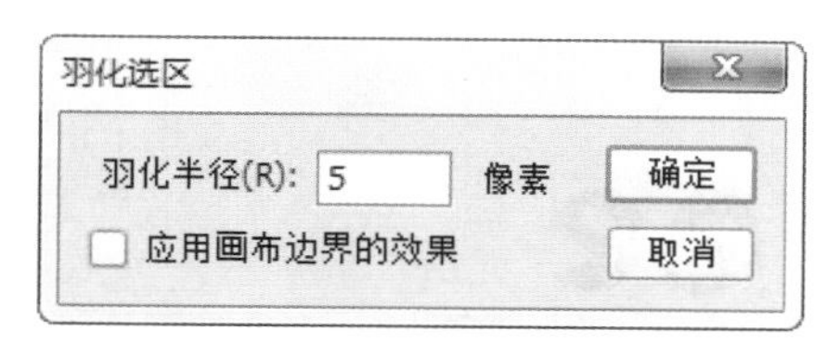

图 3-126

3.6.5 存储与载入选区

创建选区后，单击“通道”面板底部的将选区存储为通道按钮 ，Photoshop 会将选区保存到 Alpha 通道中，如图 3–127 所示。如果要从通道中调出选区，可以按住 Ctrl 键单击 Alpha 通道，如图 3–128 所示。

执行“文件>存储”命令保存文件时，选择 PSB、PSD、PDF和TIFF等格式可以保存Alpha通道。

图 3-127

图 3-128

3.7 选区实例：手撕字

❶ 打开光盘中的素材，如图3-129所示。单击“图层”面板底部的 按钮，新建一个图层，如图3-130所示。

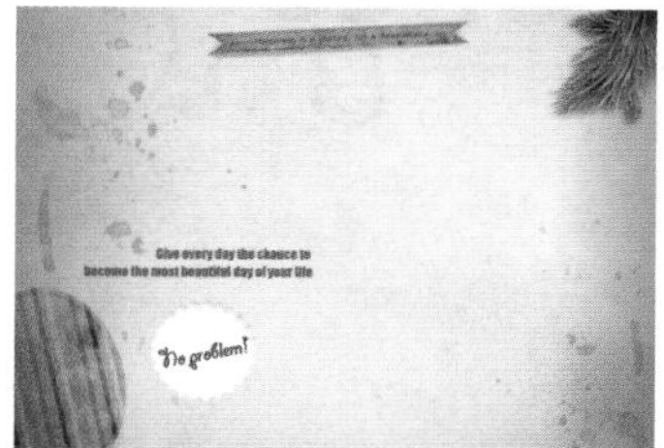

图 3-129

图 3-130

❷ 选择套索工具 ，在画面中单击并拖动鼠标绘制选区，将光标移至起点处，放开鼠标按键可以封闭选区，如图3-131、图3-132所示。

图 3-131

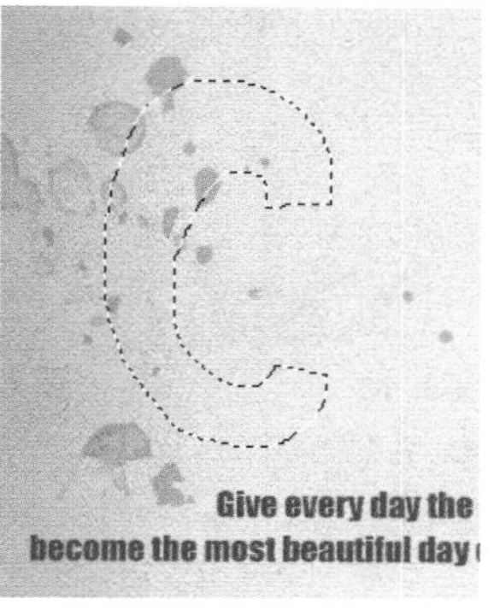

图 3-132

❸ 按下Alt+Delete快捷键，在选区内填充前景色，如图3-133所示。按下Ctrl+D快捷键取消选择。采用同样的方法，在“c”字右侧绘制字母“h”选区并填色（按下Alt+Delete快捷键），如图3-134所示。按下Ctrl+D快捷键取消选择。

图 3-133

图 3-134

❹ 下面通过选区运算制作字母“e”的选区。先创建图3-135所示的选区；然后按住Alt键创建图3-136所示的选区；放开鼠标按键后，这两个选区即可进行运算，从而得到字母“e”的选区，如图3-137所示。按下Alt+Delete快捷键填充颜色，然后按下Ctrl+D快捷键取消选择，如图3-138所示。

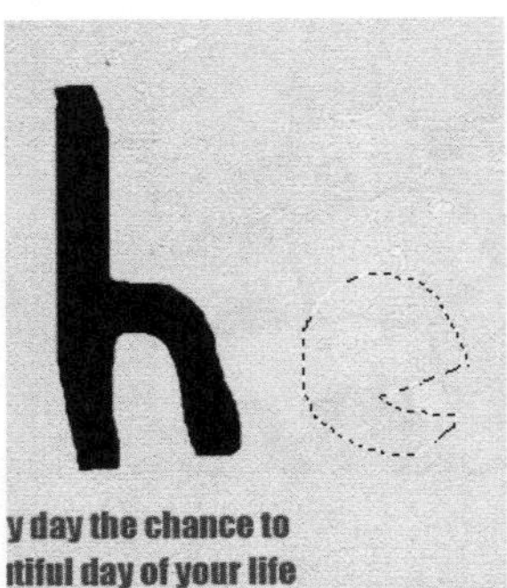

图3-135

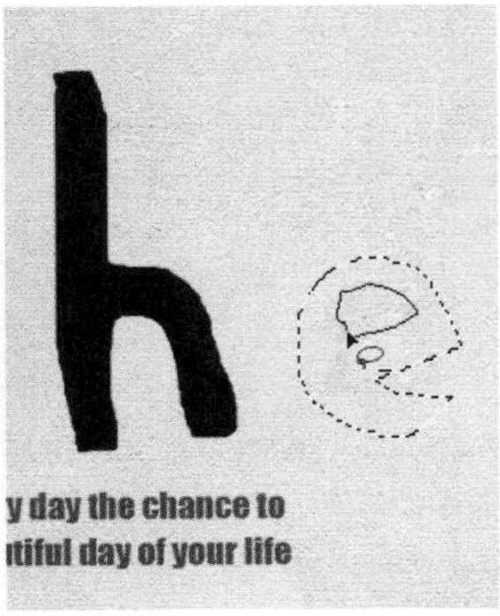

图3-136

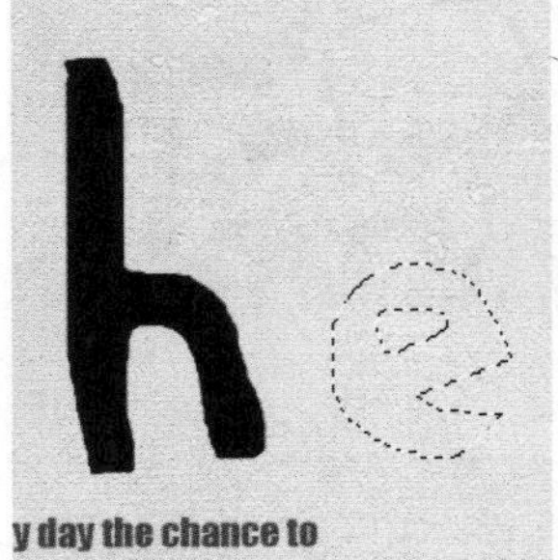

图3-137

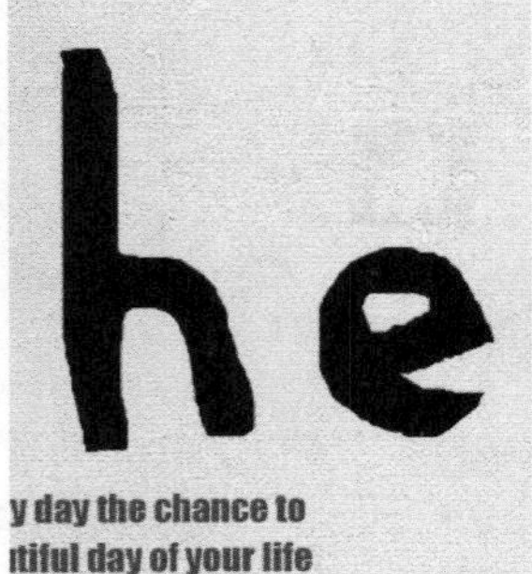

图3-138

❺ 使用套索工具 在字母“e”外侧创建选区，选中该文字，如图3-139所示。将光标放在选区内，按住Alt+Ctrl+Shift组合键单击并向右侧拖动，复制文字，如图3-140所示。

图3-139

图3-140

❻ 采用同样的方法，分别制作文字“r”、“u”、“p”、“！”的选区并填色，如图3-141所示。

❼ 单击“树叶”图层，选择该图层；然后在其前方单击，让眼睛图标 显示出来（即显示该图层），如图3-142所示；按下Alt+Ctrl+G快捷键，创建剪贴蒙版，如图3-143、图3-144所示。

图3-141

图3-142

图3-143

图3-144

3.8 选区实例：春天的色彩

❶ 打开光盘中的素材文件，如图3-145所示。选择魔棒工具 ，在工具选项栏中将“容差”设置为32，在白色背景上单击，选中背景，如图3-146所示。

图3-145

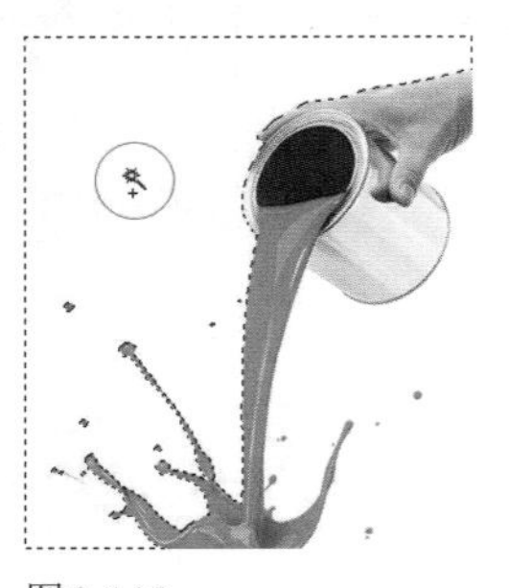
图3-146

❷ 按住Shift键在漏选的背景上单击，将其添加到选区中，如图3-147、图3-148所示。

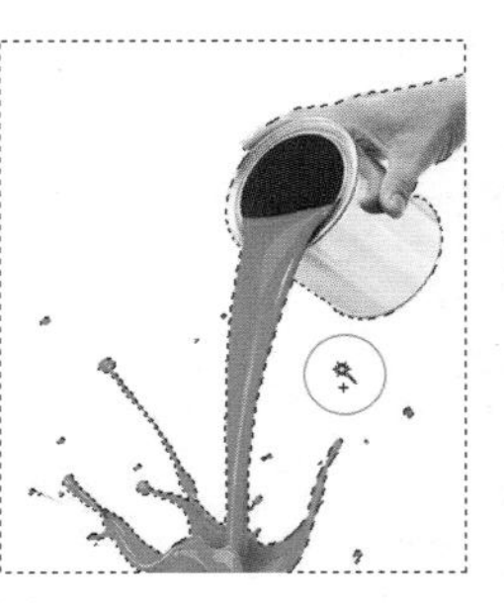
图3-147

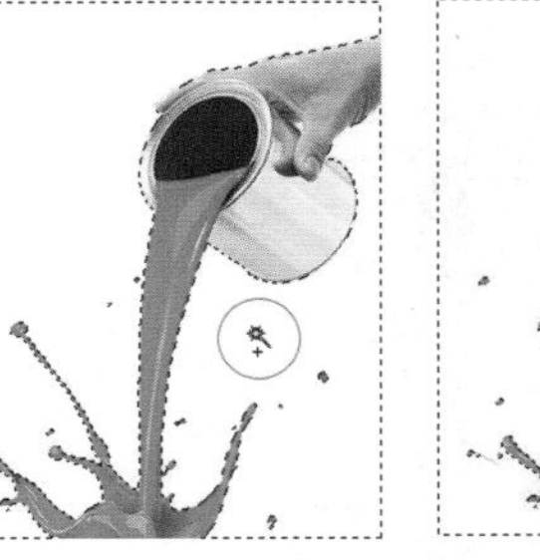
图3-148

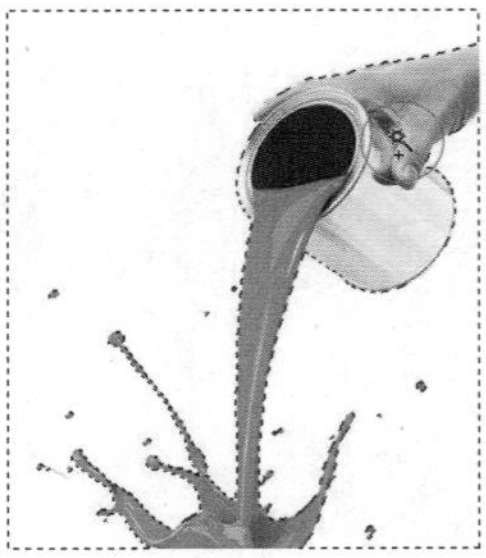

❸ 执行“选择>反向”命令反转选区，选中手、油漆桶和油漆，如图3-149所示。按下Ctrl+C快捷键复制图像。打开另一个文件，按下Ctrl+V快捷键，将图像粘贴到该文档中，使用移动工具 拖动到画面的右上角，如图3-150所示。

图3-149

图3-150

❹ 单击“图层”面板底部的 按钮，添加蒙版。选择画笔工具 ，在工具选项栏中选择柔角笔尖并设置不透明度为50%，在油漆底部涂抹，通过蒙版将其遮盖，如图3-151、图3-152所示。

图3-151

图3-152

❺ 选择“背景”图层，如图3-153所示。使用矩形选框工具 创建选区，如图3-154所示。

❻ 单击“调整”面板中的 按钮，创建一个“色相/饱和度”调整图层，在“属性”面板中选择“黄色”选项，将选中的树叶调整为红色，如图3-155、图3-156所示。

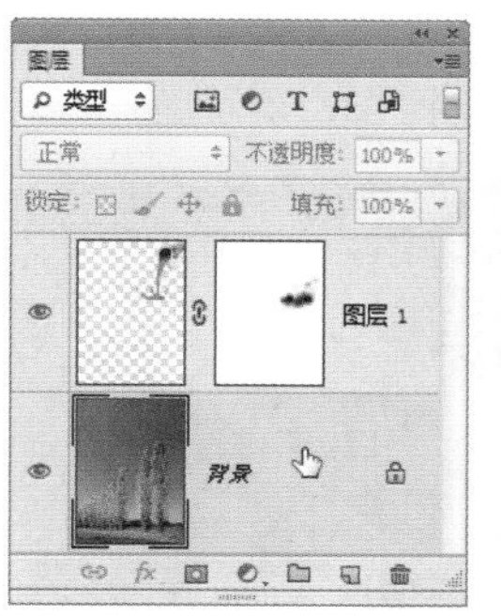

图3-153

图3-154

图3-155

图3-156

❼ 使用画笔工具 在草地上涂抹黑色，通过蒙版遮盖调整效果，以便让草地恢复为黄色，如图3-157、图3-158所示。

图3-157

图3-158

3.9 应用案例：移形换影

❶ 打开光盘中的素材，如图3-159所示。“路径”面板中包含人物的轮廓路径，如图3-160所示。单击“路径1”，再按下Ctrl+回车键将路径转换为选区，如图3-161所示。

图3-159　图3-160　图3-161

❷ 再打开一个素材，如图3-162所示。使用移动工具将选中的人物拖动到该文档中，如图3-163所示。

图3-162

图3-163

❸ 移入的人物位于一个单独的图层中，如图3-164所示。执行“编辑>变换>旋转180度”命令，调整人物的角度，如图3-165所示。

图3-164

图3-165

❹ 使用矩形选框工具选取人物的上半身，如图3-166所示。按下Shift+Ctrl+J快捷键，将选中的图像剪切到一个新的图层中，如图3-167所示。

图3-166

图3-167

❺ 按下Ctrl+T快捷键显示定界框，按住Shift键拖动定界框的一角，将图像成比例缩小，如图3-168所示，按回车键确认操作。由于人物变小了，产生了强烈的错位效果，如图3-169所示。使用移动工具将人物上半身向左移动，使人物的背部能够形成一条流畅的弧线，如图3-170所示。

❻ 选择“图层1”。使用多边形套索工具选取腹部多余的图像，如图3-171所示，按住Alt键单击按钮创建图层蒙版，将多余的区域隐藏，如图3-172、图3-173所示。

图3-168

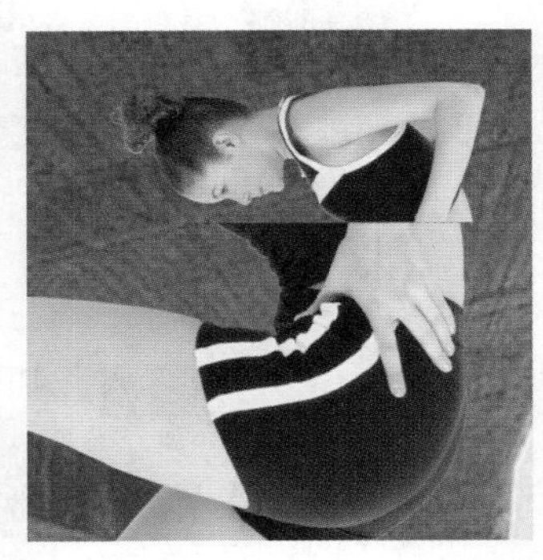

图3-169

图3-170

图3-171

图3-172

图3-173

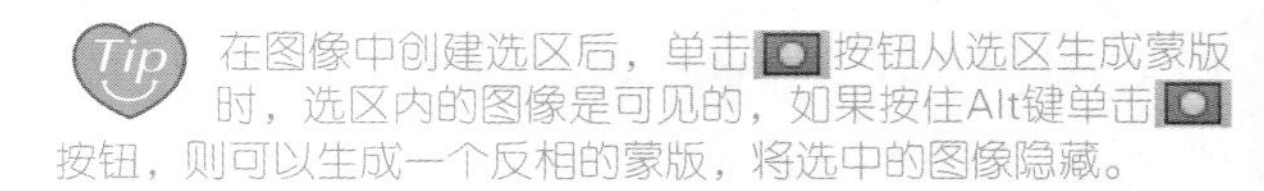

Tip 在图像中创建选区后，单击按钮从选区生成蒙版时，选区内的图像是可见的，如果按住Alt键单击按钮，则可以生成一个反相的蒙版，将选中的图像隐藏。

❼ 按住Ctrl键单击“图层2”，选取图3-174所示的两个图层，按下Alt+Ctrl+E快捷键盖印到一个新的图层中，如图3-175所示。

图3-174

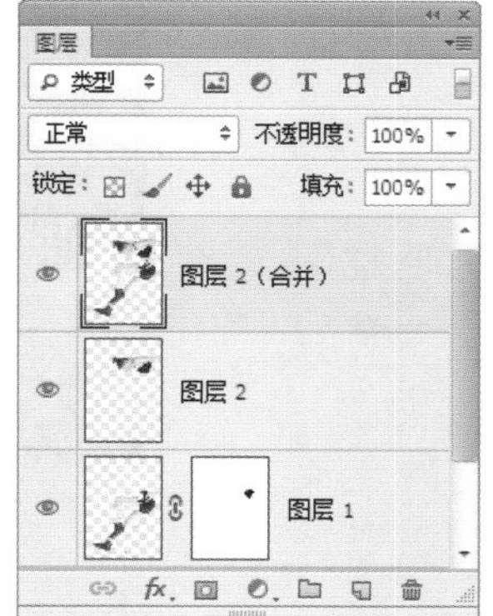

图3-175

⑧ 按下Shift+Ctrl+U快捷键去色，如图3-176所示。设置该图层的混合模式为“正片叠底”，使图像的色调变暗，如图3-177、图3-178所示。

图3-176

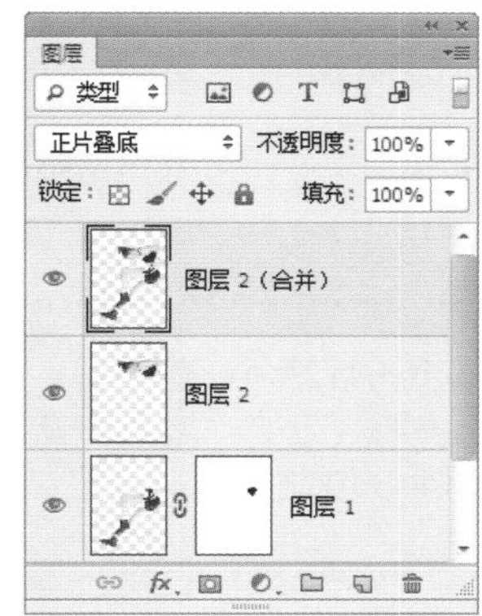

图3-177

图3-178

⑨ 按住Ctrl键单击该图层的缩览图，载入人物的选区，如图3-179所示。选择“背景”图层，在它上方新建一个图层，将前景色设置为黑色，按下Alt+Delete快捷键填充前景色，如图3-180所示。

图3-179

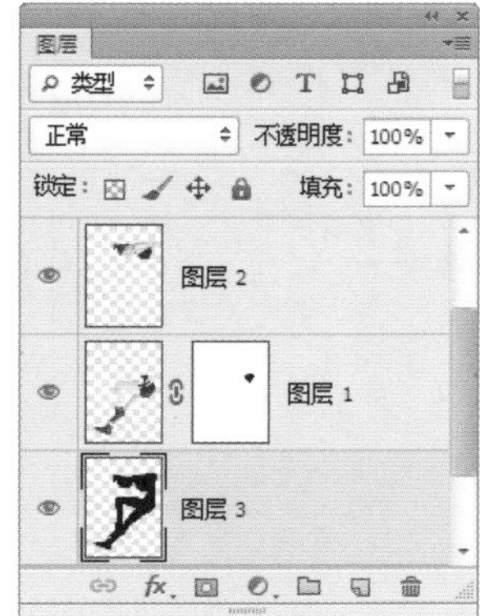

图3-180

⑩ 按下Ctrl+D快捷键取消选择。执行“滤镜>模糊>动感模糊”命令，设置参数如图3-181所示，效果如图3-182所示。现在这个投影效果还不够真实，先按住Ctrl键将该图层向左移动，以避免投影出现在人物右侧，再使用橡皮擦工具（柔角300像素，不透明度为30%）对投影进行适当擦除。使用柔角画笔工具在鞋跟、膝盖的位置绘制投影，效果如图3-183所示。

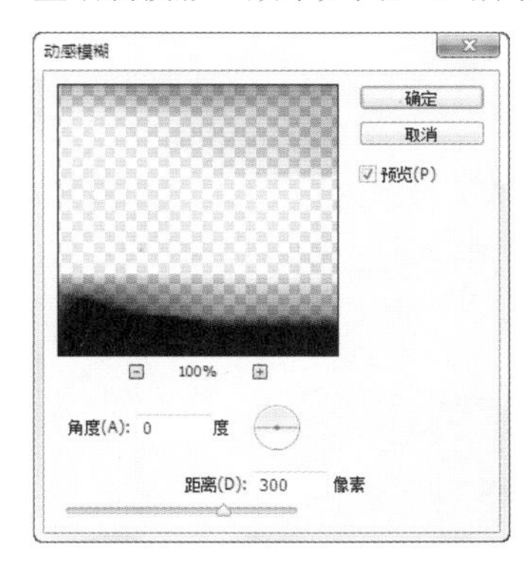

图3-181

图3-182

图3-183

⓫ 选择画笔工具，在画笔下拉面板中选择硬边圆画笔，设置大小为10像素，如图3-184所示。按住Shift键在画面中人物身体错位的区域绘制一条白色的直线，在画面右下角输入文字，完成后的效果如图3-185所示。

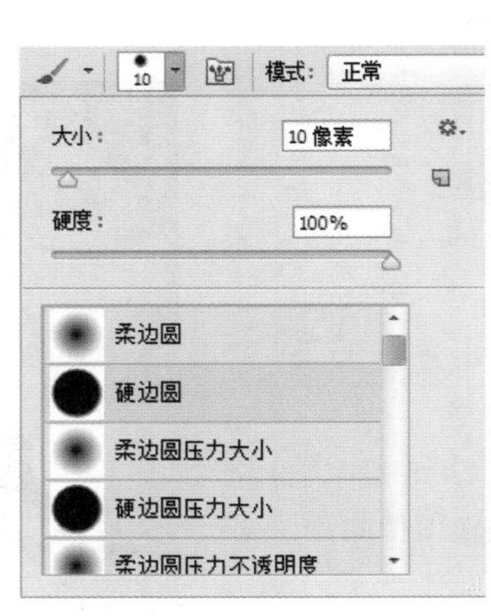

图3-184

图3-185

3.10 应用案例：平面广告

❶ 打开光盘中的素材，如图3-186所示。单击“路径”面板中的“路径1”，显示灯泡路径，如图3-187所示。按下Ctrl+回车键将路径转换为选区，如图3-188所示。

❷ 按下Ctrl+N快捷键打开“新建”对话框，创建一个A4大小（21厘米×29.7厘米）、分辨率为200像素/英寸的RGB模式文件。将背景填充为洋红色。使用移动工具将灯泡移动到新建的平面广告文档中，如图3-189所示。

图3-186

图3-187

图3-188

图3-189

❸ 双击灯泡所在的图层，打开“图层样式”对话框，选择“内发光”选项，设置发光颜色为洋红色，如图3-190、图3-191所示。

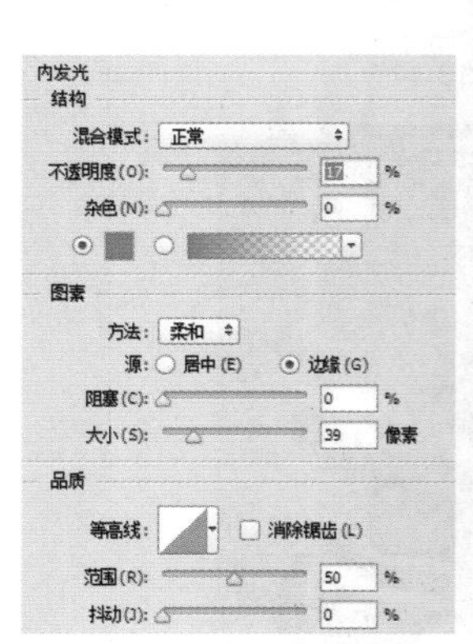

图3-190

图3-191

❹ 打开一个素材。使用魔棒工具（容差26）按住Shift键在背景上单击，将背景全部选取，按下Shift+Ctrl+I快捷键反选，如图3-192所示。单击工具选项栏中的“调整边缘”按钮，在打开的对话框中设置参数，如图3-193所示，对选区进行平滑处理，使用移动工具将人物拖动到平面广告文档中，如图3-194所示。

图3-192

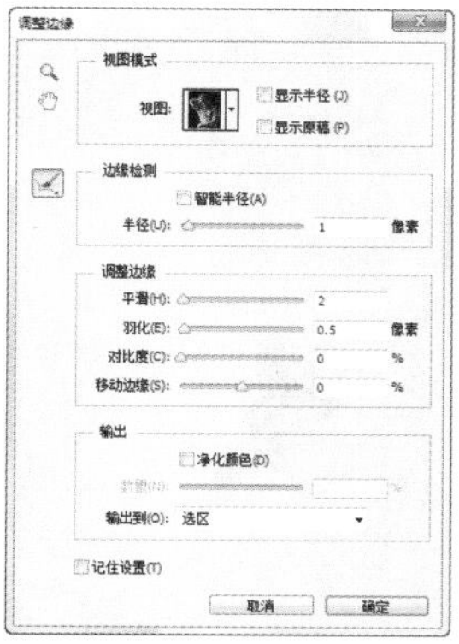

图3-193

图3-194

Tip “调整边缘”命令可以提高选区边缘的品质，并允许对照不同的背景查看选区，在“调整边缘”对话框中按下F键，可以循环显示各种预览模式，按下X键可以临时查看图像。

❺ 在“图层”面板中按住Alt键向下拖动人物所在的图层，到达“背景”图层上时放开鼠标，复制出一个图层，如图3-195所示。隐藏“图层2副本”，选择“图层2”，设置不透明度为75%，这样可以看到灯泡的范围，以方便制作蒙版。按下Ctrl+T快捷键显示定界框，按住Shift键拖动定界框的一角将人物略微缩小。单击按钮添加图层蒙版，如图3-196所示。

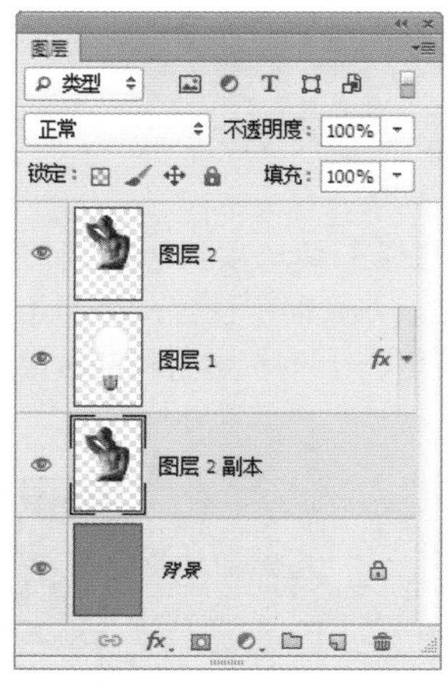

图3-195

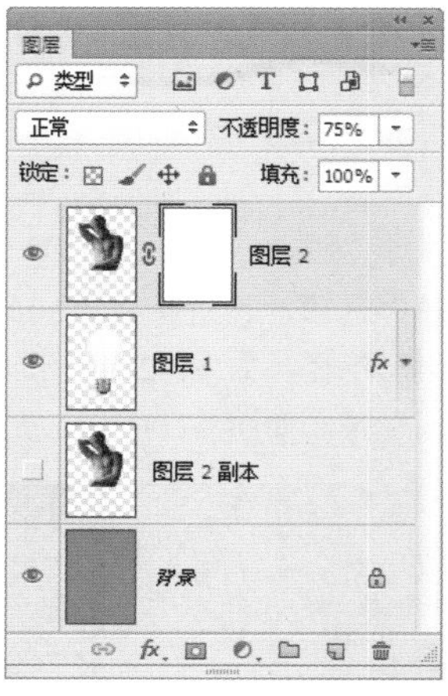

图3-196

❻ 按住Ctrl键单击“图层1”的缩览图，载入灯泡的选区，如图3-197所示。选择画笔工具，设置为尖角200像素，在蒙版中涂抹黑色，将灯泡范围内的人体除手腕外的区域隐藏，如图3-198所示。在描绘到手腕区域时，可按下[键将画笔调小进行精确绘制，如图3-199所示。

图3-197

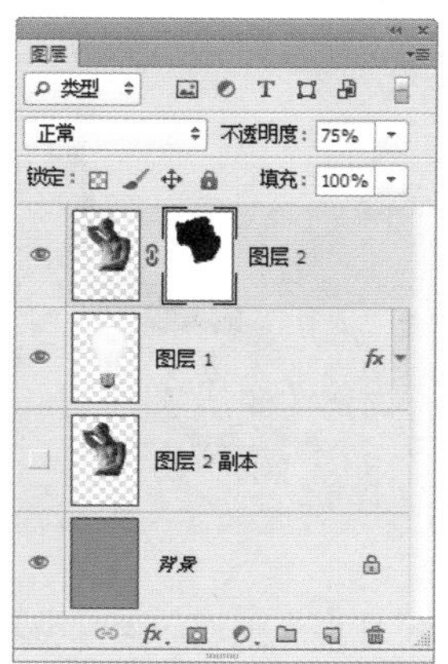

图3-198

图3-199

❼ 描绘到手部投影时，可适当多留出一些区域，采用快捷键创建直线的方式比较方便，先在一点单击，然后按住Shift键在另外一点单击形成直线，如图3-200所示。选择柔角画笔，设置大小为100像素，不透明度为20%，在直线边缘上拖动鼠标使其变浅、变柔和，如图3-201所示。

图3-200

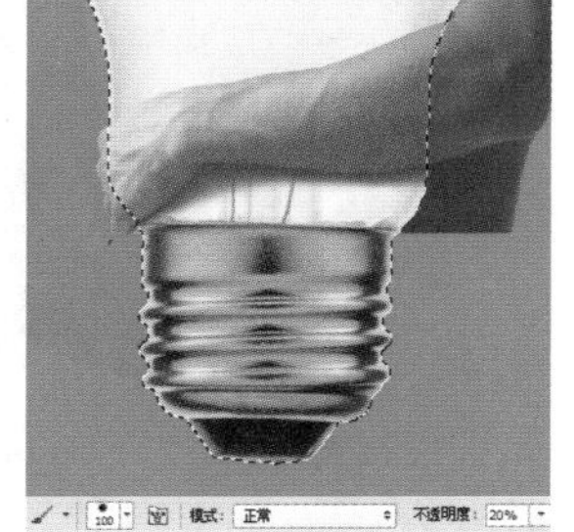

图3-201

⑧ 按下Shift+Ctrl+I快捷键反选，使用画笔工具继续在蒙版中绘制，将腰部图像隐藏，按下Ctrl+D快捷键取消选择，将该图层的不透明度恢复为100%，效果如图3-202所示。

图3-202

⑨ 显示并选择“图层2副本”图层，如图3-203所示，按下Ctrl+T快捷键显示定界框，将图像沿逆时针方向旋转，如图3-204所示。按下回车键确认操作。

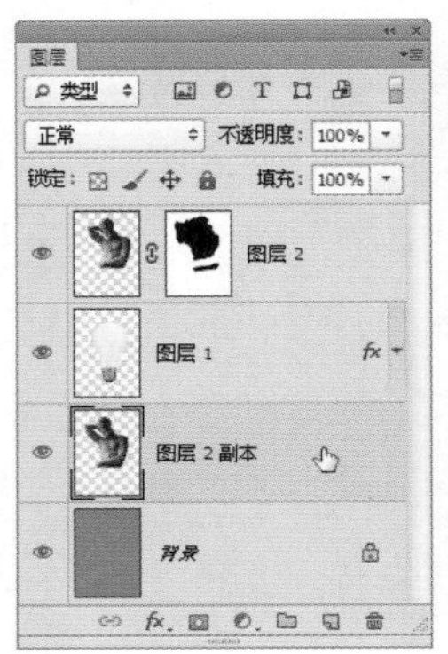

图3-203

图3-204

⑩ 使用多边形套索工具选取除左臂以外的区域，如图3-205所示，按住Alt键单击按钮，创建一个反相的蒙版，将选区内的图像隐藏，如图3-206、图3-207所示。

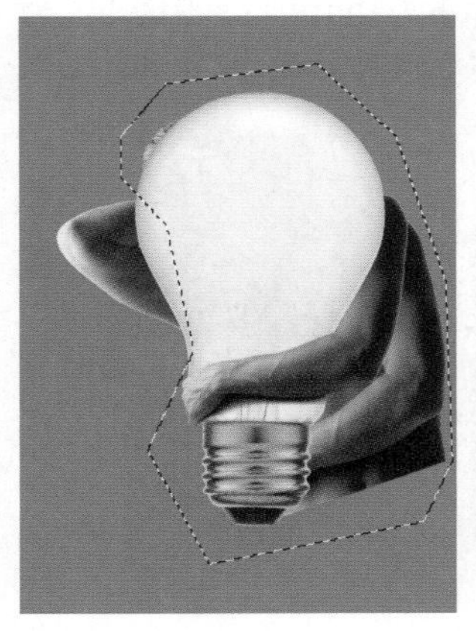

图3-205

图3-206

图3-207

⑪ 在工具选项栏中设置画笔工具为柔角笔尖，不透明度调整为80%。打开“画笔”面板，调整直径为1400px，圆度为15%，如图3-208所示；在“图层”面板最上方新建一个图层，使用画笔工具在画面中单击，绘制投影，如图3-209所示。

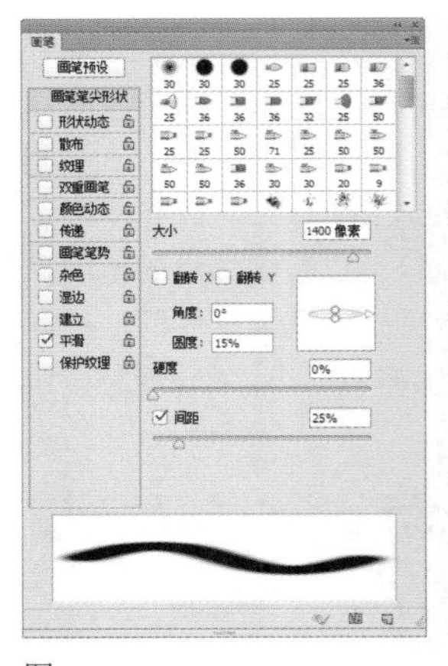

图3-208

图3-209

⑫ 选择圆角矩形工具，选择工具选项栏中的“路径”选项，设置半径为30厘米，在画面中创建一个圆角矩形路径，如图3-210所示；按下Ctrl+回车键将路径转换为选区，如图3-211所示。

图3-210

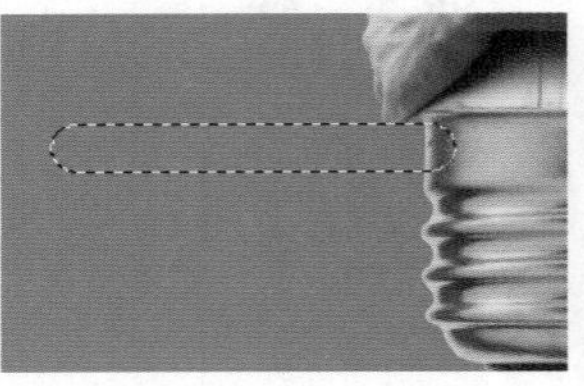

图3-211

⑬ 执行“编辑>描边”命令，在打开的对话框中设置描边宽度为8，颜色为白色，位置居外，如图3-212、图3-213所示。

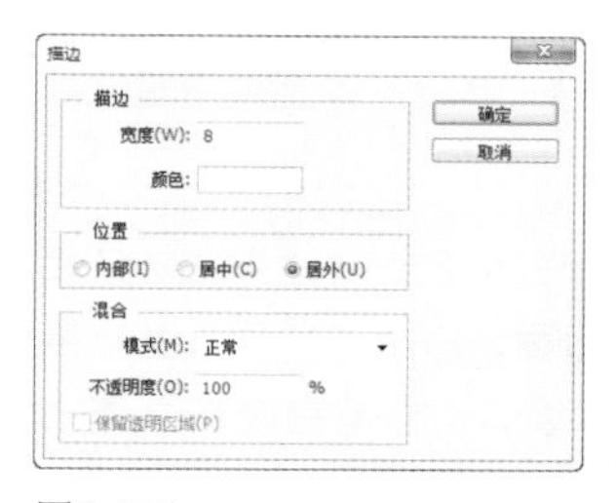

图3-212

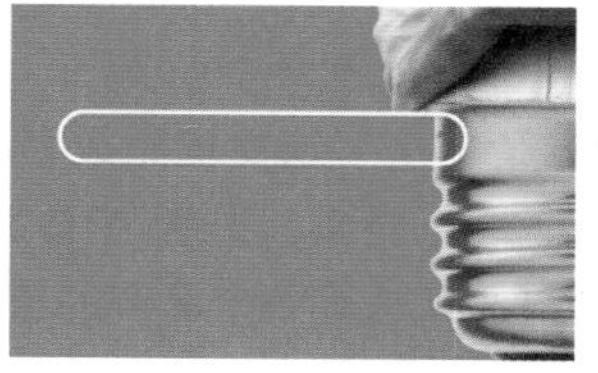

图3-213

⑭ 选择横排文字工具 T ，在工具选项栏中设置字体为“Impact”，大小为14点，输入文字，完成后的效果如图3-214所示。

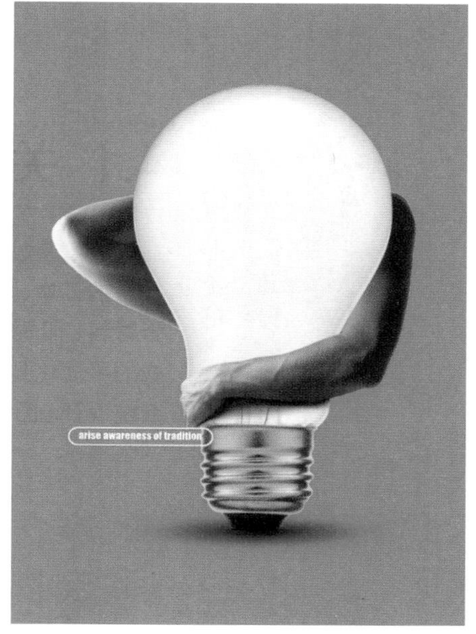

图3-214

3.11 课后作业：愤怒的小鸟

本章学习了图层与选区的操作方法。下面通过课后作业来强化学习效果。如果有不清楚的地方，请看一下视频教学录像。

素材位置：光盘/素材/3.11　视频位置：光盘/视频/3.11

右图是用各种食材制作的愤怒的小鸟。操作时主要用到椭圆选框工具 和多边形套索工具 选取素材，再用移动工具 将其合成到一处。用素材造型时要抓住小鸟的特征，如圆圆、大大的眼睛，竖起的眉毛等，如果素材大小不合适，可以按下Ctrl+T快捷键，再拖动控制点调整大小。

愤怒的小鸟

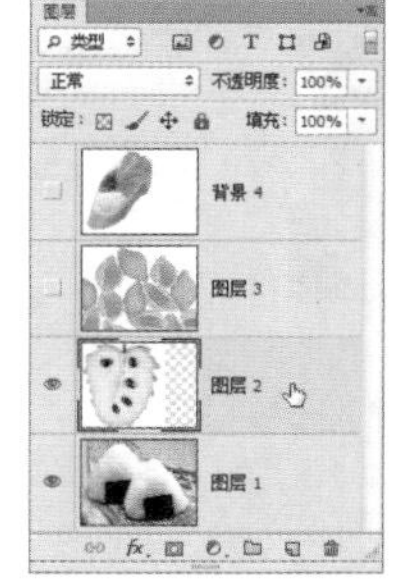

分层的素材

3.12 复习题

1. 从图层原理的角度看，图层的重要性体现在哪几个方面？

2. 选区分为几种？

3. “图层”面板、绘画和修饰工具的工具选项栏、“图层样式”对话框、“填充”命令、“描边”命令、“计算”和“应用图像”命令等都包含混合模式选项，请归类并加以分析。

第4章

书籍装帧设计
蒙版与通道

蒙版是一种遮盖图像的工具，可以合成图像，控制填充图层、调整图层、智能滤镜的应用范围。通道是Photoshop最核心、也是最难的功能之一。它的重要性在于，所有选区、修图、调色等操作其原理和最终结果都是通道发生了改变。通道有3个主要用途：保存选区、色彩信息和图像信息。在选区方面，通道可以抠图；在色彩方面，通道可以调色；在图像方面，通道可用于制作特效。

扫描二维码，关注李老师的微博、微信。

4.1 关于书籍装帧设计

书籍装帧设计是指从书籍文稿到成书出版的整个设计过程，包括书籍的开本、装帧形式、封面、腰封、字体、版面、色彩和插图，以及纸张材料、印刷、装订及工艺等各个环节的艺术设计。它是完成从书籍形式的平面化到立体化的过程，包含了艺术思维、构思创意和技术手法的系统设计。图4-1、图4-2所示为书籍各部分的名称。

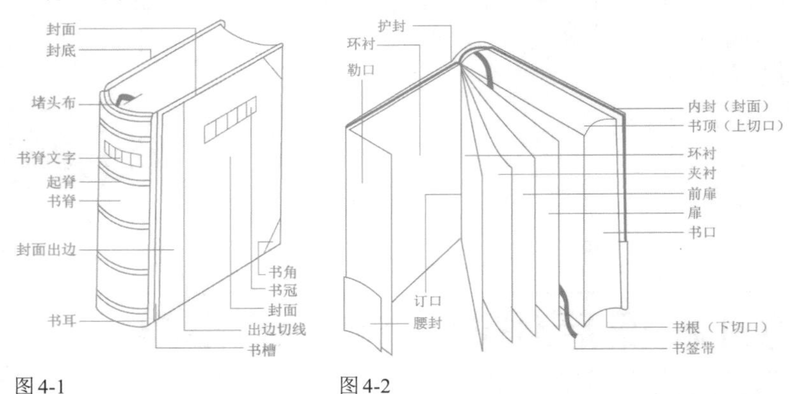

图4-1　　图4-2

名称	内容	名称	内容
封套	外包装，保护书册的作用	护封	装饰与保护封面
封面	书的面子，分封面和封底	书脊	封面和封底当中书的脊柱
环衬	连接封面与书心的衬页	空白页	签名页、装饰页
资料页	与书籍有关的图形资料，文字资料	扉页	书名页，正文从此开始
前言	包括序、编者的话、出版说明	后语	跋、编后记
目录页	具有索引功能，大多安排在前言之后正文之前的篇、章、节的标题和页码等文字	版权页	包括书名、出版单位、编著者、开本、印刷数量和价格等有关版权的页面
书心	包括环衬、扉页、内页、插图页、目录页和版权页等		

4.2 蒙版

“蒙版”一词源自于摄影，指的是控制照片不同区域曝光的传统暗房技术。Photoshop中的蒙版用来处理局部图像，可以隐藏图像，但不会将其删除。

4.2.1 矢量蒙版

矢量蒙版通过钢笔、自定形状等矢量工具创建的路径和矢量形状来控制图像的显示区域，它与分辨率无关，无论怎样缩放都能保持光滑的轮廓，因此，常用来制作Logo、按钮或其他Web设计元素。

学习重点
矢量蒙版/P52
剪贴蒙版/P53

图层蒙版/P54
用画笔工具编辑图层蒙版/P54
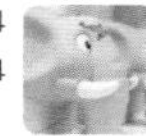
通道与选区的关系/P61
通道与色彩的关系/P62

用自定形状工具创建一个矢量图形，如图4-3所示，执行“图层＞矢量蒙版＞当前路径”命令，即可基于当前路径创建矢量蒙版，路径区域外的图像会被蒙版遮盖，如图4-4、图4-5所示。

图4-3

图4-4

图4-5

Tip 创建矢量蒙版后，单击矢量蒙版缩览图，进入蒙版编辑状态，此时可以使用自定形状工具或钢笔工具在画面中绘制新的矢量图形，并将其添加到矢量蒙版中。使用路径选择工具单击并拖动矢量图形可将其移动，蒙版的遮盖区域也随之改变。如果要删除图形，可在将其选择之后按下Delete键。

4.2.2 剪贴蒙版

剪贴蒙版可以用一个图层中包含像素的区域来限制它上层图像的显示范围。它的最大优点是可以通过一个图层来控制多个图层的可见内容，而图层蒙版和矢量蒙版都只能控制一个图层。

选择一个图层，如图4-6所示，执行“图层＞创建剪贴蒙版”命令，或按下Alt+Ctrl+G快捷键，即可将该图层与下方图层创建为一个剪贴蒙版组，如图4-7所示。剪贴蒙版可以应用于多个图层，但这些图层必须上下相邻。

图4-6

图4-7

在剪贴蒙版组中，最下面的图层叫做“基底图层”，它的名称带有下划线，位于它上面的图层叫做“内容图层”，它们的缩览图是缩进的，并带有状图标（指向基底图层），如图4-8所示。基底图层中的透明区域充当了整个剪贴蒙版组的蒙版，也就是说，它的透明区域就像蒙版一样，可以将内容层中的图像隐藏起来，因此，只要移动基底图层，就会改变内容图层的显示区域，如图4-9所示。

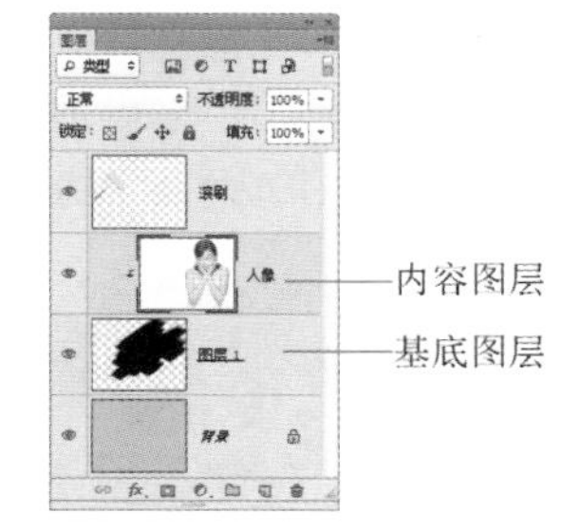

图4-8

图4-9

Tip 将一个图层拖动到基底图层上，可将其加入剪贴蒙版组中。将内容图层移出剪贴蒙版组，则可以释放该图层。如果要释放全部剪贴蒙版，可选择基底图层正上方的内容图层，再执行“图层>释放剪贴蒙版”命令或按下Alt+Ctrl+G快捷键。

4.2.3 图层蒙版

图层蒙版是一个256级色阶的灰度图像，它蒙在图层上面，起到遮盖图层的作用，然而其本身并不可见。图层蒙版主要用于合成图像。此外，创建调整图层、填充图层或应用智能滤镜时，Photoshop会自动为其添加图层蒙版，因此，图层蒙版还可以控制颜色调整范围和滤镜的有效范围。

在图层蒙版中，纯白色对应的图像是可见的，纯黑色会遮盖图像，灰色区域会使图像呈现出一定程度的透明效果（灰色越深、图像越透明），如图4–10所示。基于以上原理，如果想要隐藏图像的某些区域，为它添加一个蒙版，再将相应的区域涂黑即可；想让图像呈现出半透明效果，可以将蒙版涂灰。

图4-10

选择一个图层，如图4–11所示，单击“图层”面板底部的 按钮，即可为其添加一个白色的图层蒙版，如图4–12所示。如果在画面中创建了选区，如图4–13所示，则单击 按钮可基于选区生成蒙版，将选区外的图像隐藏，如图4–14所示。

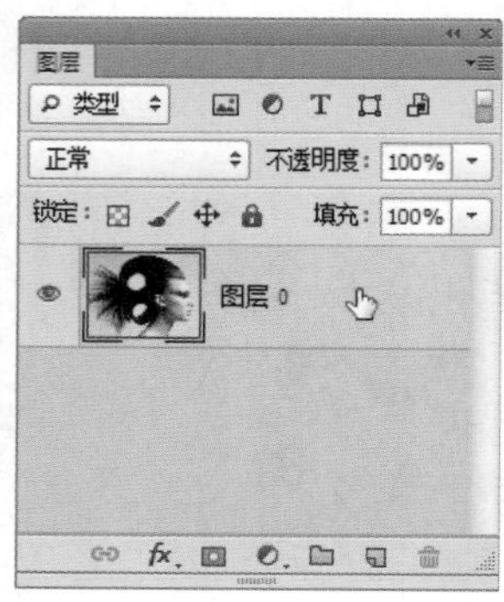

图4-11

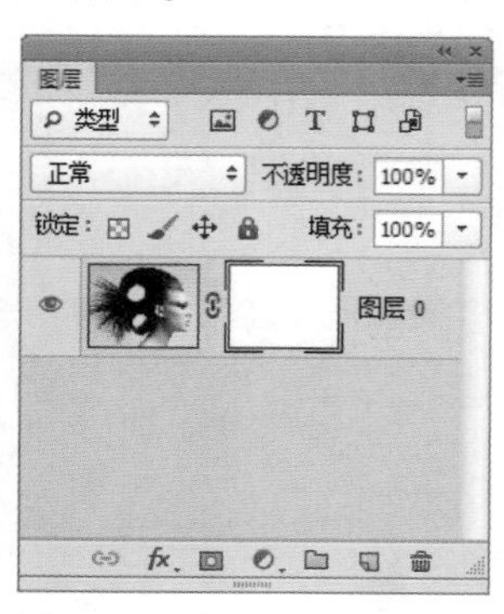

图4-12

图4-13

图4-14

添加图层蒙版后，蒙版缩览图外侧有一个白色的边框，它表示蒙版处于编辑状态，如图4–15所示，此时进行的所有操作将应用于蒙版。如果要编辑图像，应单击图像缩览图，将边框转移到图像上，如图4–16所示。

图4-15

图4-16

4.2.4 用画笔工具编辑图层蒙版

图层蒙版是位图图像，几乎可以使用所有的绘画工具来编辑它。例如，用柔角画笔工具 修改蒙版，可以使图像边缘产生逐渐淡出的过渡效果，如图4–17所示；用渐变工具 编辑蒙版，可以将当前图像逐渐融入到另一个图像中，图像之间的融合效果自然、平滑，如图4–18所示。

图4-17

图4-18

选择画笔工具 后，可以在“画笔”面板中设置工具的属性，如图4-19所示。“画笔”面板是最重要的面板之一，它可以设置绘画工具（画笔、铅笔和历史记录画笔等），以及修饰工具（涂抹、加深、减淡、模糊和锐化等）的笔尖种类、画笔大小和硬度。如果只需要对画笔进行简单的调整，可以单击工具选项栏中的按钮，打开画笔下拉面板进行设置，如图4-20所示。

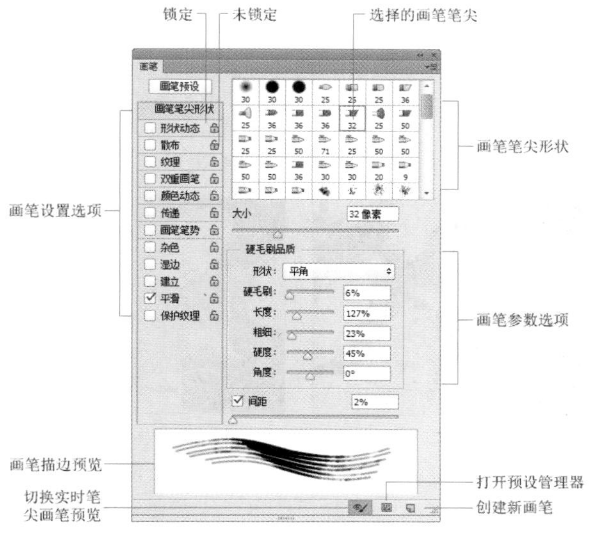

图4-19

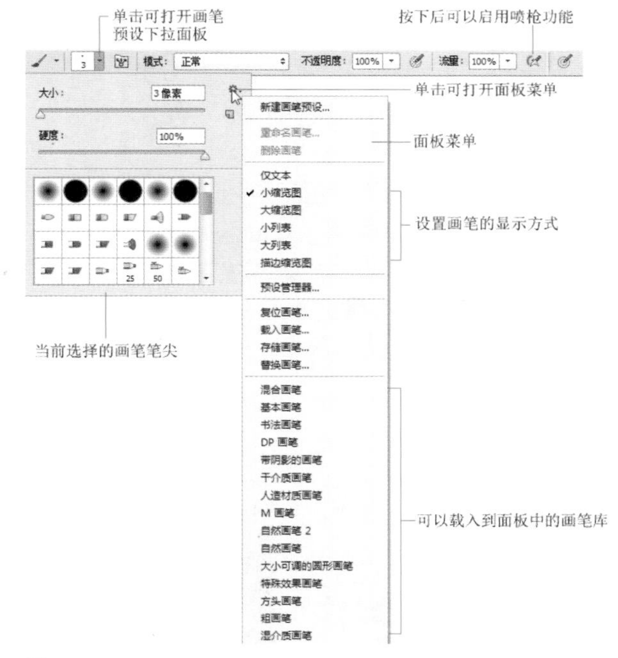

图4-20

- 大小：拖动滑块或在文本框中输入数值，可以调整画笔的笔尖大小。
- 硬度：用来设置画笔笔尖的硬度。硬度值低于100%，可以得到柔角笔尖，如图4-21所示。

硬度为0%的柔角笔尖　硬度为50%的柔角笔尖　硬度为100%的硬角笔尖

图4-21

- 模式：在下拉列表中可以选择画笔笔迹颜色与下面像素的混合模式。
- 不透明度：用来设置画笔的不透明度，该值越低，线条的透明度越高。
- 流量：用来设置当光标移动到某个区域上方时应用颜色的速率。在某个区域上方涂抹时，如果一直按住鼠标按键，颜色将根据流动速率增加，直至达到不透明度设置。
- 喷枪 ：按下该按钮，可以启用喷枪功能，Photoshop会根据鼠标按键的单击程度确定画笔线条的填充数量。例如，未启用喷枪时，鼠标每单击一次便填充一次线条；启用喷枪后，按住鼠标左键不放，便可持续填充线条。
- 绘图板压力按钮 ：按下这两个按钮后，数位板绘画时，光笔压力可覆盖“画笔”面板中的不透明度和大小设置。

使用画笔工具时，可以通过快捷键调整工具的大小和不透明度等属性。

- 按下［键可将画笔调小，按下］键则调大。对于实边圆、柔边圆和书法画笔，按下Shift+［键可减小画笔的硬度，按下Shift+］键则增加硬度。
- 按下键盘中的数字键可调整画笔工具的不透明度。例如，按下1，画笔不透明度为10%；按下75，不透明度为75%；按下0，不透明度会恢复为100%。
- 使用画笔工具时，在画面中单击，然后按住Shift键单击画面中任意一点，两点之间会以直线连接。按住Shift键，还可以绘制水平、垂直或以45°角为增量的直线。

4.2.5 混合颜色带

打开一个分层的PSD文件，如图4-22所示，双击一个图层，如图4-23所示，打开“图层样式”对话框。在对话框底部，有一个高级蒙版——混合颜色带，如图4-24所示。其独特之处体现在，它既可以隐藏当前图层中的图像，也可以让下面层中的图像穿透当前层显示出来，或者同时隐藏当前图层和下面层中的部分图像，这是其他任何一种蒙版都无法实现的。混合颜色带用来抠火焰、烟花、云彩和闪电等深色背景中的对象，也可以创建图像合成效果。

图 4-22

图 4-23

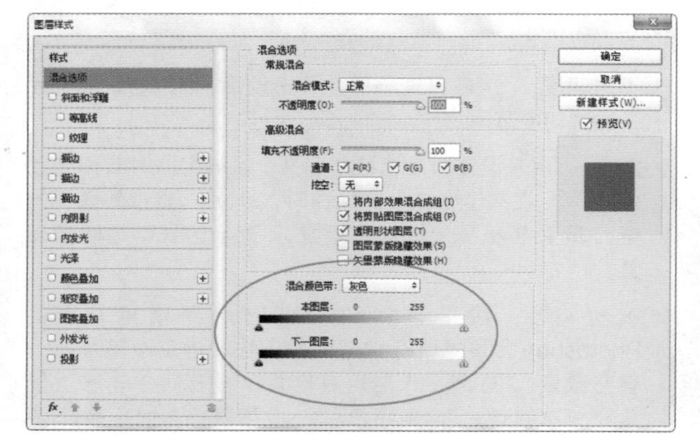

图 4-24

● 本图层：“本图层”是指当前正在处理的图层，拖动本图层滑块，可以隐藏当前图层中的像素，显示出下面层中的图像。例如，将左侧的黑色滑块移向右侧时，当前图层中所有比该滑块所在位置暗的像素都会被隐藏，如图 4-25 所示；将右侧的白色滑块移向左侧时，当前图层中所有比该滑块所在位置亮的像素都会被隐藏，如图 4-26 所示。

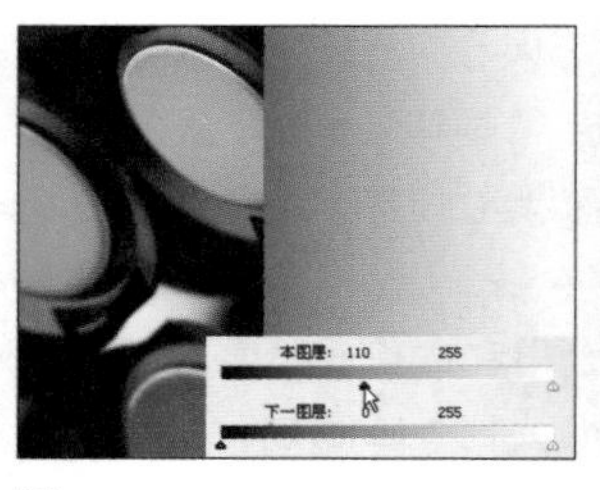

图 4-25

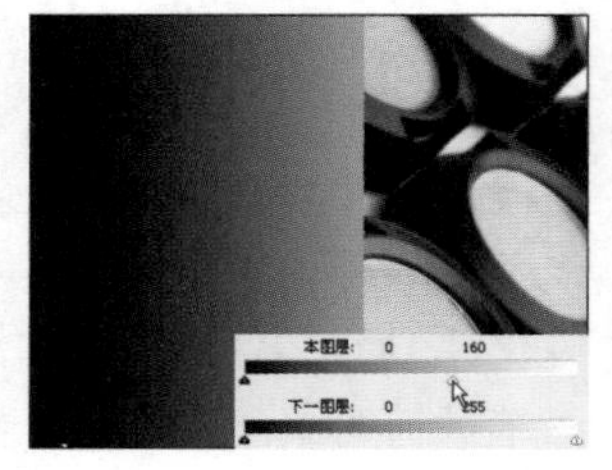

图 4-26

● 下一图层：“下一图层”是指当前图层下面的那一个图层。拖动下一图层中的滑块，可以使下面图层中的像素穿透当前图层显示出来。例如，将左侧的黑色滑块移向右侧时，可以显示下面图层中较暗的像素，如图 4-27 所示；将右侧的白色滑块移向左侧时，则可以显示下面图层中较亮的像素，如图 4-28 所示。

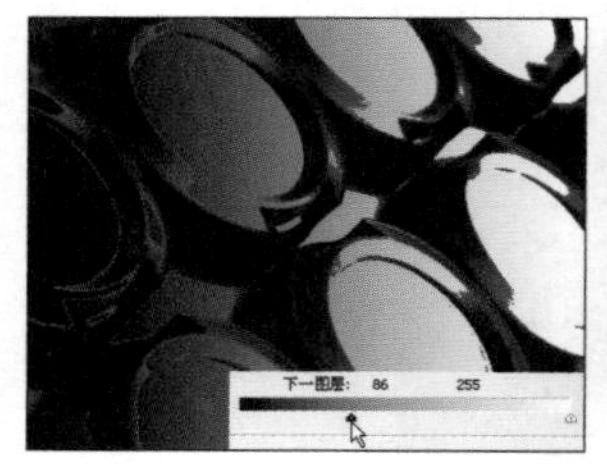

图 4-27

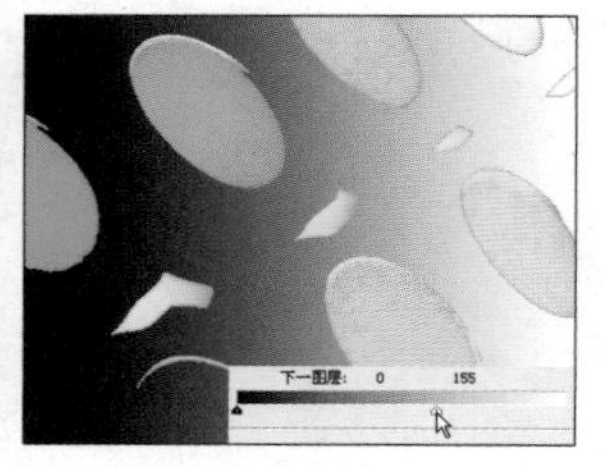

图 4-28

● 混合颜色带：在该选项下拉列表中可以选择控制混合效果的颜色通道。选择“灰色”，表示使用全部颜色通道控制混合效果，也可以选择一个颜色通道来控制混合。

4.3 矢量蒙版实例：祝福

❶ 打开光盘中的素材，如图4-29所示。这是一个分层素材。单击“图层1”，如图4-30所示。

图 4-29

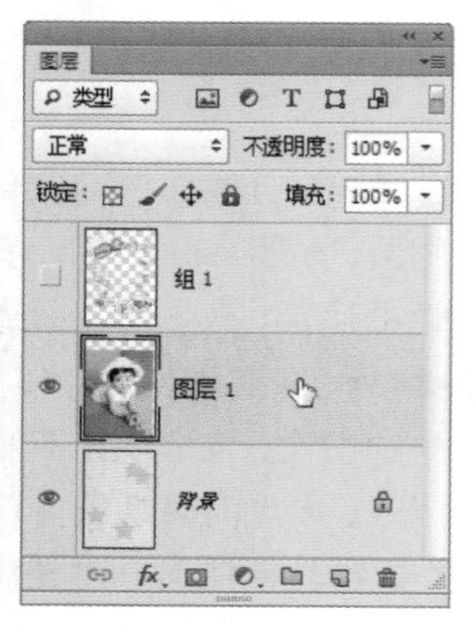

图 4-30

❷ 选择自定形状工具，在工具选项栏中选择“路径”选项，打开形状下拉面板，选择心形图形，如图4-31所示。绘制该图形，如图4-32所示。

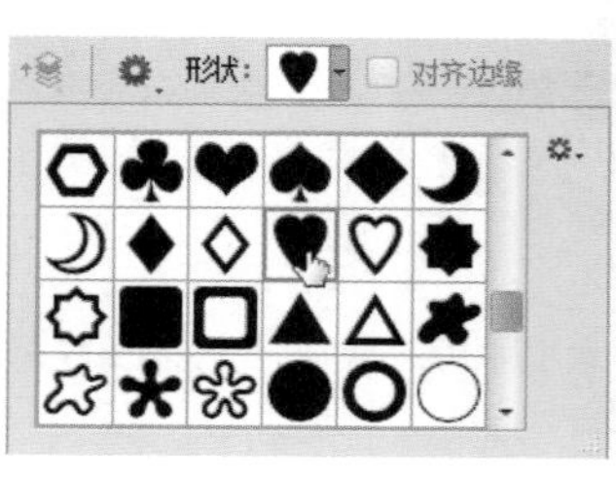

图 4-31

图 4-32

❸ 执行“图层>矢量蒙版>当前路径”命令，基于当前路径创建矢量蒙版，将路径以外的图像隐藏，如图4-33、图4-34所示。

图4-33

图4-34

❹ 双击“图层1”，打开“图层样式”对话框，在左侧列表中选择“描边”选项，为该图层添加白色的描边效果，如图4-35、图4-36所示。

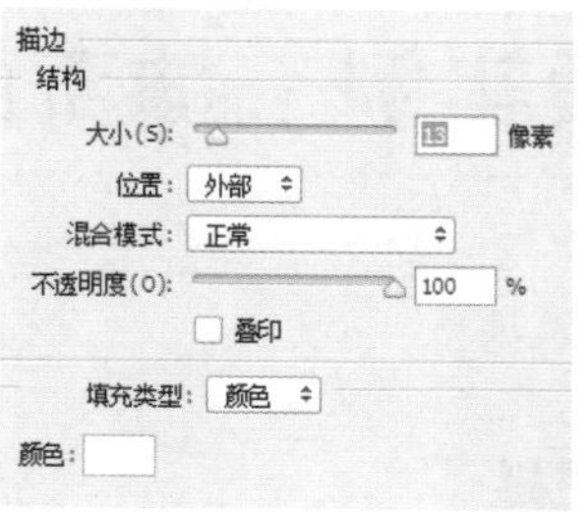

图4-35

图4-36

❺ 在“组1”图层的眼睛图标处单击，将该图层显示出来，如图4-37、图4-38所示。

图4-37

图4-38

4.4 剪贴蒙版实例：电影海报

❶ 打开光盘中的素材，如图4-39所示。执行“文件>置入嵌入的智能对象”命令，在打开的对话框中选择光盘中提供的EPS格式素材，如图4-40所示，将它置入到当前文档中。

图4-39

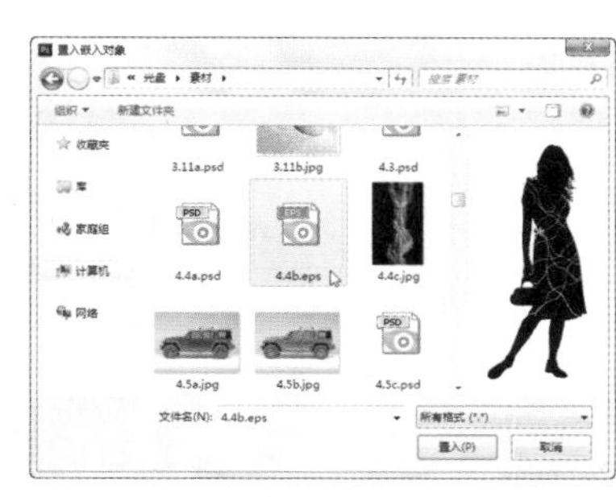
图4-40

❷ 按住Shift键拖动控制点，适当调整人物的大小，如图4-41所示。按下回车键确认。打开光盘中的火焰素材，使用移动工具将其拖入人物文档，如图4-42所示。

❸ 执行“图层>创建剪贴蒙版”命令，或按下Alt+Ctrl+G快捷键创建剪贴蒙版，将火焰的显示范围限定在下方的人像内，如图4-43所示。显示“组1”，如图4-44所示。

图4-41

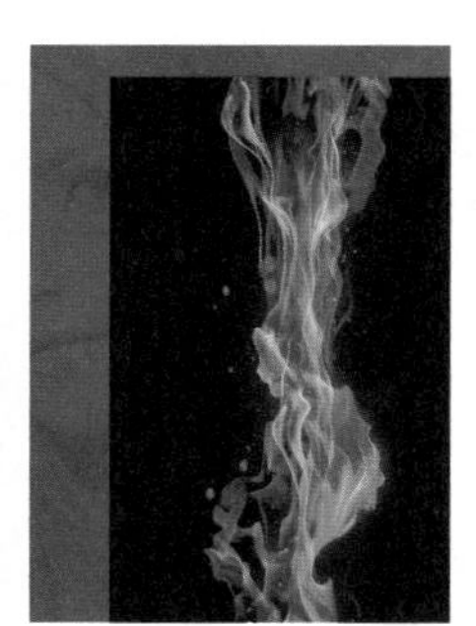
图4-42

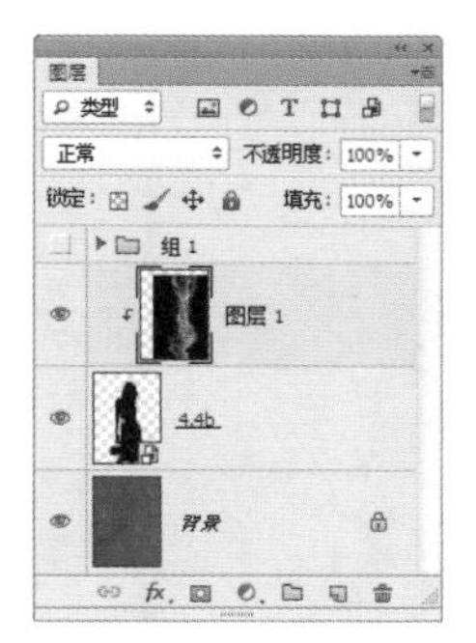

图4-43

图4-44

4.5 剪贴蒙版实例：神奇的放大镜

❶ 打开光盘中的素材，如图4-45、图4-46所示。

图 4-45

图 4-46

❷ 选择移动工具，按住Shift键将红色汽车拖动到绿色汽车文档中，在“图层”面板中自动生成“图层1”，如图4-47、图4-48所示。

图 4-47

图 4-48

将一个图像拖入另一个文档时，按下Shift键操作，可以使拖入的图像位于该文档的中心。

❸ 打开一个文件，如图4-49所示。选择魔棒工具，在放大镜的镜片处单击，创建选区，如图4-50所示。

图 4-49

图 4-50

❹ 单击“图层”面板底部的按钮，新建一个图层。按下Ctrl+Delete快捷键在选区内填充背景色（白色），按下Ctrl+D快捷键取消选择，如图4-51、图4-52所示。

图 4-51

图 4-52

❺ 按住Ctrl键单击“图层0”和“图层1”，将它们选择，如图4-53所示，使用移动工具拖动到汽车文档中。单击链接图层按钮，将两个图层链接在一起，如图4-54、图4-55所示。

图 4-53

图 4-54

图 4-55

链接图层后，对其中的一个图层进行移动、旋转等变换操作时，另外一个图层也同时变换，这将在后面的操作中发挥作用。

❻ 选择“图层3”，将它拖动到“图层1”的下面，如图4-56、图4-57所示。

图4-56

图4-57

❼ 按住Alt键，将光标移放在分隔“图层3”和“图层1”的线上，此时光标显示为↓□状，如图4-58所示，单击鼠标创建剪贴蒙版，如图4-59、图4-60所示。现在放大镜下面显示的是另外一辆汽车。

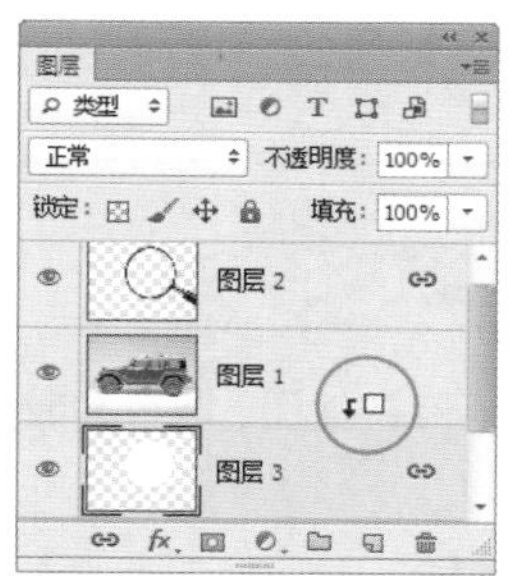

图4-58

图4-59

图4-60

❽ 选择移动工具，在画面中单击并拖动鼠标，移动“图层3”，放大镜下面总是显示另一辆汽车，画面效果十分神奇，如图4-61、如图4-62所示。

图4-61

图4-62

4.6 图层蒙版实例：眼中“盯”

❶ 打开光盘中的素材，如图4-63所示。按下Ctrl+J快捷键复制“背景”图层，如图4-64所示。

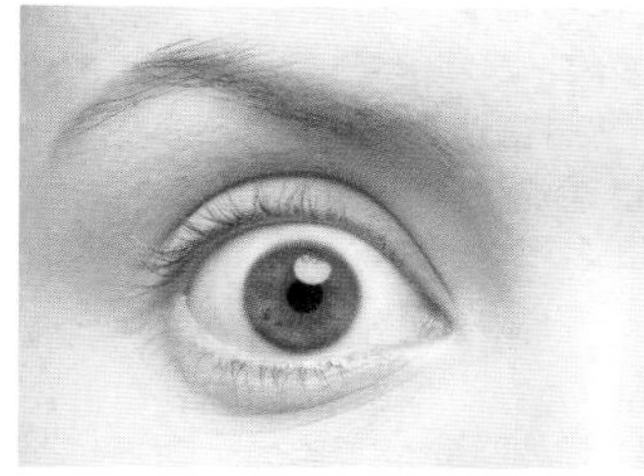

图4-63

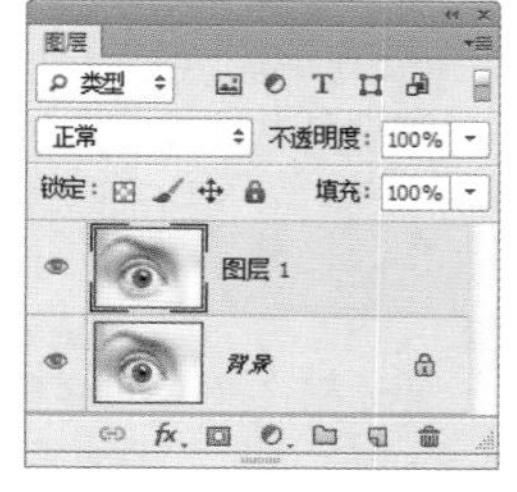

图4-64

❷ 按下Ctrl+T快捷键显示定界框，按住Shift键拖动控制点，将图像等比缩小，如图4-65所示，按下回车键确认。单击“图层”面板中的“图层蒙版”按钮，为“图层1”添加蒙版，如图4-66所示。

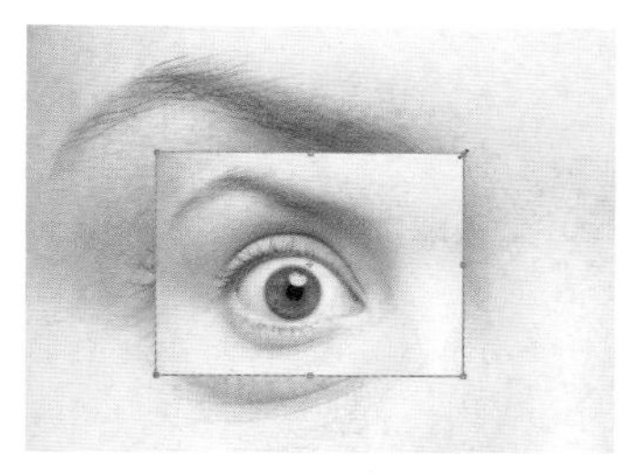

图4-65

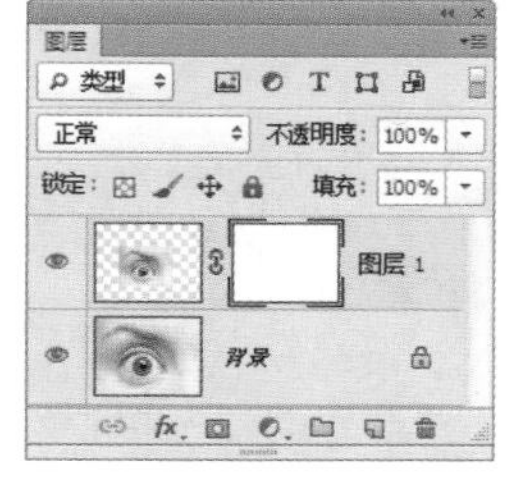

图4-66

❸ 选择画笔工具 ，在工具选项栏中选择一个柔角笔尖，如图4-67所示，按下D键将前景色设置为黑色，在第二个眼睛周围涂抹，如图4-68、图4-69所示。

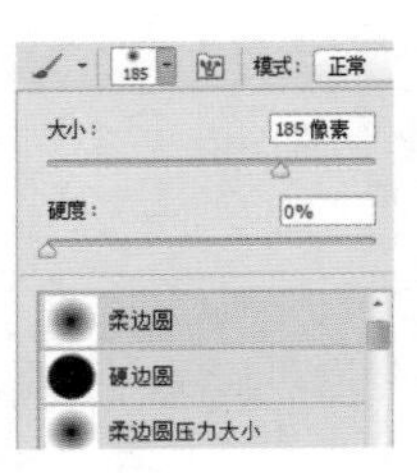

图4-67

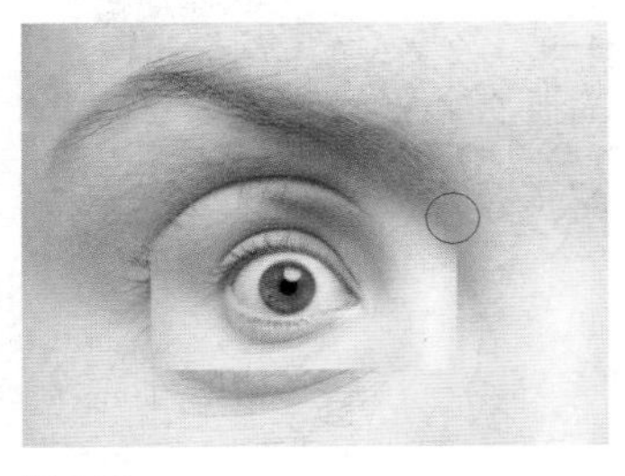
图4-68

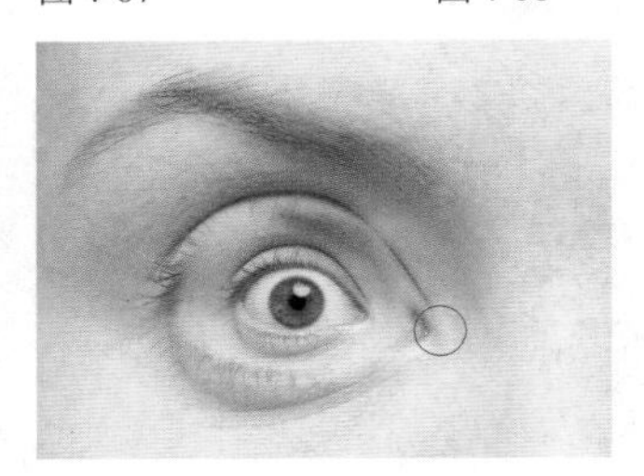
图4-69

❹ 仔细涂抹眼睛周边的图像。在图层蒙版中，黑色会遮盖图层中的图像内容，因此，画笔涂抹过的区域就会被隐藏，这样就得到了眼睛中还有眼睛的奇特图像，如图4-70、图4-71所示。

图4-70

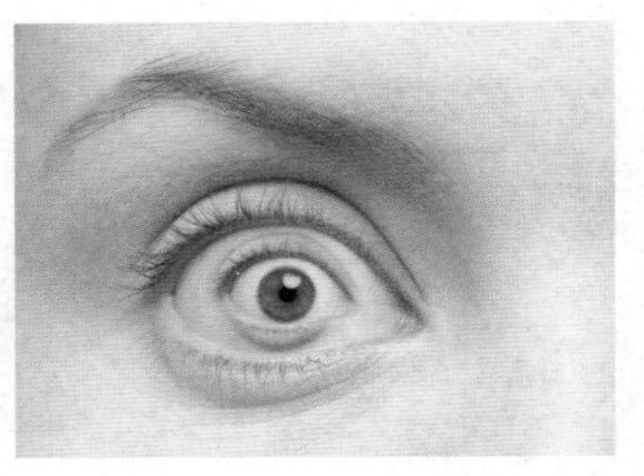
图4-71

Tip 在处理细节时，可以按下［键将笔尖调小，仔细修改。如果有涂抹过头的区域，还可以按下X键，将前景色切换为白色，用白色涂抹可以恢复图像。

4.7 通道

通道用来保存图像的颜色信息和选区。相对于其他的功能来说，通道的概念较为抽象，但在抠图、调色和特效制作方面，通道却有着特别的优势，因此学好通道是非常必要的。

4.7.1 通道的种类

Photoshop中包含3种类型的通道，即颜色通道、专色通道和Alpha通道。打开一个图像时，Photoshop会自动创建颜色信息通道，如图4-72、图4-73所示。

图4-72

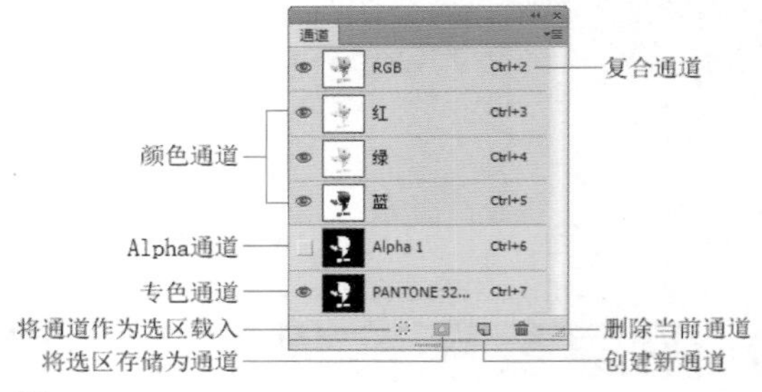

图4-73

● 复合通道：复合通道是红、绿和蓝色通道组合的结果。编辑复合通道时，会影响所有颜色通道。

● 颜色通道：颜色通道就像是摄影胶片，它们记录了图像内容和颜色信息。图像的颜色模式不同，颜色通道的数量也不相同。例如，RGB图像包含红、绿、蓝和一个用于编辑图像内容的复合通道；CMYK图像包含青色、洋红、黄色、黑色和一个复合通道。

● 专色通道：专色通道用来存储专色。专色是特殊的预混油墨，例如金属质感的油墨、荧光油墨等，它们用于替代和补充普通的印刷油墨。专色通道的名称直接显示为油墨的名称（例如，图4-73所示的通道内的专色为PANTONE 3295C）。

● Alpha通道：Alpha通道有3种用途，一是用于保存选区；二是可以将选区存储为灰度图像，这样就能够用画笔、加深、减淡等工具及各种滤镜，通过编辑Alpha通道来修改选区；三是可以从Alpha通道中载入选区。

4.7.2 通道的基本操作

- 选择通道：单击“通道”面板中的一个通道，即可选择该通道，文档窗口中会显示所选通道的灰度图像，如图4-74所示。按住Shift键单击其他通道，可以选择多个通道，此时窗口中会显示所选颜色通道的复合信息。
- 返回到RGB复合通道：选择通道后，可以使用绘画工具和滤镜对它们进行编辑。当编辑完通道后，如果想要返回到默认的状态来查看彩色图像，可以单击RGB复合通道，这时，所有颜色通道重新被激活，如图4-75所示。

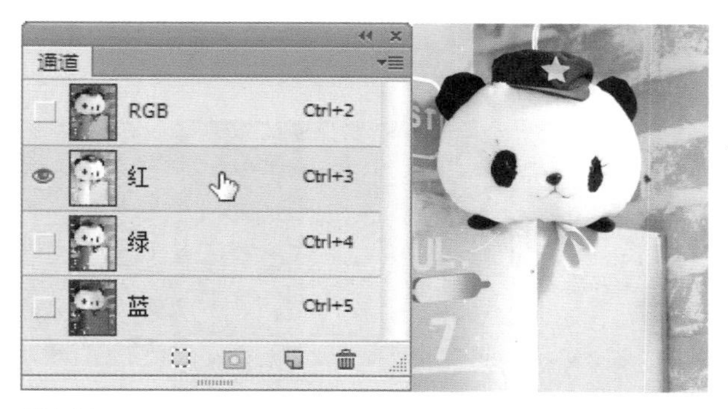

图4-74

图4-75

- 复制与删除通道：将一个通道拖动到“通道”面板底部的按钮上，可以复制该通道。将一个通道拖动到按钮上，则可删除该通道。复合通道不能复制也不能删除。颜色通道可以复制，但如果删除了，图像就会自动转换为多通道模式。

4.7.3 通道与选区的关系

Alpha通道可以保存选区。选区在Alpha通道中是一种与图层蒙版类似的灰度图像，因此，可以像编辑蒙版或其他图像那样使用绘画工具、调整工具、滤镜、选框和套索工具，甚至矢量的钢笔工具来编辑它，而不必仅仅局限于原有的选区编辑工具（如套索、“选择”菜单中的命令）。也就是说，有了Alpha通道，几乎所有的抠图工具、选区编辑命令、图像编辑工具都能用于编辑选区。

在Alpha通道中，白色代表了可以被完全选中的区域；灰色代表了可以被部分选中的区域，即羽化的区域；黑色代表了位于选区之外的区域。例如，图4-76所示为使用Alpha通道中的选区抠出的图像。如果要扩展选区范围，可以用画笔等工具在通道中涂抹白色；如果要增加羽化范围，可以涂抹灰色；如果要收缩选区范围，则涂抹黑色。

图4-76

再来看一个用通道抠冰雕的范例，如图4-77所示。观察它的通道，如图4-78~图4-80所示，可以看到，绿通道中冰雕的轮廓最明显。

RGB图像

图4-77

红通道

图4-78

绿通道

图4-79

蓝通道

图4-80

对该通道应用“计算”命令，混合模式设置为“正片叠底”，如图4-81所示。可以看到，绿通道经过混合之后，冰雕的细节更加丰富了，与背景的色调对比更加清晰了，如图4-82所示。图4-83、图4-84所示为抠出后的冰雕。

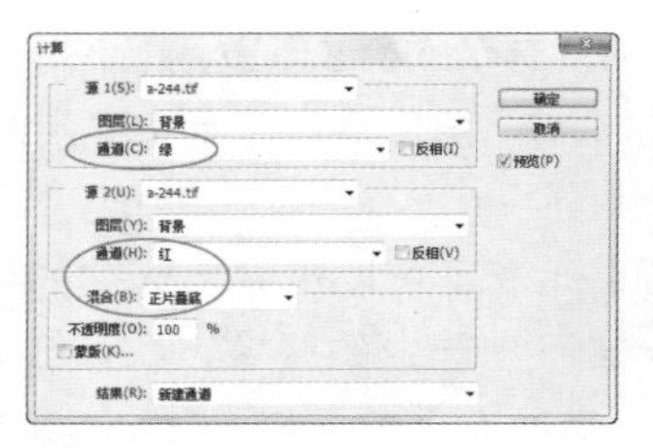

图4-81

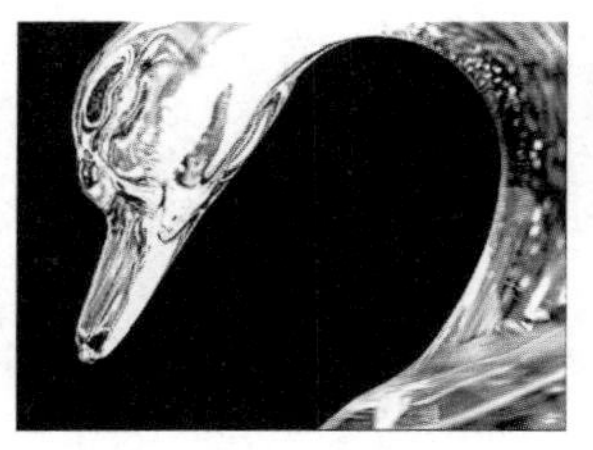

图4-82

图4-83

图4-84

4.7.4 通道与色彩的关系

图像的颜色信息保存在通道中，因此，使用任何一个调色命令调整颜色时，都是通过通道来影响色彩的。在颜色通道中，灰色代表了一种颜色的含量，明亮的区域表示包含大量对应的颜色，暗的区域表示对应的颜色较少，如图4–85所示。如果要在图像中增加某种颜色，可以将相应的通道调亮；要减少某种颜色，将相应的通道调暗即可。“色阶”和“曲线”对话框中都包含通道选项，可以选择一个通道，调整它的明度，从而影响颜色。例如，将红通道调亮，可以增加红色，如图4–86所示；将红通道调暗，则减少红色，如图4–87所示。将绿通道调亮，可以增加绿色；调暗则减少绿色。将蓝通道调亮，可以增加蓝色；调暗则减少蓝色。

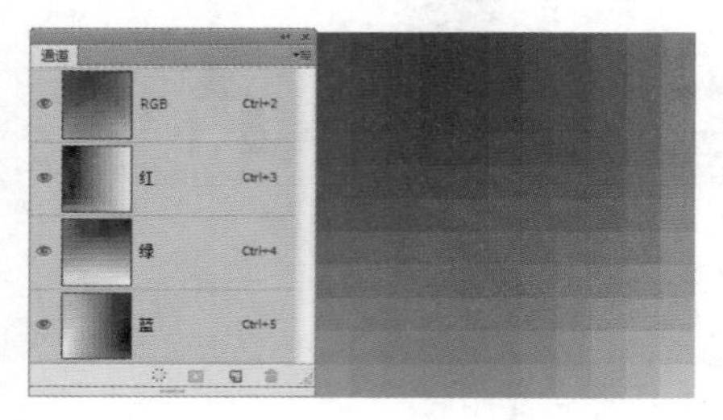

图4-85

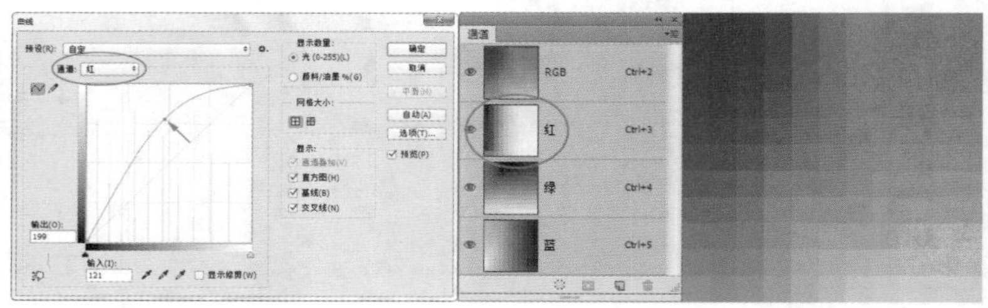

图4-86

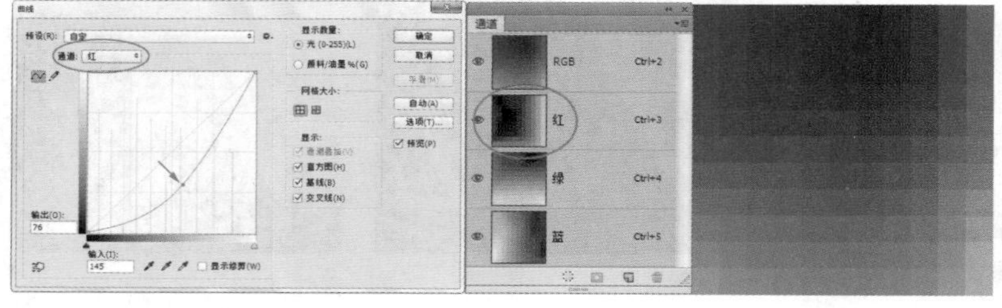

图4-87

在颜色通道中，色彩是互相影响的，当增加一种颜色含量的同时，还会减少它的补色的含量；反之，减少一种颜色的含量，就会增加它的补色的含量。例如，将红色通道调亮，可增加红色，并减少它的补色青色；将红色通道调暗，则减少红色，同时增加青色。其他颜色通道也是如此。图4–88、图4–89所示的色轮和色相环显示了颜色的互补关系，处于相对位置的颜色互为补色，如洋红与绿、黄与蓝。

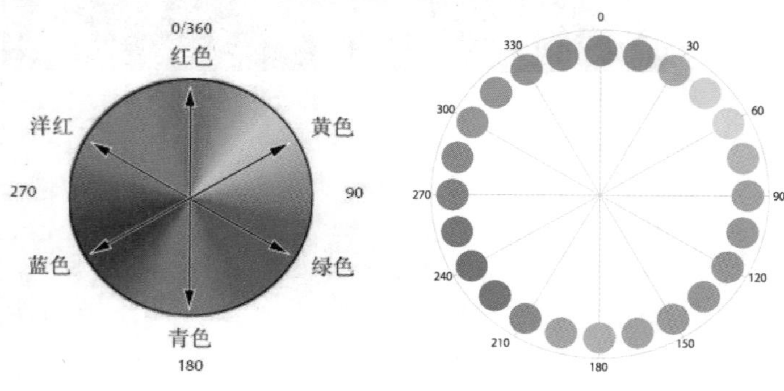

图4-88

图4-89

4.8 通道实例：爱心吊坠

❶ 打开光盘中的素材，如图4-90所示。下面在通道中制作选区，将心形吊坠的高光的中间色调选中。打开“通道”面板，将绿通道拖动到“创建新通道”按钮 上复制，得到绿副本通道，如图4-91所示。

图4-90

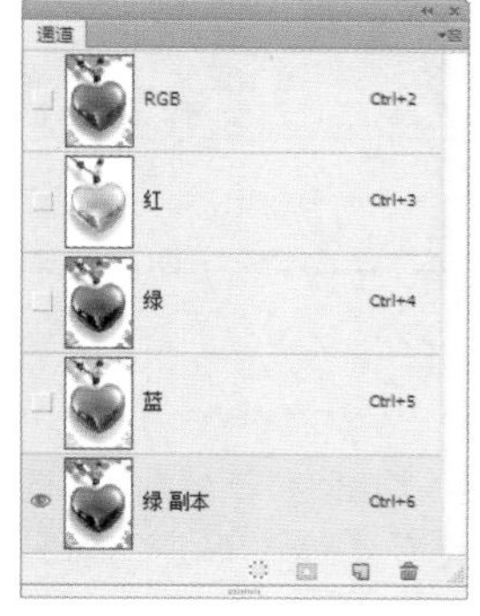

图4-91

❷ 按下Ctrl+L快捷键，打开“色阶”对话框，拖动滑块增加对比度，如图4-92、图4-93所示。

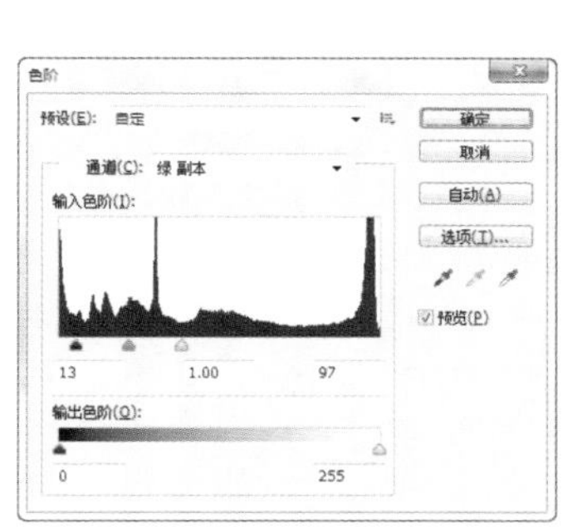

图4-92

图4-93

❸ 选择柔角画笔工具 ，如图4-94所示，将前景色设置为白色，用画笔将心形吊坠以外的图像都涂为白色，如图4-95所示。按下Ctrl+2快捷键，返回到RGB主通道，重新显示彩色图像。

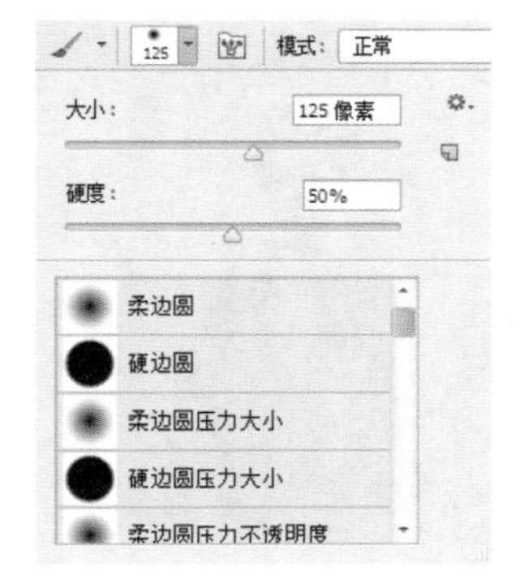

图4-94

图4-95

❹ 打开光盘中的素材，如图4-96所示。使用移动工具 将其拖入吊坠文档中，如图4-97所示。

图4-96

图4-97

❺ 按住Ctrl键单击绿副本通道，如图4-98所示，载入该通道中的选区，如图4-99所示。按住Alt键单击“图层”面板底部的 按钮，基于选区创建一个反相的蒙版，如图4-100、图4-101所示。

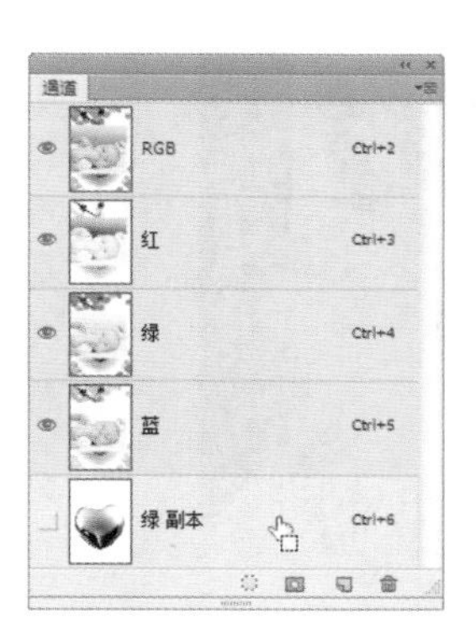

图4-98

图4-99

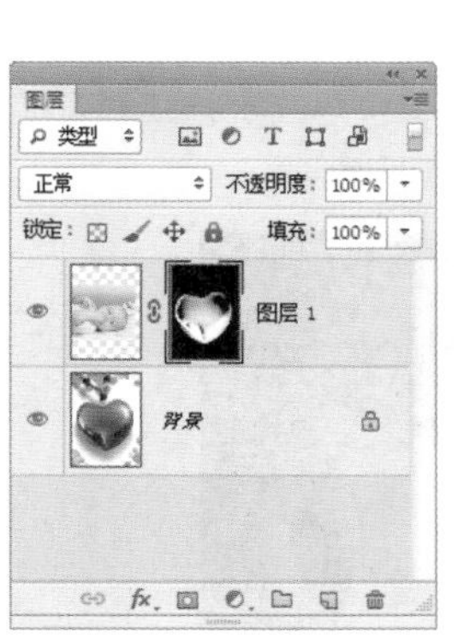

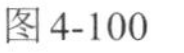

图4-100

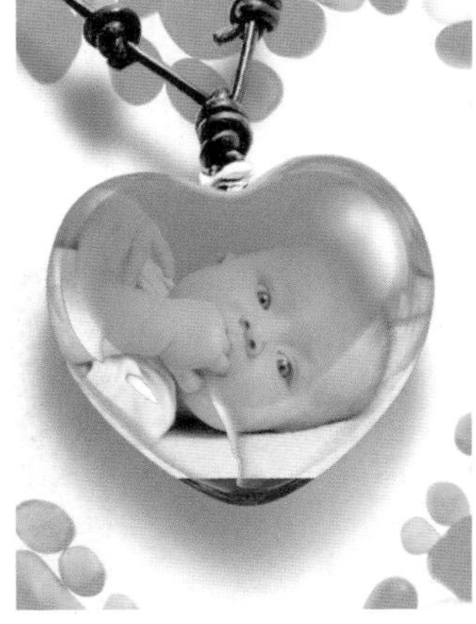

图4-101

通道中的白色区域可以载入选区；灰色区域可以载入带有羽化的选区；黑色区域不包含选区。

❻ 选择柔角画笔工具 ，在吊坠周围涂抹黑色，将Baby图像隐藏，让吊坠显示出更多的内容，使合成效果更真实，如图4-102、图4-103所示。如果要隐藏吊坠图像，可以按X键，将前景色切换为白色，用白色涂抹。

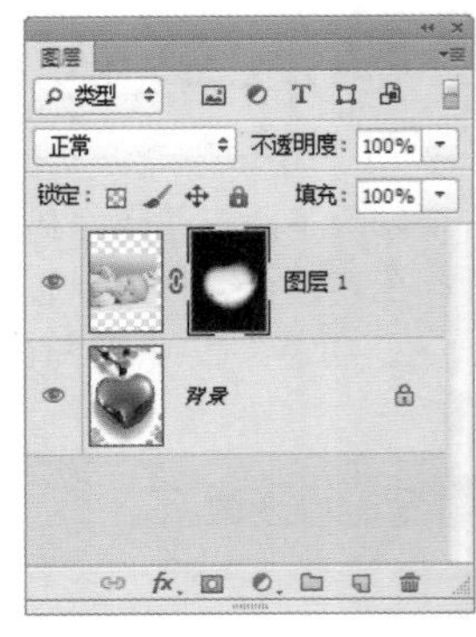

图4-102

图4-103

4.9 应用案例：封面设计

❶ 打开光盘中的素材，如图4-104所示。使用快速选择工具 在模特身上单击，并拖动鼠标创建选区，如图4-105所示。如果有漏选的地方，可以按住Shift键在其上涂抹，将其添加到选区中；多选的地方，可以按住Alt键涂抹，将其排除到选区之外。

图4-104

图4-105

❷ 现在看起来似乎模特被轻而易举地选中了，不过，目前的选区还不精确，人物轮廓有残缺、边缘还有残留的背景图像。下面来加工选区。单击工具选项栏中的“调整边缘”按钮，打开“调整边缘”对话框。先在“视图”下拉列表中选择一种视图模式，以便更好地观察选区的调整结果，如图4-106、图4-107所示。

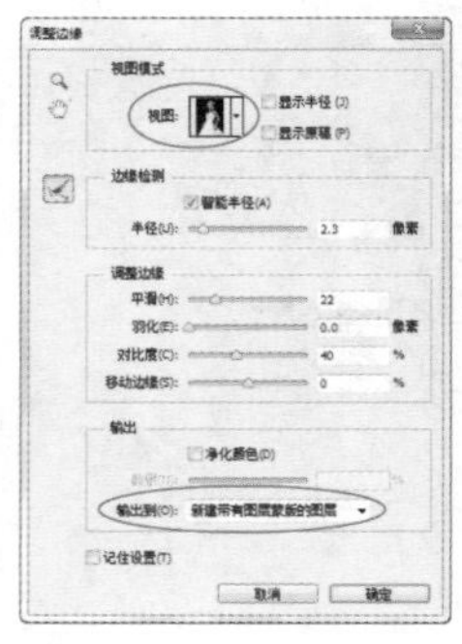
图4-106

图4-107

❸ 打开“输出到”下拉列表，选择“新建带有图层蒙版的图层”选项，单击“确定”按钮，将选中的图像复制到一个带有蒙版的图层中，完成抠图操作，如图4-108、图4-109所示。

图4-108

图4-109

Tip “调整边缘”对话框中有两个工具，它们可以对选区进行细化修改。例如，用它们涂抹毛发，可以向选区中加入更多的细节。其中，调整半径工具 可以扩展检测的区域；抹除调整工具 可以恢复原始的选区边缘。

❹ 选择“背景”图层。选择渐变工具 ，在工具选项栏中单击“径向渐变”按钮 ，填充白色-灰色径向渐变，如图4-110、图4-111所示。

图4-110

图4-111

⑤ 选择横排文字工具 T ，在“字符”面板中设置字体、大小和颜色，如图4-112所示，在画面中单击并输入文字，如图4-113所示。

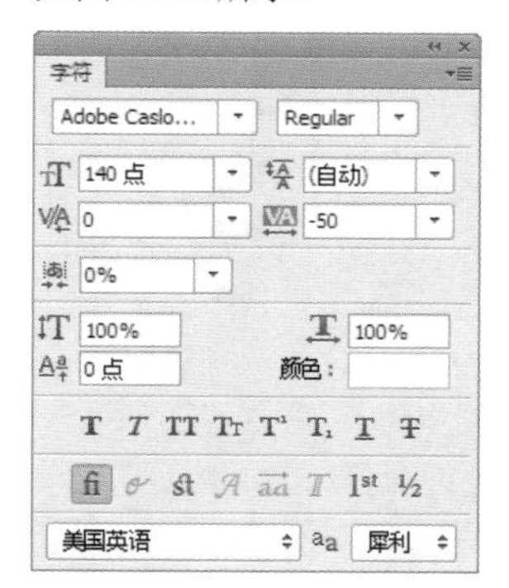

图4-112

图4-113

⑥ 选择“背景副本”图层，单击“调整”面板中的 按钮，在该图层上方创建“曲线”调整图层，拖动曲线将画面的色调调亮，按下Alt+Ctrl+G快捷键创建剪贴蒙版，使调整图层只影响其下方的人物层，而不会影响其他图层，如图4-114~图4-116所示。

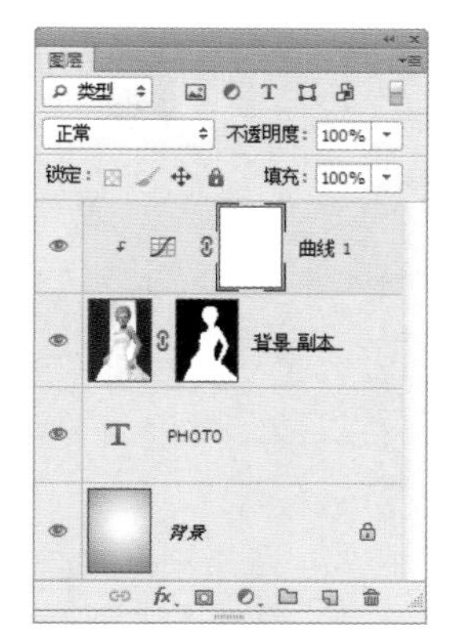

图4-114

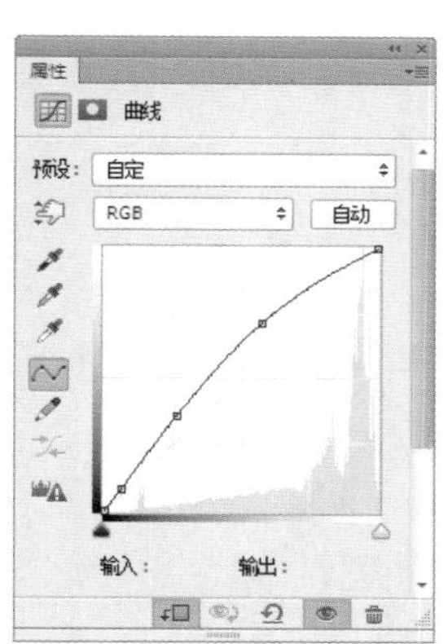

图4-115

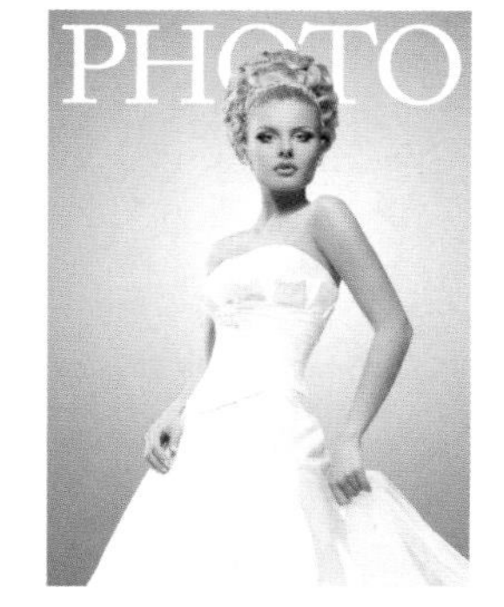

图4-116

⑦ 单击“调整”面板中的 按钮，创建“色相/饱和度”调整图层，调整人物的肤色，按下Alt+Ctrl+G快捷键创建剪贴蒙版，如图4-117~图4-119所示。

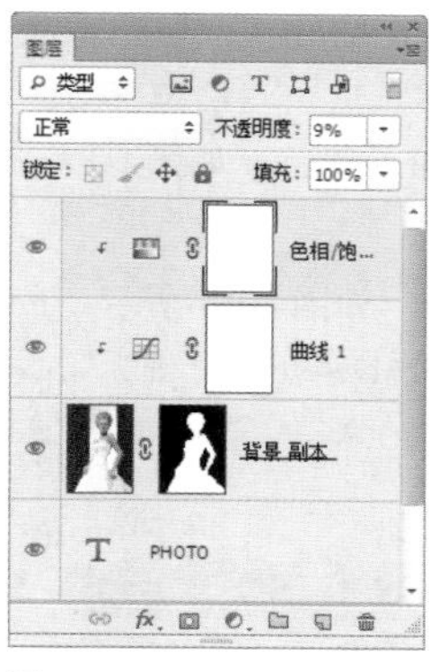

图4-117

图4-118

图4-119

⑧ 单击“调整”面板中的 按钮，创建“可选颜色”调整图层，在“颜色”下拉列表中选择“中性色”，调整中性色的色彩平衡，让画面的色调变冷，如图4-120~图4-122所示。

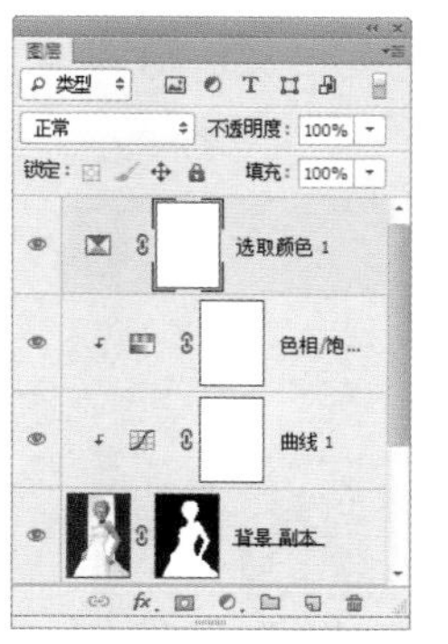

图4-120

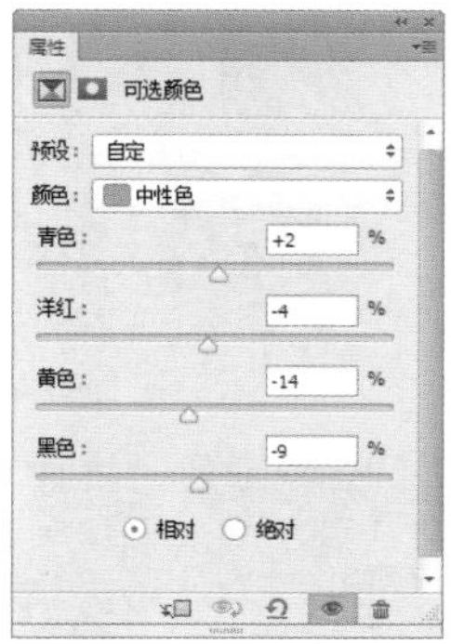

图4-121

图4-122

⑨ 按下Ctrl+J快捷键复制调整图层。单击“属性”面板底部的 按钮，将参数恢复为默认值，然后选择“白色”进行调整，在白色的婚纱中加入蓝色，如图4-123~图4-125所示。

⑩ 使用快速选择工具 选中裙子，如图4-126所示，按下Shift+Ctrl+I快捷键反选，按下Alt+Delete快捷键在蒙版中填充黑色，按下Ctrl+D快捷键取消选择，如图4-127、图4-128所示。

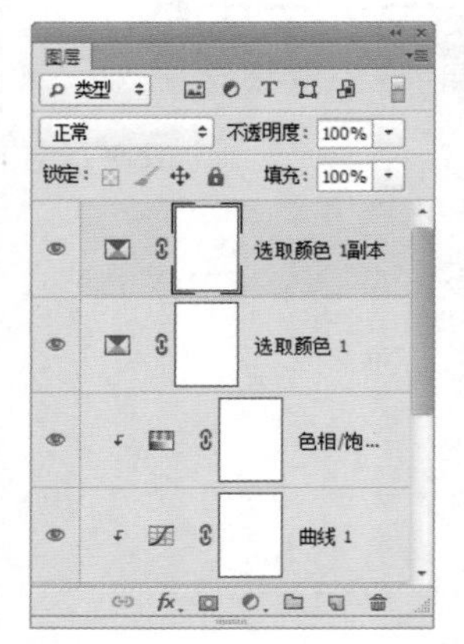

图4-123

图4-124

图4-125

图4-126

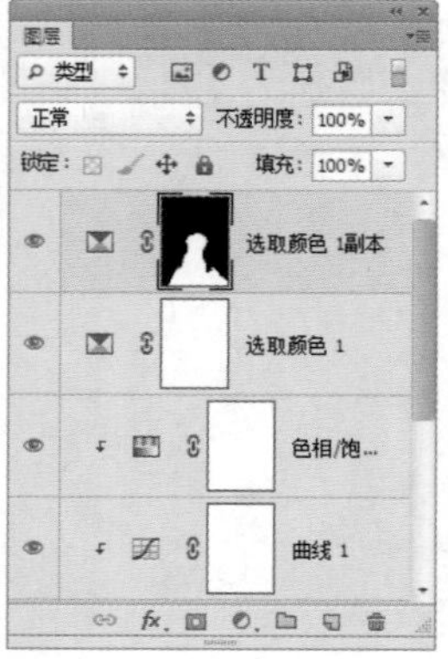

图4-127

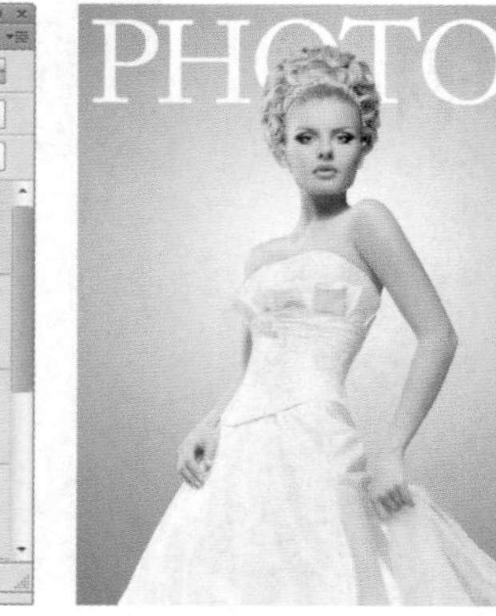

图4-128

⑪ 使用横排文字工具 T 在画面右下角输入文字，如图4-129、图4-130所示。双击该文字图层，打开“图层样式”对话框，添加“投影”效果，如图4-131、图4-132所示。

图4-129

图4-130

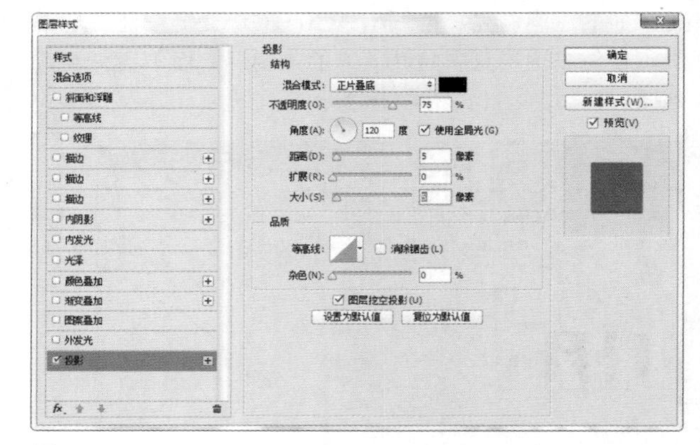

图4-131

图4-132

⑫ 打开一个素材，如图4-133所示，使用移动工具 将图形和条码拖动到封面文档中，如图4-134所示。最后，使用横排文字工具 T 再输入一些文字，增加画面的信息量，如图4-135所示。

图4-133

图4-134

图4-135

4.10 课后作业：练瑜伽的汪星人

本章学习了蒙版与通道的操作方法。下面通过课后作业来强化学习效果。如果有不清楚的地方，请看一下视频教学录像。

素材位置：光盘/素材/4.10　视频位置：光盘/视频/4.10

本章的作业是制作一个练瑜伽的狗狗，素材是一个正常站立的狗狗。操作时首先通过图层蒙版将小狗的后腿和尾巴隐藏，再复制一个“小狗”图层，按下Ctrl+T快捷键显示定界框，拖动控制点将小狗旋转并缩小；创建图层蒙版，这个图层只保留狗狗的一条后腿，其余部分全部隐藏。

实例效果

素材

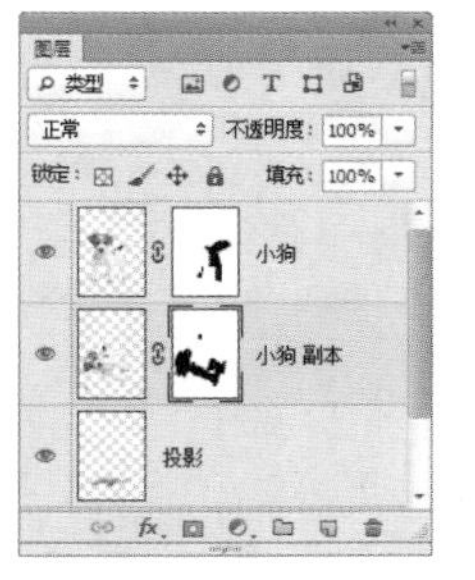

最终的图层结构

4.11 复习题

1. 矢量蒙版、剪贴蒙版和图层蒙版有何不同？
2. 混合颜色带的哪种特性是其他蒙版都无法实现的？
3. 通道的主要用途有几种？

第5章

修图与调色 影楼后期必修课

摄影是充满了创造和灵感的艺术，而数码相机由于本身原理和构造的特殊性，再加之摄影者技术方面的原因，拍摄出来的照片往往存在曝光不准、画面黯淡、偏色等缺憾。这一切都可以通过Photoshop后期处理来解决。数码照片的处理流程大致分为6个阶段：在Photoshop（或CameraRaw）中调整曝光和色彩、校正镜头缺陷（如镜头畸变和晕影）、修图（如去除多余内容和人像磨皮）、裁剪照片调整构图、轻微的锐化（夜景照片需降噪），最后存储修改结果。

扫描二维码，关注李老师的微博、微信。

5.1 关于摄影后期处理

使用数码相机完成拍摄以后，总会有一些遗憾和不尽如人意的地方，如普通用户会发现照片的曝光不准缺少色调层次、ISO设置过高出现杂色、美丽的风景中有多余的人物、照片颜色灰暗色彩不鲜亮、人物脸上的痘痘和雀斑影响美观等；专业的摄影师或影楼工作人员会面临照片的影调需要调整、人像需要磨皮和修饰、色彩风格需要表现、艺术氛围需要营造等难题……这一切都可以通过后期处理来解决。

后期处理不仅可以解决数码照片中出现的各种问题，也为摄影师和摄影爱好者提供了二次创作的机会和可以发挥创造力的大舞台。传统的暗房会受到许多摄影技术条件的限制和影响，无法制作出完美的影像。电脑的出现给摄影技术带来了革命性的突破，通过计算机可以完成过去无法用摄影技法实现的创意。图5-1、图5-2所示为巴西艺术家Marcela Rezo的摄影后期作品。

图5-1

图5-2

图5-3所示为瑞典杰出视觉艺术家埃里克·约翰松的摄影后期作品。图5-4所示为法国天才摄影师Romain Laurent的作品，他的广告创意摄影与时装编辑工作非常的出色，润饰技巧让人印象深刻。

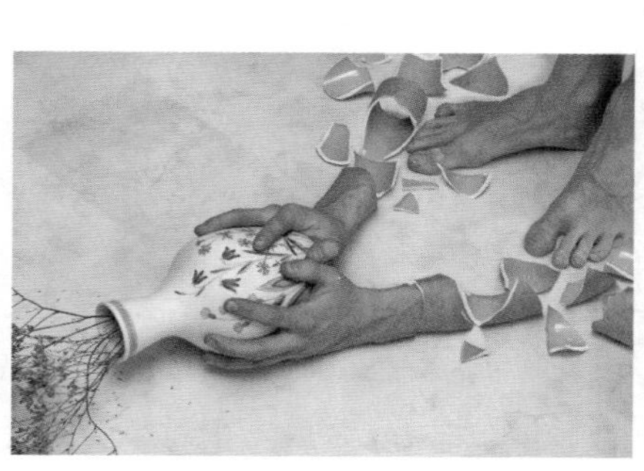

图5-3

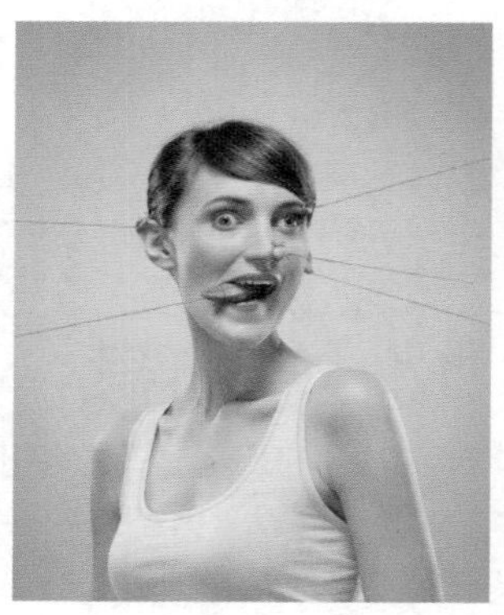

图5-4

学习重点

5.2 照片修图工具

Photoshop提供的仿制图章、修复画笔、污点修复画笔、修补和加深等工具，可以完成复制图像内容、消除瑕疵、调整曝光，以及进行局部的锐化和模糊等一系列修图工作。

5.2.1 照片修饰工具

- 仿制图章工具：可以从图像中拷贝信息，将其应用到其他区域或其他图像中，常用于复制图像或去除照片中的缺陷。选择该工具后，在要拷贝的图像区域按住Alt键单击进行取样，然后放开Alt键，在需要修复的区域涂抹即可。例如，图5-5、图5-6所示为使用该工具将女孩身后多余的人像去除。

图5-5

图5-6

- 修复画笔工具：与仿制工具类似，也可以利用图像样本来绘画。但该工具可以从被修饰区域的周围取样，并将样本的纹理、光照、透明度和阴影等与所修复的像素匹配，在去除照片中的污点和划痕时，人工痕迹不明显。例如，图5-7所示为一张人像照片的局部，将光标放在眼角附近没有皱纹的皮肤上，按住Alt键单击进行取样，放开Alt键后，在眼角的皱纹处单击并拖动鼠标，即可将皱纹抹除，如图5-8所示。

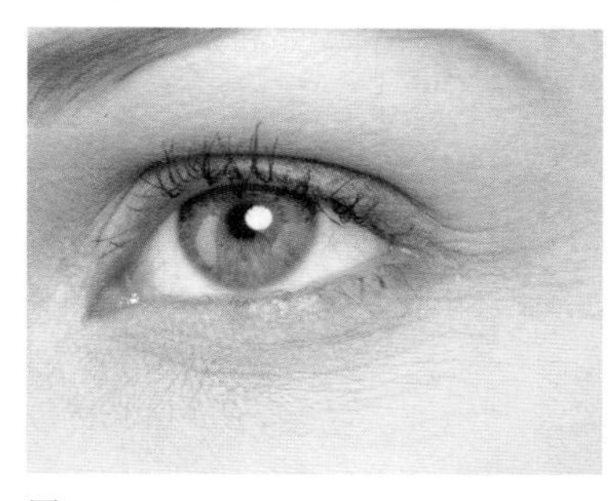

图5-7

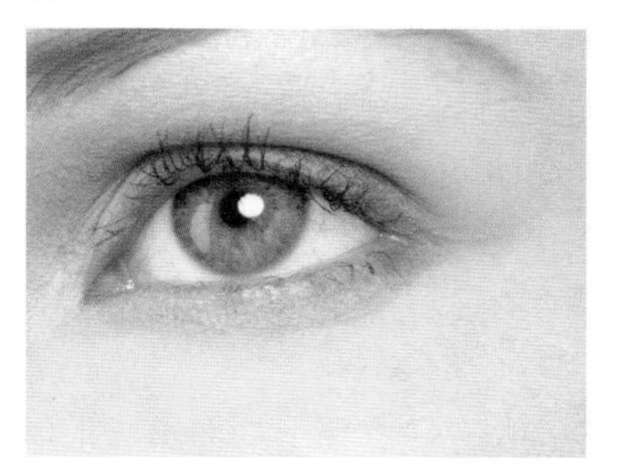

图5-8

- 污点修复画笔工具：在照片中的污点、划痕等处单击，即可快速去除不理想的部分，如图5-9、图5-10所示。它与修复画笔的工作方式类似，也是使用图像样本进行绘画，并将样本像素的纹理、光照、透明度和阴影与所修复的像素相匹配。

图5-9

图5-10

- 修补工具：与修复画笔工具类似，该工具可以用其他区域中的像素修复选中的区域，并将样本像素的纹理、光照和阴影与源像素进行匹配。它的特别之处是需要用选区来定位修补范围，如图5-11、图5-12所示。

图 5-11

图 5-12

- 内容感知移动工具 ：用该工具将选中的对象移动或扩展到其他区域后，可以重组和混合对象，产生出色的视觉效果。图 5-13 所示为使用该工具选取的图像，在工具选项栏中将“模式”设置为“移动”后，将光标放在选区内单击，并将小鸭子移动到新位置，Photoshop 会自动填充空缺的部分，如图 5-14 所示；如果将“模式”设置为“扩展”，则可复制出新的小鸭子，如图 5-15 所示。

图 5-13

图 5-14

图 5-15

- 红眼工具 ：在红眼区域上单击即可校正红眼，如图 5-16、图 5-17 所示。该工具可以去除用闪光灯拍摄的人物照片中的红眼，以及动物照片中出现的白色或绿色反光。

图 5-16

图 5-17

5.2.2 照片曝光调整工具

在调节照片特定区域曝光度的传统摄影技术中，摄影师通过增加曝光度以使照片中的某个区域变亮（减淡），或减弱光线使照片中的区域变暗（加深）。减淡工具 和加深工具 正是基于这种技术，可用于处理照片的局部曝光。例如，图 5–18 所示为一张照片原片，图 5–19 所示为使用减淡工具 处理后的效果，图 5–20 所示为使用加深工具 处理后的效果。

图 5-18

图 5-19

图 5-20

5.2.3 照片模糊和锐化工具

模糊工具 可以柔化图像，减少细节，创建景深效果，图 5-21、图 5-22 所示为原图及用该工具处理后的效果。锐化工具 可以增强相邻像素之间的对比，提高图像的清晰度，如图 5-23 所示。这两个工具适合处理小范围内的图像细节，如果要对整幅图像进行处理，可以使用“模糊”和“锐化”滤镜。

图 5-21

图 5-22

图 5-23

5.3 修图实例：用液化滤镜修出瓜子脸

❶ 打开光盘中的素材。执行“滤镜>液化”命令，打开“液化”对话框，选择向前变形工具，设置大小和压力，如图5-24所示。

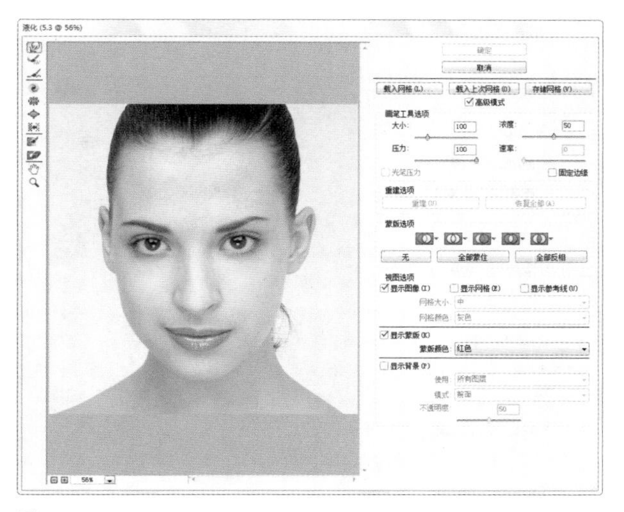

图 5-24

❷ 将光标放在左侧脸部边缘，如图5-25所示，单击并向里拖动鼠标，使轮廓向内收缩，改变脸部弧线，如图5-26所示。采用同样的方法处理右侧的脸颊，如图5-27、图5-28所示。

图 5-25

图 5-26

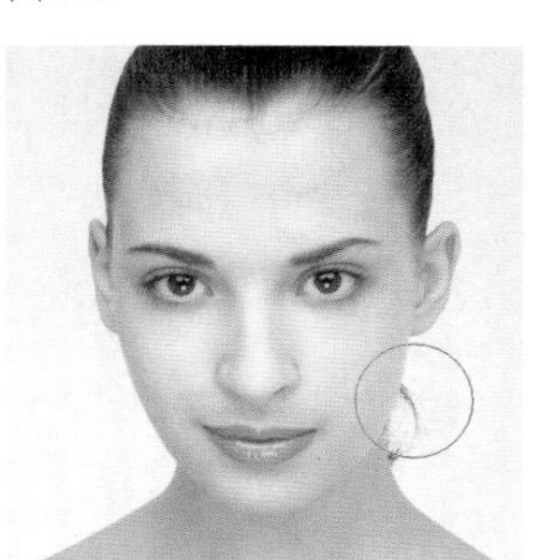

图 5-27

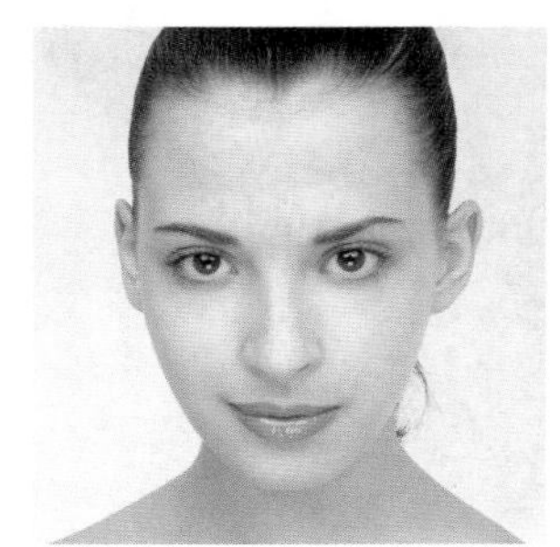

图 5-28

❸ 再处理右侧嘴角，向上提一下，如图5-29所示。脖子也需要向内收一些，如图5-30所示。图5-31所示为原图，图5-32所示为修饰后的最终效果。

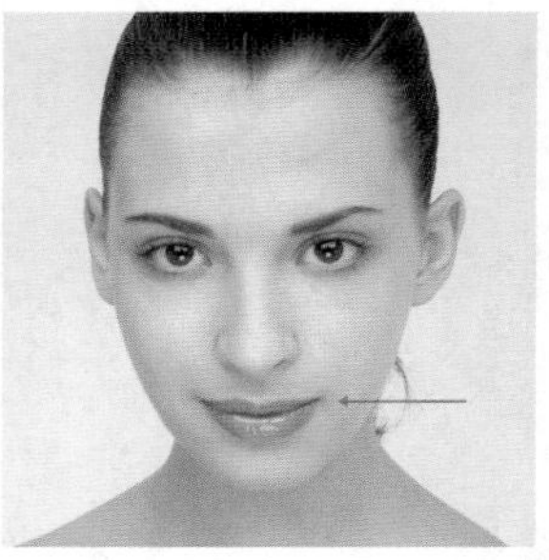

图5-29

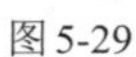

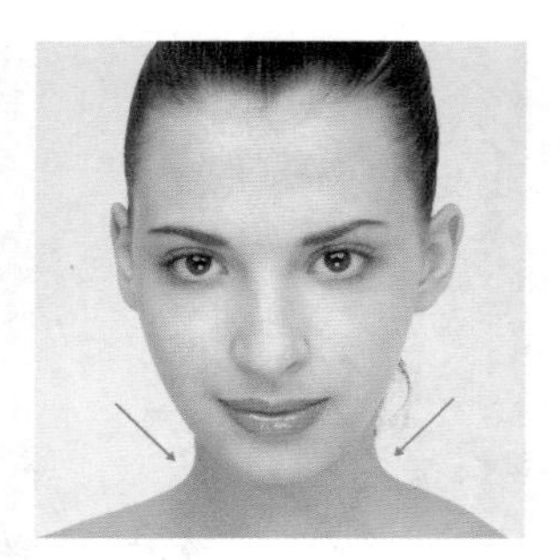

图5-30

原图

图5-31

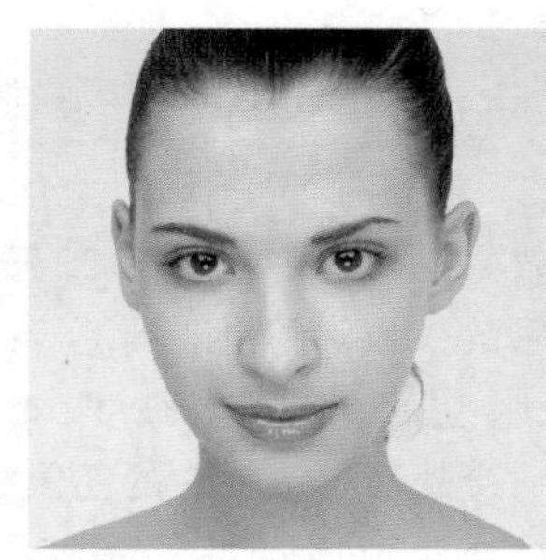

修饰后的效果

图5-32

5.4 磨皮实例：缔造完美肌肤

❶ 打开光盘中的素材，如图5-33所示。打开“通道”面板，将“绿”通道拖动到面板底部的 按钮上进行复制，得到“绿副本”通道，如图5-34所示，现在文档窗口中显示“绿副本”通道中的图像，如图5-35所示。

图5-33

图5-34

图5-35

❷ 执行“滤镜>其他>高反差保留”命令，设置半径为20像素，如图5-36、图5-37所示。

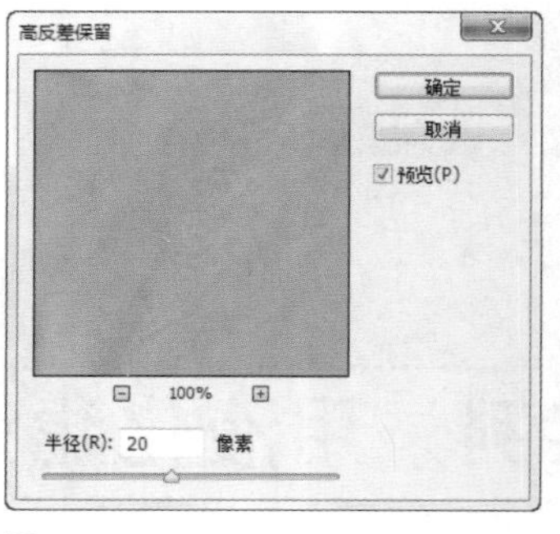

图5-36

图5-37

❸ 执行“图像>计算”命令，打开“计算”对话框，设置混合模式为“强光”，结果为“新建通道”，如图5-38所示，计算以后会生成一个名称为“Alpha 1”的通道，如图5-39、图5-40所示。

图5-38

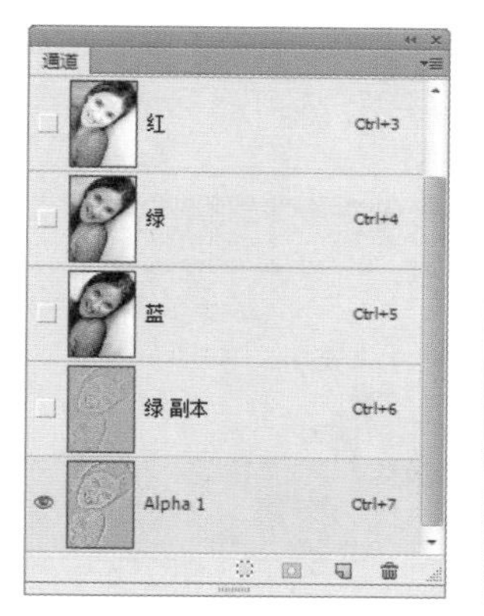

图5-39

图5-40

❹ 再执行一次“计算”命令，得到Alpha 2通道，如图5-41所示。单击“通道”面板底部的 按钮，载入通道中的选区，如图5-42所示。

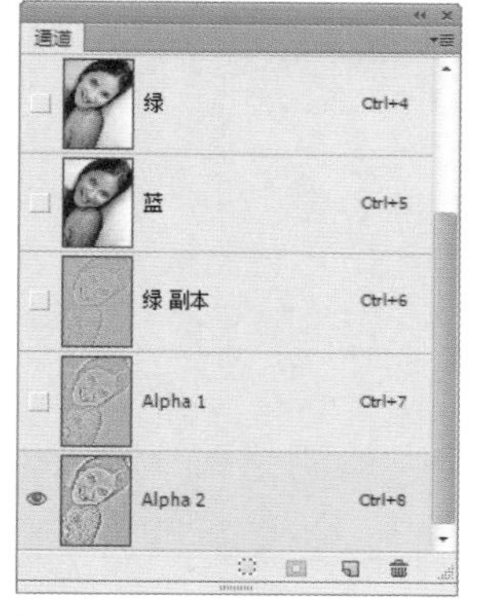

图5-41

图5-42

❺ 按下Ctrl+2快捷键返回彩色图像编辑状态，如图5-43所示。按下Shift+Ctrl+I快捷键反选，如图5-44所示。

图5-43

图5-44

❻ 单击“调整”面板中的 按钮，创建“曲线”调整图层。在曲线上单击，添加两个控制点，并向上移动曲线，如图5-45所示，人物的皮肤会变得非常光滑、细腻，如图5-46所示。

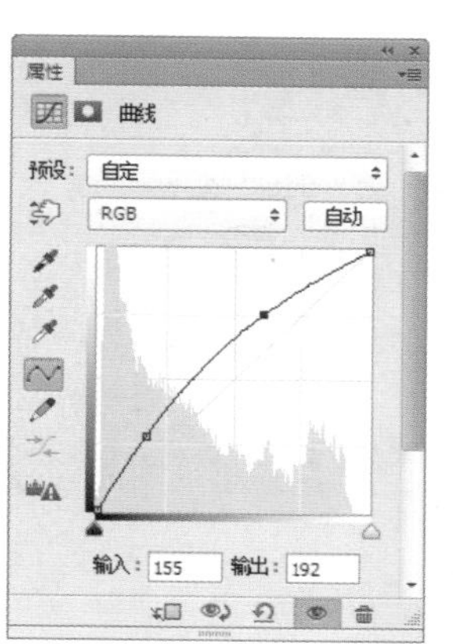

图5-45

图5-46

❼ 现在人物的眼睛、头发、嘴唇和牙齿等有些过于模糊，需要恢复为清晰效果。选择一个柔角画笔工具 ，在工具选项栏中将不透明度设置为30%，在眼睛、头发等处涂抹黑色，用蒙版遮盖图像，显示出“背景”图层中清晰的图像。图5-47所示为修改蒙版以前的图像，图5-48、图5-49所示为修改后的蒙版及图像效果。

图5-47

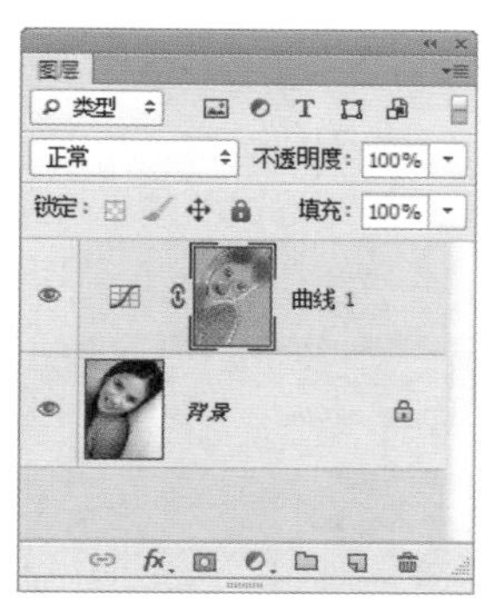

图5-48

图5-49

❽ 下面来处理眼睛中的血丝。选择“背景”图层，如图5-50所示。选择修复画笔工具 ，按住Alt键在靠近血丝处单击，拾取颜色（白色），如图5-51所示，然后放开Alt键，在血丝上涂抹，将其覆盖，如图5-52所示。

图 5-50

图 5-51

图 5-52

⑨ 单击“调整”面板中的按钮，创建“可选颜色”调整图层，单击“颜色”选项右侧的按钮，选择“黄色”，通过调整减少画面中的黄色，使人物的皮肤颜色变得粉嫩，如图5-53、图5-54所示。

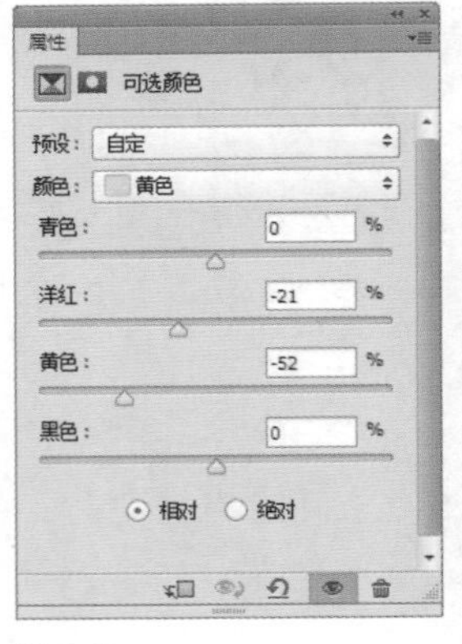

图 5-53

图 5-54

⑩ 按下 Alt+Shift+Ctrl+E 快捷键，将磨皮后的图像盖印到一个新的图层中，如图 5-55 所示，按下 Ctrl +] 快捷键，将它移动到最顶层，如图 5-56 所示。

图 5-55

图 5-56

⑪ 执行“滤镜>锐化>USM锐化”命令，对图像进行锐化，使图像效果更加清晰，如图5-57所示。图5-58所示为原图像，图5-59所示为磨皮后的效果。

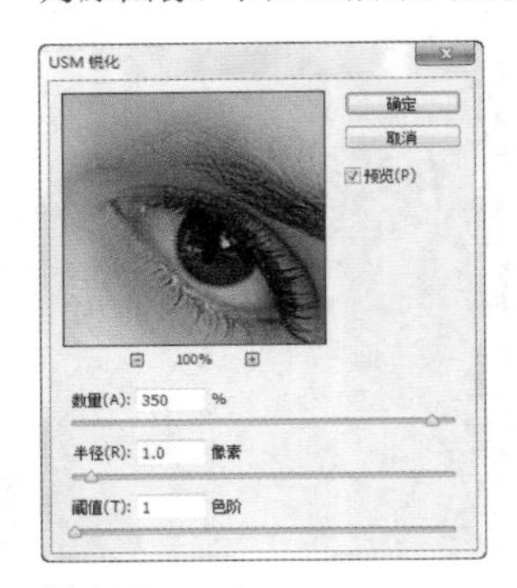

图 5-57

图 5-58

图 5-59

5.5 照片影调和色彩调整工具

Photoshop 提供了大量色彩和色调调整工具，不仅可以对色彩的组成要素——色相、饱和度、明度和色调等进行精确调整，还能对色彩进行创造性的改变。

5.5.1 调色命令与调整图层

Photoshop 的“图像”菜单中包含用于调整色调和颜色的各种命令，如图5-60所示。这其中，一部分常用命令也通过“调整”面板提供给了用户，如图5-61所示。因此，可以通过两种方式来使用调整命令，第一种是直接用“图像”菜单中的命令来处理图像，第二种是使用调整图层来应用这些调整命令。这两种方式可以达到相同的调整结果。它们的不同之处在于，“图像”菜单中的命令会修改图像的像素数据，而调整图层则不会修改像素，它是一种非破坏性的调整功能。

图 5-60

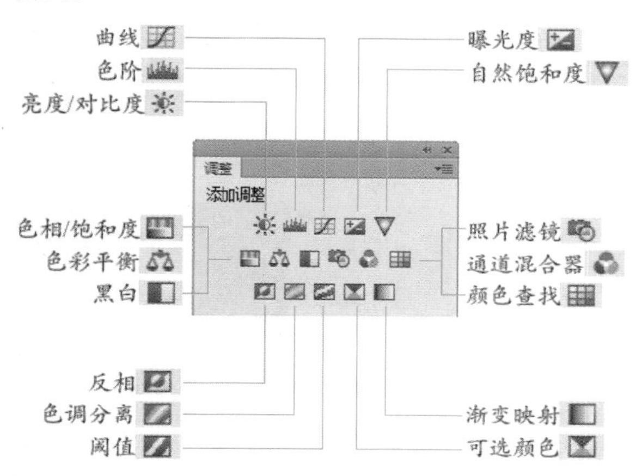

图 5-61

例如，图5-62所示为原图像，假设要用“色相/饱和度”命令调整它的颜色。如果使用“图像 > 调整 > 色相/饱和度”命令来操作，“背景”图层中的像素就会被修改，如图5-63所示。如果使用调整图层操作，则可在当前图层的上面创建一个调整图层，调整命令通过该图层对下面的图像产生影响，调整结果与使用“图像”菜单中的“色相/饱和度”命令完全相同，但下面图层的像素没有任何变化，如图5-64所示。

图 5-62

图 5-63

图 5-64

使用“调整”命令调整图像后，效果就不能改变了。而调整图层则不然，只需单击它，便可以在“调整”面板中修改参数，如图5-65所示。隐藏或删除调整图层，可以使图像恢复为原来的状态，如图5-66所示。

图 5-65

图 5-66

5.5.2 Photoshop调色命令分类

- 调整颜色和色调："色阶"和"曲线"命令可以调整颜色和色调，它们是最重要、最强大的调整命令；"色相/饱和度"和"自然饱和度"命令用于调整色彩；"阴影/高光"和"曝光度"命令只能调整色调。
- 匹配、替换和混合颜色："匹配颜色"、"替换颜色"、"通道混合器"和"可选颜色"命令可以匹配多个图像之间的颜色，替换指定的颜色或者对颜色通道做出调整。
- 快速调整图像："自动色调"、"自动对比度"和"自动颜色"命令能自动调整图像的颜色和色调，适合初学者使用；"照片滤镜"、"色彩平衡"和"变化"是用于调整色彩的命令，使用方法简单且直观；"亮度/对比度"和"色调均化"命令用于调整色调。
- 应用特殊颜色调整："反相"、"阈值"、"色调分离"和"渐变映射"是特殊的颜色调整命令，它们可以将图像转换为负片效果、简化为黑白效果、分离色彩，或者用渐变颜色转换图像中原有的颜色。

5.5.3 色阶

"色阶"可以调整图像的阴影、中间调和高光的强度级别，校正色调范围和色彩平衡。打开一张照片，如图5-67所示，执行"图像>调整>色阶"命令，打开"色阶"对话框，如图5-68所示。

图 5-67

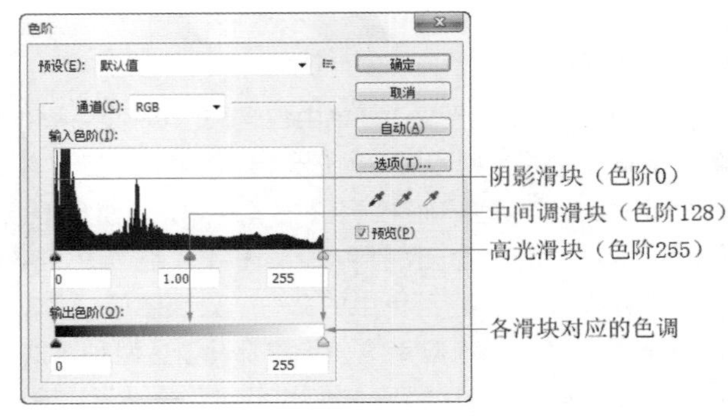

图 5-68

在"输入色阶"选项组中，阴影滑块位于色阶0处，它所对应的像素是纯黑的。如果向右移动阴影滑块，Photoshop 就会将滑块当前位置的像素值映射为色阶"0"。也就是说，滑块所在位置左侧的所有像素都会变为黑色，如图5-69所示。高光滑块位于色阶255处，它所对应的像素是纯白的。如果向左移动高光滑块，滑块当前位置的像素值就会映射为色阶"255"，因此，滑块所在位置右侧的所有像素都会变为白色，如图5-70所示。

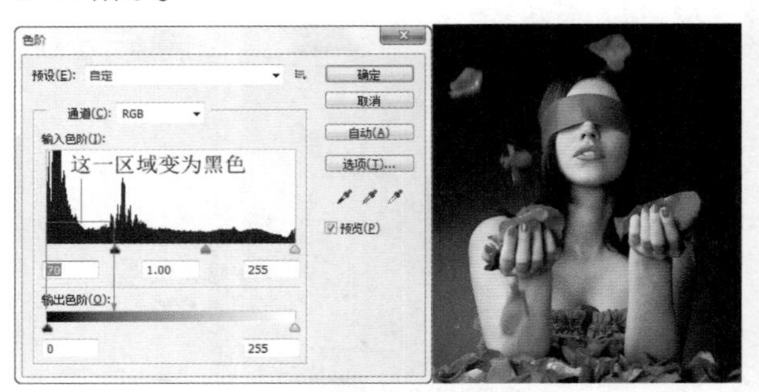

图 5-69

图 5-70

中间调滑块位于色阶128处，它用于调整图像中的灰度系数。将该滑块向左侧拖动，可以将中间调调亮，如图5-71所示；向右侧拖动，则可将中间调调暗，如图5-72所示。

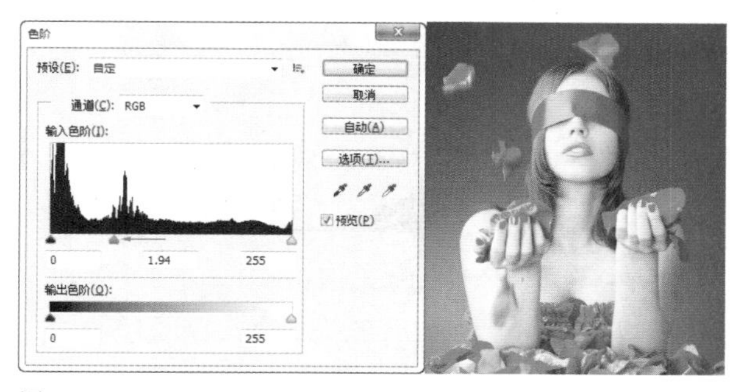

图 5-71

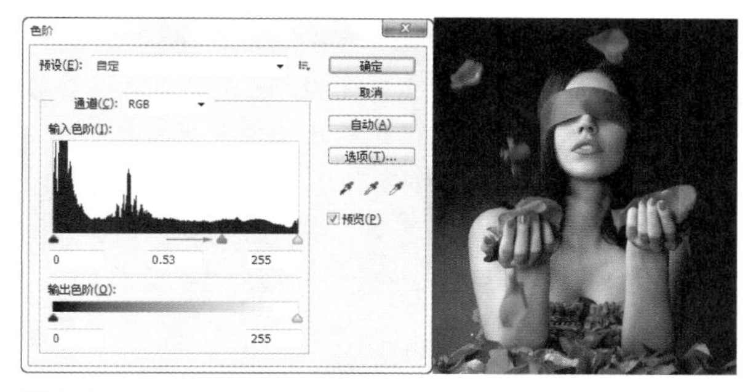

图 5-72

“输出色阶”选项组中的两个滑块用来限定图像的亮度范围。向右拖动暗部滑块时，它左侧的色调都会映射为滑块当前位置的灰色，图像中最暗的色调也就不再是黑色了，色调就会变灰；如果向左移动白色滑块，它右侧的色调都会映射为滑块当前位置的灰色，图像中最亮的色调就不再是白色了，色调就会变暗。

5.5.4 曲线

“曲线”是Photoshop中最强大的调整工具，它集“色阶”、“阈值”和“亮度/对比度”等多个命令的功能于一身。打开一张照片，如图5-73所示，执行“图像 > 调整 > 曲线”命令，打开“曲线”对话框，如图5-74所示。在曲线上单击可以添加控制点，拖动控制点改变曲线的形状，便可以调整图像的色调和颜色。单击控制点可将其选择，按住Shift键单击可以选择多个控制点。选择控制点后，按下Delete键可将其删除。

图 5-73

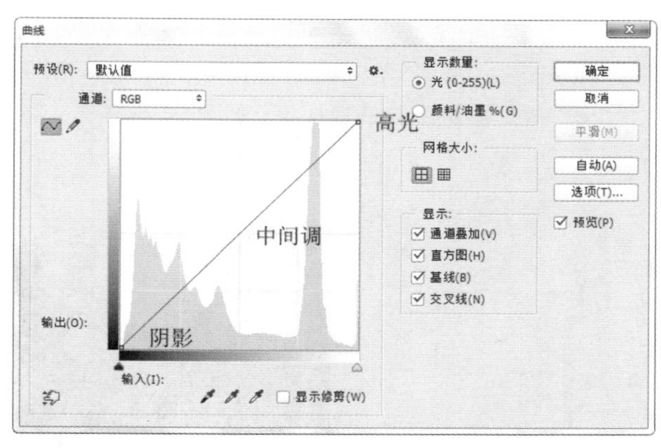

图 5-74

水平的渐变颜色条为输入色阶，它代表了像素的原始强度值，垂直的渐变颜色条为输出色阶，它代表了调整曲线后像素的强度值。调整曲线以前，这两个数值是相同的。在曲线上单击，添加一个控制点，向上拖动该点时，在输入色阶中可以看到图像中正在被调整的色调（色阶128），在输出色阶中可以看到它被Photoshop映射为更浅的色调（色阶190），图像就会因此而变亮，如图5-75所示。如果向下移动控制点，则Photoshop会将所调整的色调映射为更深的色调（将色阶128映射为色阶65），图像也会因此而变暗，如图5-76所示。

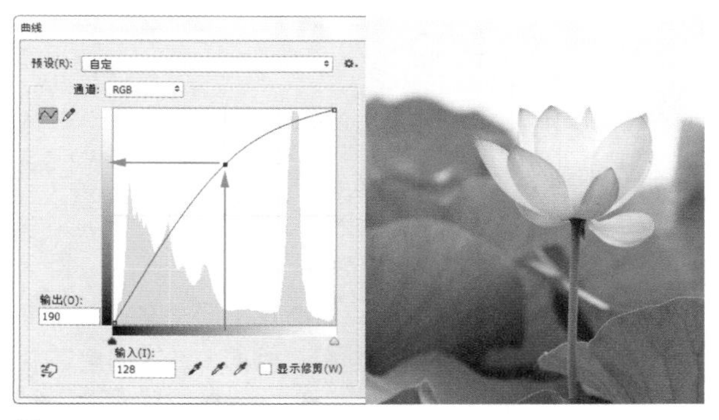

图 5-75

图 5-76

将曲线调整为"S"形，可以使高光区域变亮、阴影区域变暗，从而增强色调的对比度，如图5-77所示；反"S"形曲线会降低对比度，如图5-78所示。

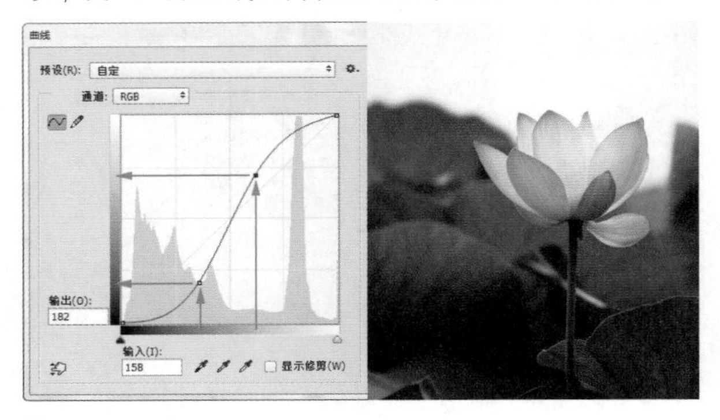

图 5-77

图 5-78

Tip 整个色阶范围为0～255，0代表了全黑，255代表了全白，因此，色阶数值越高，色调越亮。选择控制点后，按下键盘中的方向键（→、←、↑、↓）可轻移控制点。如果要选择多个控制点，可以按住Shift键单击它们（选中的控制点为实心黑色）。通常情况下，编辑图像时，只需对曲线进行小幅度的调整即可，曲线的变形幅度越大，越容易破坏图像。

曲线与色阶既有相同点，也有不同之处。曲线上面有两个预设的控制点，其中，"阴影"可以调整照片中的阴影区域，它相当于"色阶"中的阴影滑块；"高光"可以调整照片的高光区域，它相当于"色阶"中的高光滑块，如图5-79所示。如果在曲线的中央（1/2处）单击，添加一个控制点，该点就可以调整照片的中间调，它就相当于"色阶"的中间调滑块，如图5-80所示。

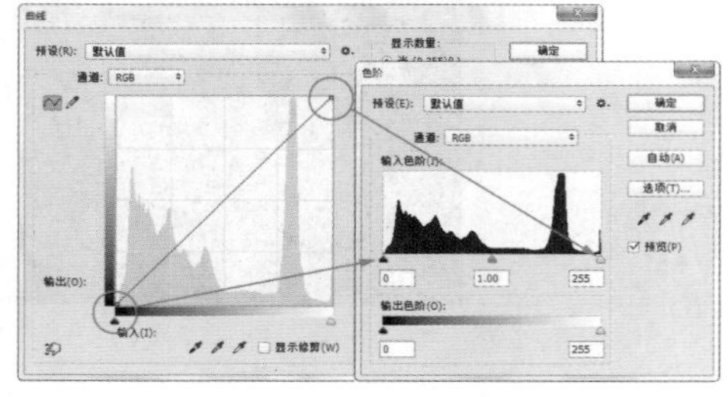

图 5-79

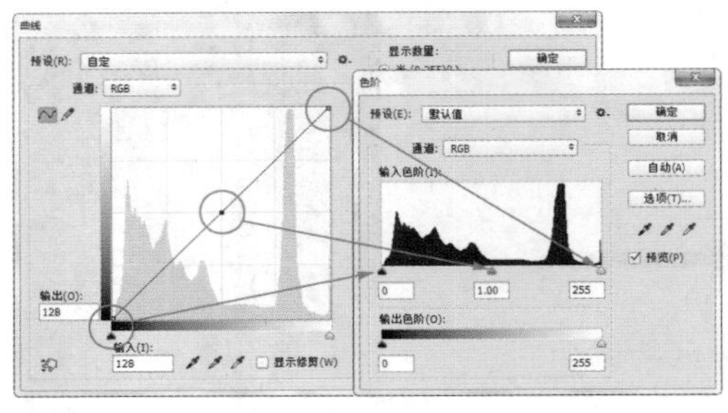

图 5-80

然而曲线上最多可以有16个控制点，也就是说，它能够把整个色调范围（0 ～ 255）分成15段来调整，因此，对于色调的控制非常精确。而色阶只有3个滑块，它只能分3段（阴影、中间调、高光）调整色阶。因此，曲线对于色调的控制可以做到更加精确，它可以调整一定色调区域内的像素，而不影响其他像素，色阶是无法做到这一点的，这便是曲线的强大之处。

5.5.5 直方图与照片曝光

直方图是一种统计图形，它显示了图像的每个亮度级别的像素数量，展现了像素在图像中的分布情况。调整照片时，可以打开"直方图"面板，通过观察直方图，判断照片阴影、中间调和高光中包含的细节是否足，以便对其做出调整。

在直方图中，左侧代表了图像的阴影区域，中间代表了中间调，右侧代表了高光区域，从阴影（黑色，色阶0）到高光（白色，色阶255）共有256级色调，如图5-81所示。直方图中的山脉代表了图像的数据，山峰则代表了数据的分布方式，较高的山峰表示该区域所包含的像素较多，较低的山峰则表示该区域所包含的像素较少。

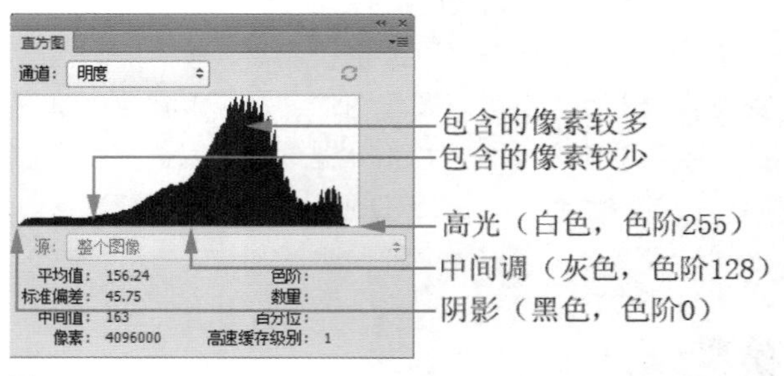

图 5-81

- 曝光准确的照片：色调均匀，明暗层次丰富，亮部分不会丢失细节，暗部分也不会漆黑一片，如图5-82所示。从直方图中可看到，山峰基本在中心，并且从左（色阶0）到右（色阶255）每个色阶都有像素分布。
- 曝光不足的照片：图5-83所示为曝光不足的照片，画面色调非常暗。在它的直方图中，山峰分布在直方图左侧，中间调和高光都缺少像素。

图 5-82

图 5-83

- 曝光过度的照片：图 5-84 所示为曝光过度的照片，画面色调较亮，人物的皮肤、衣服等高光区域都失去了层次。在它的直方图中，山峰整体都向右偏移，阴影缺少像素。
- 反差过小的照片：图 5-85 所示为反差过小的照片，照片灰蒙蒙的。在它的直方图中，两个端点出现空缺，说明阴影和高光区域缺少必要的像素，图像中最暗的色调不是黑色，最亮的色调不是白色，该暗的地方没有暗下去，该亮的地方也没有亮起来，所以照片是灰蒙蒙的。

图 5-84

图 5-85

- 暗部缺失的照片：图 5-86 所示为暗部缺失的照片，头发的暗部漆黑一片，没有层次，也看不到细节。在它的直方图中，一部分山峰紧贴直方图左端，它们就是全黑的部分（色阶为 0）。
- 高光溢出的照片：图 5-87 所示为高光溢出的照片，衣服的高光区域完全变成了白色，没有任何层次。在它的直方图中，一部分山峰紧贴直方图右端，它们就是全白的部分（色阶为 255）。

图 5-86

图 5-87

5.6 调色实例：用 Lab 模式调出唯美蓝、橙色

Lab 模式是色域最宽的颜色模式，RGB 和 CMYK 模式都在它的色域范围之内。调整 RGB 和 CMYK 模式图像的通道时，不仅会影响色彩，还会改变颜色的明度。Lab 模式则完全不同，它可以将亮度信息与颜色信息分离开来，因此，可以在不改变颜色亮度的情况下调整颜色的色相。许多高级技术都是通过将图像转换为 Lab 模式，再处理图像，以实现 RGB 图像调整所达不到的效果。

❶ 打开一张照片，如图5-88所示。执行“图像>模式>Lab颜色”命令，将图像转换为Lab模式。执行“图像>复制”命令，复制一个图像备用。

❷ 单击a通道，将它选中，如图5-89所示，按下Ctrl+A快捷键全选，如图5-90所示，按下Ctrl+C快捷键复制。

❸ 单击b通道，如图5-91所示，窗口中会显示b通道图像，如图5-92所示。按下Ctrl+V快捷键，将复制的图像粘贴到通道中，按下Ctrl+D快捷键取消选择，按下Ctrl+2快捷键显示彩色图像，蓝调效果就完成了，如图5-93所示。

图 5-88

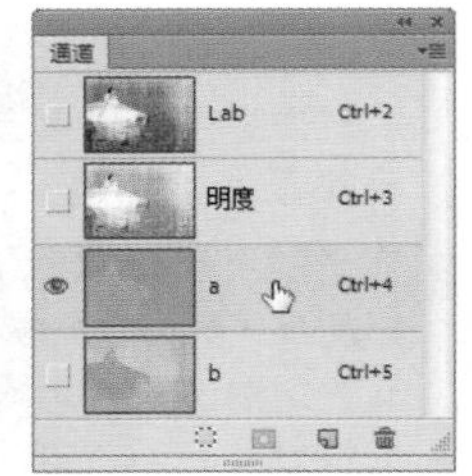

图 5-89

图 5-90

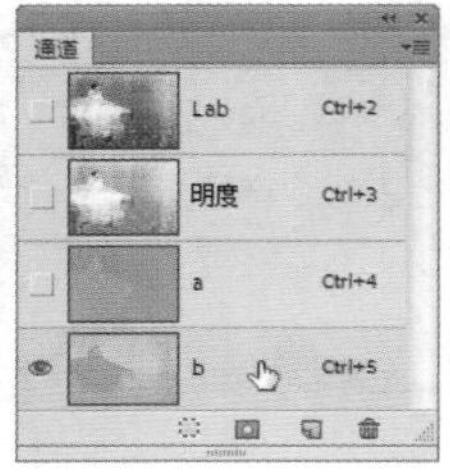

图 5-91

图 5-92

图 5-93

❹ 按下Ctrl+U快捷键打开“色相/饱和度”对话框，增加画面中青色的饱和度，如图5-94、图5-95所示。

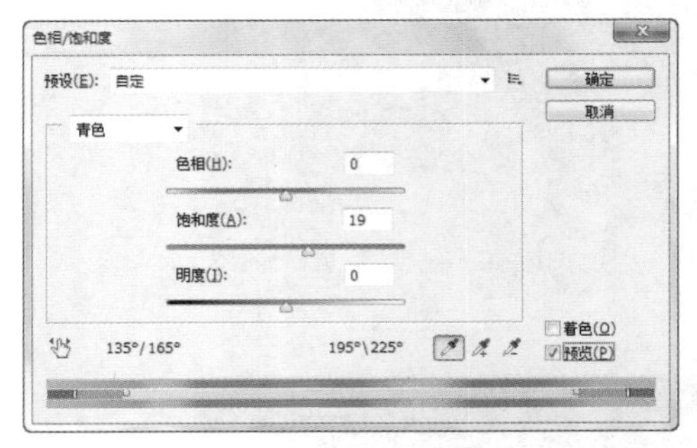

图 5-94

图 5-95

❺ 橙调与蓝调的制作方法正好相反。按下Ctrl+F6键切换到另一文档，选择b通道，如图5-96所示，按下Ctrl+A快捷键全选，复制后选择a通道，如图5-97所示，将其粘贴到a通道中，效果如图5-98所示。

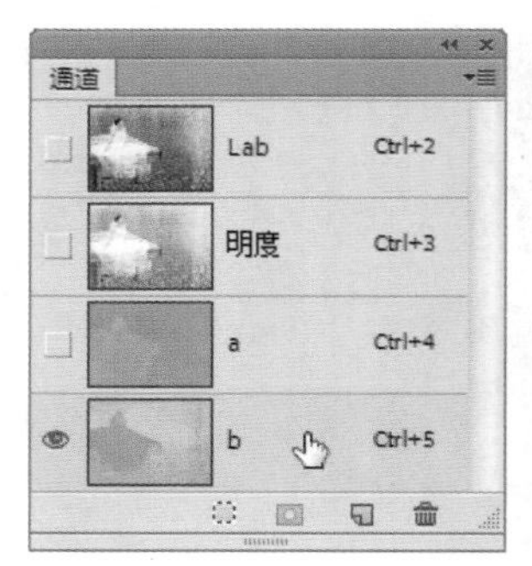

图 5-96

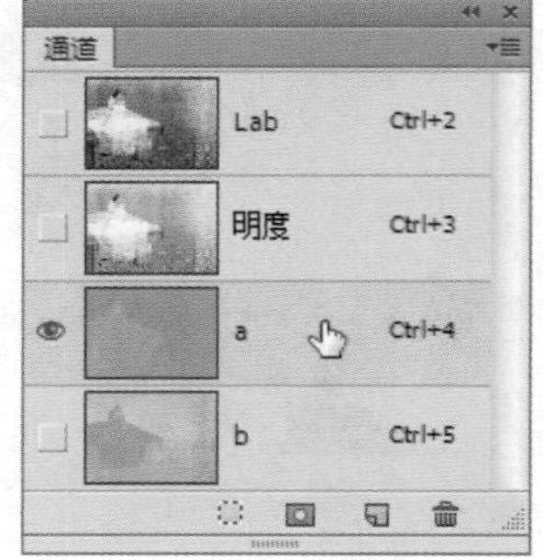

图 5-97

图 5-98

5.7 调色实例：用动作自动处理照片

在Photoshop中，动作可以将图像的处理过程记录下来，以后对其他图像进行相同的处理时，通过该动作便可自动完成操作任务。

❶ 打开光盘中的素材文件，如图5-99所示。单击“动作”面板右上角的 ▾≡ 按钮，打开面板菜单，选择“载入动作”命令，如图5-100所示。

图5-99

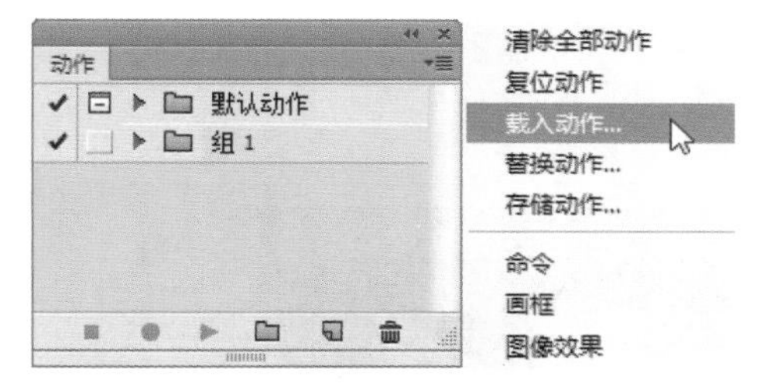

图5-100

❷ 在弹出的对话框中选择“光盘>资源库>照片处理动作库”中的“Lomo风格1”动作，如图5-101所示，单击“载入”按钮，将其加载到“动作”面板中，如图5-102所示。

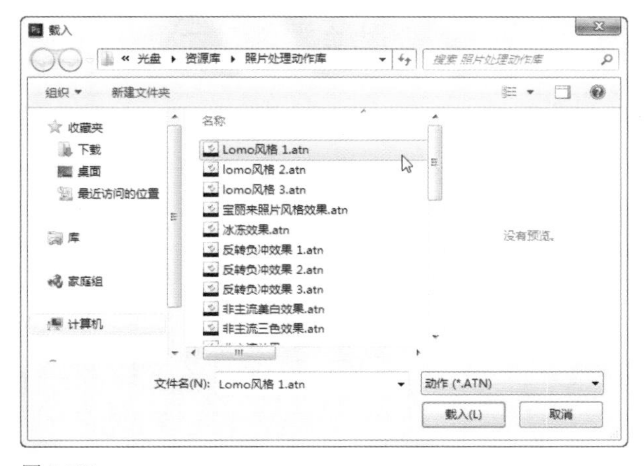

图5-101

图5-102

❸ 单击动作组前面的▶按钮，展开列表，然后单击其中的动作，如图5-103所示。单击面板底部的“播放选定的动作”按钮 ▶，播放该动作，即可自动将照片处理为Lomo效果，如图5-104所示。光盘的动作库中包含了很多流行的调色效果，用它们处理照片既省时又省力。

图5-103

图5-104

Tip 如果要录制动作，可以单击“动作”面板中的“创建新组”按钮 ，创建一个动作组，再单击“创建新动作”按钮 ，新建一个动作，此时“开始记录”按钮 会变为红色，接下来便可进行图像处理操作了，所有的操作过程都会被动作记录下来。操作完成后，单击“停止播放/记录”按钮 即可。

5.8 应用案例：用CameraRaw调整照片

Raw格式是未经处理和压缩的格式，因此，被称为“数字底片”。Raw格式的照片包含相机捕获的所有数据，如ISO设置、快门速度、光圈值和白平衡等。Camera Raw是专门处理Raw文件的程序，它可以解释相机原始数据文件，对白平衡、色调范围、对比度、颜色饱和度、锐化等进行调整。

❶ 打开光盘中的照片素材，如图5-105所示。执行“滤镜>Camera Raw滤镜”命令，打开“Camera Raw”对话框。调整“曝光”值，让色调变得明快；调整“清晰度”值，让画面中的细节更加清晰；调整“自然饱和度”值，让色彩更加鲜艳，如图5-106所示。

图5-105

图5-106

❷ 选择渐变滤镜工具，将“色温”设置为-100，“饱和度”设置为100，按住Shift键（可锁定垂直方向），在画面底部单击并向上拖动鼠标，添加蓝色渐变颜色，如图5-107所示。

图5-107

❸ 继续使用渐变滤镜工具添加不同颜色的渐变，如图5-108所示。

图5-108

5.9 课后作业：用消失点滤镜修图

本章学习了修图与调色。下面通过课后作业来强化学习效果。如果有不清楚的地方，请看一下视频教学录像。

素材位置：光盘/素材/5.9 视频位置：光盘/视频/5.9

Photoshop的“消失点”滤镜可以在包含透视平面（如建筑物侧面或任何矩形对象）的图像中进行透视校正。在应用诸如绘画、仿制、拷贝或粘贴及变换等编辑操作时，Photoshop可以正确确定这些编辑操作的方向，并将它们缩放到透视平面，使结果更加逼真。

打开光盘中的照片素材，执行“滤镜>消失点”命令，打开“消失点”对话框。用创建平面工具定义透视平面4个角的节点；用对话框中的仿制图章复制地板（按住Alt键单击地板进行取样），然后将地面的杂物覆盖。

用创建平面工具定义节点

用仿制图章工具复制

修复地板

5.10 课后作业：通过灰点校正色偏

素材位置：光盘/素材/5.10 视频位置：光盘/视频/5.10

使用数码相机拍摄时，需要设置正确的白平衡才能使照片准确还原色彩，否则会导致颜色出现偏差。此外，室内人工照明对拍摄对象产生影响，照片由于年代久远而褪色，扫描或冲印过程中也会产生色偏。“色阶”和“曲线”对话框中的设置灰点工具可以快速校正色偏。选择该工具后，在照片中原本应该是灰色或白色区域（如灰色的墙壁、道路和白衬衫等）单击，Photoshop会根据单击点像素的亮度来调整其他中间色调的平均亮度，从而校正色偏。

照片颜色偏蓝

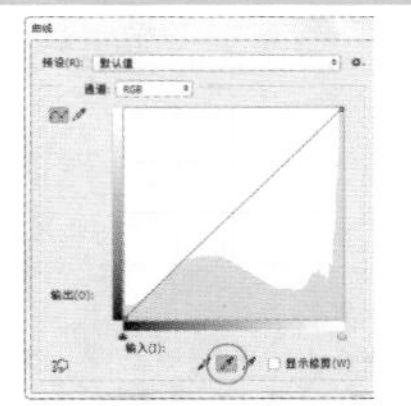

选择设置灰点工具

在灰色墙壁上单击鼠标

校正后的照片

5.11 复习题

1. 使用“色阶”调整照片时，如果要增加对比度，该怎样调整？如果要降低对比度，该怎样调整？

2. 曲线上的3个预设控制点分别对应色阶的哪个滑块？

3. 在直方图中，山峰整体向右偏移，说明照片的曝光是怎样的情况？如果有山峰紧贴直方图右端，又是怎样的情况？

第6章

照片处理与抠图
网店美工必修课

本章介绍裁剪、修改像素、降噪、锐化、抠图和批处理等与照片处理相关的内容，这其中，抠图的难度比较大，主要体现在其方法的多样性上。抠图的核心在于选择，而与选择相关的技术几乎可以调动Photoshop所有重要的工具和命令，将各种工具、命令组合之后，可以演变出几十种不同的抠图方法，如从简单的选择工具，到智能工具，再到复杂的蒙版、通道以及插件等，每一种方法都只适合处理特定类型的图像，因此，只有根据图像的特点，采用正确的选择方法抠图才能有的放矢，取得事半功倍的效果。

扫描二维码，关注李老师的微博、微信。

6.1 关于广告摄影

广告业与摄影技术的不断发展促成了两者的结合，并诞生了由它们整合而成的边缘学科——广告摄影。摄影是广告传媒中最好的技术手段之一，它能够真实、生动地再现宣传对象，完美地传达信息，具有很高的适应性和灵活性。

商品广告是广告摄影最主要的服务对象，商品广告的创意主要包括主体表现法、环境陪衬式表现法、情节式表现法、组合排列式表现法、反常态表现法和间接表现法。

主体表现法着重刻画商品的主体形象，一般不附带陪衬物和复杂的背景，图6–1所示为CK手表广告。环境陪衬式表现法则把商品放置在一定的环境中，或采用适当的陪衬物来烘托主体对象。情节式表现法通过故事情节来突出商品的主体，例如，图6–2所示为Sauber丝袜广告：我们的产品超薄透明，而且有超强的弹性。这些都是一款优质丝袜必备的，但是如果被绑匪们用就是另外一个场景了。组合式表现法是将同一商品或一组商品在画面上按照一定的组合排列形式出现。反常态表现法通过令人震惊的奇妙形象，使人们产生对广告的关注，图6–3所示为Vögele鞋广告。间接表现法则间接、含蓄地表现商品的功能和优点。

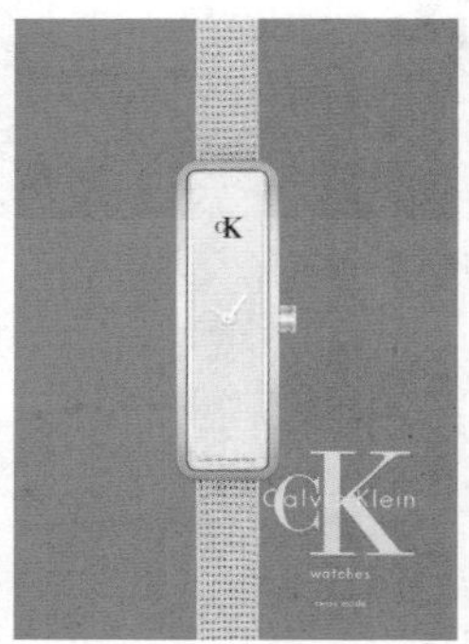

图6-1

图6-2

图6-3

6.2 照片处理

数码照片的处理流程大致分为6个阶段：在Photoshop（或Camera Raw）中调整曝光和色彩、校正镜头缺陷（如镜头畸变和晕影）、修图（如去除多余的内容和人像磨皮）、裁剪照片调整构图、轻微的锐化（夜景照片需降噪），最后存储修改结果。

学习重点
裁剪照片 /P85
修改像素尺寸 /P85

用防抖滤镜锐化照片 /P88
用钢笔工具抠陶瓷工艺品 /P94

用调整边缘命令抠人像 /P96
用通道抠婚纱 /P98

6.2.1 裁剪照片

对数码照片或扫描的图像进行处理时，经常需要裁剪图像，以便删除多余的内容，使画面的构图更加完美。裁剪工具 可以对照片进行裁剪。选择该工具后，在画面中单击并拖出一个矩形定界框，定义要保留的区域，如图6-4所示；将光标放在裁剪框的边界上，单击并拖动鼠标，可以调整裁剪框的大小，如图6-5所示；拖动裁剪框上的控制点可以缩放裁剪框，按住Shift键拖动，可进行等比缩放；将光标放在裁剪框外，单击并拖动鼠标，可以旋转裁剪框；按下回车键，可以将定界框之外的图像裁掉，如图6-6所示。

图6-4

图6-5

图6-6

在裁剪工具 的选项栏中，Photoshop提供了一系列参考线选项，可以帮助用户进行合理构图，使画面更加艺术、美观，如图6-7所示。例如，选择“三等分”，能帮助用户以1/3增量放置画面组成元素，如图6-8所示；选择“网格”，可根据裁剪大小显示具有间距的固定参考线，如图6-9所示。

图6-7

图6-8

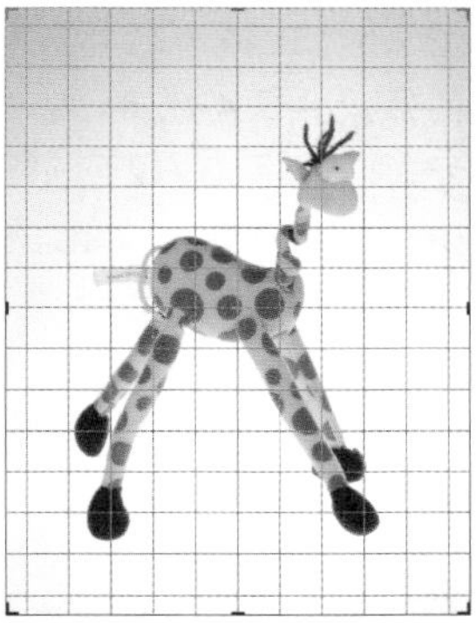

图6-9

6.2.2 修改像素尺寸

数码照片或是在网络上下载的图像可以有不同的用途，例如，可设置为计算机桌面、制作为个性化的QQ头像、用作手机壁纸、传输到网络相册上，以及用于打印等。然而，图像的尺寸和分辨率有时不符合要求，这就需要对图像的大小和分辨率进行适当的调整。

打开一张照片，如图6-10所示。执行“图像>图像大小”命令，打开“图像大小”对话框。在预览图像上单击并拖动鼠标，定位显示中心。此时预览图像底部会出现显示比例的百分比，如图6-11所示。按住Ctrl键单击预览图像，可以增大显示比例；按住Alt键单击，可以减小显示比例。

图 6-10

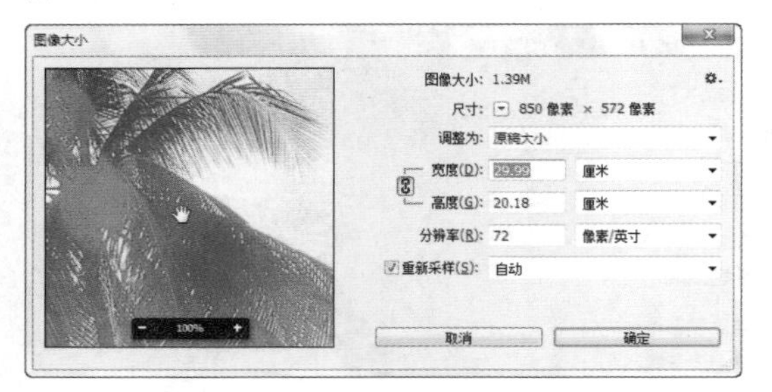

图 6-11

“宽度”、“高度”和“分辨率”选项用来设置图像的打印尺寸，操作方法有两种。第一种方法是先选择“重新采样”选项，然后修改图像的宽度或高度。需要注意的是，这会改变图像的像素数量。例如，减小图像的大小时（10厘米 ×6.73厘米），就会减少像素数量，此时图像虽然变小了，但画质不会改变，如图6–12所示；而增加图像的大小或提高分辨率时（60厘米 ×40.38厘米），会增加新的像素，这时图像尺寸虽然增大了，但画质会下降，如图6–13所示。

图 6-12

图 6-13

第二种方法是取消对“重新采样”复选项的勾选，再修改图像的宽度或高度。这时图像的像素总量不会变化，也就是说，减少宽度和高度时（10厘米 ×6.73厘米），会自动增加分辨率，如图6–14所示；而增加宽度和高度时（60厘米 ×40.38厘米），会自动减少分辨率，如图6–15所示。图像的视觉大小看起来不会有任何改变，画质也没有变化。

图 6-14

图 6-15

Tip 分辨率高的图像包含更多的细节。不过，如果一个图像的分辨率较低，细节也模糊，即便提高分辨率也不会使它变得清晰。这是因为，Photoshop只能在原始数据的基础上进行调整，无法生成新的原始数据。

6.2.3 降噪

使用数码相机拍照时，如果用很高的 ISO 设置、曝光不足或者用较慢的快门速度在黑暗区域中拍照，就可能会导致出现噪点和杂色。“滤镜 > 杂色”菜单中的“减少杂色”滤镜对于除去照片中的杂色非常有效。

图像的杂色显示为随机的无关像素，它们不是图像细节的一部分。“减少杂色”滤镜可基于影响整个图像或各个通道的设置保留边缘，同时减少杂色。图6–16、图6–17所示为原图及使用该滤镜减少杂色后的图像效果（局部图像，显示比例为100%）。

图6-16

图6-17

如果亮度杂色在一个或两个颜色通道中较明显，可勾选“高级”复选项，然后进入“每通道”选项卡，再从“通道”菜单中选取相应的颜色通道，拖动“强度”和“保留细节”滑块来减少该通道中的杂色，如图6–18~图6–20所示。

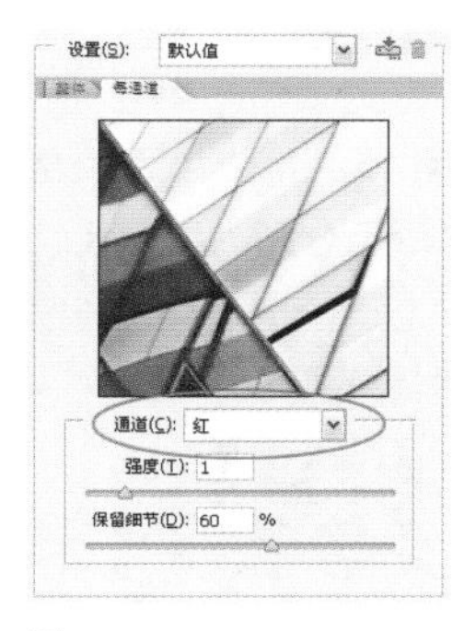

图6-18

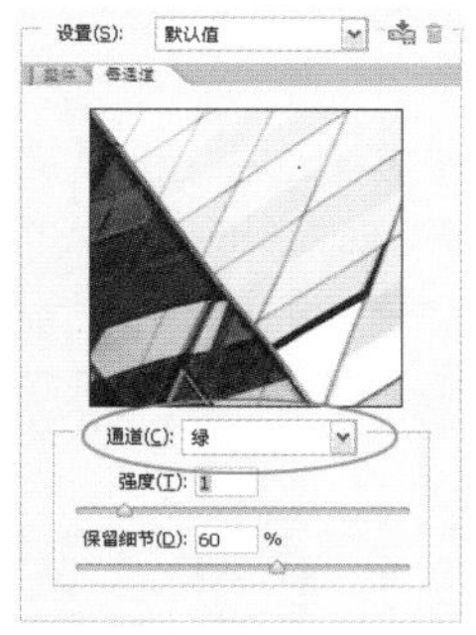

图6-19

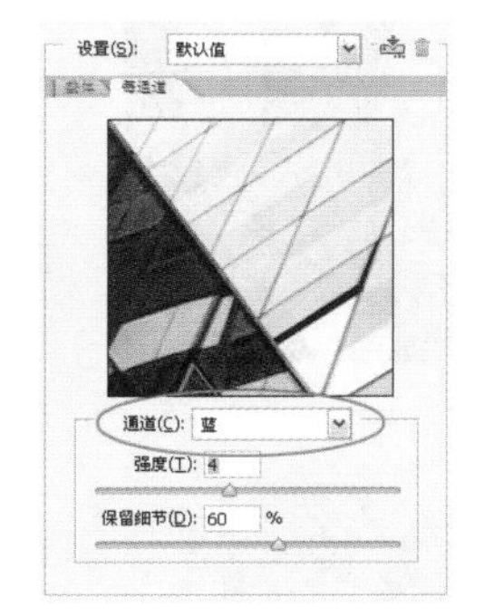

图6-20

在进行降噪操作时，最好双击缩放工具，将图像的显示比例调整为100%，否则不容易看清降噪效果。

6.2.4 锐化

数码照片在进行完调色、修图和降噪之后，还要做适当的锐化，以便使画面更加清晰。Photoshop锐化图像时会提高图像中两种相邻颜色（或灰度层次）交界处的对比度，使它们的边缘更加明显，令其看上去更加清晰，造成锐化的错觉。图6–21所示为原图，图6–22所示为锐化后的效果。

图6-21　图6-22

“滤镜＞锐化”菜单中的“USM锐化”和“智能锐化”滤镜是锐化照片的好帮手。“USM锐化”滤镜可以查找图像中颜色发生显著变化的区域，然后将其锐化。例如，图6–23所示为原图，图6–24、图6–25所示为使用该滤镜锐化后的效果。

图6-23

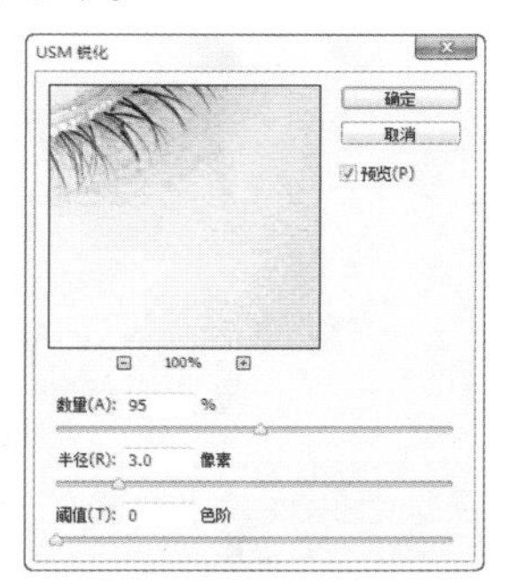

图6-24

图6-25

“智能锐化”与“USM 锐化”滤镜比较相似，但它提供了独特的锐化控制选项，可以设置锐化算法、控制阴影和高光区域的锐化量，如图6–26所示。

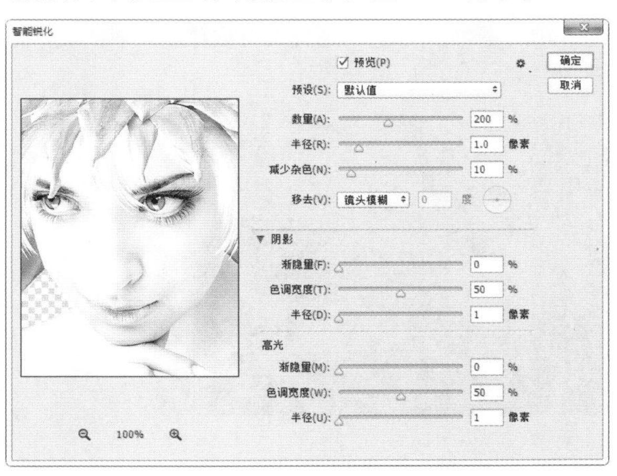

图6-26

6.3 锐化实例：用防抖滤镜锐化照片

如果拍摄照片时持机不稳，或者没有准确对焦，画面就会不清晰。“防抖”滤镜可以减少由某些相机运动类型产生的模糊，包括线性运动、弧形运动、旋转运动和 Z 字形运动，挽救因相机抖动而失败的照片，效果令人惊叹！

❶ 打开光盘中的照片素材，如图6-27所示。执行“滤镜>锐化>防抖”命令，打开“防抖”对话框。Photoshop 会自动分析图像中最适合使用防抖功能的区域，确定模糊的性质，并推算出整个图像最适合的修正建议。经过修正的图像会在防抖对话框中显示，如图6-28所示。

图6-27

图6-28

❷ 拖动评估区域边界的控制点，可调整其边界大小，如图6-29所示；拖动中心的图钉，可以移动评估区域，如图6-30所示。

图6-29

图6-30

❸ 将“模糊描摹边界”值设置为50，单击“确定”按钮，关闭对话框。图6-31、图6-32所示分别为原图及锐化后的局部效果。

图6-31

图6-32

6.4 照片处理实例：通过批处理为照片加Logo

网店店主为了体现特色或扩大宣传面，通常都会为商品图片加上个性化Logo。如果需要处理的图片数量较多，可以用Photoshop的动作功能将Logo贴在照片上的操作过程录制下来，再通过批处理对其他照片播放这个动作，Photoshop就会为每一张照片都添加相同的Logo。

❶ 打开光盘中的素材文件（6.4 Logo.psd），如图6-33所示，单击“背景”图层，如图6-34所示，按下Delete键将其删除，让Logo位于透明背景上，如图6-35、图6-36所示。

图6-33

图6-34

图6-35

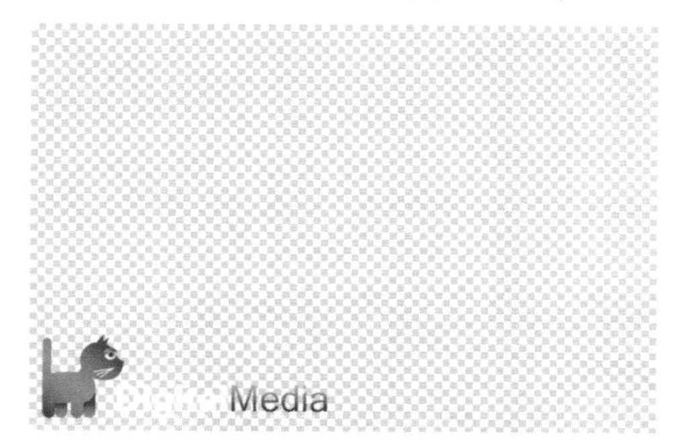

图6-36

Tip 制作好Logo后，将其放在要加入水印的图像中，并调整好位置，然后删除图像，只保留Logo，再将这个文件保存。加水印的时候用这个文件，这样它与所要贴Logo的文档的大小相同，水印就会贴在指定的位置上。

❷ 执行“文件>存储为”命令，将文件保存为PSD格式，然后关闭。打开“动作”面板，单击该面板底部的 按钮和 按钮，创建动作组和动作。打开一张照片。执

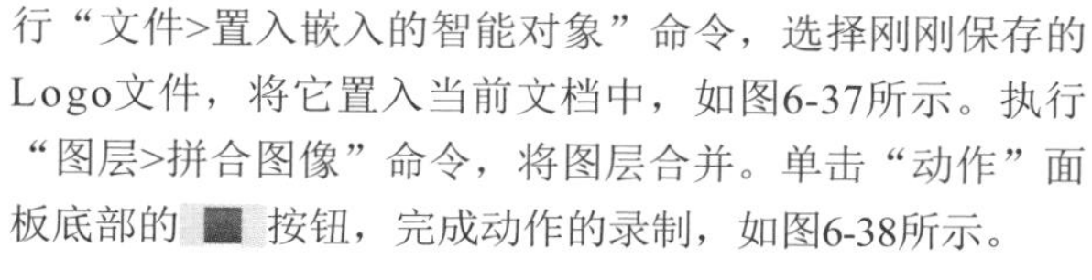

行“文件>置入嵌入的智能对象”命令，选择刚刚保存的Logo文件，将它置入当前文档中，如图6-37所示。执行“图层>拼合图像”命令，将图层合并。单击“动作”面板底部的 按钮，完成动作的录制，如图6-38所示。

图6-37

图6-38

❸ 执行“文件>自动>批处理”命令，打开“批处理”对话框，在“播放”选项组中选择刚刚录制的动作，单击“源”选项组中的“选择”按钮，在打开的对话框中选择要添加Logo的文件夹，如图6-39所示。在“目标”下拉列表中选择“文件夹”，然后单击“选择”按钮，在打开的对话框中为处理后的照片指定保存位置，这样就不会破坏原始照片了，如图6-40所示。

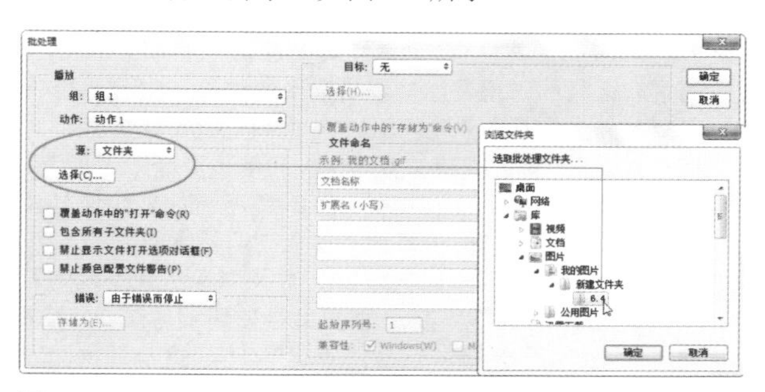

图6-39

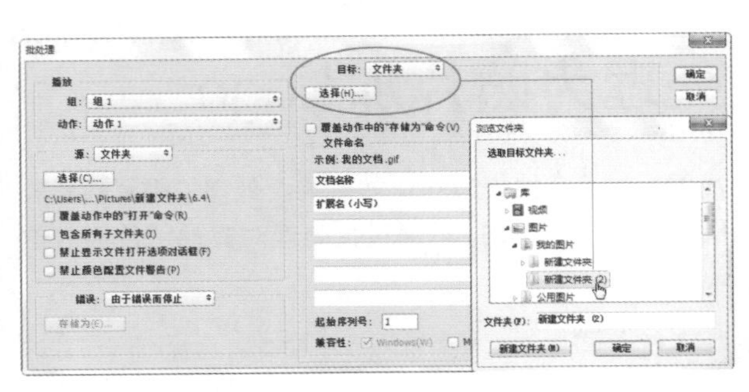

图 6-40

❹ 以上选项设置完成之后，单击“确定”按钮，开始批处理，Photoshop会为目标文件夹中的每一张照片都添加一个Logo，并将处理后的照片保存到指定的文件夹中，如图6-41~图6-43所示。

图 6-41

图 6-42

图 6-43

6.5 抠图

所谓“抠图”，是指将图像的一部分内容（如人物）选中并分离出来，以便与其他素材进行合成。例如，制作广告、杂志封面等，需要设计人员将照片中的模特抠出，然后合成到新的背景中去。

6.5.1 Photoshop 抠图工具及特点

Photoshop 提供了许多用于抠图的工具。在抠图之前，首先应该分析图像的特点，再根据分析结果确定最佳的抠图工具和方法。

- 分析对象的形状特征：边界清晰流畅、图像内部也没有透明区域的对象是比较容易选择的对象。如果这样的对象其外形为基本的几何形，可以用选框工具（矩形选框工具、椭圆选框工具）和多边形套索工具将其选取。例如，图6-44、图6-45所示的熊猫便是使用磁性套索工具和多边形套索工具选取的，图6-46所示为更换背景后的效果。如果对象呈现不规则形状，边缘光滑且不复杂，则更适合使用钢笔工具选取。例如，图6-47所示是使用钢笔工具描绘的路径轮廓，将路径转换为选区后即可选中对象，如图6-48所示。
- 从色彩差异入手：“色彩范围”命令包含“红色”、“黄色”、“绿色”、“青色”、“蓝色”和“洋红”等固定的色彩选项，如图6-49所示，通过这些选项可以选择包含以上颜色的图像内容。

图 6-44

图 6-45

图 6-46

图 6-47

图 6-48

图 6-49

- 从色调差异入手：魔棒工具、快速选择工具、磁性套索工具、背景橡皮擦工具、魔术橡皮擦工具、通道和混合模式，以及“色彩范围”命令中的部分功能可基于色调差别生成选区。因此，可以利用对象与背景之间存在的色调差异，通过上述工具来选择对象。
- 基于边界复杂程度的分析：人像、人和动物的毛发、树木的枝叶等边缘复杂的对象，被风吹动的旗帜、高速行驶的汽车、飞行的鸟类等边缘模糊的对象都是很难准确选择的对象。“调整边缘”命令和通道是抠此类复杂对象最主要的工具，图6-50~图6-55所示为使用通道抠出的人像。快速蒙版、“色彩范围”命令、“调整边缘”命令和通道等适合抠边缘模糊的对象。

图 6-50

图 6-51

图 6-52

图 6-53

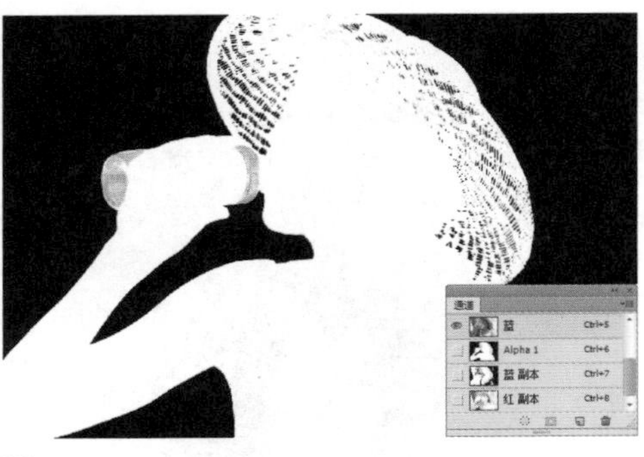

图6-54

图6-55

● 基于对象透明度的分析：对于玻璃杯、冰块、水珠、气泡等，抠图时能够体现它们透明特质的是半透明的像素。抠此类对象时，最重要的是既要体现对象的透明特质，同时也要保留其细节特征。"调整边缘"命令和通道，以及设置了羽化值的选框和套索等工具都可以抠透明对象。图6-56~图6-58所示为使用通道抠出的透明烟雾。

图6-56

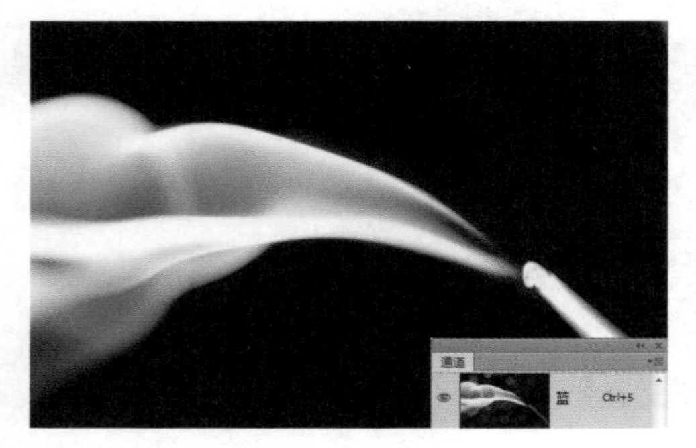

图6-57

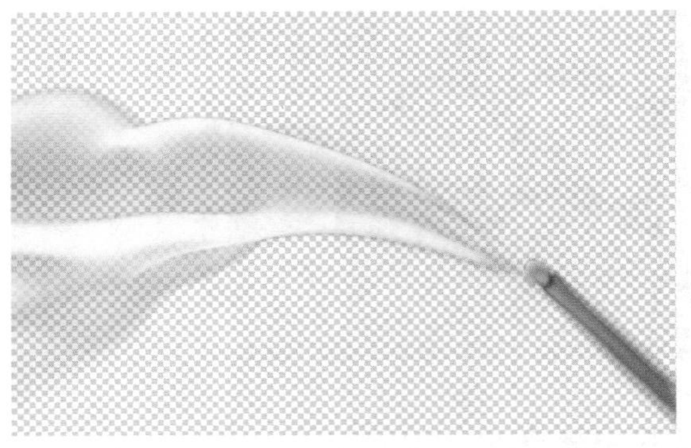

图6-58

Tip 以上示例均摘自笔者编著的《Photoshop专业抠图技法》。该书详细介绍了各种抠图技法和操作技巧，以及"抽出"滤镜、Mask Pro、Knockout等抠图插件的使用方法，有想要系统学习抠图技术的读者可参阅此书。

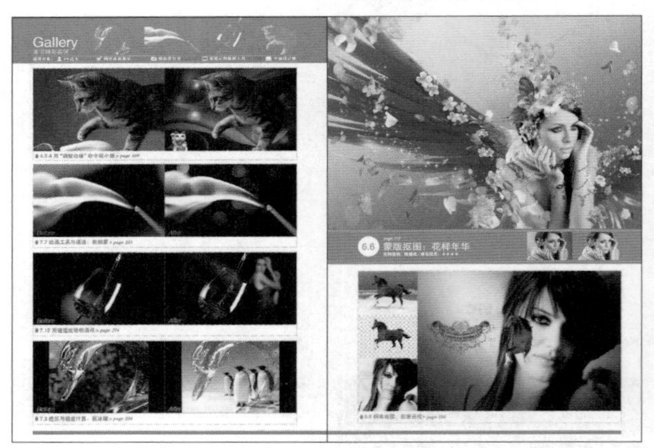

6.5.2 Photoshop抠图插件

Mask Pro和Knockout是非常有名的抠图插件。其中，Mask Pro是由美国Ononesoftware公司开发的。它提供了相当多的编辑工具，如保留吸管工具、魔术笔刷工具、魔术油漆桶工具和魔术棒工具，甚至还有可以绘制路径的魔术钢笔工具，能让抠出的图像达到专业水准。使用Mask Pro抠图时，需要使用保留高亮工具在对象内部绘制出大致的轮廓线，如图6-59所示，然后填充颜色，如图6-60所示；再使用选择丢弃高亮工具在对象外部绘制轮廓线，也填充颜色，如图6-61所示。

图6-59

图6-60

图6-61

进行调整时，可以选择在蒙版状态下或透明背景中观察图像，如图6-62、图6-63所示。图6-64所示为抠出后更换背景的效果。

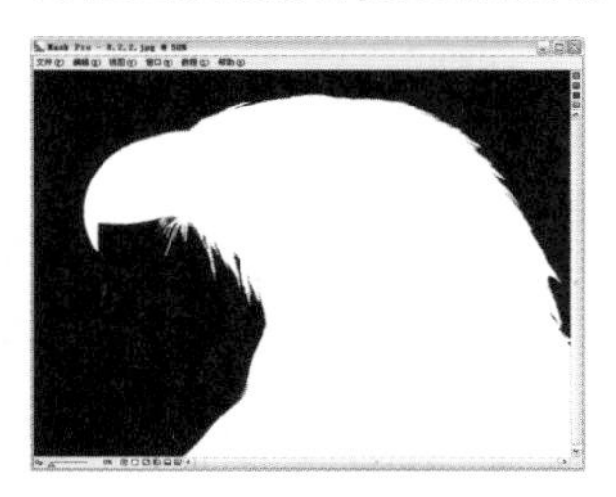

图6-62

图6-63

图6-64

Knockout是由大名鼎鼎的软件公司Corel开发的经典抠图插件。它能将人和动物的毛发、羽毛、烟雾、透明的对象和阴影等轻松地从背景中抠出来，让原本复杂的抠图操作变得异常简单。使用Knockout抠图时，需要用内部对象工具和外部对象工具在靠近毛发的边界处勾绘出选区轮廓，如图6-65所示，单击按钮可以预览抠图效果，如图6-66所示。如果效果不完美，还可以使用其他工具进行调修。图6-67所示为抠出图像并更换背景后的效果，可以看到，毛发非常完整。

图6-65

图6-66

图6-67

6.5.3 解决图像与新背景的融合问题

对于抠图来说，将对象从原有的背景中抠出还只是第一步，对象与新背景能否完美地融合也是需要认真考虑的问题。因为，如果处理不好，图像合成效果就会显得非常假。例如，在图6-68所示的素材中，人物头顶的发丝很细，并且都很清晰，而环境色对头发的影响又特别明显，图6-69所示为笔者使用通道抠出的图像，可以看到，头发的边缘残留了一些背景色。在这种情况下，将图像放在新背景中，效果没法让人满意，如图6-70所示。

图 6-68

图 6-69

图 6-70

笔者采用的解决办法是，使用吸管工具 在人物头顶的背景上单击，拾取颜色作为前景色，如图 6–71 所示；再用画笔工具 （模式为“颜色”，不透明度为 50%）在头发边缘的红色区域涂抹，为这些头发着色，使其呈现出与环境色相协调的蓝色调，降低原图像的背景色对头发的影响，如图 6–72 所示。

图 6-71

图 6-72

按住 Alt 键，单击“图层”面板中的 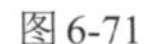 按钮，打开“新建图层”对话框，勾选“使用前一图层创建剪贴蒙版”复选项，设置混合模式为“滤色”，并勾选“填充屏幕中性色”复选项，如图 6–73 所示，创建中性色图层，它会与“图层 1”创建为一个剪贴蒙版组；将画笔工具 的模式设置为“正常”，不透明度设置为 15%，在头发的边缘涂抹白色，提高头发最边缘处发丝的亮度，使其清晰而明亮，如图 6–74、图 6–75 所示。由于创建了剪贴蒙版，中性色图层将只对人物图像有效，背景图层不会受到影响。

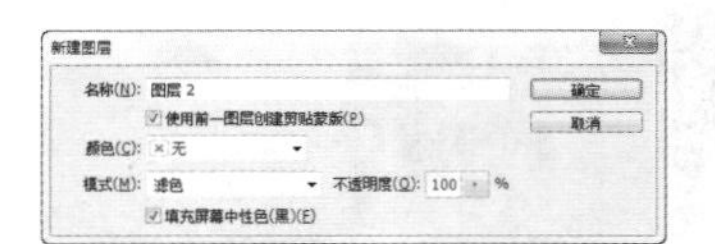

图 6-73

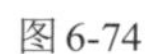

图 6-74

图 6-75

6.6 抠图实例：用钢笔工具抠陶瓷工艺品

❶ 打开光盘中提供的素材文件，如图6-76所示。选择钢笔工具 ，在工具选项栏中选择“路径”选项，如图6-77所示。

图 6-76

图 6-77

❷ 按下Ctrl++快捷键，放大窗口的显示比例。在脸部与脖子的转折处单击，并向上拖动鼠标，创建一个平滑点，如图6-78所示；向上移动光标，单击并拖动鼠标，生成第二个平滑点，如图6-79所示。

图6-78

图6-79

❸ 在发髻底部创建第3个平滑点，如图6-80所示。由于此处的轮廓出现了转折，需要按住Alt键，在该锚点上单击一下，将其转换为只有一个方向线的角点，如图6-81所示，这样绘制下一段路径时就可以发生转折了；继续在发髻顶部创建路径，如图6-82所示。

图6-80

图6-81

图6-82

❹ 外轮廓绘制完成后，在路径的起点上单击，将路径封闭，如图6-83所示。下面来进行路径运算。在工具选项栏中单击“从路径区域减去”按钮，在两个胳膊的空隙处绘制路径，如图6-84、图6-85所示。

图6-83

图6-84

图6-85

❺ 按下Ctrl+回车键，将路径转换为选区，如图6-86所示。打开一个背景素材，使用移动工具将抠出的图像拖放在新背景上，如图6-87所示。

图6-86

图6-87

6.7 抠图实例：用调整边缘命令抠人像

❶ 打开光盘中的素材，如图6-88所示。使用快速选择工具在模特身上单击，并拖动鼠标创建选区，如图6-89所示。如果有漏选的地方，可以按住Shift键在其上涂抹，将其添加到选区中；多选的地方，则按住Alt键涂抹，将其排除到选区之外。

图6-88　图6-89

❷ 下面来对选区进行加工。单击工具选项栏中的“调整边缘”按钮，打开“调整边缘”对话框。在“视图”下拉列表中选择一种视图模式，以便更好地观察选区的调整结果；勾选“智能半径”复选项，并调整“半径”参数；将“平滑”值设置为5，让选区变得光滑；将“对比度”设置为20，选区边界的黑线、模糊不清的地方就会得到修正；勾选“净化颜色”复选项，将“数量”设置为100%，如图6-90所示。

❸ “调整边缘”对话框中有两个工具，它们可以对选区进行细化。其中，调整半径工具可以扩展检测的区域；抹除调整工具可以恢复原始的选区边缘。先来将残缺的图像补全。选择抹除调整工具，在人物头部轮廓边缘单击，并沿边界涂抹（鼠标要压到边界上），放开鼠标以后，Photoshop就会对轮廓进行修正，如图6-91、图6-92所示。

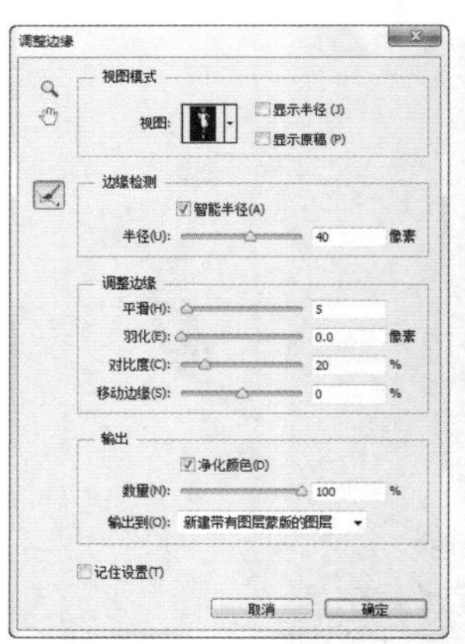

图6-90

图6-91

图6-92

❹ 再来处理头纱，将多余的背景删除掉。使用调整半径工具在头纱上涂抹，放开鼠标以后，头纱就会呈现出透明效果，如图6-93、图6-94所示。其他区域也使用这两个工具处理，操作要点是，有多余的背景，就用调整半径工具将其涂抹掉；有缺失的图像，就用抹除调整工具将其恢复过来。

图6-93

图6-94

❺ 选区修改完成以后，在“输出到”下拉列表中选择“新建带有图层蒙版的图层”选项，单击“确定”按钮，将选中的图像复制到一个带有蒙版的图层中，完成抠图操作，如图6-95、图6-96所示。

图6-95

图6-96

❻ 打开光盘中的素材，如图6-97所示，使用移动工具将抠出的人像拖入该文档中，如图6-98、图6-99所示。

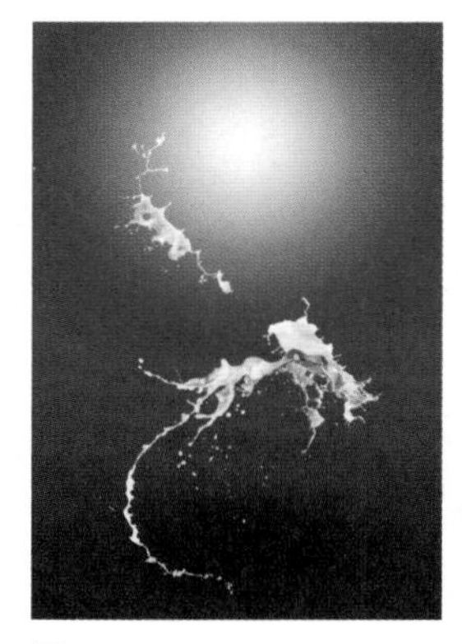
图6-97

图6-98

图6-99

❼ 单击“调整”面板中的按钮，创建“曲线”调整图层，将图像调亮。按下Alt+Ctrl+G快捷键，创建剪贴蒙版，使调整只影响人像，如图6-100~图6-102所示。

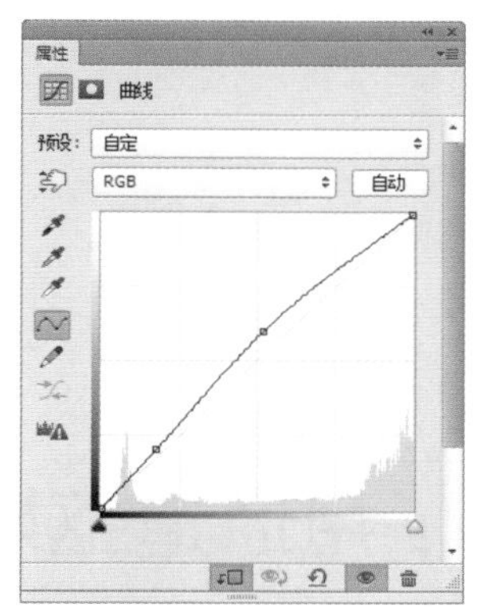

图6-100

图6-101

图6-102

❽ 用画笔工具在人物的裙子上涂抹黑色，让裙子色调暗一些，如图6-103、图6-104所示。

图 6-103

图 6-104

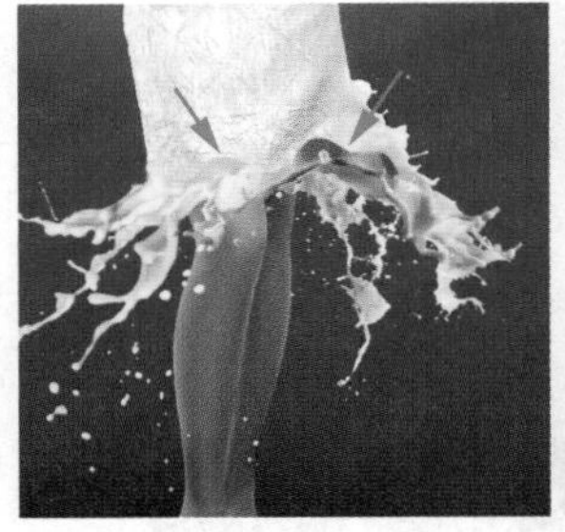

图 6-105

图 6-106

图 6-107

❾ 牛奶与裙边的衔接处还得处理一下。单击“牛奶”图层，将其选择，单击按钮为它添加蒙版，用柔角画笔工具将衔接处涂黑即可，如图6-105~图6-107所黑色。

6.8 抠图实例：用通道抠婚纱

❶ 打开光盘中的素材文件，如图6-108所示。选择钢笔工具，在工具选项栏中选择“路径”选项，沿人物的轮廓绘制路径。描绘时要避开半透明的婚纱，如图6-109、图6-110所示。

❷ 按下Ctrl+回车键，将路径转换为选区，选中人物，如图6-111所示。单击“通道”面板底部的按钮，将选区保存到通道中，如图6-112所示。按下Ctrl+D快捷键取消选择。

图 6-110

图 6-111

图 6-108

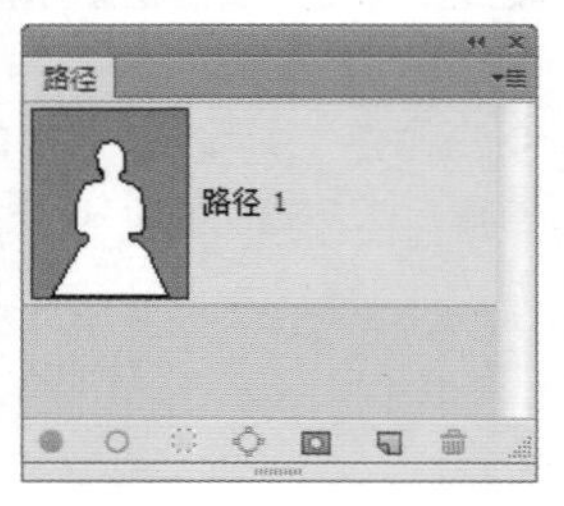

图 6-109

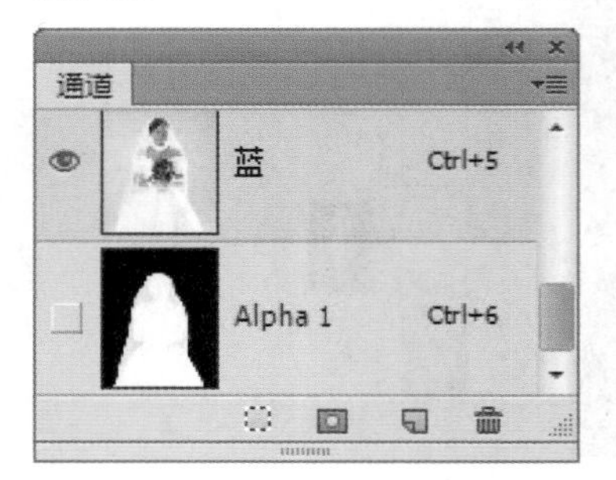

图 6-112

❸ 将蓝通道拖动到“创建新通道”按钮 上复制，得到“蓝副本”通道，如图6-113所示。下面用它制作半透明婚纱的选区。选择魔棒工具，在工具选项栏中将容差设置为12，按住Shift键，在人物的背景上单击选择背景，如图6-114所示。

图6-113　图6-114

❹ 将前景色设置为黑色，按下Alt+Delete快捷键，在选区内填充黑色，按下Ctrl+D快捷键取消选择，如图6-115、图6-116所示。

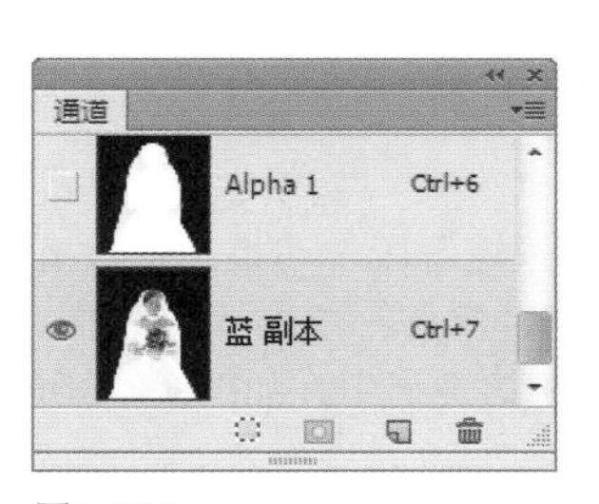

图6-115　图6-116

❺ 现在已经制作了两个选区，第一个选区中包含人物的身体（即完全不透明的区域），第二个选区中包含半透明的婚纱。下面来通过选区运算，将它们合成为一个完整的人物婚纱选区。执行“图像>计算”命令，打开“计算”对话框，让“蓝副本”通道与“Alpha1”通道采用“相加”模式混合，如图6-117所示。单击“确定”按钮，得到一个新的通道，如图6-118所示，它包含需要的选区。

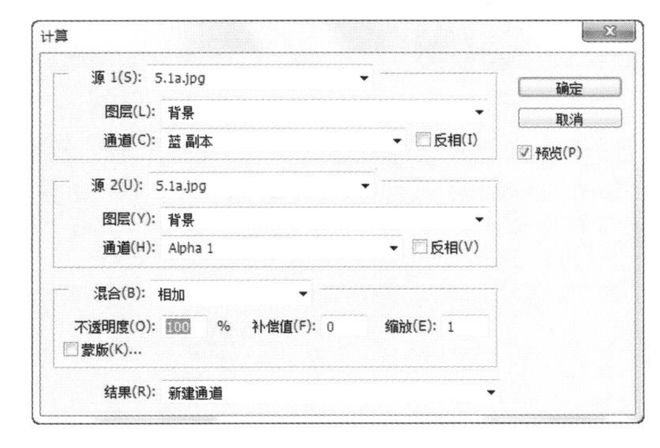

图6-117

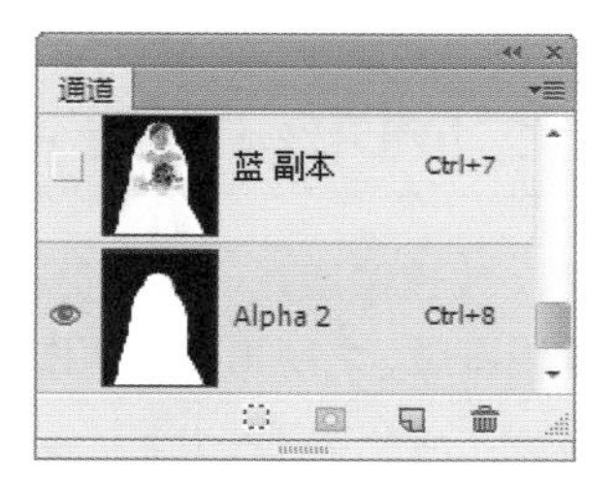

图6-118

❻ 单击“通道”面板底部的 按钮，载入“Alpha 2”中的婚纱选区，如图6-119所示。按下Ctrl+2快捷键返回到RGB复合通道，显示彩色图像，如图6-120所示。

图6-119　图6-120

❼ 打开一个素材，如图6-121所示，使用移动工具将抠出的婚纱图像拖入该文档中。按下Ctrl+T快捷键显示定界框，拖动控制点，将图像适当旋转，按下回车键确认，效果如图6-122所示。

图6-121

图6-122

6.9 应用案例：网店宣传单

本实例使用快速蒙版抠图。快速蒙版是一种选区转换工具，它能将选区转换成为一种临时的蒙版图像，这样就能用画笔、滤镜等工具编辑蒙版，之后再将蒙版图像转换为选区，从而实现编辑选区的目的。

❶ 打开光盘中的素材。使用快速选择工具 在娃娃身上单击并拖动鼠标，将其选中，如图6-123所示。

❷ 执行“选择>在快速蒙版模式下编辑”命令，或单击工具箱底部的 按钮，进入快速蒙版编辑状态，未选中的区域会覆盖一层半透明的颜色，被选择的区域还是显示为原状，如图6-124所示。

图6-123

图6-124

❸ 选择画笔工具 ，在画笔下拉面板中设置画笔大小，如图6-125所示，在娃娃后面的标签上涂抹黑色，将其排除到选区外，如图6-126所示。如果涂抹到衣服区域，则可按下X键，将前景色切换为白色，用白色涂抹就可以将其添加到选区内。再来调整帽子和蝴蝶结的边缘部分，如图6-127、图6-128所示。

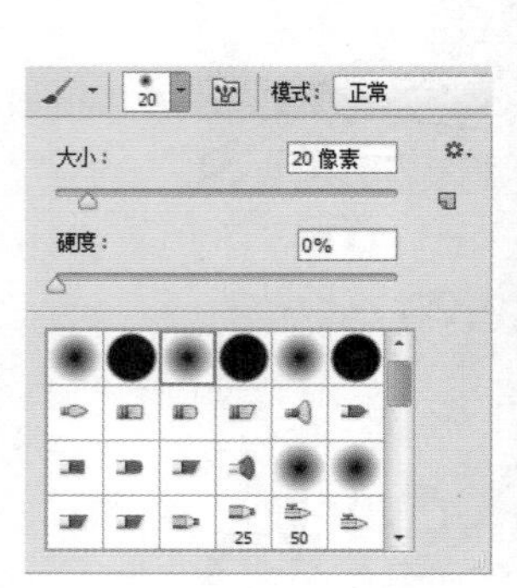

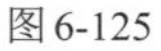

图6-125

图6-126

图6-127

图6-128

用白色涂抹快速蒙版时，被涂抹的区域会显示出图像，这样可以扩展选区；用黑色涂抹的区域会覆盖一层半透明的宝石红色，这样可以收缩选区；用灰色涂抹的区域可以得到羽化的选区。

❹ 执行“选择>在快速蒙版模式下编辑”命令，或单击工具箱底部的 按钮，退出快速蒙版，切换回正常模式，图6-129所示为修改后的选区效果。打开一个素材，使用移动工具 将娃娃拖动到该文档中，如图6-130所示。

图6-129

图6-130

❺ 单击“调整”面板中的 按钮，创建“色阶”调整图层，拖动黑色滑块，增强图像的暗部色调，如图6-131、图6-132所示。

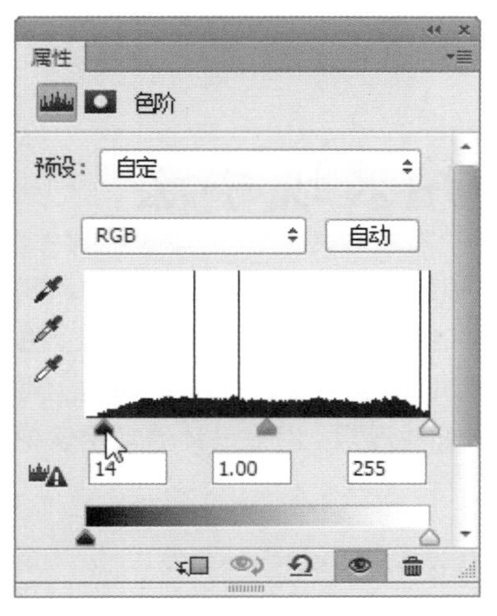

图6-131

图6-132

6.10 课后作业：图像合成习作

本章学习了照片处理与抠图。下面通过课后作业来强化学习效果。如果有不清楚的地方，请看一下视频教学录像。

素材位置：光盘/素材/6.10　视频位置：光盘/视频/6.10

本章的作业是一个图像合成练习，主要用到选框工具。使用多边形套索工具 选择方形窗子。选择弧形窗子时，可以先用椭圆选框工具 选中窗子的弧顶，然后用矩形选框工具 按住Shift键选中下半部窗子，放开鼠标后，矩形选区会与圆形选区相加，得到窗子的完整选区。

实例效果

窗子素材

玫瑰花素材

6.11 复习题

1. “图像大小”命令包含可以调整分辨率的选项。如果一个图像的分辨率很低，将其放大时，画面变得模糊了，可以通过提高分辨率来使图像变得清晰吗？

2. 降噪、锐化是分别基于什么原理实现的？

3. 抠汽车、毛发、玻璃杯适合使用哪些工具？

第7章

滤镜与插件 海报设计

滤镜原本是一种摄影器材，摄影师将其安装在照相机的镜头前面来改变照片的拍摄方式，以便影响色彩或产生特殊的拍摄效果。Photoshop中的滤镜可以制作特效、校正照片、模拟各种绘画效果，也常用来编辑图层蒙版、快速蒙版和通道。滤镜分为内置滤镜和外挂滤镜两大类。内置滤镜是Photoshop自身提供的各种滤镜，外挂滤镜则是由其他厂商开发的滤镜，它们需要安装在Photoshop中才能使用。

扫描二维码，关注李老师的微博、微信。

7.1 海报设计的常用表现手法

海报（英文为Poster）即招贴，是指张贴在公共场所的告示和印刷广告。海报作为一种视觉传达艺术，最能体现平面设计的形式特征，它的设计理念、表现手法较之其他广告媒介更具典型性。海报从用途上可以分为3类，即商业海报、艺术海报和公共海报。海报设计的常用表现手法包括以下几种。

- 写实表现法：一种直接展示对象的表现方法，它能够有效地传达产品的最佳利益点。图7-1所示为芬达饮料海报。
- 联想表现法：一种婉转的艺术表现方法，它是由一个事物联想到另外的事物，或将事物某一点与另外事物的相似点或相反点自然地联系起来的思维过程。图7-2所示为Covergirl睫毛刷产品宣传海报——请选择加粗。

图7-1

图7-2

- 情感表现法："感人心者，莫先于情"，情感是最能引起人们心理共鸣的一种心理感受。美国心理学家马斯诺指出："爱的需要是人类需要层次中最重要的一个层次"。在海报中运用情感因素可以增强作品的感染力，达到以情动人的效果。图7-3所示为里维斯牛仔裤海报——融合起来的爱，叫完美！
- 对比表现法：将性质不同的要素放在一起相互比较。图7-4所示为Schick Razors舒适剃须刀海报，男子强壮的身体与婴儿般的脸蛋形成了强烈的对比，既新奇又充满了幽默感。

图7-3

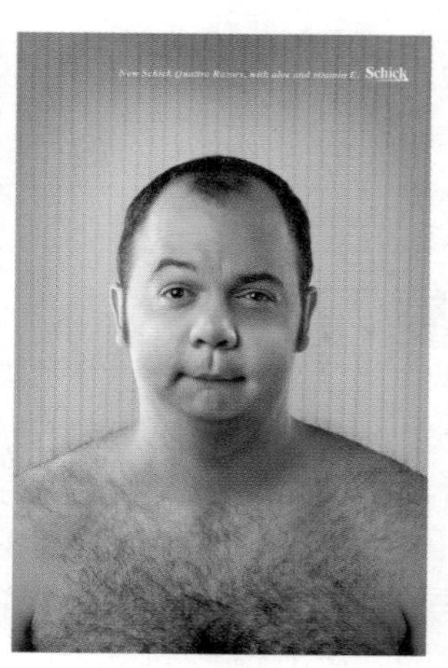

图7-4

学习重点 滤镜库/P105 智能滤镜/P105  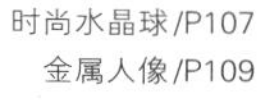 时尚水晶球/P107 金属人像/P109  流彩凤凰/P111 淘宝广告设计/P117 

- 夸张表现法：海报中常用的表现手法之一，它通过一种夸张的、超出观众想象的画面内容来吸引受众的眼球，具有极强的吸引力和戏剧性。图7-5所示为生命阳光牛初乳婴幼儿食品海报——不可思议的力量。
- 幽默表现法：广告大师波迪斯曾经说过“巧妙地运用幽默，就没有卖不出去的东西”。幽默的海报具有很强的戏剧性、故事性和趣味性，往往能够带给人会心的一笑，让人感觉到轻松愉快，并产生良好的说服效果。图7-6所示为LG洗衣机广告：有些生活情趣是不方便让外人知道的，LG洗衣机可以帮你。不用再使用晾衣绳，自然也不用为生活中的某些情趣感到不好意思了。

图7-5

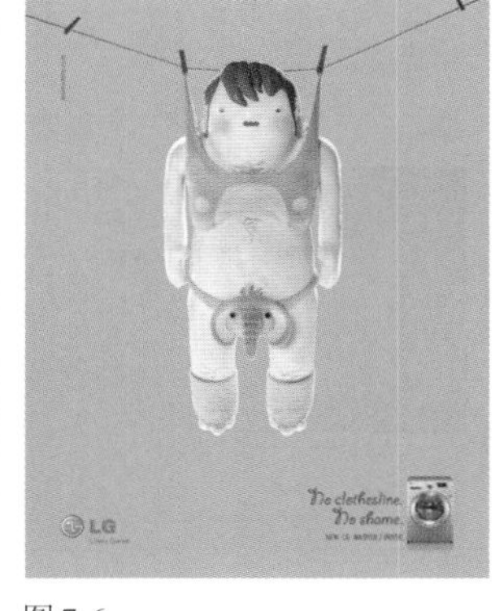

图7-6

- 拟人表现法：将自然界的事物进行拟人化处理，赋予其人格和生命力，能够让受众迅速地在心理产生共鸣。图7-7所示为Kiss FM摇滚音乐电台海报——跟着Kiss FM的劲爆音乐跳舞。
- 名人表现法：巧妙地运用名人效应会增加产品的亲切感，产生良好的社会效益。图7-8所示为猎头公司广告——幸运之箭即将射向你。这则海报暗示了猎头公司会像丘比特一样为你制定专属的目标，帮用户找到心仪的工作。

图7-7

图7-8

7.2 Photoshop滤镜

滤镜是Photoshop最具吸引力的功能之一，它就像是一个神奇的魔术师，随手一变，就能让普通的图像呈现出令人惊奇的视觉效果。滤镜不仅可以校正照片、制作特效，还能模拟各种绘画效果，也常用来编辑图层蒙版、快速蒙版和通道。

7.2.1 滤镜的原理

位图（如照片、图像素材等）是由像素构成的，每一个像素都有自己的位置和颜色值，滤镜能够改变像素的位置或颜色，从而生成各种特效。例如，图7–9所示为原图像，图7–10所示是“染色玻璃”滤镜处理后的图像，从放大镜中可以看到像素的变化情况。

Photoshop的所有滤镜都在“滤镜”菜单中，如图7–11所示。其中“滤镜库”、“镜头校正”、“液化”和“消失点”等是特殊滤镜，被单独列出，其他滤镜都依据其主要功能放置在不同类别的滤镜组中。如果安装了外挂滤镜，则它们会出现在菜单底部。

图7-9

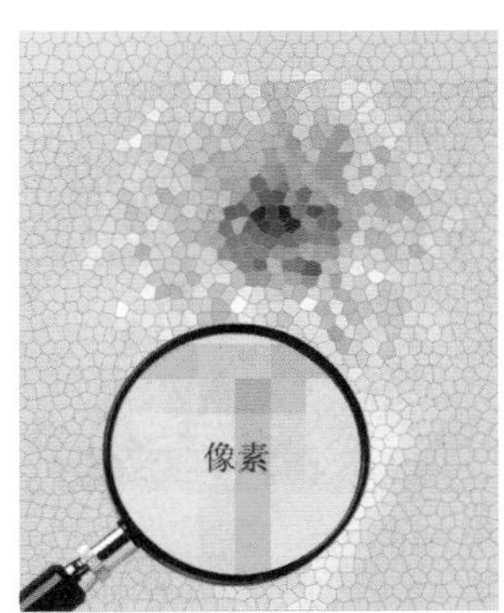

图7-10

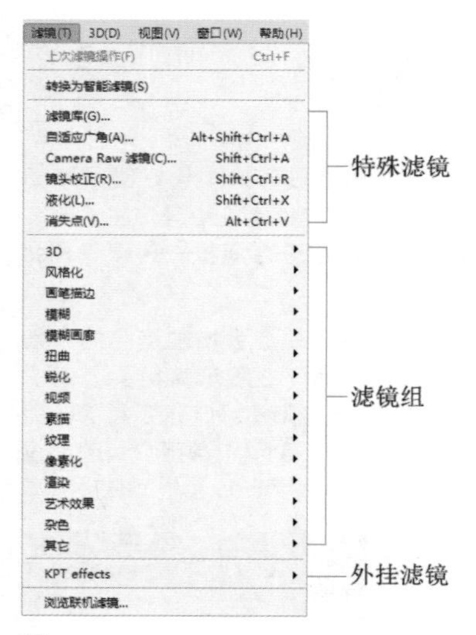

图 7-11

Tip 执行"编辑>首选项>增效工具"命令，打开"首选项"对话框，勾选"显示滤镜库的所有组和名称"复选项，可以让缺少的滤镜重新出现在各个滤镜组中。

7.2.2 滤镜的使用规则和技巧

- 使用滤镜处理某一图层中的图像时，需要选择该图层，并且图层必须是可见的（缩览图前面有眼睛图标👁）。
- 如果创建了选区，如图 7-12 所示，滤镜只处理选中的图像，如图 7-13 所示；如果未创建选区，则处理当前图层中的全部图像，如图 7-14 所示。

图 7-12

图 7-13

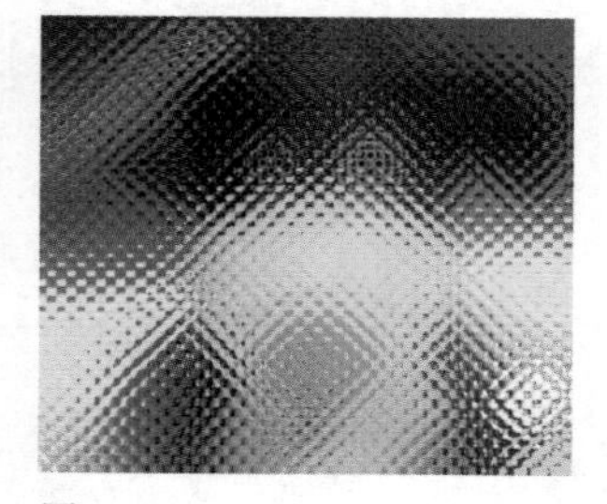
图 7-14

- 滤镜的处理效果是以像素为单位进行计算的，因此，相同的参数处理不同分辨率的图像，其效果也会有所不同。
- 滤镜可以处理图层蒙版、快速蒙版和通道。
- 只有"云彩"滤镜可以应用在没有像素的区域，其他滤镜都必须应用在包含像素的区域，否则不能使用这些滤镜。但外挂滤镜除外。
- "滤镜"菜单中显示为灰色的命令是不可使用的命令，通常情况下，这是由于图像模式出现了问题。在 Photoshop 中，RGB 模式的图像可以使用所有滤镜，其他模式则会受到限制。在处理非 RGB 模式的图像时，可以先执行"图像>模式>RGB 颜色"命令，将图像转换为 RGB 模式，再应用滤镜。
- 在任意滤镜对话框中按住 Alt 键，"取消"按钮就会变成"复位"按钮，如图 7-15 所示，单击它可以将参数恢复到初始状态。
- 使用一个滤镜后，"滤镜"菜单的第一行便会出现该滤镜的名称，如图 7-16 所示，单击它或按下 Ctrl+F 快捷键，可以快速应用这一滤镜。如果要修改滤镜参数，可以按下 Alt+Ctrl+F 快捷键，打开相应的滤镜对话框重新设定。

图 7-15

滤镜(T) 3D(D) 视图(V) 窗口(W)
半调图案 Ctrl+F
转换为智能滤镜

图 7-16

- 应用滤镜的过程中如果要终止处理，可以按下 Esc 键。
- 使用"光照效果"、"木刻"和"染色玻璃"等滤镜，以及编辑高分辨率的大图时，有可能造成 Photoshop 的运行速度变慢。使用滤镜之前，可以先执行"编辑>清理"命令释放内存，也可以退出其他应用程序，为 Photoshop 提供更多的可用内存。此外，当内存不够用时，Photoshop 会自动将计算机中的空闲硬盘作为虚拟内存来使用（也称暂存盘）。因此，如果计算机中的某些个硬盘空间较大，可将其指定给 Photoshop 使用。具体设置方法是执行"编辑>首选项>性能"命令，打开"首选项"对话框，在"暂存盘"选项组中显示了计算机的硬盘驱动器盘符，只要将空闲空间较多的驱动器设置为暂存盘，如图 7-17 所示，然后重新启动 Photoshop 即可。

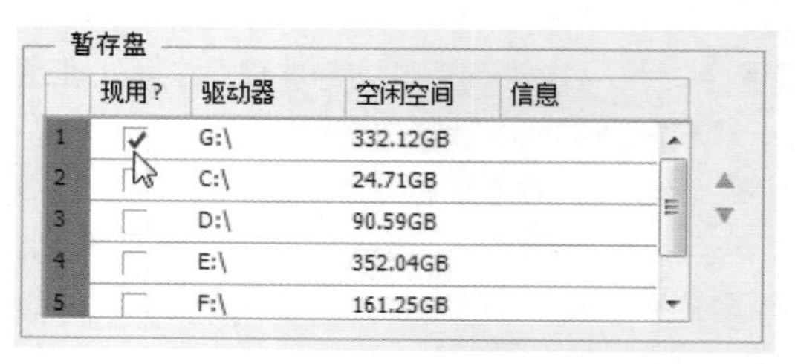
暂存盘

	现用？	驱动器	空闲空间	信息
1	✓	G:\	332.12GB	
2		C:\	24.71GB	
3		D:\	90.59GB	
4		E:\	352.04GB	
5		F:\	161.25GB	

图 7-17

7.2.3 滤镜库

执行“滤镜 > 滤镜库”命令，或者使用“风格化”、“画笔描边”、“扭曲”、“素描”、“纹理”和“艺术效果”滤镜组中的滤镜时，都可以打开“滤镜库”，如图7-18所示。在“滤镜库”对话框中，左侧是预览区，中间是6组可供选择的滤镜，右侧是参数设置区。

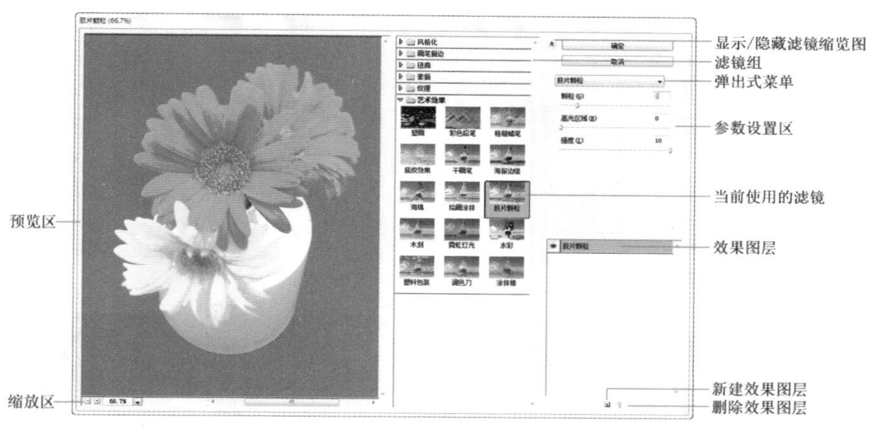

图7-18

单击“新建效果图层”按钮，可以添加一个效果图层，添加效果图层后，可以选取要应用的另一个滤镜，图像效果会变得更加丰富，如图7-19所示。滤镜效果图层与图层的编辑方法基本相同，上下拖动效果图层可以调整它们的堆叠顺序，滤镜效果也会发生改变，如图7-20所示。单击按钮，可以删除效果图层。单击眼睛图标，可以隐藏或显示滤镜。

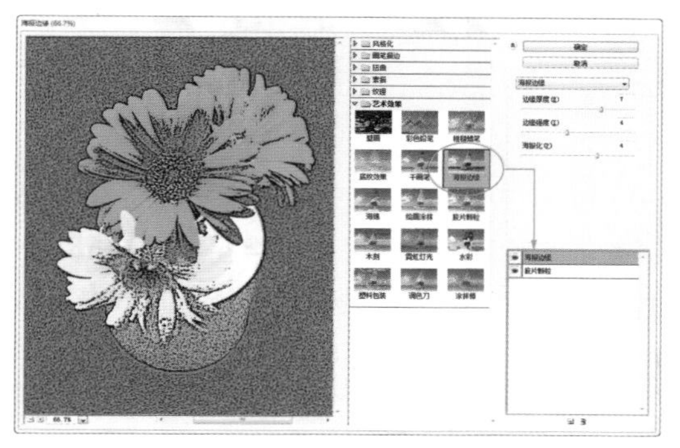

图7-19

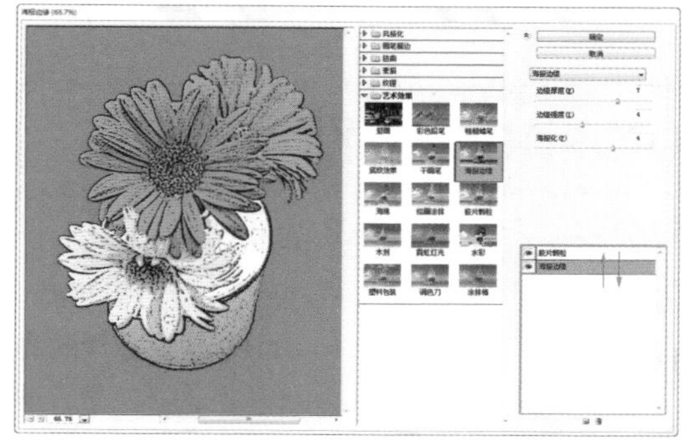

图7-20

7.2.4 智能滤镜

选择要应用滤镜的图层，如图7-21所示，执行“滤镜 > 转换为智能滤镜”命令，弹出一个提示信息，单击“确定”按钮，将图层转换为智能对象，此后应用的滤镜即为智能滤镜，如图7-22所示。智能滤镜可以达到与普通滤镜完全相同的效果，但它是作为图层效果出现在“图层”面板中的，因而不会真正改变图像中的任何像素。

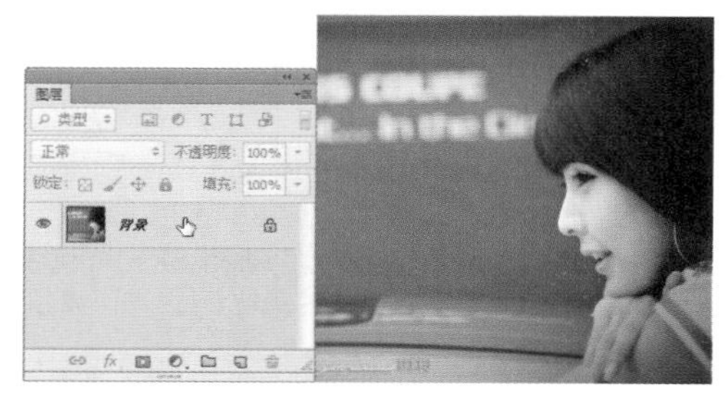

图7-21

图7-22

添加智能滤镜后，双击“图层”面板中的智能滤镜，如图7–23所示，可以重新打开相应的“滤镜”对话框修改滤镜参数，如图7–24、图7–25所示。

图 7-23

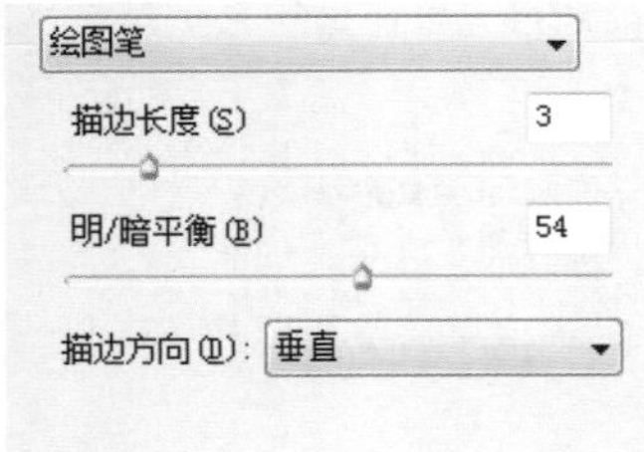

图 7-24

图 7-25

Tip 单击智能滤镜旁边的眼睛图标，可以隐藏或重新显示滤镜；双击智能滤镜右侧的图标，可以打开“混合选项”对话框，修改滤镜的混合模式和不透明度；将智能滤镜拖动到“图层”面板底部的“删除图层”按钮上，可将其删除。

智能滤镜包含一个图层蒙版，单击蒙版缩览图，可以进入蒙版编辑状态，如果要遮盖某一处滤镜效果，可以用黑色涂抹蒙版；如果要显示某一处滤镜效果，则用白色涂抹蒙版，如图7–26所示；如果要减弱滤镜效果的强度，可以用灰色涂抹，滤镜将呈现不同级别的透明度，如图7–27所示。

图 7-26

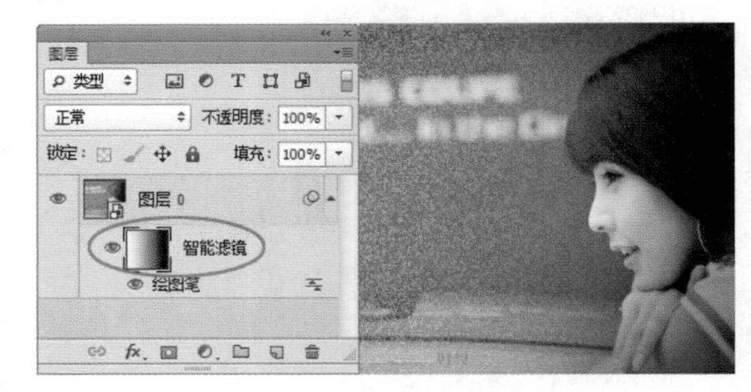

图 7-27

7.3 Photoshop 插件

Photoshop提供了一个开放的平台，用户可以将第三方厂商开发的滤镜以插件的形式安装在Photoshop中使用，这些滤镜被称为“外挂滤镜”。外挂滤镜不仅可以轻松地制作出各种特效，还能创造出Photoshop内置滤镜无法实现的神奇效果，因而备受广大Photoshop爱好者的青睐。

7.3.1 安装外挂滤镜

外挂滤镜与一般程序的安装方法基本相同，只是要注意应将其安装在Photoshop CC2015的Plug–in目录下，如图7–28所示，否则将无法直接运行滤镜。有些小的外挂滤镜手动复制到plug–in文件夹中便可使用。安装完成以后，重新运行Photoshop，在“滤镜”菜单的底部便可以看到它们，如图7–29所示。

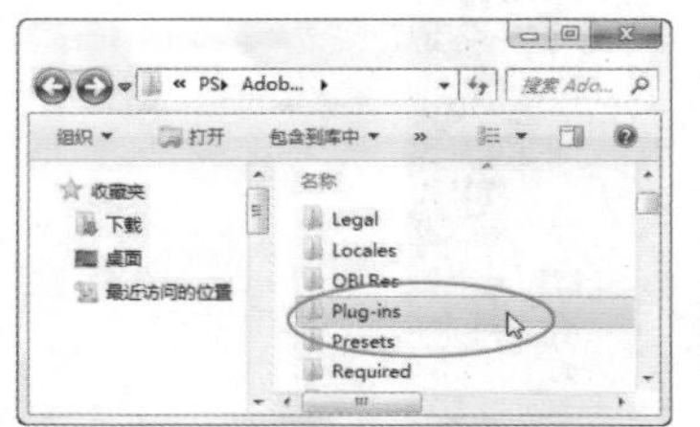

图 7-28

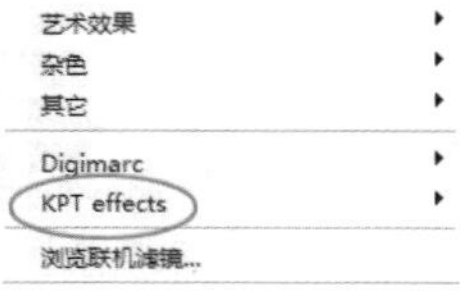

艺术效果
杂色
其它
Digimarc
KPT effects
浏览联机滤镜...

图 7-29

7.3.2 外挂滤镜的种类

- 自然特效类外挂滤镜：Ulead（友丽）公司的Ulead Particle.Plugin是用于制作自然环境的强大插件，它能够模拟自然界的粒子，而创建诸如雨、雪、烟、火、云和星等特效。
- 图像特效类外挂滤镜：在众多的特效类外挂滤镜中，Meta Creations公司的KPT系列滤镜及Alien Skin公司的Eye Candy 4000和Xenofex滤镜是其中的佼佼者，它们可以创造出Photoshop内置滤镜无法实现的各种神奇效果。
- 照片处理类滤镜：Mystical Tint Tone and Colo是专门用于调整影像色调的插件，它提供了38种色彩效果，可以轻松应对色调调整方面的工作。Alien Skin Image Doctor是一款新型而强大的图片校正滤镜，它可以魔法般地移除污点和各种缺陷。

- 抠图类外挂滤镜：Mask Pro是由美国俄勒冈州波特兰市的Ononesoftware公司开发的抠图插件，它可以把复杂的图像，如人的头发、动物的毛发等轻易地选取出来。Knockout是由大名鼎鼎的软件公司Corel开发的经典抠图插件，它能让原本复杂的抠图操作变得异常简单。
- 磨皮类外挂滤镜：磨皮是指通过模糊减少杂色和噪点，使人物皮肤洁白、细腻。kodak是一款简单、实用的磨皮插件。NeatImage则更加强大，它在磨皮的同时，还能保留头发、眼眉和睫毛的细节。
- 特效字类外挂滤镜：Ulead公司出品的Ulead Type. Plug-in 1.0是专门用于制作特效字的滤镜。

本书配套光盘中附赠的“Photoshop外挂滤镜使用手册”中详细介绍了外挂滤镜的安装方法，以及KPT7、Eye Candy 4000和Xenofex滤镜的具体使用方法。

7.4 特效实例：时尚水晶球

❶ 按下Ctrl+O快捷键，打开光盘中的素材，如图7-30、图7-31所示。

图 7-30

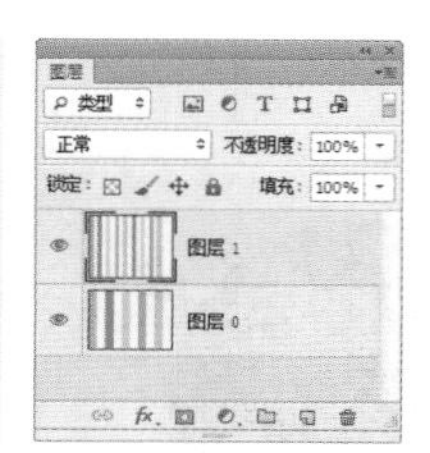
图 7-31

❷ 选择椭圆选框工具，按住Shift键创建一个圆形选区，如图7-32所示。执行“滤镜>扭曲>球面化”命令，设置数量为100%，如图7-33、图7-34所示。按下Ctrl+F快捷键，再次应用该滤镜，加大膨胀效果，使条纹的扭曲效果更明显，如图7-35所示。

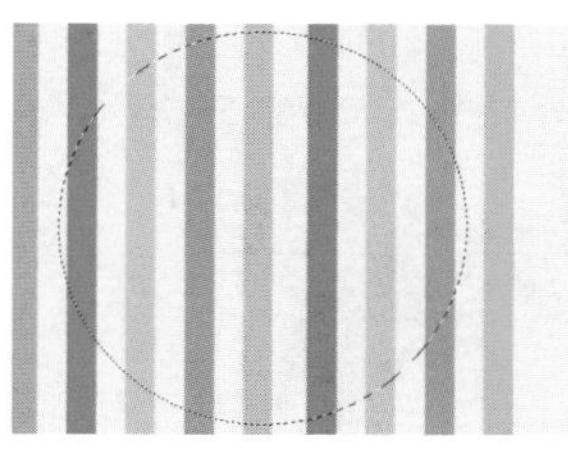
图 7-32

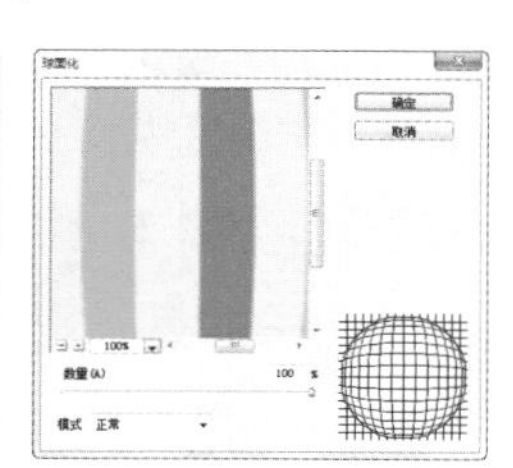
图 7-33

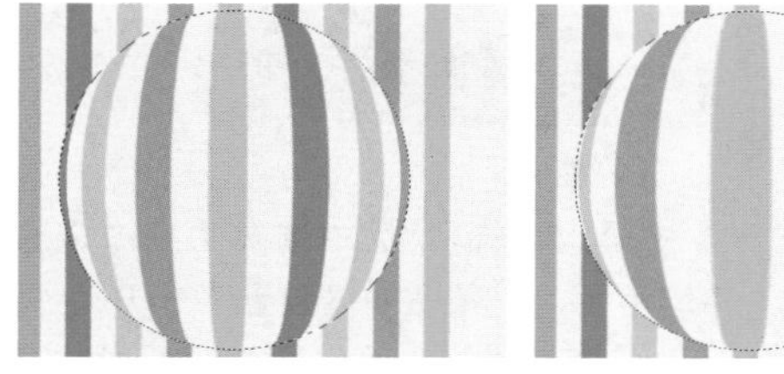
图 7-34　　图 7-35

❸ 按下Shift+Ctrl+I快捷键反选，按下Delete键删除选区内的图像，按下Ctrl+D快捷键取消选择，如图7-36所示。单击“图层1”前面的眼睛图标，隐藏该图层，选择“图层0”，如图7-37所示。

图 7-36

图 7-37

❹ 按下Ctrl+T快捷键显示定界框，将光标放在定界框的一角，按住Shift键拖动鼠标，将图像旋转30度，如图7-38所示。再按住Alt键拖动定界框边缘，将图像放大，布满画面，如图7-39所示。按下回车键确认操作。

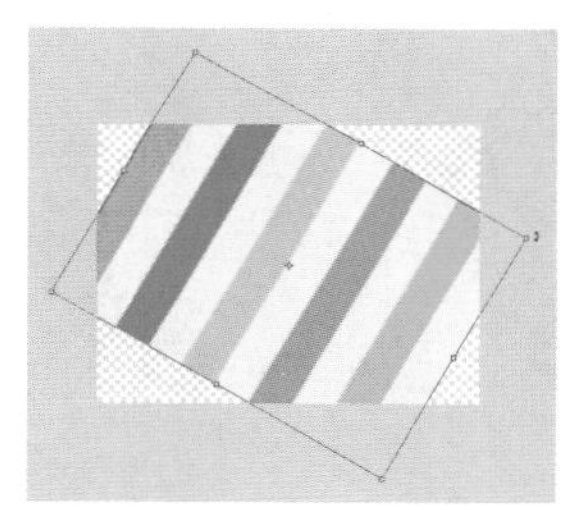
图 7-38

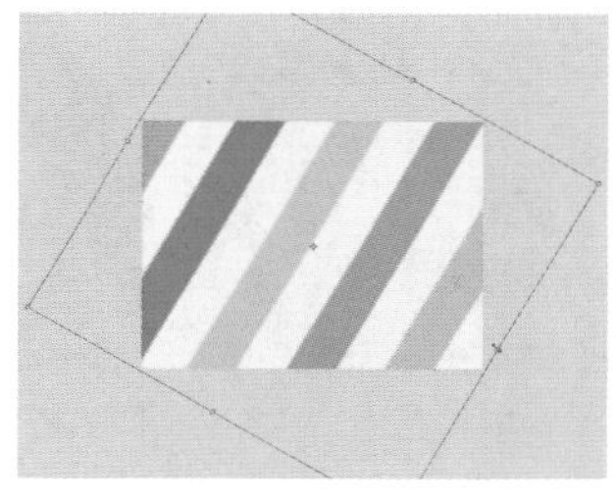
图 7-39

❺ 执行“滤镜>模糊>高斯模糊”命令，设置半径为15像素，如图7-40所示，效果如图7-41所示。

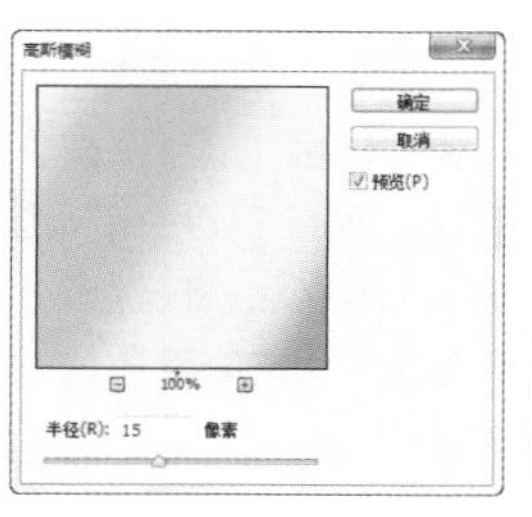
图 7-40

图 7-41

❻ 按下Ctrl+J快捷键复制“背景”图层，设置混合模式为“正片叠底”，不透明度为60%，如图7-42、图7-43所示。

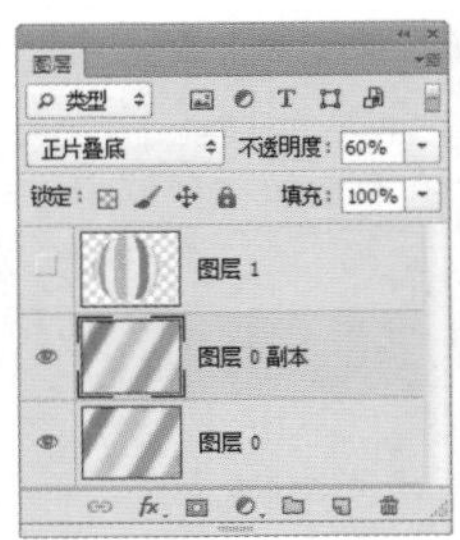
图7-42

图7-43

❼ 按下Ctrl+E快捷键向下合并图层，如图7-44所示。执行“图层>新建>背景图层”命令，将所选图层转换为背景图层，如图7-45所示。

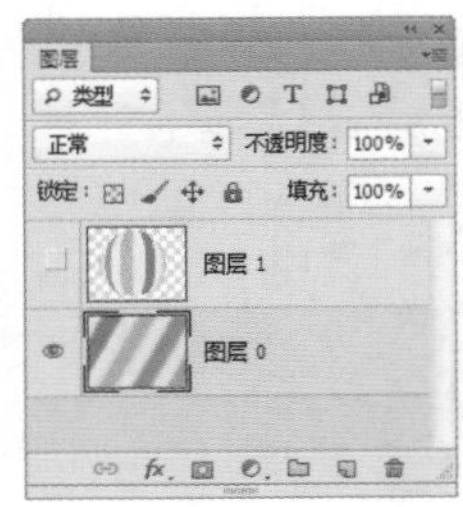
图7-44

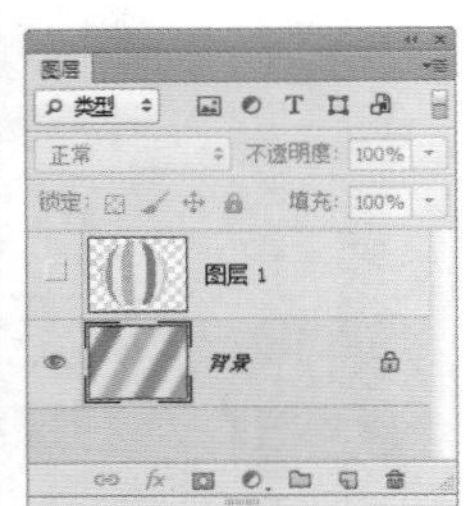
图7-45

❽ 选择并显示“图层1”，如图7-46所示。通过自由变换调整圆球的大小和角度，如图7-47所示。

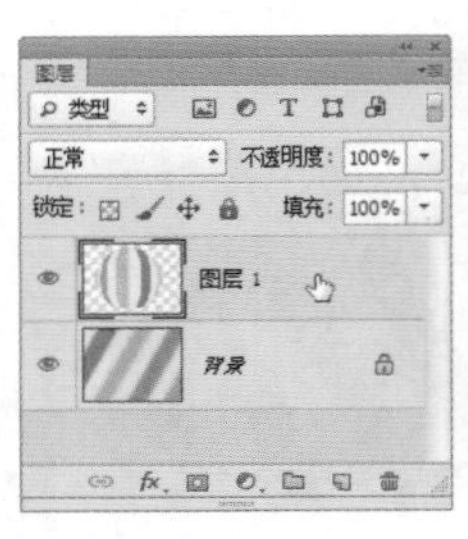
图7-46

图7-47

❾ 选择画笔工具，设置不透明度为20%，如图7-48所示。新建一个图层，按下Alt+Ctrl+G快捷键创建剪贴蒙版，如图7-49所示。在圆球的底部涂抹白色，如图7-50所示，顶部涂抹黑色，表现出明暗过渡效果，如图7-51所示。

❿ 新建一个图层，创建剪贴蒙版。使用椭圆工具按住Shift键绘制一个黑色的圆形，如图7-52所示。使用椭圆选框工具创建一个选区，将大部分圆形选取，仅保留一个细小的边缘，如图7-53所示。按下Delete键删除图像，按下Ctrl+D快捷键取消选择，如图7-54所示。

图7-48

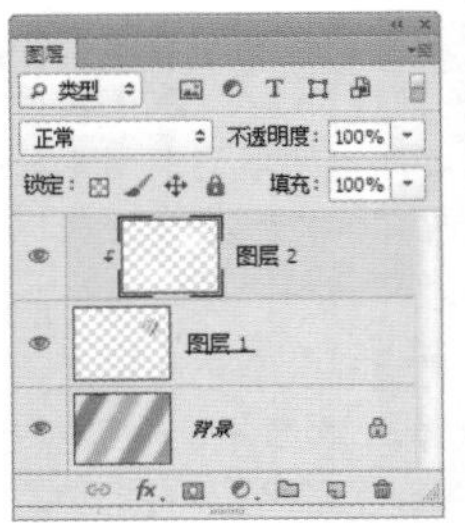
图7-49

图7-50

图7-51

图7-52

图7-53

图7-54

⓫ 单击按钮锁定该图层的透明像素，如图7-55所示。使用画笔工具涂抹白色，由于画笔工具设置了不透明度，因此，在黑色图形上涂抹白色时，会表现为灰色，这就使原来的黑边有了明暗变化，如图7-56所示。

图7-55

图7-56

⓬ 新建一个图层。在画笔下拉面板中选择“半湿描边油彩笔”，如图7-57所示。将不透明度设置为100%，可按下“]”键和“[”键放大或缩小笔尖，为圆球绘制高光，效果如图7-58所示。

Tip 单击画笔下拉面板右上角的按钮，打开下拉菜单，选择“大列表”命令，面板中会显示画笔缩览图和画笔名称。

图7-57

图7-58

⑬ 按住Shift键单击“图层2”，选取所有组成圆球的图层，如图7-59所示，按下Ctrl+E快捷键合并图层，如图7-60所示。

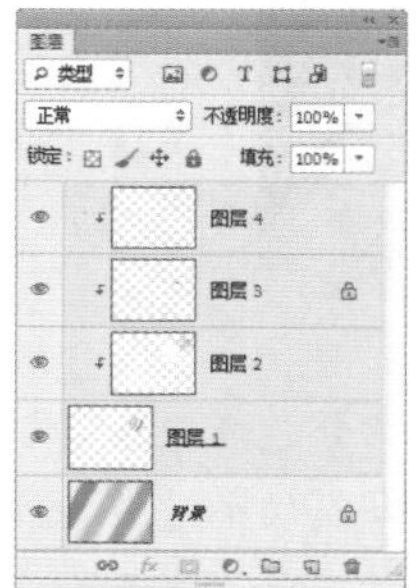

图7-59

图7-60

⑭ 使用移动工具，按住Alt键拖动圆球进行复制。按下Ctrl+L快捷键打开“色阶”对话框，将阴影滑块和中间调滑块向右侧调整，使圆球色调变暗，如图7-61、图7-62所示。

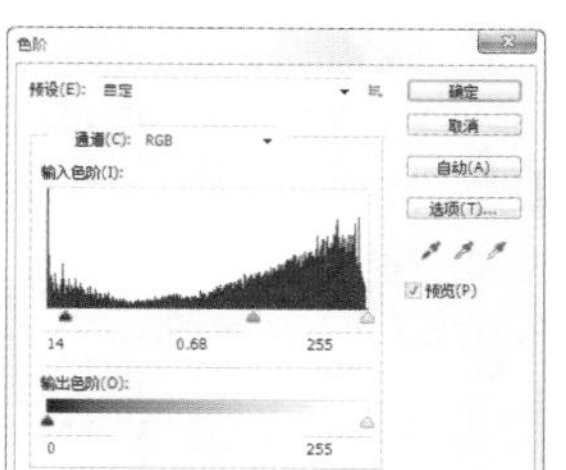

图7-61

图7-62

⑮ 用同样的方法复制圆球，调整大小和明暗，最终效果如图7-63所示。

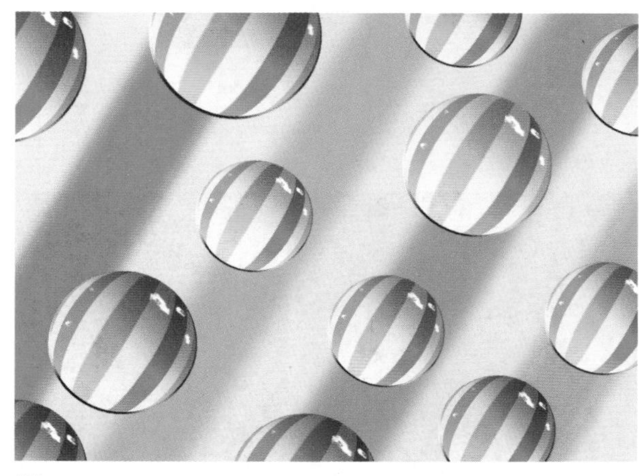

图7-63

7.5 特效实例：金属人像

❶ 打开光盘中的素材。使用快速选择工具，按住Shift键在背景上单击并拖动鼠标，选取背景图像，如图7-64所示。按下Shift+Ctrl+I快捷键反选，如图7-65所示。

图7-64

图7-65

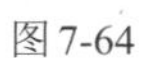

❷ 打开另一个素材，如图7-66所示。使用移动工具将选区内的人物拖动到该文档中，如图7-67所示。

图7-66

图7-67

❸ 按下Shift+Ctrl+U快捷键去除颜色。按住Ctrl键，单击“图层1”的缩览图，载入人像的选区，如图7-68、图7-69所示。

图7-68

图7-69

❹ 在“图层1”的眼睛图标 上单击，隐藏该图层。选择“背景”图层，按下Ctrl+J快捷键复制出一个人物轮廓图像，按下锁定透明像素按钮 ，锁定该图层的透明区域，如图7-70所示。执行“滤镜>模糊>高斯模糊”命令，对图像进行模糊处理，如图7-71、图7-72所示。

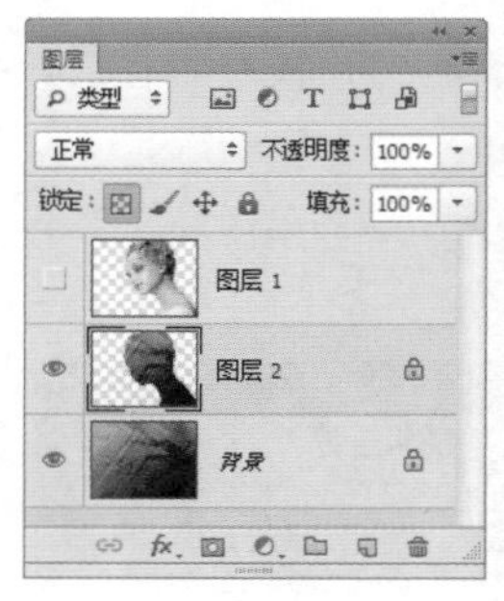

图 7-70

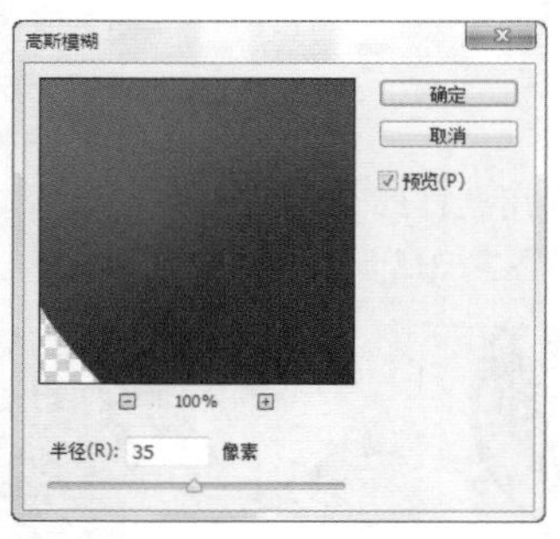

图 7-71

图 7-72

Tip 由于锁定了该图层的透明区域，因此，高斯模糊只对图像起作用，透明区域没有任何模糊的痕迹，人物的轮廓依然保持清晰。

❺ 显示并选择“图层1”，设置混合模式为“亮光”，如图7-73、图7-74所示。

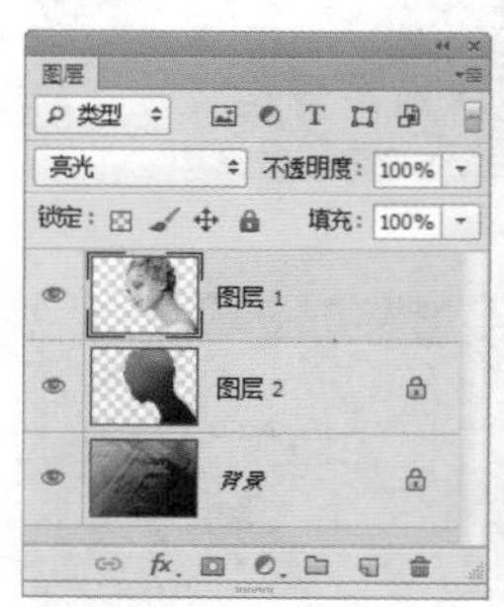

图 7-73

图 7-74

❻ 按下Ctrl+J快捷键复制“图层1”，将“图层1副本”的混合模式设置为“正常”，如图7-75所示。执行“滤镜>素描>铬黄”命令，使头像产生金属质感，如图7-76、图7-77所示。

图 7-75

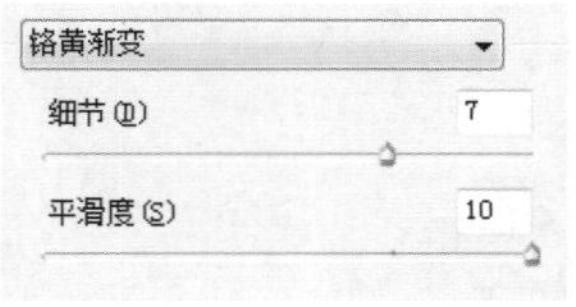

图 7-76

图 7-77

❼ 按下Ctrl+L快捷键打开“色阶”对话框，向左侧拖动高光滑块，将图像调亮，如图7-78、图7-79所示。

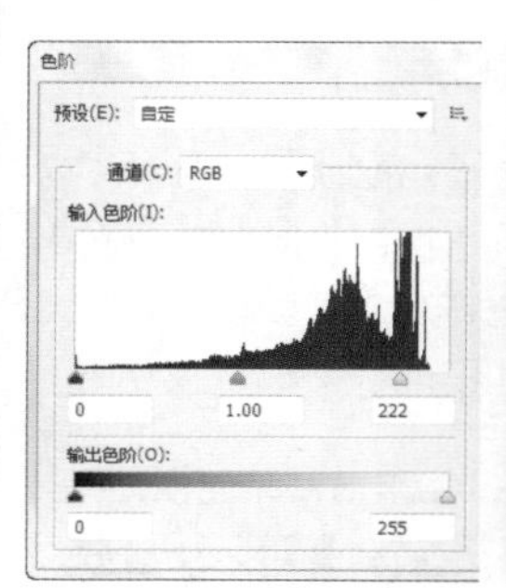

图 7-78

图 7-79

❽ 设置图层的混合模式为“叠加”。单击 按钮创建图层蒙版。选择画笔工具 ，在工具选项栏中设置不透明度为45%，在图像上涂抹黑色，将部分纹理隐藏，如图7-80所示。

图 7-80

7.6 特效实例：流彩凤凰

❶ 按下Ctrl+N快捷键，打开“新建”对话框，在“预设”下拉列表中选择“Web”选项，在“大小”下拉列表中选择“800×600”像素，新建一个文件。按下Ctrl+I快捷键，将背景反相为黑色。按下Ctrl+J快捷键复制背景图层，得到“图层1”，如图7-81所示。

❷ 执行“滤镜>渲染>镜头光晕”命令，选择“电影镜头”选项，设置亮度为100%，在预览框中心单击，将光晕设置在画面的中心，如图7-82所示，图像效果如图7-83所示。

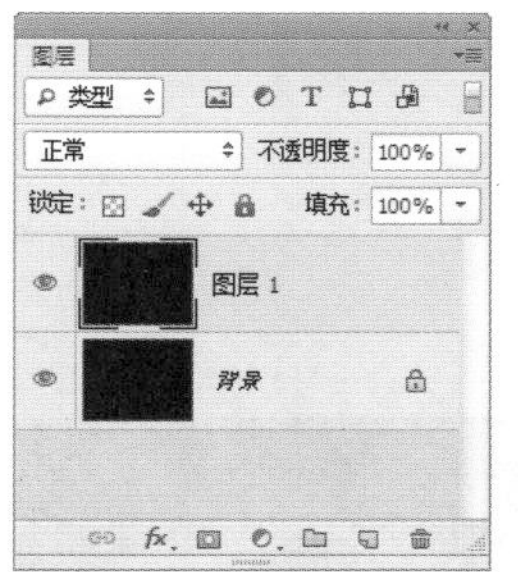

图 7-81

图 7-82

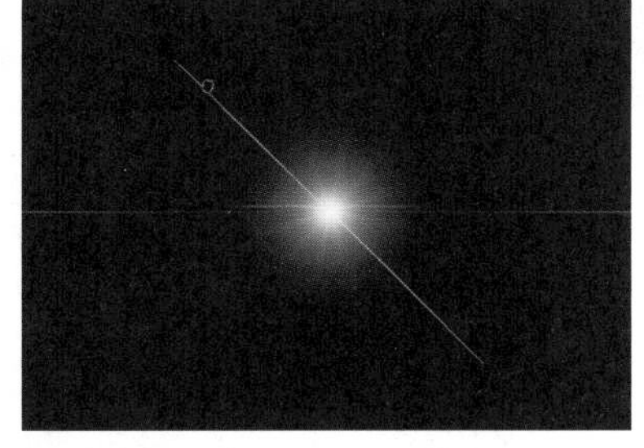

图 7-83

❸ 按下Alt+Ctrl+F快捷键，重新打开“镜头光晕”对话框，在预览框的左上角单击，定位光晕中心，如图7-84所示，单击“确定”按钮关闭对话框。再次按下Alt+Ctrl+F快捷键打开对话框，这一次将光晕定位在画面的右下角，使这3个光晕形成一条斜线，如图7-85所示，效果如图7-86所示。

图 7-84

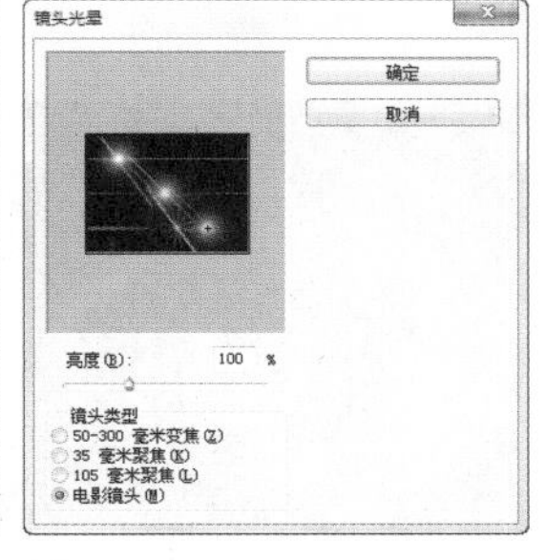

图 7-85

图 7-86

❹ 执行“滤镜>扭曲>极坐标”命令，在打开的对话框中选择“平面坐标到极坐标”选项，如图7-87、图7-88所示。按下Ctrl+T快捷键显示定界框，单击鼠标右键，选择“垂直翻转”命令，再选择“逆时针旋转90度”命令，然后将图像放大并调整位置，如图7-89所示。

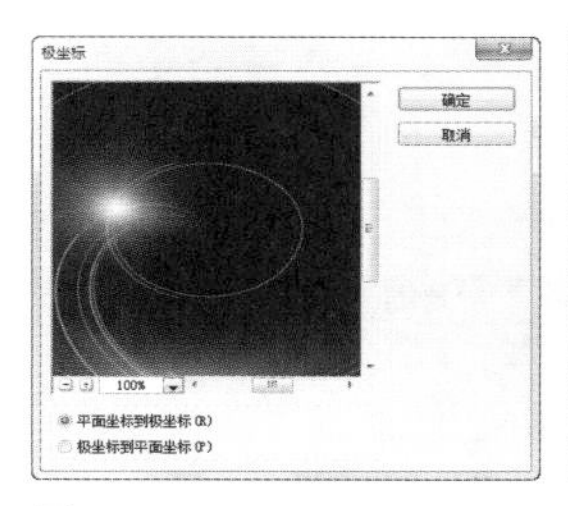

图 7-87

图 7-88

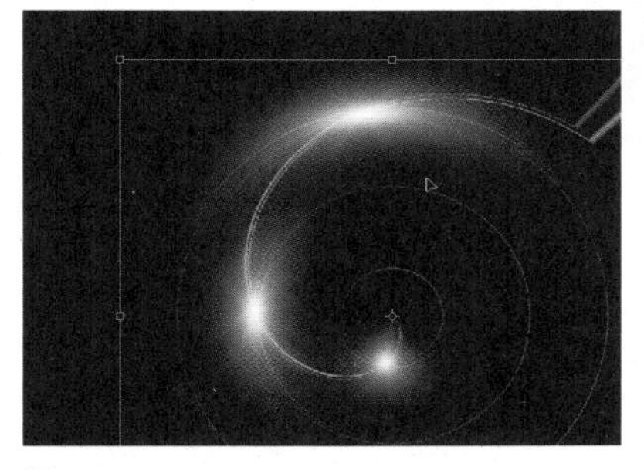

图 7-89

❺ 按下Ctrl+J快捷键复制“图层1”，得到“图层1副本”，设置混合模式为“变亮”，如图7-90所示。按下Ctrl+T快捷键显示定界框，将图像沿逆时针方向旋转，并适当放大，如图7-91所示。

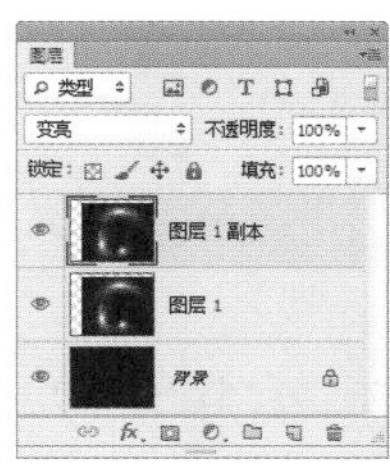

图 7-90

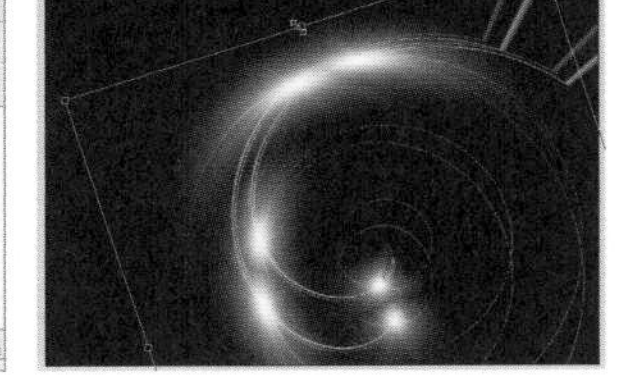

图 7-91

⑥ 再次按下Ctrl+J快捷键复制“图层1副本”，再将图像沿顺时针方向旋转，如图7-92所示。使用橡皮擦工具 擦除这一图层中的小光晕，只保留图7-93所示的大光晕。

图 7-92

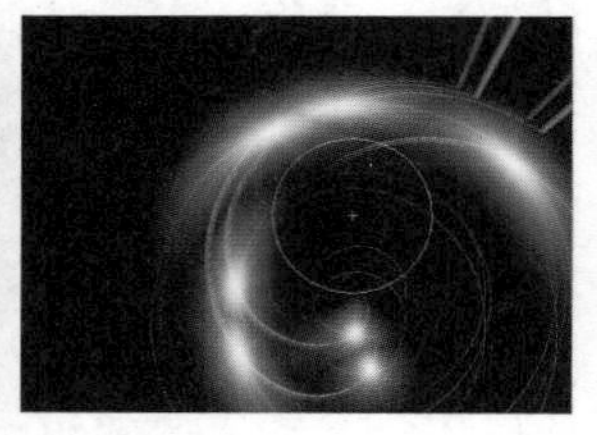

图 7-93

⑦ 按下Ctrl+J快捷键复制当前图层，将复制后的图像缩小，朝逆时针方向旋转，将光晕定位在图7-94所示的位置，形成凤凰的头部。

⑧ 选择渐变工具，在工具选项栏中按下径向渐变按钮，单击渐变颜色条，打开“渐变编辑器”，调整渐变颜色，如图7-95所示。新建一个图层，填充径向渐变，如图7-96所示。设置该图层的混合模式为“叠加”，效果如图7-97所示。

图 7-94

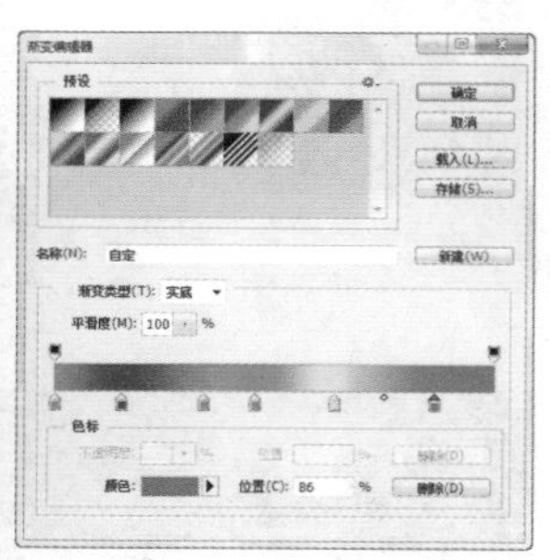

图 7-95

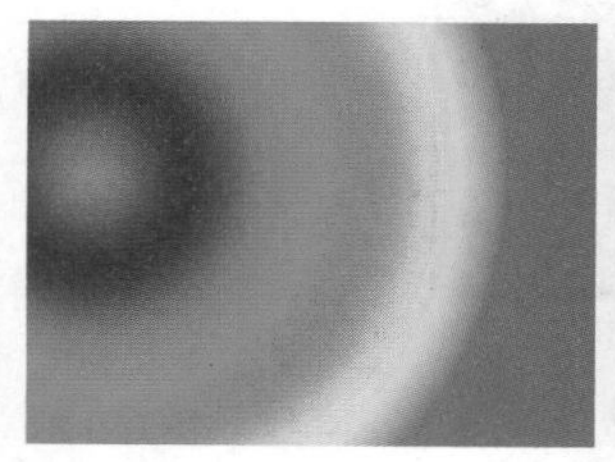

图 7-96

图 7-97

⑨ 按下Alt+Shift+Ctrl+E快捷键，将图像盖印到一个新的图层（图层3）中，保留“图层3”和背景图层，将其他图层删除，如图7-98所示。调整图像的高度，并将它移动到画面中心，如图7-99所示。使用橡皮擦工具 擦除整齐的边缘，在处理靠近凤凰边缘时，将橡皮擦的不透明度设置为50%，这样修边时可以使边缘变浅，颜色不再强烈，如图7-100所示。

⑩ 按下Ctrl+J快捷键复制当前图层，设置复制后的图层的混合模式为“变亮”，再将它沿逆时针方向旋转，如图7-101所示。使用橡皮擦工具 擦除多余的区域，如图7-102所示。

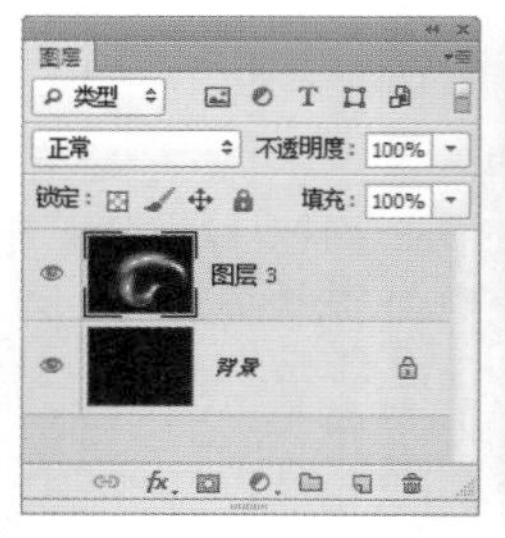

图 7-98

图 7-99

图 7-100

图 7-101

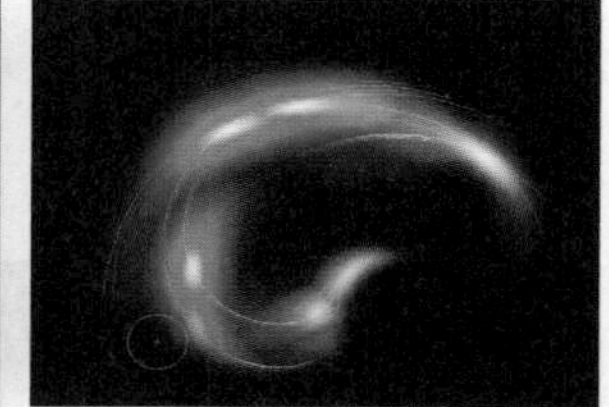

图 7-102

⑪ 按下Ctrl+U快捷键打开“色相/饱和度”对话框，调整色相参数为-180，如图7-103、图7-104所示。

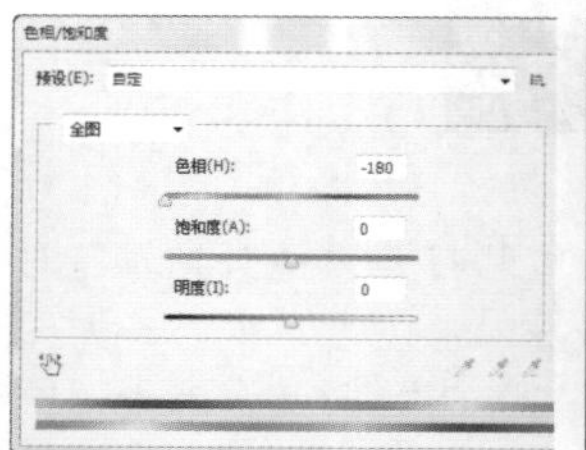

图 7-103

图 7-104

⑫ 继续用上面的方法制作其余的图像，可以先复制凤尾图像，再调整颜色和大小，组合排列成为凤凰的形状，完成后的效果如图7-105所示。

图 7-105

7.7 特效实例：金银纪念币

❶ 打开光盘中的素材，如图7-106所示。这是一个分层的 PSD文件，用来制作纪念币的图像位于一个单独图层中，如图7-107所示。

图 7-106

图 7-107

❷ 执行“滤镜>风格化>浮雕效果”命令，设置参数如图7-108所示，创建浮雕效果，如图7-109所示。

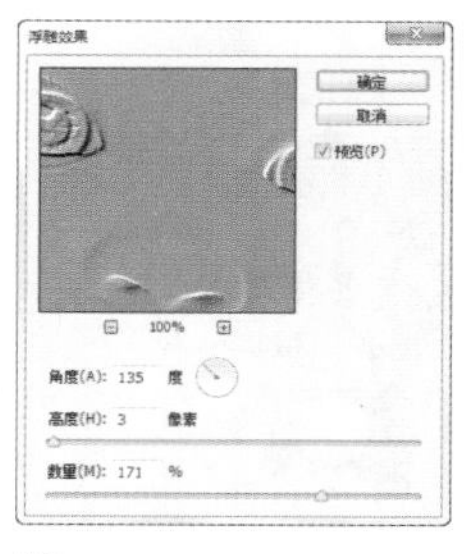

图 7-108

图 7-109

❸ 按下Shift+Ctrl+U快捷键去除颜色，如图7-110所示，再按下Ctrl+I快捷键将图像反相，从而反转纹理的凹凸方向，如图7-111所示。

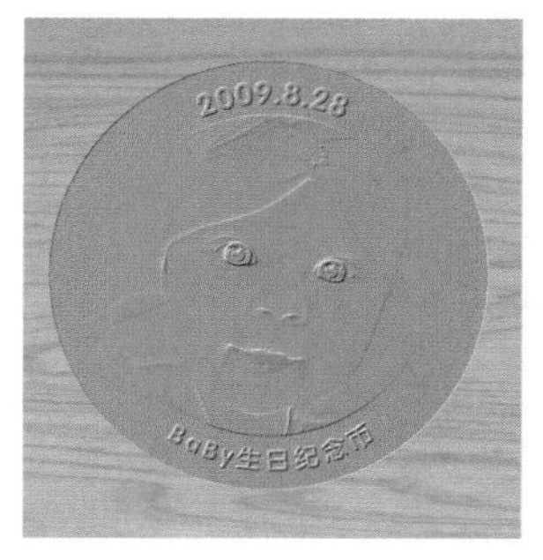

图 7-110

图 7-111

❹ 双击“图层 1”，打开“图层样式”对话框，在左侧列表中选择“渐变叠加”和“投影”选项，设置参数如图7-112、图7-113所示，为图层添加这两种效果，如图7-114所示。

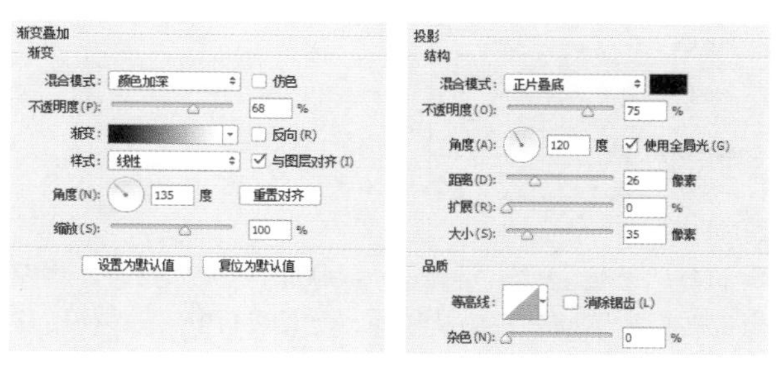

图 7-112　　图 7-113

图 7-114

❺ 单击“调整”面板中的 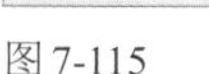 按钮，创建“曲线”调整图层，按下Alt+Ctrl+G快捷键创建剪贴蒙版，如图7-115所示。在曲线上单击，添加4个控制点，拖动这些控制点调整曲线，如图7-116所示。为纪念币增添光泽，如图7-117所示。

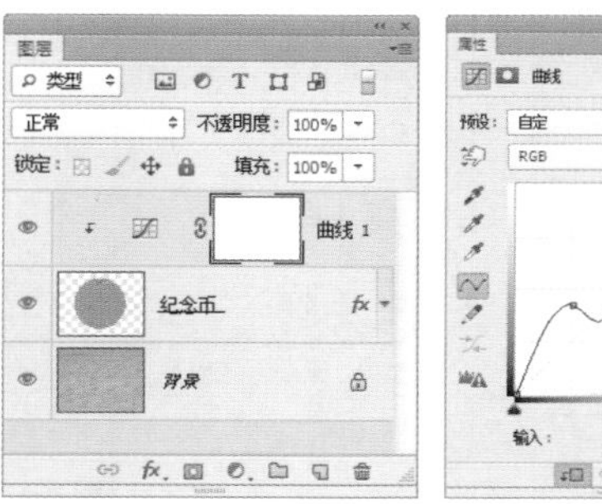

图 7-115　　图 7-116

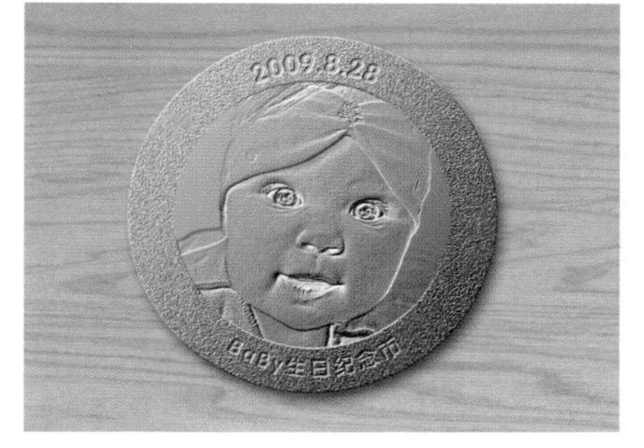

图 7-117

❻ 新建一个图层，填充白色。执行“滤镜>素描>半调图案”命令，设置参数如图7-118所示。

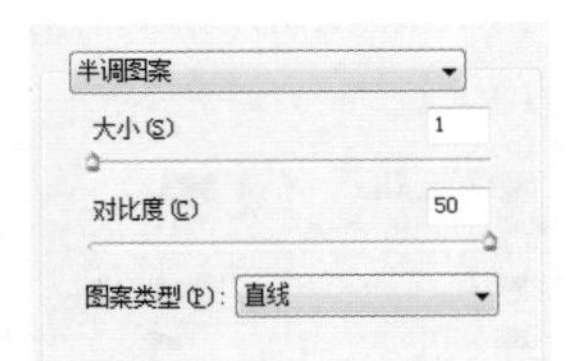

图 7-118

❼ 执行“编辑>变换>旋转 90度（顺时针）”命令，将图像旋转后按下回车键确认操作，如图7-119所示。使用移动工具将条纹图像移动到画面左侧，再按住 Shift+Alt 键拖动进行复制，使条纹布满画面，如图7-120所示。

图 7-119

图 7-120

❽ 复制条纹图像后，在“图层”面板中会新增一个图层，如图7-121所示，按下Ctrl+E快捷键向下合并图层，如图7-122所示。

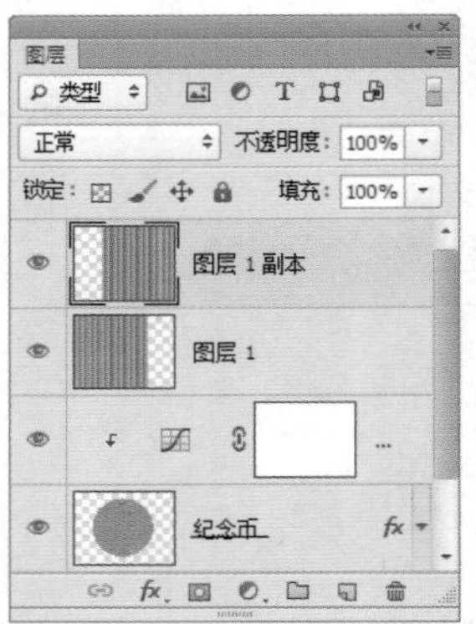

图 7-121

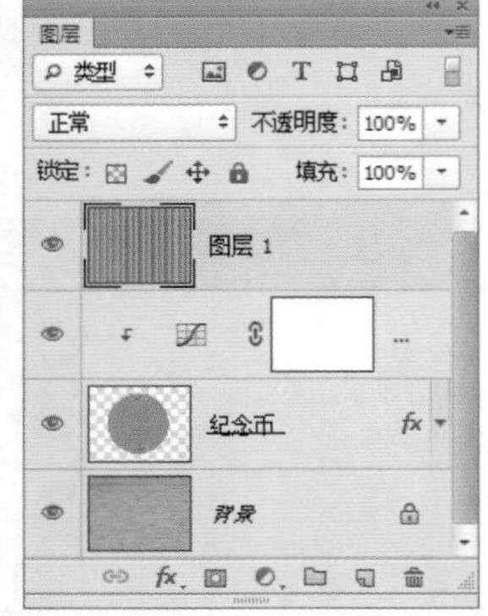

图 7-122

❾ 执行“滤镜>扭曲>极坐标”命令，在打开的对话框中选择“平面坐标到极坐标”选项，如图7-123、图7-124所示。

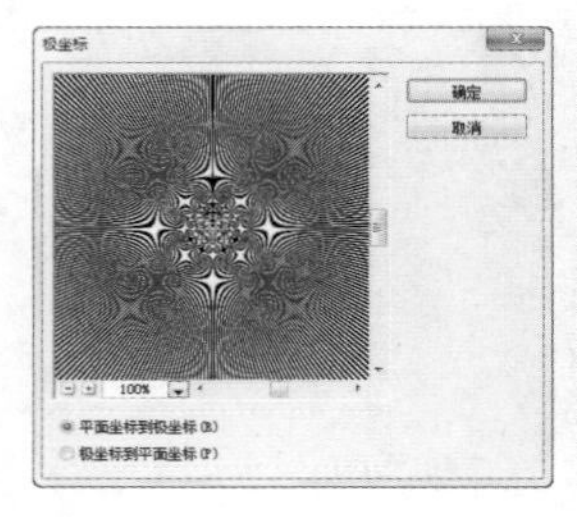

图 7-123

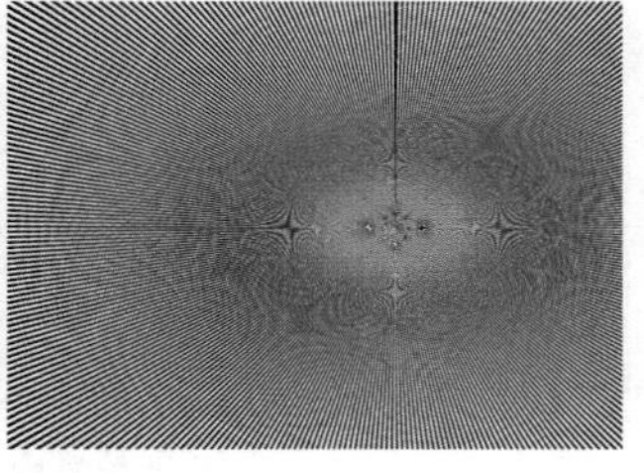

图 7-124

❿ 按下Ctrl+T快捷键显示定界框，调整图像的宽度，再将图像向左侧拖动，使中心点与画面中心对齐，如图7-125所示，按下回车键确认操作。

图 7-125

⓫ 按住Ctrl键单击“纪念币”图层缩览图，如图7-126所示，载入选区，单击按钮在选区的基础上创建图层蒙版，将选区外的图像隐藏，如图7-127、图7-128所示。

图 7-126

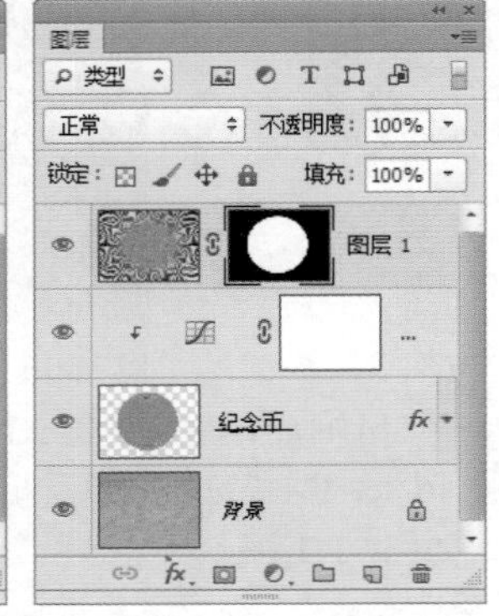

图 7-127

图 7-128

⓬ 再次按住Ctrl键单击“纪念币”图层缩览图，载入选区，执行“选择>变换选区”命令，在选区上显示定界框，如图7-129所示，按住Alt+Shift键拖动定界框的一角，保持中心点位置不变，将选区成比例缩小，如图7-130所示。按下回车键确认操作。

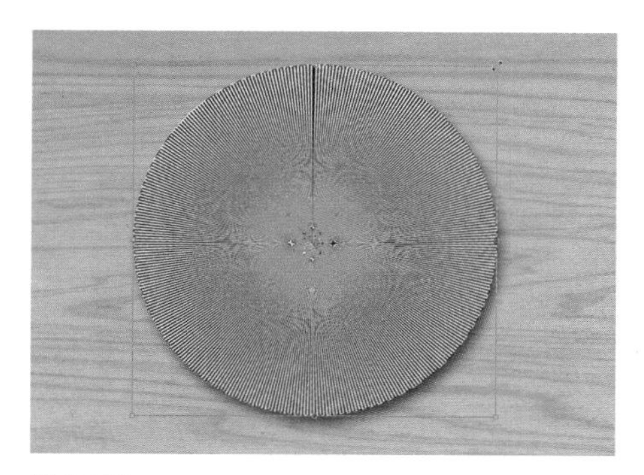

图 7-129

图 7-130

⑬ 单击“图层 1”的蒙版缩览图，并填充黑色，如图7-131所示，然后取消选择，如图7-132所示。

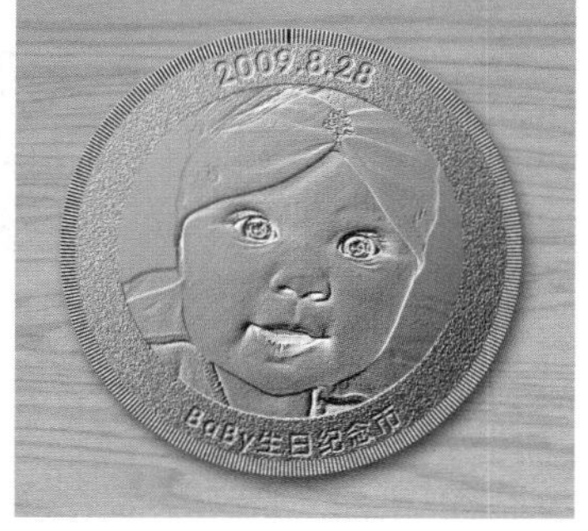

图 7-131　　图 7-132

⑭ 双击该图层，打开“图层样式”对话框，在左侧列表中选择“斜面和浮雕”效果，设置参数如图7-133所示，使纪念币边缘产生立体感，如图7-134所示。

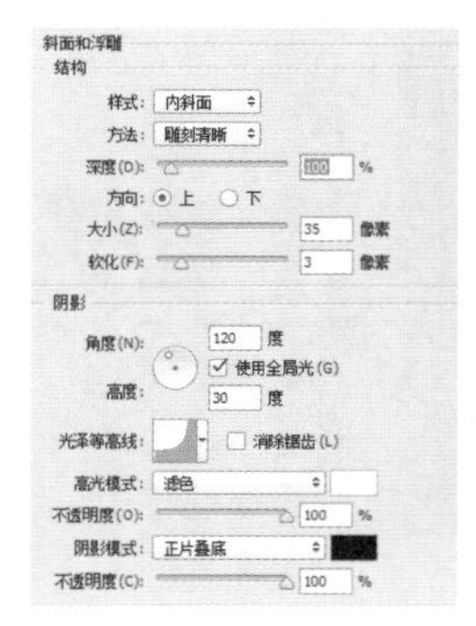

图 7-133　　图 7-134

⑮ 单击“调整”面板中的 按钮，创建“亮度/对比度”调整图层，增加亮度和对比度，使纪念币光泽度更强，如图7-135、图7-136所示。

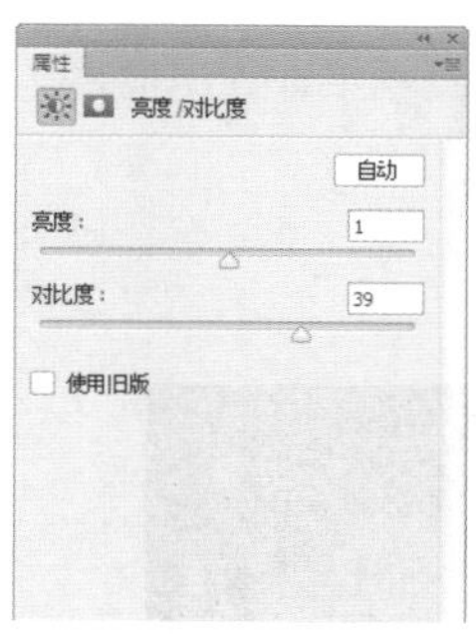

图 7-135　　图 7-136

⑯ 按下Alt+Shift+Ctrl+E快捷键盖印图层，用它来制作金币。执行“滤镜>渲染>光照效果”命令，打开“光照效果”对话框，在“光照类型”下拉列表中选择“聚光灯”，在右侧的颜色块上单击，打开“拾色器”设置灯光颜色。设置亮部颜色为土黄色（R180、G140、B65）、暗部颜色为深黄色（R103、G85、B1），如图7-137所示。拖动光源控制点，调整光源的大小，如图7-138所示，完成后的效果如图7-139所示。

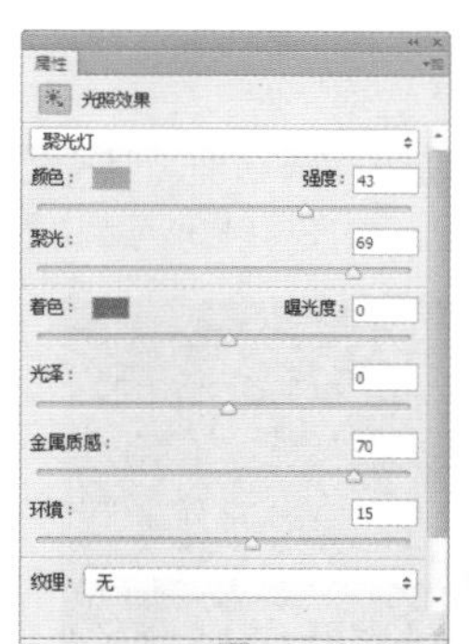

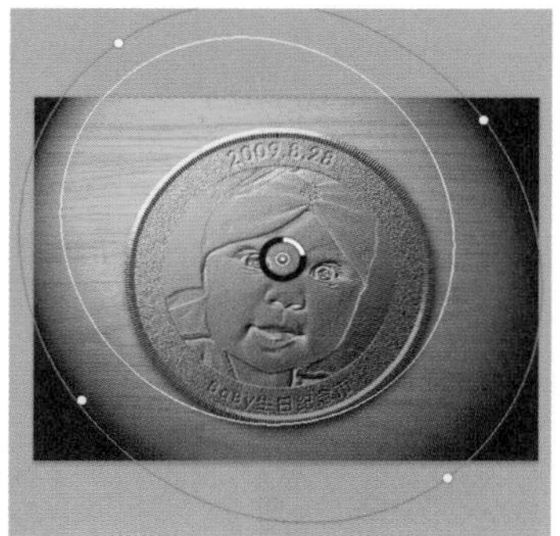

图 7-137　　图 7-138

图 7-139

7.8 特效实例：在气泡中奔跑

❶ 按下Ctrl+N快捷键，打开“新建”对话框，新建一个大小为400像素×400像素，72像素/英寸的RGB模式文件。将“背景”图层填充为黑色。

❷ 执行“滤镜>渲染>镜头光晕”命令，设置参数如图7-140所示，效果如图7-141所示。

图7-140

图7-141

❸ 执行“滤镜>扭曲>极坐标”命令，选择“极坐标到平面坐标”选项，如图7-142所示，效果如图7-143所示。执行“图像>图像旋转>180度”命令，旋转图像，如图7-144所示。

❹ 按下Shift+Ctrl+F快捷键，再次打开“极坐标”对话框，这次选择“平面坐标到极坐标”选项，即可生成一个气泡，如图7-145、图7-146所示。使用椭圆选框工具◯按住Shift键创建圆形选区，选择气泡，如图7-147所示。

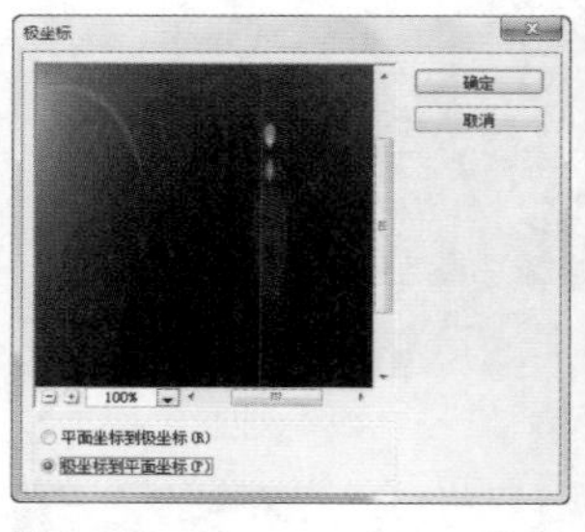

图7-142

图7-143

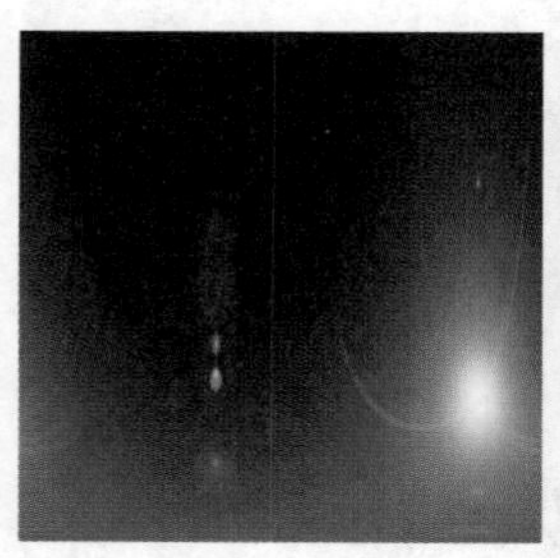

图7-144

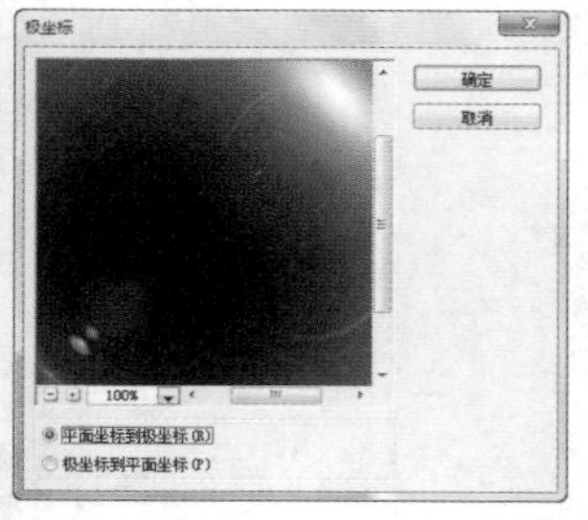

图7-145

在创建选区时，可以同时按住空格键移动选区的位置，使选区与气泡中心对齐。

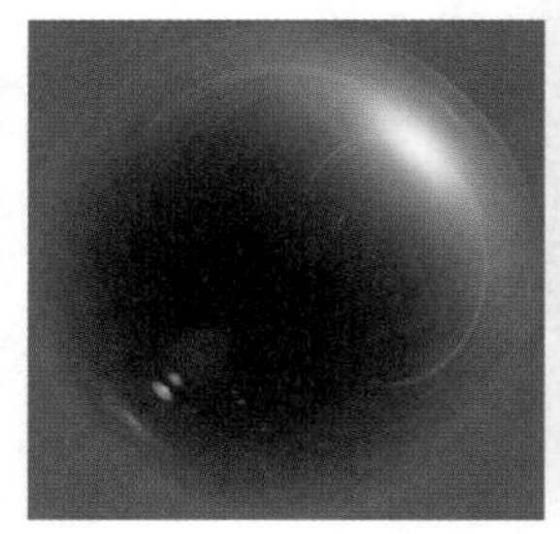

图7-146

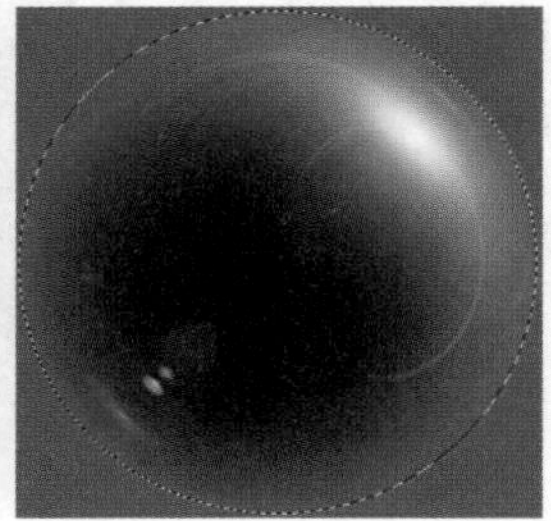

图7-147

❺ 打开光盘中的素材，如图7-148所示，使用移动工具将气泡移动到该文档中，适当调整大小，设置气泡图层的混合模式为“滤色”，如图7-149、图7-150所示。

图7-148

图7-149

图7-150

❻ 按下Ctrl+J快捷键复制气泡图层，使气泡更加清晰，如图7-151所示。按住Ctrl键，单击气泡图层的缩览图，载入气泡的选区，如图7-152、图7-153所示。

图7-151

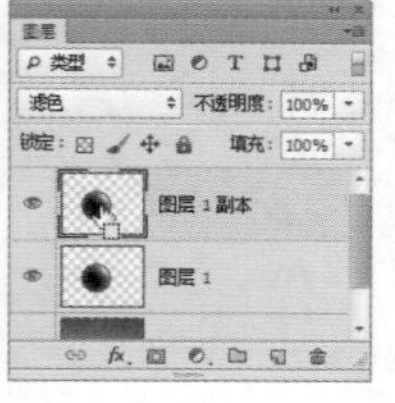

图7-152

图7-153

❼ 按下Shift+Ctrl+C快捷键，合并拷贝图像，再按下Ctrl+V快捷键，将图像粘贴到一个新的图层中，如图7-154所示。按下Ctrl+T快捷键，显示定界框，移动图像位置并缩小，再复制一个气泡并缩小，放在画面的右下角，如图7-155所示。

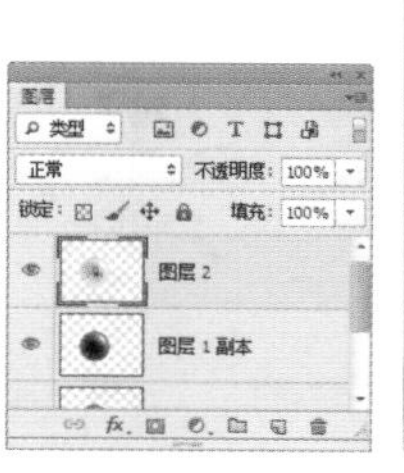

图7-154

图7-155

7.9 应用实例：淘宝广告设计

❶ 按下Ctrl+N快捷键，打开“新建”对话框，创建一个大小为“950像素×370像素”，RGB模式的文件，如图7-156所示。将前景色设置为浅粉色（R255、G126、B126）。执行“滤镜>滤镜库”命令，打开“滤镜库”对话框，在“素描”滤镜组中找到“半调图案”滤镜，制作格子图案，如图7-157所示。

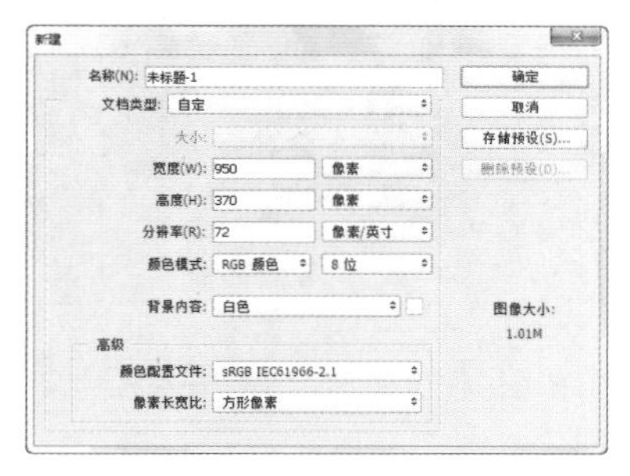

图7-156

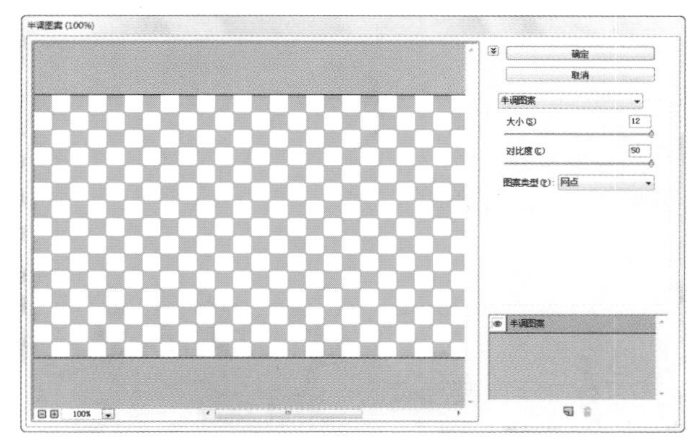

图7-157

❷ 打开光盘中的素材文件，如图7-158所示，这是一个分层文件。使用移动工具将人物拖入画面中，如图7-159所示。

图7-158 图7-159

❸ 按住Ctrl键，单击“图层”面板底部的按钮，在人物图层下方新建一个图层。使用矩形选框工具创建一个矩形选区，填充青蓝色，如图7-160所示。按下Ctrl+D快捷键取消选择。

图7-160

❹ 按住Ctrl键在“人物”与“图层1”之间单击，创建剪切蒙版，将矩形以外的人物隐藏，如图7-161所示。

图7-161

❺ 双击“图层1”，打开“图层样式”对话框，分别选择“描边”和“内阴影”效果，设置参数如图7-162、图7-163所示，效果如图7-164所示。

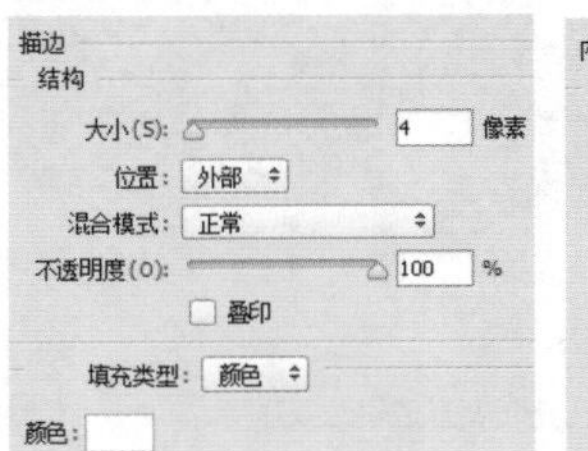

图 7-162

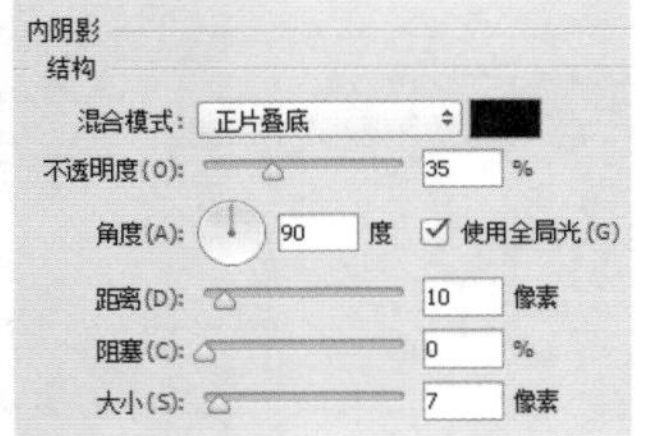

图 7-163

图 7-164

❻ 选择横排文字工具 T ，在工具选项栏中设置字体、大小及颜色，在画面中单击输入文字，如图7-165所示，单击 ✔ 按钮，结束文字的输入状态。将大小设置为45pt，颜色设置为黑色，在“SALE”下方单击，输入文字“九月秋装新款”。调整字体及大小，输入英文，如图7-166所示。

图 7-165

图 7-166

❼ 输入文字“全场商品”，在“全场”后面按回车键，使文字成为两行，在“字符”面板中设置字体、大小及行间距，如图7-167所示。在当前图层下方新建一个图层，创建一个矩形，如图7-168所示。

图 7-167

图 7-168

❽ 输入文字“满就减”，如图7-169所示。新建一个图层，创建一个黄色的矩形，在其上面输入白色文字。选择移动工具 ，按住Shift键，单击文字及矩形所在的图层，按下Ctrl+T快捷键，显示定界框，将其朝逆时针方向旋转，如图7-170所示。

图 7-169

图 7-170

❾ 单击“人物”图层，按住Alt键向上拖动进行复制，按下Ctrl+T快捷键显示定界框，按住Shift键，拖动定界框的一角，将图像成比例缩小，如图7-171所示。

图 7-171

❿ 打开光盘中的素材，如图7-172所示，将其拖入人物文档中，效果如图7-173所示。

图 7-172

图 7-173

7.10 课后作业：调整版面的空间布局

本章学习了滤镜与插件的应用。下面通过课后作业来强化学习效果。如果有不清楚的地方，请看一下视频教学录像。

素材位置：光盘/素材/7.10　视频位置：光盘/视频/7.10

制作淘宝广告时，可以通过调整商品的角度、大小，制作具有空间感的画面，也使画面更富有视觉冲击力。

7.11 课后作业：制作两种球面全景图

素材位置：光盘/素材/7.11　视频位置：光盘/视频/7.11

“滤镜>扭曲>极坐标”滤镜可以制作两种完全不同的球面全景图效果。

制作第1种效果时，在“极坐标”对话框中选择“平面坐标到极坐标”复选项，对图像进行扭曲，然后按下Ctrl+T快捷键显示定界框，拖动控制点，将天空调整为球状。此外，还可以使用仿制仿制图章工具 对草地进行修复。

第2种效果则需要先执行“图像>图像大小”命令，将画布改为正方形（不要勾选“约束比例”复选项）；再用“图像>图像旋转>180度”命令，将图像翻转过去，然后才能使用“极坐标”滤镜进行处理。

球面全景图效果1

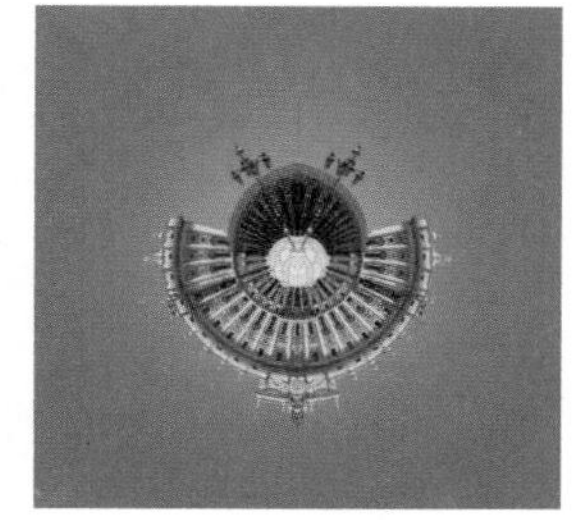
球面全景图效果2

效果1素材

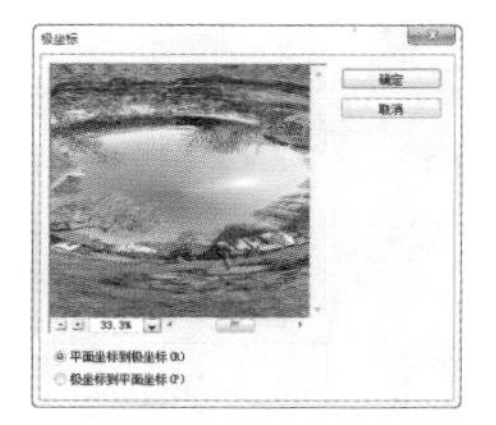
效果1参数

效果2素材

7.12 复习题

1. 滤镜是基于什么原理生成特效的？
2. 编辑CMYK模式的图像时，有些滤镜无法使用该怎么办？
3. 智能滤镜有哪些优点？

第8章 图层样式与特效UI设计

图层样式也叫图层效果，它可以为图层中的图像添加诸如投影、发光、浮雕和描边等效果，创建具有真实质感的水晶、玻璃、金属和纹理特效。图层样式可以随时修改、隐藏或删除，具有非常强的灵活性。此外，使用系统预设的样式，或者载入外部样式，只需轻点鼠标，便可以将效果应用于图像。图层样式不能用于"背景"图层。如果非要应用，可以按住Alt键双击"背景"图层，将它转换为普通图层，然后再为其添加效果。

扫描二维码，关注李老师的微博、微信。

8.1 关于UI设计

UI是User Interface 的简称，译为用户界面或人机界面，这一概念是上个世纪70年代由施乐公司帕洛阿尔托研究中心(Xerox PARC)施乐研究机构工作小组提出的，并率先在施乐一台实验性的计算机上使用。

UI设计是一门结合了计算机科学、美学、心理学、行为学等学科的综合性艺术，它为了满足软件标准化的需求而产生，并伴随着计算机、网络和智能化电子产品的普及而迅猛发展。UI的应用领域主要包括手机通讯移动产品、电脑操作平台、软件产品、PDA产品、数码产品、车载系统产品、智能家电产品、游戏产品和产品的在线推广等。国际和国内很多从事手机、软件、网站、增值服务的企业和公司都设立了专门从事UI研究与设计的部门，以期通过UI设计提升产品的市场竞争力。图8-1所示为UI图标设计，图8-2、图8-3所示为软件和平板电脑操作界面设计。

图8-1

图8-2

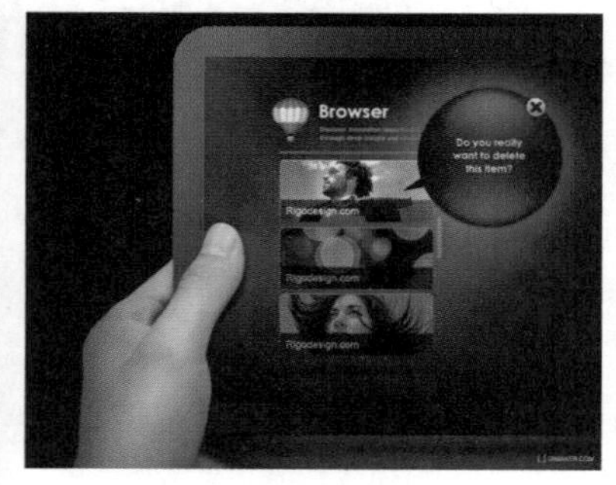

图8-3

8.2 图层样式

图层样式也叫图层效果。这是一种可以为图层添加特效的神奇功能，能够让平面的图像和文字呈现立体效果，还能生成真实的投影、光泽和图案。

学习重点
添加图层样式 /P121
效果概览 /P122

设置全局光 /P124
让效果与图像比例相匹配 /P124

多彩玻璃字 /P125
鎏金字 /P131

8.2.1 添加图层样式

图层样式需要在“图层样式”对话框中设置。有两种方法可以打开该对话框。一种方法是在“图层”面板中选择一个图层，然后单击面板底部的 fx 按钮，在打开的下拉菜单中选择需要的样式，如图8-4所示；另一种方法是双击一个图层，如图8-5所示，直接打开“图层样式”对话框，然后在左侧的列表中选择需要添加的效果，如图8-6所示。

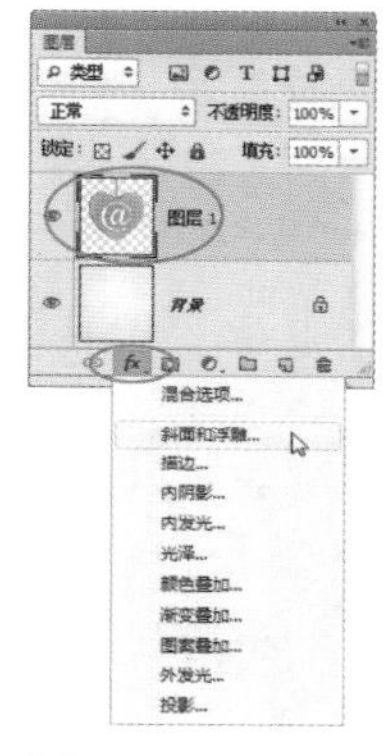
图8-4

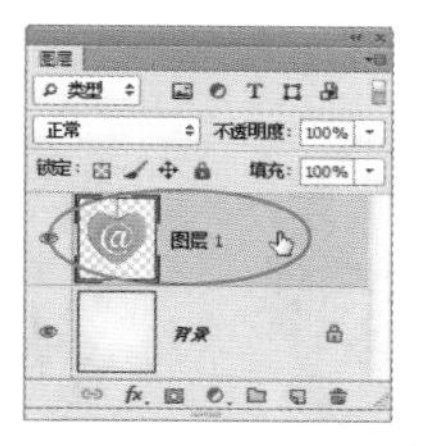
图8-5

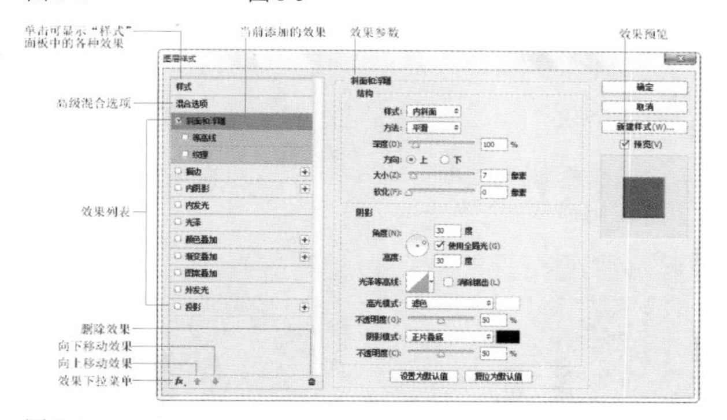

图8-6

“图层样式”对话框左侧是效果列表，单击一种效果即可启用它，这时对话框右侧会显示相关的参数选项，此时可一边调整参数，一边观察图像的变化情况。如果单击效果名称前的复选框，则可应用该效果，但不会显示效果选项。

“描边”、“内阴影”、“颜色叠加”等效果右侧都有 ⊞ 状按钮，单击该按钮，可以增加一个相应的效果，如图8-7所示。如果添加了多个相同的效果，则单击一个效果，再单击 ⬆ 按钮和 ⬇ 按钮，可以调整它们的堆叠顺序，如图8-8所示。此外，在“图层”面板中，上下拖动它们，也可以调整堆叠顺序。

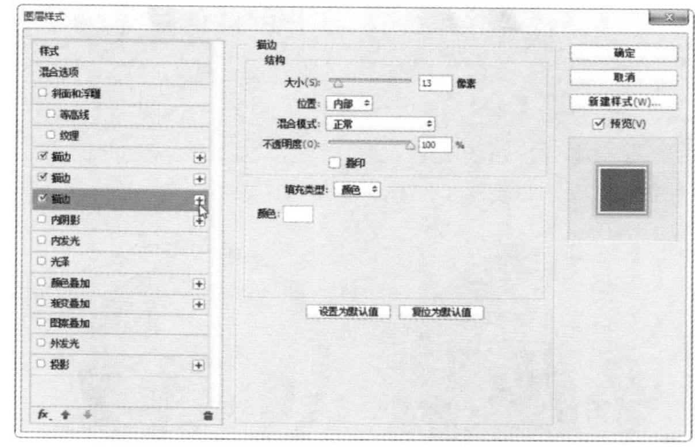
图8-7

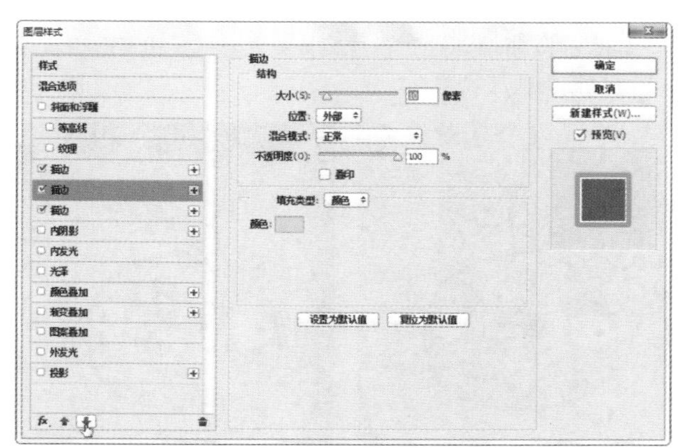
图8-8

图层和组可以分别添加图层样式。

8.2.2 效果概览

- “斜面和浮雕”效果：可以对图层添加高光与阴影的各种组合，使图层内容呈现立体的浮雕效果，如图8-9所示。
- “描边”效果：可以使用颜色、渐变或图案描画对象的轮廓，如图8-10所示。它对于硬边形状，如文字等特别有用。

图8-9

图8-10

- “内阴影”效果：可以在紧靠图层内容的边缘内添加阴影，使其产生凹陷效果，如图8-11所示。
- “内发光”效果：可以沿图层内容的边缘向内创建发光效果，如图8-12所示。
- “光泽”效果：可以应用具有光滑光泽的内部阴影，通常用来创建金属表面的光泽外观，如图8-13所示。
- “颜色叠加”效果：可以在图层上叠加指定的颜色，如图8-14所示。通过设置颜色的混合模式和不透明度，可以控制叠加效果。

图8-11

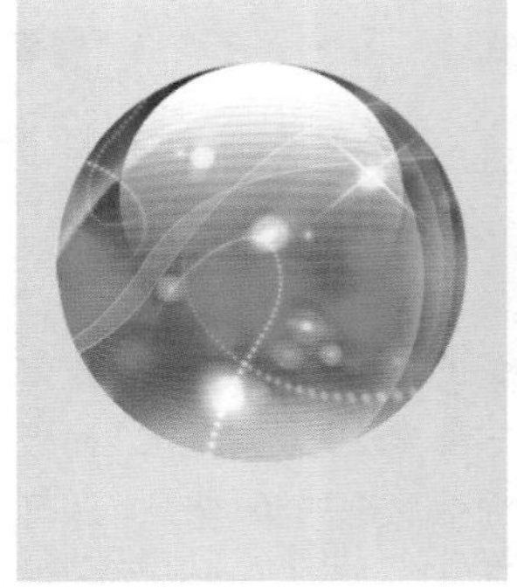
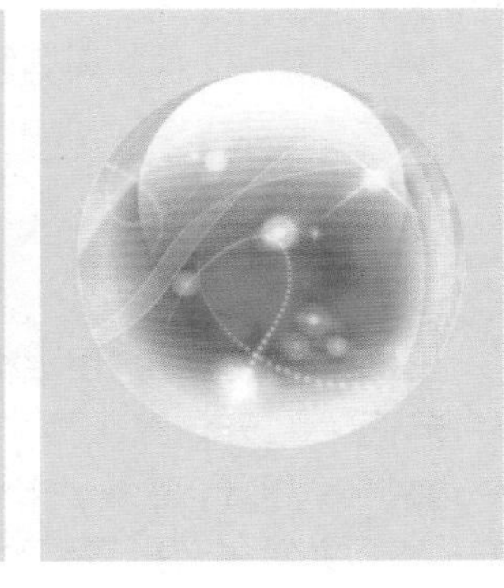

图8-12

图8-13

图8-14

- “渐变叠加”效果：可以在图层上叠加渐变颜色，如图8-15所示。

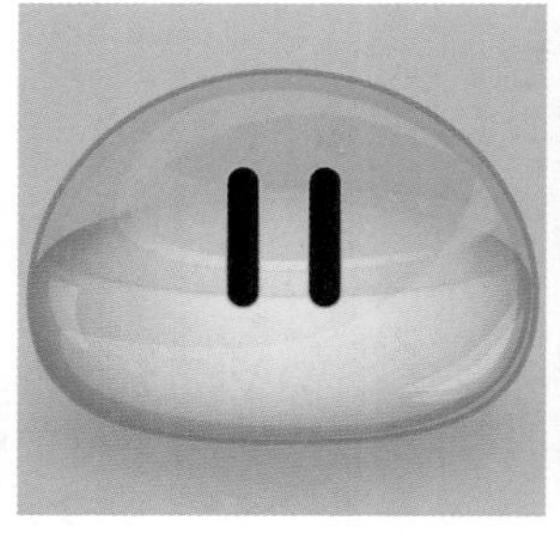
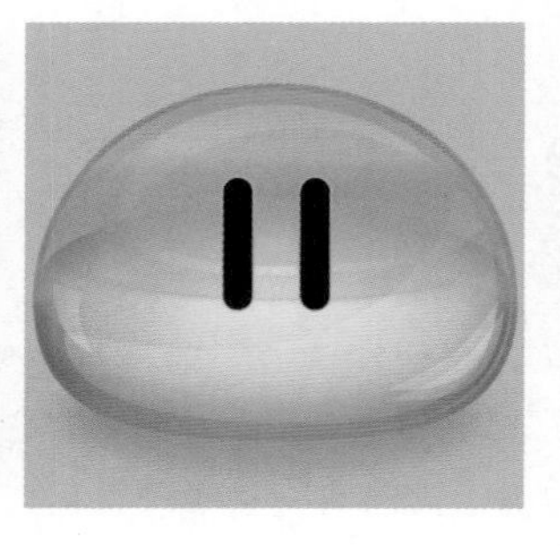

图8-15

- “图案叠加”效果：可以在图层上叠加图案，如图8-16所示。图案可以缩放、设置不透明度和混合模式。
- “外发光”效果：可以沿图层内容的边缘向外创建发光效果，如图8-17所示。
- “投影”效果：可以为图层内容添加投影，使其产生立体感，如图8-18所示。

图 8-16

图 8-17

图 8-18

8.2.3 编辑图层样式

- 修改效果参数：添加图层样式以后，如图8-19所示，图层下面会出现具体的效果名称，双击一个效果，如图8-20所示，可以打开“图层样式”对话框修改参数，如图8-21、图8-22所示。

图 8-19

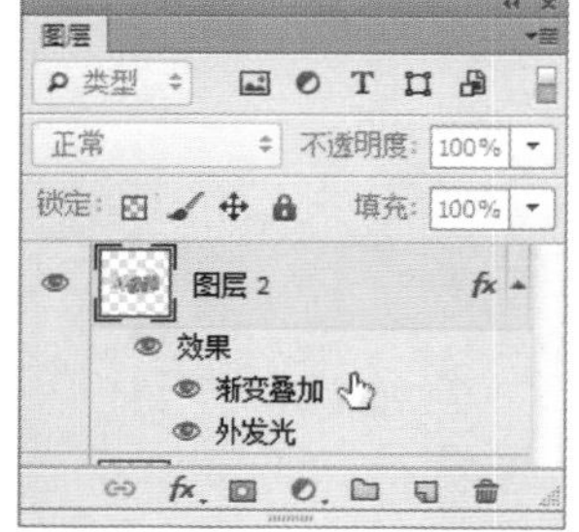

图 8-20

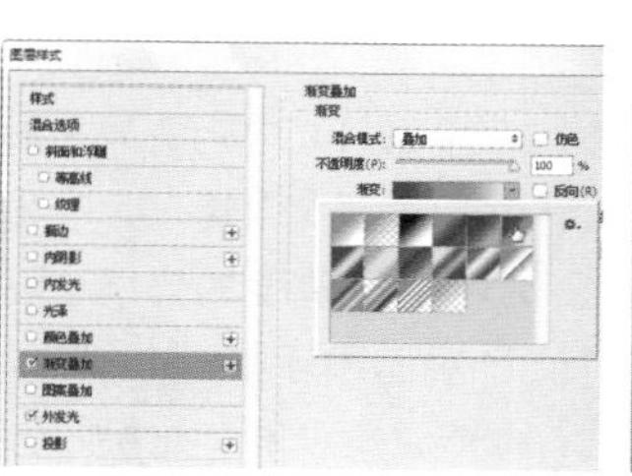

图 8-21

图 8-22

- 隐藏与显示效果：每一个效果前面都有眼睛图标，单击该图标可以隐藏效果，如图8-23所示。再次单击则重新显示效果，如图8-24所示。

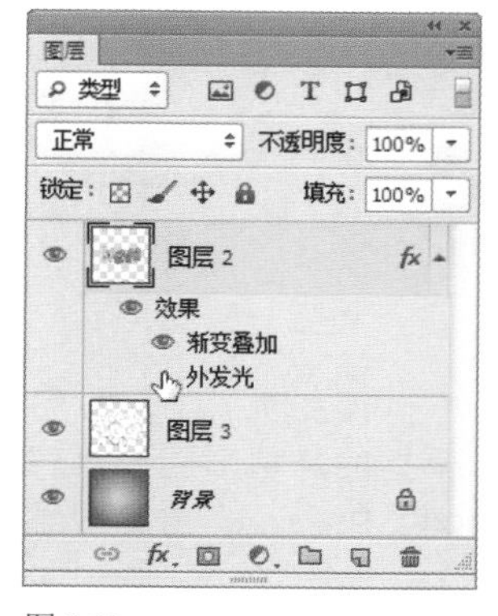

图 8-23

图 8-24

- 复制效果：按住Alt键，将效果图标fx从一个图层拖动到另一个图层，可以将该图层的所有效果都复制到目标图层，如图8-25、图8-26所示。如果只需要复制一个效果，可以按住Alt键拖动该效果的名称至目标图层。

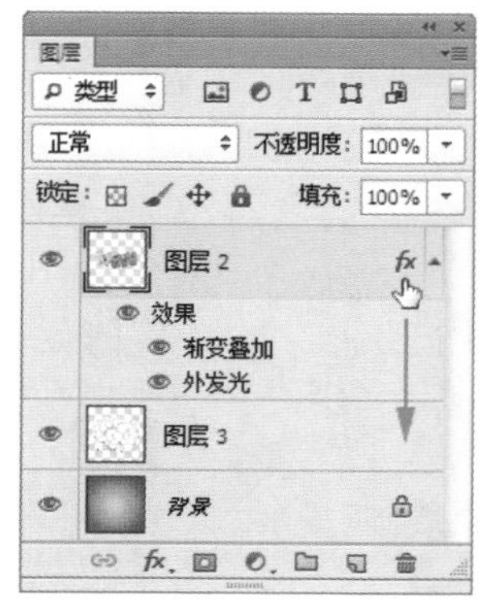

图 8-25

图 8-26

- 删除效果：如果要删除一种效果，可将它拖动到面板底部的按钮上。如果要删除一个图层的所有效果，可以将效果图标fx拖动到按钮上。
- 关闭效果列表：如果觉得“图层”面板中一长串的效果名称占用了太多空间，可以单击效果图标右侧的按钮，将列表关闭。

8.2.4 设置全局光

在“图层样式”对话框中，“投影”、“内阴影”、“斜面和浮雕”效果都包含一个“使用全局光”选项，选择了该选项后，以上效果就会使用相同角度的光源。例如，图8-27所示的对象添加了“斜面和浮雕”和“投影”效果，在调整“斜面和浮雕”的光源角度时，如果勾选了“使用全局光”复选项，“投影”的光源也会随之改变，如图8-28所示；如果没有勾选该复选项，则“投影”的光源不会变，如图8-29所示。

图8-27

图8-28

图8-29

8.2.5 调整等高线

等高线是一个地理名词，指的是地形图上高程相等的各个点连成的闭合曲线。Photoshop中的等高线用来控制效果在指定范围内的形状，以模拟不同的材质。

在“图层样式”对话框中，“投影”、“内阴影”、“内发光”、“外发光”、“斜面和浮雕”和“光泽”效果都包含等高线设置选项。单击“等高线”选项右侧的▾按钮，可以在打开的下拉面板中选择一个预设的等高线样式，如图8-30所示。如果单击等高线缩览图，则可以打开“等高线编辑器”，修改等高线的形状。

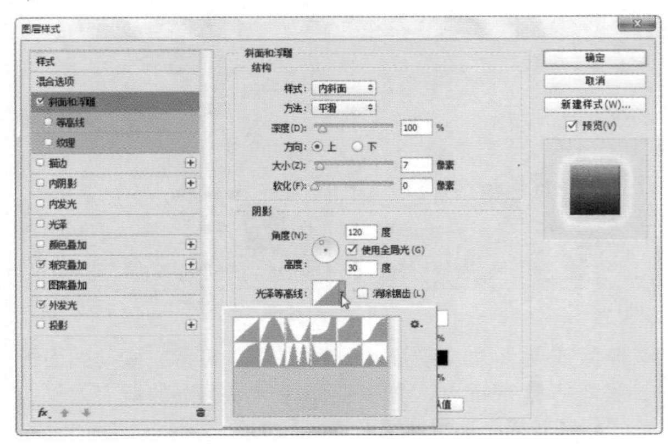

图8-30

创建投影和内阴影效果时，可以通过“等高线”来指定投影的渐隐样式，如图8-31、图8-32所示。创建发光效果时，如果使用纯色作为发光颜色，等高线允许创建透明光环；使用渐变填充发光时，等高线允许创建渐变颜色和不透明度的重复变化。在斜面和浮雕效果中，可以使用“等高线”勾画在浮雕处理中被遮住的起伏、凹陷和凸起。

图8-31

图8-32

8.2.6 让效果与图像比例相匹配

在对添加了图层样式的对象进行缩放时一定要注意，效果是不会改变比例的。例如，图8-33所示为缩放前的图像，图8-34所示为将图像缩小50%后的效果。缩放图像会导致发光范围和投影过大、描边过粗等与原有效果不一致的现象，看起来就像小孩子穿着大人的衣服，很不协调。遇到这种情况时，可以执行“图层 > 图层样式 > 缩放效果”命令，在打开的对话框中对效果进行缩放，使其与图像的缩放比例相一致，如图8-35、图8-36所示。

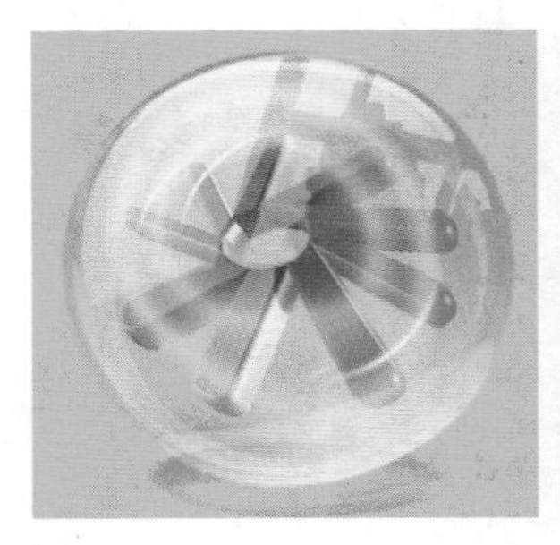

图8-33

图8-34

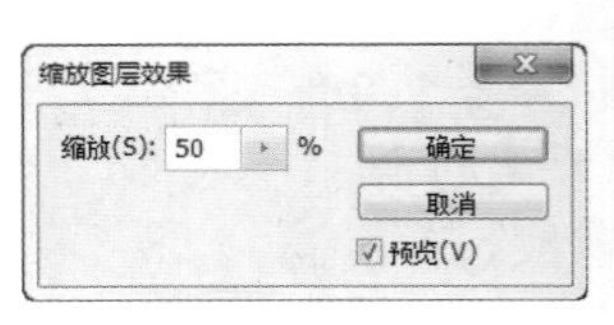

图8-35

图8-36

“缩放效果”命令只能缩放效果，而不会缩放添加了效果的图层。

8.3 使用样式面板

“样式”面板用来保存、管理和应用图层样式。Photoshop提供的预设样式或外部样式库也可以载入到该面板中使用。

8.3.1 样式面板

- 添加样式：选择一个图层，如图8-37所示，单击“样式”面板中的一个样式，即可为它添加该样式，如图8-38、图8-39所示。

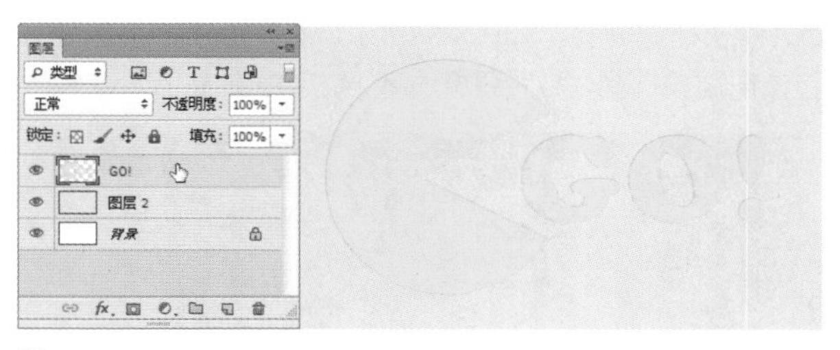

图8-37

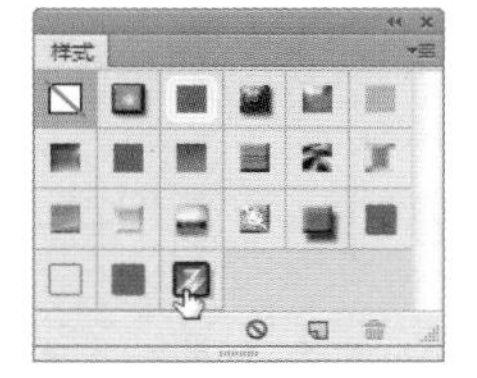

图8-38

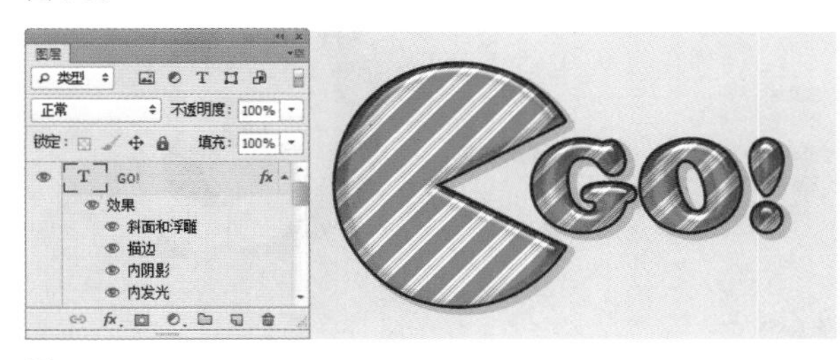

图8-39

- 保存样式：用图层样式制作出满意的效果后，可以单击“样式”面板中的 按钮，将效果保存起来。以后要使用时，选择一个图层，然后单击该样式就可以直接应用，非常方便。
- 删除样式：将“样式”面板中的一个样式拖动到“删除样式”按钮上，可将其删除。

8.3.2 载入样式库

除了“样式”面板中显示的样式外，Photoshop还提供了其他的样式，它们按照不同的类型放在不同的库中。打开“样式”面板菜单，选择一个样式库，如图8-40所示，弹出一个对话框，如图8-41所示，单击“确定”按钮，可载入样式并替换面板中的样式，如图8-42所示；单击“追加”按钮，可以将样式添加到面板中。

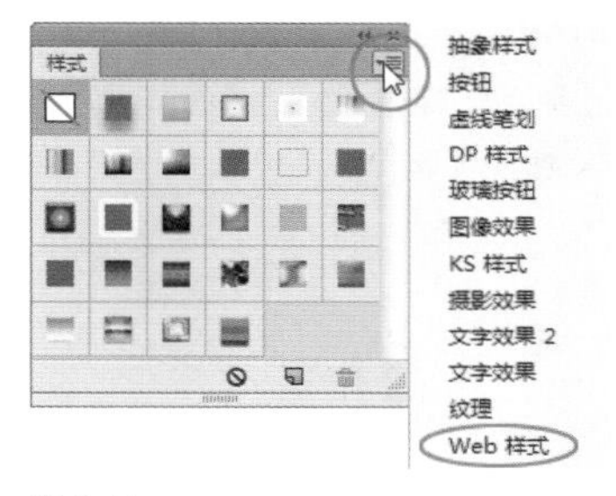

图8-40

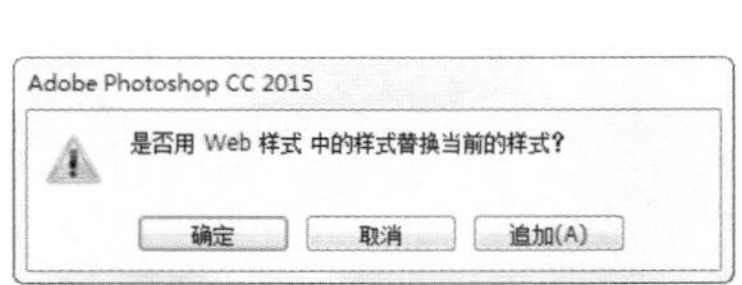

图8-41

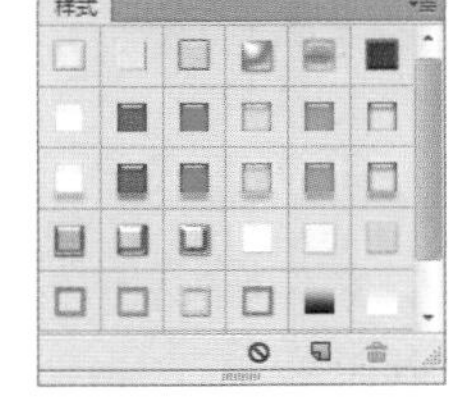

图8-42

Tip 删除“样式”面板中的样式，或载入其他样式库后，如果想要让面板恢复为Photoshop默认的预设样式，可以执行“样式”面板菜单中的“复位样式”命令。

8.4 特效实例：多彩玻璃字

❶ 按下Ctrl+N快捷键打开“新建”对话框，创建一个12厘米×10厘米，300像素/英寸的文档。将前景色设置为灰色（R210、G209、B207），按下Alt+Delete快捷键为图层填色。

❷ 打开“字符”面板，设置字体和大小，如图8-43所示。使用横排文字工具 T 输入文字，如图8-44所示。

❸ 执行“图层>栅格化>文字”命令，将文字图层栅格化。按住Ctrl键单击文字图层的缩览图，如图8-45所示，载入文字选区，如图8-46所示。

图 8-43

图 8-44

图 8-45

图 8-46

❹ 执行“选择>修改>扩展”命令，打开“扩展选区”对话框，将选区向外扩展10像素，如图8-47、图8-48所示。按下Ctrl+Delete快捷键填充背景色（白色），如图8-49所示。按下Ctrl+D快捷键取消选择。

图 8-47

图 8-48

图 8-49

❺ 按下Ctrl+T快捷键显示定界框。将光标放在定界框的左侧，按住鼠标拖动，调整文字的宽度，如图8-50所示；按住Ctrl键，分别拖动左上角及左下角的控制点，进行透视变换，如图8-51所示。

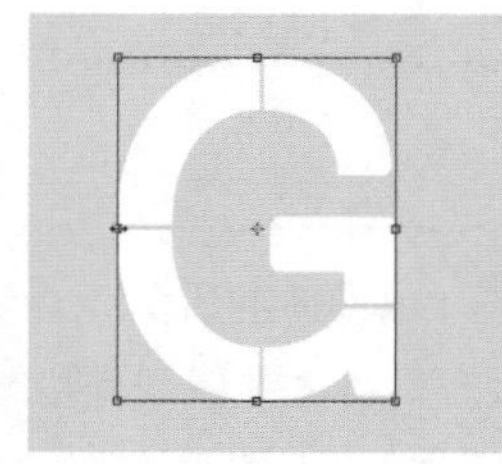

图 8-50

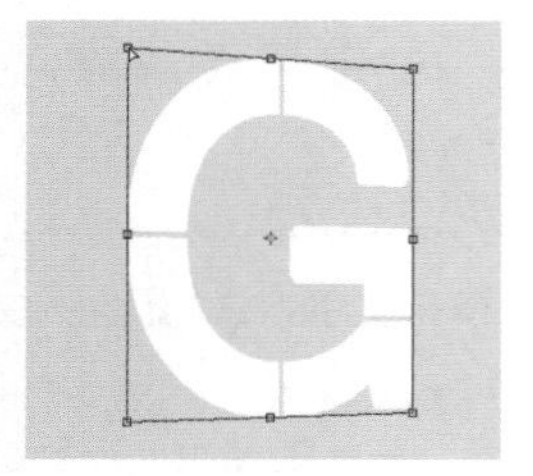

图 8-51

❻ 选择移动工具，按住Alt键，然后连续按下←键（大概40下），复制图层，如图8-52、图8-53所示。

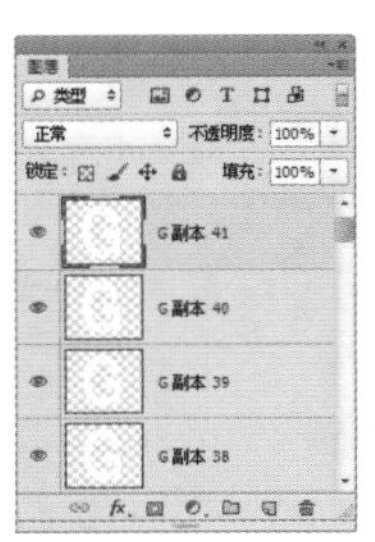

图 8-52

图 8-53

❼ 按住Shift键，单击“G副本”图层，将当前图层与该图层中间的所有图层同时选择，如图8-54所示，按下Ctrl+E快捷键合并，如图8-55所示。按下Ctrl+[快捷键，将该图层移动到“G”图层的下方，如图8-56所示。

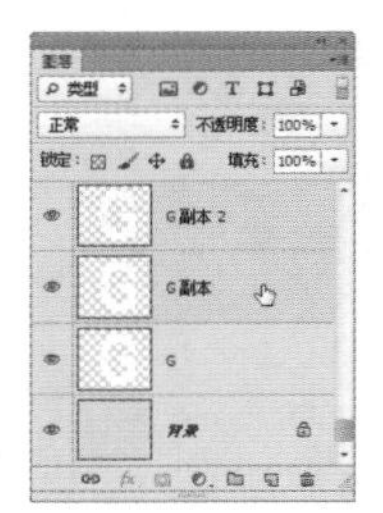

图 8-54

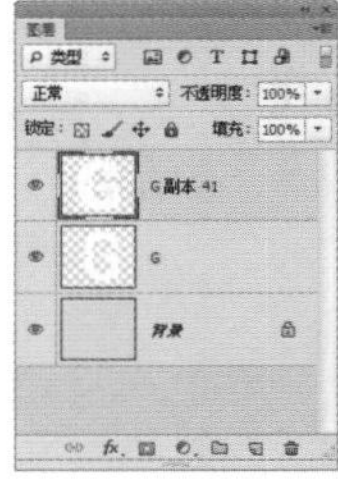

图 8-55

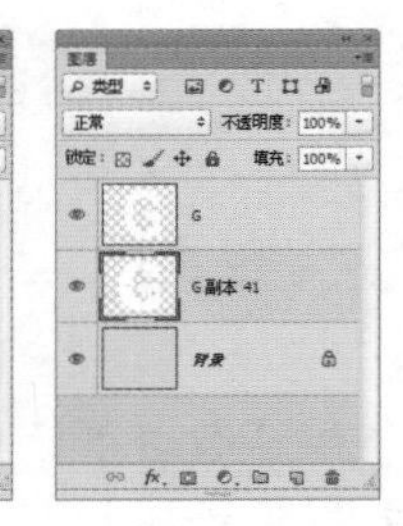

图 8-56

❽ 双击该图层，打开“图层样式”对话框，添加“颜色叠加”效果，如图8-57、图8-58所示。

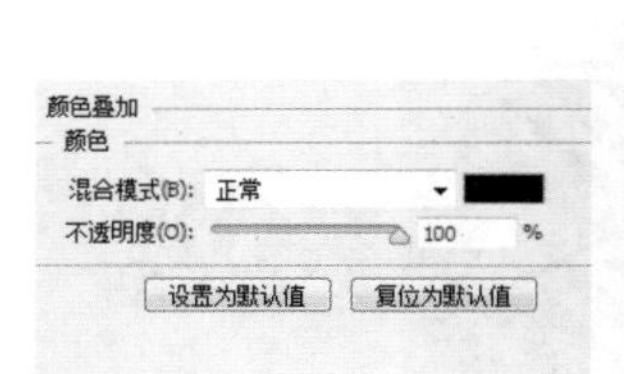

图 8-57

图 8-58

❾ 在左侧列表选择“内发光”效果，设置发光颜色为红色（R255、G0、B0），如图8-59、图8-60所示，按下回车键关闭对话框。

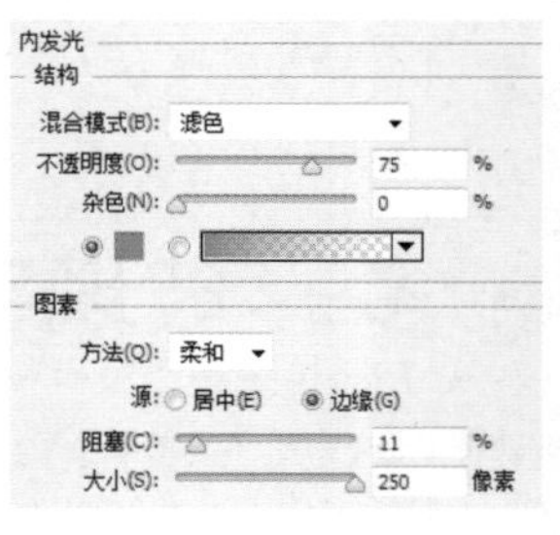

图 8-59

图 8-60

❿ 双击“G”图层，打开“图层样式”对话框，添加“渐变叠加”效果，渐变颜色设置为黑-灰色，如图8-61、图8-62所示。在左侧列表选择“内发光”选项，

添加该效果，设置发光颜色为红色，如图8-63、图8-64所示。按下回车键关闭对话框。

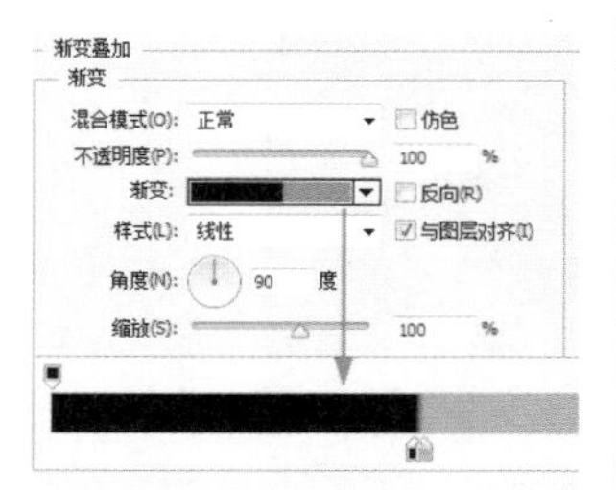

图8-61

图8-62

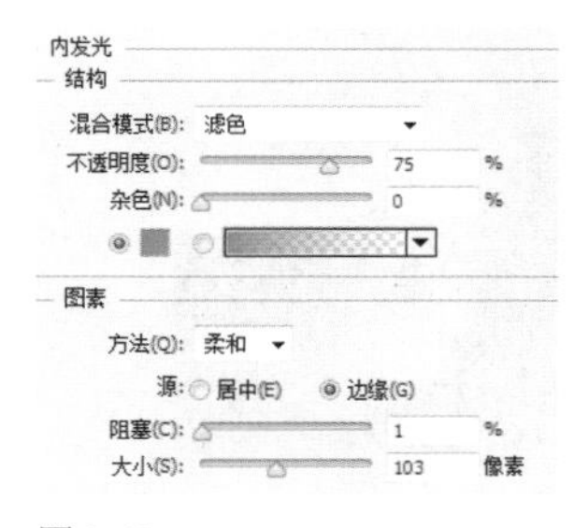

图8-63

图8-64

⑪ 使用矩形选框工具 创建一个矩形选区，选取文字的右上角，如图8-65所示；单击“调整”面板中的 按钮，基于选区创建“色相/饱和度”调整图层，调整色相参数，使原选区内的文字变为绿色，如图8-66~图8-68所示。

图8-65

图8-66

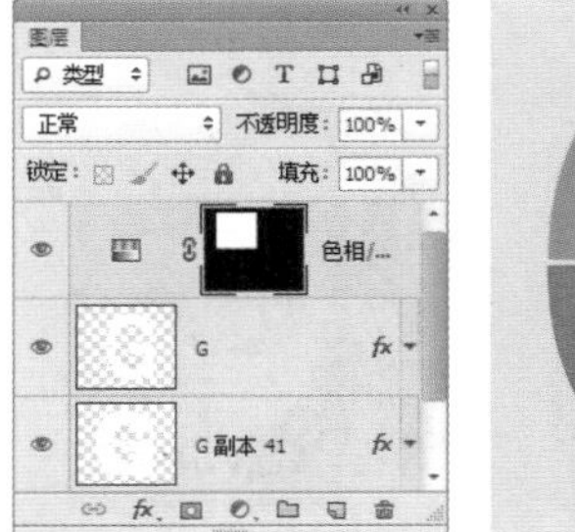

图8-67

图8-68

⑫ 根据文字的结构和透视变化，有两个位置是不应显示为绿色的，如图8-69所示。用画笔工具 （尖角）将其涂抹黑色，效果如图8-70所示。这一步操作是针对调整图层的蒙版进行的（蒙版中的白色部分作用于图像，黑色为透明区域），而非在图像上涂抹黑色。

图8-69

图8-70

⑬ 分别选取文字的右上角和右下角，创建两个“色相/饱和度”调整图层，调为洋红色和蓝色，如图8-71~图8-74所示。

图8-71

图8-72

图8-73

图8-74

⑭ 按住Shift键，单击“色相/饱和度1”调整图层，选取这3个调整图层，如图8-75所示，按下Ctrl+G快捷键编组，如图8-76所示。

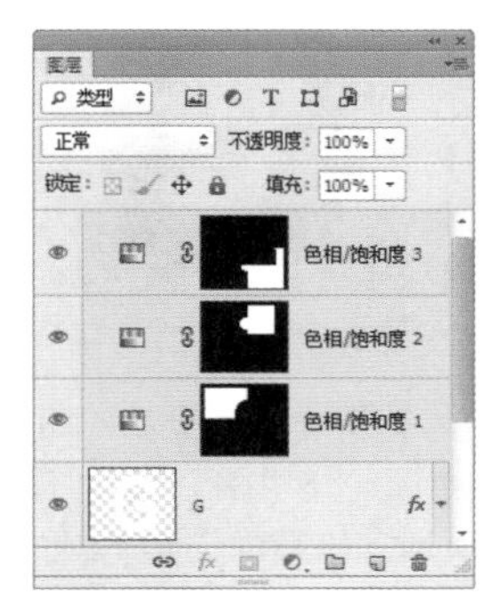

图8-75

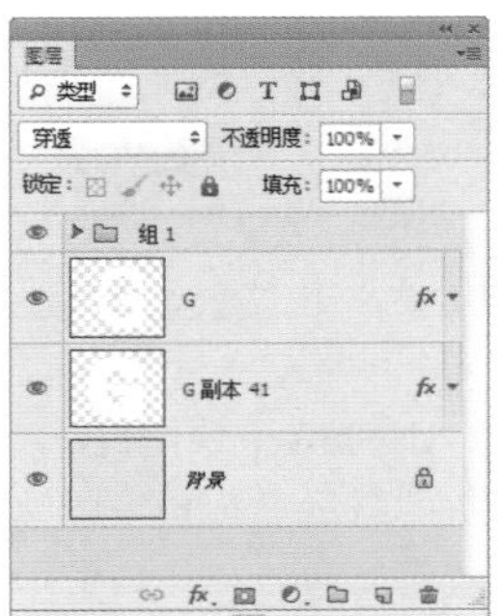

图8-76

⑮ 按住Ctrl键，单击“G”图层缩览图，如图8-77所示，载入选区，如图8-78所示。按住Shift+Ctrl组合键，单击“G副本41”图层缩览图，如图8-79所示，将该层内容也添加到选区中，如图8-80所示，单击按钮基于选区创建蒙版，如图8-81所示。

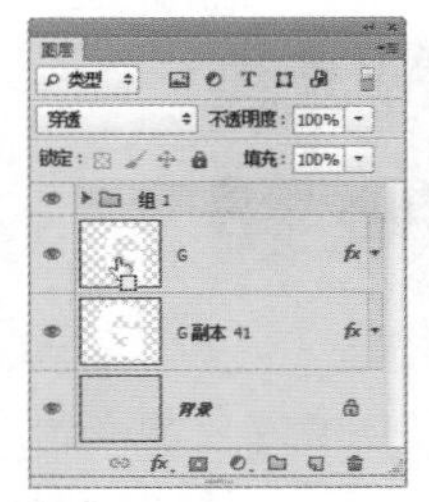
图 8-77

图 8-78

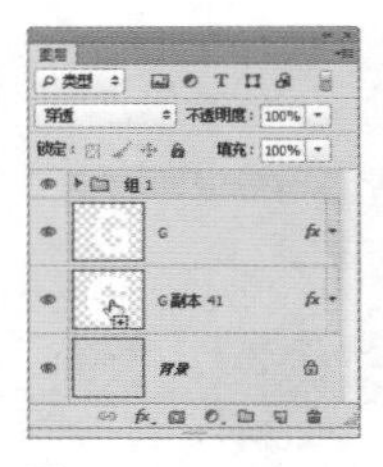
图 8-79

图 8-80

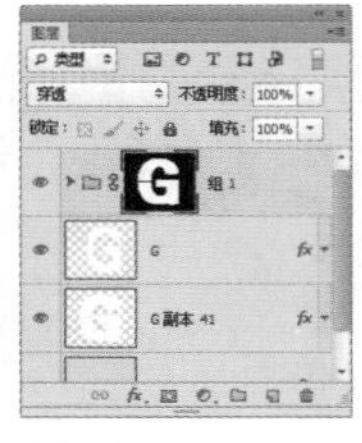
图 8-81

⑯ 在“背景”图层的眼睛图标上单击，将该图层隐藏，如图8-82、图8-83所示。

图 8-82

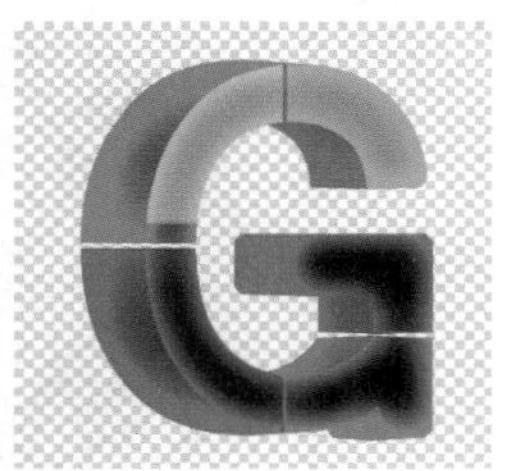
图 8-83

⑰ 按下Alt+Ctrl+Shift+E快捷键，将图像盖印到一个新的图层中，如图8-84所示。执行“滤镜>模糊>高斯模糊”命令，如图8-85、图8-86所示。

图 8-84

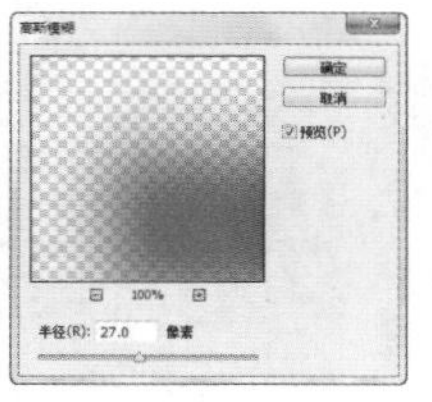
图 8-85

图 8-86

⑱ 按下Ctrl+Shift+[快捷键，将该图层移至最底层，如图8-87所示。显示“背景”图层，如图8-88所示。设置图层的不透明度为65%，如图8-89所示。用移动工具将图像向左侧拖动，使它成为文字的投影，选择“背景”图层，填充白色，如图8-90所示。

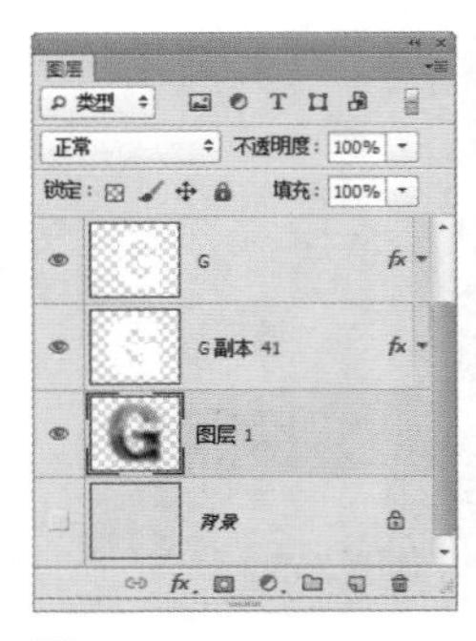
图 8-87

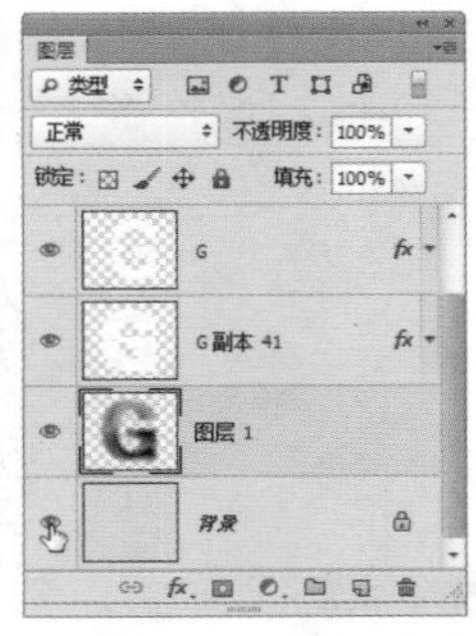
图 8-88

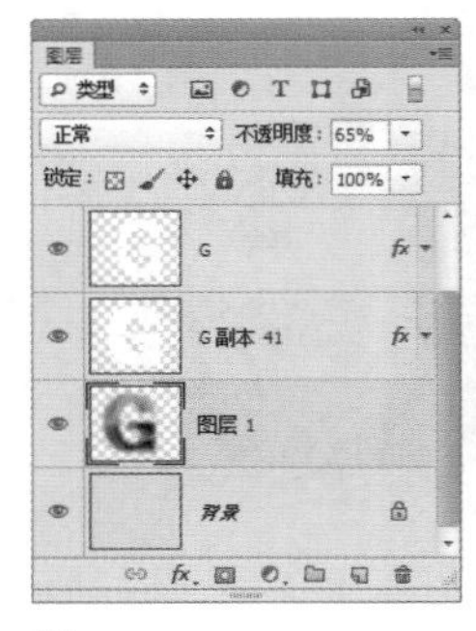
图 8-89

图 8-90

⑲ 在“图层”面板的最上方新建一个图层。按住Ctrl键单击“G”图层缩览图，如图8-91所示，载入选区，如图8-92所示。

图 8-91

图 8-92

⑳ 执行“选择>修改>收缩”命令，设置选区的收缩量为30像素，如图8-93、图8-94所示。

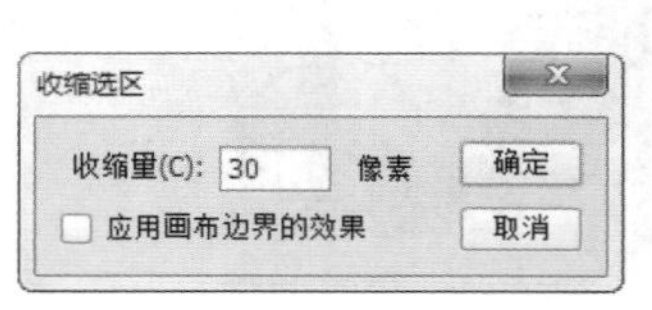

图 8-93

图 8-94

㉑ 执行“编辑>描边”命令，设置描边宽度为1像素，颜色为白色，如图8-95所示，按下Ctrl+D快捷键取消选择，如图8-96所示。

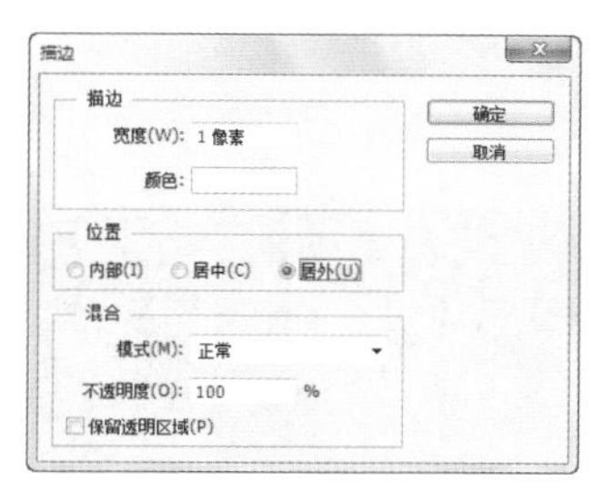

图 8-95

图 8-96

㉒ 设置该图层的混合模式为“叠加”，如图8-97所示。连续按两次Ctrl+J快捷键复制图层，使用移动工具调整描边在文字上的位置，效果如图8-98所示。

图 8-97

图 8-98

㉓ 新建一个图层。使用矩形选框工具创建一个细长的选区。将前景色设置为白色。选择渐变工具，按下对称渐变按钮，在渐变下拉面板中选择“前景色到透明”渐变，如图8-99所示。在选区内由中间向边缘拖动鼠标，填充对称渐变，如图8-100所示，按下Ctrl+D快捷键取消选择，如图8-101所示。

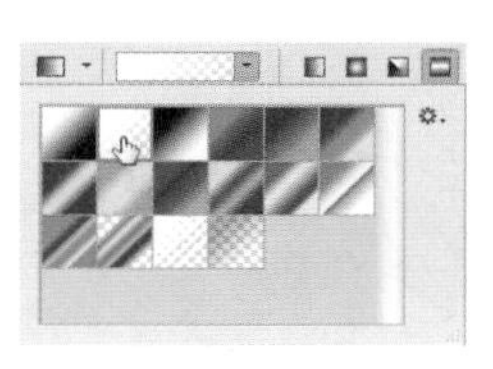

图 8-99

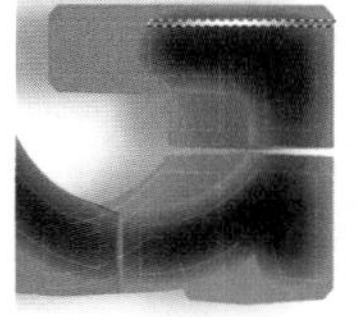

图 8-100

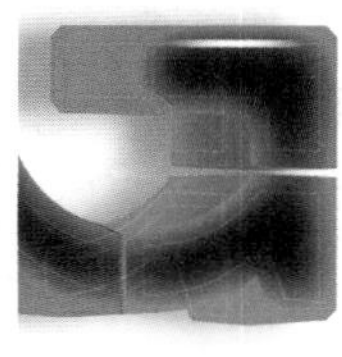

图 8-101

㉔ 新建一个图层。创建一个椭圆选区，填充白色，如图8-102所示。将光标放在选区内呈现时，向右上方轻移选区，如图8-103所示，按下Delete键删除选区内的图像，按下Ctrl+D快捷键取消选择，如图8-104所示。用橡皮擦工具（柔角400像素）擦除上半部分图形，如图8-105所示。

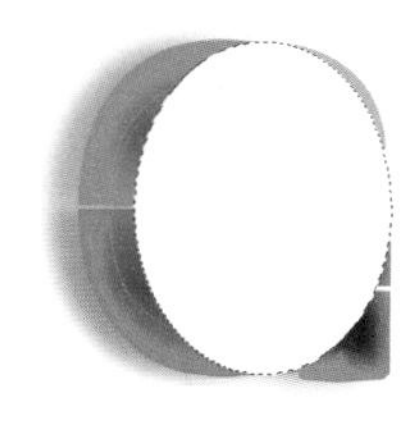

图 8-102

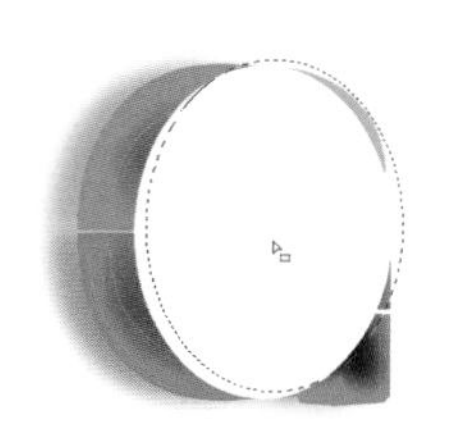

图 8-103

图 8-104

图 8-105

㉕ 复制前两步操作中制作的直线光和弧形光，调整大小和角度，根据立体字的结构进行摆放。新建图层，设置混合模式为“叠加”，用画笔工具在白色边线上绘制小圆点，如图8-106所示。

图 8-106

8.5 特效实例：水滴字

❶ 打开光盘中的素材，如图8-107、图8-108所示。

图 8-107

图 8-108

❷ 执行“滤镜>像素化>晶格化”命令，设置参数如图8-109所示，通过该滤镜对文字进行变形处理，如图8-110所示。

❸ 执行“滤镜>模糊>高斯模糊”命令，设置半径为3.1像素，通过模糊可以使文字的边缘更加柔和，如图8-111、图8-112所示。

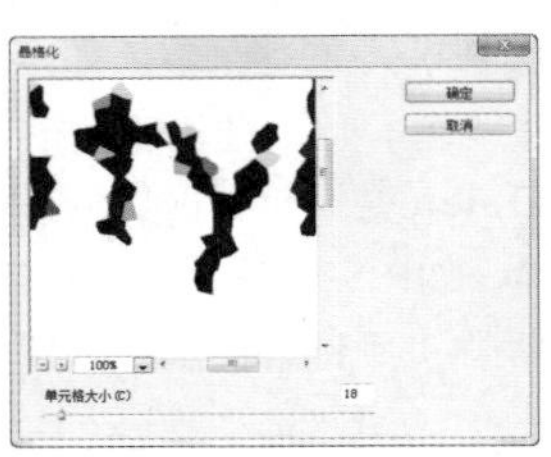

图 8-109　　图 8-110

图 8-111

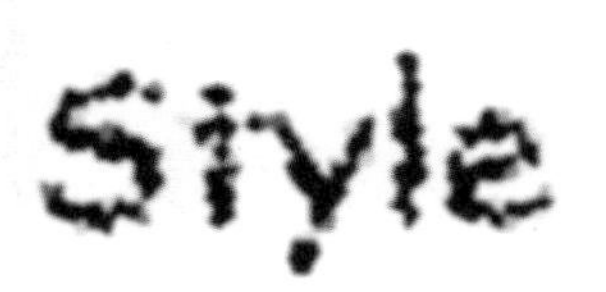

图 8-112

❹ 执行“图像>调整>阈值”命令，对文字的边缘进行简化处理，如图8-113、图8-114所示。

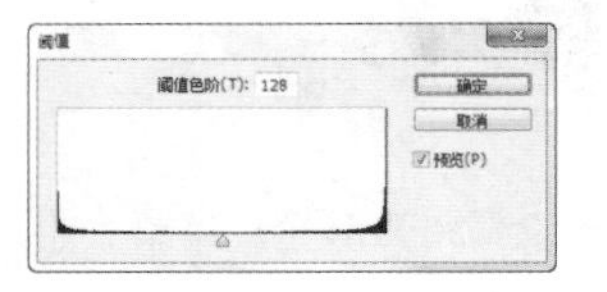

图 8-113　　图 8-114

❺ 使用魔棒工具选择白色背景，按下Delete键删除，只保留黑色的文字，如图8-115所示。按下Ctrl+I快捷键反相，使文字变为白色，如图8-116所示。设置文字图层的填充不透明度为3%，如图8-117所示。

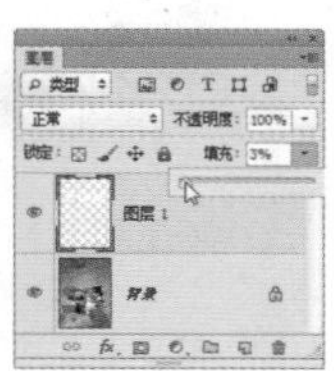

图 8-115　　图 8-116　　图 8-117

❻ 双击该图层，在打开的“图层样式”对话框中选择“投影”选项，设置参数如图8-118所示，效果如图8-119所示。

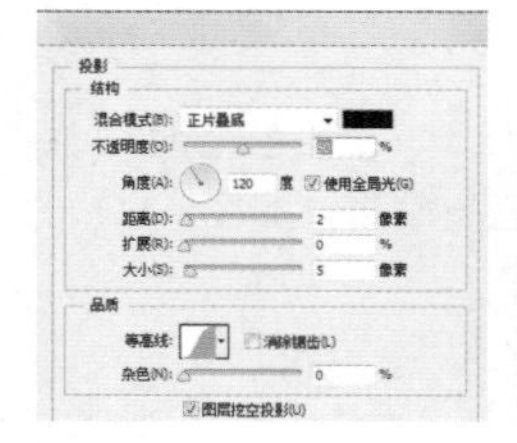

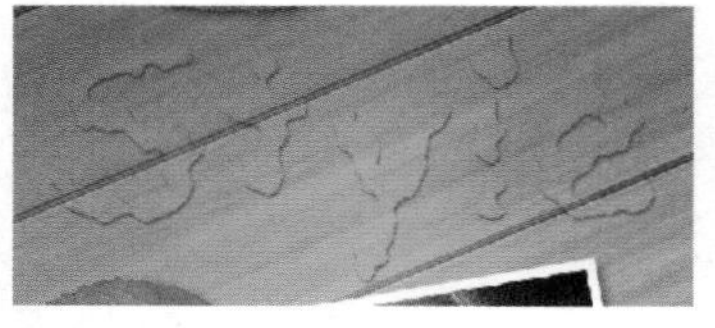

图 8-118　　图 8-119

❼ 再添加“内阴影”效果，使文字内部产生深浅变化，如图8-120、图8-121所示。

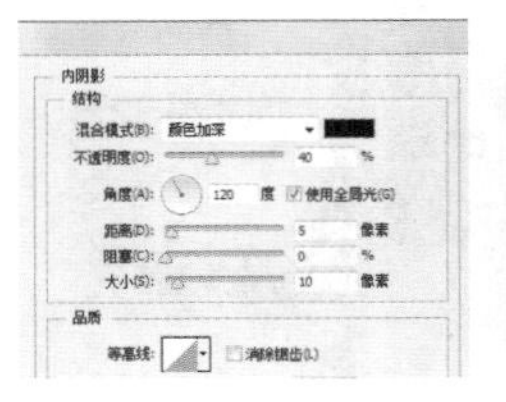

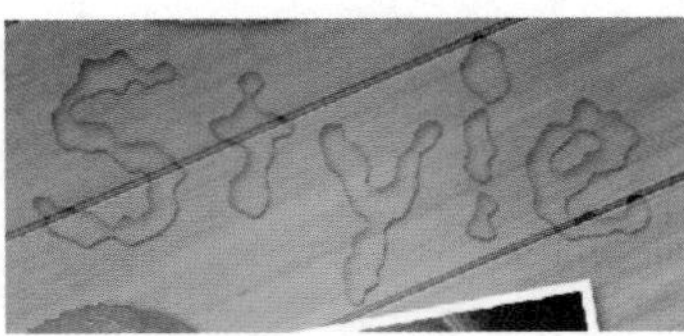

图 8-120　　图 8-121

❽ 添加“斜面和浮雕”效果，使文字产生立体感，如图8-122、图8-123所示。

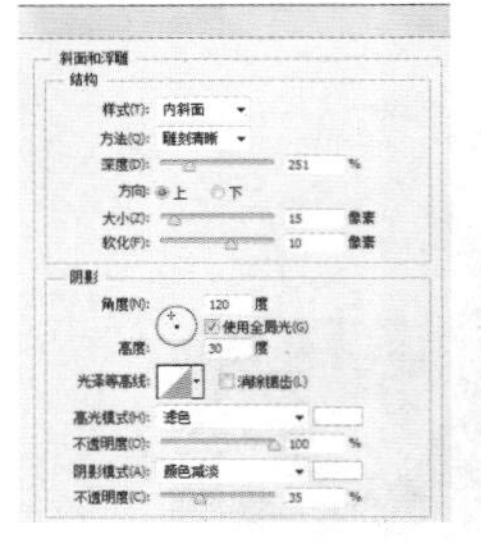

图 8-122　　图 8-123

❾ 新建一个图层，选择画笔工具，在画面中绘制一些白点，如图8-124所示。设置该图层的填充不透明度为3%，如图8-125所示。

图 8-124　　图 8-125

❿ 将光标放在文字图层的fx图标上，按住Alt键将它拖动到“图层1”上，将文字的效果复制给该图层，使白点变为水滴，如图8-126、图8-127所示。

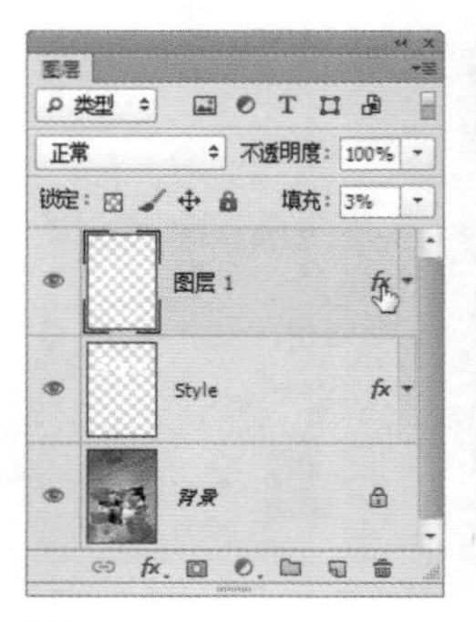

图 8-126　　图 8-127

8.6 特效实例：鎏金字

❶ 打开光盘中的素材，如图8-128所示，这是一个分层文件，文字在一个单独的图层中，如图8-129所示。

图8-128

图8-129

❷ 双击文字图层，打开“图层样式”对话框，选择“图案叠加”效果，单击“图案”选项右侧的按钮，打开图案下拉面板，单击面板右上角的按钮，选择“图案”命令，加载该图案库，选择木质图案，如图8-130、图8-131所示。

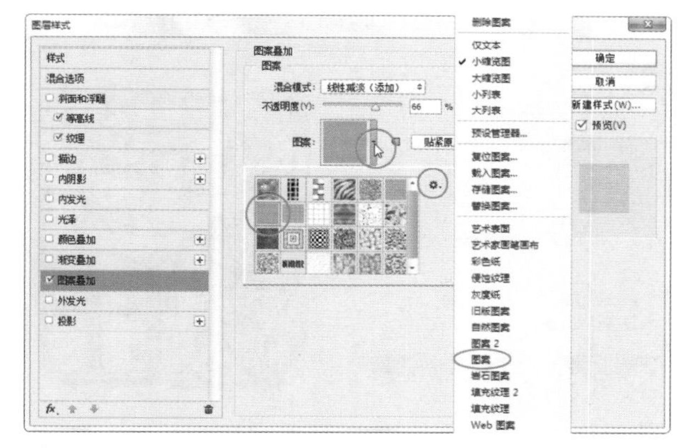

图8-130

图8-131

❸ 选择“投影”效果，取消“使用全局光”复选项的勾选，设置其他参数，如图8-132、图8-133所示。

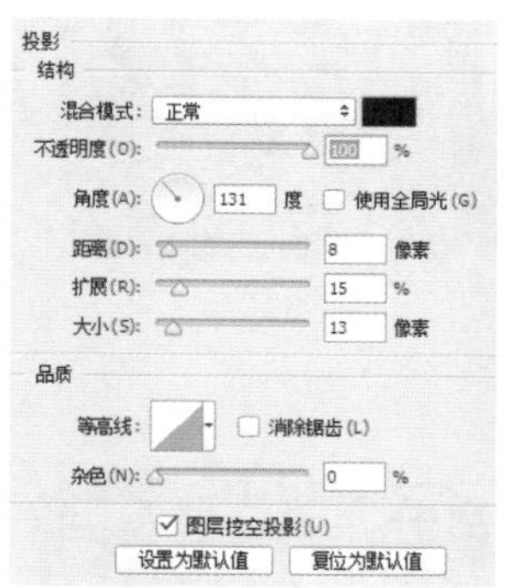

图8-132

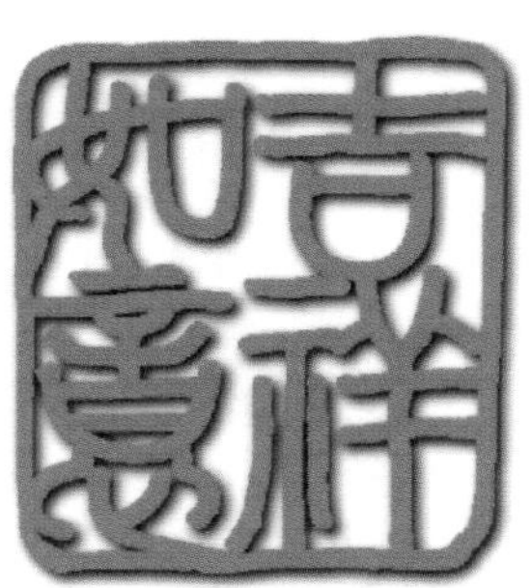

图8-133

❹ 选择“内阴影”效果，单击“混合模式”后面的颜色块，在打开“拾色器”中将阴影调整为黄色，设置参数如图8-134所示；单击“等高线”选项右侧的缩览图，在打开的“等高线编辑器”中调整曲线，如图8-135、图8-136所示。

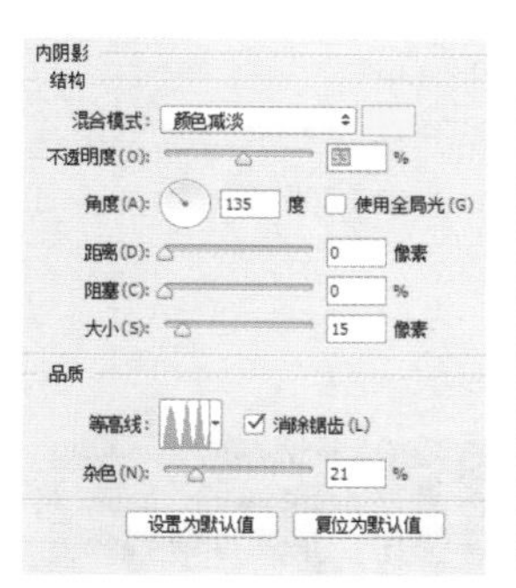

图8-134

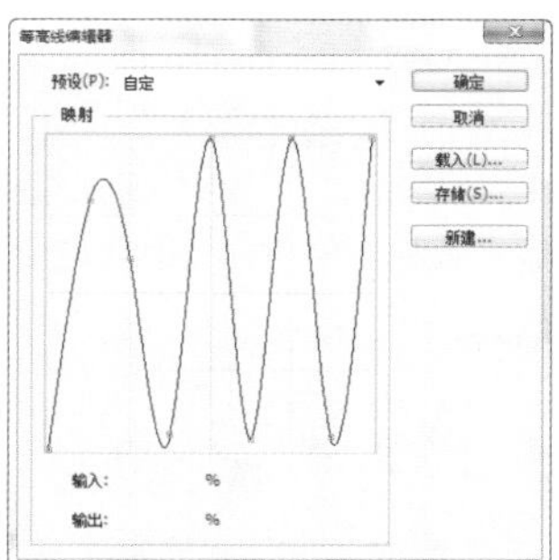

图8-135

图8-136

❺ 分别选择“外发光”和“内发光”效果，调整发光颜色和参数，如图8-137~图8-140所示。

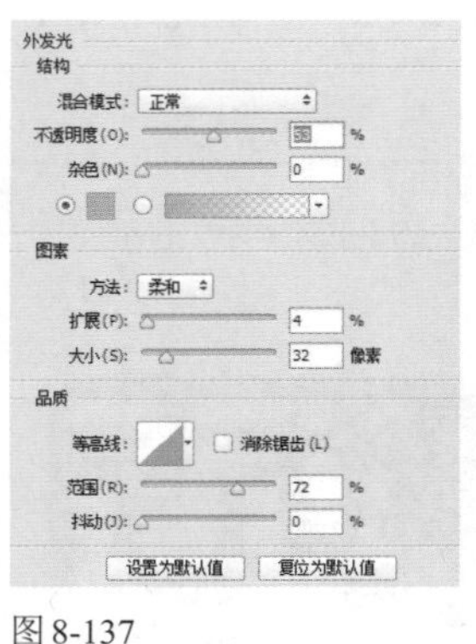

图 8-137

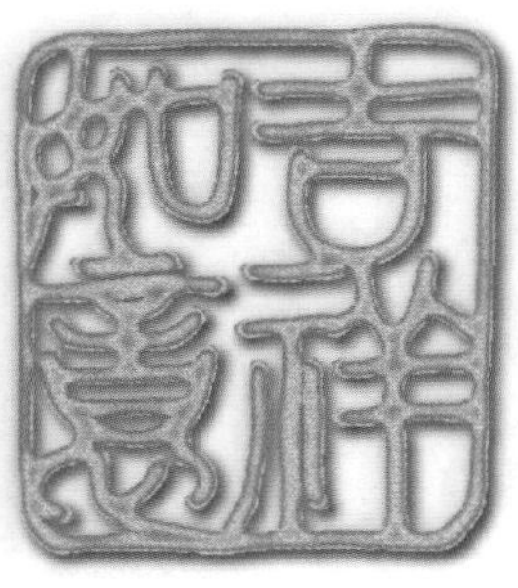

图 8-138

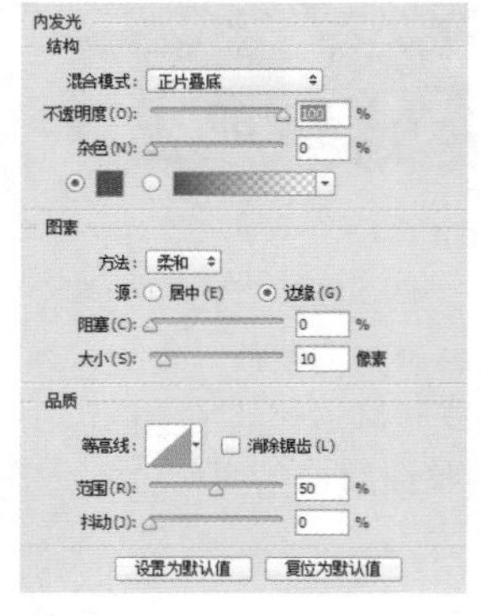

图 8-139

图 8-140

❻ 选择"斜面和浮雕"效果，在"样式"下拉列表中选择"内斜面"，将"高光模式"的颜色调整为黄色，其他参数如图8-141、图8-142所示。

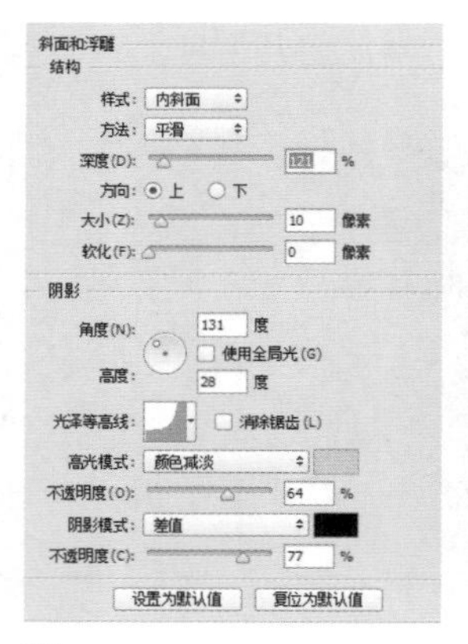

图 8-141

图 8-142

❼ 选择"等高线"选项，并设置等高线样式，如图8-143、图8-144所示。

❽ 选择"纹理"选项，在"图案"下拉面板中选择金属画图案，如图8-145、图8-146所示。

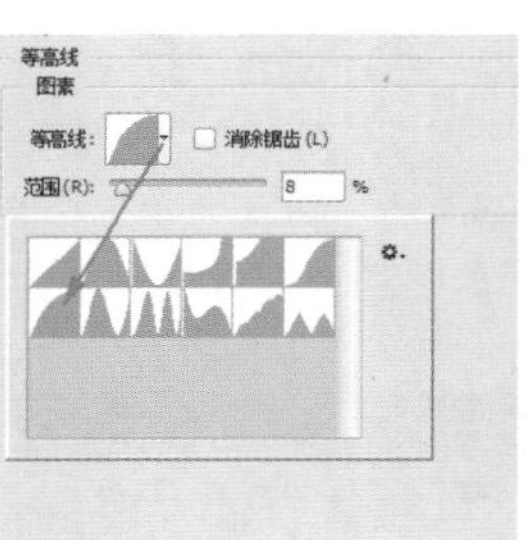

图 8-143

图 8-144

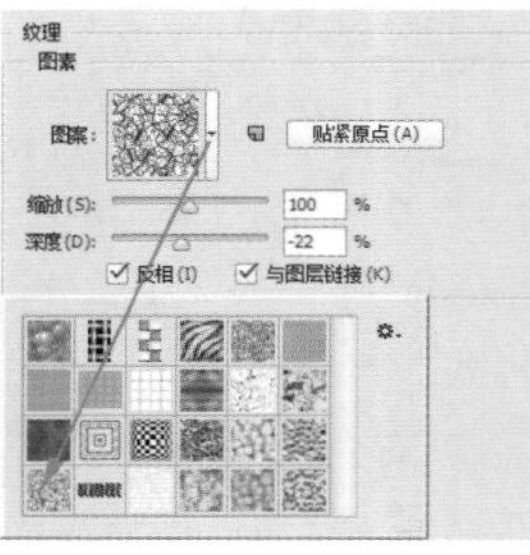

图 8-145

图 8-146

❾ 选择"渐变叠加"效果，单击渐变条，打开"渐变编辑器"，调整渐变颜色，如图8-147、图8-148所示。

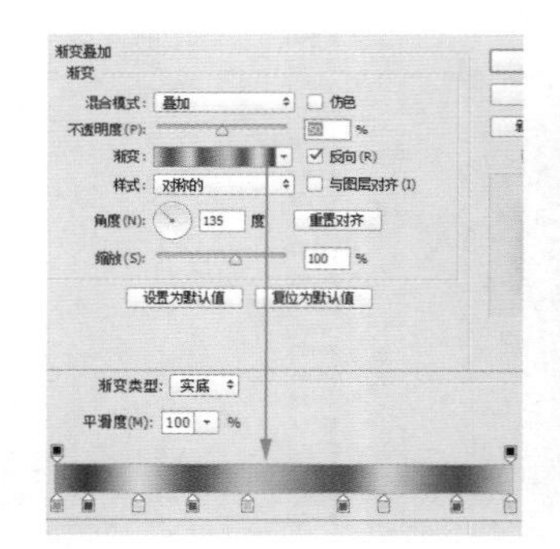

图 8-147

图 8-148

❿ 打开光盘中的素材，将它拖动到文字文档中作为背景，制作出一张春节贺卡，如图8-149所示。

图 8-149

8.7 课后作业：用光盘中的样式制作金属特效

本章学习了图层样式与特效制作方法。下面通过课后作业来强化学习效果。如果有不清楚的地方，请看一下视频教学录像。

素材位置：光盘/素材/8.7 视频位置：光盘/视频/8.7

在“样式”面板的菜单中，有一个“载入样式”命令，通过该命令，可以将外部样式库载入到Photoshop中使用。下面的作业是载入“光盘>素材”文件夹中的金属效果样式（也可以使用其他样式），将其应用到小熊和文字图像上。

素材

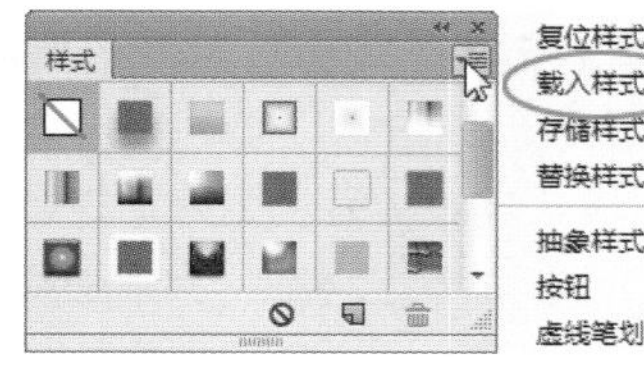

“载入样式”命令

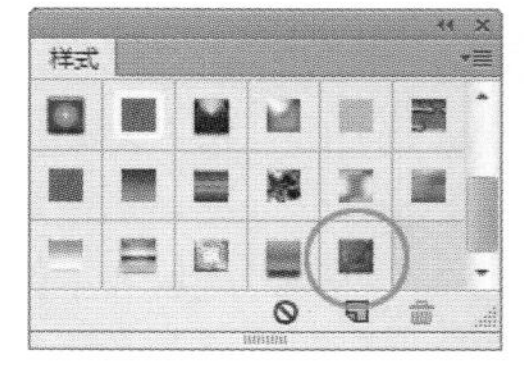

载入的样式

添加样式后的图像效果

8.8 课后作业：手机UI效果图

素材位置：光盘/素材/8.8 视频位置：光盘/视频/8.8

下面的作业是使用光盘中的素材制作一个手机UI效果图。图标是现成的（小猪形象制作方法参见第12章），图标后面的色块可以用圆角矩形工具来创建，然后输入文字。如果想对齐图标、色块图形和文字，可以用移动工具选择它们，然后单击工具选项栏中的对齐与分布按钮。设计好版面以后，按下Alt+Shift+Ctrl+E快捷键，将当前效果盖印到一个新的图层中，再缩小到适合手机屏幕的大小。

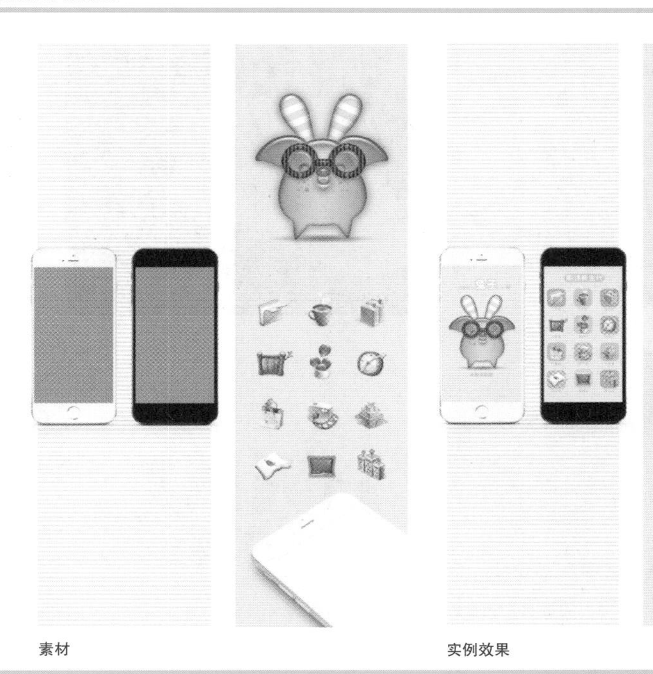

素材 实例效果

8.9 复习题

1. 全局光有什么用处?
2. 怎样在不影响图像的情况下单独调整图层样式的比例?

第9章 文字与矢量工具 字体设计

Photoshop的矢量工具分为三类。第一类是钢笔工具、转换点工具等，主要用来绘图和抠图；第二类是各种形状工具，如矩形工具、椭圆工具和自定形状工具等，它们用来绘制各种固定的矢量图形；第三类是文字工具，用来创建和编辑文字。Photoshop中的文字是由以数学方式定义的形状组成的，属于矢量对象，在栅格化（即转换为图像）以前，会保留基于矢量的文字轮廓。因此，可以任意缩放文字，或调整文字大小而不会出现锯齿，也可以随时修改文字的内容、字体、段落等属性。

扫描二维码，关注李老师的微博、微信。

9.1 关于字体设计

字体设计具有独特的艺术感染力，被广泛地应用于视觉传达设计中，好的字体设计是增强视觉传达效果、提高审美价值的一种重要组成因素。

字体设计首先应具备易读性，即在遵循形体结构的基础上进行变化，不能随意改变字体的结构，增减笔划，随意造字，切忌为了设计而设计，文字设计的根本目的是为了更好地表达设计的主题和构想理念，不能为变而变；第二要体现艺术性，文字应做到风格统一、美观实用、创意新颖，且有一定的艺术性；第三是要具备思想性，字体设计应从文字内容出发，能够准确地诠释文字的精神含义。

图9-1、图9-2所示是将文字与图画有机结合的字体设计，它充分挖掘文字的含义，再采用图画的形式使字体形象化。图9-3所示为装饰字体设计，它以基本字体为原型，采用内线、勾边、立体、平行透视等变化方法，使字体更加活泼、浪漫，富于诗情画意。图9-4所示为书法字体设计，字体美观流畅、欢快轻盈，具有很强的节奏感和韵律感。

图9-1

ALPHA
MAX
FINANCIAL

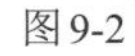

图9-2

图9-3

图9-4

9.2 创建文字

Photoshop中的文字是由以数学方式定义的形状组成的，在将其栅格化以前，可以任意缩放或调整文字大小，而不会出现锯齿，也可以随时修改文字的内容、字体和段落等属性。

学习重点
创建文字/P134
格式化字符/P137
格式化段落/P137
路径运算/P146
用钢笔工具绘图/P147
超萌表情图标/P151

在Photoshop中可以通过3种方法创建文字，即在点上创建、在段落中创建和沿路径创建。Photoshop提供了4种文字工具，其中，横排文字工具 T 和直排文字工具 ↓T 用来创建点文字、段落文字和路径文字，横排文字蒙版工具 T 和直排文字蒙版工具 ↓T 用来创建文字状选区。

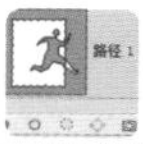

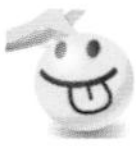

9.2.1 创建点文字

点文字是一个水平或垂直的文本行。在处理标题等字数较少的文本时，可以通过点文字来完成。

选择横排文字工具 T（也可以使用直排文字工具 ↓T 创建直排文字），在工具选项栏中设置字体、大小和颜色，如图9-5所示，在需要输入文字的位置单击，设置插入点，画面中会出现闪烁的"I"形光标，如图9-6所示，此时可输入文字，如图9-7所示。单击工具选项栏中的 ✔ 按钮，结束文字的输入操作，"图层"面板中会生成一个文字图层，如图9-8所示。如果要放弃输入，可以按下工具选项栏中的 ⊘ 按钮或Esc键。

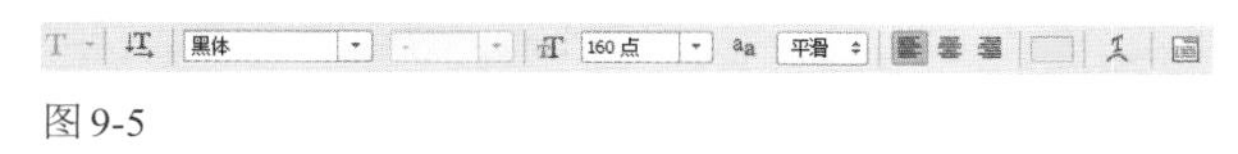

图9-5

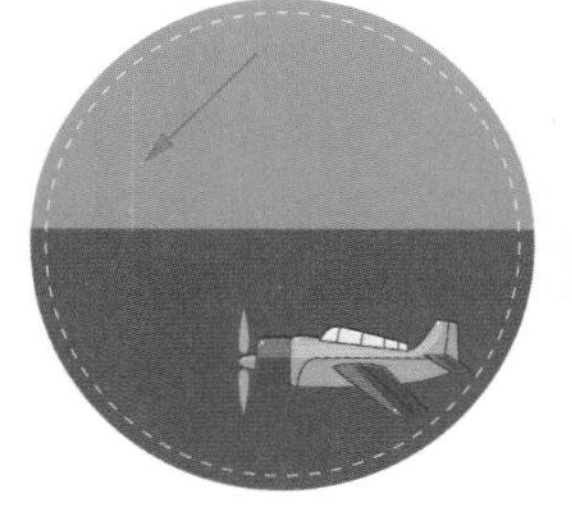

图9-6

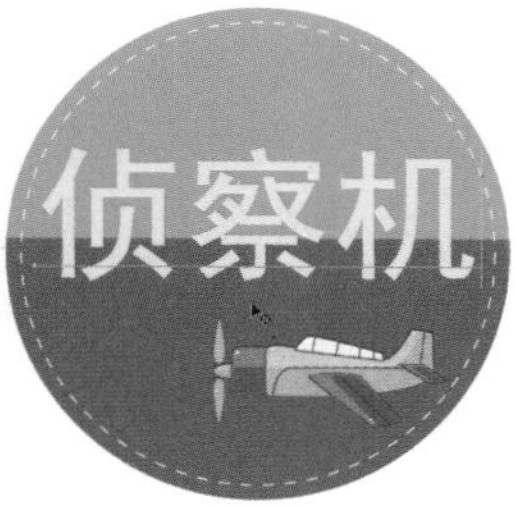

图9-7

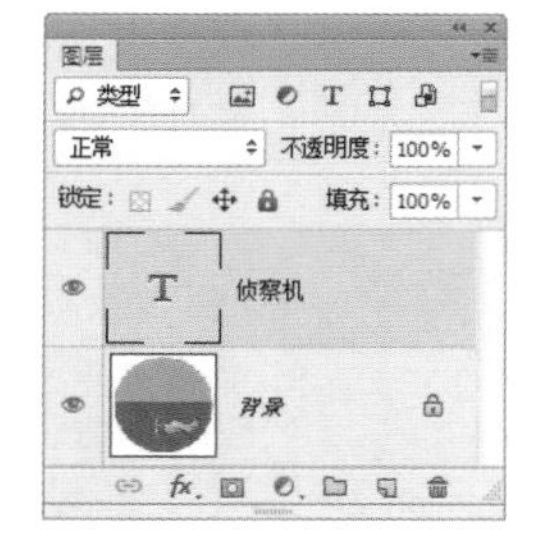

图9-8

使用横排文字工具 T 在文字上单击，并拖动鼠标选择部分文字，如图9-9所示，在工具选项栏中修改所选文字的颜色（也可以修改字体和大小），如图9-10所示。如果重新输入文字，则可修改所选文字，如图9-11所示。

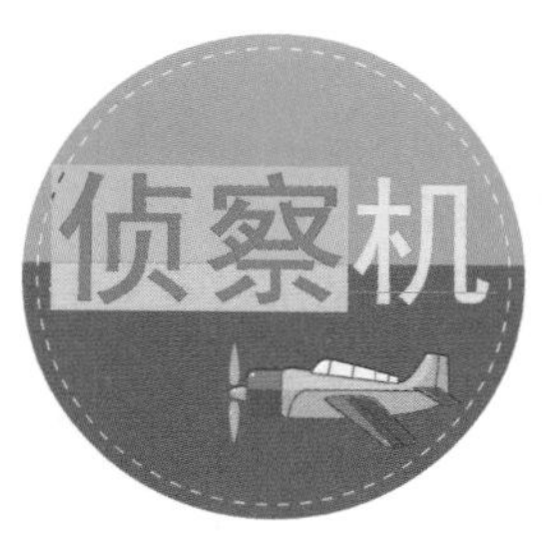

图9-9

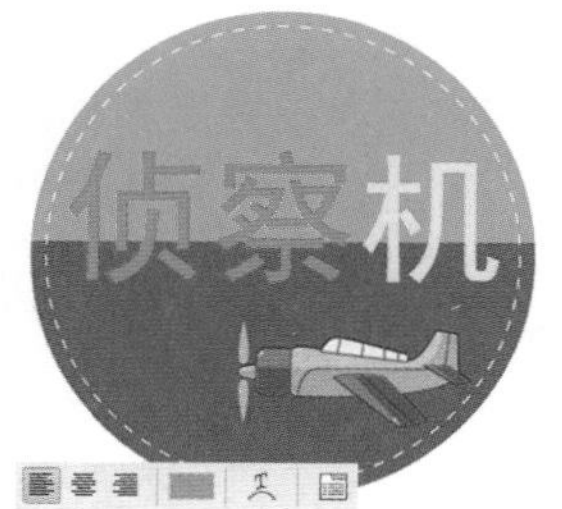

图9-10

图9-11

按下Delete键可删除所选文字，如图9-12所示。如果要添加文字内容，可以将光标放在文字行上，光标变为"I"状时，单击鼠标，设置文字插入点，如图9-13所示，此时输入文字便可添加文字内容，如图9-14所示。

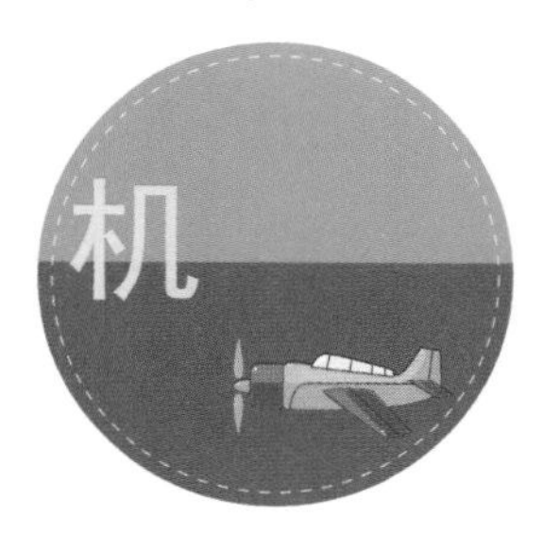

图9-12

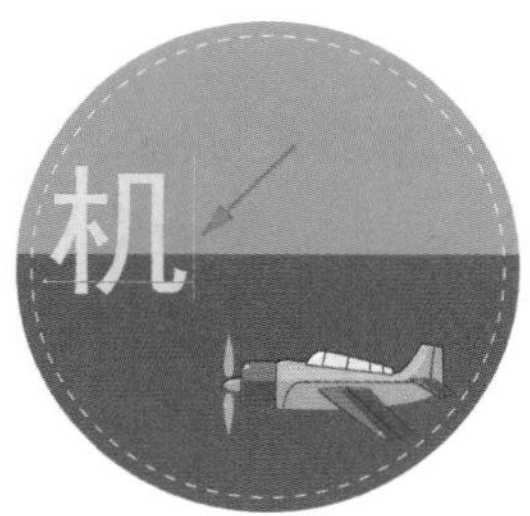

图9-13

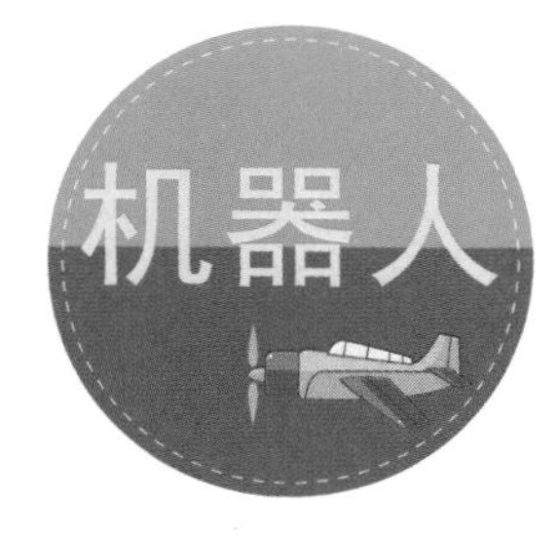

图9-14

Tip 对于从事设计工作的人员，用Photoshop完成海报、平面广告等文字量较少的设计任务是没有任何问题的。但如果是以文字为主的印刷品，如宣传册和商场的宣传单等，最好用排版软件（InDesign）做，因为Photoshop的文字编排能力还不够强大。此外，过于细小的文字打印时容易出现模糊。

9.2.2 创建段落文字

段落文字是在定界框内输入的文字，它具有自动换行、可调整文字区域大小等优势。在需要处理文字量较大的文本（如宣传手册）时，可以使用段落文字来完成。

选择横排文字工具 T，在工具选项栏中设置字体、字号和颜色，在画面中单击，并向右下角拖出一个定界框，如图9-15所示，放开鼠标时，会出现闪烁的“I”形光标，如图9-16所示，此时可输入文字，当文字到达文本框边界时会自动换行，如图9-17所示。单击工具选项栏中的 ✔ 按钮，完成段落文本的创建。

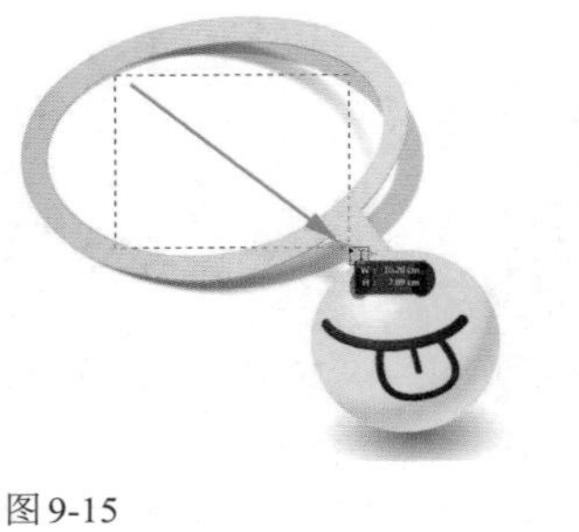

图9-15

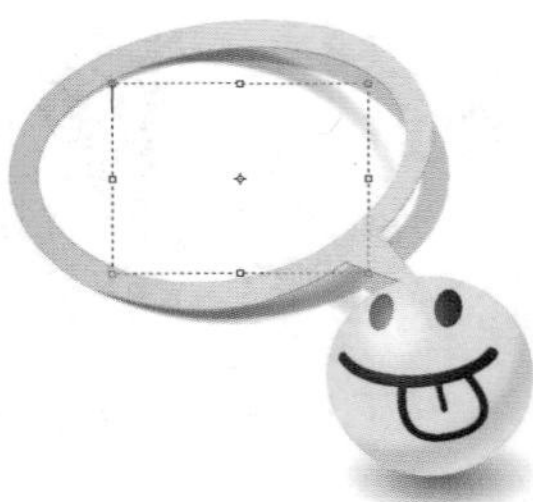

图9-16

段落文字是在定界框内输入的文字，它具有自动换行、可调整文字区域大小等优势。

图9-17

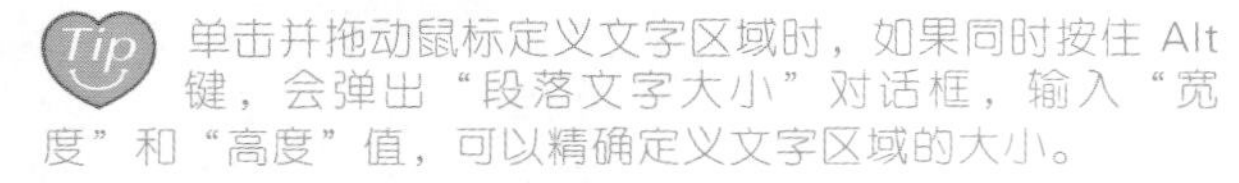

Tip 单击并拖动鼠标定义文字区域时，如果同时按住 Alt 键，会弹出“段落文字大小”对话框，输入“宽度”和“高度”值，可以精确定义文字区域的大小。

创建段落文字后，使用横排文字工具 T 在文字中单击，设置插入点，同时显示文字的定界框，如图9-18所示，拖动控制点调整定界框的大小，文字会在调整后的定界框内重新排列，如图9-19所示。按住Ctrl键拖动控制点可等比缩放文字，如图9-20所示。将光标移至定界框外，当指针变为弯曲的双向箭头时，拖动鼠标可以旋转文字，如图9-21所示。如果同时按住Shift键，则能够以15° 角为增量进行旋转。

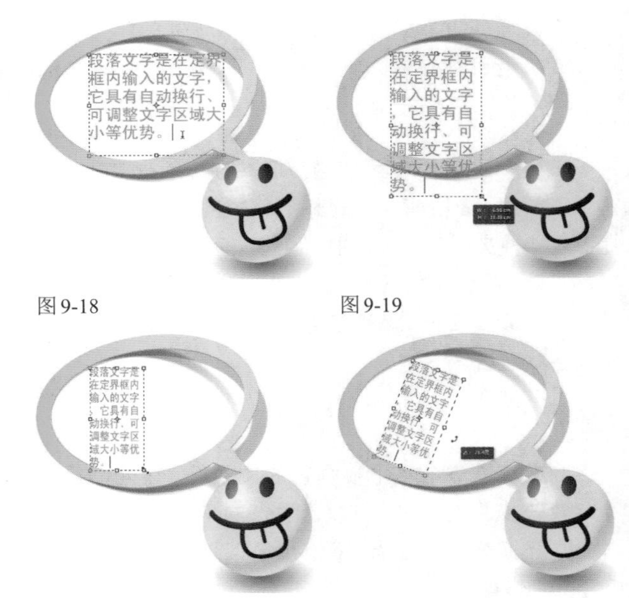

图9-18 图9-19

图9-20 图9-21

9.2.3 创建路径文字

路径文字是指创建在路径上的文字，文字会沿着路径排列，修改路径的形状时，文字的排列方式也会随之改变。

用钢笔工具 或自定形状工具 绘制一个矢量图形，选择横排文字工具 T，将光标放在路径上，光标会变为 状，如图9-22所示。单击鼠标，画面中会出现闪烁的“I”形光标，此时输入文字，即可沿着路径排列，如图9-23所示。选择路径选择工具 或直接选择工具 ，将光标定位在文字上，当光标变为 状时，单击并拖动鼠标，可以沿着路径移动文字，如图9-24所示；向路径另一侧拖动，则可将文字翻转过去，如图9-25所示。

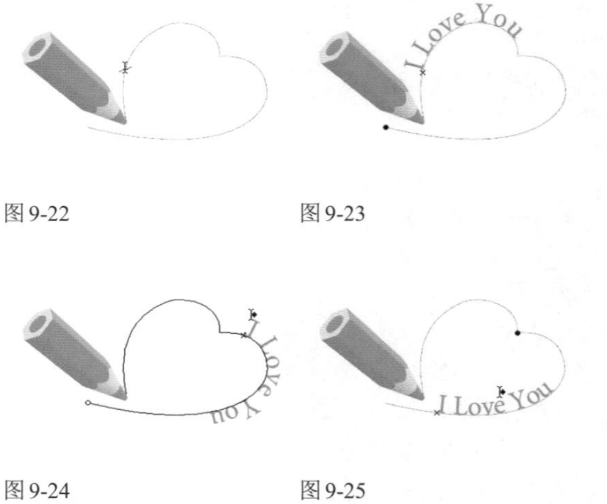

图9-22 图9-23

图9-24 图9-25

9.3 编辑文字

输入文字之前，可以在工具选项栏或“字符”面板中设置文字的字体、大小和颜色等属性，创建文字之后，可以通过工具选项栏、“字符”面板和“段落”面板修改字符和段落属性。

9.3.1 格式化字符

格式化字符是指设置字体、文字大小和行距等属性。在输入文字之前，可以在工具选项栏或“字符”面板中设置这些属性，创建文字之后，也可以通过以上两种方式修改字符的属性。图9–26所示为横排文字工具 T 的选项栏，图9–27所示为“字符”面板。默认情况下，设置字符属性时会影响所选文字图层中的所有文字，如果要修改部分文字，可以先用文字工具将它们选择，再进行编辑。

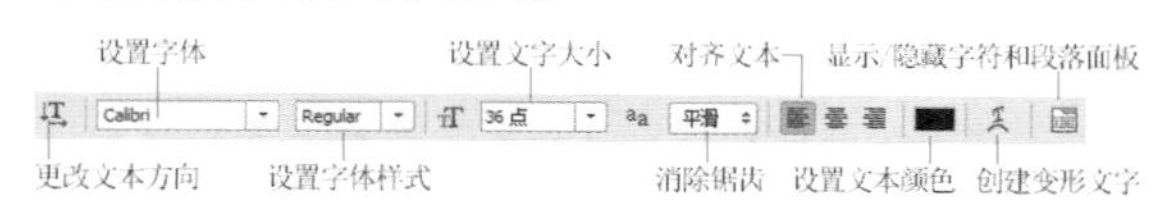

图9-26

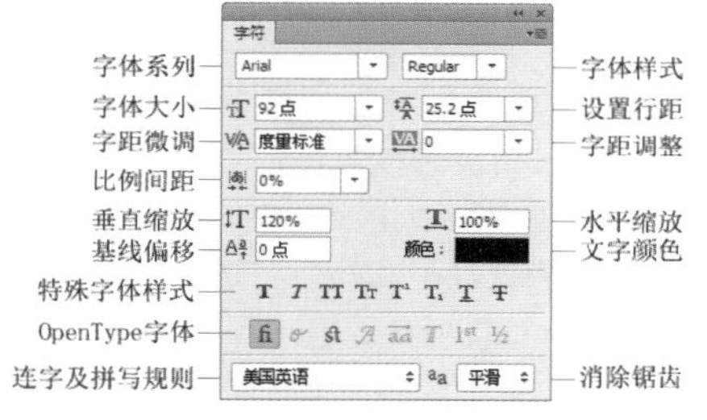

图9-27

选取文字后，可以使用下面的快捷键来调整文字大小、间距和行距。

- 调整文字大小：选取文字后，按住Shift+Ctrl键，并连续按下>键，能够以2点为增量将文字调大；按下Shift+Ctrl+<键，则以2点为增量将文字调小。
- 调整字间距：选取文字以后，按住Alt键并连续按下→键可以增加字间距；按下Alt+←键，则减小字间距。
- 调整行间距：选取多行文字以后，按住Alt键并连续按下↑键可以增加行间距；按下Alt+↓键，则减小行间距。

9.3.2 格式化段落

格式化段落是指设置文本中的段落属性，如段落的对齐、缩进和文字行的间距等。“段落”面板用来设置段落属性，如图9–28所示。如果要设置单个段落的格式，可以用文字工具在该段落中单击，设置文字插入点并显示定界框，如图9–29所示；如果要设置多个段落的格式，先要选择这些段落，如图9–30所示。如果要设置全部段落的格式，则可在“图层”面板中选择该文本图层，如图9–31所示。

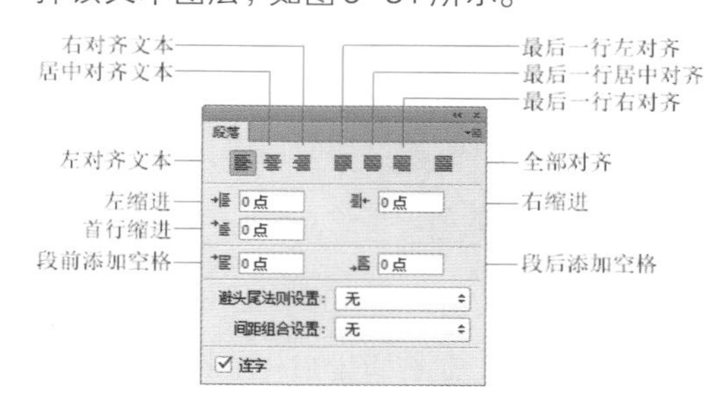

图9-28

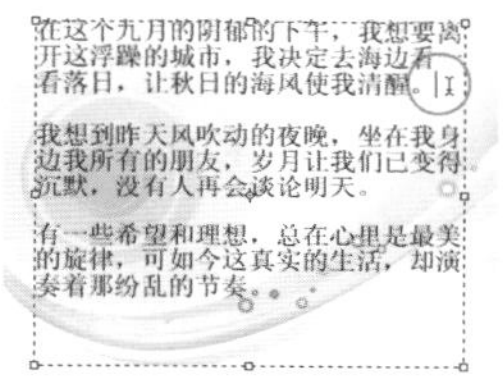

图9-29

图9-30

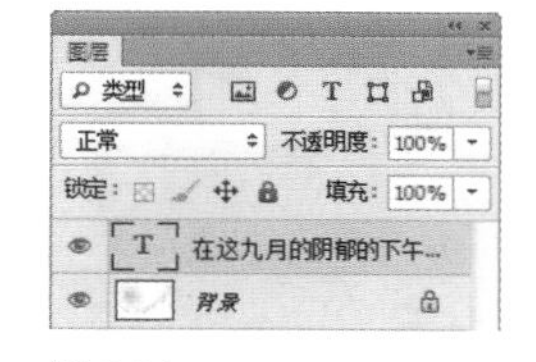

图9-31

9.3.3 栅格化文字

文字与路径一样，也是一种矢量对象，因此，渐变工具 及其他图像编辑工具，如画笔工具 、滤镜及各种调色命令都不能用来处理文字。如果要使用上述工具，需要先将文字栅格化。具体操作方法是在文字图层上单击鼠标右键，打开下拉菜单，选择“栅格化文字”命令，如图9–32所示。文字栅格化后会变为图像，文字内容无法修改，如图9–33所示。

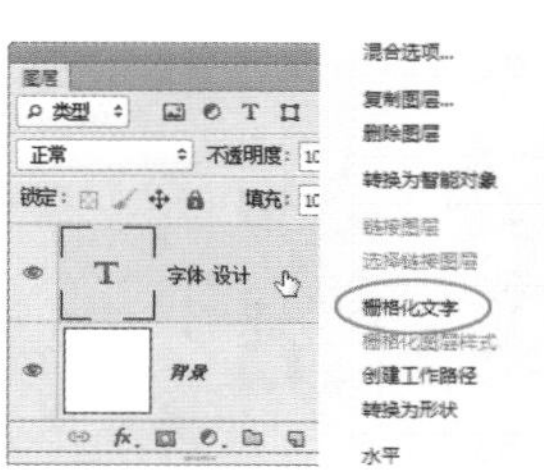

图9-32

图9-33

9.4 路径文字实例：手提袋设计

❶ 打开光盘中的素材，如图9-34所示。

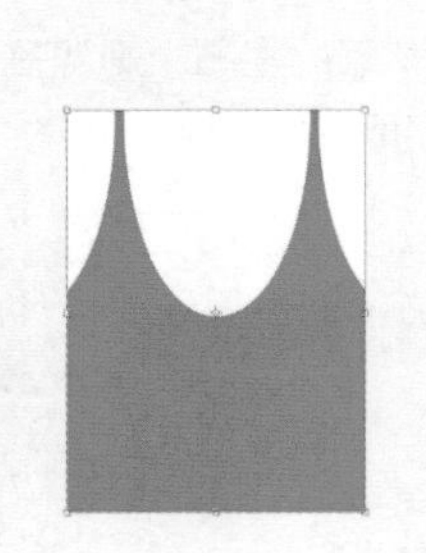

图9-34

❷ 将前景色设置为白色。选择自定形状工具，单击工具选项栏中的按钮，打开形状下拉面板，单击右上角的按钮，选择“形状”命令，加载该形状库，如图9-35所示，使用“圆形画框”、“窄边圆框”和“心形”图形绘制手提袋，并在心形上加入企业标志，如图9-36所示。

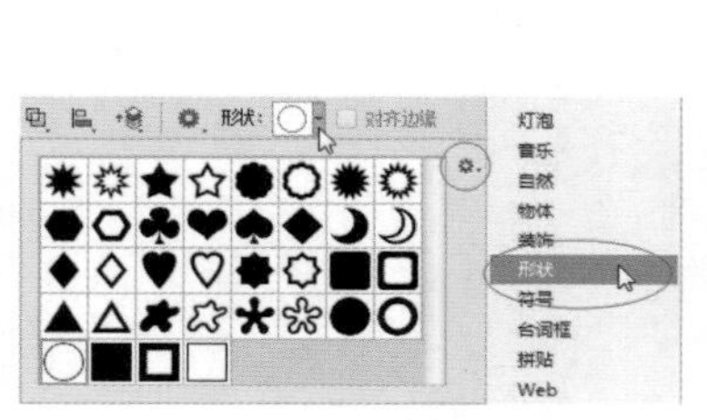

图9-35

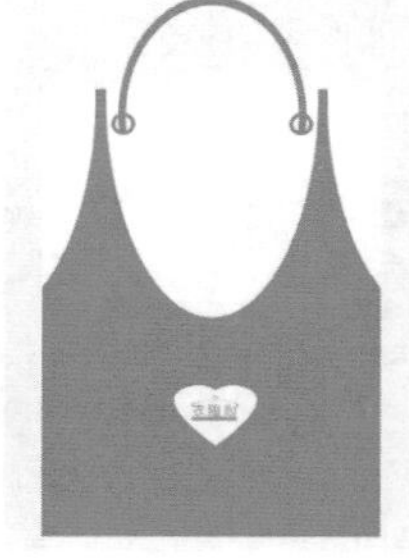

图9-36

❸ 下面来围绕图像创建路径文本，创建路径文本前，首先要制作用于排列文本的路径，它可以是闭合式的，也可以是开放式的。单击“路径”面板底部的“创建新路径”按钮，新建路径层“路径1”，如图9-37所示，选择钢笔工具，在工具选项栏中选择“路径”选项，绘制图9-38所示的路径。

图9-37

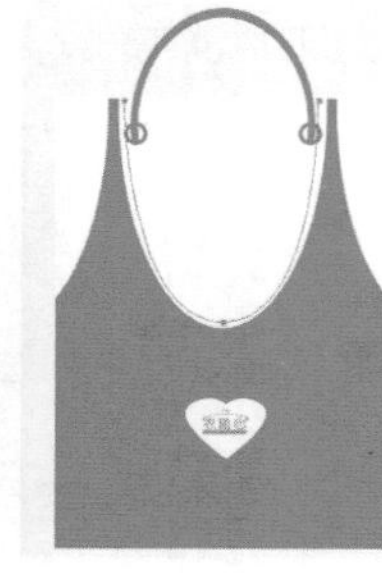

图9-38

❹ 选择横排文字工具 T，将光标移至路径上，当光标显示为状时，单击并输入文字，如图9-39所示。按住Ctrl键将光标放在路径上，光标会显示为状，单击并沿路径拖动文字，使文字全部显示，如图9-40所示。

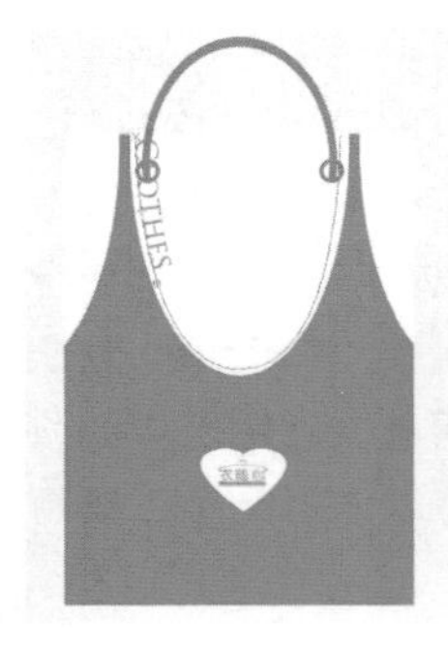

图9-39

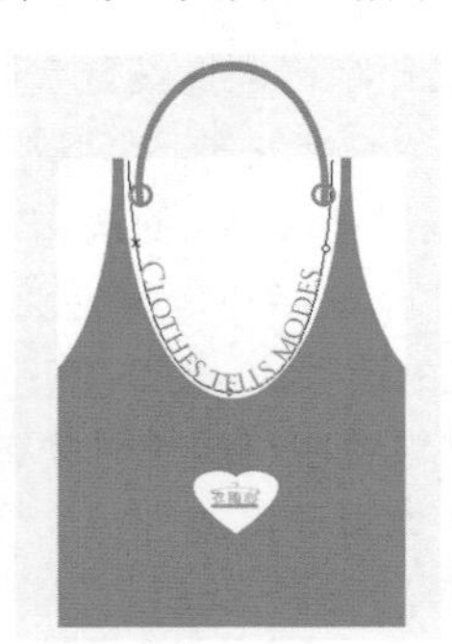

图9-40

❺ 将组成手提袋的图层全部选择，按下Ctrl+E快捷键合并。按下Ctrl+T快捷键显示定界框，按住Alt+Shift+Ctrl组合键并拖动定界框一边的控制点，使图像呈梯形变化，如图9-41所示，按下回车键确认操作。复制当前图层，将位于下方的图层填充为灰色（可单击“锁定透明像素”按钮，再对图层进行填色，这样不会影响透明区域），如图9-42所示。制作浅灰色的矩形，按下Ctrl+T快捷键，显示定界框，拖动控制点进行调整，表现手提袋的另外两个面，如图9-43所示。

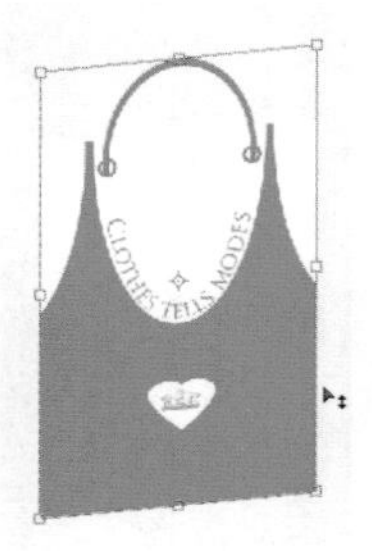

图9-41

图9-42

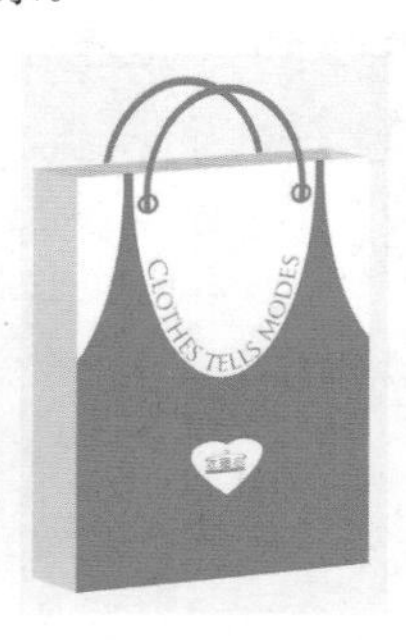

图9-43

❻ 将组成手提袋的图层全部选择，按下Alt+Ctrl+E快捷键，将它们盖印到一个新的图层中，再按下Shift+Ctrl+[快捷键，将该图层移至底层。按下Ctrl+T快捷键，显示定界框，单击鼠标右键，在弹出的快捷菜单中选择“垂直翻转”命令，然后将图像向下移动，再按住Alt+Shift+Ctrl组合键并拖动控制点，对图像的外形进行调整，如图9-44所示。设置该图层的不透明度为30%，效果如图9-45所示。

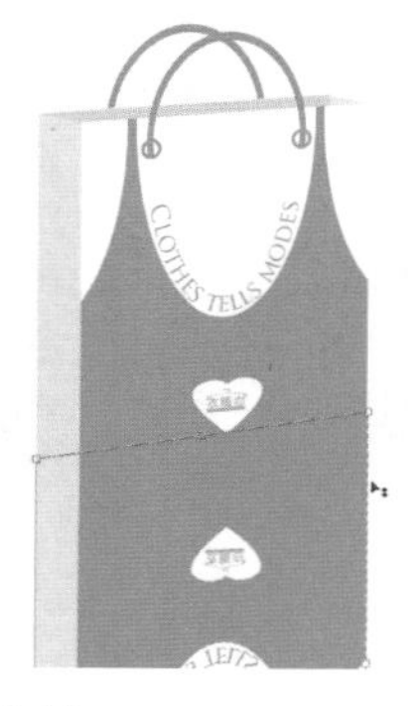

图9-44

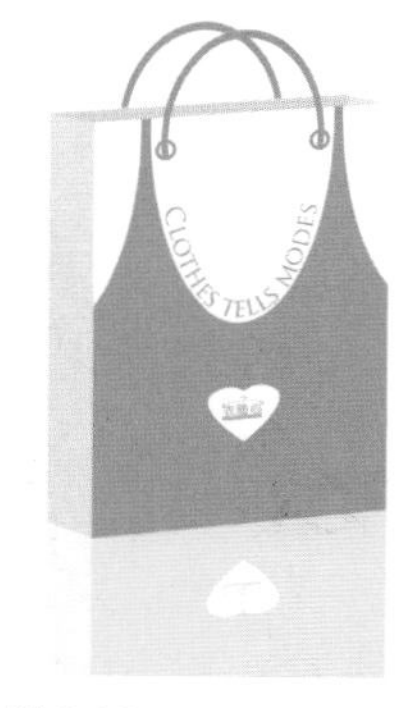

图9-45

❼ 最后可以复制几个手提袋，再通过“图像>调整>色相/饱和度”命令调整手提袋的颜色，制作出不同颜色的手提袋，如图9-46所示。

图9-46

9.5 特效字实例：牛奶字

❶ 打开光盘中的素材文件，如图9-47、图9-48所示。单击“通道”面板中的 按钮，创建一个通道，如图9-49所示。

图9-47

图9-48

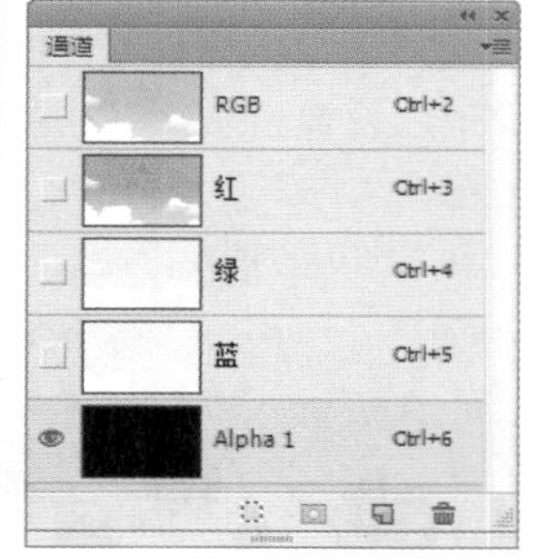

图9-49

❷ 选择横排文字工具 T，打开“字符”面板，选择字体并设置字号，文字颜色为白色，如图9-50所示，在画面中单击并输入文字，如图9-51所示。

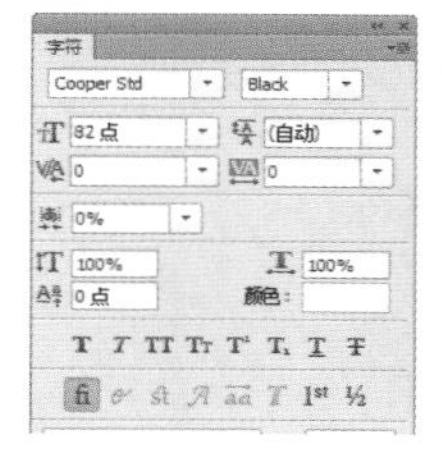

图9-50

图9-51

❸ 按下Ctrl+D快捷键取消选择。将Alpha 1通道拖到面板底部的 按钮上复制，如图9-52所示。执行“滤镜>艺术效果>塑料包装”命令，设置参数如图9-53所示，效果如图9-54所示。

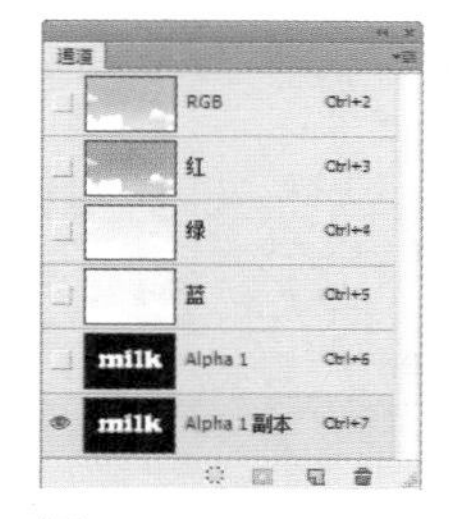

图9-52

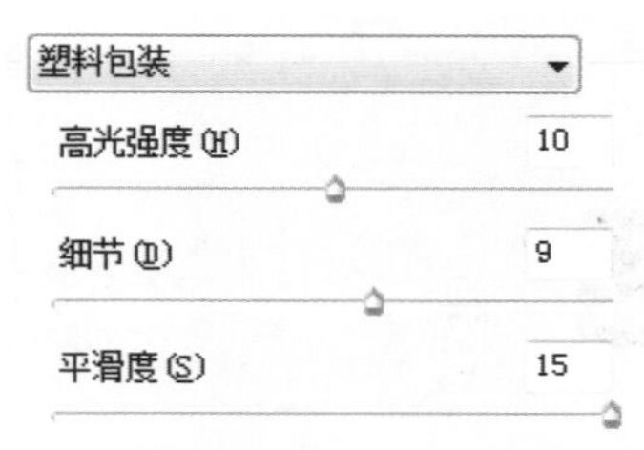

图9-53

图9-54

❹ 按住Ctrl键，单击“Alpha1副本”通道，载入选区，如图9-55所示，按下Ctrl+2快捷键，返回到RGB复合通道，显示彩色图像，如图9-56所示。

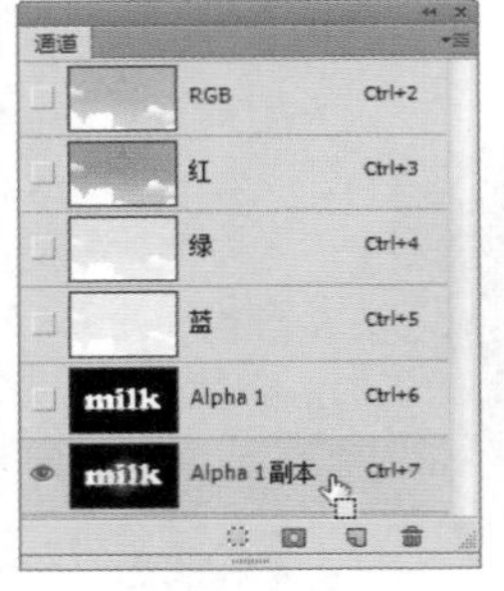

图9-55　　图9-56

❺ 单击“图层”面板底部的 按钮，新建一个图层，在选区内填充白色，如图9-57、图9-58所示。按下Ctrl+D快捷键取消选择。

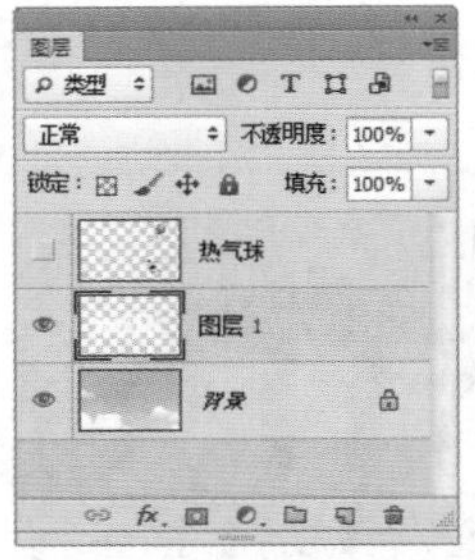

图9-57　　图9-58

❻ 按住Ctrl键单击“Alpha1”通道，载入选区，如图9-59所示。执行“选择>修改>扩展”命令扩展选区，如图9-60、图9-61所示。

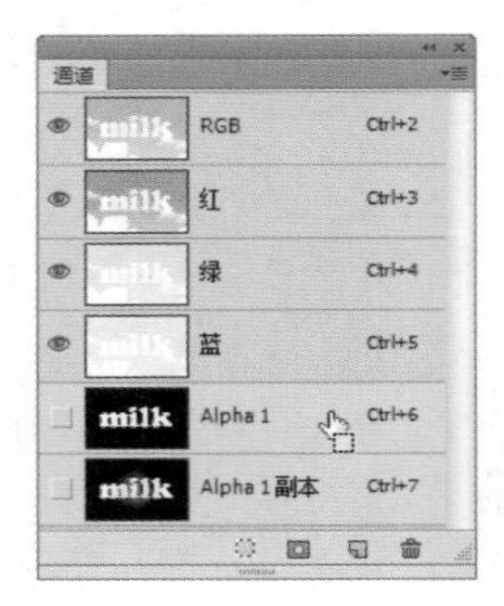

图9-59　　图9-60

图9-61

❼ 单击“图层”面板底部的 按钮，基于选区创建蒙版，如图9-62、图9-63所示。

图9-62　　图9-63

❽ 双击文字图层，打开“图层样式”对话框，在左侧列表中选择“斜面和浮雕”、“投影”选项，添加这两种效果，如图9-64~图9-66所示。

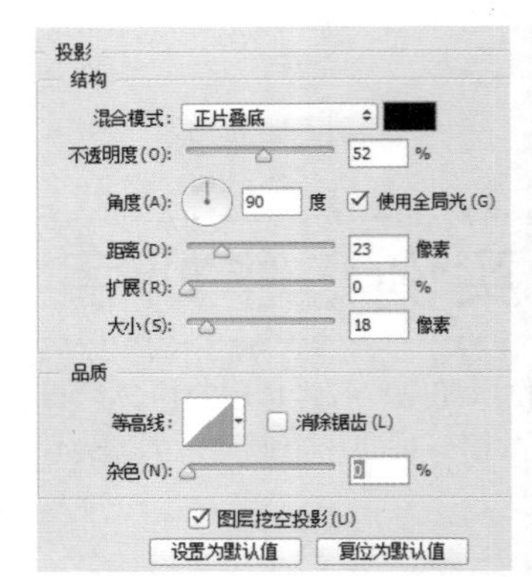

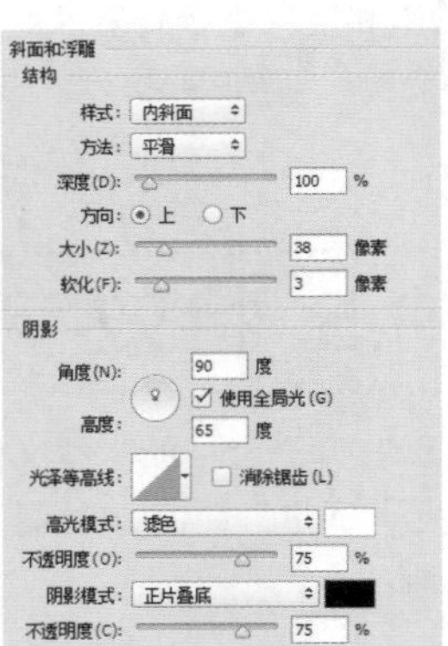

图9-64　　图9-65

图9-66

❾ 单击“图层”面板底部的 按钮，新建一个图层。将前景色设置为黑色，选择椭圆工具 ，在工具选项栏中选择“像素”选项，按住Shift键在画面中绘制几个圆形，如图9-67所示。

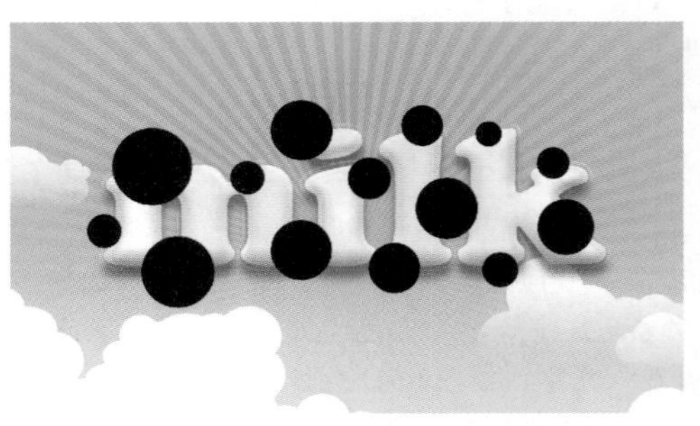

图9-67

⑩ 执行“滤镜>扭曲>波浪”命令，对圆点进行扭曲，如图9-68、如图9-69所示。

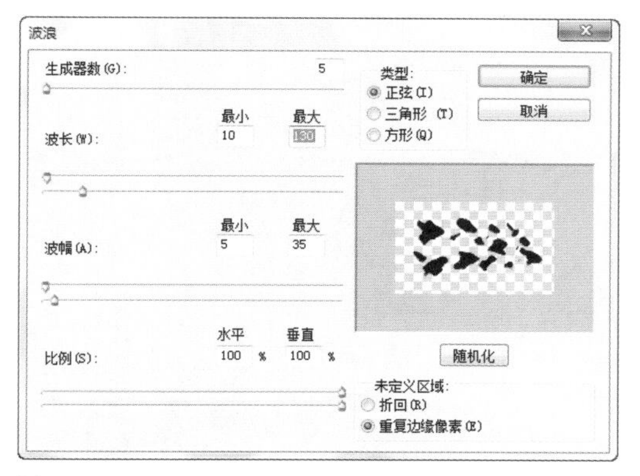

图9-68

图9-69

⑪ 按下Ctrl+Alt+G快捷键创建剪贴蒙版，将花纹的显示范围限定在下面的文字区域内，如图9-70所示。在画面中添加其他文字，显示“热气球”图层，如图9-71所示。

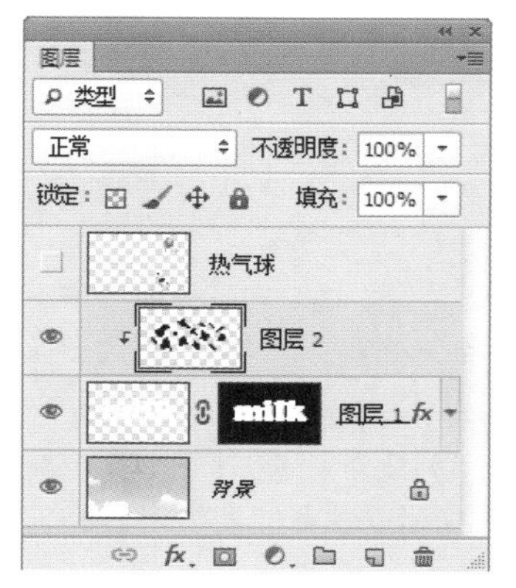

图9-70

图9-71

9.6 特效字实例：面包字

❶ 打开光盘中的素材，如图9-72所示。这是一个分层文件，文字已转换成图像，如图9-73所示。

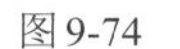

图9-72

图9-73

❷ 双击“面包干”图层，添加“内发光”和“颜色叠加”效果，使文字呈现出面包的橙黄色，如图9-74～图9-76所示。

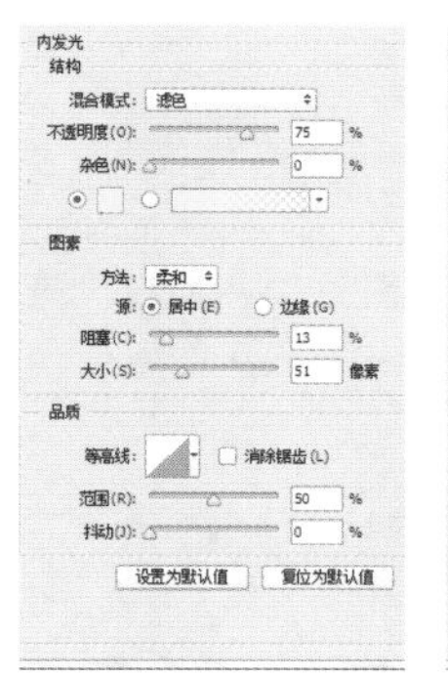

图9-74

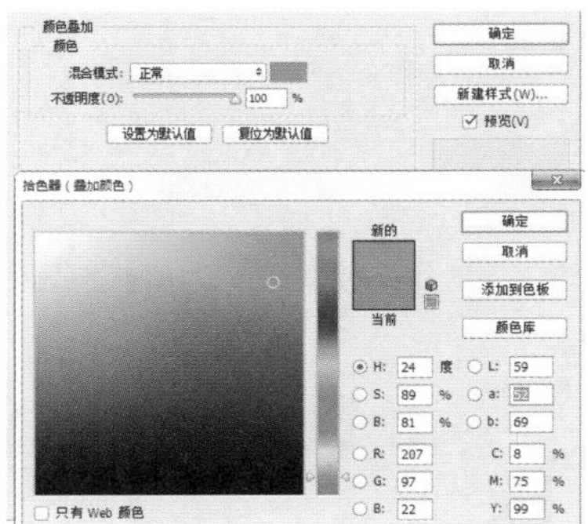

图9-75

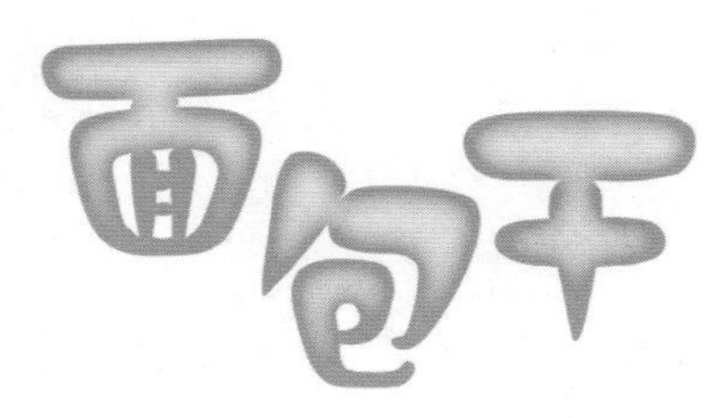

图 9-76

❸ 在“面包干”图层上单击鼠标右键，在打开的菜单中选择“栅格化图层样式”命令，图层样式会转换到图像中，如图9-77所示。

❹ 单击“通道”面板中的“创建新通道”按钮 ，新建Alpha 1通道，如图9-78所示。执行“滤镜>渲染>云彩”命令，效果如图9-79所示。执行“滤镜>渲染>分层云彩”命令，效果如图9-80所示。

图 9-77

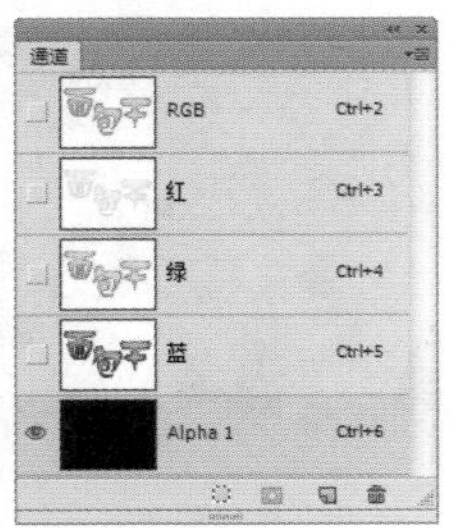

图 9-78

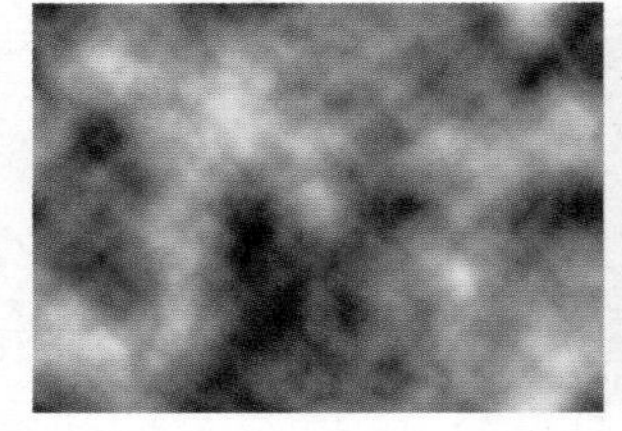

图 9-79

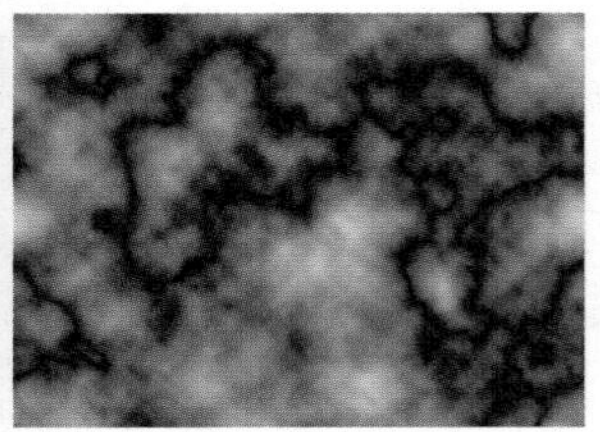

图 9-80

Tip “云彩”滤镜可以使用介于前景色与背景色之间的随机值生成柔和的云彩图案。要生成色彩较为分明的云彩图案，可按住Alt键执行“云彩”命令。

❺ 按下Ctrl+L快捷键，打开“色阶”对话框，向左侧拖动白色滑块，使灰色变为白色，如图9-81、图9-82所示。

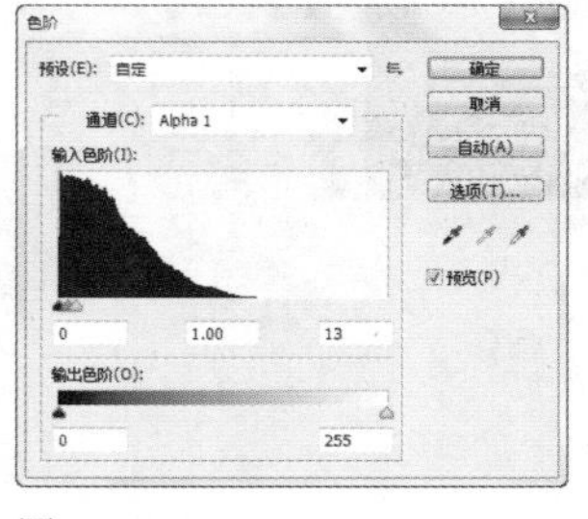

图 9-81

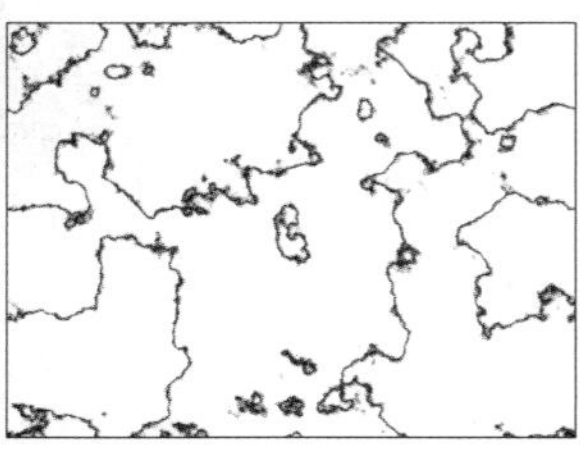

图 9-82

❻ 执行“滤镜>扭曲>海洋波纹”命令，使图像看起来像是在水下面，如图9-83所示。单击对话框底部的 按钮，新建一个效果图层。单击 按钮，显示滤镜名称及缩览图，选择“扩散亮光”滤镜，在图像中添加白色杂色，并从图像中心向外渐隐亮光，使图像产生一种光芒漫射的效果，如图9-84所示。

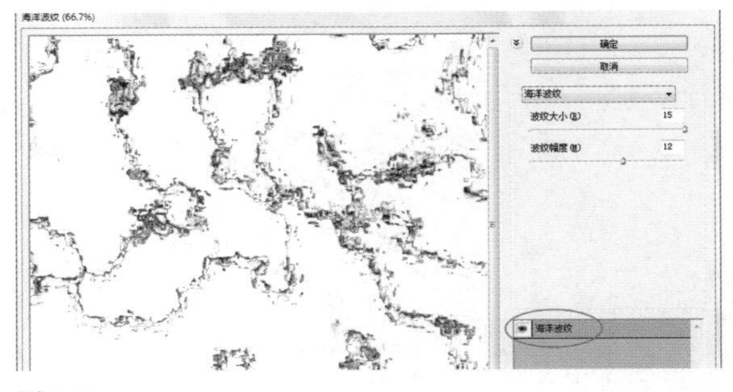

图 9-83

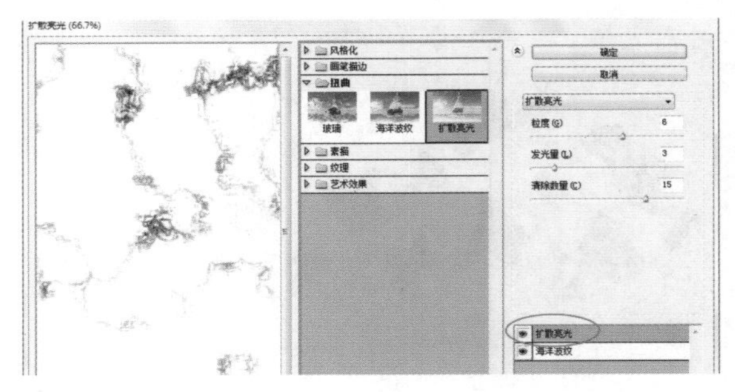

图 9-84

Tip “扩散亮光”滤镜可以将照片处理为柔光照效果，亮光的颜色由背景色决定，因此，选择不同的背景色，可以产生不同的视觉效果。

❼ 执行“滤镜>杂色>添加杂色”命令，在画面中添加颗粒，如图9-85、图9-86所示。按下Ctrl+I快捷键反相，如图9-87所示。

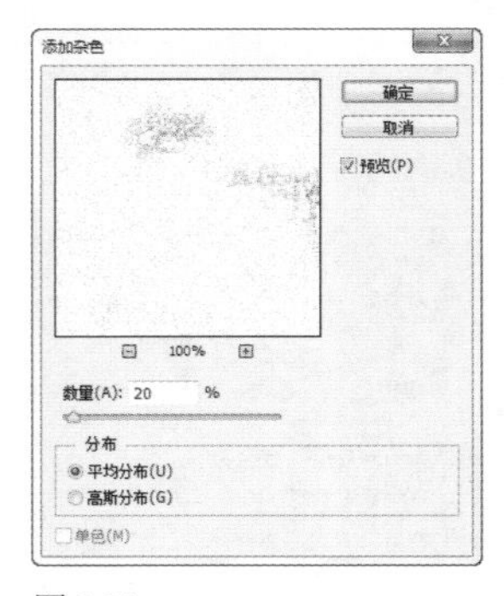

图 9-85

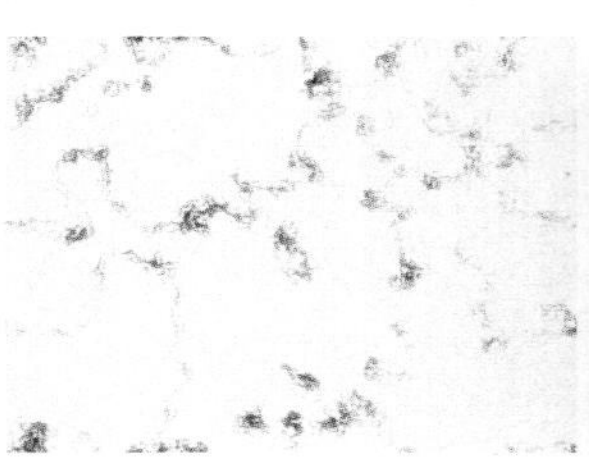

图 9-86

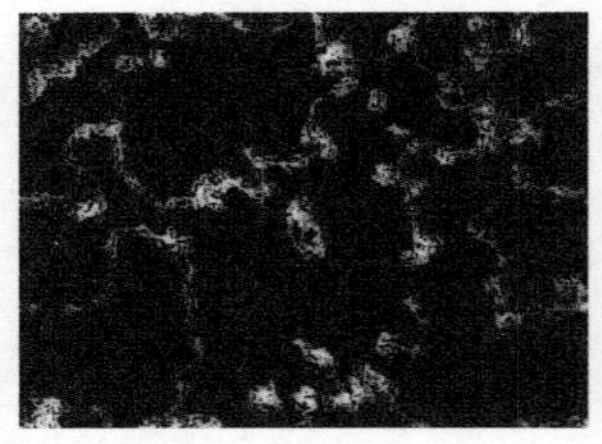

图 9-87

❽ 按下Ctrl+2快捷键，返回彩色图像编辑状态，当前的工作图层为“面包干”图层。执行“滤镜>渲染>光照效果”命令，默认的光照类型为“点光”，它是一束椭圆形的光柱，拖动中央的圆圈可以移动光源位置，拖动手柄可以旋转光照，将光照方向定位在右下角，在“纹理通道”下拉列表中选择Alpha 1通道，如图9-88所示，将Alpha 1通道中的图像映射到文字，这样就可以生成干裂粗糙的表面，如图9-89所示。

图9-88 图9-89

❾ 双击“面包干”图层，分别添加“斜面和浮雕”、“投影”效果，表现出面包的厚度，如图9-90～图9-92所示。

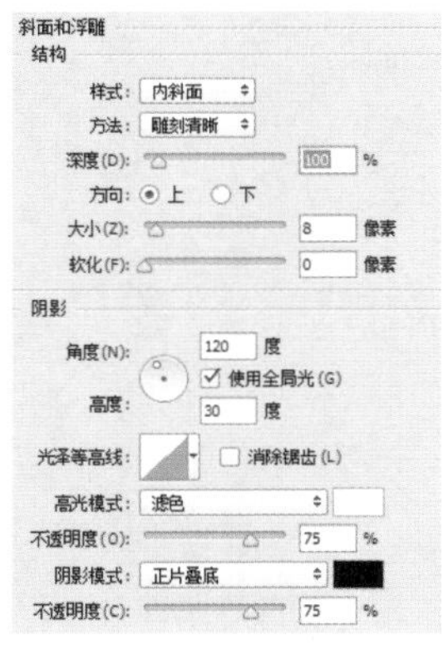

图9-90 图9-91

图9-92

❿ 按住Ctrl键，单击该图层的缩览图，载入文字的选区，如图9-93所示。单击“调整”面板中的 按钮，创建“色阶”调整图层，将图像调亮，并适当增加对比度，如图9-94、图9-95所示，同时，“图层”面板中会基于选区生成一个色阶调整图层，原来的选区范围会变为调整图层蒙版中的白色区域，如图9-96所示。

⓫ 单击“调整”面板中的 按钮，创建“色相/饱和度”调整图层，适当增加饱和度，使“面包干”颜色鲜亮，如图9-97、图9-98所示。

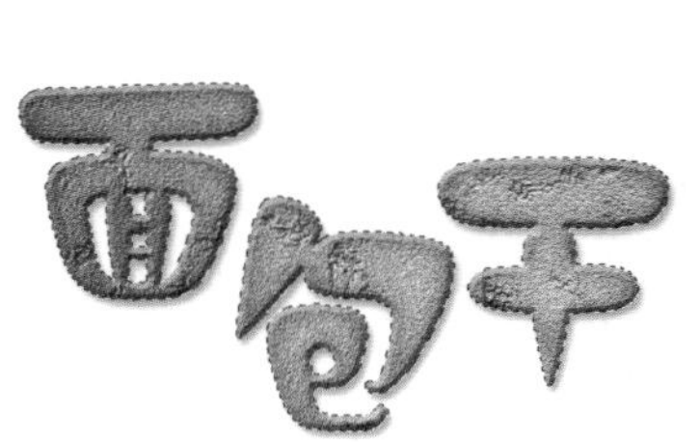

图9-93 图9-94

图9-95

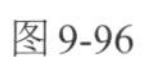

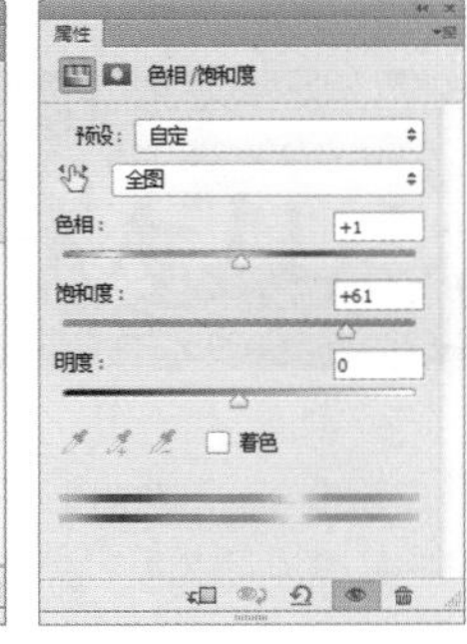

图9-96 图9-97

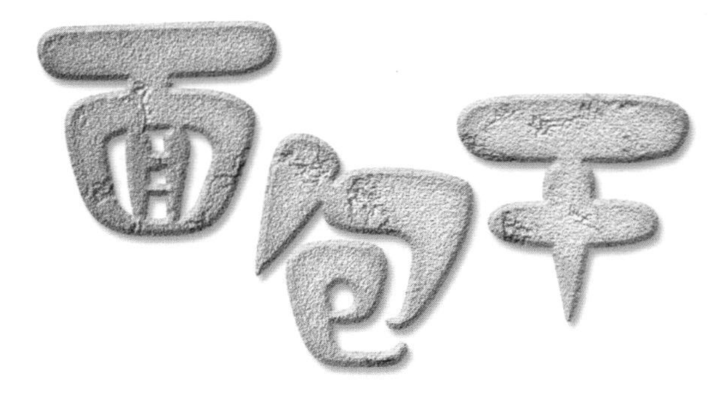

图9-98

9.7 特效字实例：糖果字

❶ 打开光盘中的素材，如图9-99所示。执行“编辑>定义图案”命令，弹出“图案名称”对话框，如图9-100所示，单击“确定”按钮，将纹理定义为图案。

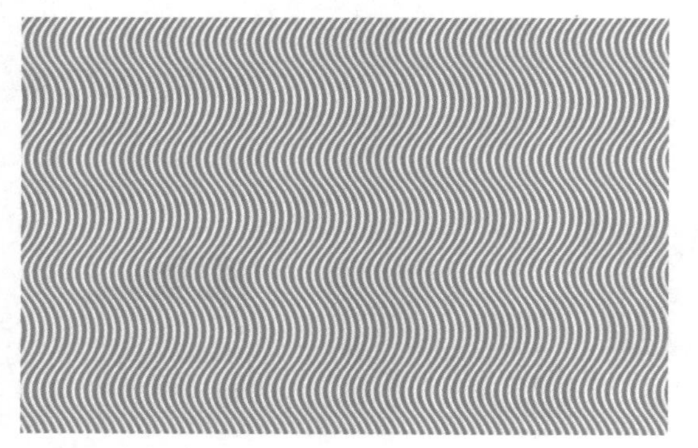

图 9-99

图案名称
名称(N): 纹样
确定
取消

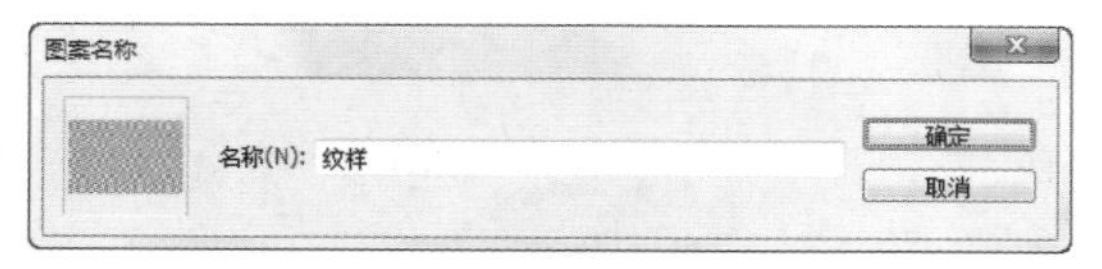

图 9-100

❷ 再打开一个素材，如图9-101所示。双击文字所在的图层，如图9-102所示，打开“图层样式”对话框。

Honey

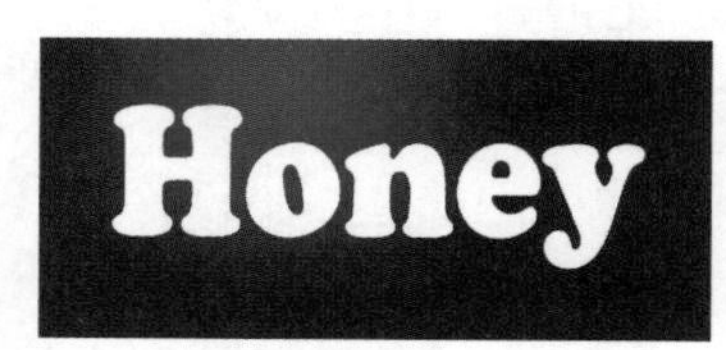

图 9-101

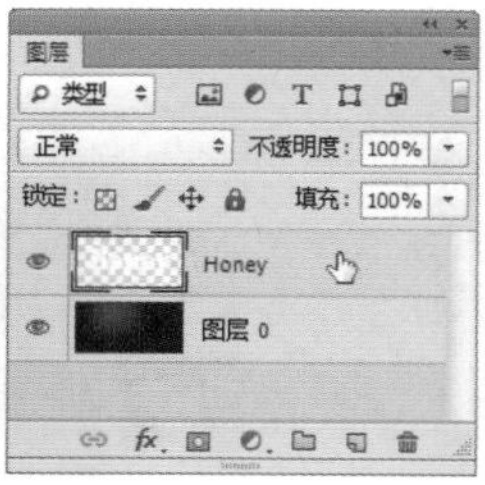

图层
类型
正常
不透明度: 100%
锁定:
填充: 100%
Honey
图层 0

图 9-102

❸ 添加“投影”、“内阴影”、“外发光”、“内发光”、“斜面和浮雕”、“颜色叠加”和“渐变叠加”效果，如图9-103~图9-110所示。

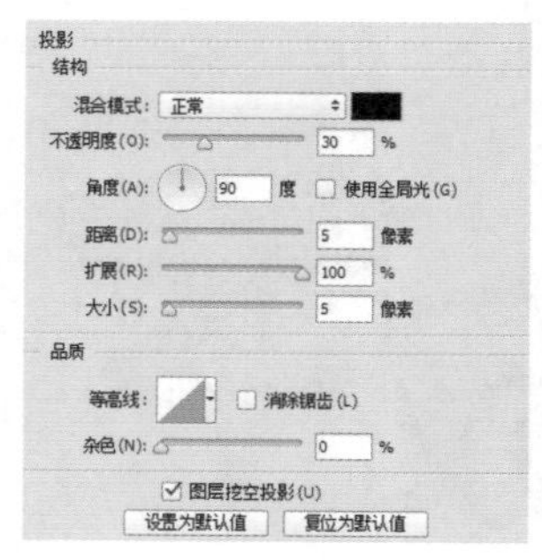

投影
结构
混合模式: 正常
不透明度(O): 30 %
角度(A): 90 度 使用全局光(G)
距离(D): 5 像素
扩展(R): 100 %
大小(S): 5 像素
品质
等高线: 消除锯齿(L)
杂色(N): 0 %
图层挖空投影(U)
设置为默认值 复位为默认值

图 9-103

内阴影
结构
混合模式: 正片叠底
不透明度(O): 90 %
角度(A): 172 度 使用全局光(G)
距离(D): 8 像素
阻塞(C): 0 %
大小(S): 8 像素
品质
等高线: 消除锯齿(L)
杂色(N): 0 %
设置为默认值 复位为默认值

图 9-104

外发光
结构
混合模式: 正常
不透明度(O): 100 %
杂色(N): 0 %
图素
方法: 柔和
扩展(P): 0 %
大小(S): 8 像素
品质
等高线: 消除锯齿(L)
范围(R): 4 %
抖动(J): 0 %

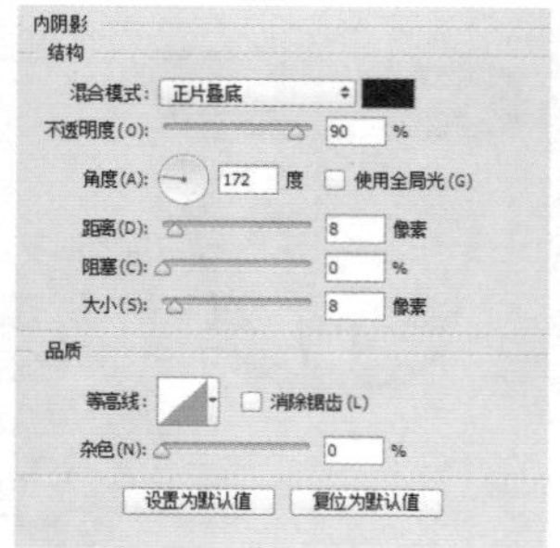

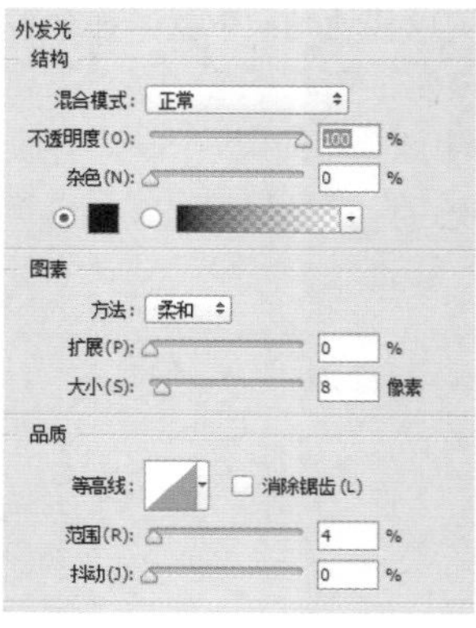

图 9-105

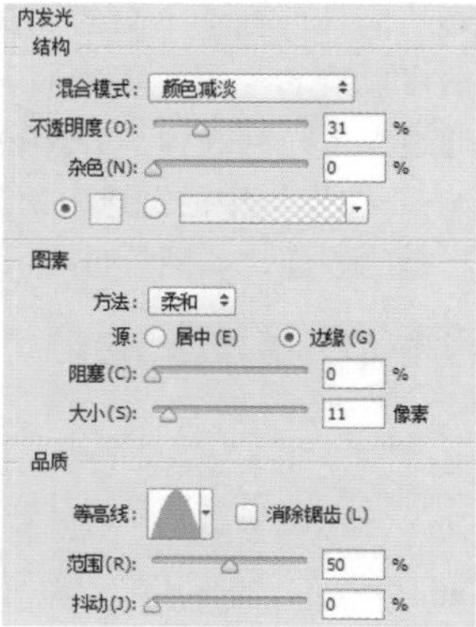

内发光
结构
混合模式: 颜色减淡
不透明度(O): 31 %
杂色(N): 0 %
图素
方法: 柔和
源: 居中(E) 边缘(G)
阻塞(C): 0 %
大小(S): 11 像素
品质
等高线: 消除锯齿(L)
范围(R): 50 %
抖动(J): 0 %

图 9-106

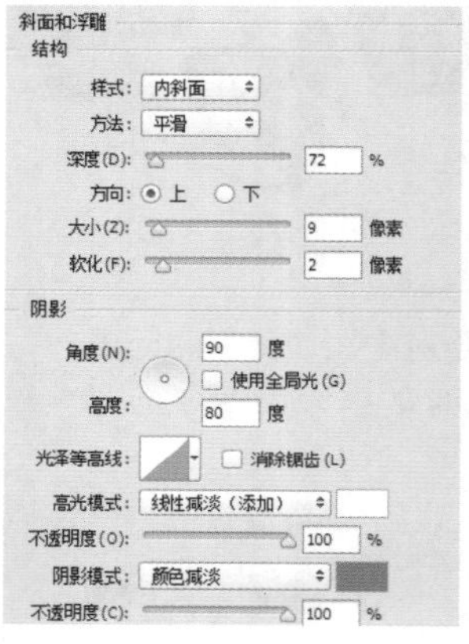

斜面和浮雕
结构
样式: 内斜面
方法: 平滑
深度(D): 72 %
方向: 上 下
大小(Z): 9 像素
软化(F): 2 像素
阴影
角度(N): 90 度
使用全局光(G)
高度: 80 度
光泽等高线: 消除锯齿(L)
高光模式: 线性减淡(添加)
不透明度(O): 100 %
阴影模式: 颜色减淡
不透明度(C): 100 %

图 9-107

颜色叠加
颜色
混合模式: 滤色
不透明度(O): 50 %
设置为默认值 复位为默认值

图 9-108

渐变叠加
渐变
混合模式: 正片叠底 仿色
不透明度(P): 100 %
渐变: 反向(R)
样式: 线性 与图层对齐(I)
角度(N): 90 度 重置对齐
缩放(S): 150 %

图 9-109

Honey

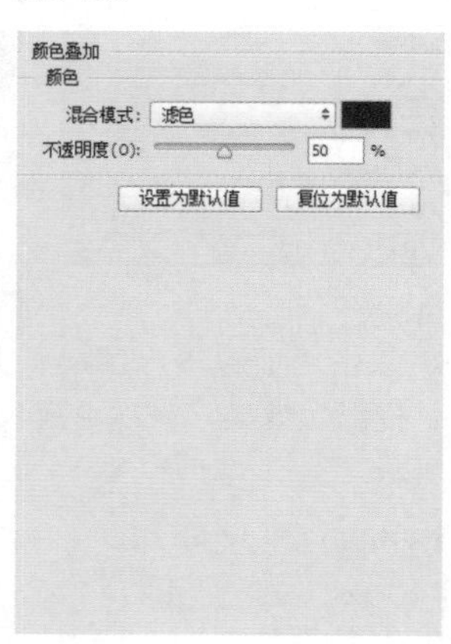

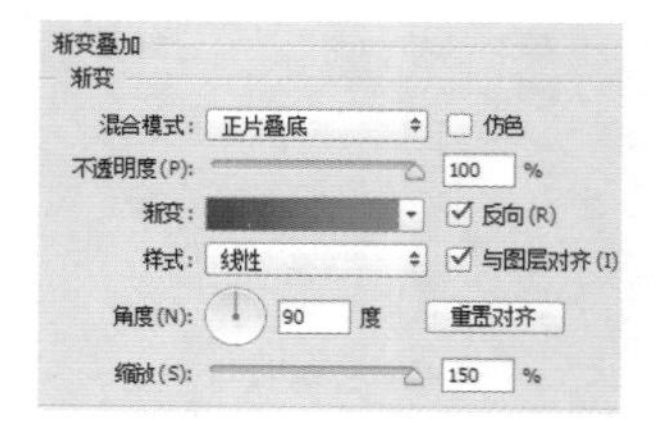

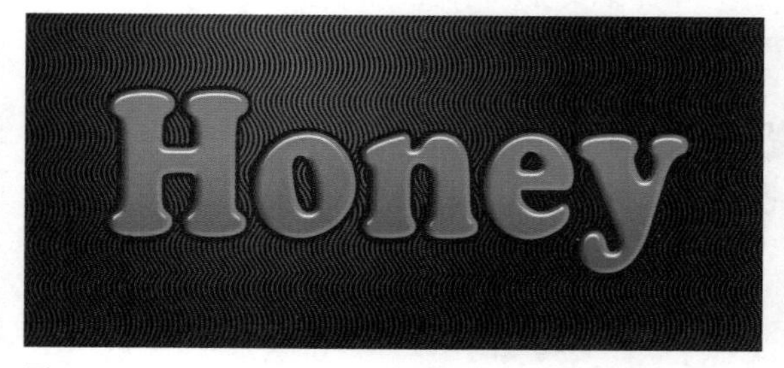

图 9-110

❹ 在左侧列表中选择“图案叠加”效果，单击“图案”选项右侧的三角按钮，打开下拉面板，选择自定义的图案，设置图案的缩放比例为150%，如图9-111所示。

❺ 最后添加“描边”效果，如图9-112所示，完成糖果字的制作，如图9-113所示。

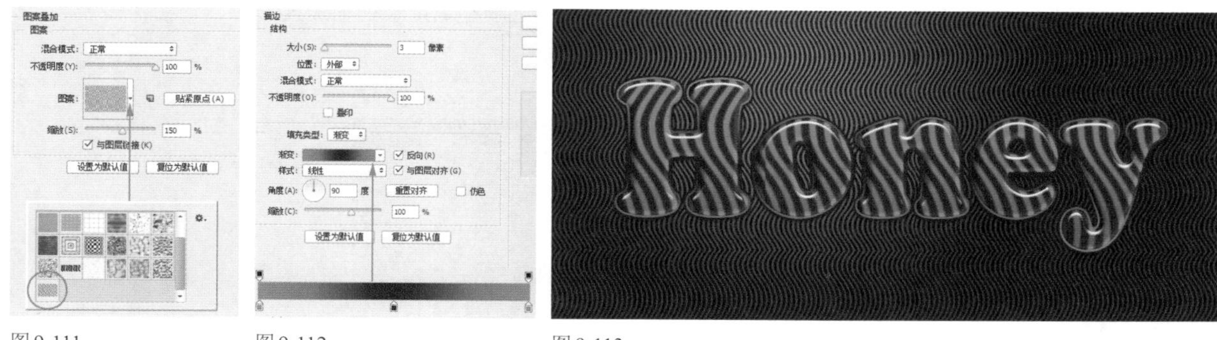

图9-111　　图9-112　　图9-113

9.8 矢量功能

Photoshop是位图软件，但它也可以绘制矢量图形。矢量图形与光栅类的图像相比，最大的特点是可以任意缩放和旋转，而不会出现锯齿；其次，矢量图形在选择和修改方面也十分方便。

9.8.1 绘图模式

Photoshop中的钢笔工具、矩形工具、椭圆工具和自定形状工具等属于矢量工具，它们可以创建不同类型的对象，包括形状图层、工作路径和像素图形。选择其中的一个矢量工具后，需要先在工具选项栏中选择相应的绘制模式，再进行绘图操作。

选择“形状”选项后，可在单独的形状图层中创建形状。形状图层由填充区域和形状两部分组成，填充区域定义了形状的颜色、图案和图层的不透明度，形状则是一个矢量图形，它同时出现在“图层”和“路径”面板中，如图9-114所示。

图9-114

选择“路径”选项后，可创建工作路径，它出现在“路径”面板中，如图9-115所示。路径可以转换为选区或创建矢量蒙版，也可以填充和描边，从而得到光栅化的图像。

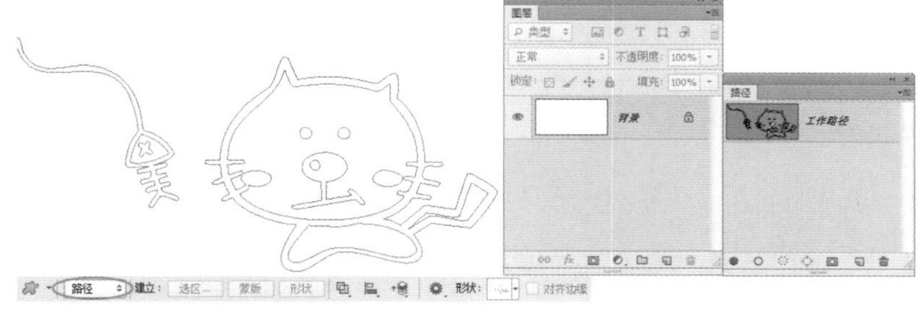

图9-115

选择“像素”选项后，可以在当前图层上绘制栅格化的图形(图形的填充颜色为前景色)。由于不能创建矢量图形，因此，“路径”面板中也不会有路径，如图9–116所示。该选项不能用于钢笔工具。

图9-116

9.8.2 路径运算

用魔棒和快速选择等工具选取对象时，通常都要对选区进行相加、相减等运算，以使其符合要求。使用钢笔或形状等矢量工具时，也可以对路径进行相应的运算，以便得到所需的轮廓。

单击工具选项栏中的 按钮，可以在打开的下拉菜单中选择路径运算方式，如图9–117所示。下面有两个矢量图形，如图9–118所示，邮票是先绘制的路径，人物是后绘制的路径。绘制完邮票图形后，按下不同的运算按钮，再绘制人物图形，就会得到不同的运算结果。

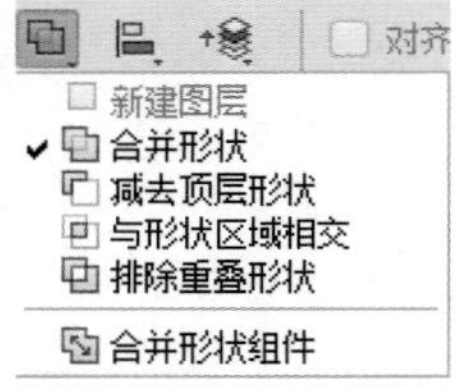

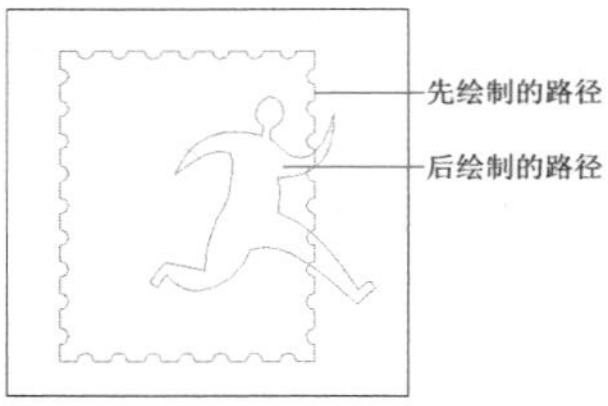

图9-117

先绘制的路径

后绘制的路径

图9-118

- 新建图层 ：单击该按钮，可以创建新的路径层。
- 合并形状 ：单击该按钮，新绘制的图形会与现有的图形合并，如图9-119所示。

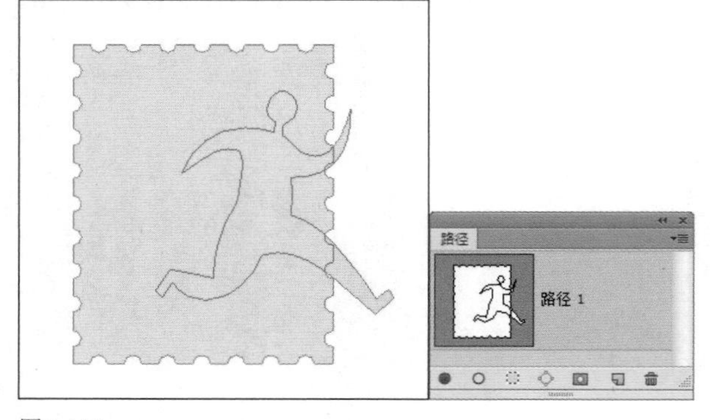

图9-119

- 减去顶层形状 ：单击该按钮，可从现有的图形中减去新绘制的图形，如图9-120所示。

图9-120

- 与形状区域相交 ：单击该按钮，得到的图形为新图形与现有图形相交的区域，如图9-121所示。
- 排除重叠形状 ：单击该按钮，得到的图形为合并路径中排除重叠的区域，如图9-122所示。

图9-121

图 9-122

- 合并形状组件：单击该按钮，可以合并重叠的路径组件。

9.8.3 路径面板

“路径”面板用于保存和管理路径，面板中显示了每条存储的路径、当前工作路径和当前矢量蒙版的名称和缩览图，如图9–123所示。

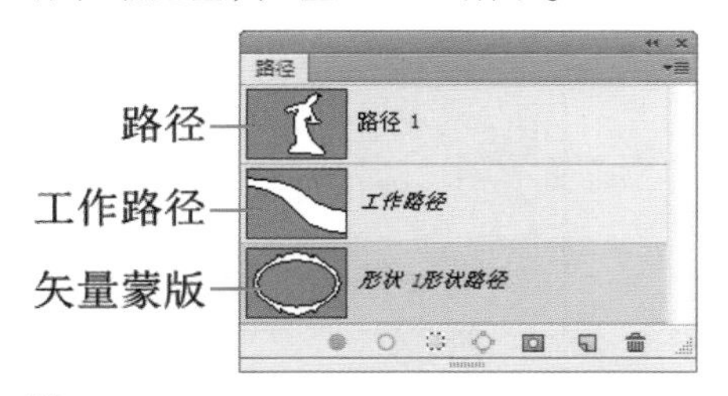

图 9-123

- 路径/工作路径/矢量蒙版：显示了当前文档中包含的路径、临时路径和矢量蒙版。
- 用前景色填充路径：用前景色填充路径区域。
- 用画笔描边路径：用画笔工具对路径进行描边。
- 将路径作为选区载入：将当前选择的路径转换为选区。
- 从选区生成工作路径：从当前的选区中生成工作路径。
- 添加蒙版：从当前路径创建蒙版。例如，图9-124所示为当前图像，在“路径”面板中选择路径层，单击“添加蒙版”按钮，如图9-125所示，即可从路径中生成矢量蒙版，如图9-126所示。

图 9-124

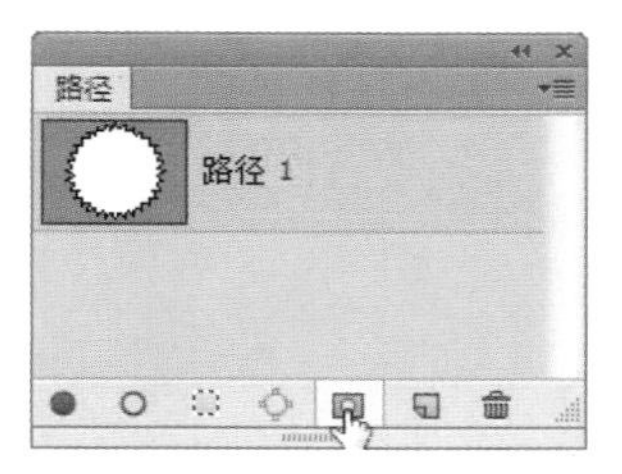

图 9-125

图 9-126

- 创建新路径：单击该按钮，可以创建新的路径层。
- 删除当前路径：选择一个路径层，单击该按钮，可以将其删除。

Tip 使用钢笔工具或形状工具绘图时，如果单击“路径”面板中的“创建新路径”按钮，新建一个路径层，再绘图，可以创建路径；如果没有单击按钮而直接绘图，则创建的是工作路径。工作路径是一种临时路径，用于定义形状的轮廓。将工作路径拖动到面板底部的按钮上，可将其转换为路径。

9.9 用钢笔工具绘图

钢笔工具是Photoshop中最为强大的绘图工具，它主要有两种用途，一是绘制矢量图形，二是用于描摹对象的轮廓，再将其转换为选区。在作为选取工具使用时，钢笔工具描绘的轮廓光滑、准确，将路径转换为选区就可以准确地选择对象。

9.9.1 了解路径与锚点

路径是由钢笔工具或形状工具创建的矢量对象。一条完整的路径由一个或多个直线段或是曲线段组成，用来连接这些路径段的对象是锚点，如图9–127所示。锚点分为两种，一种是平滑点，另一种是角点，平滑的曲线由平滑点连接而成，如图9–128所示，直线和转角曲线则由角点连接而成，如图9–129、图9–130所示。

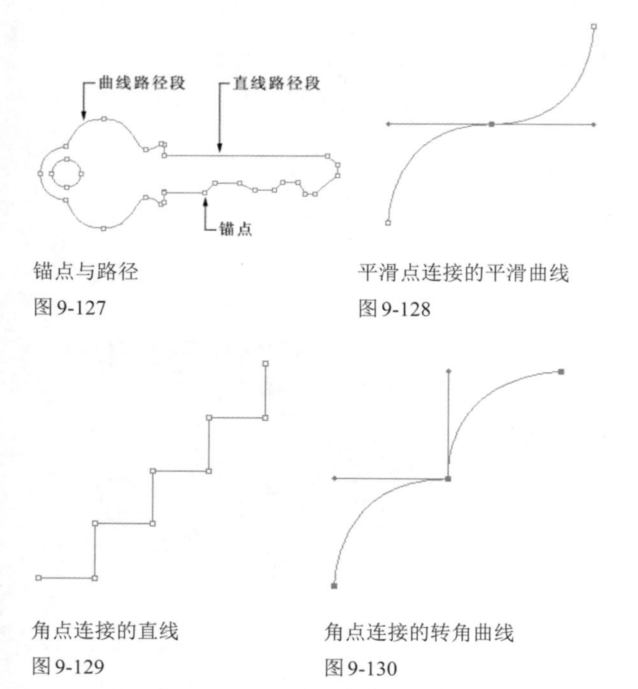

锚点与路径

图9-127

平滑点连接的平滑曲线

图9-128

角点连接的直线

图9-129

角点连接的转角曲线

图9-130

在曲线路径段上，每个锚点都包含一条或两条方向线，方向线的端点是方向点，如图9–131所示，移动方向点可以改变方向线的长度和方向，从而改变曲线的形状。当移动平滑点上的方向线时，可以同时影响该点两侧的路径段，如图9–132所示；移动角点上的方向线时，只影响与该方向线同侧的路径段，如图9–133所示。

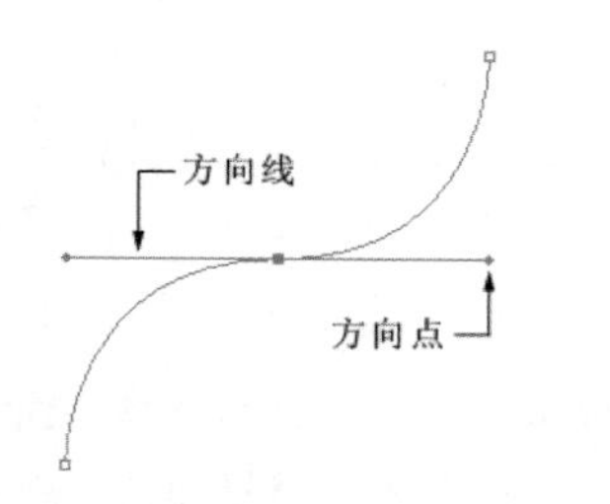

方向线和方向点

图9-131

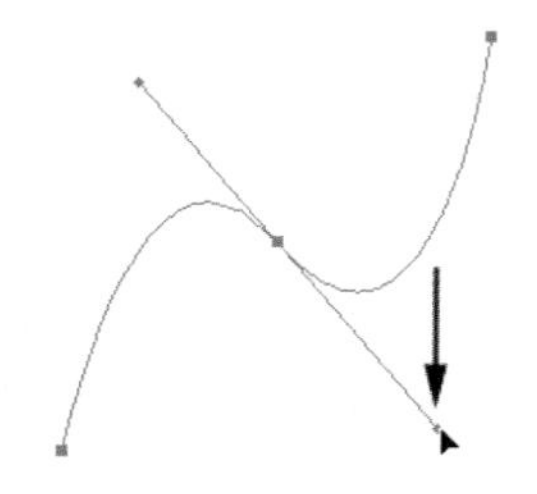

移动平滑点上的方向线

图9-132

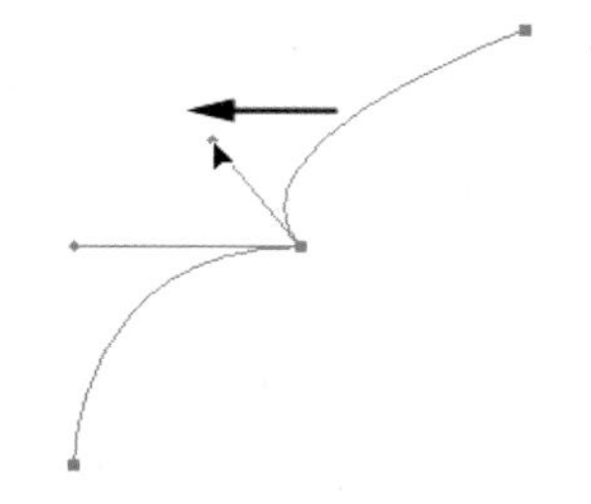

移动角点上的方向线

图9-133

9.9.2 绘制直线

选择钢笔工具，在工具选项栏中选择“路径”选项，在文档窗口单击可以创建锚点，放开鼠标按键，然后在其他位置单击可以创建路径，按住Shift键单击可锁定水平、垂直或以45度为增量创建直线路径。如果要封闭路径，可在路径的起点处单击。图9–134所示为一个矩形的绘制过程。

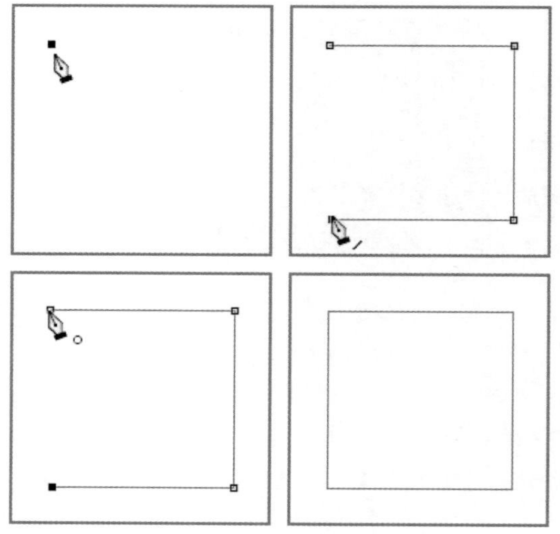

图9-134

如果要结束一段开放式路径的绘制，可以按住Ctrl键（转换为直接选择工具），在画面的空白处单击，单击其他工具，或者按下Esc键，也可以结束路径的绘制。

Tip 在“路径”面板路径层下方的空白处单击，可以取消路径的选择，文档窗口中便不会显示路径。此外，按下Ctrl+H快捷键，可以在选择路径的状态下隐藏或显示画面中的路径。

9.9.3 绘制曲线

钢笔工具可以绘制任意形状的光滑曲线。选择该工具后，在画面上单击并按住鼠标按键拖动，可以创建平滑点（在拖动的过程中，可以调整方向线的长度和方向），将光标移动至下一处位置，单击并拖动鼠标创建第二个平滑点，继续创建平滑点，可以生成光滑的曲线，如图9–135所示。

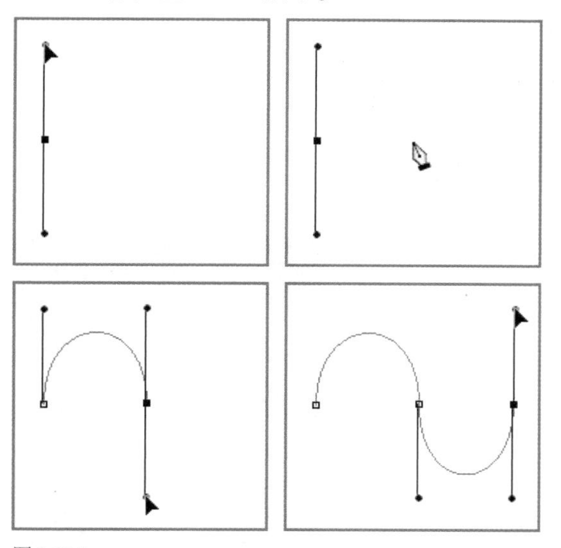

图9-135

9.9.4 绘制转角曲线

转角曲线是与上一段曲线之间出现转折的曲线，要绘制这样的曲线，需要在定位锚点前改变曲线的走向，具体的操作方法是，将光标放在最后一个平滑点上，按住Alt键（光标显示为状）单击该点，将它转换为只有一条方向线的角点，然后在其他位置单击并拖动鼠标，便可以绘制转角曲线，如图9–136所示。

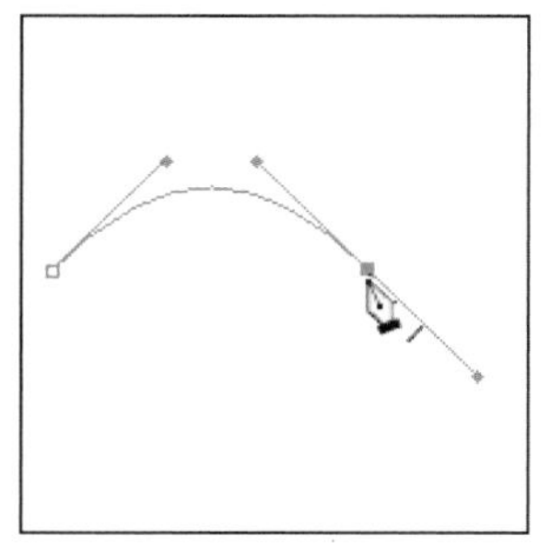

将光标放在平滑点上

按住Alt键单击

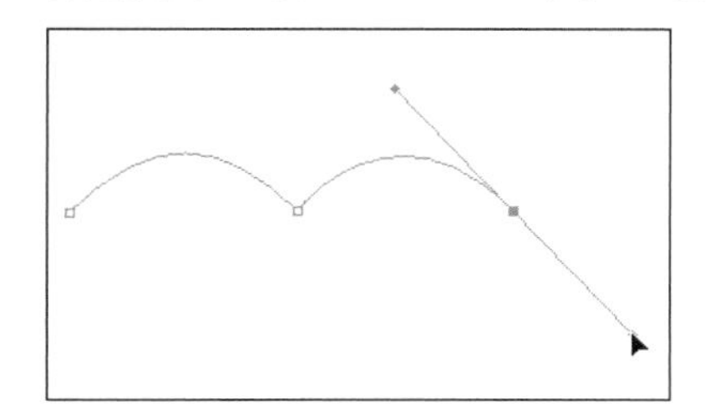

在另一处位置单击并拖动鼠标

图9-136

Tip 使用钢笔工具时，光标在路径和锚点上会有不同的显示状态，通过对光标的观察，可以判断钢笔工具此时的功能，从而更加灵活地使用钢笔工具绘图。

● ：当光标在画面中显示为状时，单击可以创建一个角点；单击并拖动鼠标，可以创建一个平滑点。

● ：在工具选项栏中勾选了“自动添加/删除”复选项后，当光标在路径上变为状时，单击可以在路径上添加锚点。

● ：勾选了“自动添加/删除”复选项后，当光标在锚点上变为状时，单击可以删除该锚点。

● ：在绘制路径的过程中，将光标移至路径起始的锚点上，光标会变为状，此时单击可以闭合路径。

● ：选择一个开放式路径，将光标移至该路径的一个端点上，光标变为状时单击，然后便可以继续绘制该路径；如果在绘制路径的过程中，将钢笔工具移至另外一条开放路径的端点上，光标变为状时单击，可以将这两段开放式路径连接成为一条路径。

9.9.5 编辑路径形状

直接选择工具和转换点工具都可以调整方向线。例如，图9–137所示为原图形，使用直接选择工具拖动平滑点上的方向线时，方向线始终保持为一条直线状态，锚点两侧的路径段都会发生改变，如图9–138所示；使用转换点工具拖动方向线时，则可以单独调整平滑点任意一侧的方向线，而不会影响到另外一侧的方向线和同侧的路径段，如图9–139所示。

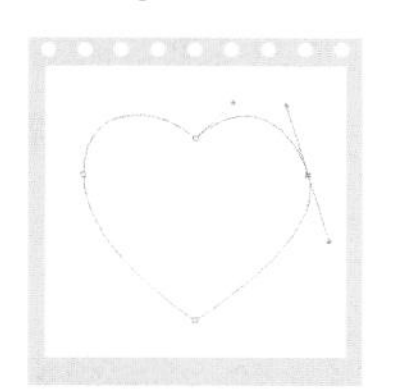

图9-137

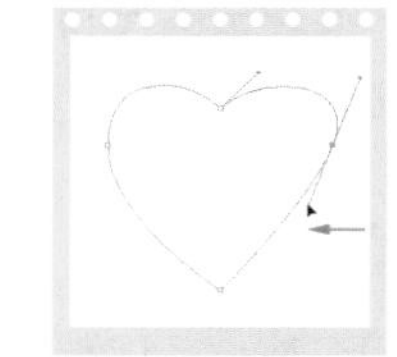

图9-138

图9-139

Tip 转换点工具可以转换锚点的类型。选择该工具后，将光标放在锚点上，如果当前锚点为角点，单击并拖动鼠标可将其转换为平滑点；如果当前锚点为平滑点，则单击可以将其转换为角点。

Tip 钢笔工具绘制的曲线叫做贝塞尔曲线。它是由法国计算机图形学大师Pierre E.Bézier在20世纪70年代早期开发的一种锚点调节方式，其原理是在锚点上加上两个控制柄，不论调整哪一个控制柄，另外一个始终与它保持成一直线并与曲线相切。贝塞尔曲线具有精确和易于修改的特点，被广泛地应用在计算机图形领域，如Illustrator、CorelDraw、FreeHand、Flash和3ds Max等软件都包含贝塞尔曲线绘制工具。

9.9.6 选择锚点和路径

使用直接选择工具单击一个锚点，可以选择该锚点，选中的锚点为实心方块，未选中的锚点为空心方块，如图9-140所示。单击一个路径段时，可以选择该路径段，如图9-141所示。使用路径选择工具单击路径可以选择整个路径，如图9-142所示。选择锚点、路径段和整条路径后，按住鼠标按键不放并拖动，即可将其移动。

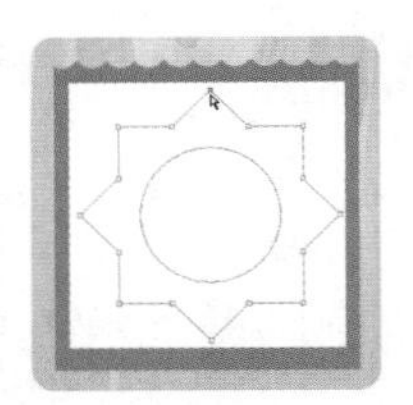
图9-140

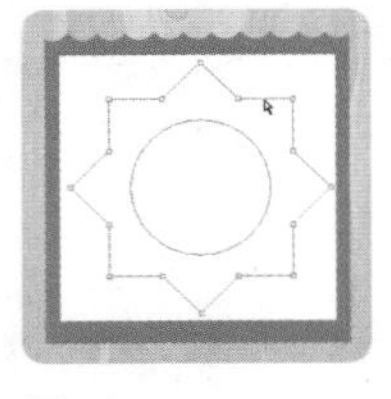
图9-141

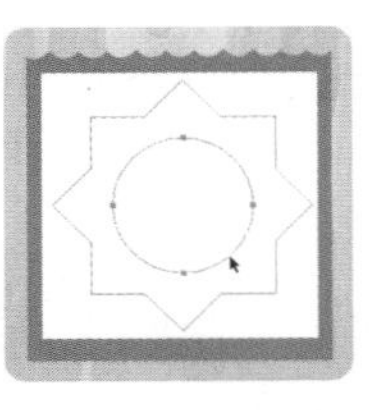
图9-142

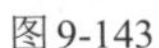
图9-143

图9-144

图9-145

9.9.7 路径与选区的转换方法

创建选区后，如图9-143所示，单击“路径”面板中的按钮，可以将选区转换为工作路径，如图9-144所示。如果要将路径转换为选区，可以按住Ctrl键，单击“路径”面板中的路径层，如图9-145所示。

9.10 用形状工具绘图

Photoshop中的形状工具包括矩形工具、圆角矩形工具、椭圆工具、多边形工具、直线工具和自定形状工具，它们可以绘制标准的几何矢量图形，也可以绘制由用户自定义的图形。

9.10.1 创建基本图形

- 矩形工具：用来绘制矩形和正方形（按住Shift键操作），如图9-146所示。
- 圆角矩形工具：用来创建圆角矩形，如图9-147所示。可以调整圆角半径。

图9-146

图9-147

- 椭圆工具：用来创建椭圆形和圆形（按住Shift键操作），如图9-148所示。

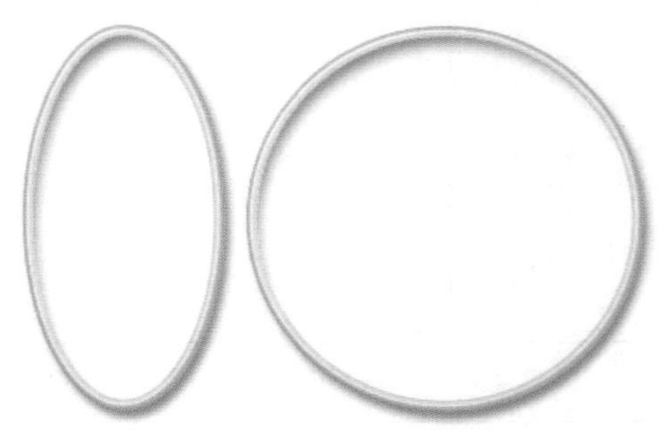
图9-148

- 多边形工具：用来创建多边形和星形，范围为3～100。单击工具选项栏中的按钮，打开下拉面板，可设置多边形选项，如图9-149、图9-150所示。
- 直线工具：用来创建直线和带有箭头的线段（按住Shift键操作，可以锁定水平或垂直方向），如图9-151所示。

图 9-149

图 9-150

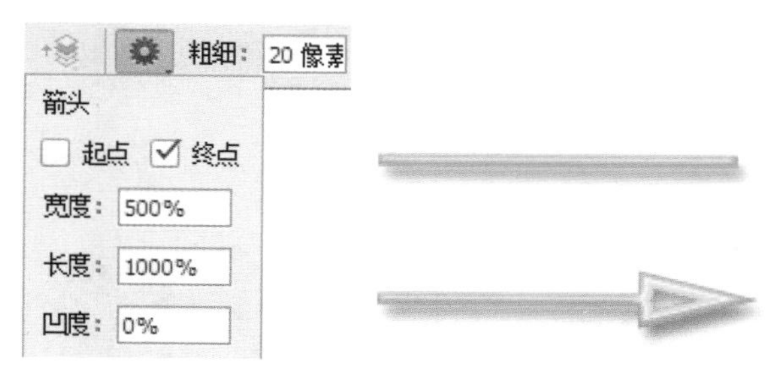

图 9-151

绘制矩形、圆形、多边形、直线和自定义形状时，在创建形状的过程中，按下键盘中的空格键并拖动鼠标，可以移动形状。

9.10.2 创建自定义形状

使用自定义形状工具可以创建Photoshop预设的形状、自定义的形状，或者是外部提供的形状。选择该工具后，需要单击工具选项栏中的按钮，在打开的形状下拉面板中选择一种形状，然后单击并拖动鼠标，即可创建该图形，如图9-152所示。如果要保持形状的比例，可以按住 Shift 键绘制图形。此外，下拉面板菜单中还包含了Photoshop预设的各种形状库，选择一个形状库，可将其加载到形状下拉面板中。

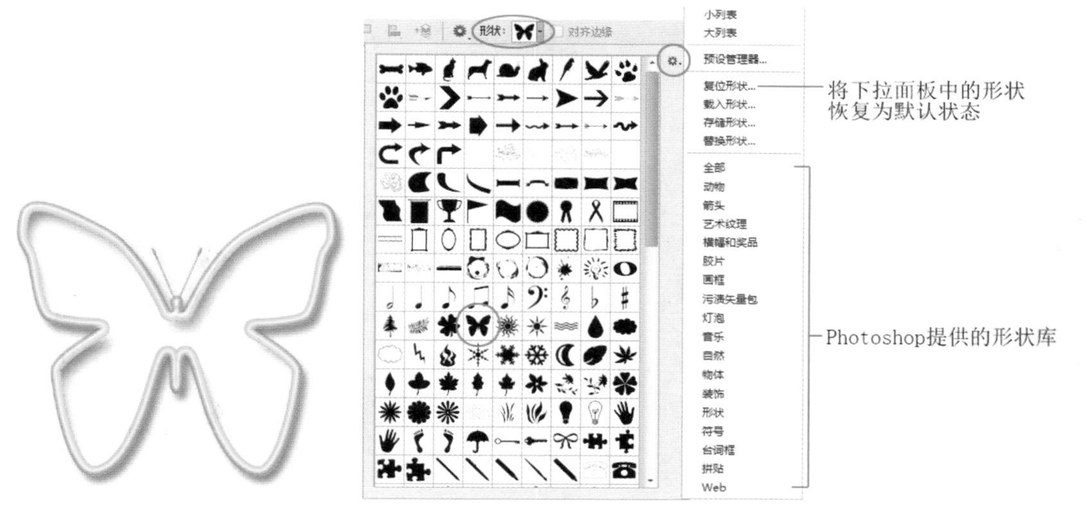

图 9-152

执行形状下拉面板菜单中的“载入形状”命令，在打开的对话框中选择光盘中的“形状库”中的文件，可将其载入到Photoshop中使用。

9.11 矢量实例：超萌表情图标

❶ 按下Ctrl+N快捷键，打开“新建”对话框，在“预设”下拉列表中选择“Web”选项，在“画板大小”下拉列表中选择“Web最小尺寸（1024×768）”选项，新建一个文件。

❷ 单击“图层”面板中的按钮，新建“图层1”。将前景色设置为洋红色，选择椭圆工具，在工具选项栏中

选择“像素”选项，绘制一个椭圆形，如图9-153所示。选择移动工具，按住Alt+Shift组合键，向右侧拖动椭圆形进行复制，如图9-154所示。

图9-153

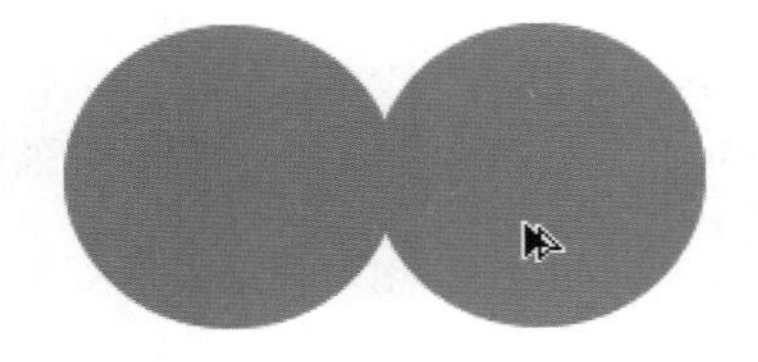

图9-154

❸ 单击按钮新建“图层2”。创建一个大一点的圆形，将前面创建的两个圆形覆盖，如图9-155所示。使用矩形选框工具在圆形上半部分创建选区，按下Delete键删除选区内的图像，形成一个嘴唇的形状，如图9-156所示。按下Ctrl+D快捷键取消选择。

图9-155

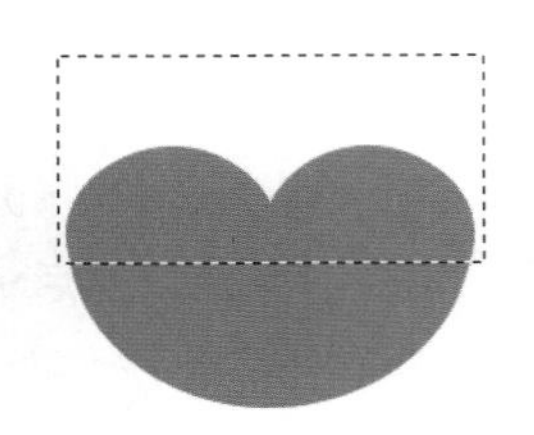

图9-156

❹ 使用椭圆工具按住Shift键在嘴唇图形左侧绘制一个黑色的圆形，如图9-157所示。按下Ctrl+E快捷键将当前图层与下面的图层合并，按住Ctrl键单击“图层1”的缩览图，载入图形的选区，如图9-158、图9-159所示。

图9-157

图9-158

图9-159

❺ 选择画笔工具（柔角65像素），在圆形内部涂抹橙色，再使用浅粉色填充嘴唇，如图9-160所示。按下Ctrl+D快捷键取消选择。

图9-160

❻ 用椭圆选框工具按住Shift键创建一个圆形选区。选择油漆桶工具，在工具选项栏中加载图案库，选择“生锈金属”图案，如图9-161所示，在选区内单击，填充该图案，如图9-162所示。

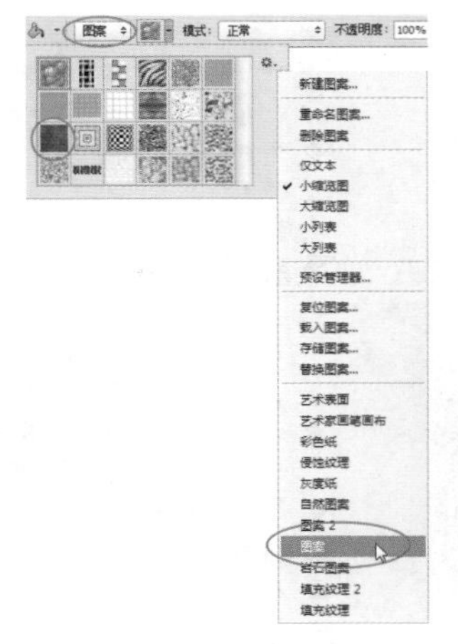

图9-161　　图9-162

❼ 执行“滤镜>模糊>径向模糊”命令，打开“径向模糊”对话框。在“模糊方法”选项组中选择“缩放”单选项，将“数量”设置为60，如图9-163所示。单击“确定”按钮关闭对话框，图像的模糊效果如图9-164所示。按下Ctrl+D快捷键，取消选择。

❽ 使用椭圆工具按住Shift键绘制一个黑色的圆形，如图9-165所示。将前景色设置为紫色，选择直线工具，在工具选项栏中选择“像素”选项，在嘴唇图形上绘制一条水平线，再使用多边形套索工具创建一个小的菱形选区，用油漆桶工具填充紫色，如图9-166所示。

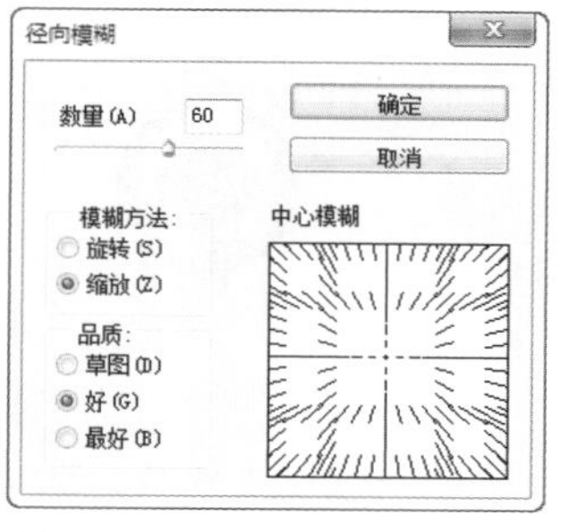

图9-163

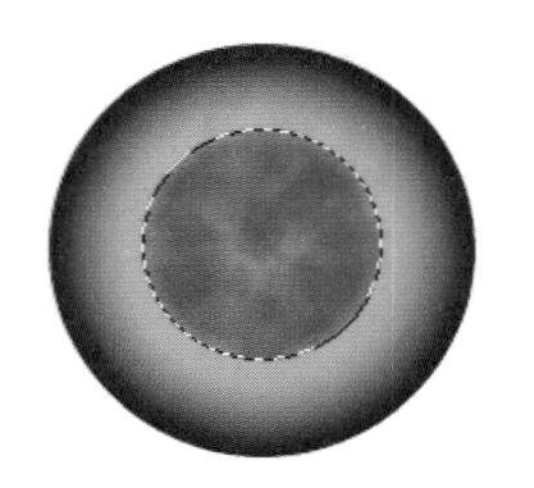
图9-164

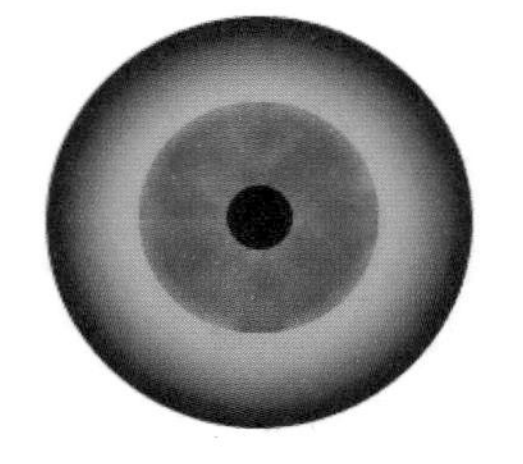
图9-165

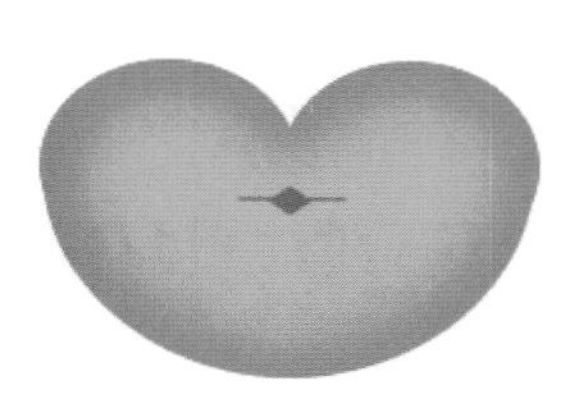
图9-166

❾ 选择自定形状工具，在工具选项栏中选择“像素”选项，打开“形状”下拉面板，选择“雨点”形状，如图9-167所示。新建一个图层。绘制一个浅蓝色的雨点，如图9-168所示。

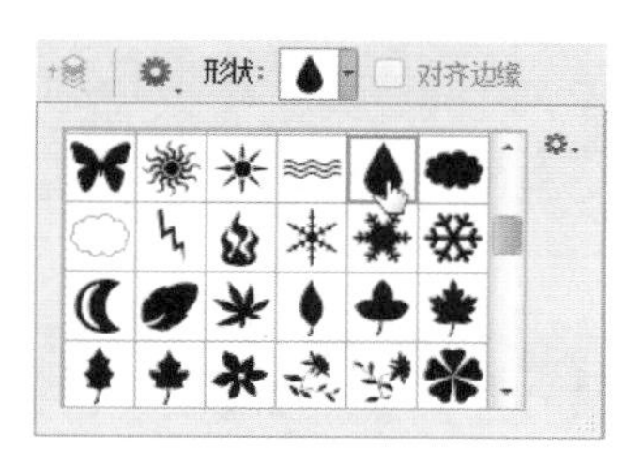

图9-167

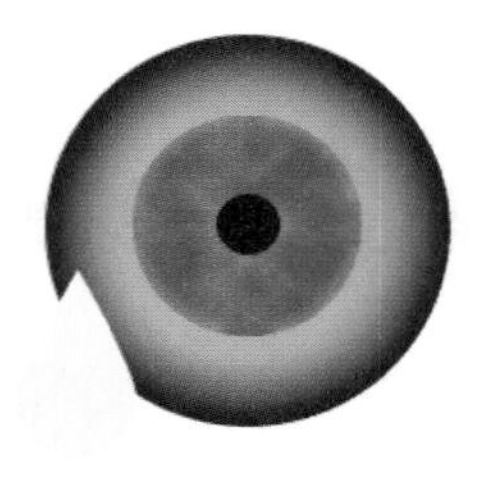
图9-168

❿ 单击“图层”面板中的按钮，将该图层的透明区域保护起来，如图9-169所示。将前景色设置为蓝色，选择画笔工具（柔角35像素），在雨点的边缘涂抹蓝色，如图9-170所示。将前景色设置为深蓝色，在雨点的右侧涂抹，产生立体效果，如图9-171所示。

图9-169

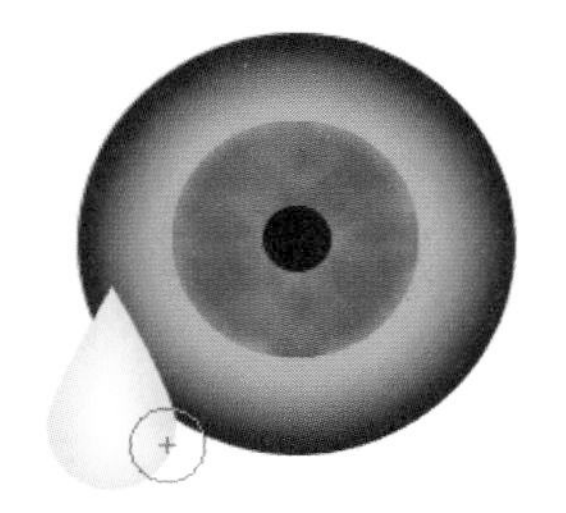
图9-170

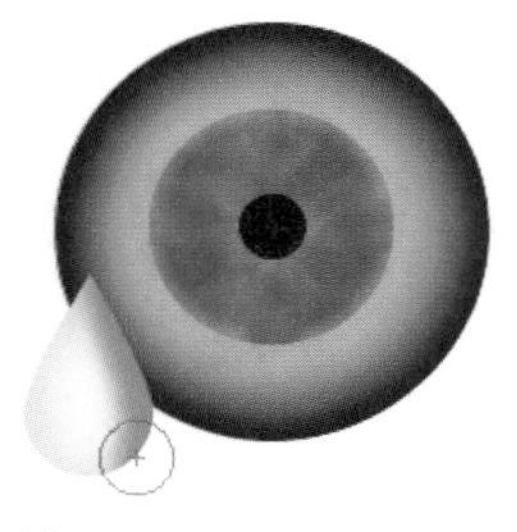
图9-171

⓫ 新建一个图层。使用椭圆工具绘制一个白色的圆形，如图9-172所示。选择橡皮擦工具（柔角100像素），将椭圆形下面的区域擦除，通过这种方式可以创建眼球上的高光，如图9-173所示。

图9-172

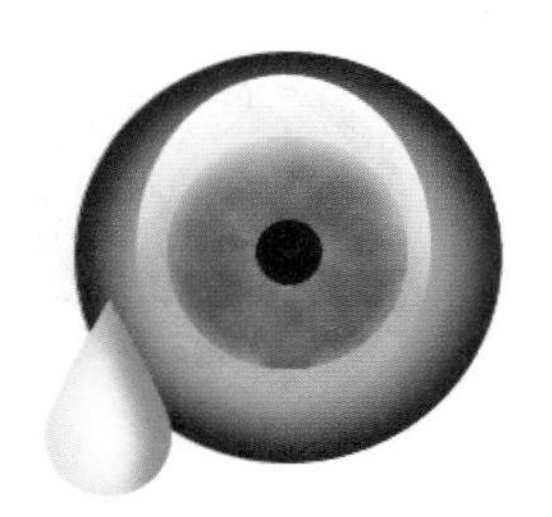
图9-173

⓬ 用同样的方法制作泪滴和嘴唇上的高光，如图9-174所示。按下Ctrl+E快捷键，将组成水晶按钮的图层合并。

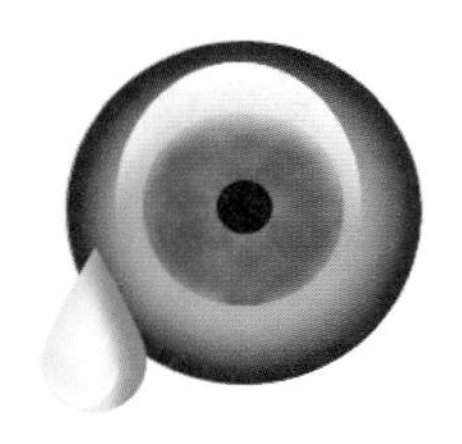
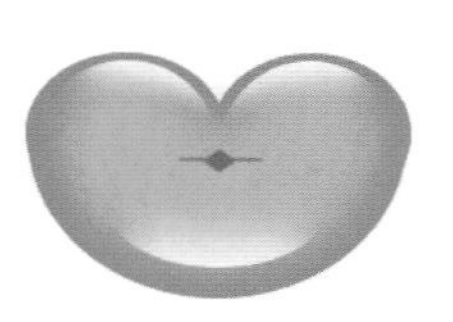
图9-174

⓭ 按住Ctrl键单击“创建新图层”按钮，在当前图层下面新建一个图层。选择一个柔角画笔，绘制投影，如图9-175所示。为了使投影的边缘逐渐变淡，可以用橡皮擦工具（不透明度30%）对边缘进行擦除。在靠近图标处涂抹白色，创建反光的效果，如图9-176所示。选择“图层1”，按下Ctrl+E快捷键将它与“图层2”合并，使水晶图标及其投影成为一个图层。

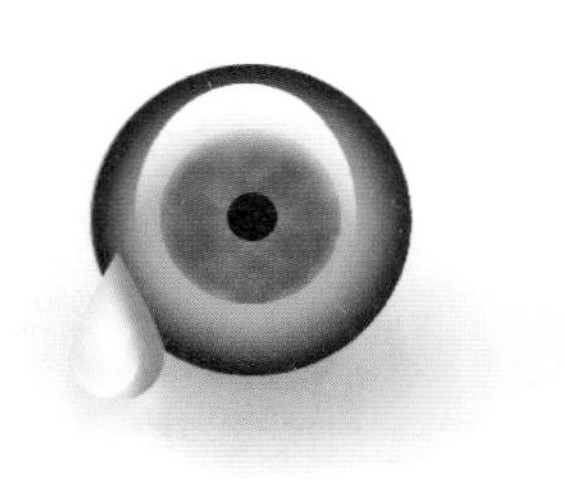

图9-175

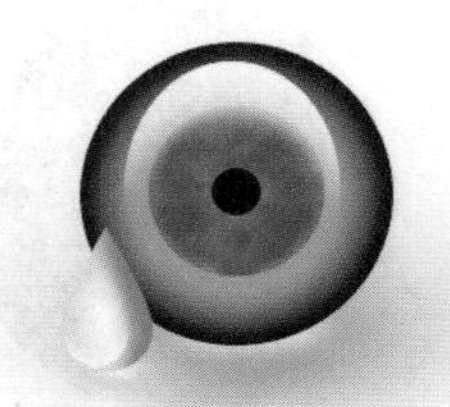

图 9-176

⑭ 选择移动工具，按住Alt键拖动水晶图标进行复制，如图9-177所示。执行“编辑>变换>水平翻转”命令，翻转图像，如图9-178所示。

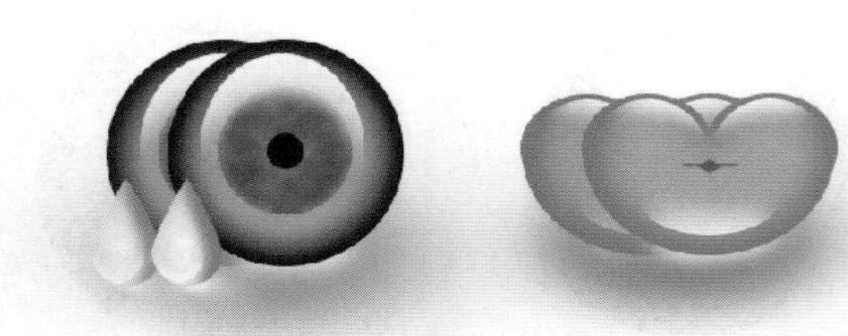

图 9-177

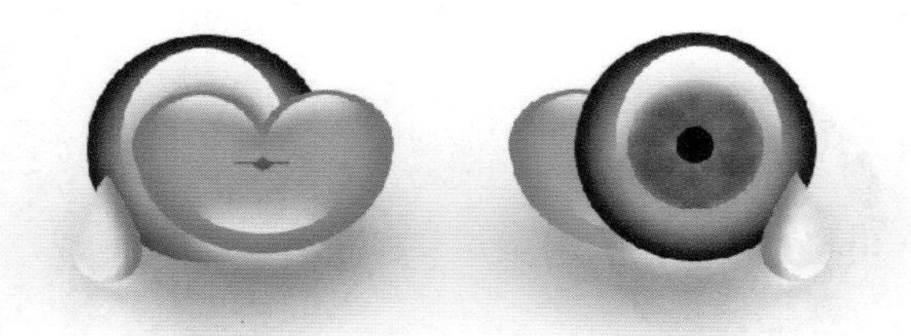

图 9-178

⑮ 将复制后的图标移动到画面右侧，用橡皮擦工具将嘴唇擦除。按下Ctrl+U快捷键打开“色相/饱和度”对话框，调整“色相”参数，改变图标的颜色，如图9-179、图9-180所示。

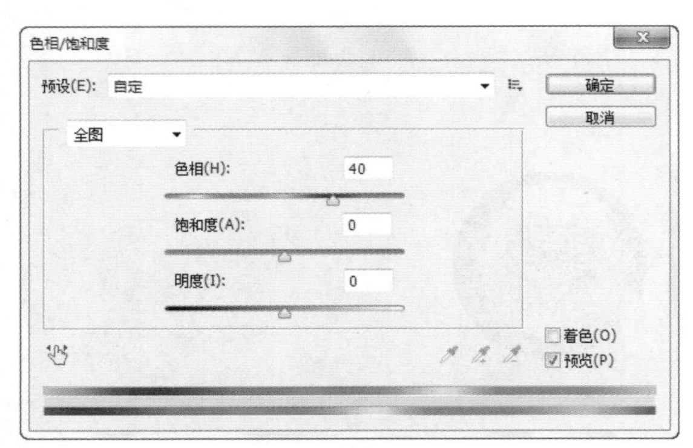

图 9-179

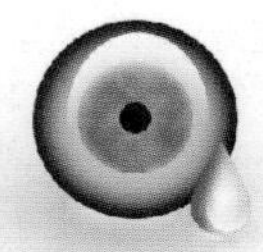

图 9-180

⑯ 打开一个素材，如图9-181所示。这个素材中的条纹和格子是用“半调图案”滤镜制作的，右上角的花纹图案则是形状库中的低音符号。使用移动工具按住Shift键将该图像拖动到水晶图标文件中，按下Shift+Ctrl+[快捷键将它移至底层作为背景。用多边形套索工具选取嘴唇，按住Ctrl键切换为移动工具，将光标放在选区内单击，并向下移动，如图9-182所示。

图 9-181

图 9-182

⑰ 选择横排文字工具 T，在工具选项栏中设置字体及大小，在画面中单击，然后输入文字，如图9-183所示。单击工具选项栏中的“创建文字变形”按钮，打开“变形文字”对话框，在“样式”下拉列表中选择“扇形”选项，设置“弯曲”为50%，如图9-184所示，弯曲

后的文字看起来像眉毛一样，如图9-185所示。

图 9-183

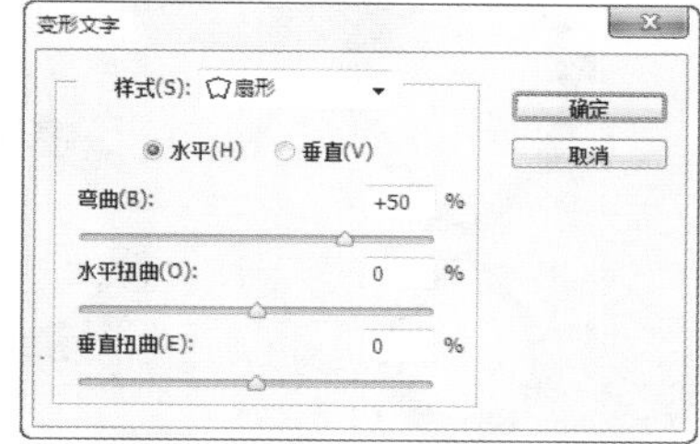

图 9-184

图 9-185

⑱ 用同样方法制作另一侧文字，完成后的效果如图9-186所示。

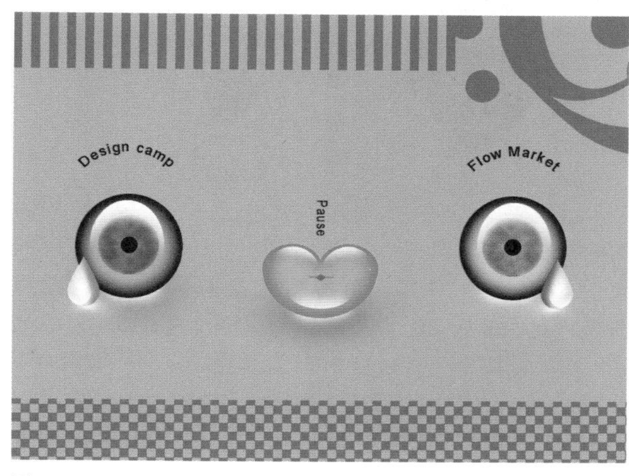

图 9-186

9.12 应用案例：名片设计

❶ 按下Ctrl+N快捷键，打开“新建”对话框，设置文件大小为96mm×60mm（每边包括3mm出血），分辨率为300像素/英寸，颜色模式为CMYK，新建一个文件，如图9-187所示。

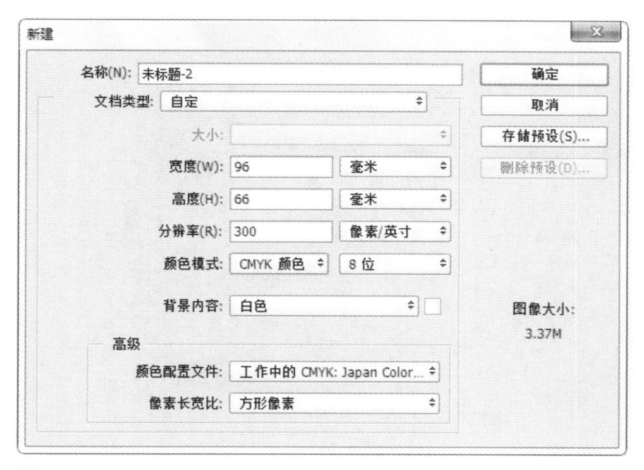

图 9-187

❷ 将前景色调整为黄色，如图9-188所示，按下Alt+Delete快捷键填充前景色，按下Ctrl+R快捷键显示标尺，如图9-189所示。

❸ 选择钢笔工具，在工具选项栏中选择“形状”选项，绘制图9-190所示的形状，“图层”面板中会自动生成一个形状图层，如图9-191所示。

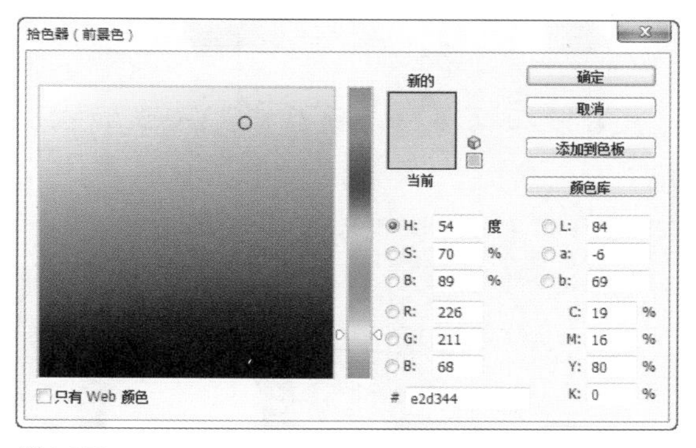

图 9-188

图 9-189

图 9-190

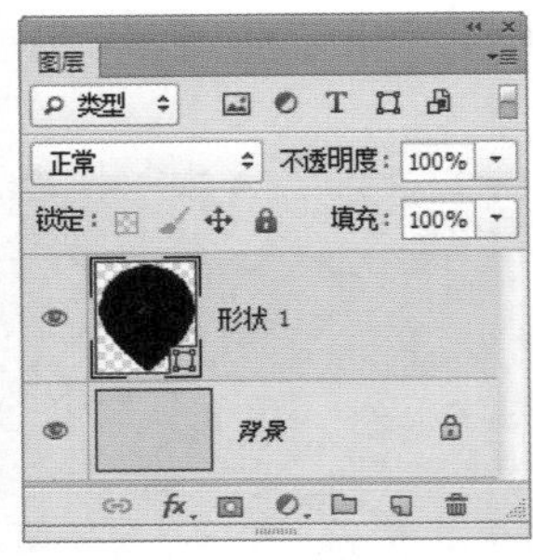

图 9-191

❹ 在“形状1”图层上单击鼠标右键，打开菜单选择“栅格化图层”命令，将形状图层转换为普通图层，如图9-192所示。按下Ctrl+J快捷键复制图层，按下Ctrl+I快捷键反相，使黑色图形变为白色，如图9-193、图9-194所示。按下Ctrl+T快捷键显示定界框，按住Alt+Shift组合键并拖动定界框的一角，将图形成比例缩小，如图9-195所示，按下回车键确认操作。

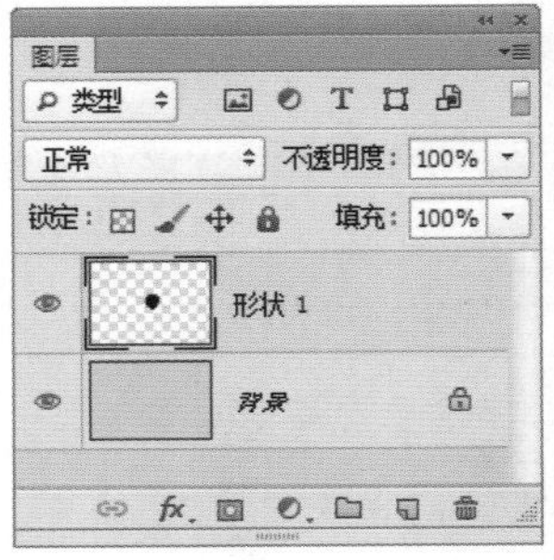

图 9-192

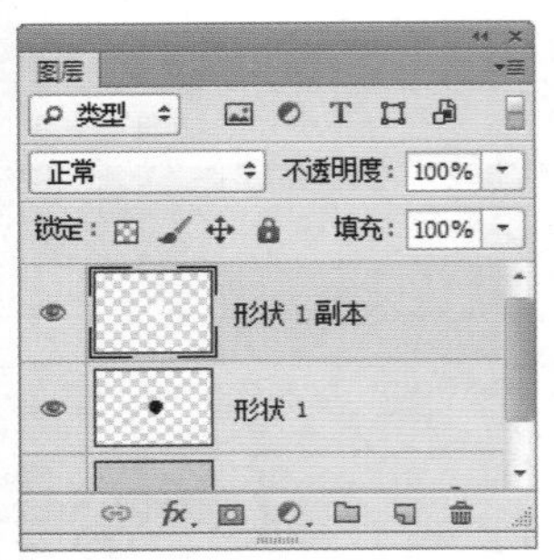

图 9-193

图 9-194

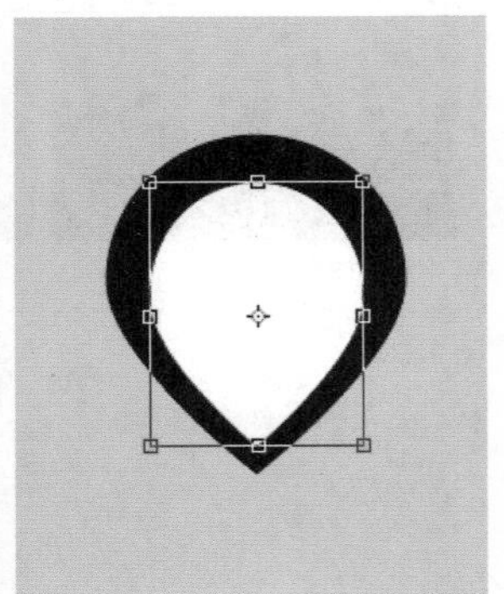

图 9-195

❺ 按下Ctrl+E快捷键，将黑、白两个图形合并到一个图层中。按下Ctrl+J快捷键复制该图层。按下Ctrl+T快捷键显示定界框，单击鼠标右键打开快捷菜单，选择“垂直翻转”命令，再将图形成比例缩小，如图9-196所示。按下回车键确认操作。将两图形所在的图层合并。再次重复复制与变换的操作，变换图形时按住Shift键，可轻松地将旋转角度设定为90°，如图9-197所示。

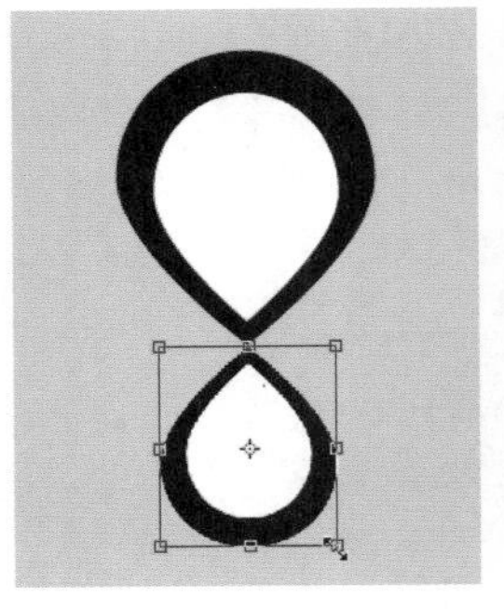

图 9-196

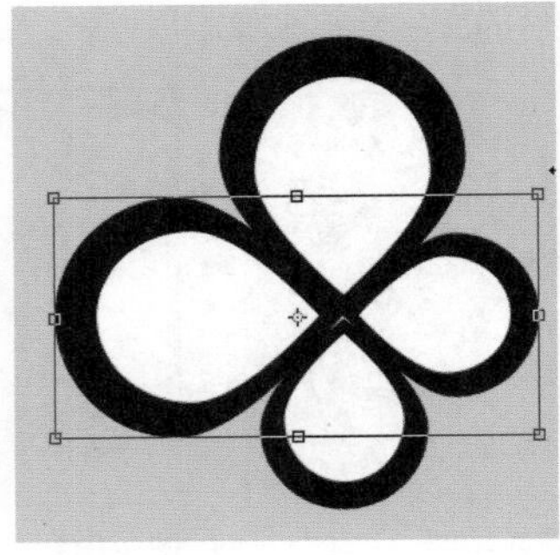

图 9-197

❻ 使用魔棒工具 选取其中的一大一小两个白色图形，填充与背景相同的颜色，如图9-198所示。至此，名片中的logo制作完毕，将其所在的图层（除背景图层以外）合并在一起，再调整一下角度，并在蝴蝶下方绘制两个重叠的椭圆形，如图9-199所示。

图 9-198

图 9-199

❼ 选择横排文字工具 T ，在工具选项栏中设置字体及大小，在画面中单击输入文字，如图9-200所示，完成名片背面的制作。

图 9-200

❽ 单击“图层”面板底部的 按钮，新建一个图层。将前景色设置为灰色（C7，M5，Y5，K0），按下Alt+Delete快捷键填充前景色，如图9-201所示。复制蝴蝶图形，调整大小、角度和颜色，分散在名片两边，如图9-202所示。

❾ 在名片中心位置输入文字，包括设计师的名字、电话、邮箱和网址等信息，设置字符大小为6点，如图

9-203所示。使用横排文字工具 T 在名字上拖动鼠标，将其选取，设置字符大小为11点，如图9-204所示。

⑩ 分别将组成名片正面、背面的图层合并，添加“投影”效果，然后复制并排列成图9-205所示的效果。

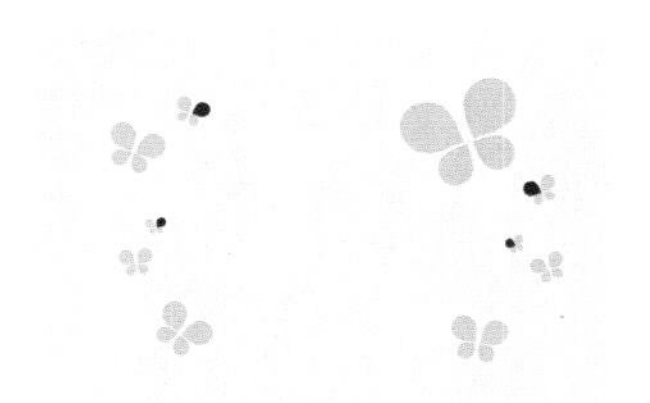

图 9-201　　图 9-202

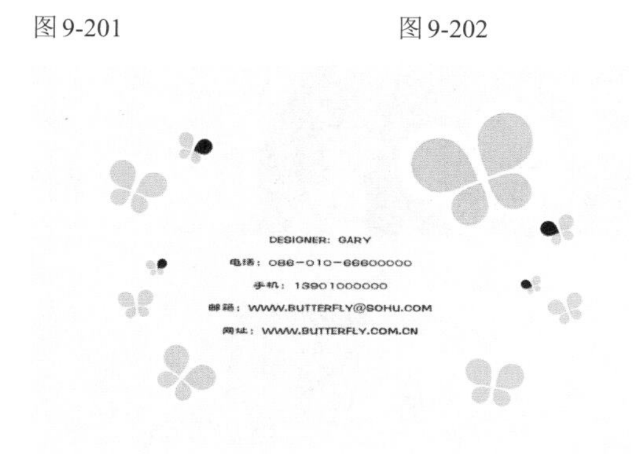

图 9-203

图 9-204

图 9-205

9.13 应用案例：海报设计

❶ 打开光盘中的素材，如图9-206所示。选择横排文字工具 T ，打开“字符”面板，选择字体并设置字号、颜色，如图9-207所示，在画面中单击并输入文字，如图9-208所示。在文字图层上单击鼠标右键，打开下拉菜单，选择“栅格化文字”命令，如图9-209所示。

图 9-206

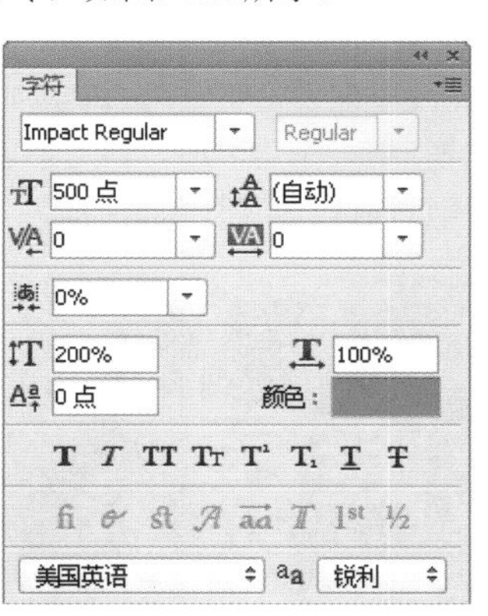

图 9-207

图 9-208　　图 9-209

❷ 按下Ctrl+T快捷键，显示定界框，按住Shift+Ctrl+Alt组合键并拖动定界框的右上角，进行透视扭曲，如图9-210所示；将光标放在定界框外拖动鼠标，旋转对象，如图9-211所示；将光标放在定界框内拖动鼠标，可移动对象；拖动定界框的一角，将对象放大，如图9-212所示；按住Ctrl键拖动控制点扭曲对象，如图9-213所示。

图9-210

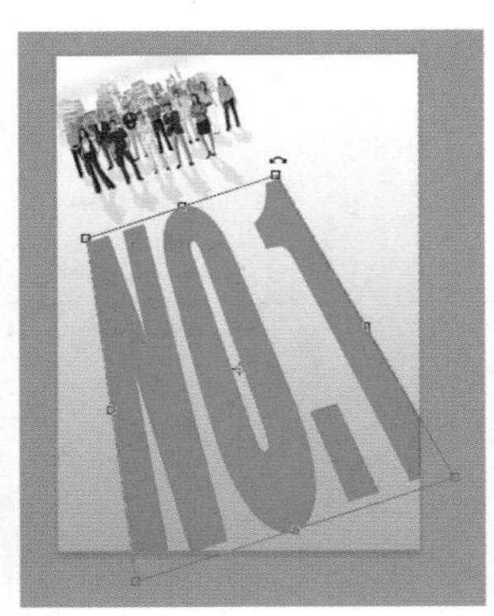

图9-211

图9-212

图9-213

❸ 按下Ctrl+[快捷键，将图层向下移动，单击 按钮锁定图层的透明像素，如图9-214所示。选择渐变工具 ，在工具选项栏按下线性渐变按钮 ，单击渐变颜色条，打开“渐变编辑器”， 在渐变条下面单击，添加一个色标，双击色标可调整颜色，如图9-215所示，在文字上填充渐变，如图9-216所示。

❹ 单击“图层”面板底部的 按钮，新建一个图层。打开“渐变编辑器”，选择前景色到透明渐变，调整渐变颜色，如图9-217所示。在画面左上角填充渐变，如图9-218所示。

图9-214

图9-215

图9-216

图9-217

图9-218

❺ 选择横排文字工具 T ，在画面中单击输入文字，如图9-219所示。双击文字图层，打开“图层样式”对话框，添加“投影”效果，如图9-220、图9-221所示。

❻ 输入其他文字，并添加“投影”效果。按住Shift键单击文字图层，将它们选取，如图9-222所示，按下Ctrl+T快捷键显示定界框，将文字朝逆时针方向旋转，按下回车键确认，如图9-223所示。

图9-219

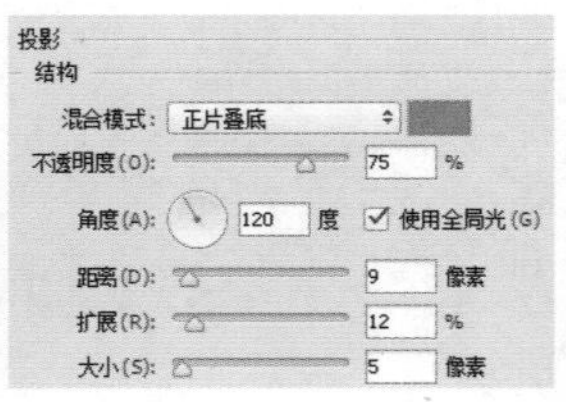

图9-220

图9-221

图9-222

图9-223

9.14 课后作业：雾状变形字

本章学习了文字与矢量工具。下面通过课后作业来强化学习效果。如果有不清楚的地方，请看一下视频教学录像。

素材位置：光盘/素材/9.14 视频位置：光盘/视频/9.14

创建文字以后，选择文字图层，执行“文字>文字变形”命令，可以打开“变形文字”对话框对文字进行变形处理。“样式”下拉列表中有15种变形样式，选择一种之后，还可以调整弯曲程度，以及应用透视扭曲效果。本章的课后作业是使用“变形文字”命令制作类似于雾气状的特效字。扭曲文字以后，为它添加“外发光”效果，发光颜色设置为黄色，再将“图层”面板中的“填充”参数设置为0%就可以了。

雾状特效字

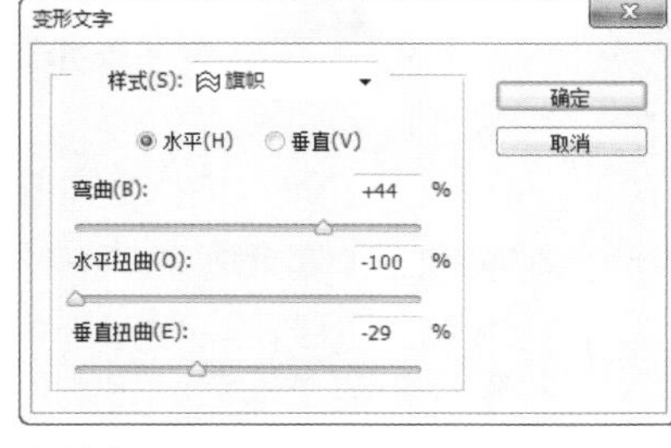

变形参数

“填充”值为0%

9.15 复习题

1. Photoshop 中的文字在什么情况下可以随时修改文字的内容、字体和段落等属性？
2. 在“字符”面板中，字距微调VA和字距调整VA选项有何不同之处？
3. 路径上的方向点和方向线有什么用途？

第10章

动画与视频 卡通和动漫设计

Photoshop可以编辑视频文件的各个帧。我们可以使用任意工具在视频上进行编辑和绘制、应用滤镜、蒙版、变换、图层样式和混合模式。进行编辑之后，既可作为QuickTime影片进行渲染，也可将文档存储为PSD格式，以便在PremierePro、After Effects等应用程序中播放。Photoshop还可以制作动画。利用Photoshop的变形、图层样式等功能，可以制作出漂亮的GIF动画。

扫描二维码，关注李老师的微博、微信。

10.1 关于卡通和动漫

卡通是英语“cartoon”的汉语音译。卡通作为一种艺术形式，最早起源于欧洲。17世纪的荷兰，画家的笔下首次出现了含卡通夸张意味的素描图轴。17世纪末，英国的报刊上出现了许多类似卡通的幽默插图。随着报刊出版业的繁荣，到了18世纪初，出现了专职卡通画家。20世纪是卡通发展的黄金时代，这一时期美国卡通艺术的发展水平居于世界的领先地位，期间诞生了超人、蝙蝠侠、闪电侠和潜水侠等超级英雄形象。二次战后，日本卡通正式如火如荼地展开，从手冢治虫的漫画发展出来的日本风味的卡通，再到宫崎骏的崛起，在全世界形成了一股旋风。图10-1所示为各种版本的多啦A梦趣味卡通形象。

图10-1

动漫属于CG（Computer Graphics简写）行业，主要是指通过漫画、动画结合故事情节，以平面二维、三维动画和动画特效等表现手法，形成特有的视觉艺术创作模式。它包括前期策划、原画设计、道具与场景设计和动漫角色设计等环节。用于制作动漫的软件主要有，2D动漫软件Animo、Retas Pro、USAnimatton，3D动漫软件3ds Max，Maya、Lightwave，网页动漫软件Flash。动漫及其衍生品有着非常广阔的市场，而且现在动漫也已经从平面媒体和电视媒体扩展到游戏机、网络和玩具等众多领域。

10.2 Photoshop动画与视频功能

Photoshop可以制作GIF动画，也可以编辑视频文件的各个帧。不论是制作动画，还是编辑视频，都会用到“时间轴”面板。

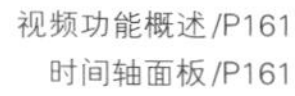

淘气小火车GIF动画/P163
在视频中添加文字和特效/P163

10.2.1 视频功能概述

在Photoshop中打开视频文件时，如图10–2所示，会自动创建一个视频组，组中包含视频图层（视频图层带有▦状图标），如图10–3所示。视频组中可以创建其他类型的图层，如文本、图像和形状图。可以使用任意工具在视频上进行编辑和绘制、应用滤镜、蒙版、变换、图层样式和混合模式。图10–4所示为复制视频图像后的效果。进行编辑之后，既可作为QuickTime影片进行渲染，也可将文档存储为PSD格式，以便在Premiere Pro、After Effects等应用程序中播放。

图10-2

图10-3

图10-4

在Photoshop中，可以打开3GP、3G2、AVI、DV、FLV、F4V、MPEG-1、MPEG-4、QuickTime MOV和WAV等格式的视频文件。

10.2.2 时间轴面板

执行“窗口 > 时间轴”命令，打开“时间轴”面板，如图10–5所示。面板中显示了视频的持续时间，使用面板底部的工具可以浏览各个帧，放大或缩小时间显示，删除关键帧和预览视频。默认状态下，“时间轴”面板为视频编辑模式，如果要制作动画，可单击面板左下角的▫▫▫按钮，显示动画选项。

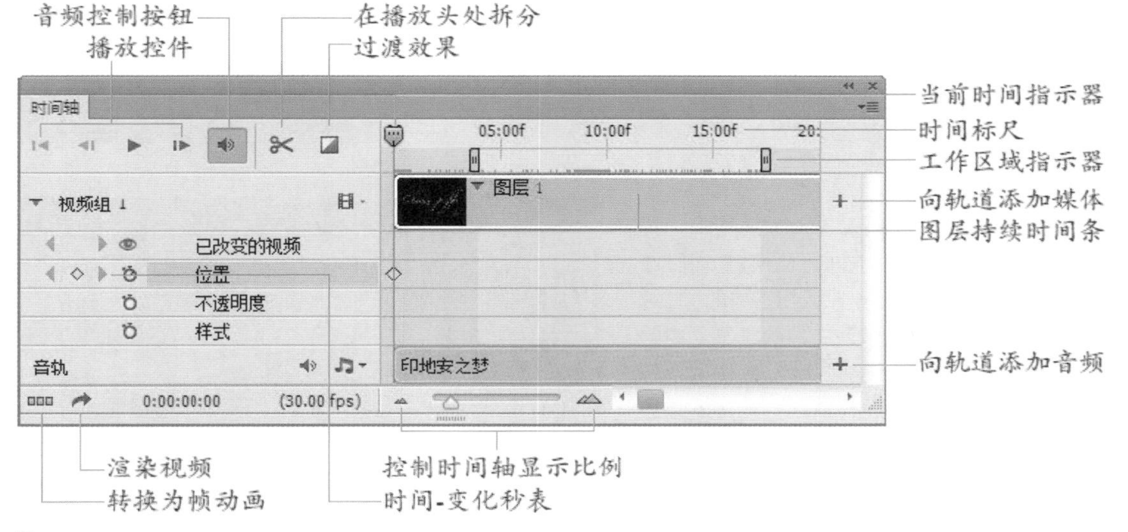

图10-5

10.3 应用案例：淘气小火车GIF动画

❶ 打开光盘中的背景素材，如图10-6所示。

图10-6

❷ 执行“滤镜>模糊>动感模糊”命令，设置距离参数为10像素，如图10-7、图10-8所示。

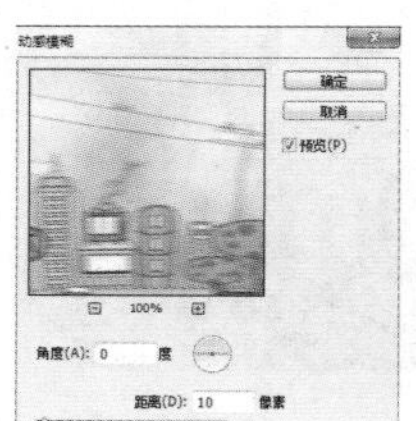

图10-7

图10-8

❸ 打开光盘中的小火车素材文件，如图10-9、图10-10所示。

图10-9

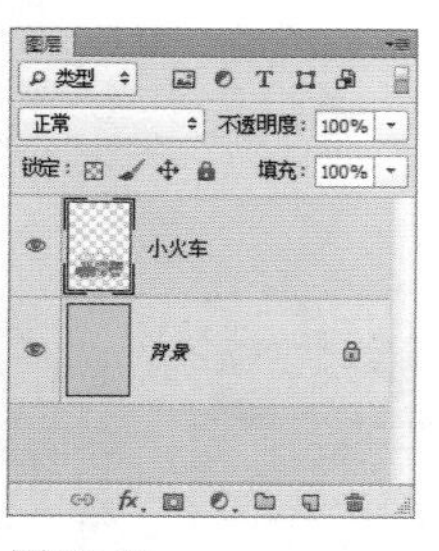

图10-10

❹ 使用移动工具将城市图像拖入小火车文档中，按住Ctrl键，单击“背景”图层，将它与“图层1”同时选取，单击工具选项栏中的“顶对齐”按钮和“右对齐”按钮，画面中显示的是城市最右面的景象，如图10-11、图10-12所示。在下面制作动画时，会使风景移动起来，看起来就好像小火车在行驶一样。

❺ 选择“小火车”图层，按下Ctrl+J快捷键复制，如图10-13所示。按下Ctrl+T快捷键显示定界框，拖动一角旋转图像，如图10-14所示，按下回车键确认。单击“小火车副本”图层前面的眼睛图标，隐藏该图层，如图10-15所示。

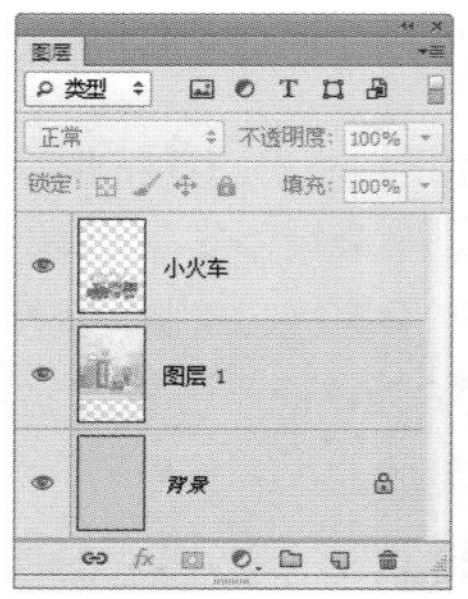

图10-11

图10-12

图10-13

图10-14

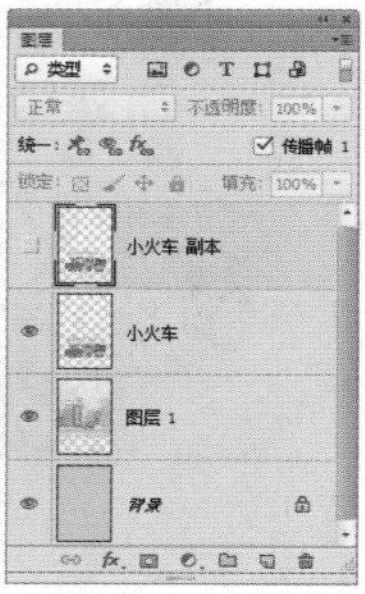

图10-15

❻ 执行“窗口>时间轴”命令，打开“时间轴”面板。如果面板是视频编辑状态，可单击“创建视频时间轴”右侧的按钮，选择“创建帧动画”选项，如图10-16所示，切换为帧动画编辑状态，如图10-17所示。

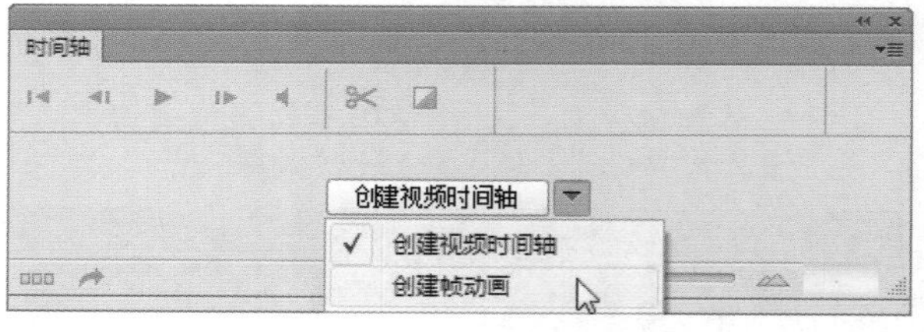

图10-16

图10-17

❼ 单击面板底部“一次”后面的按钮，选择“永远”选项，表示一直连续播放动画；单击“5秒钟”后面的按钮，选择“0.5秒”选项，将每一帧的延迟时间设置为0.5秒，如图10-18所示。单击按钮，复制所选帧，如图10-19所示。

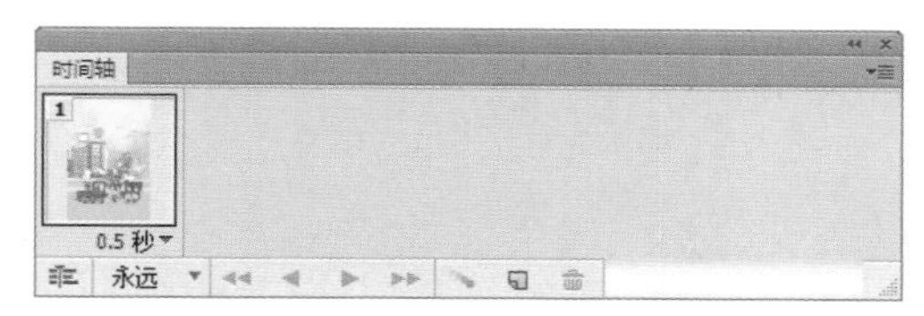

图 10-18

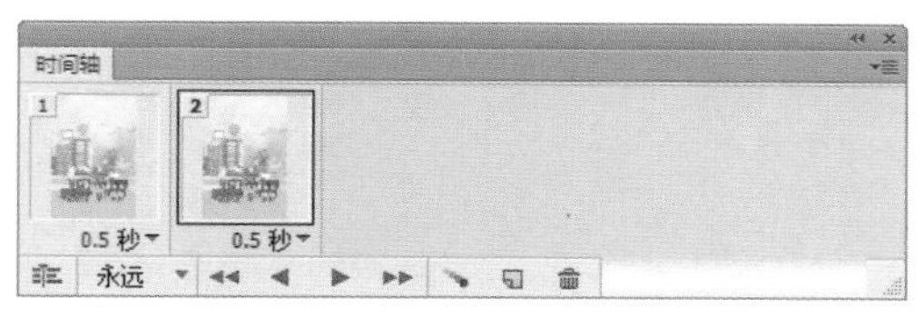

图 10-19

❽ 下面在这一帧上制作另外一个画面。显示“小火车副本”图层，隐藏“小火车”图层。选择“图层1”与“背景”图层，如图10-20所示。选择移动工具，单击工具选项栏中的“左对齐”按钮，在画面中显示城市最左面的景象，如图10-21所示。

图 10-20　　图 10-21

❾ 单击过渡动画帧按钮，打开“过渡”对话框，在原有的两个关键帧之间添加5个过渡帧，如图10-22、图10-23所示。

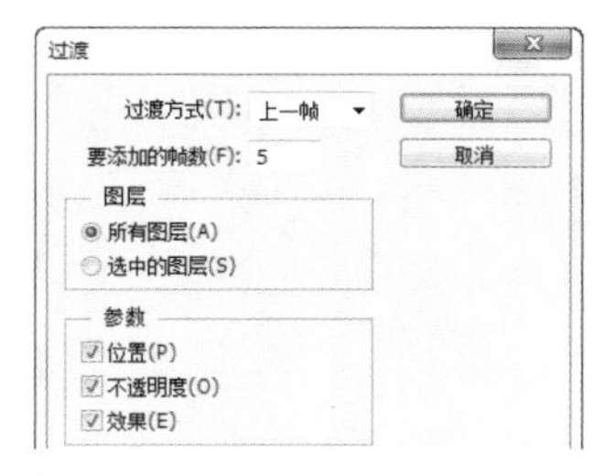

图 10-22

图 10-23

❿ 现在小火车动画就制作好了，单击▶按钮或按下空格键播放动画，小火车行驶在城市中，城市的风景在眼前滑过，如图10-24、图10-25所示。

图 10-24　　图 10-25

⓫ 动画文件制作完成后，执行“文件>导出>存储为 Web 所用格式”命令，选择GIF格式，如图10-26所示，单击“存储”按钮将文件保存，之后可以将该动画文件上传到网上，或作为QQ表情与朋友共同分享。

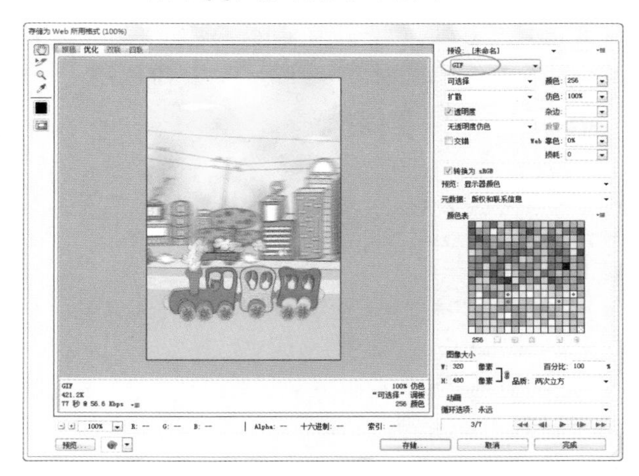

图 10-26

10.4 应用案例：在视频中添加文字和特效

❶ 打开光盘中的视频素材，如图10-27所示。选择横排文字工具 T ，在“字符”面板中设置文字属性，如图10-28所示，在画面中单击并输入文字“我的视频短片”，如图10-29、图10-30所示。

图 10-27

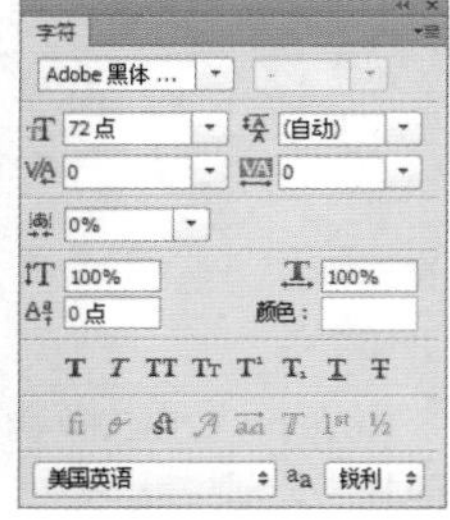

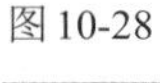

图 10-28

图 10-29

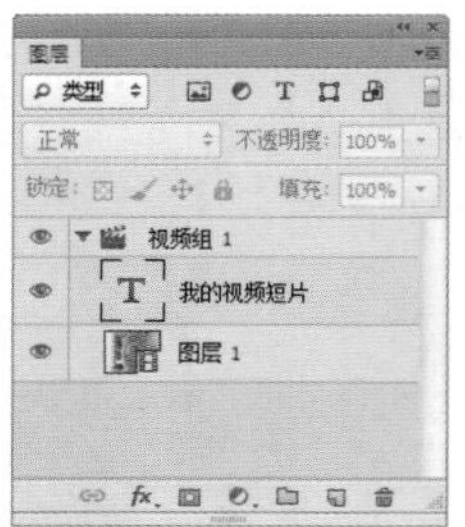

图 10-30

❷ 打开“时间轴”面板，将文字剪辑拖动到视频前方，如图10-31、图10-32所示。

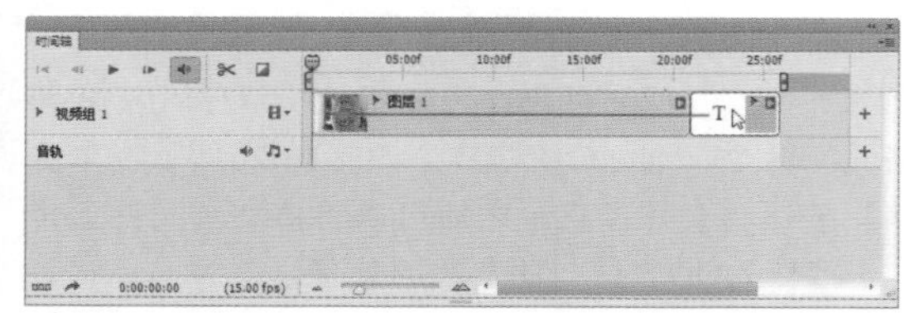

图 10-31

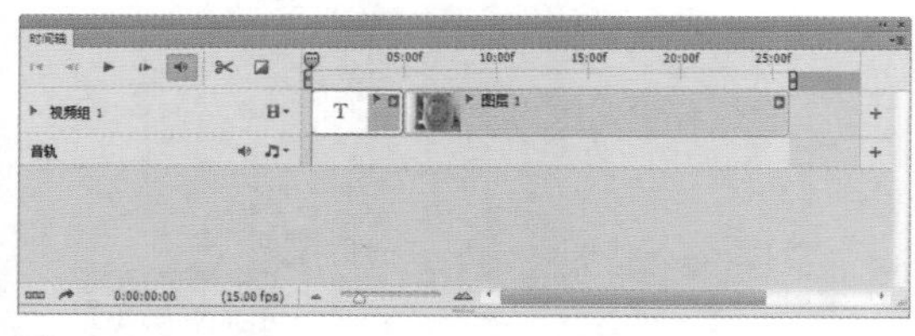

图 10-32

❸ 按下Ctrl+J快捷键复制文字图层，如图10-33所示。将它拖动到视频图层后方，如图10-34所示。

❹ 双击文字缩览图，如图10-35所示，进入文本编辑状态，将文字内容修改为“谢谢观看！”，如图10-36所示。

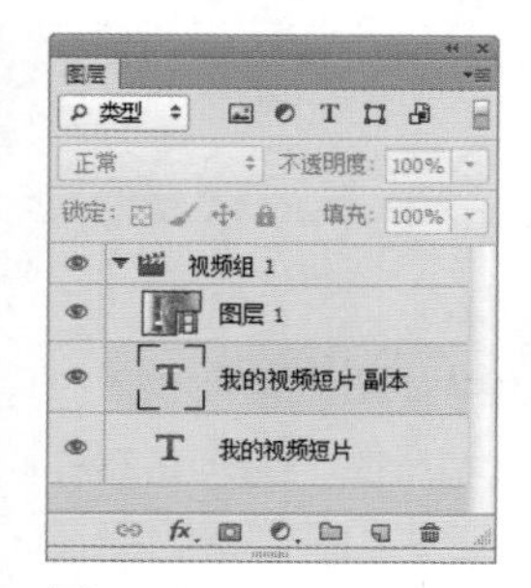

图 10-33

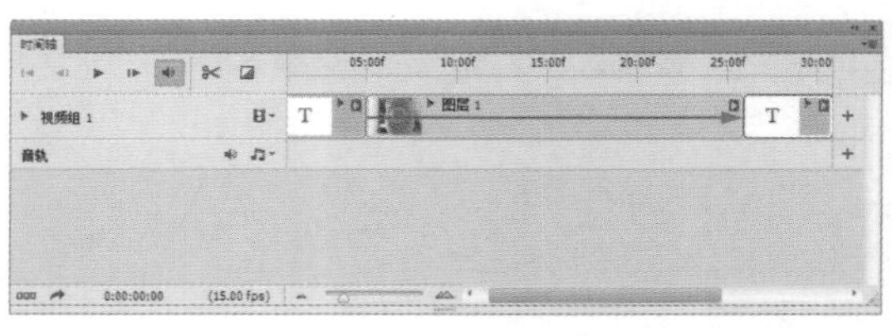

图 10-34

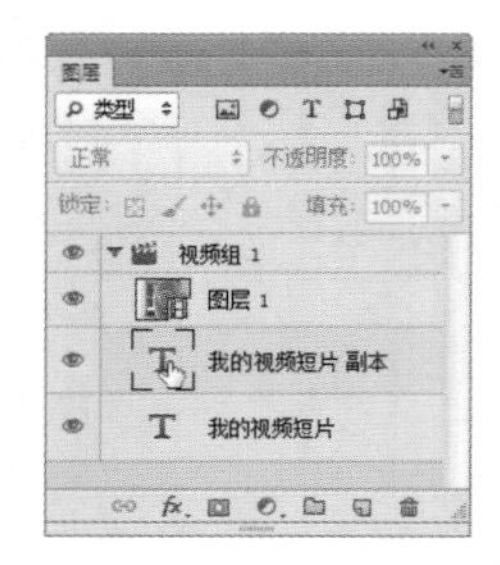

图 10-35

图 10-36

❺ 关闭视频组，如图10-37所示。按住Ctrl键，单击“图层”面板底部的 按钮，在视频组下方新建一个图层，如图10-38所示。将前景色调整为淡红色，按下Alt+Delete快捷键为该图层填色，如图10-39所示。

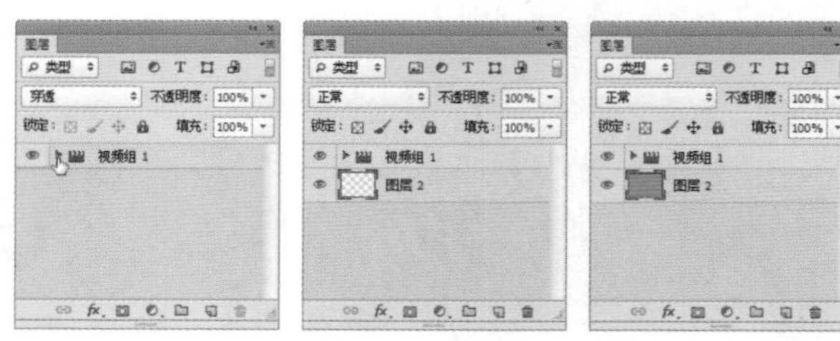

图 10-37　　图 10-38　　图 10-39

❻ 单击“时间轴”面板中的“转到第一帧”按钮 ，切换到视频的起始位置，再将图层时间条拖动到视频的起始位置，如图10-40所示。

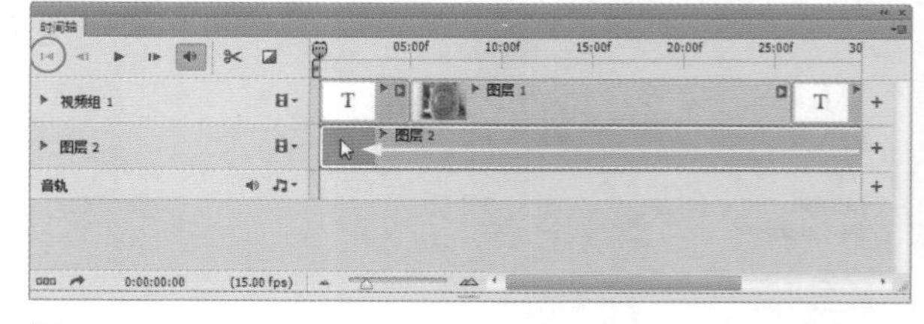

图 10-40

❼ 展开文字列表，如图10-41所示。单击 按钮，打开下拉菜单，将“渐隐”过渡效果拖动到文字上，如图10-42所示。

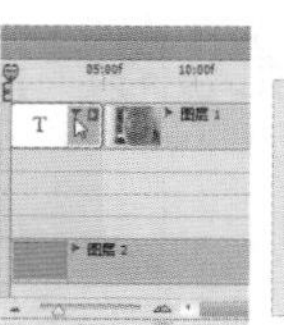

图 10-41

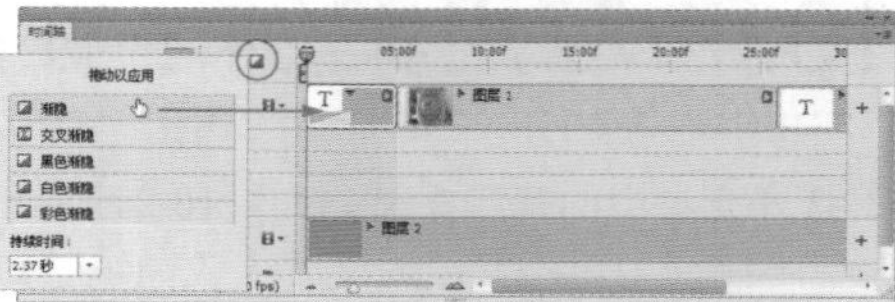

图 10-42

❽ 在文字与视频衔接处再添加一个“渐隐”过渡效果，如图10-43所示，将光标放在滑块上，如图10-44所示，拖动滑块，调整渐隐效果的时间长度，如图10-45所示。

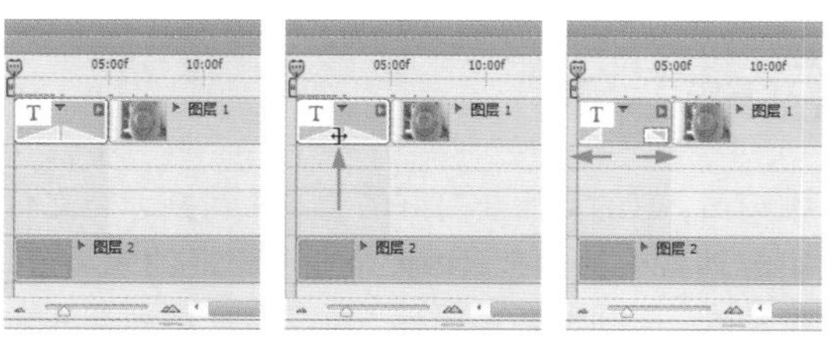

图 10-43　　图 10-44　　图 10-45

❾ 采用同样的方法，为视频及最后面的文字也添加“渐隐”过渡效果，如图10-46所示。

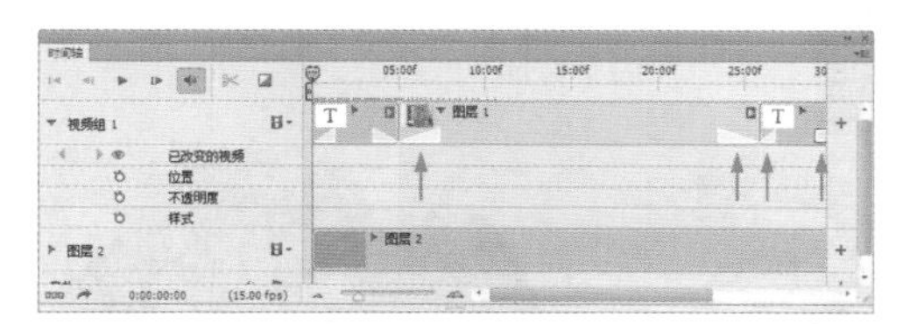

图 10-46

❿ 在后方文字上单击鼠标右键，打开下拉菜单，选择“旋转和缩放”命令，设置缩放样式为“缩小”，如图10-47所示。按下空格键播放视频，如图10-48所示。可以看到，画面中首先出现一组文字，然后播放视频内容，最后以旋转的文字收尾，文字和视频的切换都呈现淡入、淡出效果。

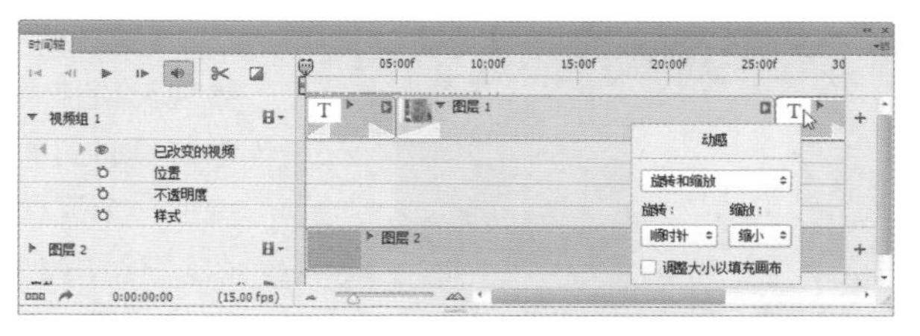

图 10-47

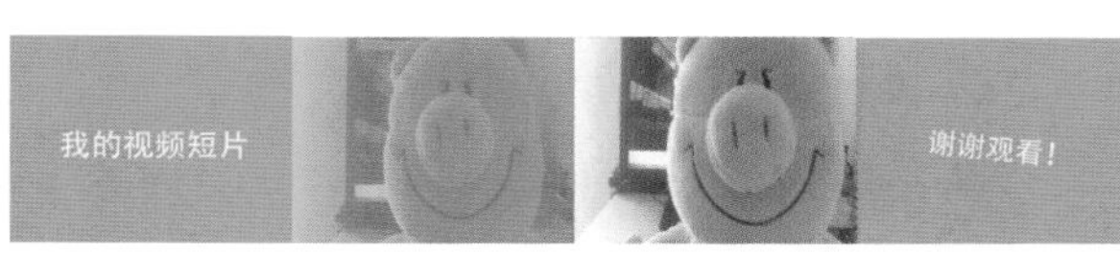

图 10-48

10.5 课后作业：文字变色动画

本章学习了视频与动画功能。下面通过课后作业来强化学习效果。如果有不清楚的地方，请看一下视频教学录像。

素材位置：光盘/素材/10.5　视频位置：光盘/视频/10.5

本章的课后作业是制作一个文字发光和变色的动画。打开光盘中的素材后，分别创建两个“色相/饱和度”调整图层，改变文字及其发光的颜色；在“图层”面板中隐藏这两个调整图层，在“时间轴”面板中设置当前帧的延迟时间为0.5秒，选择“永远”选项；单击 按钮复制所选帧，在“图层”面板中显示“色相/饱和度1”调整图层；重复上面的操作，复制帧，显示“色相/饱和度2”调整图层。

色相/饱和度1

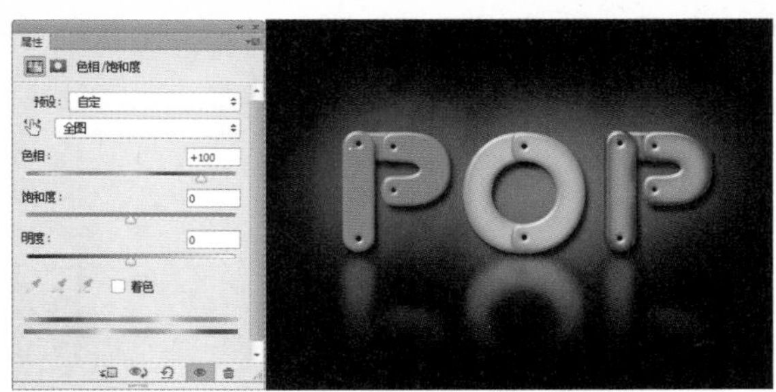

色相/饱和度2

10.6 复习题

1. 怎样创建一个可以在视频中使用的文档？
2. 在 Photoshop 中编辑视频文件以后，怎样导出为 QuickTime 影片？

第11章

3D的应用

包装设计

11.1 关于包装设计

包装是产品的第一推销员，好的商品要有好的包装来衬托才能充分体现其价值，以便能够引起消费者的注意，扩大企业和产品的知名度。包装具有三大功能，即保护性、便利性和销售性。包装设计应向消费者传递一个完整的信息，即这是一种什么样的商品，这种商品的特色是什么，它适用于哪些消费群体。图11–1所示为Fisherman胶鞋包装设计。

图11-1

包装设计还要突出品牌，巧妙地将色彩、文字和图形组合，形成有一定冲击力的视觉形象，从而将产品的信息准确地传递给消费者。例如，图11–2所示为美国Gloji公司灯泡型枸杞子混合果汁包装设计，它打破了饮料包装的常规形象，让人眼前一亮。灯泡形的包装与产品的定位高度契合，传达出的是：Gloji混合型果汁饮料让人感觉到的是能量的源泉，如同灯泡给人带来光明，似乎也可以带给你取之不尽的力量。该包装在2008年Pentawards上获得了果汁饮料包装类金奖。

图11-2

Photoshop可以打开和编辑U3D、3ds、OBJ、KMZ和DAE等格式的3D文件。这些3D文件可以来自于不同的3D程序，包括Adobe Acrobat3 D Version8、3ds Max、Alias、Maya以及GoogleEarth等。使用Photoshop还可以制作简单的3D模型，并能够像其他3D软件那样调整模型的角度、透视，在3D空间添加光源和投影，并且3D对象还可以导出到其他程序中使用。

扫描二维码，关注李老师的微博、微信。

学习重点

3D面板/P168 调整3D模型/P168  调整3D相机/P168 编辑3D模型的材质/P170  突破屏幕的立体字/P171 易拉罐包装设计/P173 

11.2 3D功能概述

在Photoshop中打开、创建或编辑3D文件时，会自动切换到3D界面。在3D界面中，用户可以轻松地创建3D模型，如立方体、球面、圆柱和3D明信片等，也可以非常灵活地修改场景和对象方向，拖动阴影，重新调整光源位置，编辑地面反射、阴影和其他效果，甚至还可以将3D对象自动对齐至图像中的消失点上。

11.2.1 3D操作界面概览

在Photoshop中打开一个3D文件时，对象的纹理、渲染和光照信息都可以保留，3D模型位于3D图层上，在其下面的条目中显示对象的纹理，如图11-3所示。

图11-3

3D文件包含网格、材质和光源等组件。其中，网格相当于3D模型的骨骼，如图11-4所示；材质相当于3D模型的皮肤，如图11-5所示；光源相当于太阳或白炽灯，可以使3D场景亮起来，让3D模型可见，如图11-6所示。

图11-4

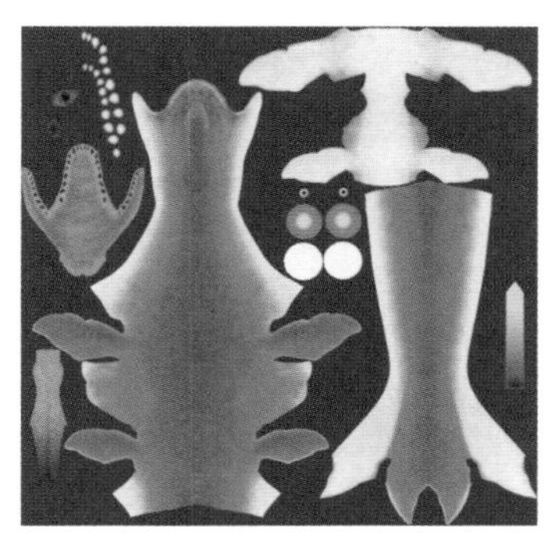

图11-5

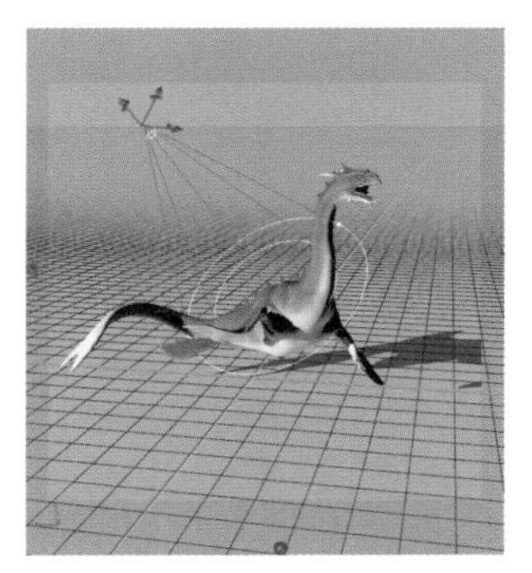

图11-6

11.2.2 3D面板

如果要单独打开 3D 文件，可执行“文件 > 打开”命令，然后选择该文件。如果要在打开的文件中将 3D 文件添加为图层，可以执行“3D> 从 3D 文件新建图层”命令，然后选择该 3D 文件。

选择3D图层后，“3D”面板中会显示与之关联的3D文件组件。面板顶部有4个按钮，分别是场景按钮、网格按钮、材质按钮和光源按钮。单击这些按钮，可以筛选出现在面板中的组件，如图11–7~图11–10所示。

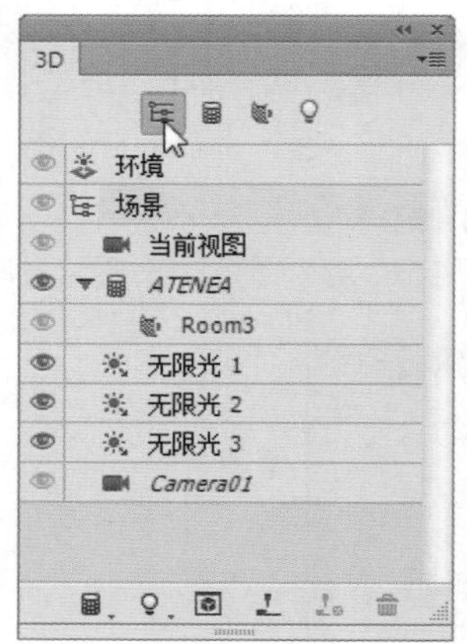

图 11-7

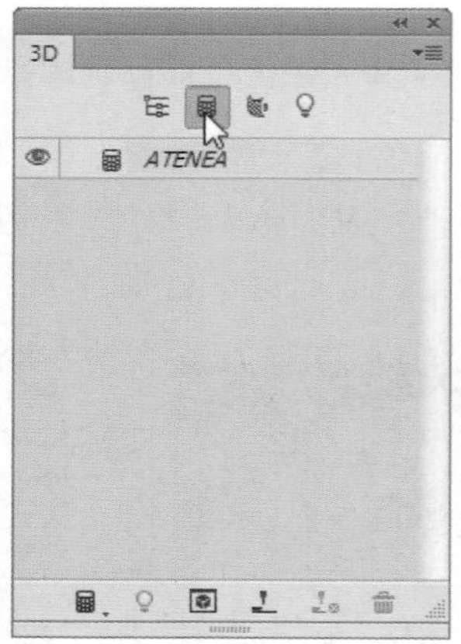

图 11-8

图 11-9

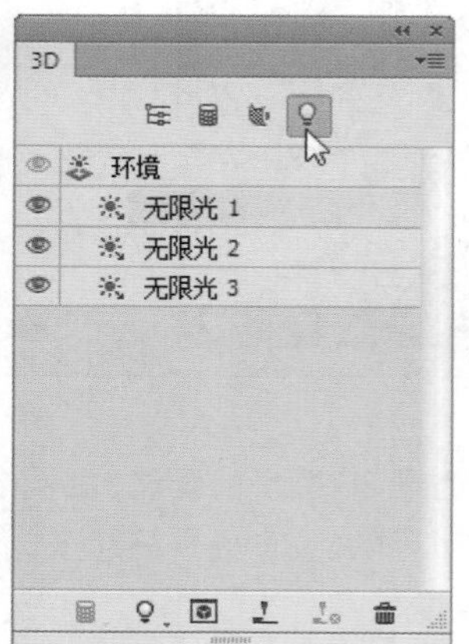

图 11-10

- 场景：单击场景按钮，“3D”面板中会列出场景中的所有条目。
- 网格：单击网格按钮，面板中只显示网格组件，此时可以在“属性”面板中设置网格属性。
- 材质：单击材质按钮，面板中会列出在3D文件中使用的材质，此时可以在“属性”面板中设置材质的各种属性。
- 光源：单击光源按钮，面板中会列出场景中所包含的全部光源。

11.2.3 调整3D模型

打开3D文件后，选择移动工具，工具选项栏中会显示一组3D工具，如图11–11所示，使用这些工具，可以修改3D模型的位置、大小，还可以修改3D场景视图，调整光源位置。

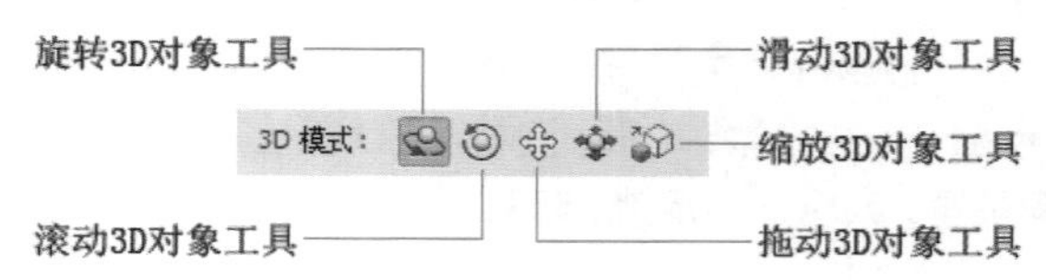

图 11-11

- 旋转 3D 对象工具：在3D模型上单击，选择模型，如图11-12所示，上下拖动，可以使模型围绕其 x 轴旋转，如图11-13所示；两侧拖动，可以围绕其 y 轴旋转，如图11-14所示。

图 11-12

图 11-13

图 11-14

- 滚动 3D 对象工具：在3D对象两侧拖动，可以使模型围绕其 z 轴旋转，如图11-15所示。
- 拖动 3D 对象工具：在3D对象两侧拖动可沿水平方向移动模型，如图11-16所示；上下拖动可沿垂直方向移动模型。
- 滑动 3D 对象工具：在3D对象两侧拖动，可以沿水平方向移动模型，如图11-17所示；上下拖动，可以将模型移近或移远。

图 11-15

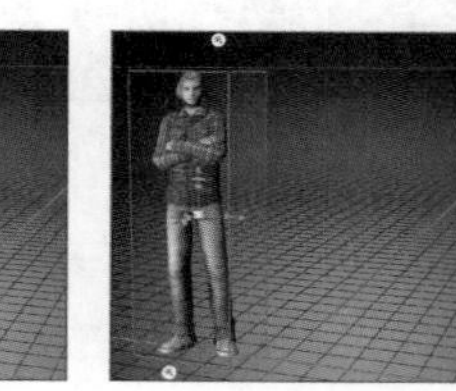
图 11-16

图 11-17

- 缩放 3D 对象工具：单击3D对象，并上下拖动，可以放大或缩小模型。

移动3D对象以后，执行“3D>将对象移到地面”命令，可以使其紧贴到3D地面上。

11.2.4 调整3D相机

进入3D操作界面后，在模型以外的空间单击(当前工具为移动工具)以后，如图11–18所示，便可通过操作调整相机视图，同时保持3D对象的位置不变。例如，旋转3D对象工具可以旋转相机视图，如图11–19所示；使用滚动3D对象工具 可以滚动相机视图，如图11–20所示；使用拖动3D对象工具 可以让相机沿X或Y方向平移。

图11-18

图11-19

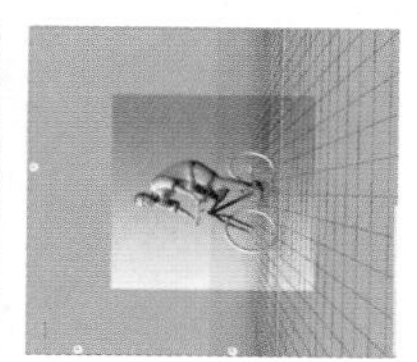
图11-20

11.2.5 通过3D轴调整模型和相机

选择3D对象后，画面中会出现3D轴，如图11–21所示，它显示了3D空间中模型（或相机、光源和网格）在当前X、Y和Z轴的方向。将光标放在3D轴的控件上，使其高亮显示，如图11–22所示，然后单击并拖动鼠标即可移动、旋转和缩放3D项目（3D模型、相机、光源和网格）。

图11-21

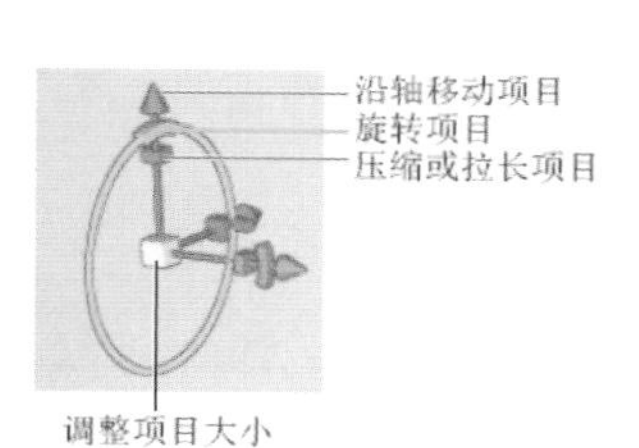

图11-22

- 沿X/Y/Z轴移动项目：将光标放在任意轴的锥尖上，向相应的方向拖动，如图11-23所示。

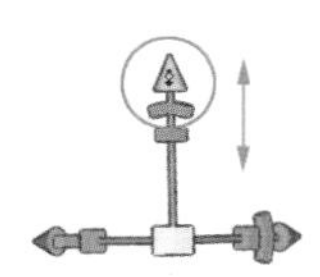
图11-23

- 旋转项目：单击轴尖内弯曲的旋转线段，此时会出现旋转平面的黄色圆环，围绕3D轴中心沿顺时针或逆时针方向拖动圆环，即可旋转模型，如图11-24所示。如果要进行幅度更大的旋转，可以将鼠标向远离3D轴的方向移动。
- 调整项目大小（等比缩放）：向上或向下拖动3D轴中的中心立方体，如图11-25所示。

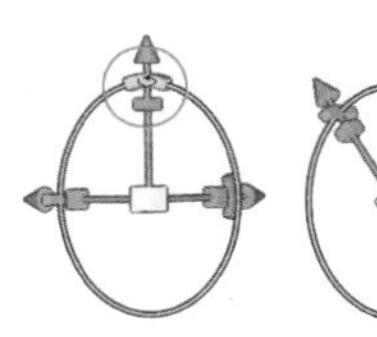
图11-24

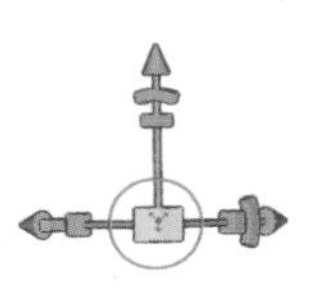
图11-25

- 沿轴压缩或拉长项目（不等比缩放）：将某个彩色的变形立方体朝中心立方体拖动，或向远离中心立方体的位置拖动，如图11-26所示。

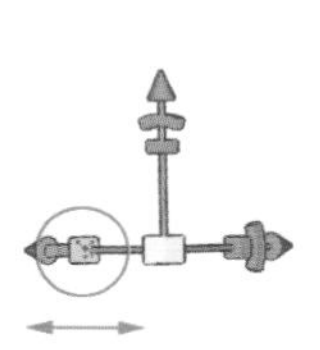
图11-26

11.2.6 调整点光

Photoshop提供了点光、聚光灯和无限光，这3种光源有各自不同的选项和设置方法。点光在3D场景中显示为小球状，它就像灯泡一样，可以向各个方向照射，如图11–27所示。使用拖动3D对象工具 和滑动3D对象工具 可以调整点光位置。点光包含“光照衰减”选项组，勾选“光照衰减”复选项后，可以让光源产生衰减变化，如图11–28、图11–29所示。

图11-27

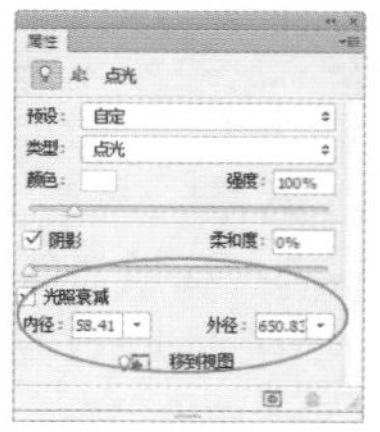

图11-28

图11-29

11.2.7 调整聚光灯

聚光灯在3D场景中显示为锥形，它能照射出可调整的锥形光线，如图11-30所示。使用拖动3D对象工具和滑动3D对象工具可以调整聚光灯的位置，如图11-31所示。

图11-30

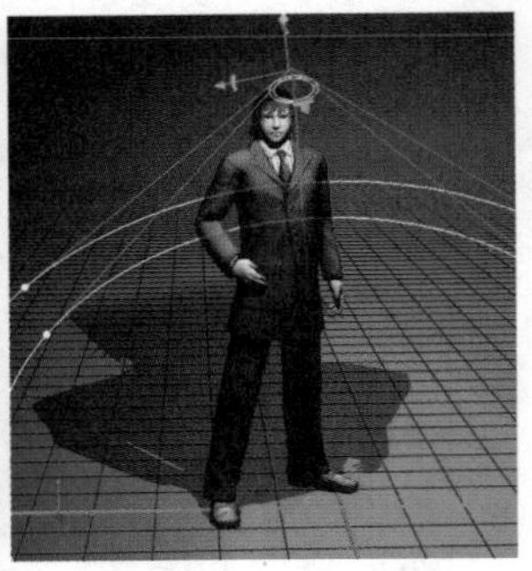

图11-31

11.2.8 调整无限光

无限光在3D场景中显示为半球状，它像太阳光，可以从一个方向平面照射，如图11-32所示。使用拖动3D对象工具和滑动3D对象工具可以调整无限光的位置，如图11-33所示。

图11-32

图11-33

11.2.9 存储和导出3D文件

编辑3D文件后，如果要保留文件中的3D内容，包括位置、光源、渲染模式和横截面，可以执行“文件 > 存储”命令，选择PSD、PDF或TIFF作为保存格式。如果要将3D文件导出为Collada DAE、Flash 3D、Wavefront/OBJ、U3D 和 Google Earth 4 KMZ格式，则可以在“图层”面板中选择3D图层，然后执行“3D>导出3D图层”命令进行操作。

11.3 3D实例：编辑3D模型的材质

❶ 按下Ctrl+O快捷键，打开光盘中的3D模型文件，如图11-34所示。单击3D对象所在的图层，如图11-35所示。

图11-34

图11-35

❷ 选择3D材质拖放工具，单击工具选项栏中的按钮，打开材质下拉列表，选择“金属-黄铜（实心）”材质，如图11-36所示。将光标放在小熊模型上，单击鼠标，即可将所选材质应用到模型中，如图11-37所示。

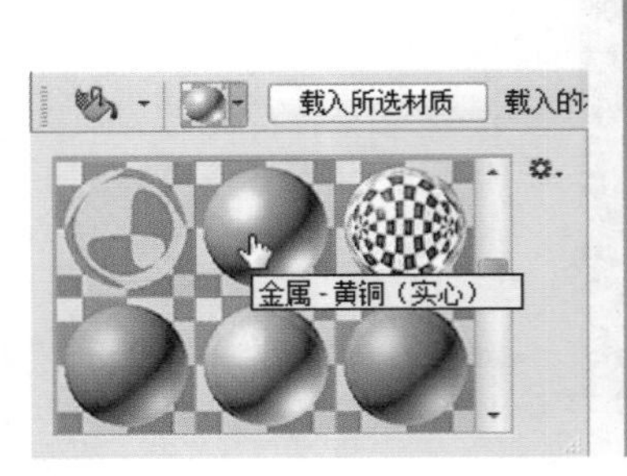

图11-36

图11-37

❸ 打开“3D”面板，单击面板顶部的光源按钮。打开“属性”面板，在“预设”下拉列表中选择“狂欢节”，如图11-38所示，在3D场景中添加该预设灯光，效果如图11-39所示。

❹ 下面来编辑材质。单击“3D”面板顶部的“材质”按钮，在“属性”面板中的“漫射”选项右侧有一个按钮，单击该按钮，打开下拉菜单，如图11-40所示，

选择“替换纹理”命令，在弹出的对话框中选择光盘中的金属纹理素材，如图11-41所示，单击“打开”按钮，用它替换原有的材质，效果如图11-42所示。

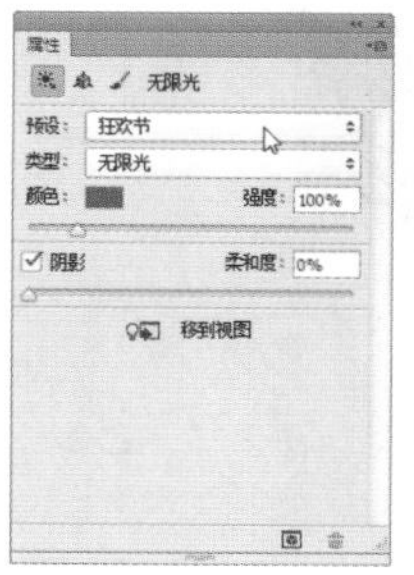

图11-38

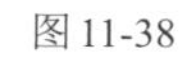

图11-39

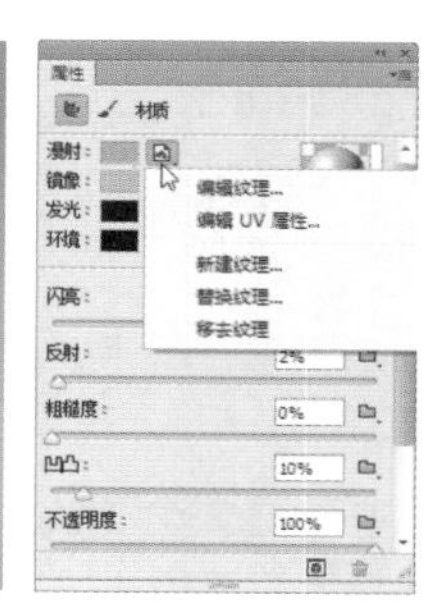

图11-40

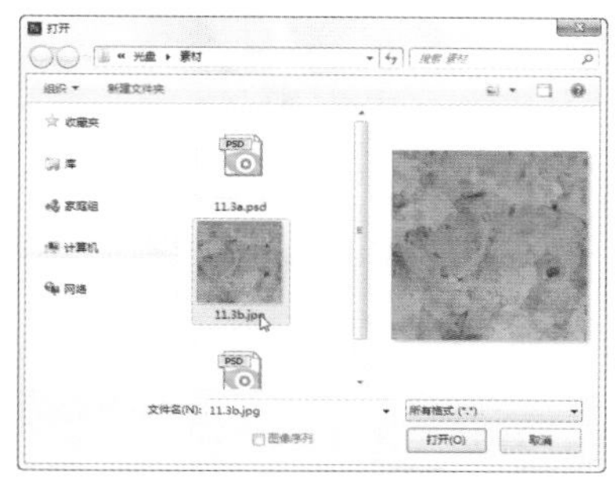

图11-41

图11-42

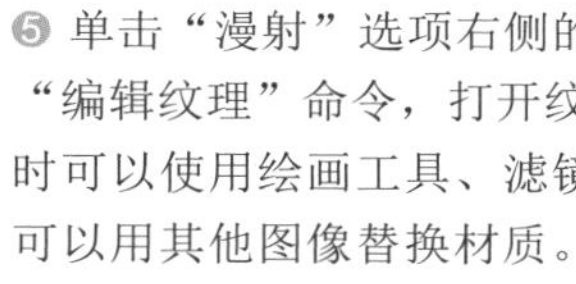

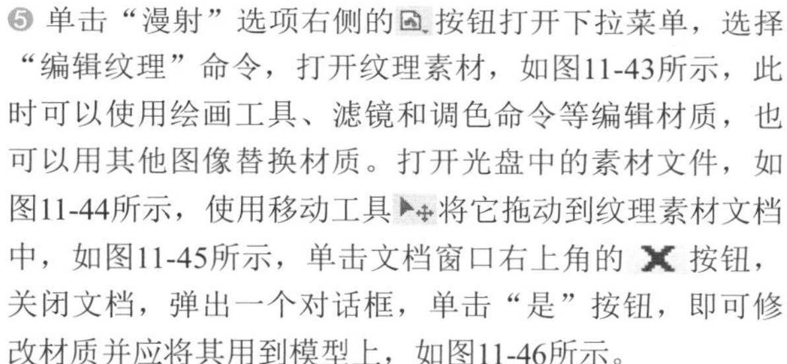

❺ 单击“漫射”选项右侧的按钮打开下拉菜单，选择“编辑纹理”命令，打开纹理素材，如图11-43所示，此时可以使用绘画工具、滤镜和调色命令等编辑材质，也可以用其他图像替换材质。打开光盘中的素材文件，如图11-44所示，使用移动工具将它拖动到纹理素材文档中，如图11-45所示，单击文档窗口右上角的 ✕ 按钮，关闭文档，弹出一个对话框，单击“是”按钮，即可修改材质并应将其用到模型上，如图11-46所示。

❻ 单击“漫射”选项右侧的按钮，打开下拉菜单，选择“编辑UV属性”命令，在弹出的“纹理属性”对话框中调整纹理位置（U比例/V比例可调整纹理的大小，U位移/V位移可调整纹理的位置），如图11-47所示，效果如图11-48所示。单击“确定”按钮关闭对话框。

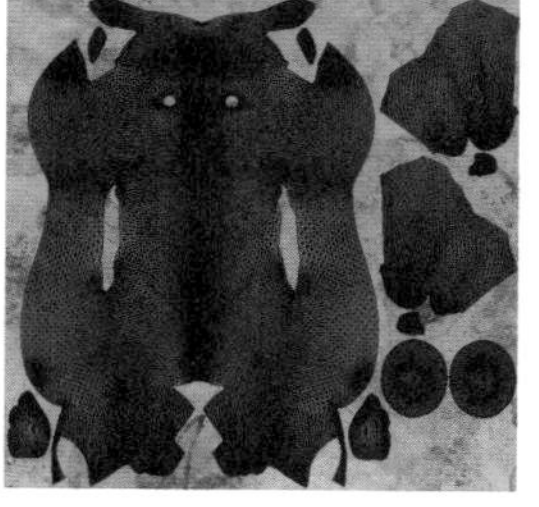

图11-43

图11-44

图11-45

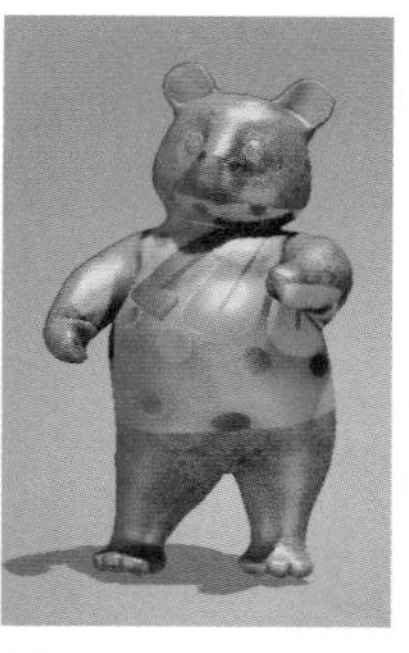

图11-46

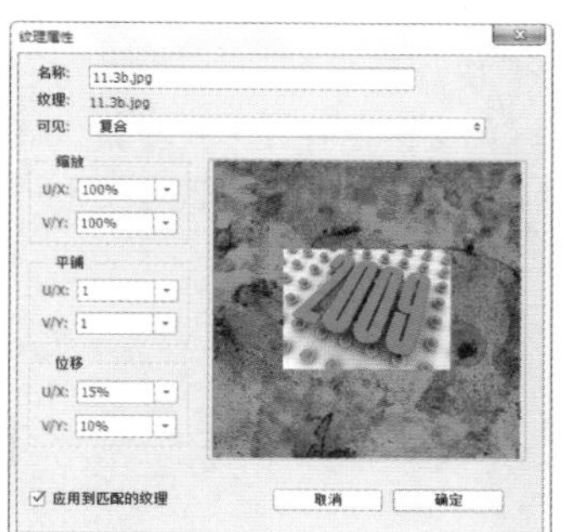

图11-47

图11-48

Tip 单击“漫射”选项右侧的按钮，打开下拉菜单，选择“新建纹理”命令，可以新建一个材质文档；选择“移去纹理”命令，可以删除3D模型的材质文件。

11.4 3D实例：突破屏幕的立体字

❶ 打开光盘中的素材，如图11-49所示。使用横排文字工具 T 在画面中输入文字，如图11-50所示。

❷ 执行“文字>创建3D文字”命令，创建3D立体字。选择移动工具，在文字上单击，将其选择，在“属性”面板中设置“凸出深度”为500，对文字模型进行拉伸，如图11-51、图11-52所示。

图11-49

图11-50

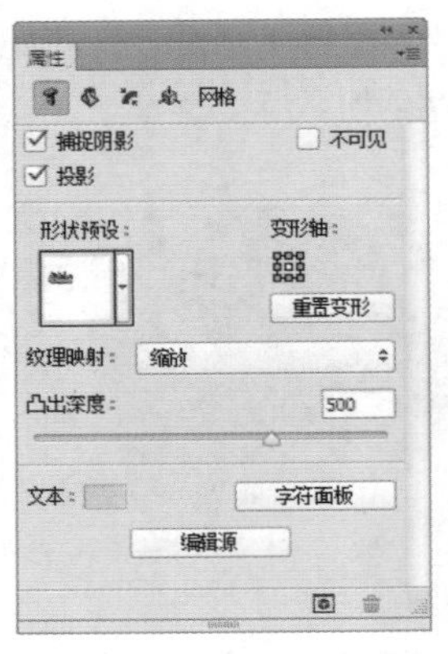

图 11-51

图 11-52

❸ 在画面的空白处单击鼠标，取消文字的选择。使用旋转3D对象工具 调整相机的角度，如图11-53所示。单击灯光，调整它的照射角度，如图11-54所示。

图 11-53

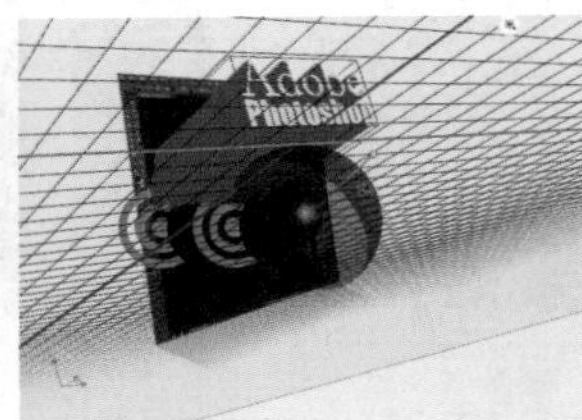

图 11-54

❹ 单击“3D”面板底部的 按钮，打开下拉菜单，选择“新建无限光”命令，添加一个无限光。调整照射方向和参数，如图11-55、图11-56所示。

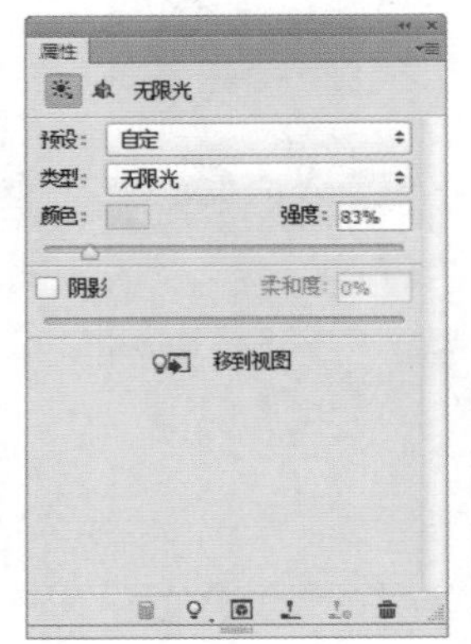

图 11-55

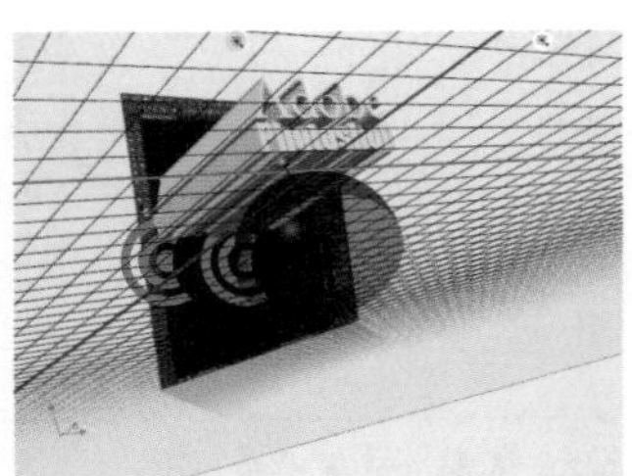

图 11-56

❺ 单击“图层”面板底部的 按钮，为3D图层添加蒙版。使用柔角画笔工具 在文字末端涂抹黑色，如图11-57、图11-58所示。

❻ 单击“调整”面板中的 按钮，创建“色相/饱和度”调整图层，调整参数如图11-59所示。按下Alt+Ctrl+G快捷键创建剪贴蒙版，使调整图层只影响3D文字，如图11-60、图11-61所示。

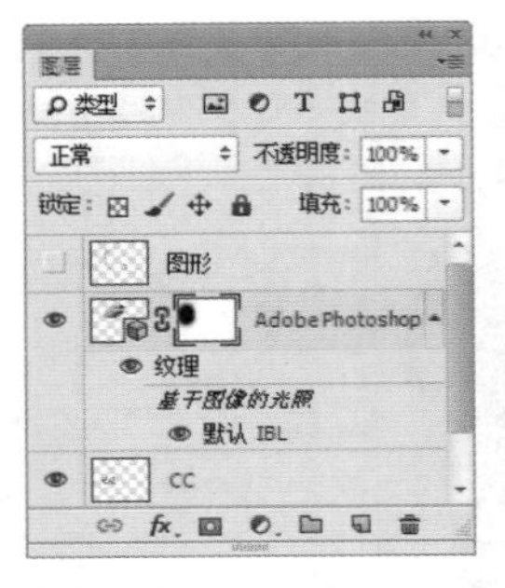

图 11-57

图 11-58

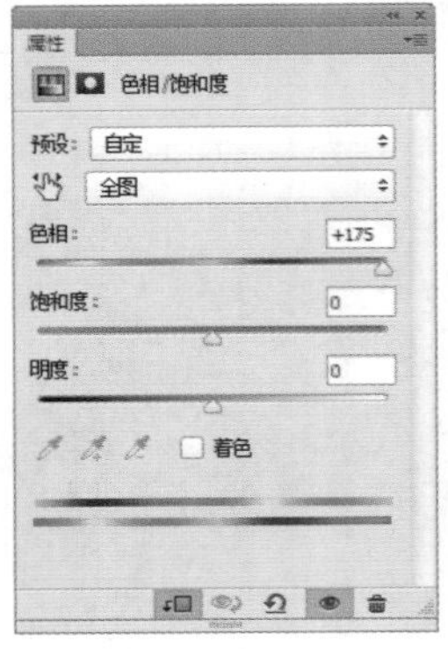

图 11-59

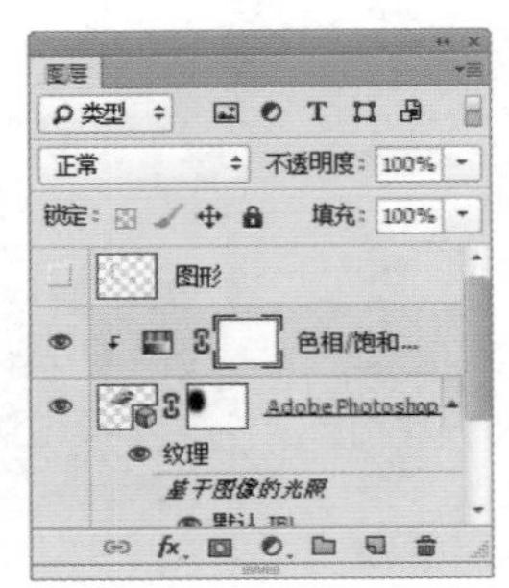

图 11-60

图 11-61

❼ 使用画笔工具 在文字“Adobe”上涂抹黑色，让文字恢复原有的颜色，如图11-62、图11-63所示。

图 11-62

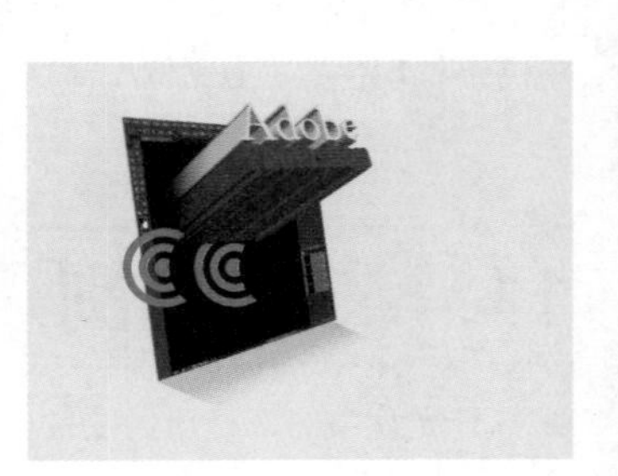

图 11-63

❽ 选择“CC”图层，如图11-64所示，执行“3D>从所选图层新建3D模型”命令，生成3D模型。采用与前面相同的方法调整模型角度和光照，再将装饰图形所在的图层显示出来，完成全部操作，效果如图11-65所示。

图 11-64

图 11-65

11.5 应用案例：易拉罐包装设计

❶ 按下Ctrl+N快捷键，新建一个文档，如图11-66所示。选择渐变工具，在工具选项栏中单击“径向渐变”按钮，在画面中填充渐变颜色，如图11-67所示。

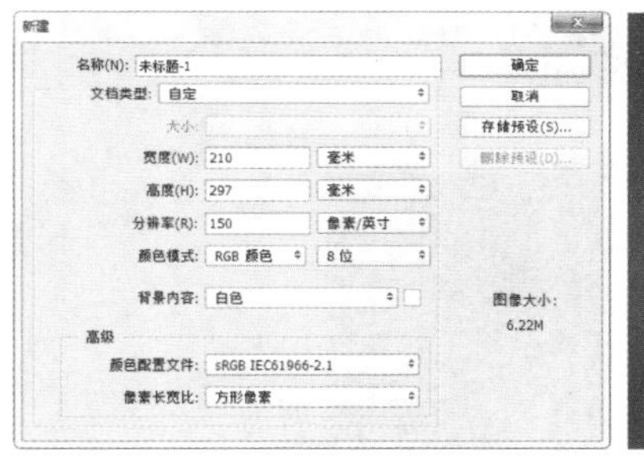

图 11-66

图 11-67

❷ 单击“图层”面板底部的按钮，新建一个图层，如图11-68所示。执行“3D>从图层新建网格>网格预设>汽水”命令，在该图层中创建一个3D易拉罐，如图11-69所示。

图 11-68

图 11-69

Tip 选择一个图层（可以是空白图层），打开“3D>从图层新建网格>网格预设”下拉菜单，选择一个命令，可以生成立方体、球体、金字塔等3D对象。

❸ 单击“3D”面板中的“标签材质”选项，如图11-70所示，弹出“属性”面板，设置闪亮参数为56%，粗糙度为49%，凹凸为1%，如图11-71、图11-72所示。

图 11-70

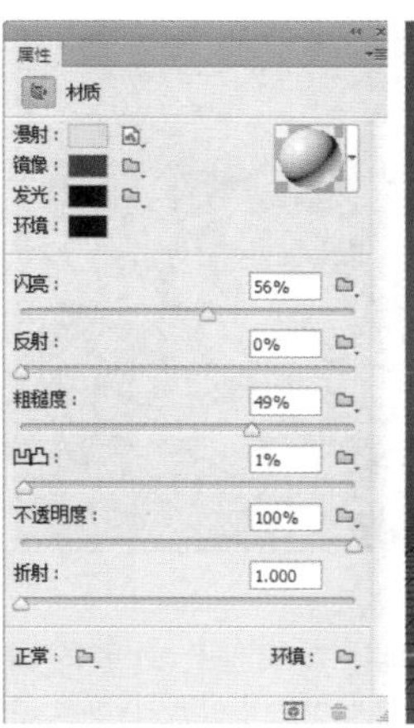

图 11-71　　图 11-72

❹ 单击“漫射”选项右侧的图标，打开下拉菜单，选择“替换纹理”命令，如图11-73所示。在打开的对话框中选择易拉罐贴图素材，如图11-74所示，贴图后

的效果如图11-75所示。

❺ 选择缩放3D对象工具，在画面中单击并向下拖动鼠标，将易拉罐缩小；再用旋转3D对象工具旋转罐体，让商标显示到前方；接着用拖动3D对象工具将它移到到画面下方，如图11-76~图11-78所示。

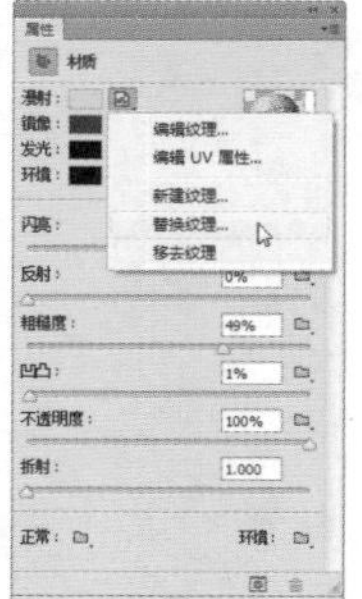
图 11-73

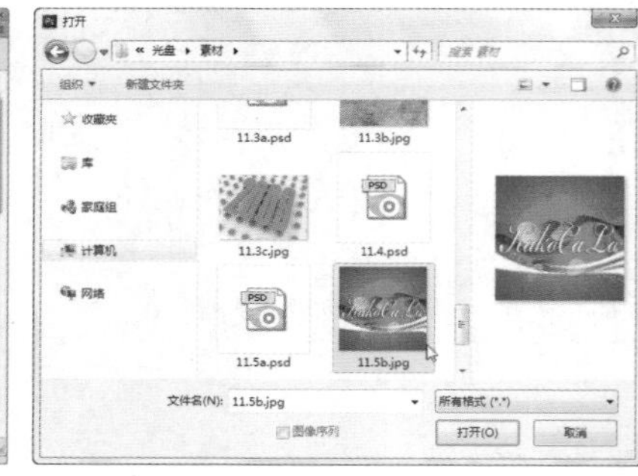
图 11-74

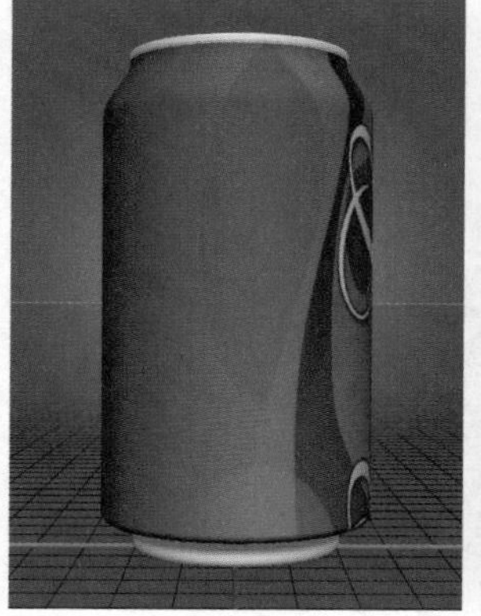
图 11-75

图 11-76

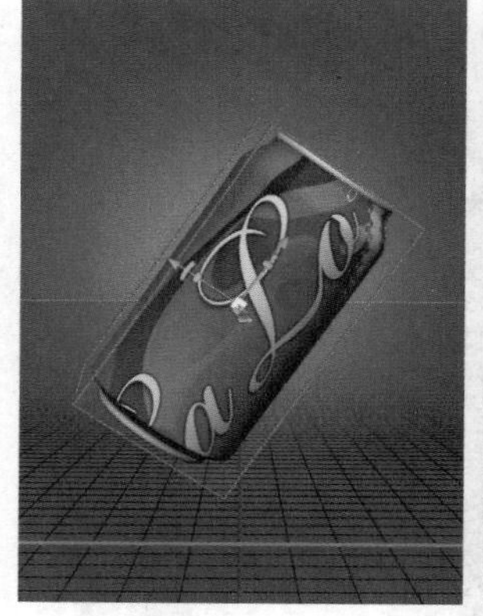
图 11-77

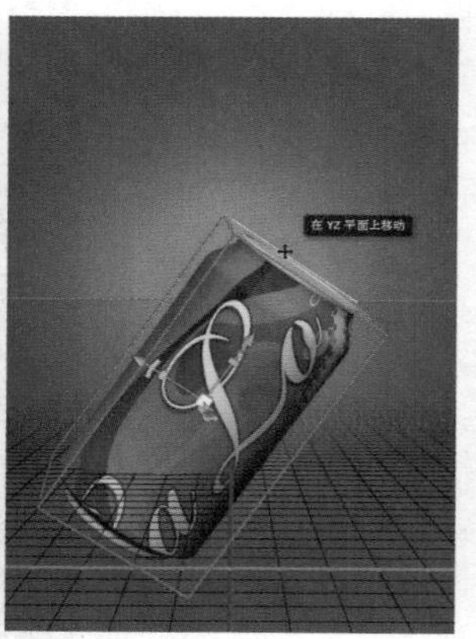
图 11-78

❻ 打开“漫射”菜单，选择“编辑UV属性”命令，如图11-79所示，在打开的“纹理属性”对话框中设置参数，调整纹理的位置，使贴图适合易拉罐的大小，如图11-80、图11-81所示。

❼ 按住Ctrl键，单击“图层1”的缩览图，载入易拉罐的选区，如图11-82、图11-83所示。

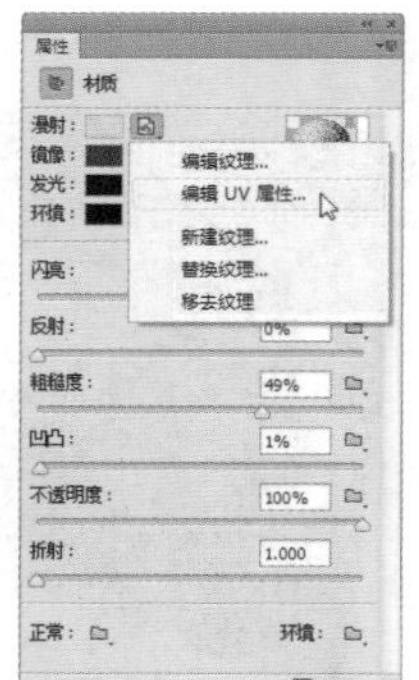
图 11-79

图 11-80

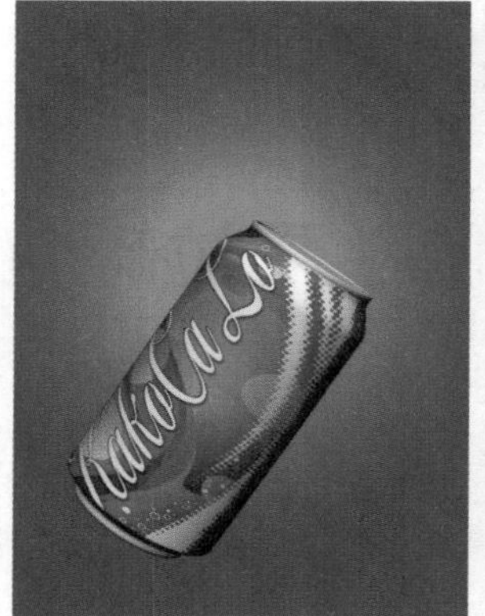
图 11-81

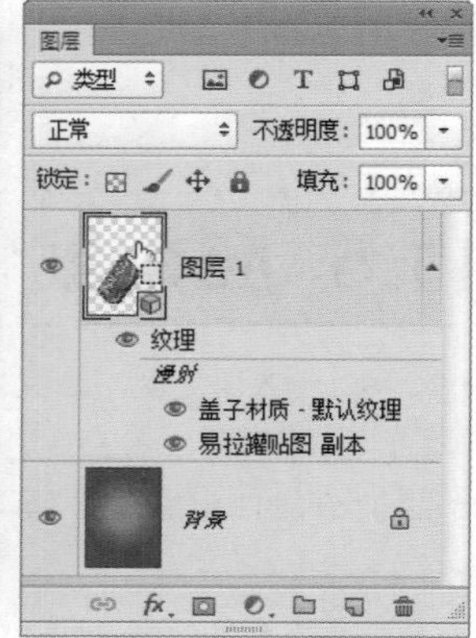

图 11-82

图 11-83

❽ 按下Shift+Ctrl+I快捷键反选。单击“调整”面板中的按钮，创建“曲线”调整图层，调整曲线，增加图像的亮度，产生金属光泽，表现出易拉罐边缘的金属质感，如图11-84所示。按下面板底部的按钮，创建剪贴蒙版，使调整只对易拉罐有效，不会影响背景，如图11-85、图11-86所示。

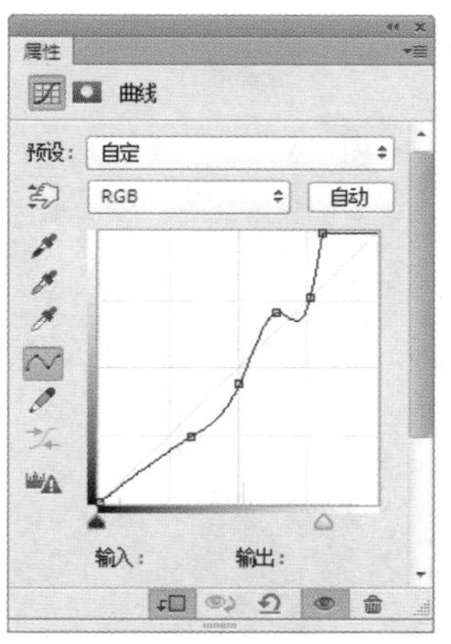

图 11-84

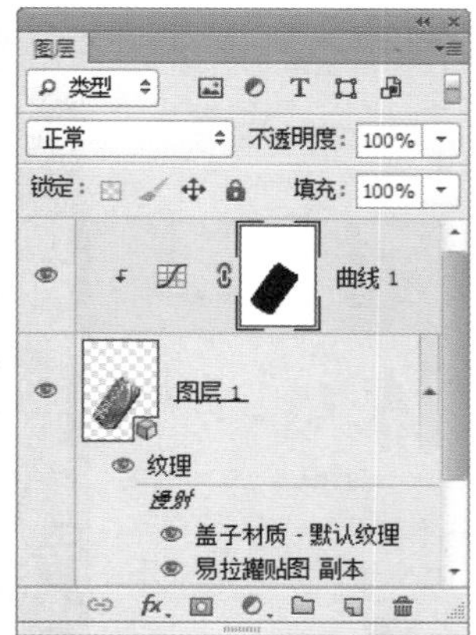

图 11-85

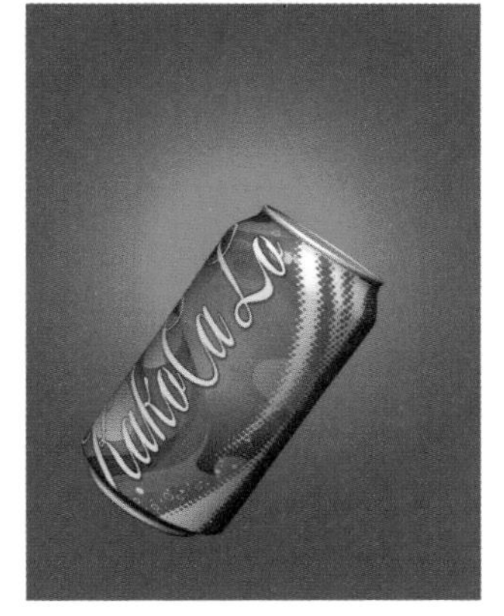
图 11-86

⑨ 选择“图层1”，如图11-87所示，下面来调整一下易拉罐的光线。单击“3D”面板中的“无限光1”选项，如图11-88所示。在“属性”面板中设置颜色强度为93%，如图11-89、图11-90所示。

⑩ 单击“图层”面板底部的按钮，新建一个图层。将前景色设置为黑色。选择渐变工具，按下径向渐变按钮，在“渐变”下拉面板中选择“前景色到透明渐变”，在画面中心创建一个径向渐变，如图11-91、图11-92所示。

图 11-87

图 11-88

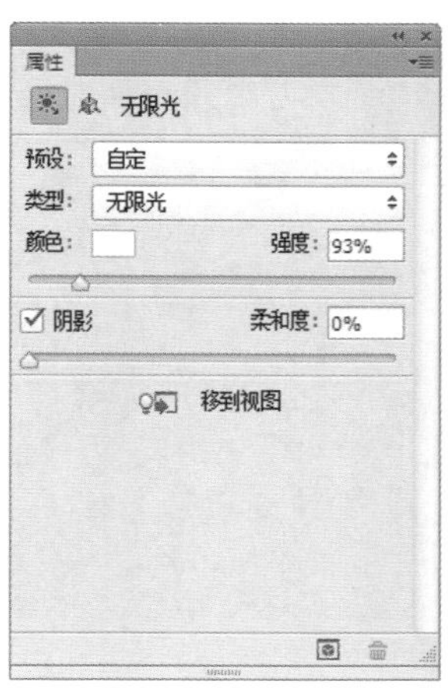

图 11-89

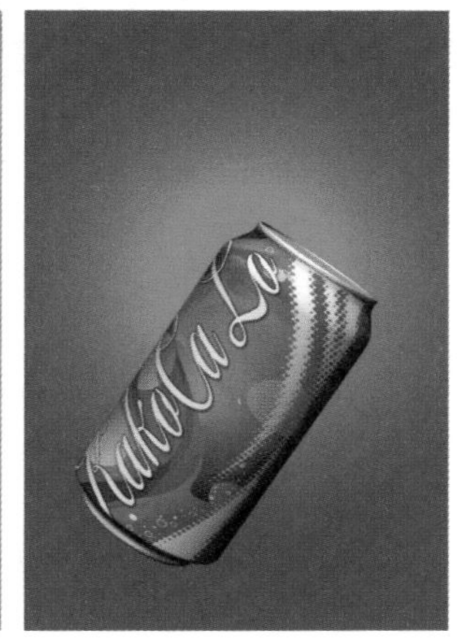
图 11-90

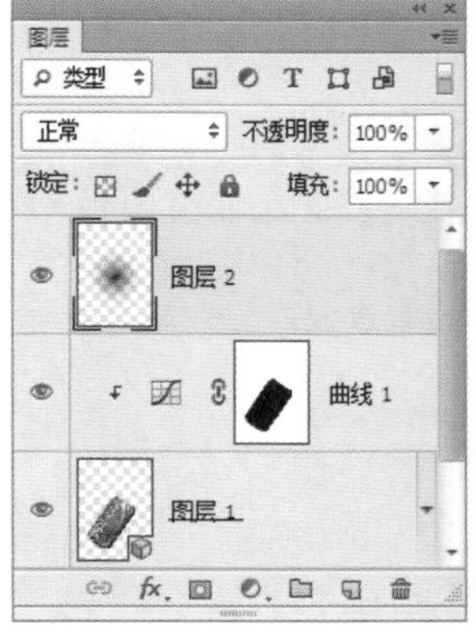

图 11-91

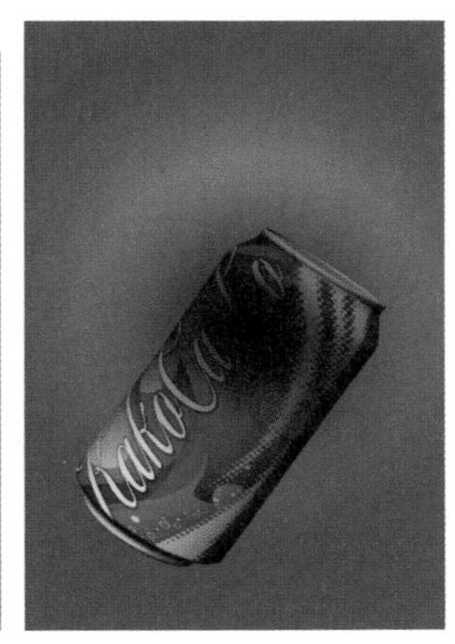
图 11-92

⑪ 将该图层拖动到“图层1”下方。按下Ctrl+T快捷键显示定界框，调整图形的高度，使之成为易拉罐的投影，如图11-93、图11-94所示。

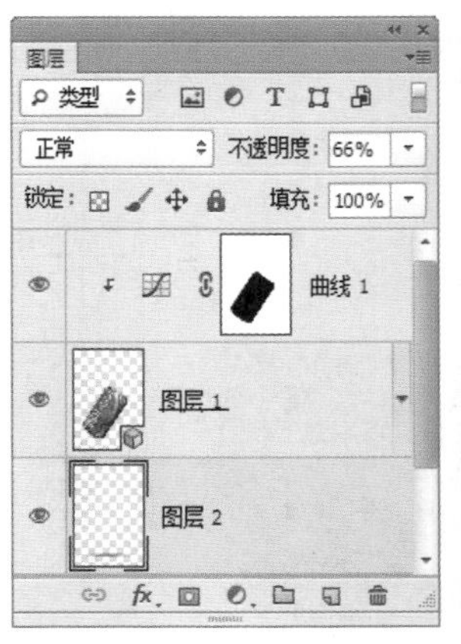

图 11-93

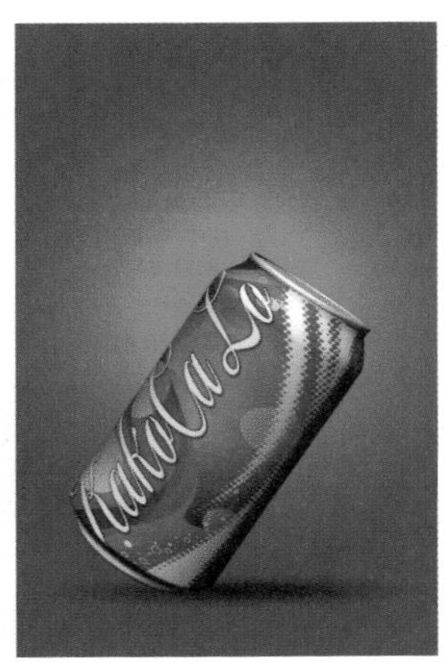
图 11-94

⑫ 按下Ctrl+O快捷键，打开一个文件，如图11-95、图11-96所示。

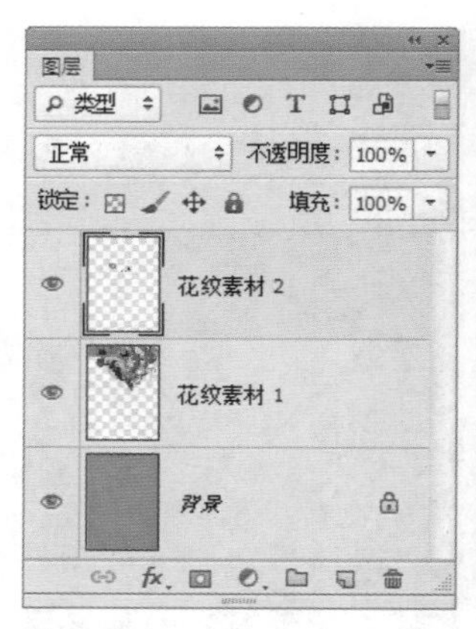

图 11-95

图 11-96

⑬ 将素材拖到易拉罐文档中，调整素材的前后位置，如图11-97、图11-98所示。

图 11-97

图 11-98

11.6 课后作业：从路径中创建 3D 模型

本章学习了 3D 功能。下面通过课后作业来强化学习效果。如果有不清楚的地方，请看一下视频教学录像。

素材位置：光盘/素材/11.6　视频位置：光盘/视频/11.6

选择路径、形状图层、文字图层、图像图层，或通过选区选取局部图像后，使用“3D”菜单中的命令，可以将其创建为3D模型。下面的课后作业是使用光盘中的素材文件，从路径中创建3D对象。这需要打开“路径”面板，单击老爷车路径，然后执行“3D>从所选路径新建3D模型”命令。创建模型后，用旋转3D对象工具调整模型角度，使用3D材质吸管工具在模型正面单击，选择材质，然后在“属性”面板中选择“石砖”材质。

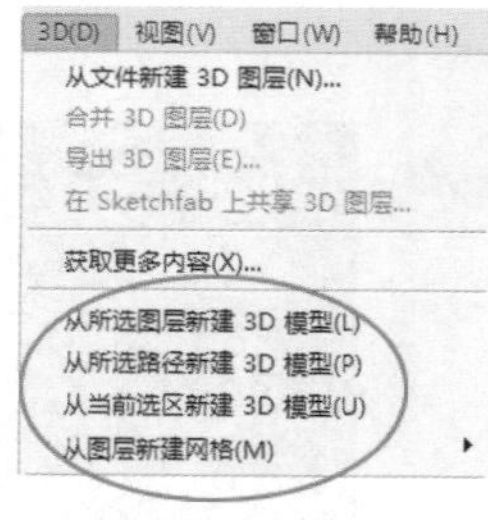

可以创建 3D 模型的命令

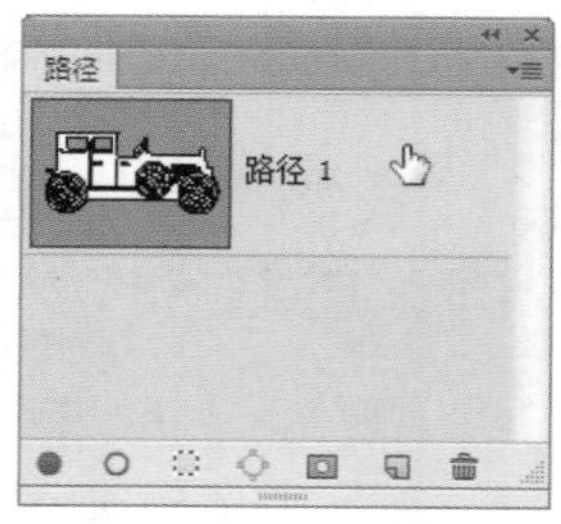

单击路径层

在画面中显示路径

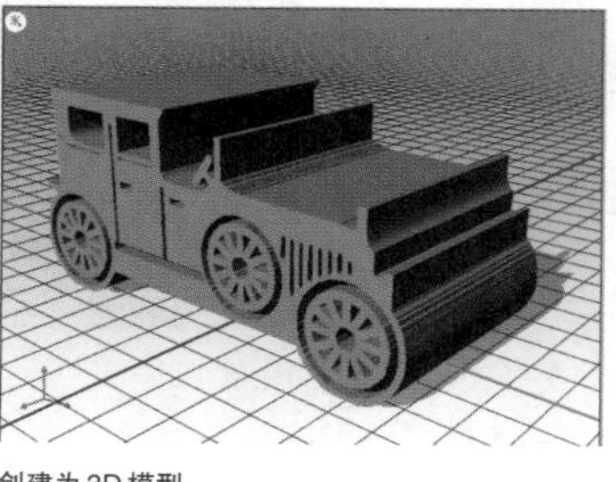
创建为 3D 模型

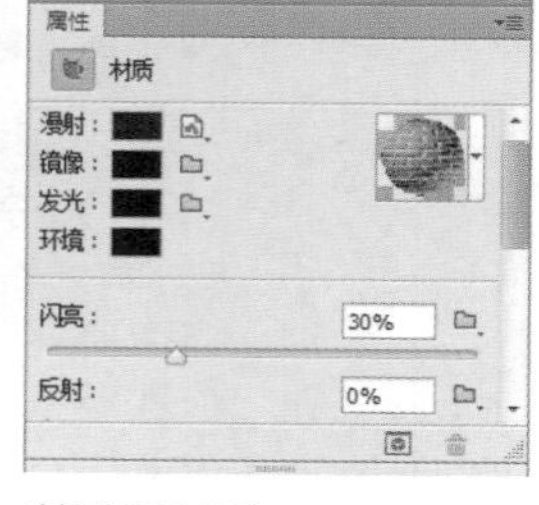

选择“石砖”材质

最终效果

11.7 课后作业：使用材质吸管工具

素材位置：光盘/素材/11.7 视频位置：光盘/视频/11.7

下面的作业是练习使用3D材质吸管工具和"属性"面板为3D模型贴上材质。操作方法是使用3D材质吸管工具单击椅子靠背，从3D模型上取样，然后在"属性"面板中选择"棉织物"材质；再用3D材质吸管工具单击椅子腿或把手，贴上"软木"材质。

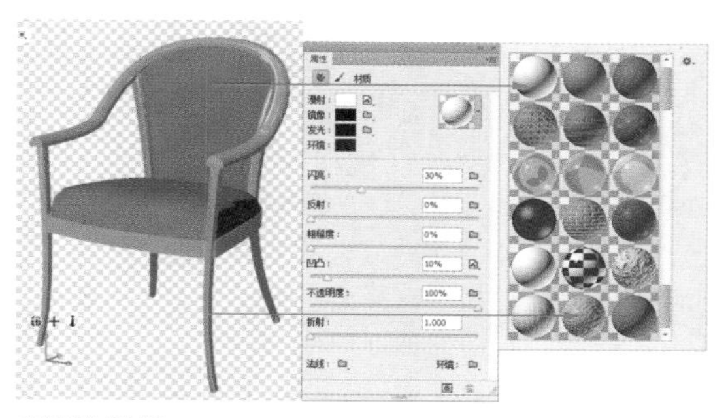

为模型选择材质

最终效果

11.8 课后作业：拆分3D对象

素材位置：光盘/素材/11.8 视频位置：光盘/视频/11.8

默认情况下，使用"凸出"命令从图层、路径和选区中创建的3D对象将作为一个整体的3D模型出现。打开光盘中的素材，用旋转3D对象工具旋转对象，可以看到，所有文字是一个整体。执行"3D>拆分凸出"命令，拆分3D对象，这样就可以选择任意一个字母进行调整。

素材文件

旋转对象时文字是一个整体

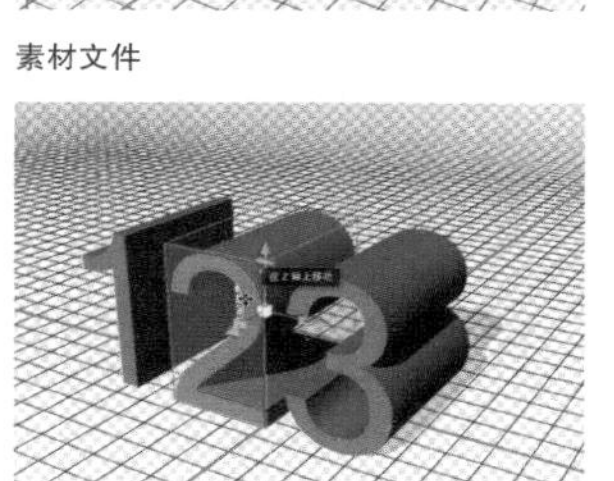

拆分3D对象

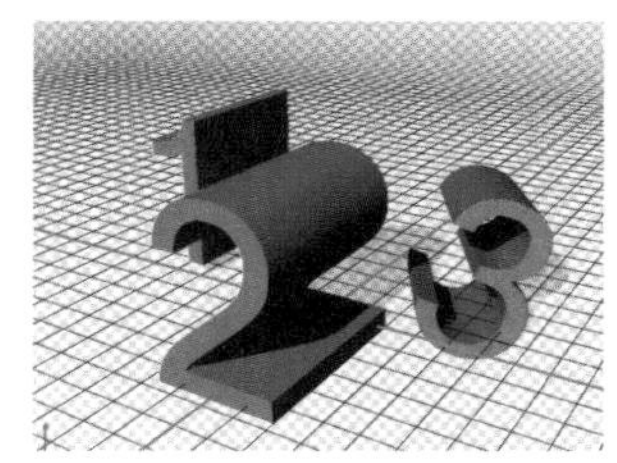

拆分后可单独旋转和调整每一个文字

11.9 复习题

1. Photoshop能编辑3D模型本身的多边形网格吗？

2. 在3D场景中添加灯光后，怎样开启阴影功能？

3. 编辑3D文件后，如果要保留文件中的3D内容，包括位置、光源、渲染模式和横截面，应该选择哪种文件格式？

第12章

综合实例 跨界设计

Photoshop是一个非常强大的软件，众多的功能会让初学者感到学习起来很困难。应该说Photoshop确实具有一定的难度，但它的难度不是体现在功能多，而在于功能间的横向联系十分紧密、交集多。因此，只掌握各个工具、命令和面板的使用方法，而不了解各个功能之间如何协作，就没有办法真正学会Photoshop，也许书本中的实例都能完成，但当独立面对图像编辑、照片处理、3D、动画等任务时，又无所适从了。Photoshop的学习秘诀在于多做练习，只有通过实践才能真正将各种工具融会贯通，让Photoshop为我们所用。本章安排的18个不同类型的实例，展现了Photoshop的高级应用技巧，突出了多种功能协作的特点。希望通过练习，您能真正学有所成。

扫描二维码，关注李老师的微博、微信。

12.1 制作3D西游记角色

❶ 打开光盘中的素材，如图12-1所示。执行“3D>从所选图层新建3D模型”命令，生成3D对象，如图12-2所示。

❷ 单击“3D”面板顶部的“网格”按钮，显示网格组件。在“属性”面板中选择凸出样式，设置“凸出深度”为100%，如图12-3、图12-4所示。

图12-1

图12-2

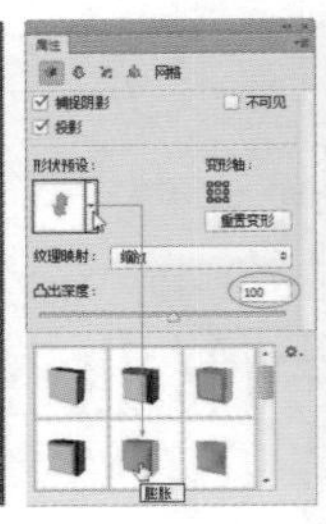

图12-3

图12-4

❸ 采用同样的方法可以制作出西游记中的其他3D形象，如图12-5所示。

图12-5

12.2 制作搞怪表情涂鸦

❶ 打开光盘中的素材，如图12-6所示。单击“图层”面板底部的按钮，新建一个图层，如图12-7所示。

图12-6

图12-7

❷ 选择画笔工具，在画笔下拉面板中选择“硬边圆”笔尖，设置画笔大小为15像素，如图12-8所示。在嘴上面画出眼睛、鼻子、帽子和脸的轮廓，如图12-9所示。

图12-8

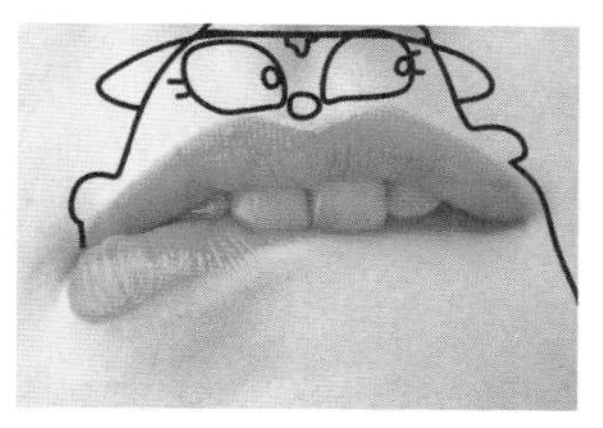

图12-9

❸ 给人物画一个带有花边的领结，在画面左下角画一个对话框，如图12-10所示，轮廓就画完了。选择魔棒工具，在工具选项栏中单击“添加到选区”按钮，设置容差为30，不要选中“对所有图层取样”复选项，以保证仅对当前图层进行选取。在眼睛上单击，选取眼睛和眼珠内部的区域，如图12-11所示。

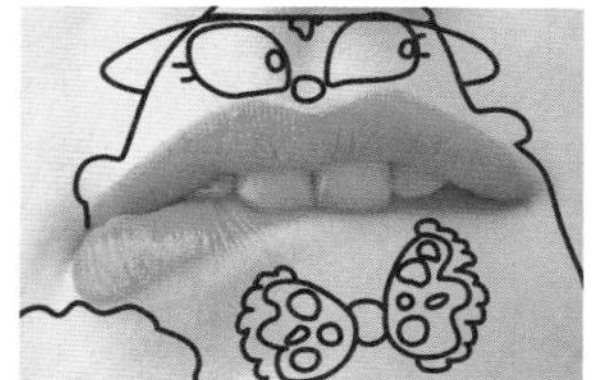

图12-10

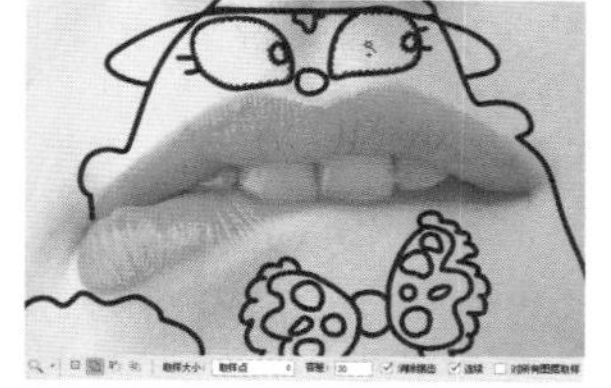

图12-11

❹ 在选区内填充白色，按下Ctrl+D快捷键取消选择，如图12-12所示。依次选取鼻子、帽子和领结，填充不同的颜色，如图12-13、图12-14所示。按下“]”键将笔尖调大，给人物画出两个红脸蛋。在台词框内涂上紫色，用白色写出文字，一幅生动有趣的表情涂鸦作品就制作完了，如图12-15所示。

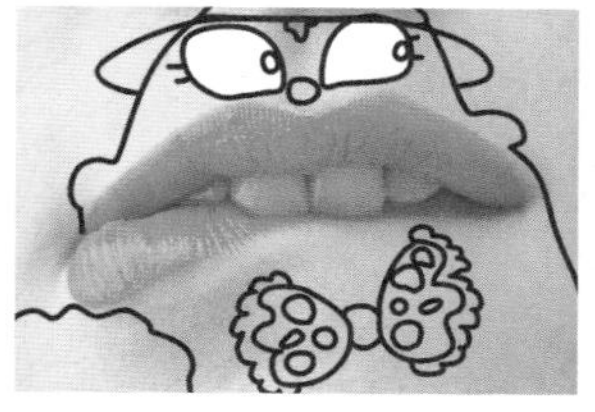

图12-12

图12-13

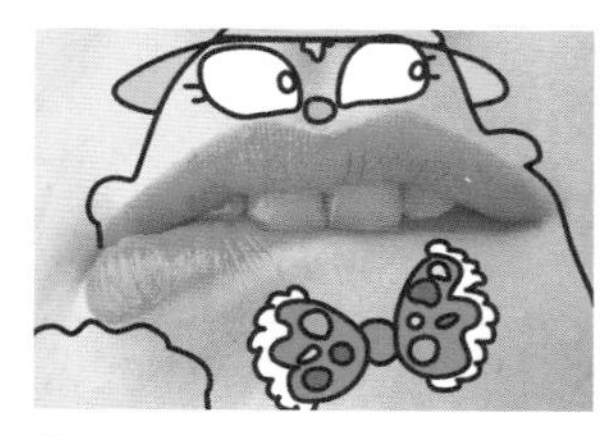

图12-14

图12-15

12.3 制作趣味场景照片

❶ 打开光盘中的素材，如图12-16、图12-17所示。使用移动工具将手图像拖入小猫文档中。

图12-16

图12-17

❷ 按住Ctrl 键，单击“卡片”图层的缩览图，载入选区，如图12-18、图12-19 所示。

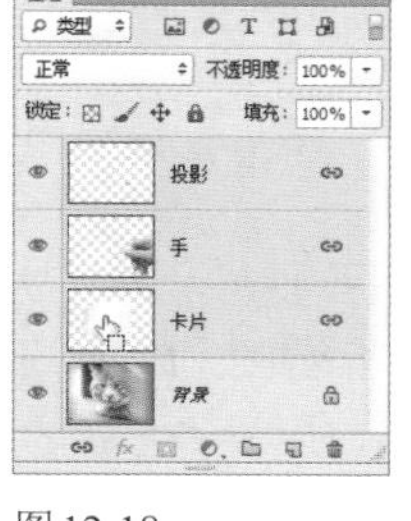
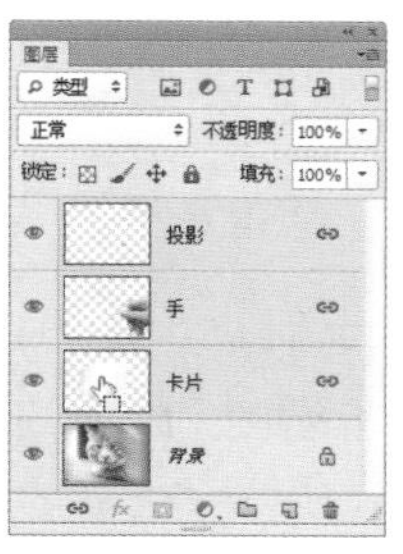

图12-18

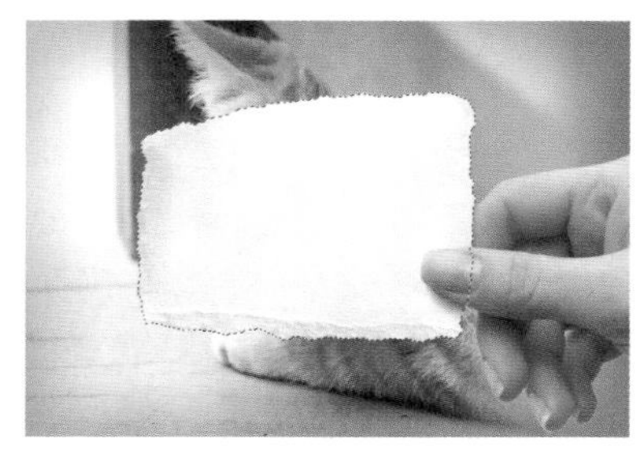

图12-19

❸ 执行“选择>变换选区”命令，显示定界框，拖动控制点调整选区大小，如图12-20所示。按下回车键确认。将“背景”图层拖动到按钮上进行复制，如图12-21所示。

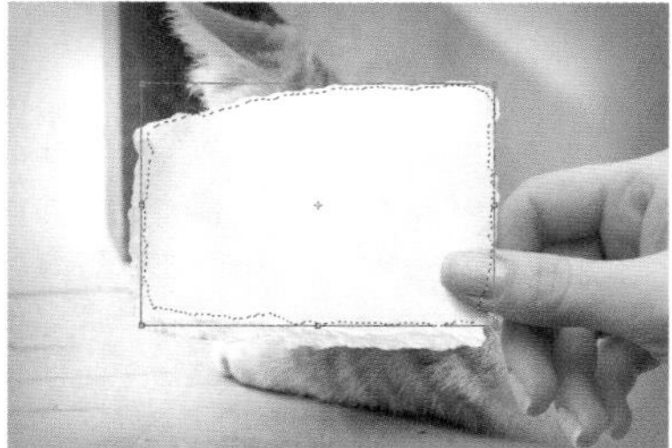

图12-20

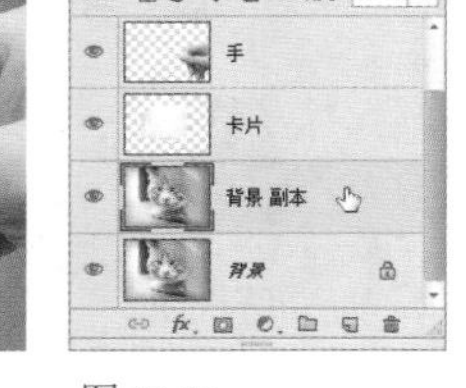

图12-21

❹ 单击“图层”面板底部的 按钮，添加蒙版，再按下Ctrl+] 快捷键将该图层向上移动一个堆叠顺序，如图12-22、图12-23所示。

图 12-22

图 12-23

❺ 单击“调整”面板中的 按钮，创建“色相/饱和度”调整图层。将“饱和度”滑块拖动到最左侧，如图12-24、图12-25所示。

❻ 按下Alt+Ctrl+G快捷键创建剪贴蒙版，使调整图层只影响它下面的一个图层，如图12-26、图12-27所示。

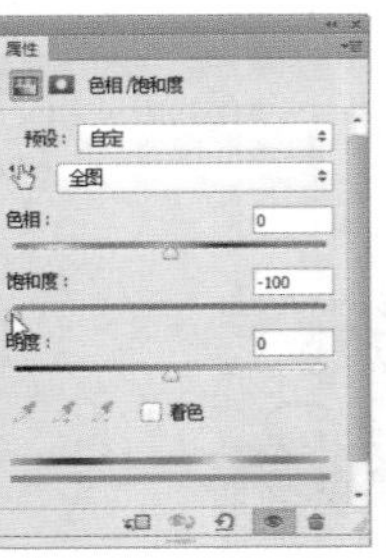

图 12-24

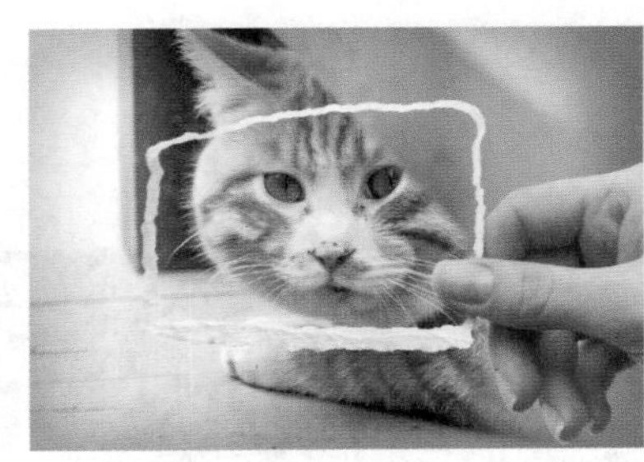

图 12-25

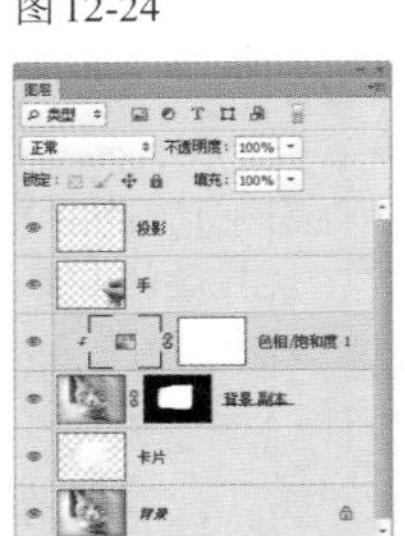

图 12-26

图 12-27

12.4 制作艺术拼贴照片

❶ 打开光盘中的素材，如图12-28所示。新建一个图层。选择画笔工具 （柔角300像素，不透明度为20%），在照片上涂抹白色，四周的景物可以多涂一些，如图12-29所示。

图 12-28

图 12-29

❷ 将“背景”图层拖动到 按钮上进行复制，将“背景副本”图层拖到顶层。按住Alt键单击 按钮，创建一个反相的（黑色）蒙版，如图12-30所示。选择矩形工具 ，在工具选项栏中选择“像素”选项，创建一个白色的矩形，如图12-31所示。

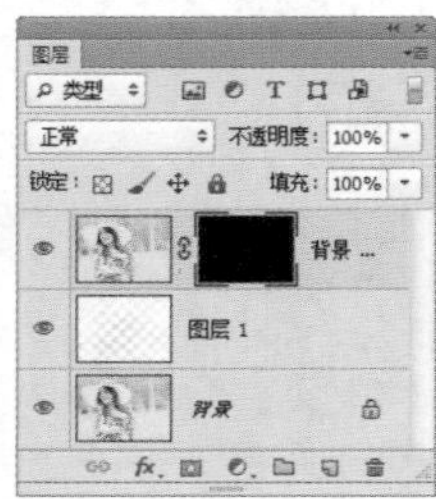

图 12-30

图 12-31

❸ 双击该图层，打开“图层样式”对话框，分别选择“投影”、“内发光”和“描边”效果，如图12-32~图12-35所示。

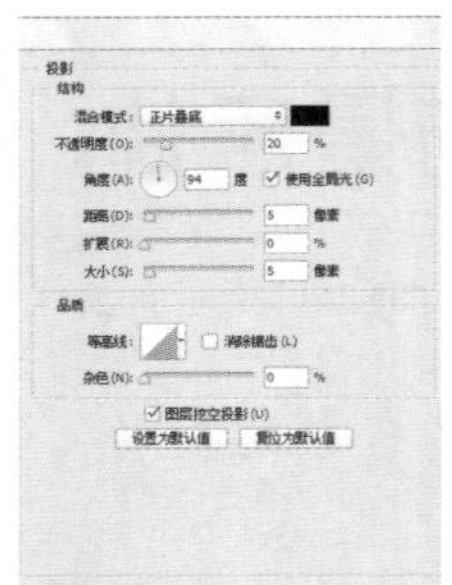

图 12-32

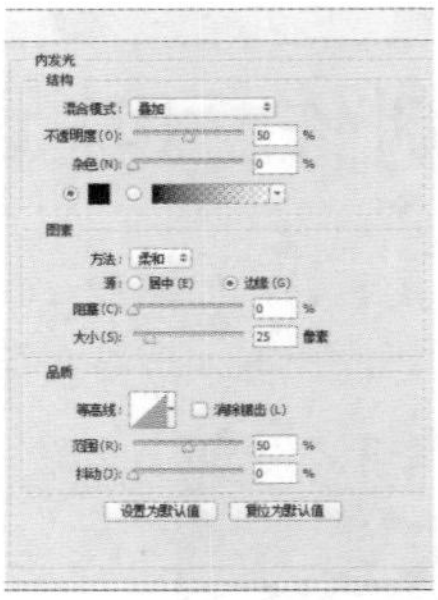

图 12-33

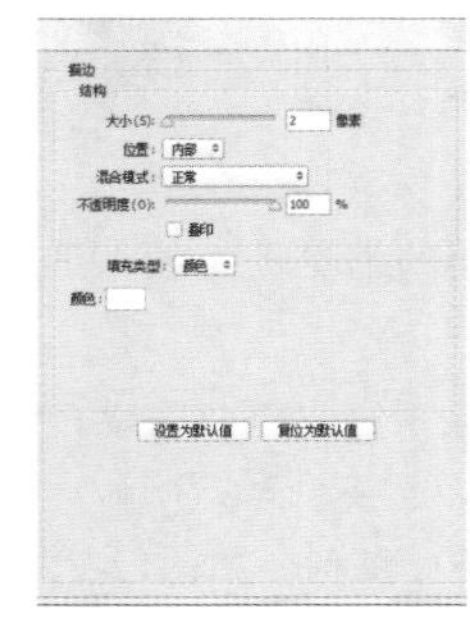

图 12-34

图 12-35

❹ 继续绘制大小不同的矩形，图12-36所示为蒙版效果，图12-37所示为图像效果。

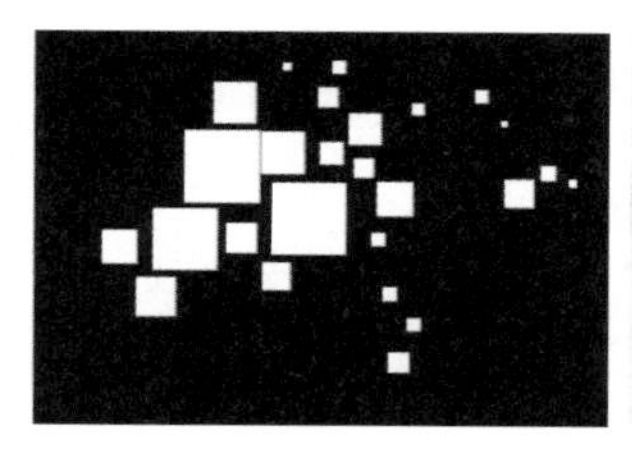

图12-36

图12-37

❺ 单击“调整”面板中的 按钮，创建“照片滤镜”调整图层，在“滤镜”下拉列表中选择“深褐色”，设置参数为100%，如图12-38所示。设置该图层的混合模式为“滤镜”，不透明度为80%。按下Alt+Ctrl+G快捷键创建剪贴蒙版，如图12-39、图12-40所示。

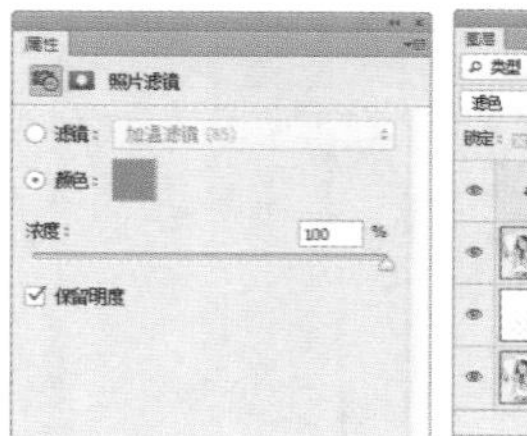

图12-38

图12-39

图12-40

❻ 按住Alt键向上拖动“背景副本”图层至面板的最顶层，复制该图层，如图12-41所示。单击蒙版缩览图，填充黑色，如图12-42所示。

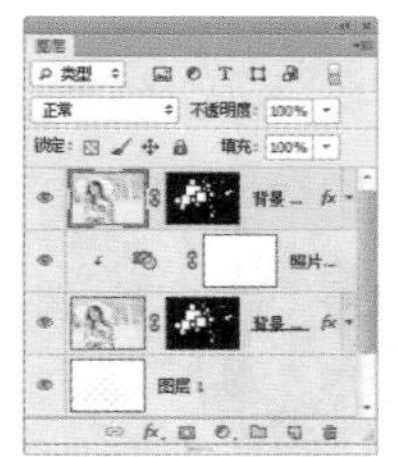

图12-41

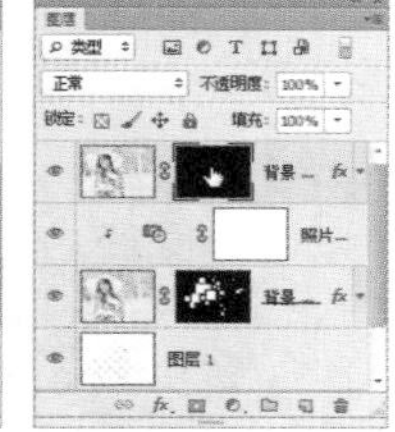

图12-42

❼ 在这个图层中重新绘制矩形，要与下面图层中的矩形错开位置，并且有大小变化，图12-43所示为蒙版效果，图12-44所示为图像效果。

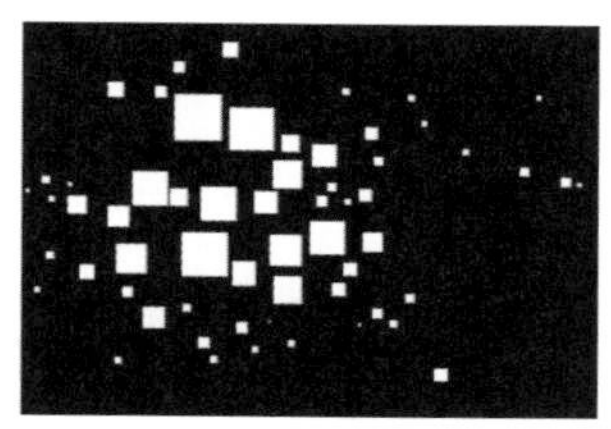

图12-43

图12-44

❽ 按下Ctrl+J快捷键复制图层，单击蒙版缩览图，填充黑色，如图12-45所示。设置前景色为白色，背景色为黑色。使用矩形工具 绘制一个白色的矩形，如图12-46所示。

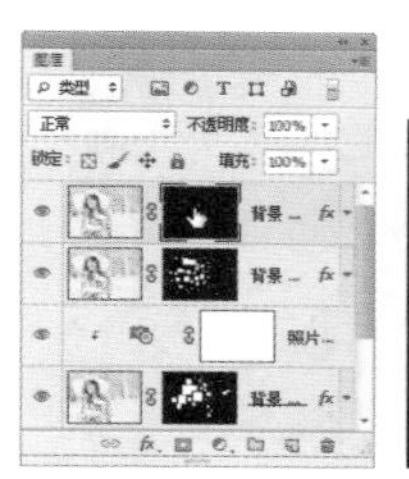

图12-45

图12-46

❾ 使用矩形选框工具 将矩形框选，按下Ctrl+T快捷键显示定界框，如图12-47所示。单击鼠标右键，在打开的菜单中选择“变形”命令，拖动网格的左下角，如图12-48所示。按下回车键确认操作，制作一个页面掀起的效果，如图12-49、图12-50所示。

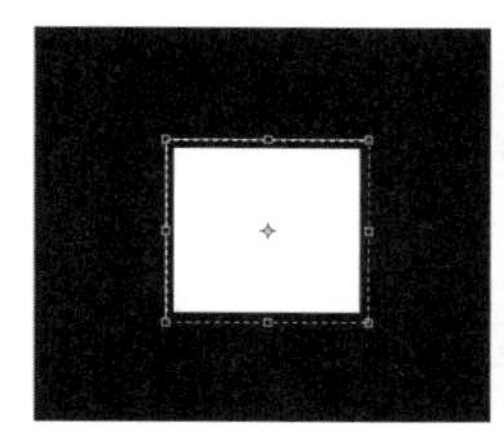

图12-47

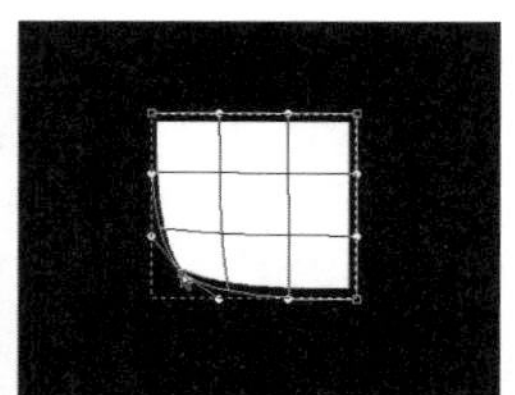

图12-48

图12-49

图12-50

❿ 按住Ctrl键单击面板底部的按钮 ，在当前图层下方新建一个图层，设置不透明度为50%，如图12-51所示。选择矩形选框工具 ，在工具选项栏中设置羽化参数为1像素。绘制一个选区，填充黑色，如图12-52所示。执行“编辑>变换>变形”命令，调整图形的左下角，将其向外拉伸，如图12-53所示。

图 12-51

图 12-52

图 12-53

⓫ 单击“调整”面板中的按钮，创建“色阶”调整图层，向右拖动黑色滑块，如图12-54所示。使用画笔工具在人物上涂抹黑色，使调整图层不会对人物产生影响，如图12-55、图12-56所示。

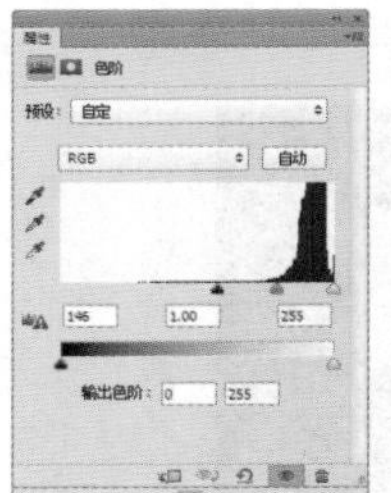

图 12-54

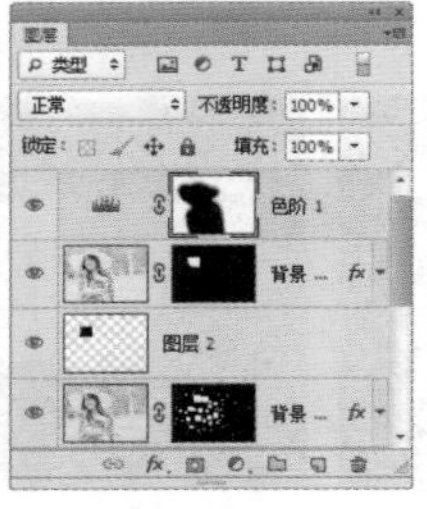

图 12-55

图 12-56

⓬ 创建“曲线”调整图层，先调整RGB曲线，增加图像的对比度，如图12-57所示；再分别调整红、绿和蓝通道曲线，如图12-58~图12-60所示，使画面色彩清新亮丽。最后，输入文字，注意版式和布局，如图12-61所示。

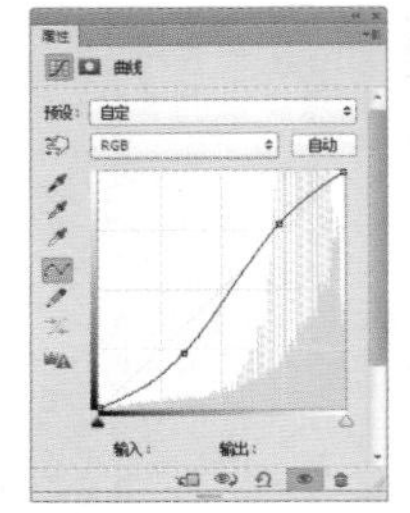

图 12-57

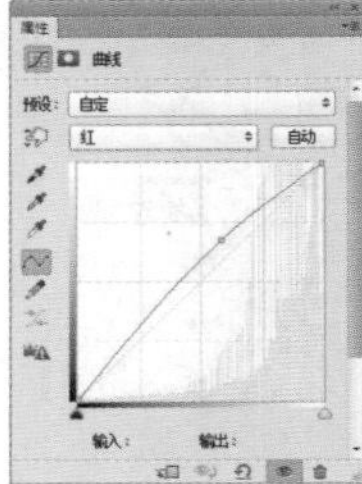

图 12-58

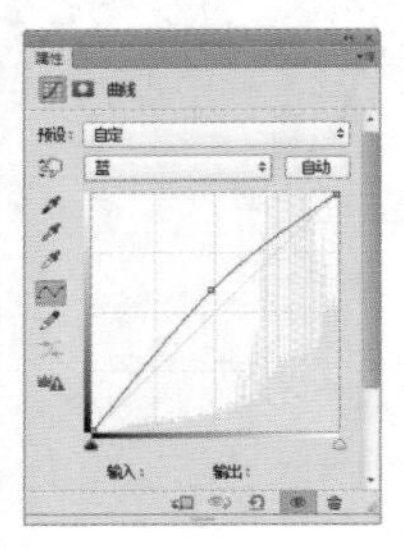

图 12-59

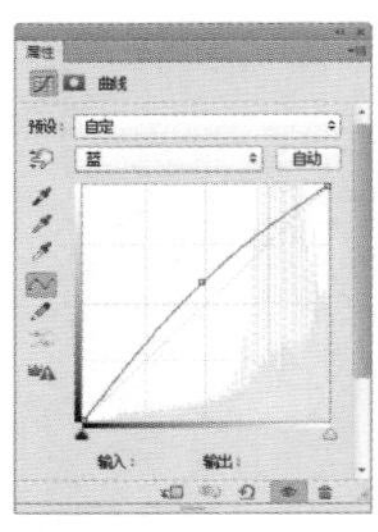

图 12-60

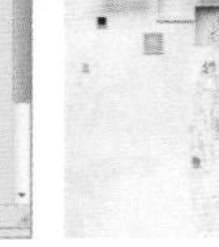

图 12-61

12.5 制作金属特效字

❶ 打开光盘中的素材，如图12-62所示。使用横排文字工具 T 在画面中输入文字，在工具选项栏中设置字体及大小，如图12-63所示。

❷ 双击该图层，打开“图层样式”对话框，在左侧列表中分别选择“内发光”、“渐变叠加”、“投影”效果，并设置参数，如图12-64~图12-67所示。

图 12-62

图 12-63

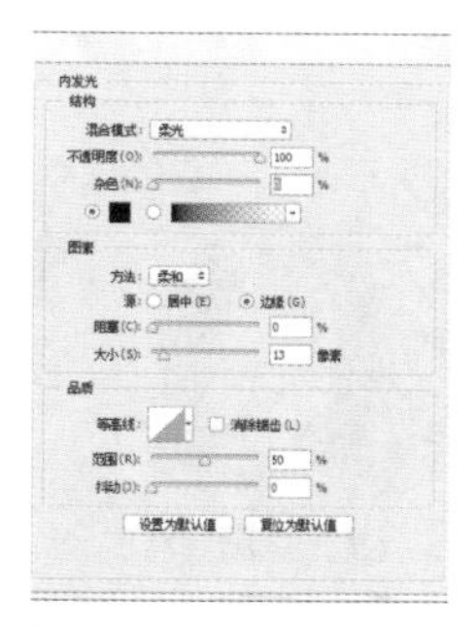

图12-64

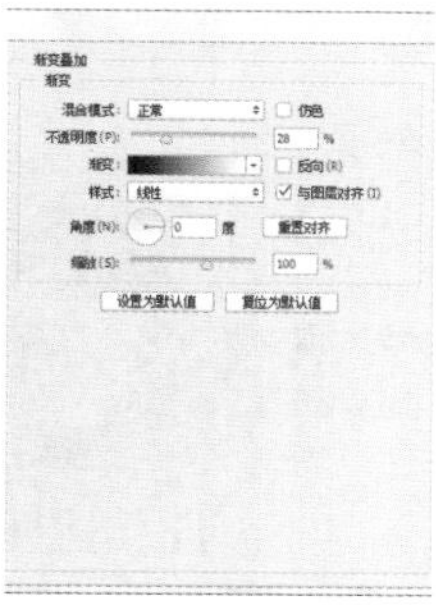

图12-65

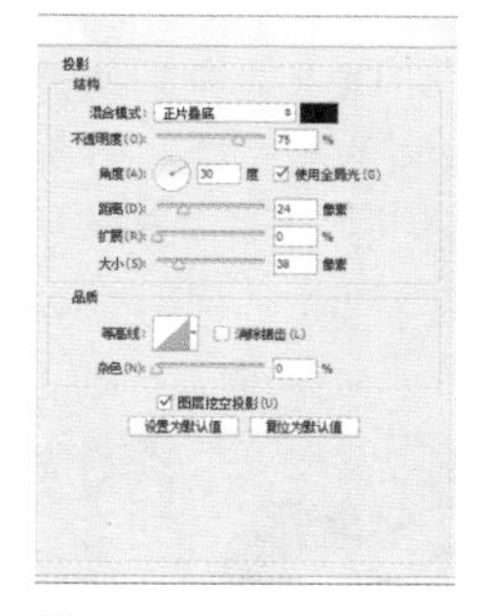

图12-66

图12-67

❸ 继续添加“斜面和浮雕”、“等高线”效果，使文字呈现立体效果，并具有一定的光泽感，如图12-68~图12-70所示。

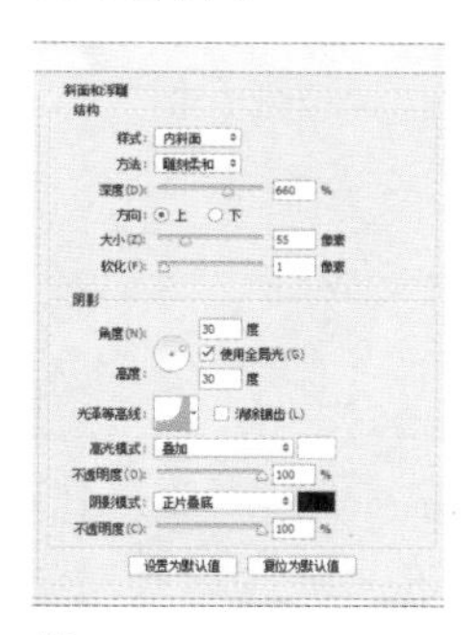

图12-68

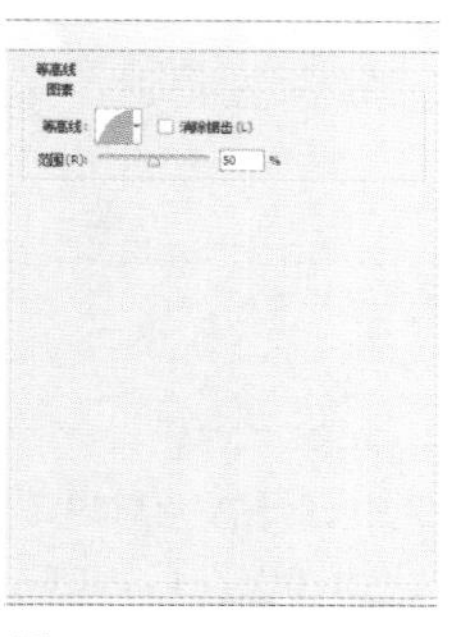

图12-69

图12-70

❹ 打开一个纹理素材，如图12-71所示。使用移动工具将素材拖到文字文档中，如图12-72所示。按下Alt+Ctrl+G快捷键创建剪贴蒙版，将纹理图像的显示范围限定在文字区域内，如图12-73、图12-74所示。

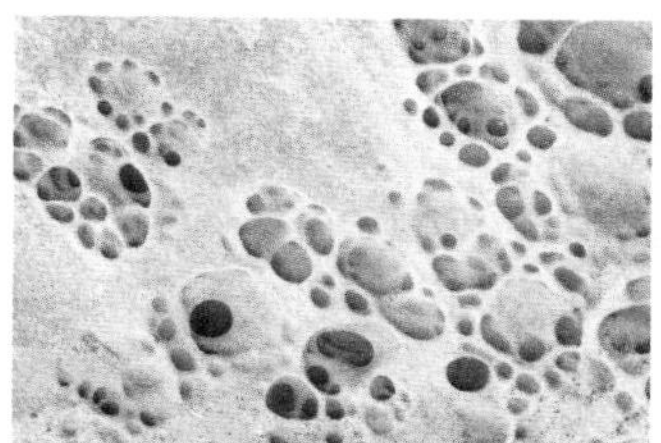

图12-71

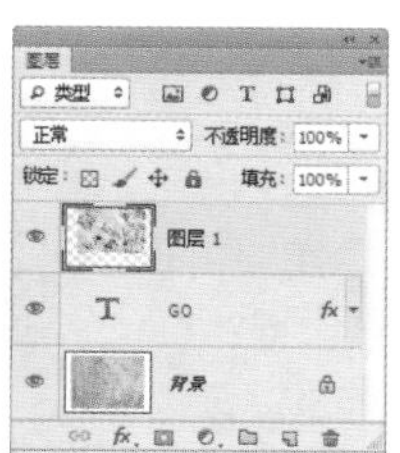

图12-72

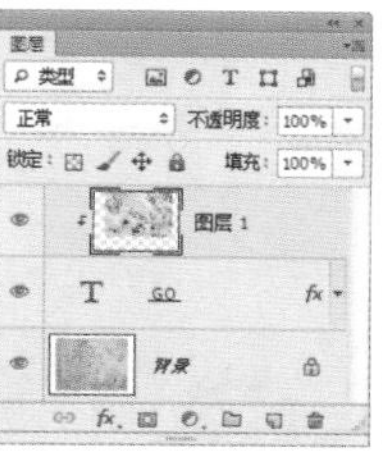

图12-73

图12-74

❺ 双击“图层1”，打开“图层样式”对话框，按住Alt键拖动“本图层”选项中的白色滑块，将滑块分开，拖动时观察渐变条上方的数值到202时放开鼠标，如图12-75所示。此时纹理素材中色阶高于202的亮调图像会被隐藏起来，只留下深色图像，使金属字呈现斑驳的质感，如图12-76所示。

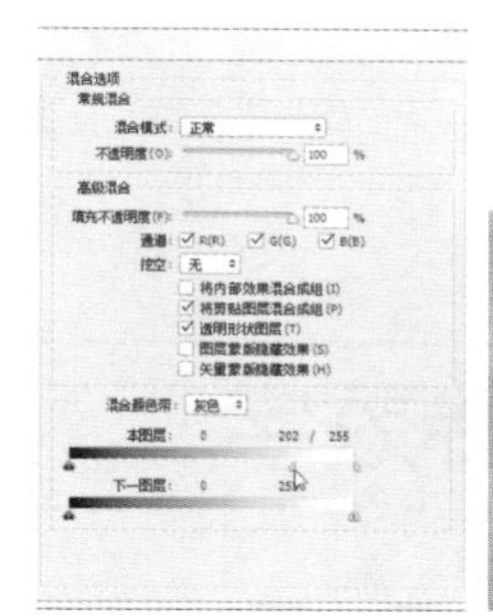

图12-75

图12-76

❻ 使用横排文字工具 T 输入文字，如图12-77所示。

图12-77

❼ 按住Alt键，将文字“GO”图层的效果图标 fx 拖动到当前文字图层上，为当前图层复制效果，如图12-78、图12-79所示。

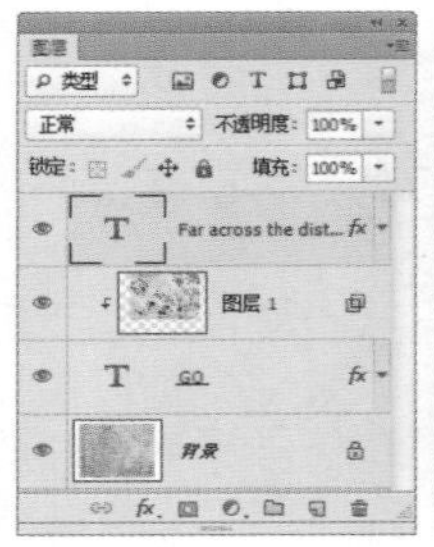

图12-78　　图12-79

❽ 执行“图层>图层样式>缩放效果”命令，对效果单独进行缩放，使其与文字大小相匹配，如图12-80、图12-81所示。

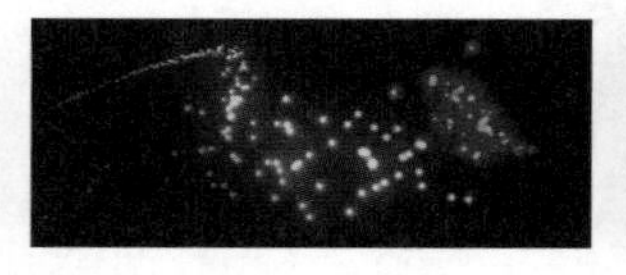

图12-80　　图12-81

❾ 按住Alt键，将“图层1”拖动到当前文字层的上方，复制出一个纹理图层，按下Alt+Ctrl+G快捷键，创建剪贴蒙版，为当前文字也应用纹理贴图，如图12-82、图12-83所示。

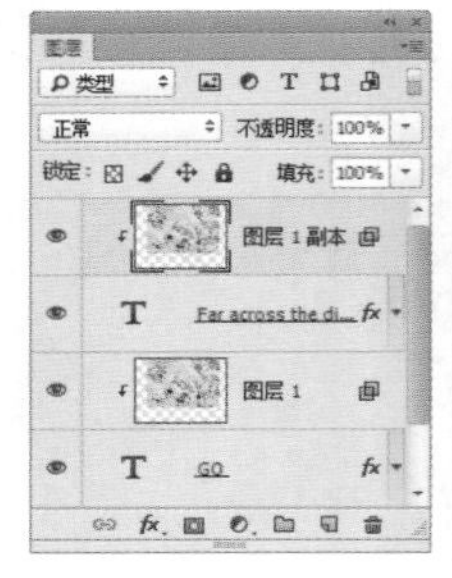

图12-82　　图12-83

❿ 单击“调整”面板中的按钮，创建“色阶”调整图层，拖动阴影滑块，增加图像色调的对比度，如图12-84所示，使金属质感更强。再输入其他文字，效果如图12-85所示。

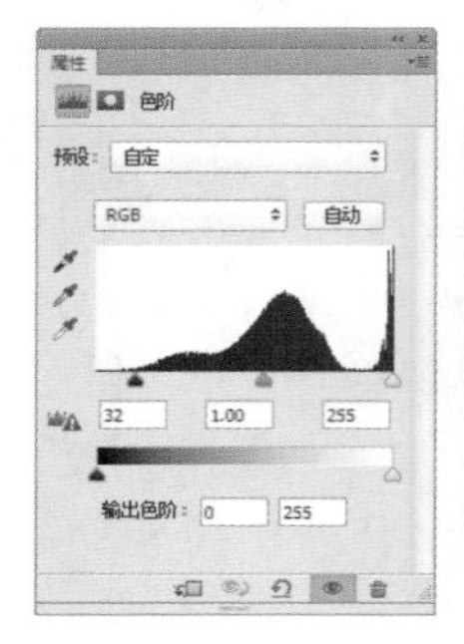

图12-84　　图12-85

12.6 制作激光特效字

❶ 打开3个素材，如图12-86~图12-88所示。

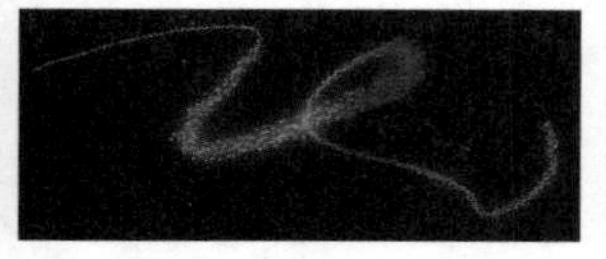

图12-86

图12-87

图12-88

❷ 切换到第一个素材中，执行“编辑>定义图案”命令，打开“图案名称”对话框，命名图案为“图案1”，如图12-89所示。单击“确定”按钮关闭对话框。用同样的方法将另外两个文件也定义为图案。

❸ 再打开一个素材，如图12-90、图12-91所示。素材中的文字为矢量智能对象。如果双击图标，可以在Illustrator软件中打开智能对象原文件，对图形进行编辑并按下Ctrl+S快捷键保存后，Photoshop中的对象会同步更新，这是矢量智能对象的独特之处。

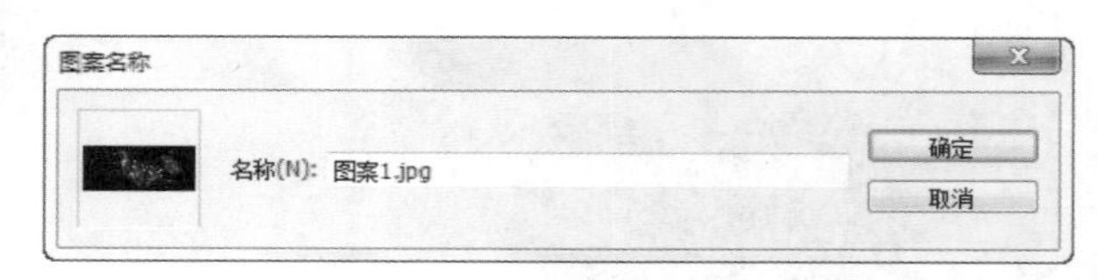

图12-89

图12-90　　图12-91

❹ 双击该图层，打开“图层样式”对话框，在左侧列

表中选择“投影”效果，设置参数如图12-92所示。选择“图案叠加”效果，在图案下拉面板中选择自定义的“图案1”，设置缩放参数为184%，如图12-93所示，效果如图12-94所示。

❺ 不要关闭“图层样式”对话框，此时将光标放在文字上，光标会自动呈现为移动工具▶✥，在文字上拖动鼠标，可以改变图案在文字中的位置，如图12-95所示。调整完毕后再关闭对话框。

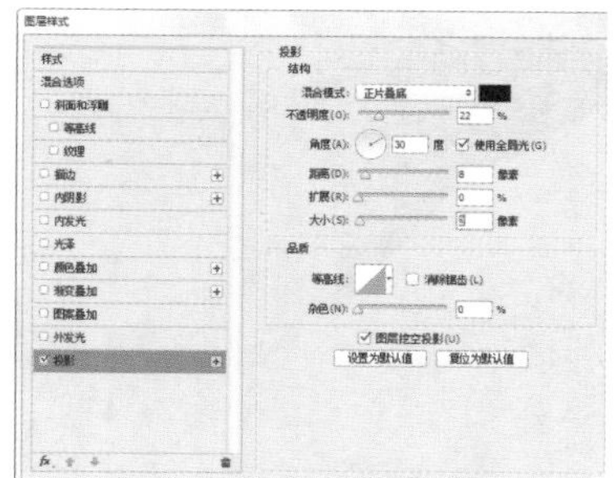

图 12-92

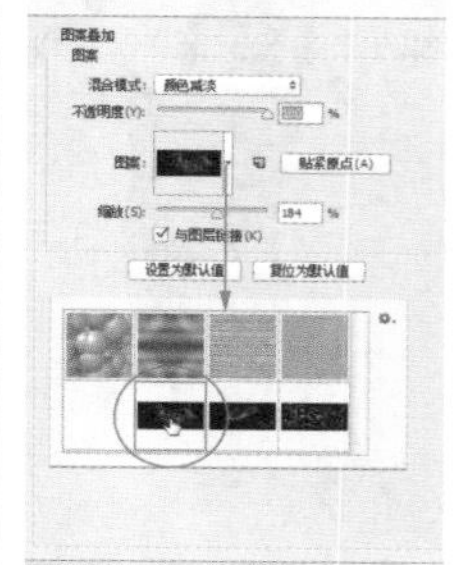

图 12-93

图 12-94

图 12-95

❻ 按下Ctrl+J快捷键复制当前图层，如图12-96所示。选择移动工具▶✥，按下键盘中的↑键，连续按10次，使文字之间产生一定的距离，如图12-97所示。

图 12-96

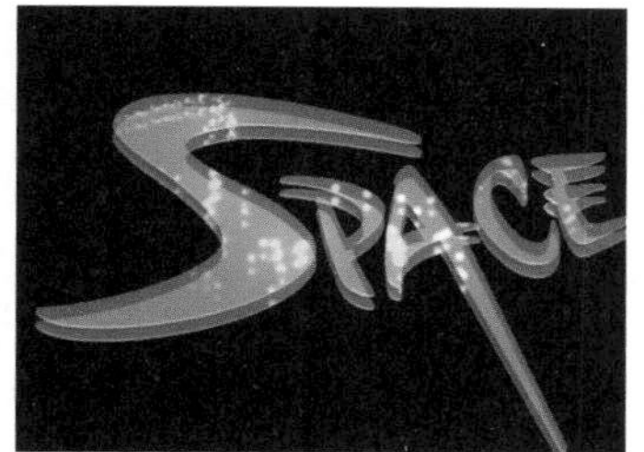

图 12-97

❼ 双击该图层后面的 fx 图标，打开“图层样式”对话框，选择“图案叠加”效果，在图案下拉面板中选择“图案2”，修改缩放参数为77%，如图12-98所示，效果如图12-99所示。同样地，在不关闭对话框的情况下，调整图案的位置，如图12-100所示。

❽ 重复上面的操作。复制图层，如图12-101所示。将复制后的文字向上移动，如图12-102所示。使用自定义的“图案3”对文字区域进行填充，如图12-103、图12-104所示。

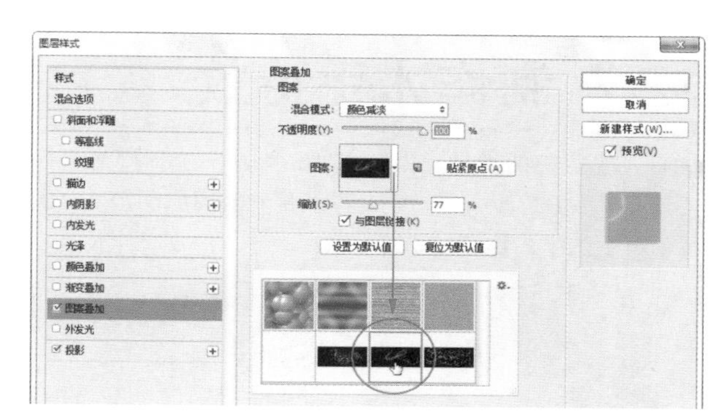

图 12-98

图 12-99

图 12-100

图 12-101

图 12-102

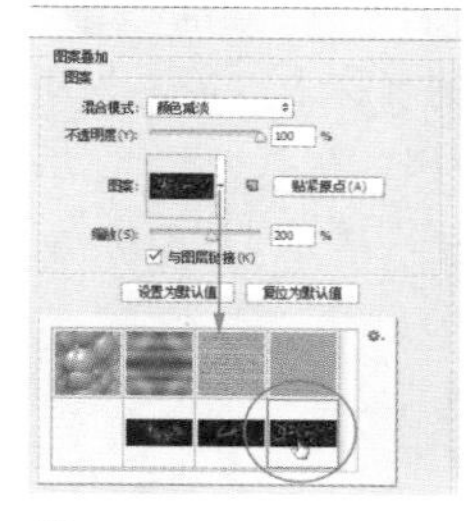

图 12-103

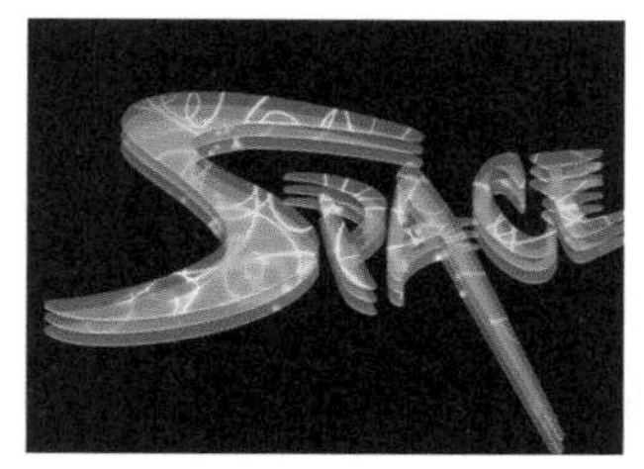

图 12-104

❾ 在画面中输入其他文字，注意版面的布局，最终效果如图12-105所示。

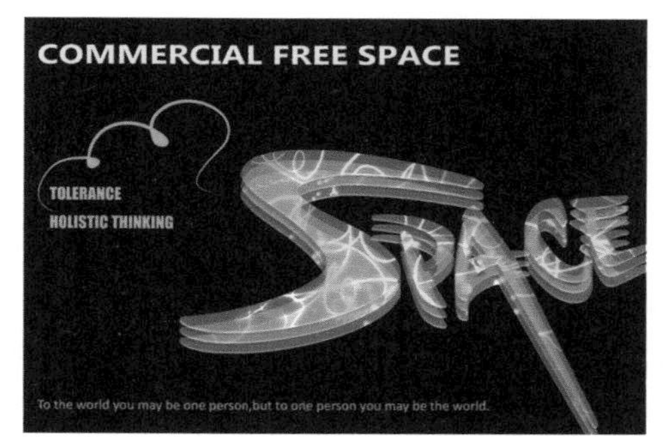

图 12-105

12.7 制作冰手特效

❶ 打开光盘中的素材，如图12-106所示。选择快速选择工具，在工具选项栏中设置工具参数，如图12-107所示，将手选中，如图12-108所示。

图 12-106

图 12-107

图 12-108

Tip 创建选区时，一次不能完全选中两只手，对于多选的部分，可以按住Alt键，在其上拖动鼠标，将其排除到选区之外；对于漏选的区域，可以按住Shift键在其上拖动鼠标，将其添加到选区中。

❷ 连续按4次Ctrl+J快捷键，将选中的手复制到4个图层中，如图12-109所示。分别在图层的名称上双击，为图层输入新的名称。 选择“质感”图层，在其他3个图层的眼睛图标上单击，将它们隐藏，如图12-110所示。

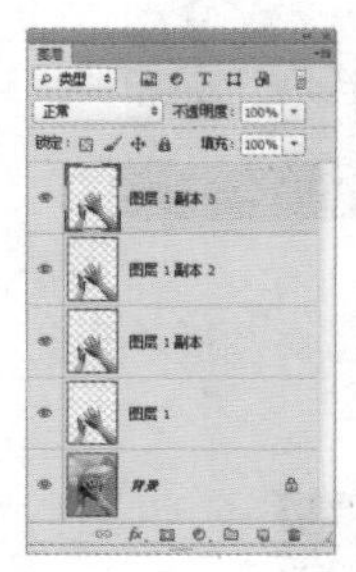

图 12-109

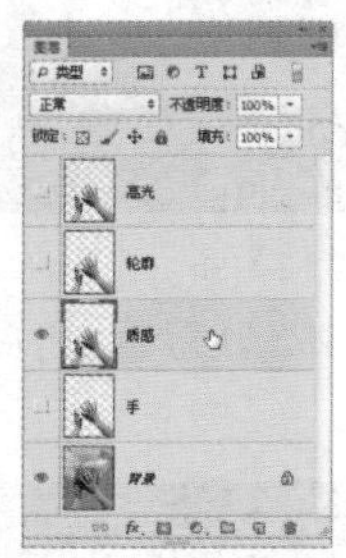

图 12-110

❸ 执行“滤镜>艺术效果>水彩”命令，打开“滤镜库”，用“水彩”滤镜处理图像，如图12-111所示。

❹ 双击“质感”图层，打开“图层样式”对话框，按住Alt键向右侧拖动“本图层”选项组中的黑色滑块，将它分为两个部分，然后将右半部滑块定位在色阶237处，如图12-112所示。这样调整以后，可以将该图层中色阶值低于237的暗色调像素隐藏，只保留由滤镜所生成的淡淡的纹理，而将黑色边线隐藏，如图12-113所示。

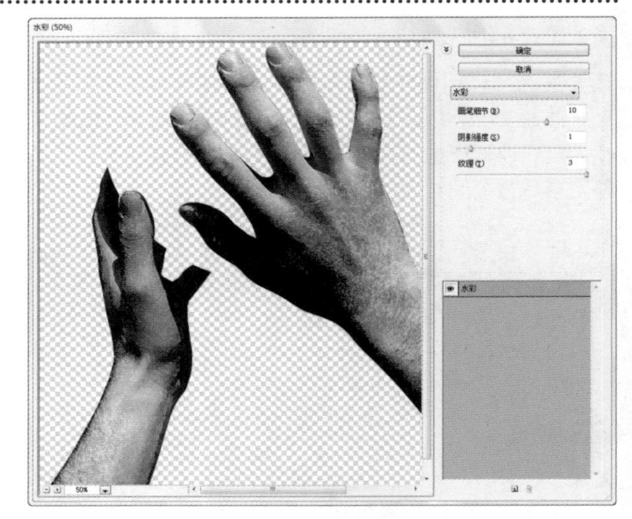

图 12-111

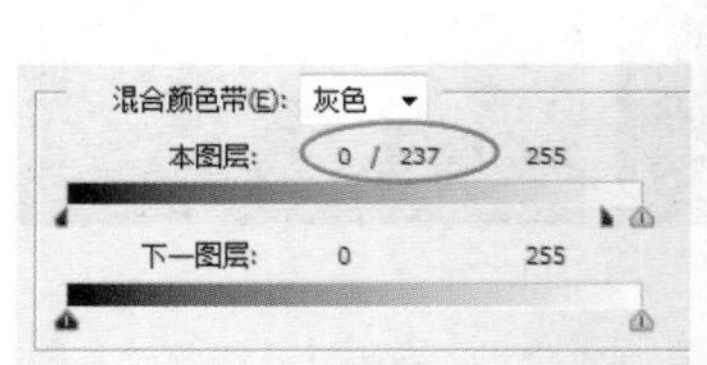

图 12-112

图 12-113

Tip 按住Alt键，拖动“本图层”中的滑块，可以将其分为两个部分调整。这样操作的好处在于，可以在隐藏的像素与显示的像素之间创建半透明的过渡区域，使隐藏效果的过渡更加柔和、自然。

❺ 选择并显示“轮廓”图层，如图12-114所示。执行“滤镜>风格化>照亮边缘”命令，设置参数如图12-115所示。将该图层的混合模式设置为“滤色”，生成类似于冰雪般的透明轮廓，如图12-116所示。

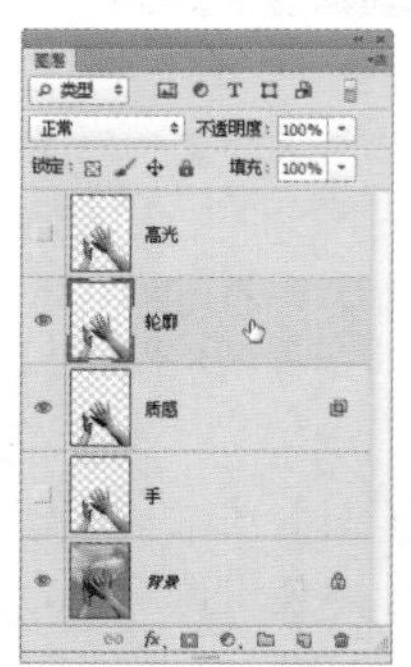

图 12-114

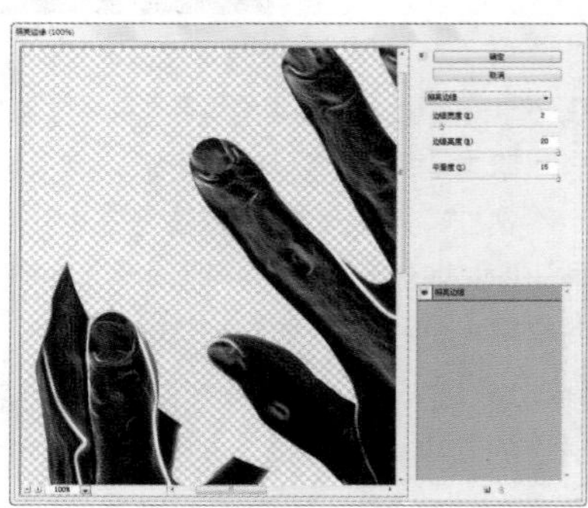

图 12-115

图12-116

❻ 按下Ctrl+T快捷键显示定界框，拖动两侧的控制点将图像拉宽，使轮廓线略超出手的范围。按住Ctrl键，将右上角的控制点向左移动一点，如图12-117、图12-118所示，按下回车键确认。

图12-117 图12-118

❼ 选择并显示“高光”图层，执行“滤镜>素描>铬黄”命令，应用该滤镜，如图12-119所示。将该图层的混合模式设置为“滤色”，如图12-120、图12-121所示。

❽ 选择并显示“手”图层，按下“图层”面板顶部的 按钮，如图12-122所示，将该图层的透明区域锁定。按下D键恢复默认的前景色和背景色，按下Ctrl+Delete快捷键，填充背景色（白色），使手图像成为白色，如图12-123所示。由于锁定了图层的透明区域，因此，颜色不会填充到手外边。

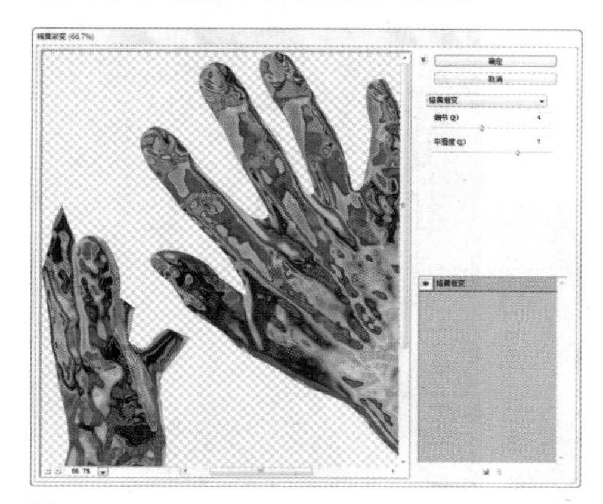

图12-119

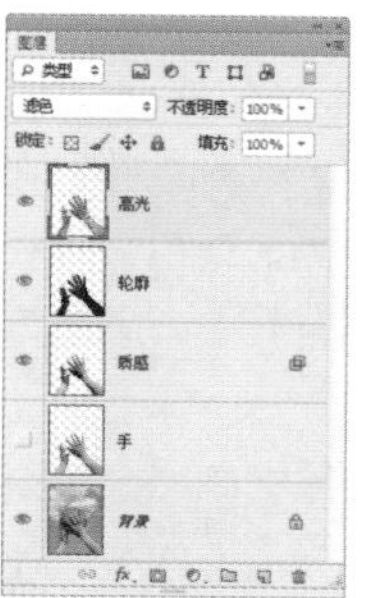

图12-120 图12-121

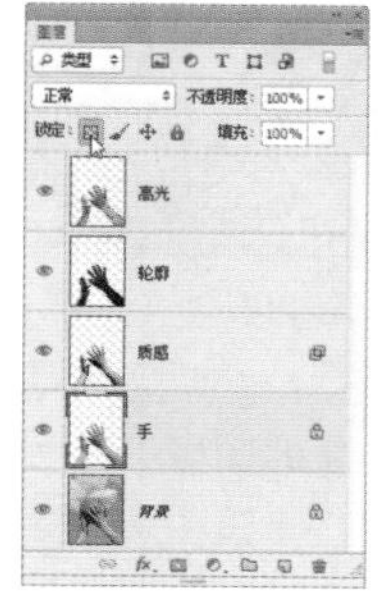

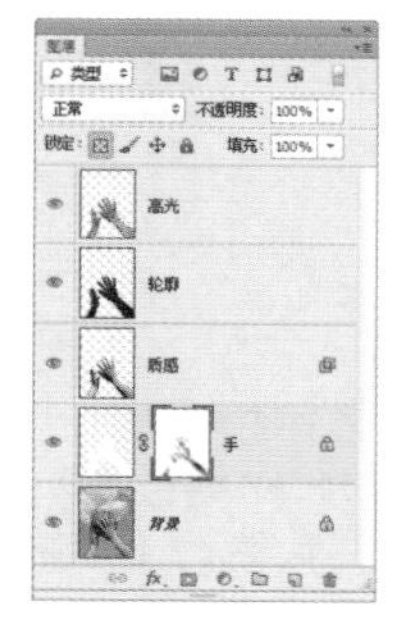

图12-122 图12-123

❾ 单击“图层”面板底部的 按钮，为图层添加蒙版。使用柔角画笔工具 在两只手内部涂抹灰色，颜色深浅应有一些变化，如图12-124、图12-125所示。

图12-124 图12-125

❿ 单击“高光”图层，按住Ctrl键，单击该图层的缩览图，载入手的选区，如图12-126、图12-127所示。

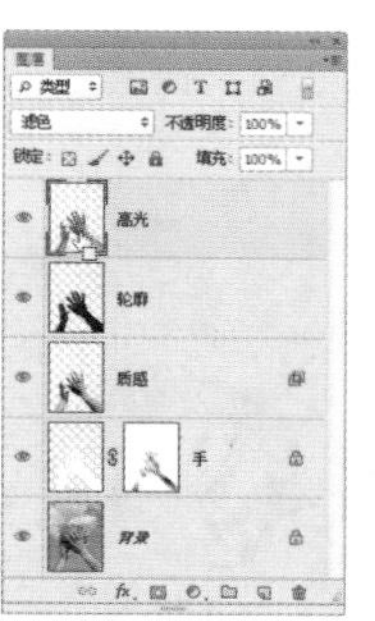

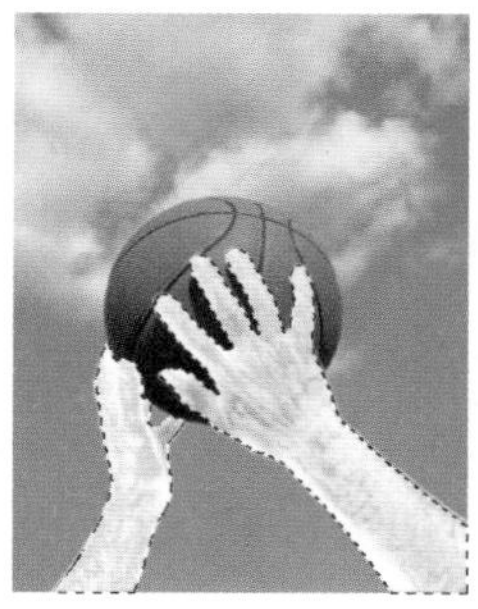

图12-126 图12-127

⓫ 创建“色相/饱和度”调整图层，设置参数如图12-128所示，将手调整为冷色，如图12-129所示。选区会转化

到调整图层的蒙版中，以限定调整范围。单击“图层”面板底部的按钮，在调整图层上面创建一个图层。选择柔角画笔工具，按住Alt键（可切换为吸管工具），在蓝天上单击一下，拾取蓝色作为前景色，然后放开Alt键，在手臂内部涂抹蓝色，让手臂看上去更加透明，如图12-130所示。

图 12-128

图 12-129

图 12-130

⑫ 使用椭圆选框工具选中篮球。选择“背景”图层，按下Ctrl+J快捷键将篮球复制到一个新的图层中，如图12-131所示。按下Shift+Ctrl+] 快捷键，将该图层调整到最顶层，如图12-132所示。

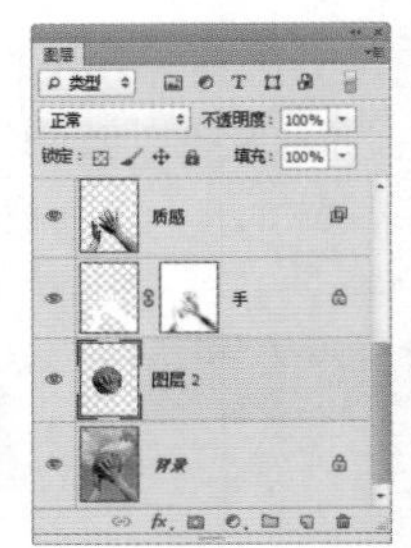
图 12-131

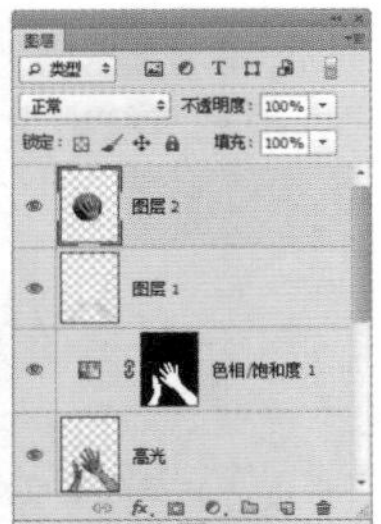
图 12-132

⑬ 按下Ctrl+T快捷键显示定界框。单击鼠标右键，打开快捷菜单，选择“水平翻转”命令，翻转图像；将光标放在控制点外侧，拖动鼠标旋转图像，如图12-133所示，按下回车键确认。单击“图层”面板底部的按钮，为图层添加蒙版。使用柔角画笔工具在左上角的篮球上涂抹黑色，将其隐藏。按下数字键3，将画笔的不透明度设置为30%，在篮球右下角涂抹浅灰色，使手掌内的篮球呈现若隐若现的效果，如图12-134、图12-135所示。

图 12-133

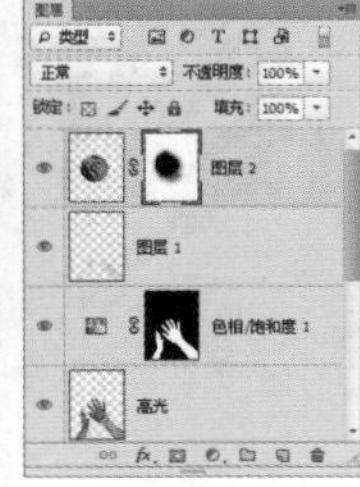
图 12-134

图 12-135

⑭ 按住Ctrl键，单击“手”图层的缩览图，载入手的选区，如图12-136所示。选择椭圆选框工具，按住Shift键，单击并拖动鼠标将篮球选中，将其添加到选区中，如图12-137所示。

图 12-136

图 12-137

⑮ 执行“编辑>合并拷贝”命令，复制选中的图像，按下Ctrl+V快捷键粘贴到一个新的图层中（“图层3”），如图12-138所示。按住Ctrl键，单击“轮廓”图层，将它与“图层3”同时选择，如图12-139所示。打开光盘中的素材文件，如图12-140所示，使用移动工具将选中的两个图层拖入该文档中，效果如图12-141所示。

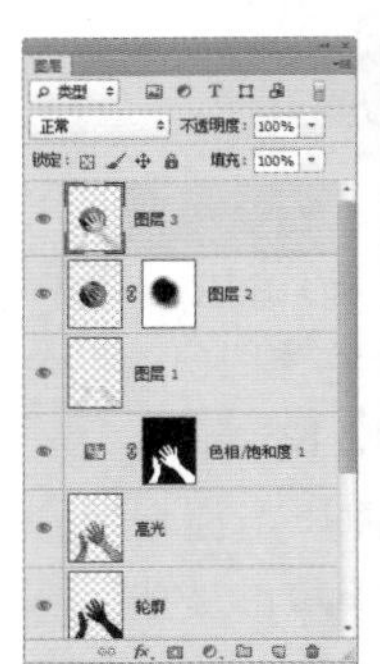
图 12-138

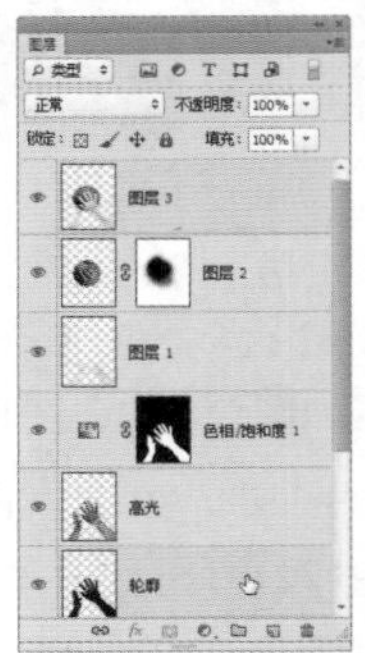
图 12-139

图 12-140

图 12-141

12.8 制作影像合成特效

❶ 打开光盘中的素材，如图12-142、图12-143所示。

图 12-142

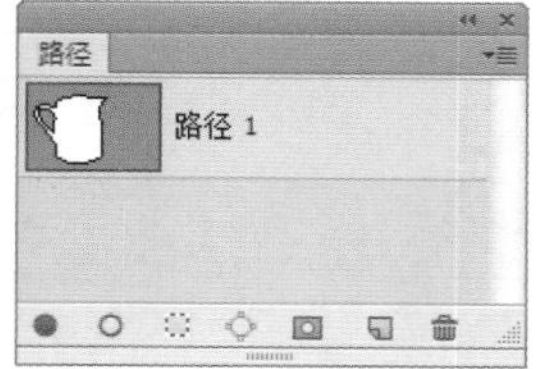

图 12-143

❷ 单击“路径”面板底部的 按钮，载入路径中的选区，如图12-144所示。按下Ctrl+J快捷键，复制选中的图像，如图12-145所示。

图 12-144

图 12-145

❸ 打开光盘中的素材文件，如图12-146所示。将它拖动到咖啡壶文件中，设置混合模式为“叠加”，按下Alt+Ctrl+G快捷键创建剪贴蒙版，将建筑物的显示区域限定在咖啡壶的范围内，如图12-147、图12-148所示。

图 12-146

图 12-147

图 12-148

❹ 下面要对建筑物稍加变形，以匹配咖啡壶的外观。按下Ctrl+T快捷键显示定界框，将图像沿逆时针方向旋转，如图12-149所示。单击鼠标右键，选择“变形”命令，拖动控制点，改变图像的形状，如图12-150所示。

图 12-149

图 12-150

❺ 添加一个图层蒙版，使用柔角画笔工具 在建筑物顶部涂抹黑色，将其隐藏，然后涂抹左侧壶柄处的图像，如图12-151、图12-152所示。

图 12-151

图 12-152

❻ 复制“图层2”，通过两个图层的叠加，可以使建筑物更加清晰。咖啡壶的材质是陶瓷的，有着强烈的反光，需要对蒙版进行修饰，使建筑物上也能体现这一特征。单击图层蒙版缩览图，进入蒙版编辑状态，将画笔工具 的不透明度设置为30%，在壶两边的图像上涂抹，使这一区域淡淡地显示出咖啡壶，这样就可以将建筑物与壶的色调和光感相协调，如图12-153、图12-154所示。

图 12-153

图 12-154

❼ 下面再来强调一下建筑物的纹理与细节。复制“图层2副本”。执行“滤镜>风格化>照亮边缘”命令，设置参数，如图12-155所示。设置该图层的混合模式为“线性减淡（添加）”，如图12-156和图12-157所示。

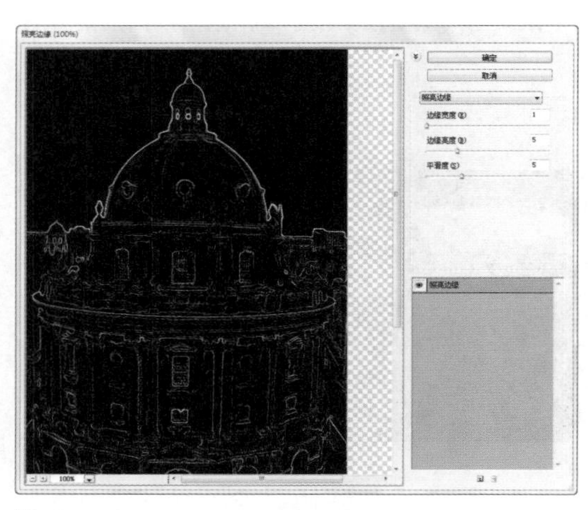

图 12-155

图 12-156　　图 12-157

❽ 按住Shift键，单击“图层1”，将除背景图层以外的所有图层选择，如图12-158所示，按下Alt+Ctrl+E快捷键，将它们盖印到一个新的图层中，修改图层的名称为“城堡”，如图12-159所示。

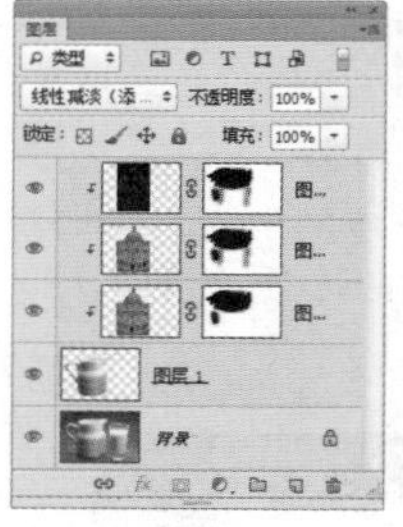

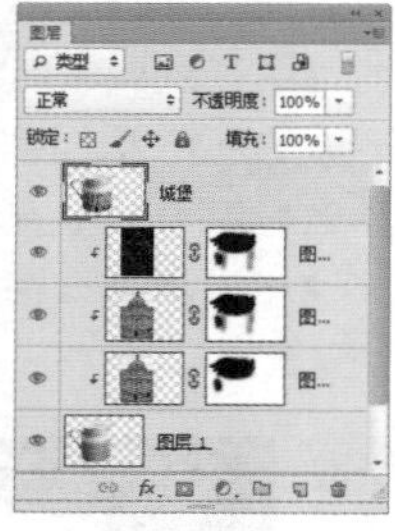

图 12-158　　图 12-159

❾ 打开光盘中的素材文件，如图12-160所示。将咖啡壶城堡拖动到风景文件中，如图12-161所示。

图 12-160　　图 12-161

❿ 选择风景图层，按下Ctrl+J快捷键进行复制，修改它的名称为“大地”，如图12-162所示。选择背景图层，使用渐变工具填充由深红色到暗橙色的线性渐变，如图12-163所示。

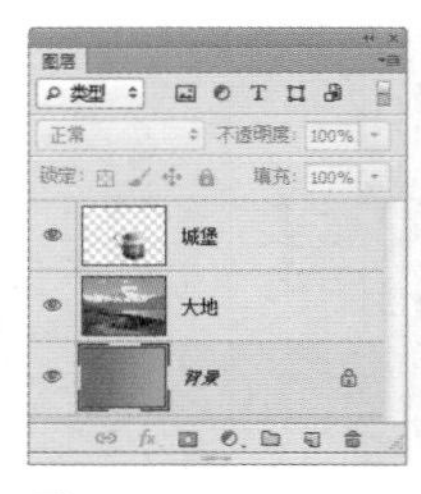

图 12-162　　图 12-163

⓫ 选择“大地”图层，单击按钮，为它添加图层蒙版。用渐变工具在蒙版中填充线性渐变，将雪山隐藏，如图12-164、图12-165所示。

图 12-164　　图 12-165

⓬ 打开光盘中的素材，如图12-166所示。将它拖动到当前文件中，放在“大地”图层的下面，修改它的命名为“天空”，设置混合模式为“明度”，如图12-167、图12-168所示。

图 12-166　　图 12-167

图 12-168

⓭ 仔细观察图像的合成效果可以发现，远山处还有依稀可见的树影，这一区域显得不够真实，如图12-169所示。单击“大地”图层的蒙版缩览图，如图12-170所示，使用黑色的柔角画笔在树木上涂抹（将不透明度

设置为30%），使其逐渐消失，对于稍近距离的那两颗小树，如图12-171所示，则要在它们上面涂抹白色，以使它们变得清晰。

图 12-169

图 12-170

图 12-171

⑭ 创建“照片滤镜”调整图层，设置参数如图12-172所示，统一画面色调，如图 12-173所示。

图 12-172

图 12-173

⑮ 在咖啡壶城堡下方新建一个图层，使用黑色的柔角画笔 为咖啡壶城堡绘制投影，越靠近城堡的部分投影的颜色就越深，如图12-174所示。再新建一个图层，在瓶口和把手处涂抹黄色，如图12-175所示。设置该图层的混合模式为“正片叠底”，不透明度为25%，按下Alt+Ctrl+G快捷键创建剪贴蒙版，如图12-176、图12-177所示。

图 12-174

图 12-175

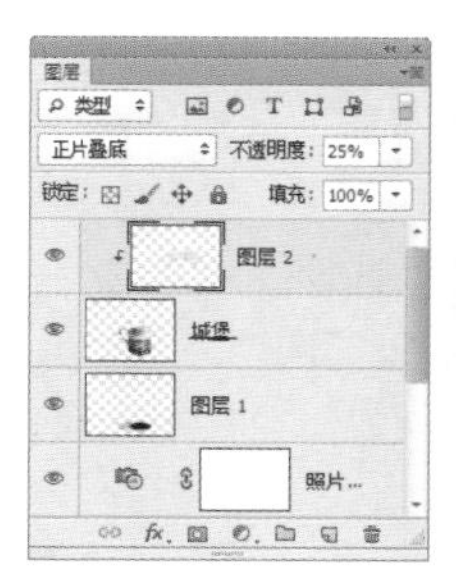

图 12-176

图 12-177

⑯ 按住Shift键，单击“图层1”，选择图12-178所示的3个图层，按下Alt+Ctrl+E快捷键盖印，如图12-179所示。

图 12-178

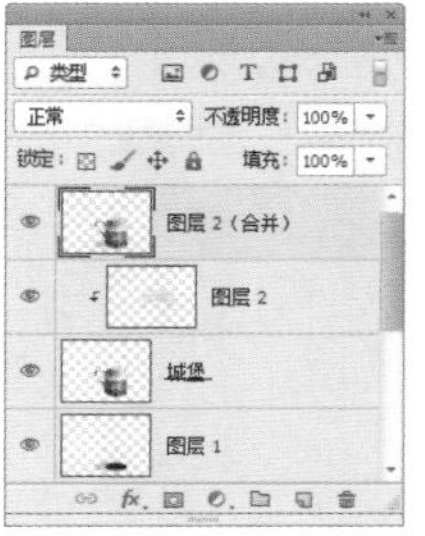

图 12-179

⑰ 将咖啡壶缩小，移动到画面的左侧。按下Ctrl+U快捷键打开“色相/饱和度”对话框，降低色彩的饱和度与明度，如图12-180、图12-181所示。

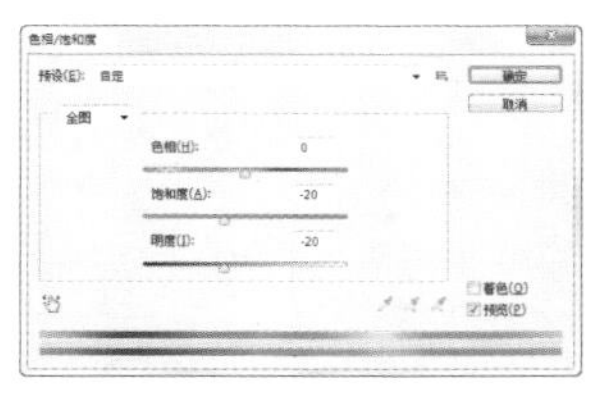

图 12-180

图 12-181

⑱ 在远处制作一个更小一点的城堡，将它的不透明度设置为65%，完成后的效果如图12-182所示。

图 12-182

12.9 光盘封套设计

❶ 按下Ctrl+N快捷键，打开“新建”对话框，在“文档类型”下拉列表中选择“国际标准纸张”选项，在“大小”下拉列表中选择“A4”选项，创建一个A4大小的RGB模式文件。

❷ 将前景色设置为青色。选择自定形状工具，在工具选项栏中选择“形状”选项，打开“自定形状”下拉面板，选择“男人”图形，如图12-183所示，在画面中绘制一个小人儿。“图层”面板中会生成一个形状图层，如图12-184、图12-185所示。

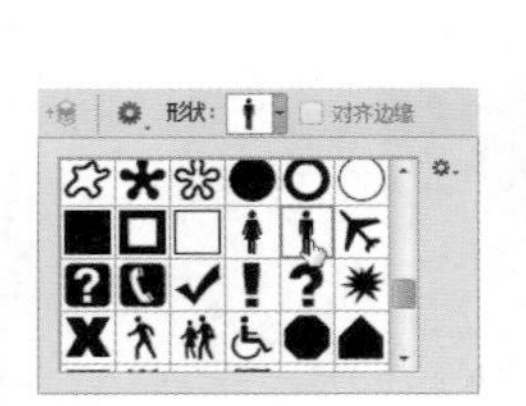
图12-183

图12-184

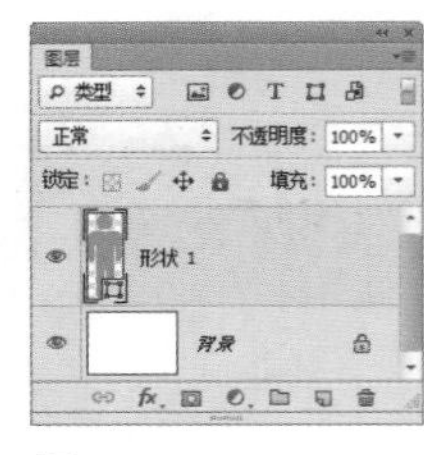
图12-185

Tip 如果工具选项栏的形状下拉面板中没有“男人”图形，可以单击面板右上角的按钮，打开面板菜单，选择“全部”命令，加载全部形状库。

❸ 双击该图层，打开“图层样式”对话框，添加“描边”效果，如图12-186、图12-187所示。

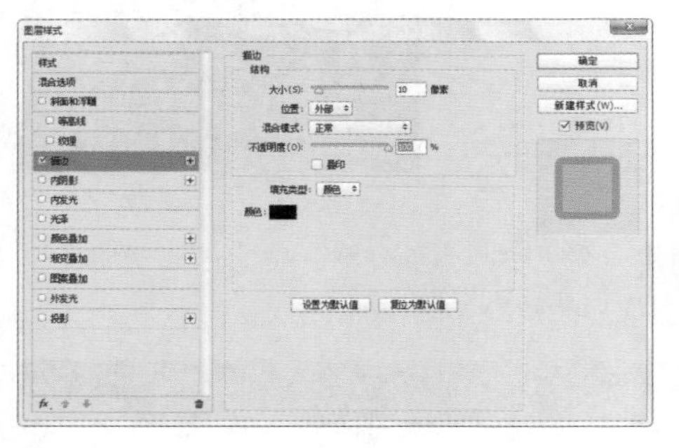
图12-186

图12-187

❹ 将前景色设置为白色。在“自定形状”面板中选择“雨滴”形状，如图12-188所示，按住Shift键锁定图形的比例绘制形状，同时生成另一个形状图层，效果如图12-189所示。按住Alt键，将“形状1”图层后面的效果图标fx拖动到“形状2”，复制描边效果，如图12-190所示。使用移动工具，按住Ctrl键单击这两个形状图层，单击工具选项栏中的“水平居中对齐”按钮，对齐这两个图形，如图12-191所示。

Tip 拖动鼠标绘制形状时，在没放开鼠标的情况下，按住空格键拖动，可以调整形状的位置。

图12-188 图12-189

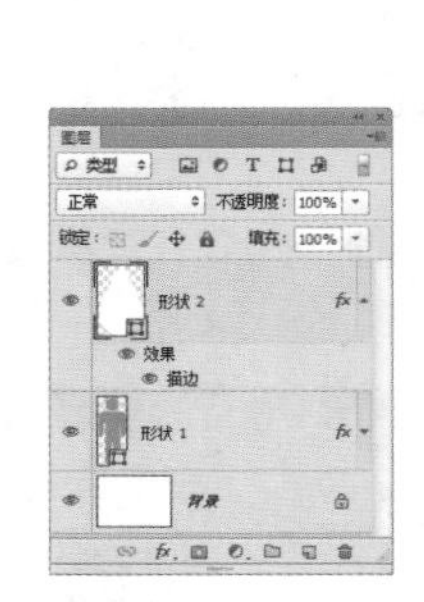
图12-190

图12-191

❺ 将前景色重新设置为青色。选择椭圆工具，按住Shift键绘制一个圆形，如图12-192所示。单击工具选项栏中的按钮，在打开的下拉菜单中选择“合并形状”命令，使用路径选择工具按住Alt+Shift键向右拖动圆形，复制出一个圆形与原来的圆形相融合，如图12-193所示。

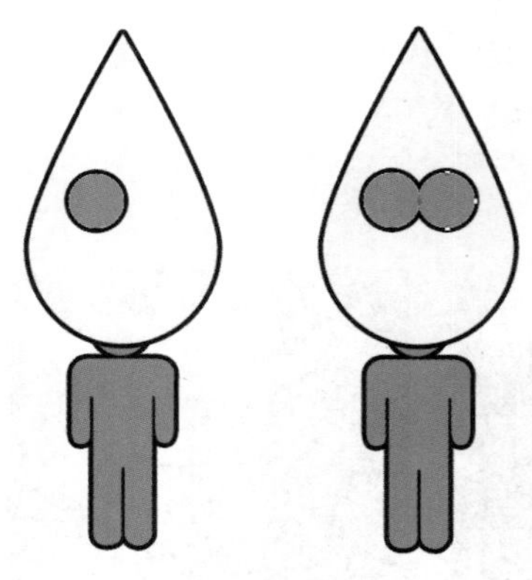
图12-192 图12-193

❻ 将前景色设置为白色，绘制一个大一点的圆形，如图12-194所示。选择矩形工具，单击工具选项栏中的

按钮，选择“减去顶层形状”，绘制一个矩形，它与圆形进行减法运算后，可以得到一个半圆图形，如图12-195所示。

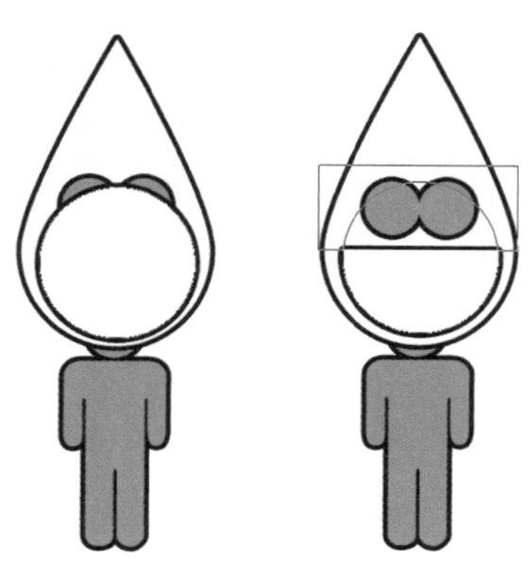

图 12-194　　图 12-195

❼ 将前景色设置为黑色。选择自定形状工具，在“自定形状”面板中选择“拼贴2”，如图12-196所示，绘制一个图形，如图12-197所示。

图 12-196　　图 12-197

❽ 选择椭圆工具，单击工具选项栏中的按钮，打开菜单，选择“与形状区域相交”命令，按住Shift键拖动鼠标绘制一个圆形，它会与条纹运算，得到一个圆形条纹图形，如图12-198所示。采用相同或者类似的方法绘制头发、眼珠和装饰图形，如图12-199所示。

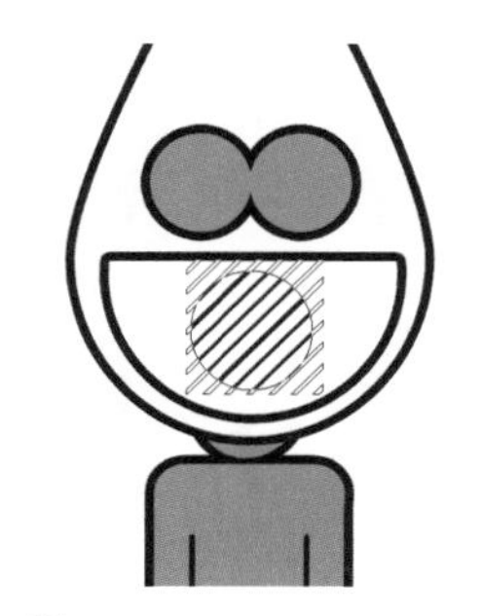

图 12-198　　图 12-199

可以先选择图层，再单击工具选项栏中的“对齐”按钮来对齐各个图像。

❾ 选择所有的形状图层，然后按下Ctrl+G快捷键，将这些图层编为一组。按下Alt+Ctrl+E快捷键，将图像盖印到一个新的图层中，重命名该图层，然后隐藏图层组，如图12-200所示。

❿ 按住Ctrl键，单击“图层”面板中的按钮，在“火柴人”图层下面创建一个名称为“封套”的图层组，如图12-201所示。将前景色设置为黑色。选择椭圆工具，在工具选项栏中设置椭圆大小，如图12-202所示，绘制一个圆形，如图12-203所示。

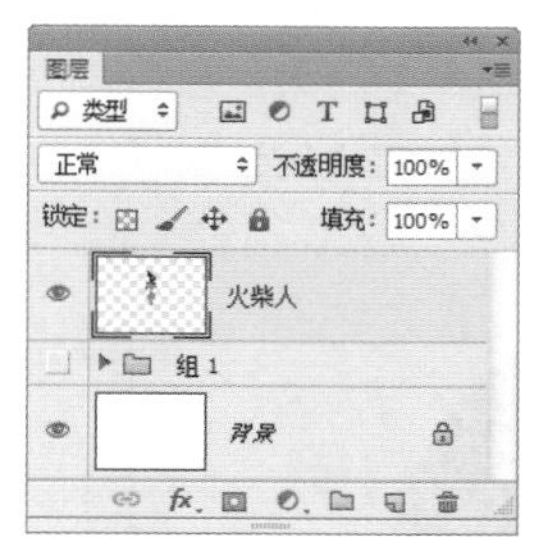

图 12-200　　图 12-201

图 12-202

图 12-203

⓫ 双击当前图层，打开“图层样式”对话框，添加“内发光”效果，设置发光颜色为黄色，参数如图12-204所示，效果如图12-205所示。

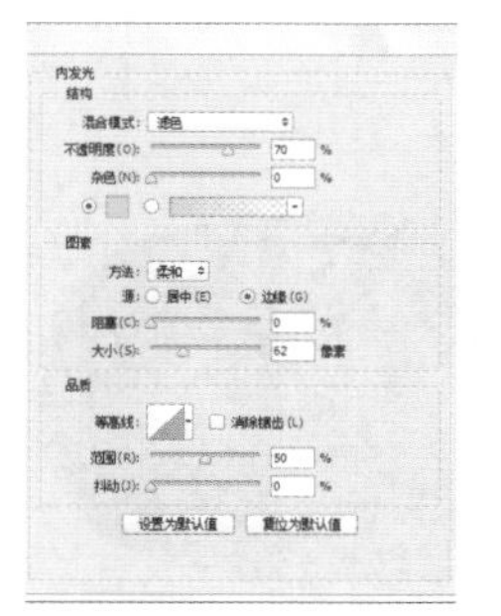

图 12-204　　图 12-205

⓬ 将前景色设置为黄色。重新设置椭圆的大小（W3.6厘米、H3.6厘米），绘制一个小圆，如图12-206所示，使用移动工具，按住Ctrl键的同时选择两个圆形图层，

按下工具选项栏中的 和 按钮，使两个圆形的中心对齐，如图12-207所示。

图 12-206

图 12-207

⑬ 选择矩形工具 ，按住Shift键锁定比例绘制一个正方形，如图12-208所示。

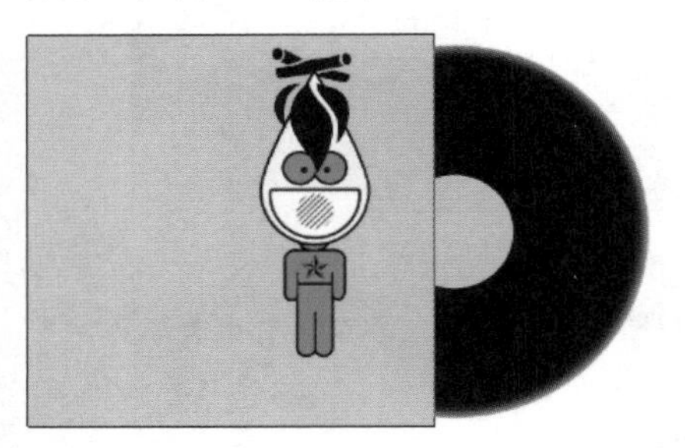

图 12-208

⑭ 双击该图层，打开“图层样式”对话框，添加“内发光”和“投影”效果，如图12-209～图12-211所示。将前景色设置为黑色，绘制一个黑色的矩形，如图12-212所示。

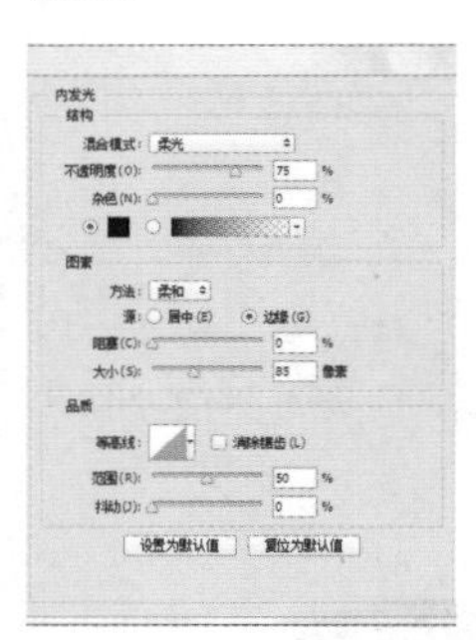

图 12-209

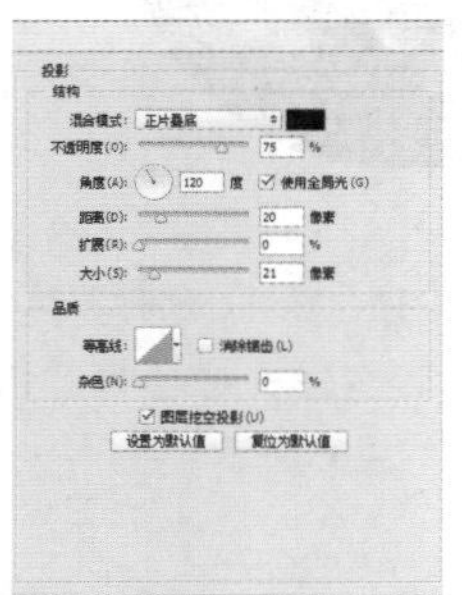

图 12-210

图 12-211

图 12-212

⑮ 选择“火柴人”图层，按下Ctrl+T快捷键显示定界框，单击鼠标右键打开快捷菜单，选择“旋转90度（逆时针）”命令，旋转图像，按住Shift键锁定图像的比例，拖动定界框的一角缩小图像，如图12-213所示，按下回车键确认操作。按下Ctrl+J快捷键复制图像，再将图像缩小，如图12-214所示。

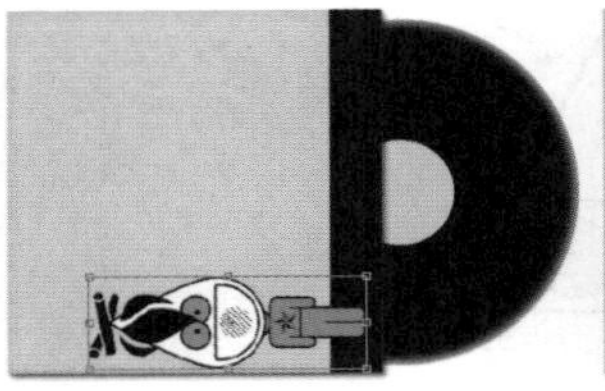

图 12-213

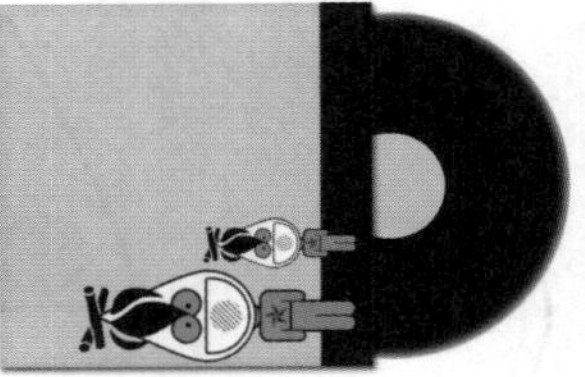

图 12-214

⑯ 将前景色设置为白色。选择横排文字工具 T ，设置字体为Impact，大小为48点，在画面中输入“100% GMO”字样，如图12-215所示。在文字图层上单击鼠标右键，选择“转换为形状”命令，将文本转换为形状图层，如图12-216所示。

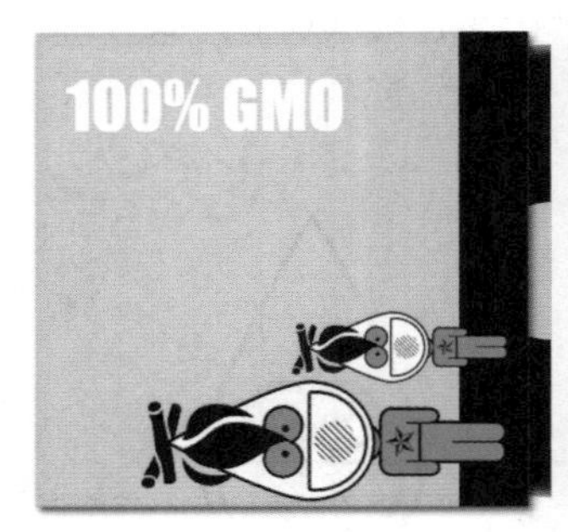

图 12-215

图 12-216

⑰ 使用路径选择工具 选取其中单个字母的路径，按下Ctrl+T快捷键调整位置和倾斜的角度，如图12-217、图12-218所示。

图 12-217

图 12-218

⑱ 双击该图层，打开“图层样式”对话框，添加“描边”效果，如图12-219、图12-220所示。

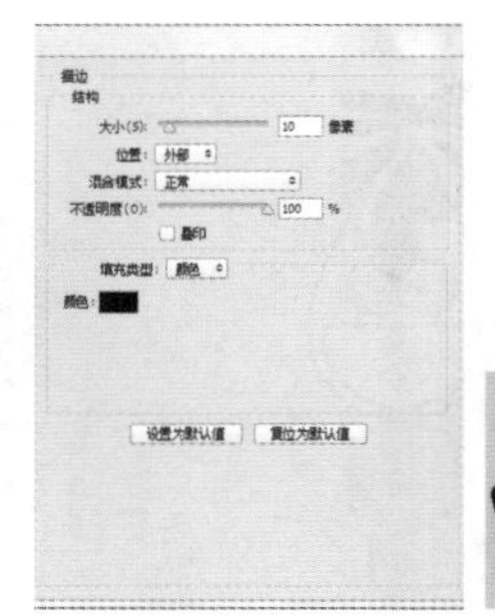

图 12-219

图 12-220

⑲ 按下Ctrl+J快捷键复制当前图层，按下Ctrl+[快捷键向下移动图层，在工具选项栏中将形状颜色设置为青色，

并适当移动其位置，使它与白色文字图形之间保持距离，呈现出立体字的效果，如图12-221所示。新建一个图层，将它与蓝色文字图层一同选取，按下Ctrl+E快捷键合并，此操作的目的是为了将形状图层及其效果转变为普通图层，如图12-222所示。

图12-221

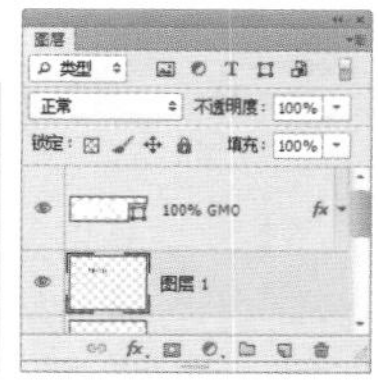

图12-222

⑳ 将前景色设置为青色。选择画笔工具（尖角10像素），将“%”符号中的黑色线遮盖，如图12-223所示；再在两个文字图形的交接处绘制直线，增强立体效果，图12-224所示。

图12-223

图12-224

使用画笔工具绘制直线时，可先在一点单击，然后按住Shift键在另一点单击，两点之间会以直线连接。

㉑ 选择自定形状工具，在形状下拉面板中选择“装饰1”形状，结合画笔工具制作文字装饰图形，如图12-225、图12-226所示。选择适当的字体，输入小文字丰富画面，如图12-227所示。

图12-225

图12-226

图12-227

㉒ 分别复制火柴人图层和文字图层，用它们制作出一个小图标放置在光盘的上面，如图12-228所示。选择除“背景”图层和隐藏的图层组外的所有图层，按下Alt+Ctrl+E快捷键盖印，得到一个合并的图层，调整图层的不透明度为30%。按下Ctrl+T快捷键显示定界框，单击鼠标右键选择“垂直翻转”命令，将图像翻转，并移动图像的位置制作成倒影，如图12-229所示。

图12-228

图12-229

㉓ 单击“背景”图层。选择渐变工具，打开“渐变编辑器”调整渐变颜色，在画面中线性填充渐变，如图12-230、图12-231所示。

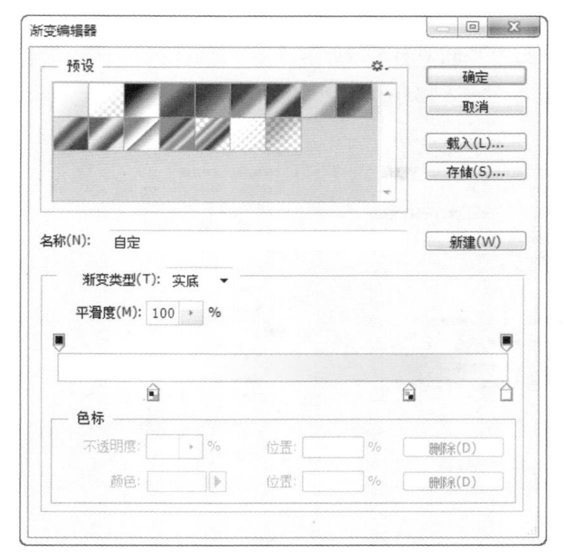

图12-230

图12-231

12.10 UI图标设计

❶ 打开光盘中的素材，如图12-232所示。设置前景色为浅绿色（R177、G222、B32），背景色为深绿色（R42、G138、B20）。选择椭圆选框工具，按住Shift键创建一个圆形选区。新建一个图层，使用渐变工具填充渐变，如图12-233所示。

图 12-232

图 12-233

❷ 双击该图层，打开“图层样式”对话框，在左侧列表选择“投影”和“外发光”选项，添加这两种效果，如图12-234、图12-235所示。

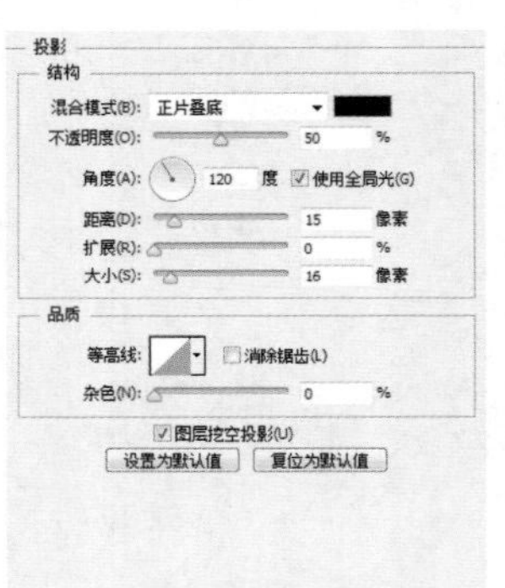

图 12-234

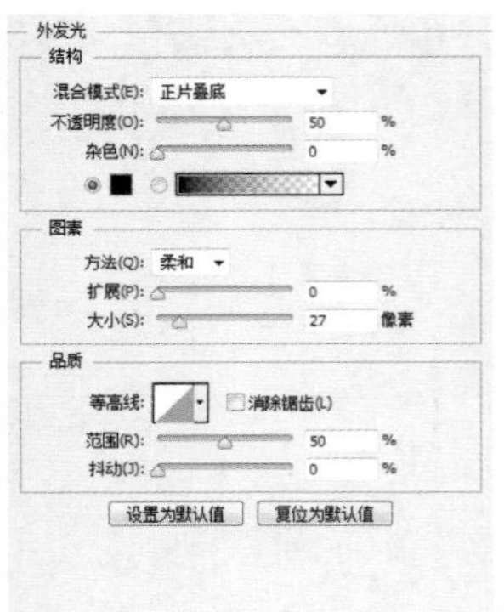

图 12-235

❸ 选择“内发光”、“斜面和浮雕”和“纹理”效果，在对话框中设置参数，制作带有纹理的立体效果，如图12-236~图12-239所示。

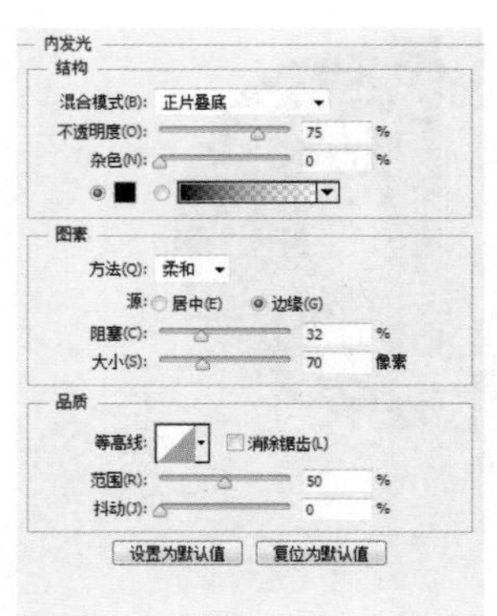

图 12-236

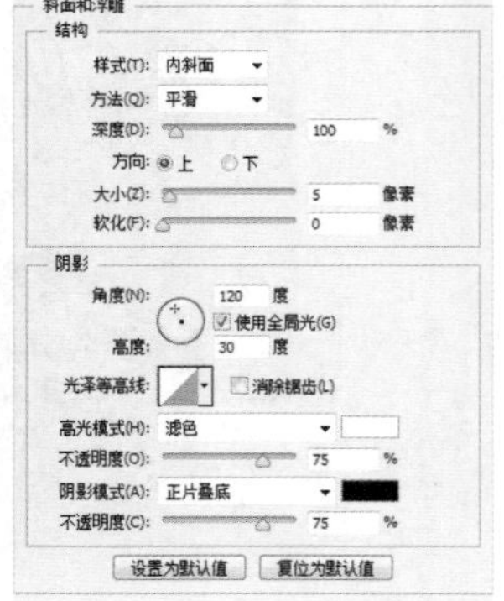

图 12-237

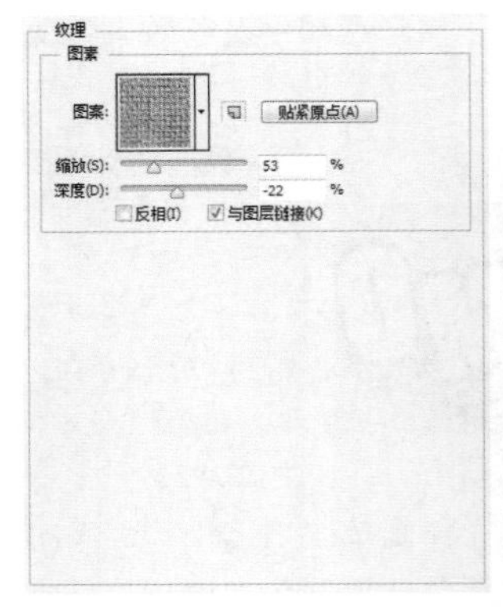

图 12-238

图 12-239

❹ 新建一个图层。使用椭圆选框工具绘制一个圆形选区，填充深绿色，如图12-240所示。

图 12-240

❺ 执行“选择>变换选区”命令，在选区周围显示定界框，按住Alt+Shift组合键并拖动定界框的一角，将选区成比例缩小，如图12-241所示。按下回车键确认操作。按下Delete键删除选区内的图像，形成一个环形，如图12-242所示。按下Ctrl+D快捷键取消选择。

图 12-241

图 12-242

❻ 双击该图层，打开“图层样式”对话框，添加“内发光”和“投影”效果，如图12-243~图12-245所示。

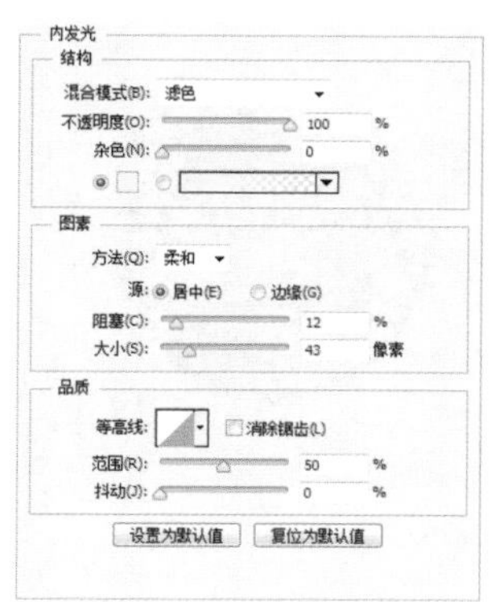

图 12-243

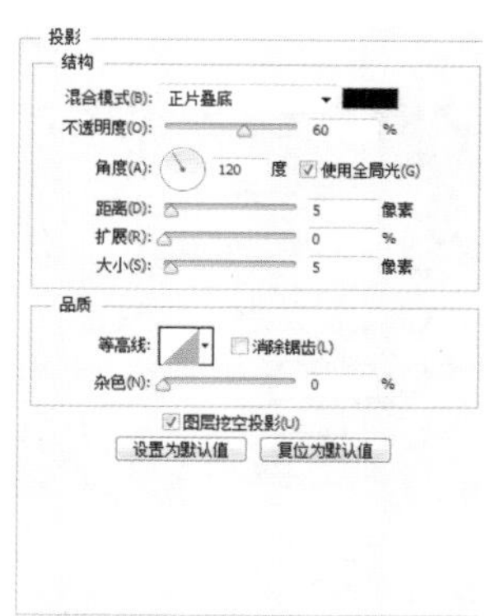

图 12-244

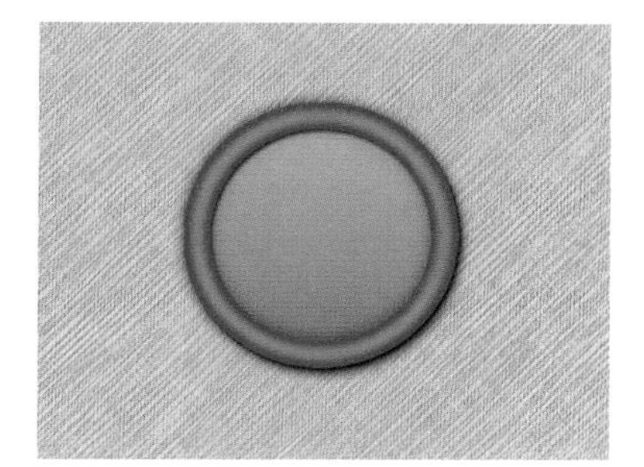

图 12-245

❼ 选择椭圆工具 ，在工具选项栏中选择“路径”选项，按住Shift键创建一个比圆环稍小点的圆形路径，如图12-246所示。新建一个图层，如图12-247所示，它用于制作虚线效果。

图 12-246

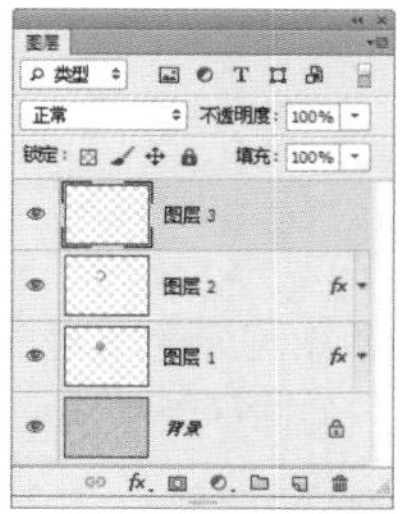

图 12-247

❽ 选择画笔工具 ，打开工具选项栏中的画笔下拉面板，在面板菜单中选择“方头画笔”命令，加载该画笔库。打开“画笔”面板，选择一个方头画笔，设置画笔的大小、圆度和间距，如图12-248所示。选中“形状动态”复选项，在“角度抖动”下拉列表中选择“方向”选项，如图12-249所示。

❾ 将前景色设置为浅黄色（R204、G225、B152），单击“路径”面板底部的 按钮，用画笔描边路径，形成一圈虚线，如图12-250所示。在“路径”面板的空白处单击，隐藏路径，如图12-251所示。

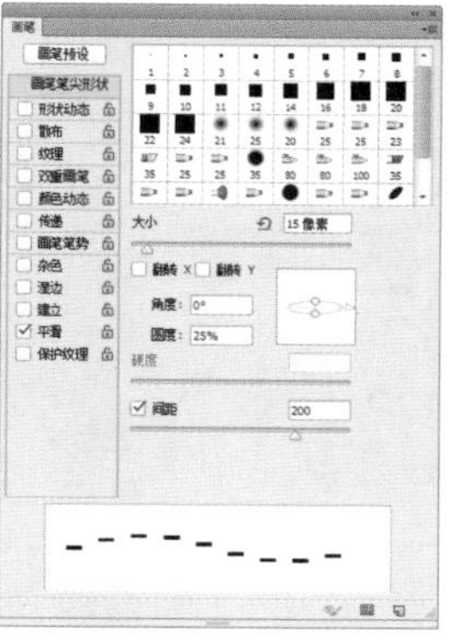

图 12-248

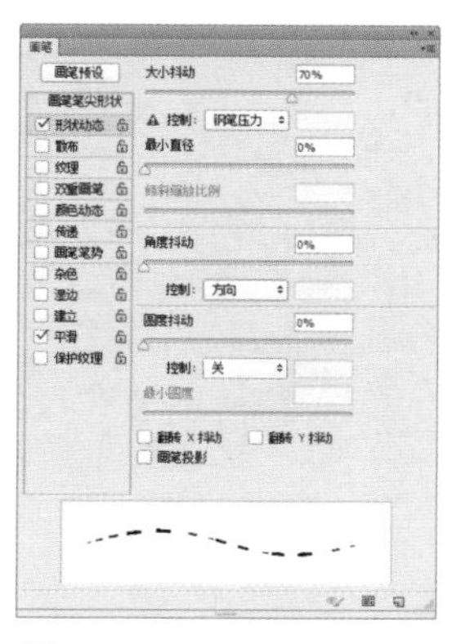

图 12-249

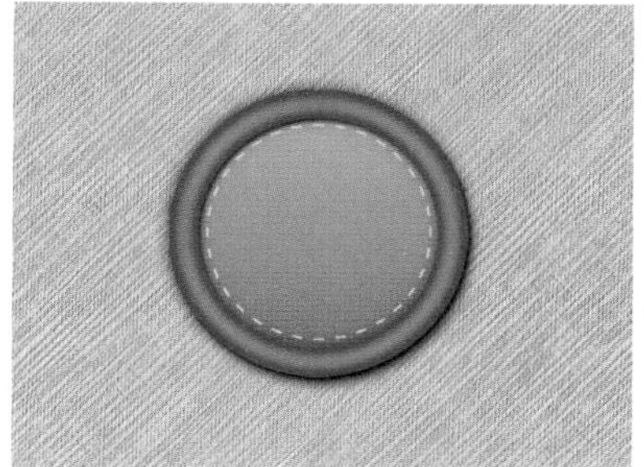

图 12-250

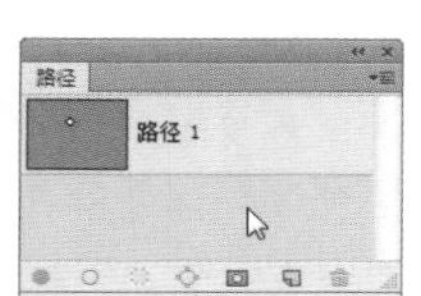

图 12-251

❿ 双击该图层，添加“斜面和浮雕”、“投影”效果，如图12-252~图12-254所示。

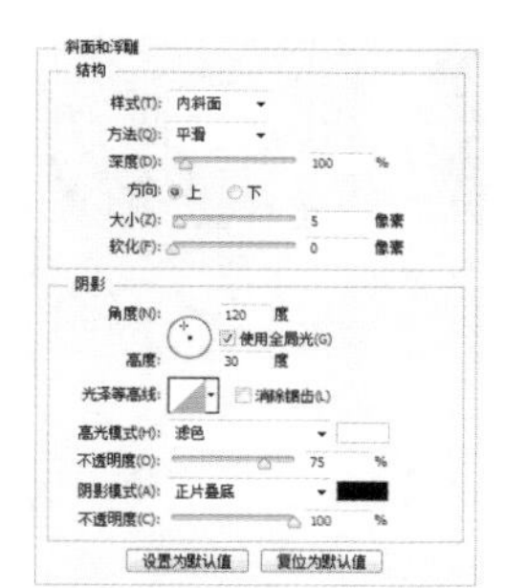

图 12-252

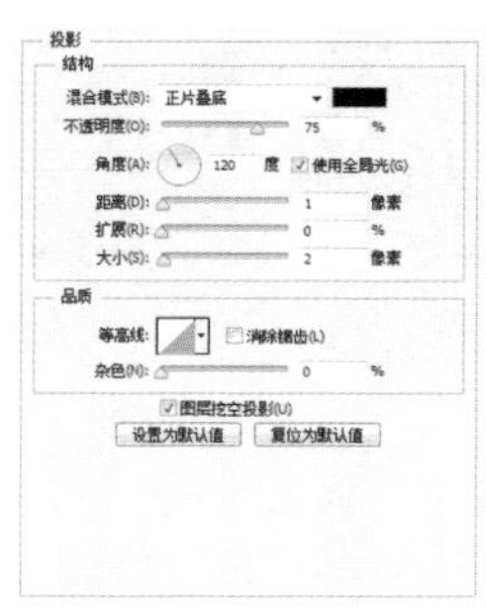

图 12-253

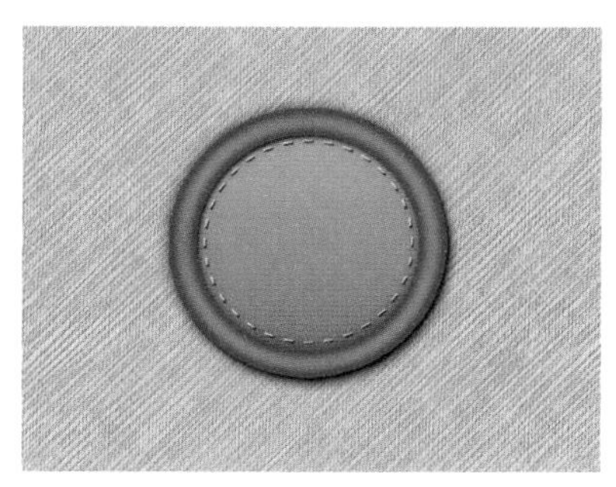

图 12-254

⓫ 按下Ctrl+O快捷键，打开光盘中的AI素材文件，会弹出图12-255所示的对话框，单击“确定”按钮打开文件。使用矩形选框工具选取最左侧的图形，如图12-256所示。

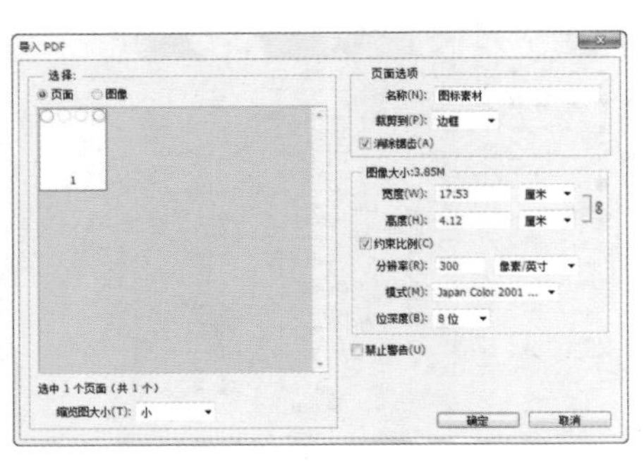

图 12-255

图 12-256

⑫ 使用移动工具 将选区内的图形拖入图标文档中，按下Shift+Ctrl+[快捷键将它移至底层，如图12-257所示。再选取素材文件中的第2个图形，拖入图标文档中，放在深绿色曲线上面，如图12-258所示。依次将第3、第4个图形拖入图标文档中，放在图标图层的最上方，效果如图12-259所示。

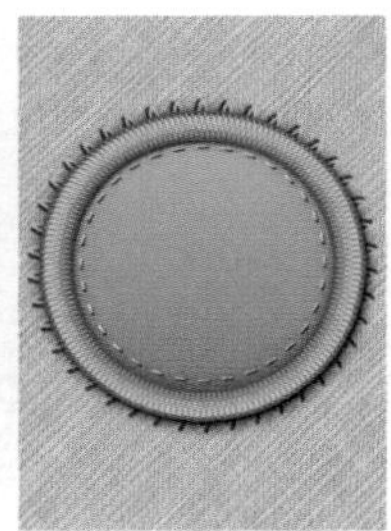

图 12-257　　图 12-258　　图 12-259

⑬ 选择自定形状工具 ，打开形状下拉面板菜单，选择“Web”命令，加载网页形状库，选择图12-260所示的图形。新建一个图层，绘制图形，如图12-261所示。

图 12-260　　图 12-261

⑭ 设置该图层的混合模式为“柔光”，使图形显示出底纹效果，如图12-262、图12-263所示。

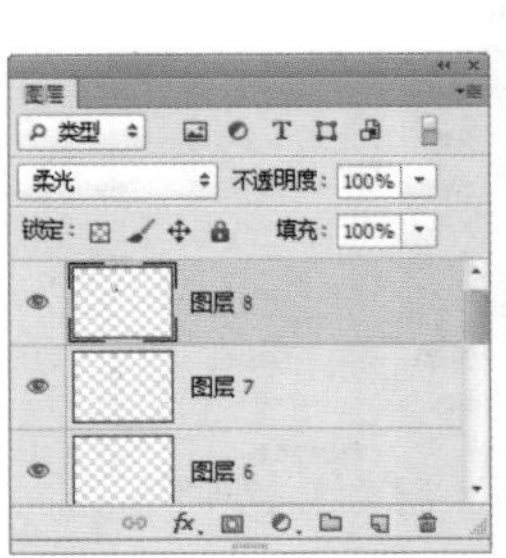

图 12-262　　图 12-263

⑮ 为该图层添加“内阴影”、“外发光”和“描边”效果，如图12-264~图12-267所示。

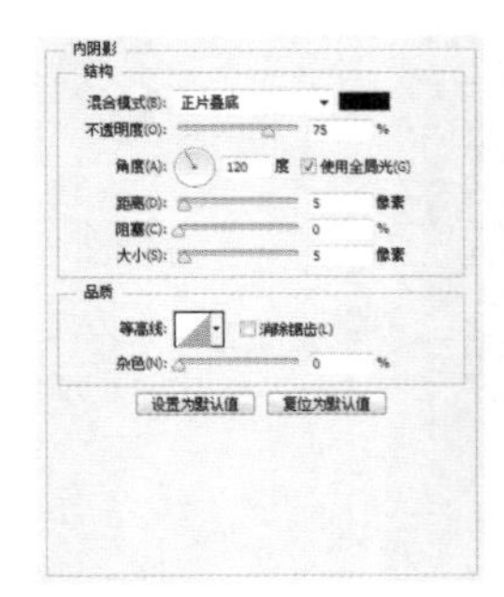

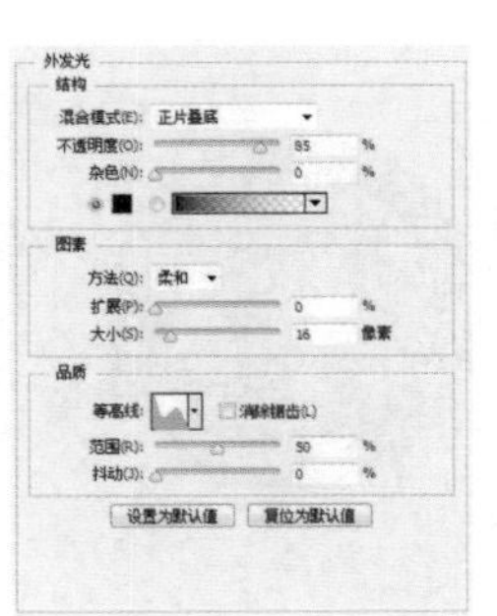

图 12-264　　图 12-265

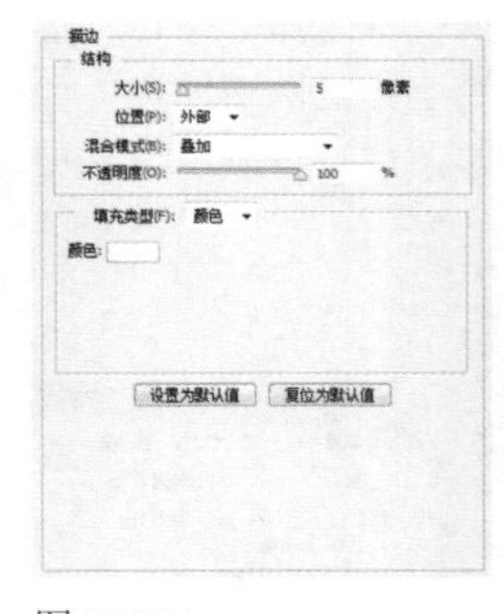

图 12-266　　图 12-267

⑯ 用相同的参数方法，变换一下填充的颜色，制作出更多的图标效果，如图12-268所示。

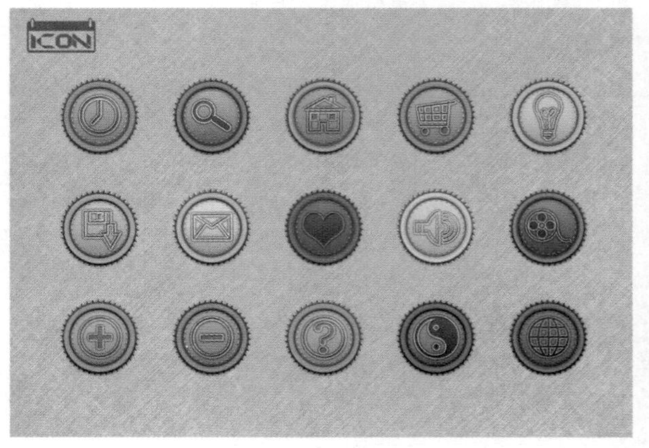

图 12-268

12.11 拟物图标设计

❶ 打开光盘中的素材，单击“路径1”，显示路径，如图12-269、图12-270所示。

图 12-269　　图 12-270

❷ 使用路径选择工具 单击机身路径，将其选取，如图12-271所示，单击“路径”面板底部的 按钮，将路径转换为选区，如图12-272所示。单击“图层”面板底部的 按钮，新建一个图层，命名为“机身”，如图12-273所示。

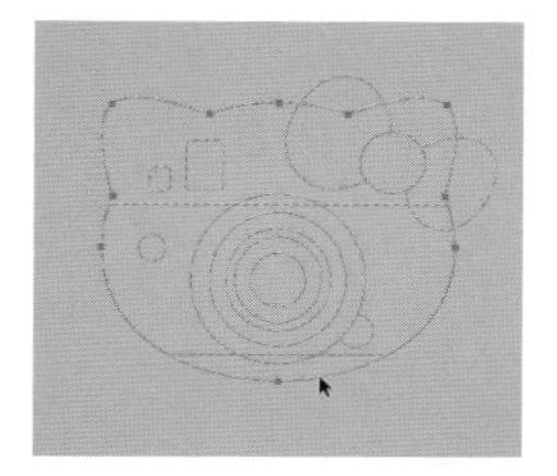

图 12-271

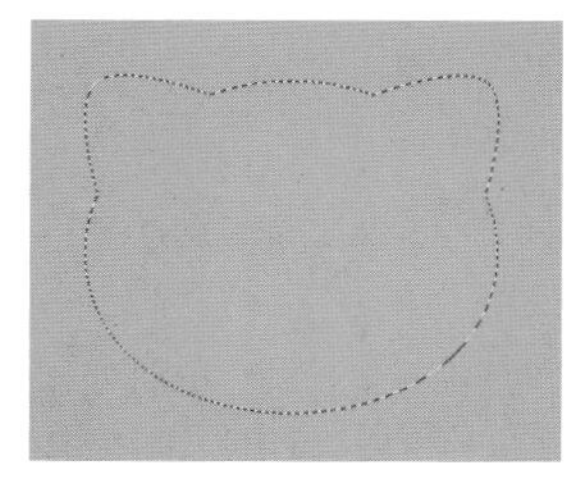

图 12-272　　图 12-273

❸ 执行“选择>修改>羽化”命令，设置羽化半径为2像素，如图12-274所示，关闭对话框。将前景色设置为象牙白色，按下Alt+Delete快捷键，在选区内填充前景色，按下Ctrl+D快捷键取消选择，如图12-275所示。

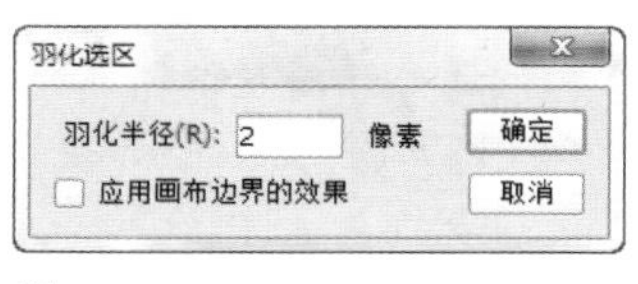

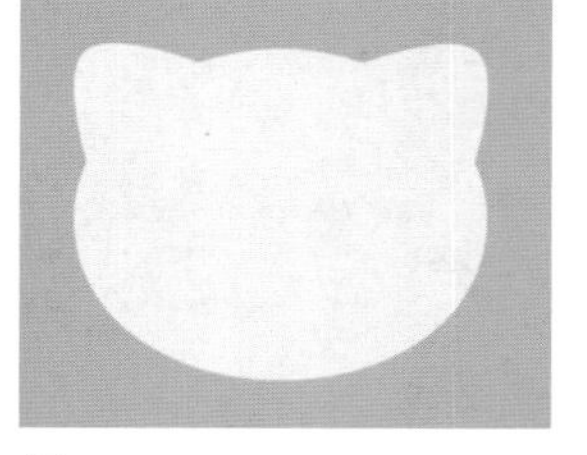

图 12-274　　图 12-275

❹ 用同样的方法，逐一选取相机的每一部分，创建图层进行填充，机身粉色图形和蝴蝶结需要对选区进行羽化，镜头、闪光灯则不必，如图12-276所示，一个扁平化风格的图标便诞生了。

图 12-276

❺ 先来制作机身，即猫脸部分。为了便于观察，可以先隐藏其他图层。双击“机身”图层，打开“图层样式”对话框，选择“内发光”效果，设置参数如图12-277所示，使图形边缘呈现柔和的立体感，如图12-278所示。

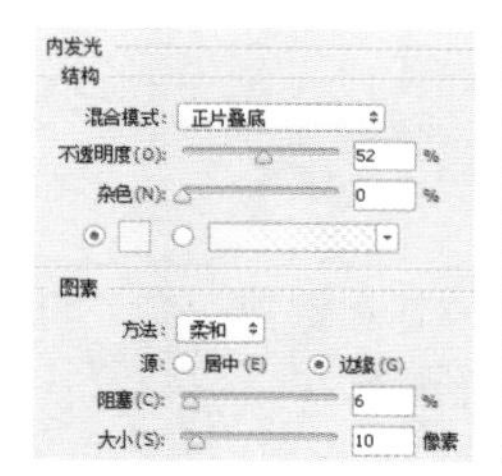

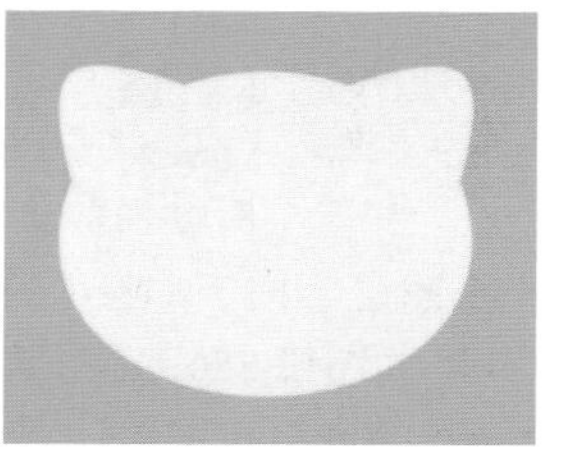

图 12-277　　图 12-278

❻ 按住Ctrl键，单击“机身”图层缩览图，如图12-279所示，载入选区。执行“选择>变换选区”命令，在选区周围显示定界框，将光标放在定界框的一角，按住Alt+Shift组合键拖动鼠标，将选区成比例缩小，如图12-280所示，按下回车键确认操作。选择画笔工具 ，在选区内部、靠近猫耳及头顶的部位涂抹白色，如图12-281所示。

图 12-279

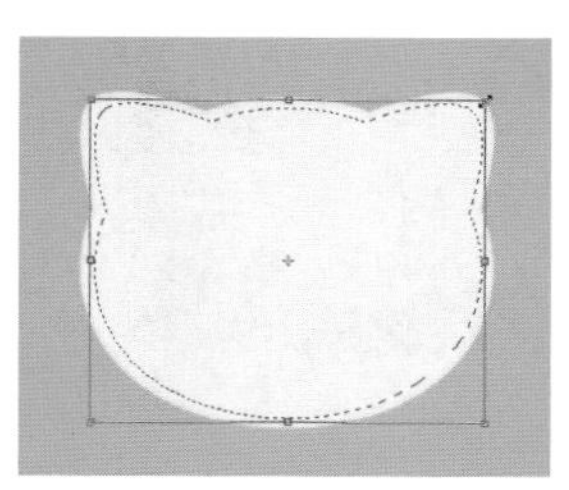

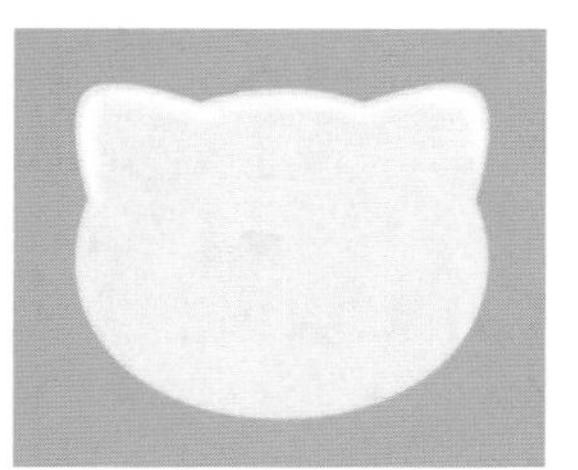

图 12-280　　图 12-281

❼ 显示机身上的粉色图形部分。按住Alt键拖动“机身”图层的 fx 图标到“粉色”图层，复制效果到该图层，如图12-282、图12-283所示。

图 12-282

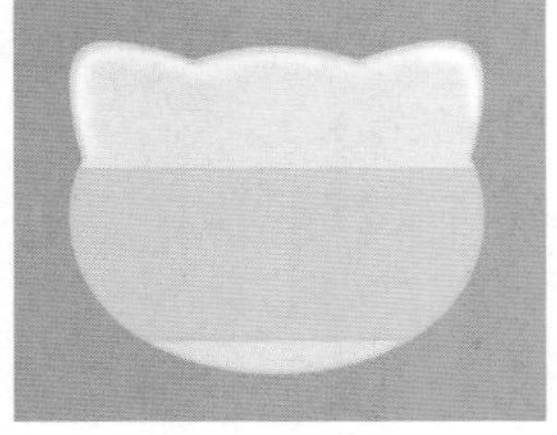

图 12-283

❽ 单击 按钮，锁定该图层的透明像素，如图12-284所示，选择渐变工具 ，单击“径向渐变”按钮 ，在图形上填充白色到粉色渐变，如图12-285所示。

图 12-284

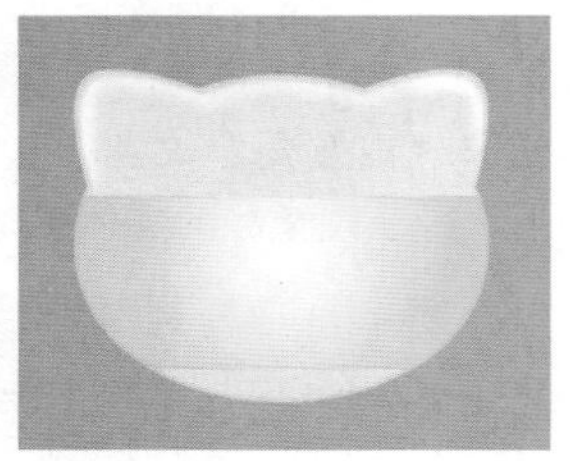

图 12-285

❾ 新建一个图层，按下Alt+Ctrl+G快捷键剪切到“粉色”图层中，如图12-286所示。选择椭圆选框工具 ，单击“从选区减去”按钮 ，设置羽化参数为7像素，创建如图12-287所示的选区。

图 12-286

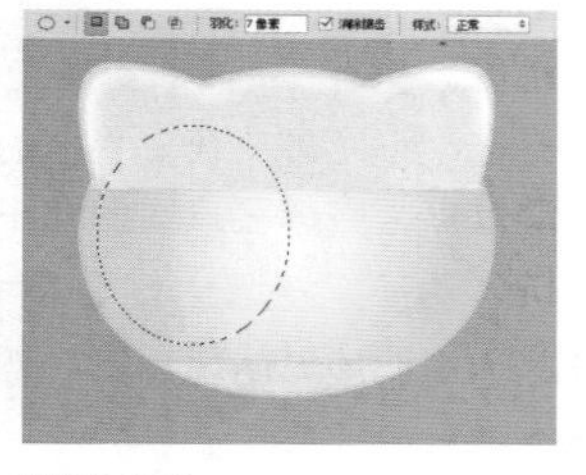

图 12-287

❿ 再创建一个图12-288所示的选区，在原有的选区中减去新创建的选区，形成一个月牙形状，将选区填充白色，如图12-289所示。

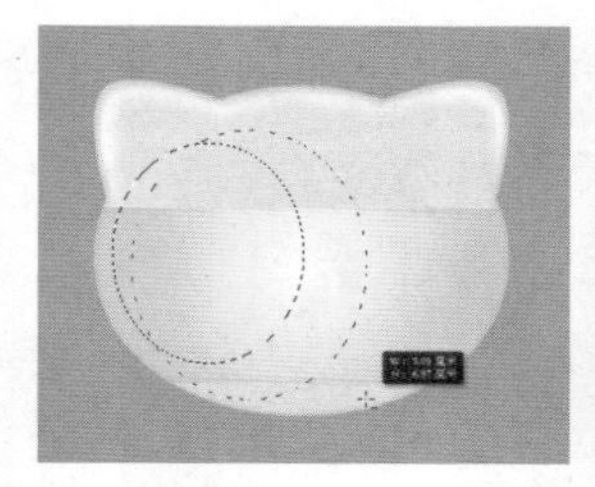

图 12-288

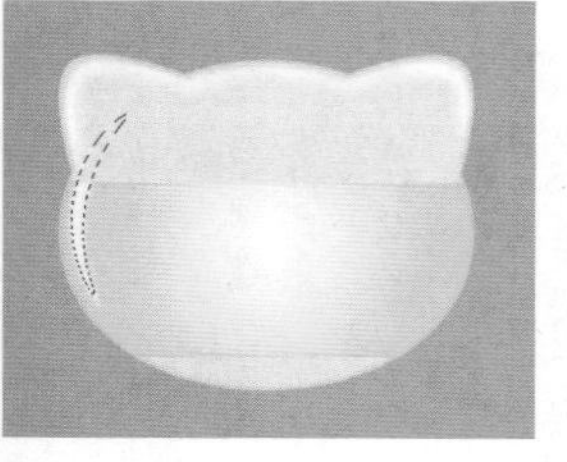

图 12-289

⓫ 选择移动工具 ，按住Alt键向右拖动选区内的图形进行复制，如图12-290所示，执行“编辑>变换>水平翻转”命令，按下回车键确认操作，按下Ctrl+D快捷键取消选择，如图12-291所示。

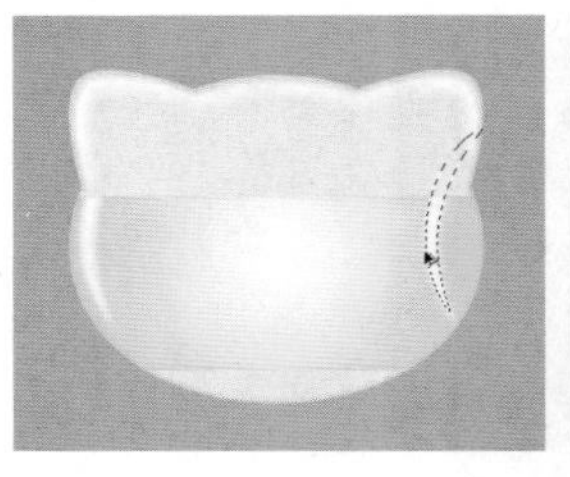

图 12-290

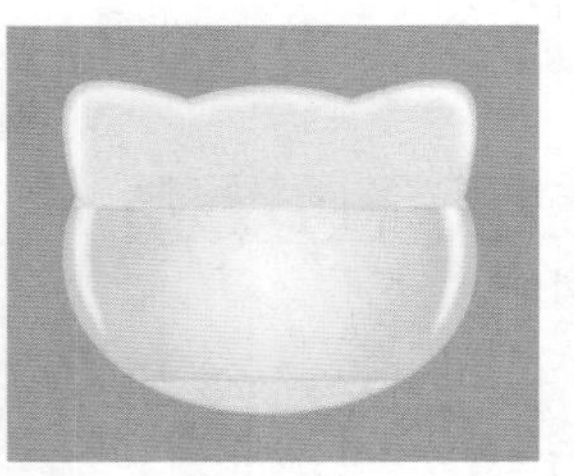

图 12-291

⓬ 将该图层的不透明度设置为64%，如图12-292所示，效果如图12-293所示。新建一个图层，用画笔工具 绘制出图形边缘的明暗效果，如图12-294所示。

图 12-292

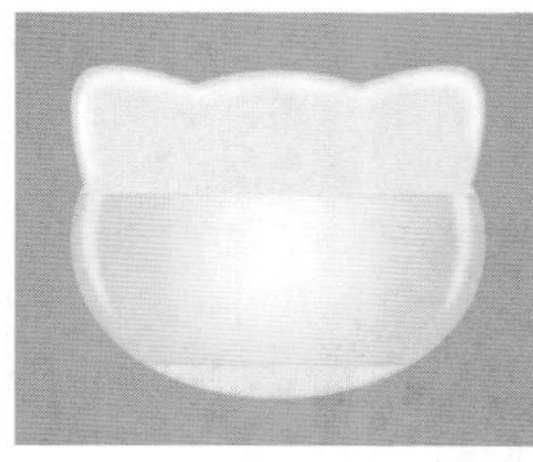

图 12-293

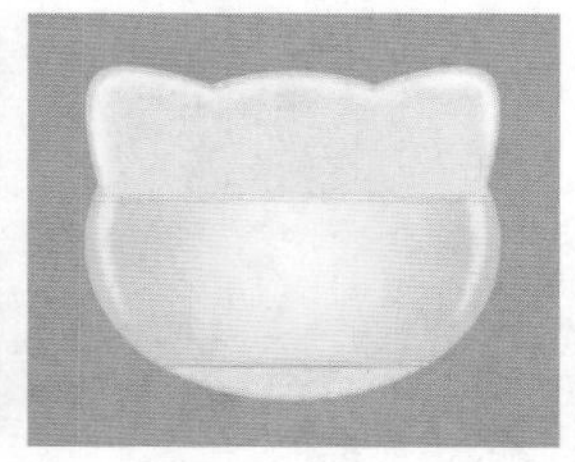

图 12-294

⓭ 下面来制作镜头。镜头共分为5部分，并且分别处于单独的图层中。先双击“镜头1”图层，打开“图层样式”对话框，分别添加“内发光”、“投影”和“渐变叠加”效果，如图12-295~图12-298所示。

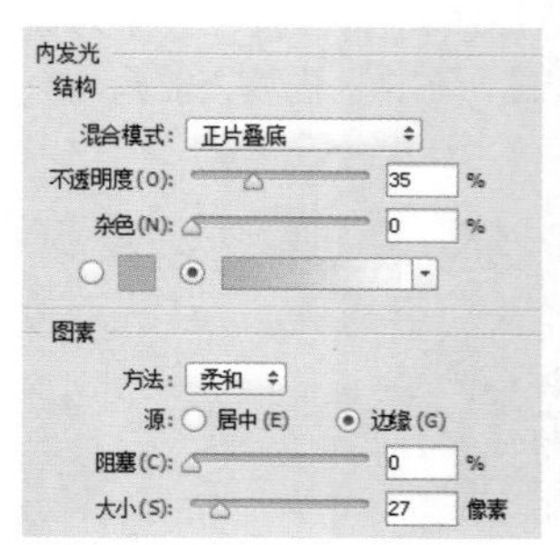

图 12-295

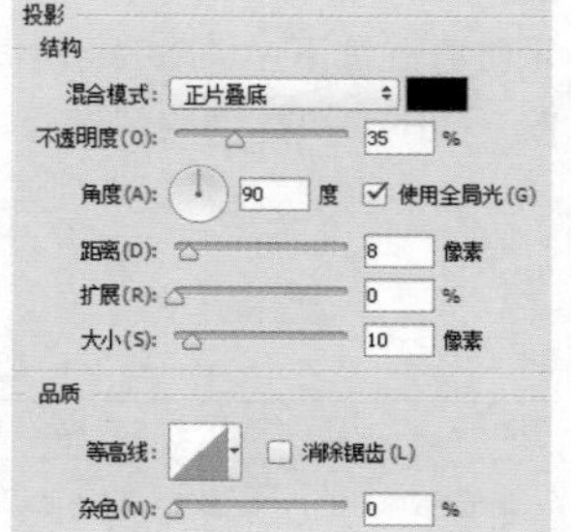

图 12-296

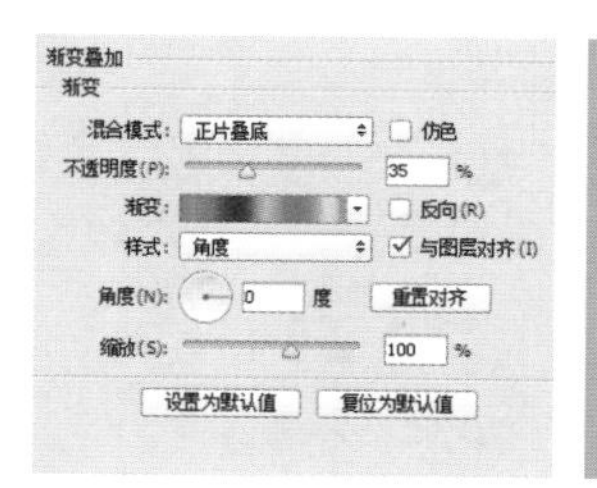

图 12-297

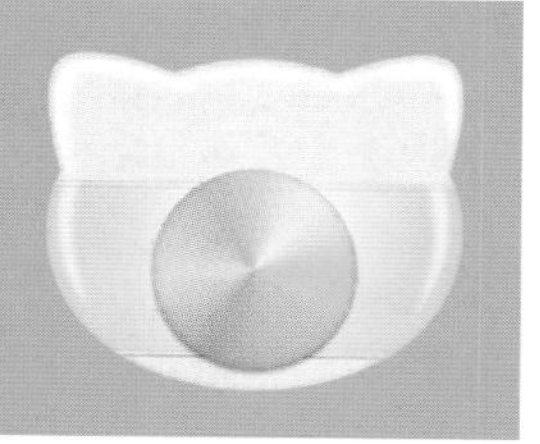

图 12-298

⑭ 显示“镜头2”图层，用渐变填充图形，如图12-299所示，再添加“内发光”效果，如图12-300、图12-301所示。

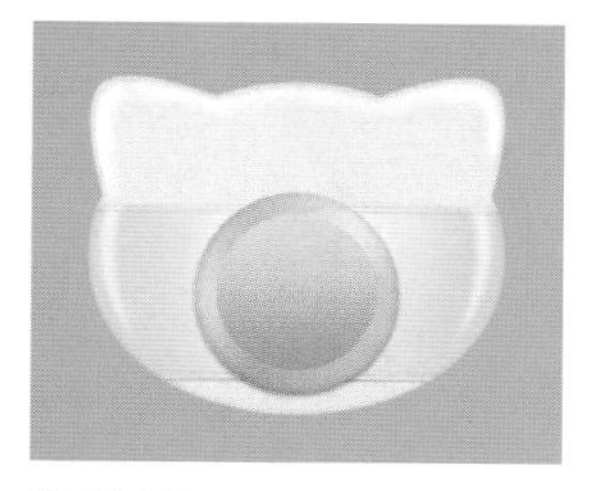

图 12-299

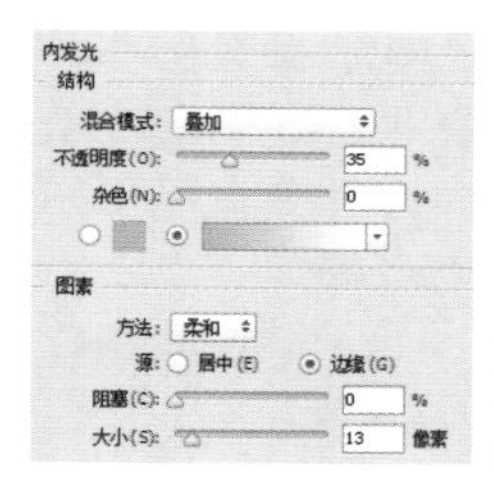

图 12-300

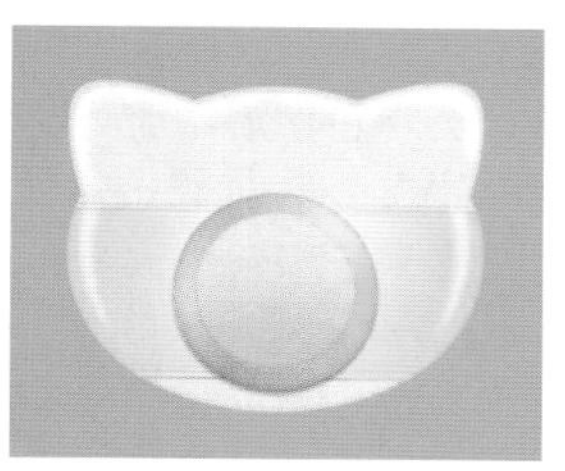

图 12-301

⑮ 制作镜头的深灰色图形，内发光颜色设置为黑色，如图12-302、图12-303所示。

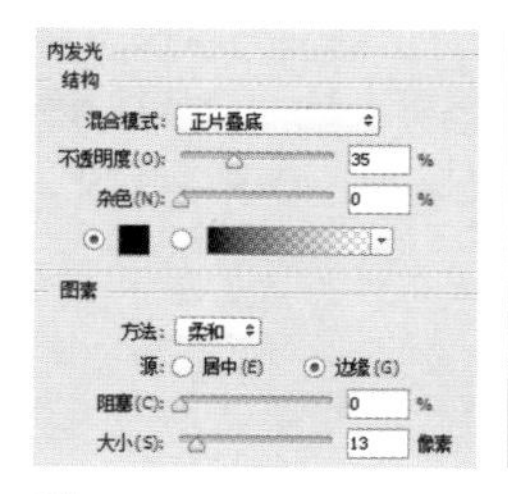

图 12-302

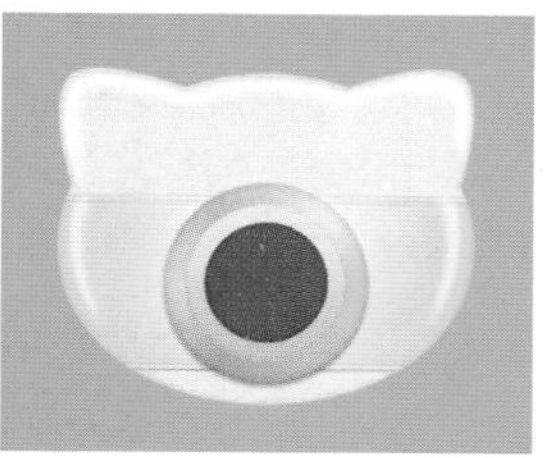

图 12-303

⑯ 镜头中浅色图形的内发光颜色为白色，如图12-304、图12-305所示。

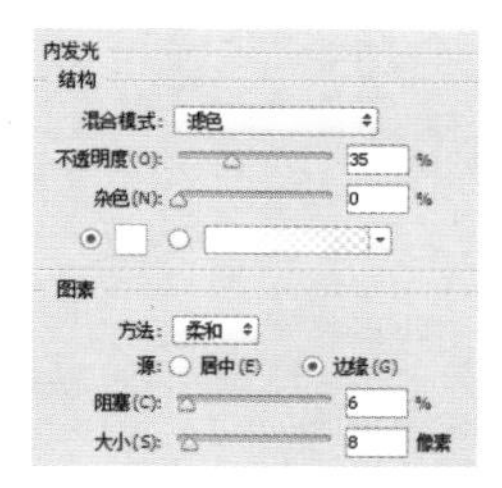

图 12-304

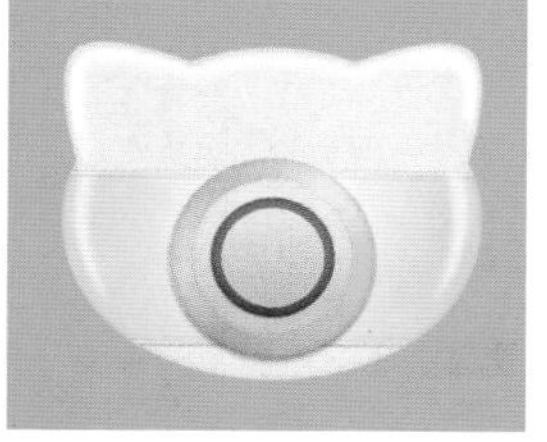

图 12-305

⑰ 在镜头中黑色的图形上添加一个渐变叠加效果，如图12-306、图12-307所示。镜头中最小的图形用渐变来表现即可，如图12-308所示。

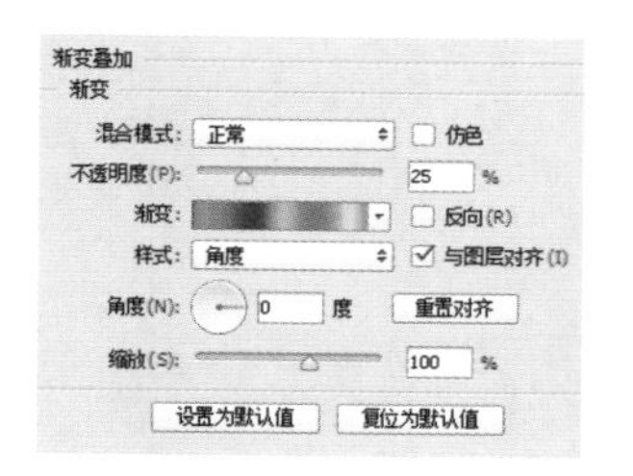

图 12-306

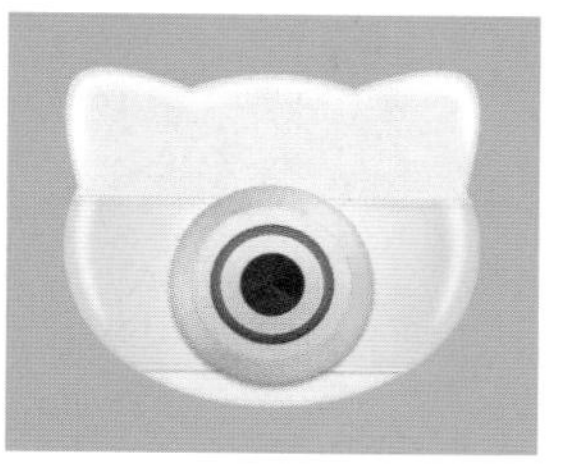

图 12-307

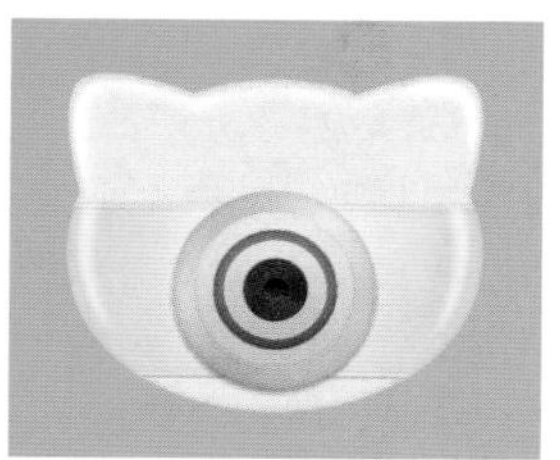

图 12-308

⑱ 制作蝴蝶结。单击按钮，锁定图层的透明像素。用画笔工具绘制明暗，如图12-309、图12-310所示。

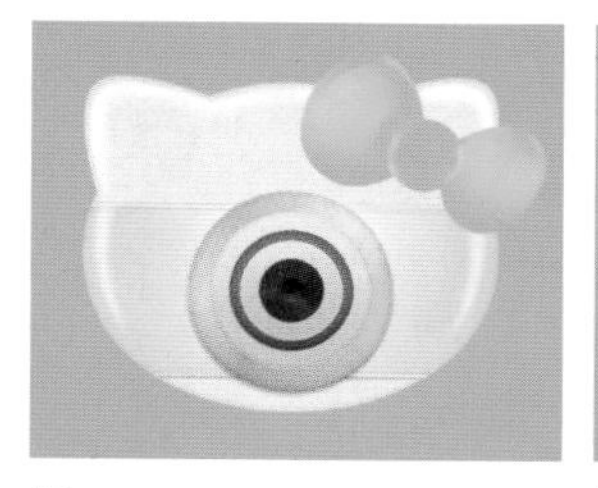

图 12-309

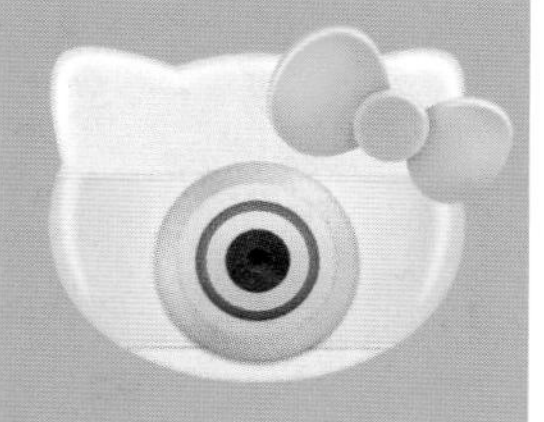

图 12-310

⑲ 新建一个图层。用椭圆选框工具创建一个圆形选区，填充白色，如图12-311所示。执行“滤镜>滤镜库”命令，打开“滤镜库”对话框，在“素描”滤镜组中找到“半调图案”滤镜，调整参数制作出圆圈图案，如图12-312所示。

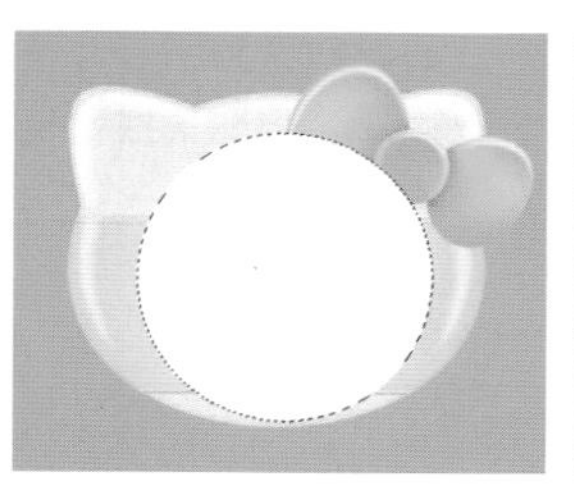

图 12-311

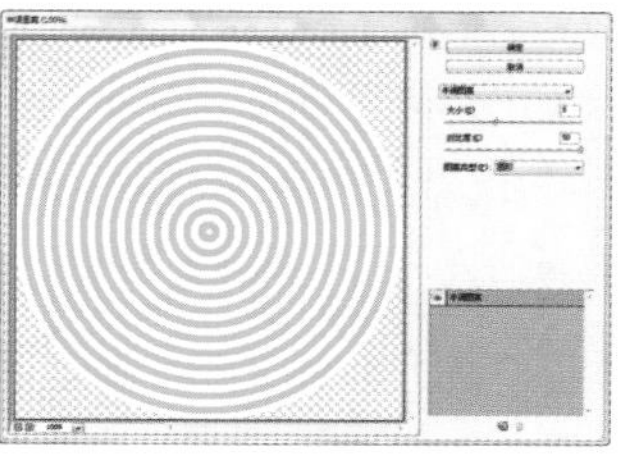

图 12-312

⑳ 按下Alt+Ctrl+G快捷键将当前图层剪切到“蝴蝶结”图层中，如图12-313所示。使用移动工具将图案拖到蝴蝶结上，如图12-314所示。在“蝴蝶结”图层下方新建一个图层，绘制出蝴蝶结的投影，如图12-315所示。

图 12-313

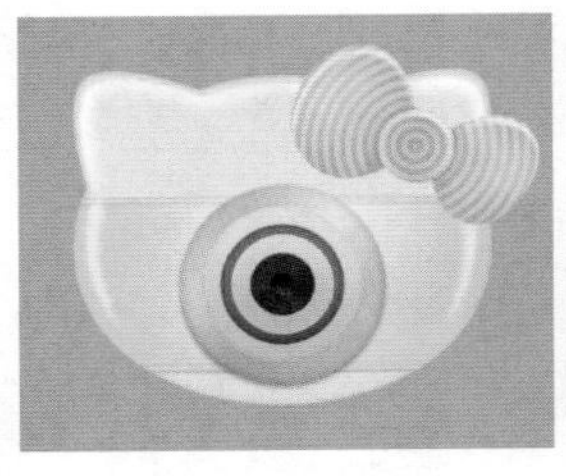

图 12-314　　图 12-315

㉑ 制作镜头旁边的按钮。先将按钮填充一个浅色渐变，如图12-316、图12-317所示。再添加“内发光”和“投影”效果，如图12-318、图12-319所示。

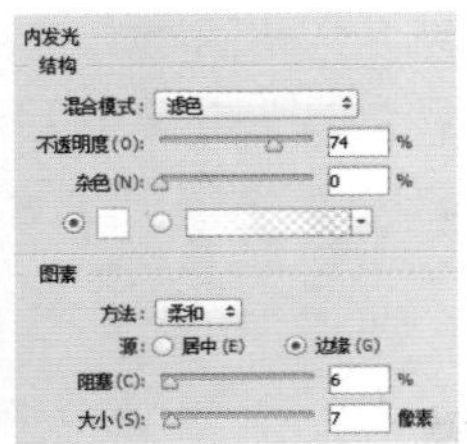

图 12-316　　图 12-317

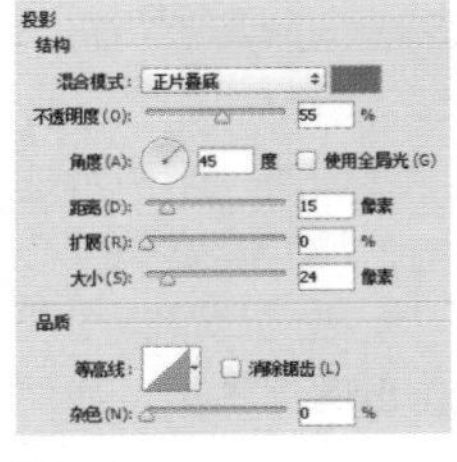

图 12-318　　图 12-319

㉒ 制作快门。先填充浅粉色渐变，如图12-320所示。按下Ctrl+J快捷键复制该图层，通过自由变换将图形成比例缩小，填充浅灰色渐变，如图12-321所示。

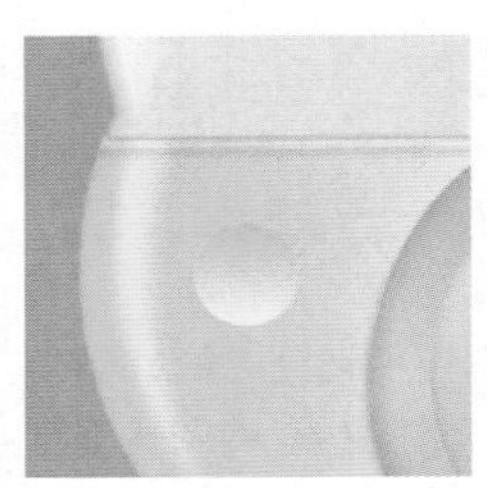

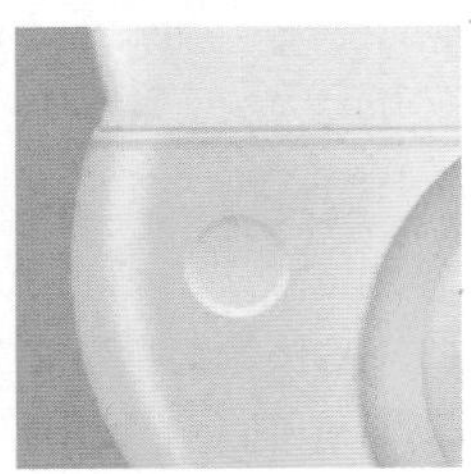

图 12-320　　图 12-321

㉓ 分别添加“斜面和浮雕”、“外发光”、“描边”和“渐变叠加”效果，使图形具有立体感，如图12-322~图12-326所示。

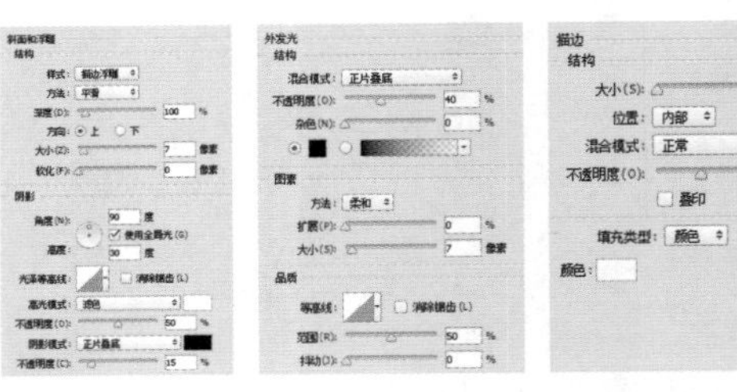

图 12-322　　图 12-323　　图 12-324

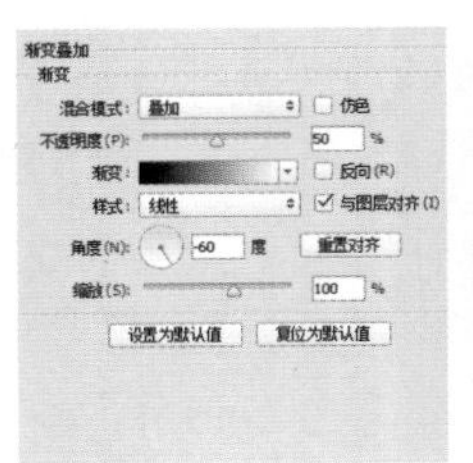

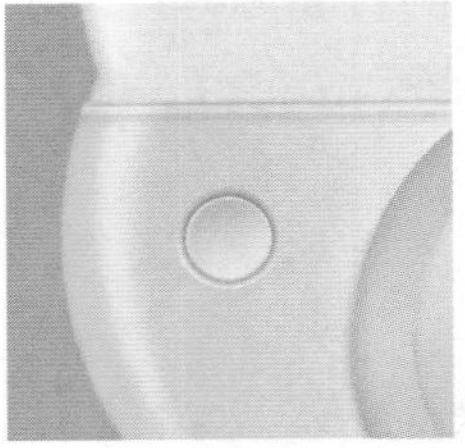

图 12-325　　图 12-326

㉔ 继续制作闪光灯，它由一深一浅两个渐变图形组成，如图12-327、图12-328所示。执行“滤镜>像素化>马赛克”命令，为深色图形添加马赛克效果，如图12-329、图12-330所示。

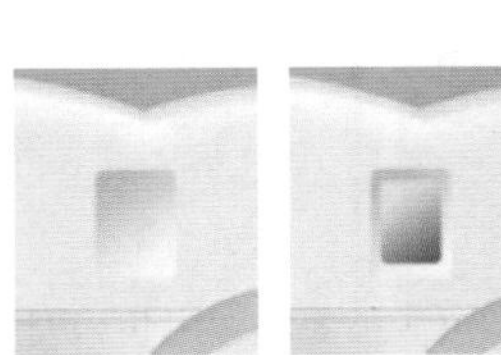

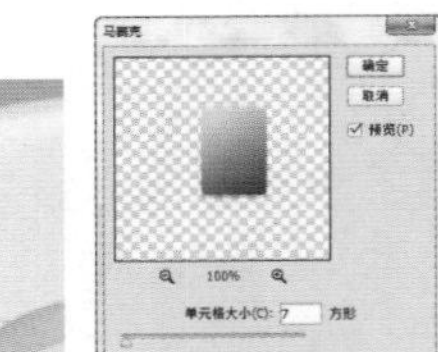

图 12-327　　图 12-328　　图 12-329　　图 12-330

㉕ 双击该图层，打开“图层样式”对话框，为图形添加两个“描边”、一个“渐变叠加”效果，如图12-331~图12-334所示。用画笔工具 绘制取景器，如图12-335、图12-336所示。

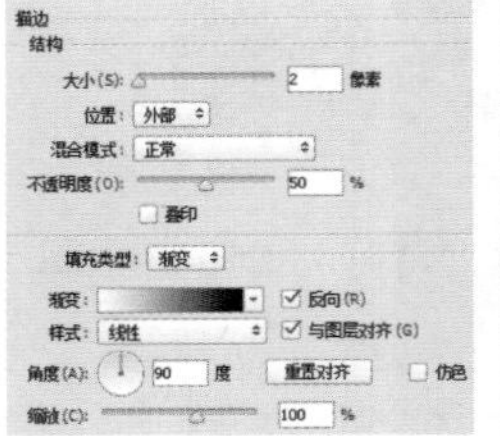

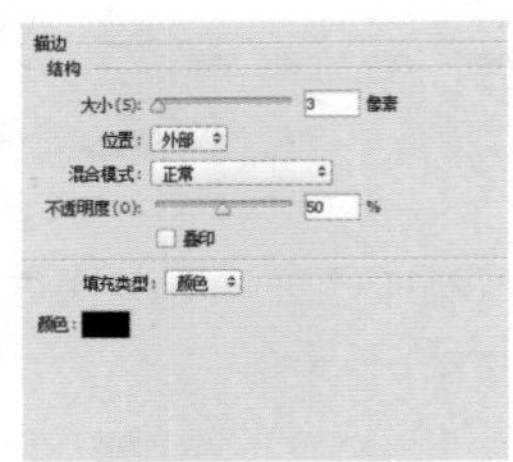

图 12-331　　图 12-332

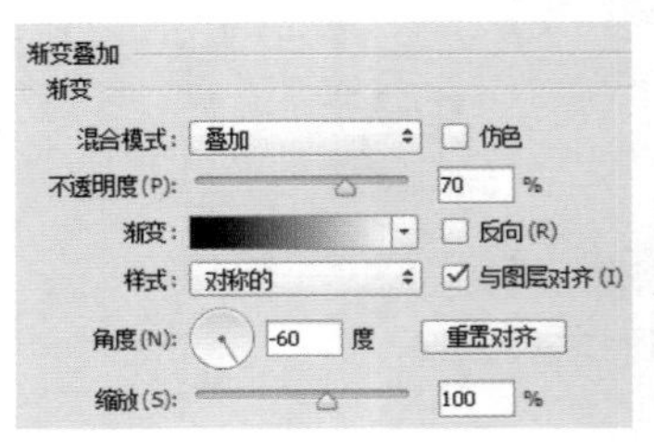

图 12-333　　图 12-334

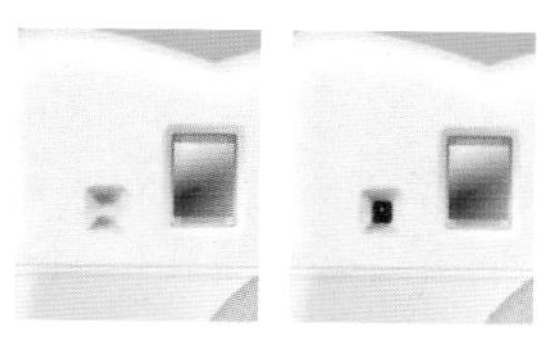

图 12-335　　图 12-336

㉖ 在“机身”图层下方新建一个图层，设置混合模式为“正片叠底”。选择椭圆选框工具，设置羽化参数为20像素，创建一个椭圆形选区，如图12-337所示。将前景色设置为深红色。选择渐变工具，填充前景色到透明渐变，如图12-338所示。按下Ctrl+D快捷键取消选择。

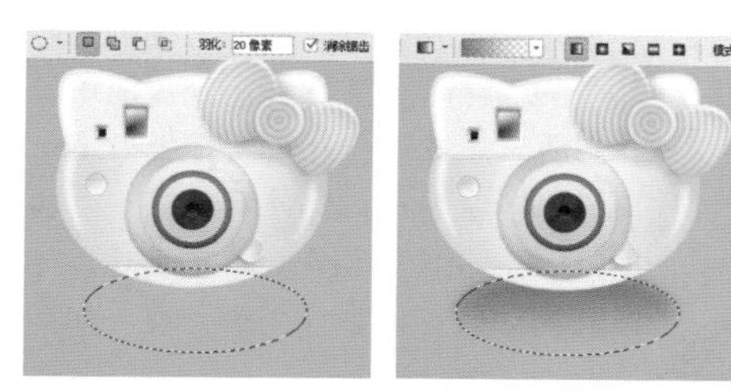

图 12-337

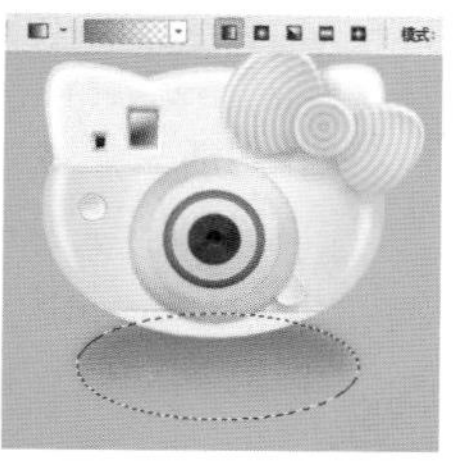

图 12-338

㉗ 选择橡皮擦工具（不透明度15%），在投影边缘涂抹，使其淡化，如图12-339所示。按下Ctrl+J快捷键复制该图层，按下Ctrl+T快捷键显示定界框，将图形调小，如图12-240所示。按下回车键确认操作。最后，在相机右侧制作一个猫咪头部图形，输入文字即可，如图12-341所示。

图 12-339

图 12-340

图 12-341

12.12 淘宝全屏海报设计

❶ 打开光盘中的素材。使用快速选择工具选取人物，包括摩托车的把手，如图12-342所示，人物的头发、鞋跟、车把手等图像有些复杂，选取时要耐心细致。双击“背景”图层，将其转换为普通图层，单击“图层”面板底部的按钮，创建蒙版，如图12-343所示，将人物以外的区域隐藏，如图12-344所示。

图 12-342

图 12-343

图 12-344

❷ 使用移动工具将图像拖入素材文档中，如图12-345所示。

图 12-345

❸ 单击“调整”面板中的按钮，创建“曲线”调整图层，分别调整红、绿和蓝色通道曲线，将人物调亮，如图12-346~图12-349所示。按下Alt+Ctrl+G快捷键创建剪切蒙版，将调整图层剪切到人物图层中，如图12-350所示。

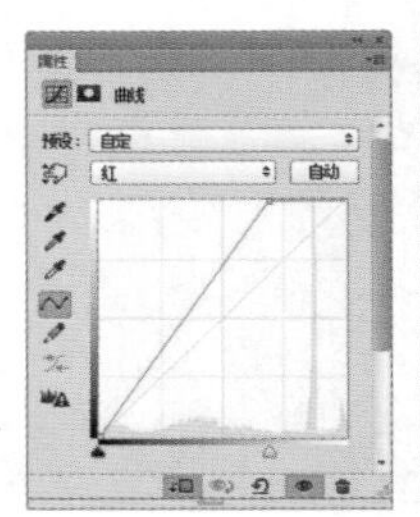

图 12-346

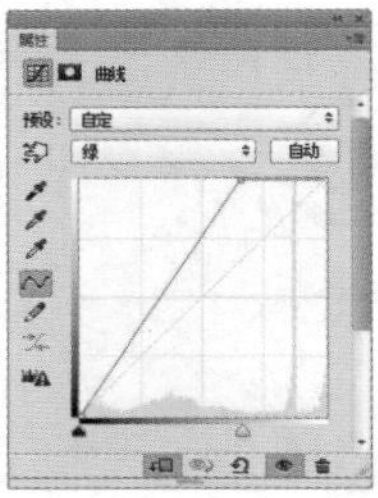

图 12-347

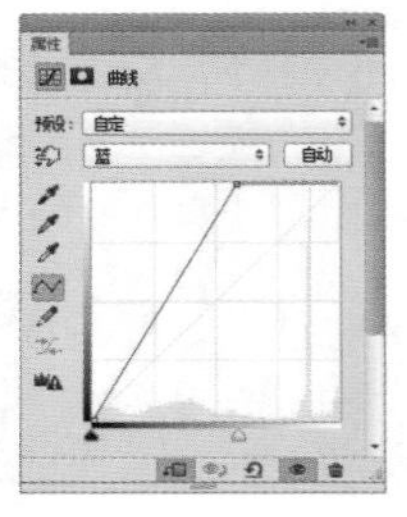

图 12-348

图 12-349

图 12-350

❹ 单击“调整”面板中的按钮，创建“可选颜色”调整图层，分别对青色和中性色进行调整，使人物的肤色更加白皙，如图12-351~图12-353所示。

图 2-351

图 12-352

图 12-353

❺ 按住Ctrl键，单击人物图层的蒙版缩览图，载入人物的选区，如图12-354所示。按住Ctrl键，单击“图层”面板底部的按钮，在当前图层下方新建一个图层，填充黑色，如图12-355所示。按下Ctrl+D快捷键取消选择。按下Ctrl+T快捷键显示定界框，先将高度缩小，再按住Alt+Shift+Ctrl组合键，将光标放在定界框上边，光标显示为状态时向右拖动鼠标，进行变换处理，如图12-356所示。

图 12-354

图 12-355

图 12-356

❻ 执行“滤镜>模糊>高斯模糊”命令，使投影边缘变得柔和，如图12-357所示。在“图层”面板中设置该图层的不透明度为60%，如图12-358所示。

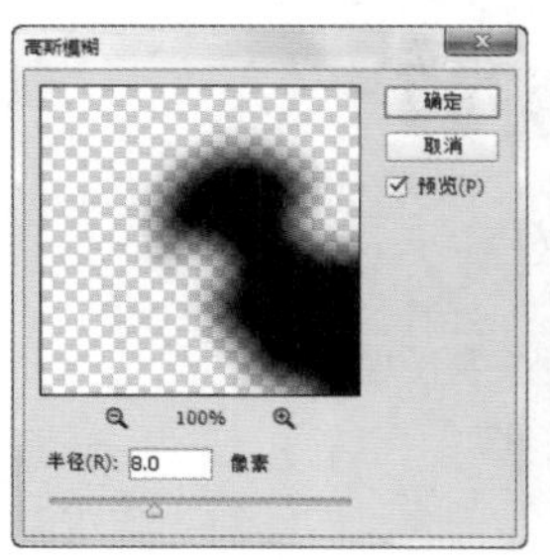

图 12-357

图 12-358

❼ 选择横排文字工具 T ，在工具选项栏中设置字体、大小及颜色，在画面上方单击并输入文字，如图12-359所示。

图 12-359

❽ 输入其他文字，通过变换字体（粗宋、小标宋、中黑）及大小使文字更具装饰性，如图12-360所示。新建一个图层，选择矩形工具 ，在工具选项栏中选择“像素”选项，分别绘制洋红色和碧绿色图形，在上面输入白色文字，如图12-361所示。

图 12-360 　　图 12-361

❾ 新建一个图层。使用椭圆工具 （选择“像素”选项）绘制大小不同的圆形，组成云朵图形，如图12-362所示。

❿ 双击该图层，打开“图层样式”对话框，为图形添加“描边”和“投影”效果，如图12-363、图12-364所示。最后，输入其他文字，效果如图12-365所示。

图 12-362

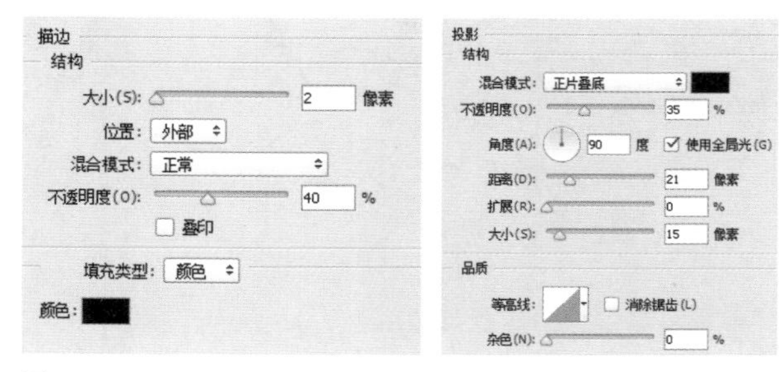

图 12-363　　图 12-364

图 12-365

12.13 卡通形象设计

❶ 按下Ctrl+N快捷键，打开“新建”对话框，在“文档类型”下拉列表中选择“国际标准纸张”，在“大小”下拉列表中选择“A4”，设置分辨率为200像素/英寸，创建一个A4大小的RGB模式文件。

❷ 选择钢笔工具 ，在工具选项栏中选择“形状”选项，绘制出小猪的身体，如图12-366所示。选择椭圆工具 ，在工具选项栏中选择减去顶层形状 ，在图形中绘制一个圆形，它会与原来的形状相减，形成一个孔洞，如图12-367、图12-368所示。

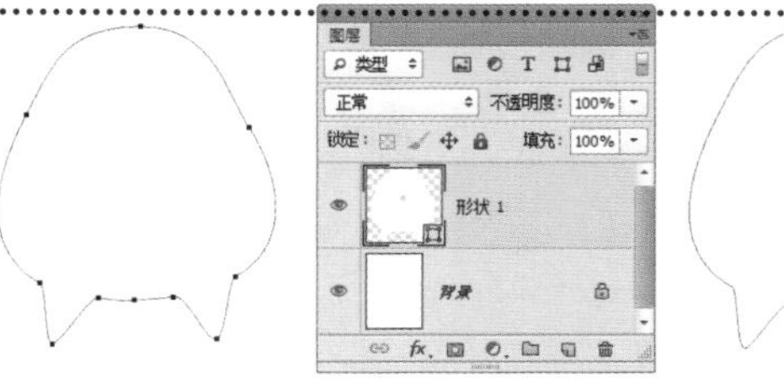

图 12-366　　图 12-367 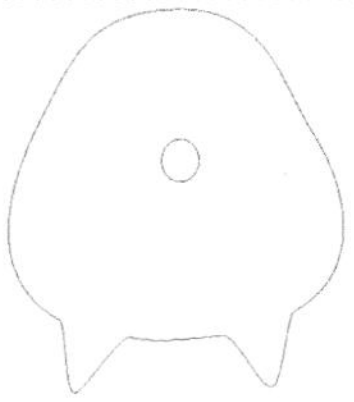　　图 12-368

❸ 双击该图层，在打开的“图层样式”对话框中添加“斜面和浮雕”、“等高线”、“内阴影”效果，设置参数，如图12-369~图12-371所示，效果如图12-372所示。

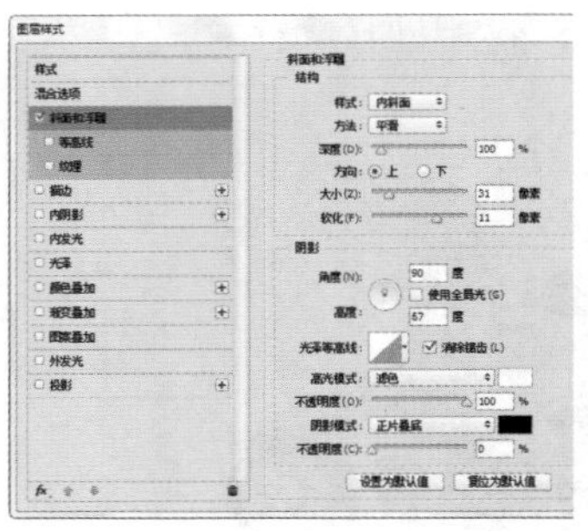

图 12-369

图 12-370

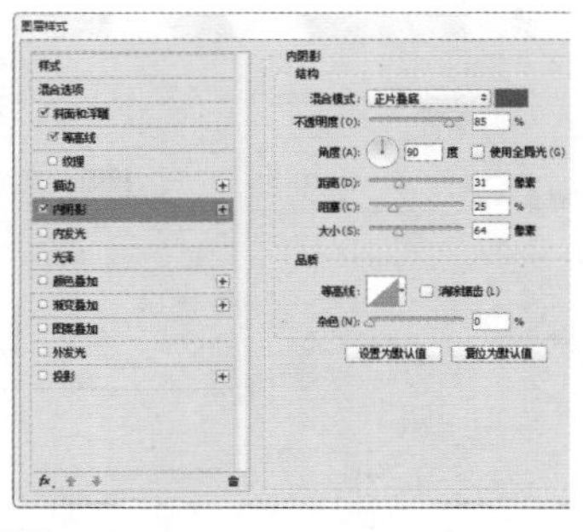

图 12-371

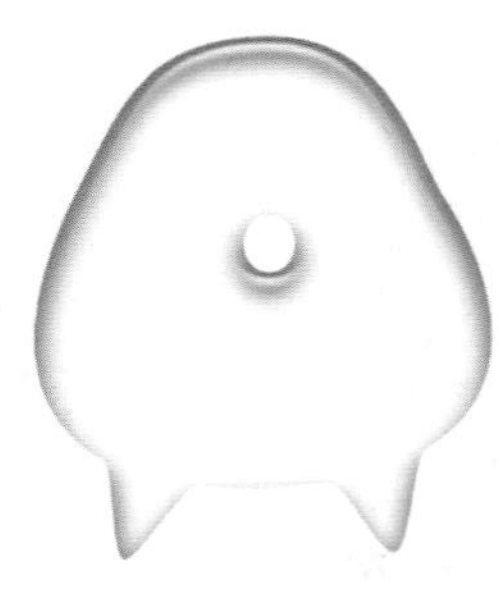

图 12-372

❹ 添加“内发光”、“渐变叠加”、“外发光”效果，为小猪的身上增添色彩，如图12-373~图12-376所示。

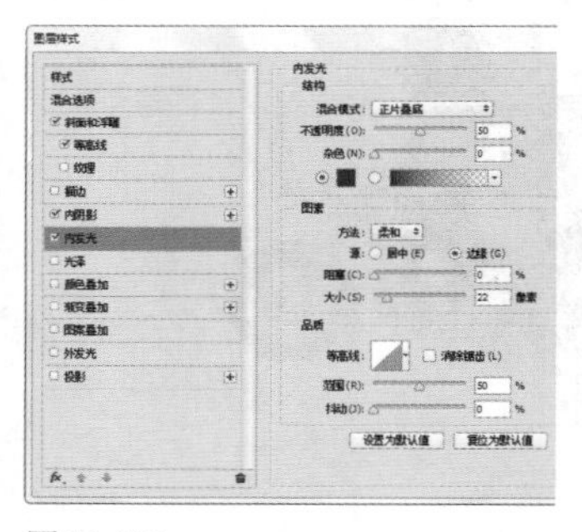

图 12-373

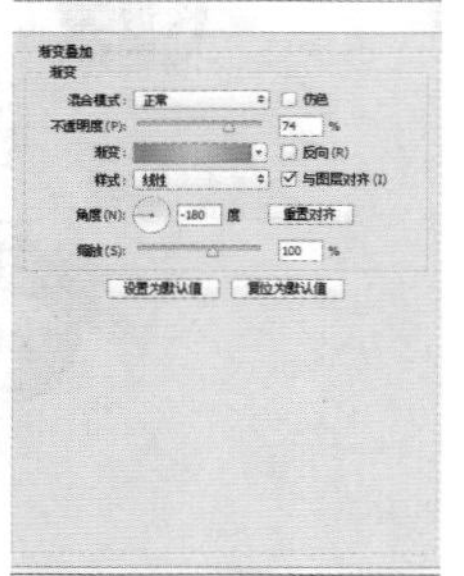

图 12-374

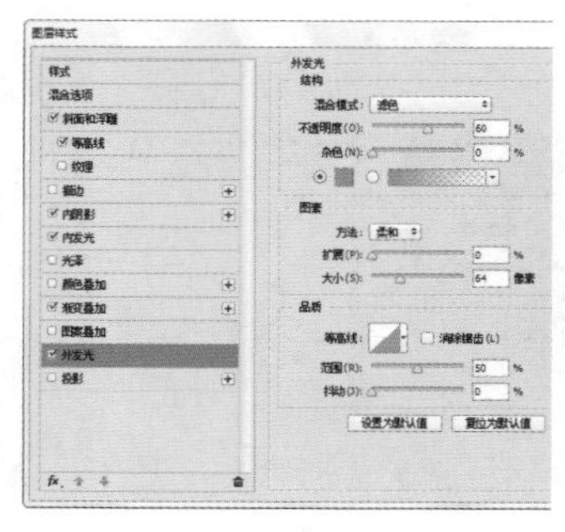

图 12-375

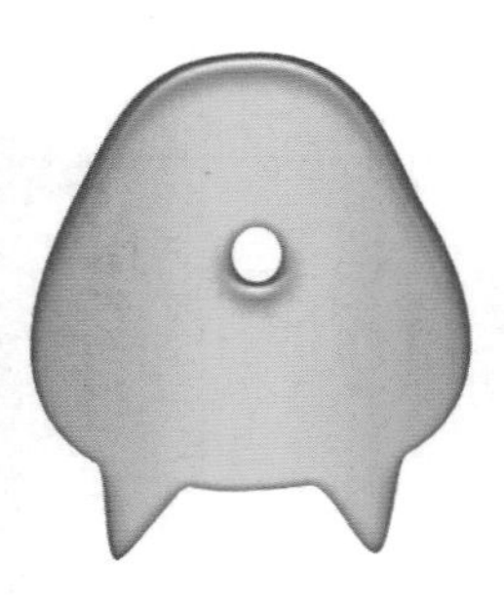

图 12-376

❺ 添加“投影”效果，通过投影增强图形的立体感，如图12-377、图12-378所示。

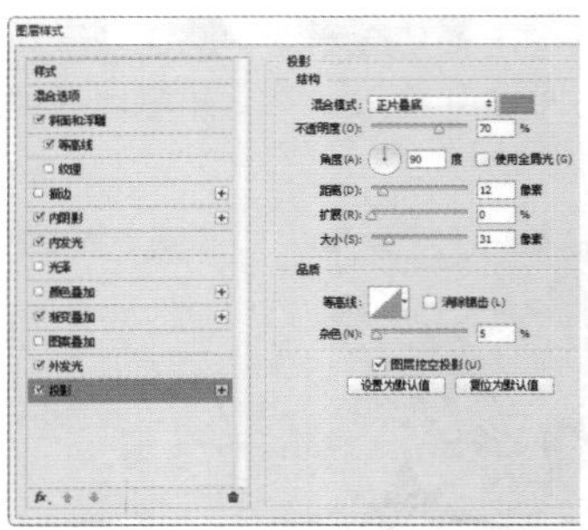

图 12-377

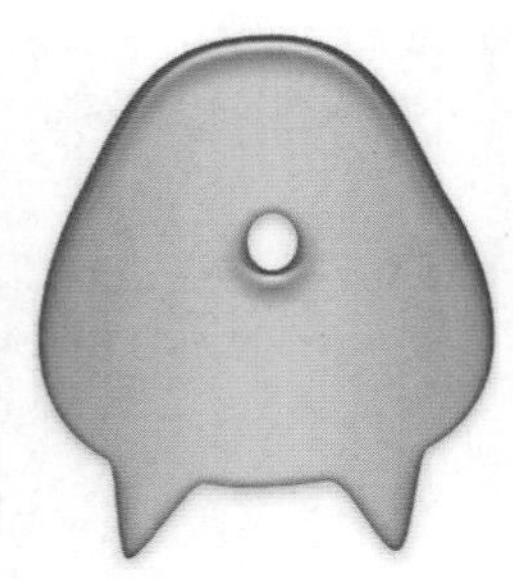

图 12-378

❻ 绘制小猪的耳朵，如图12-379所示。使用路径选择工具 按住Alt键拖动耳朵，将其复制到画面右侧，执行“编辑>变换路径>水平翻转”命令，制作出小猪右侧的耳朵，如图12-380所示。

图 12-379

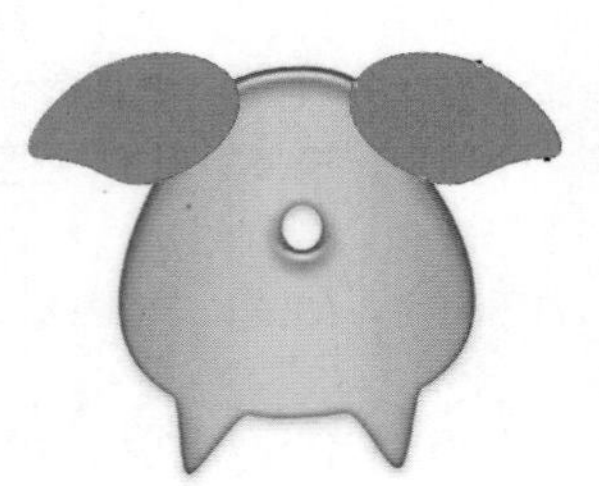

图 12-380

❼ 按下Ctrl+[快捷键，将“形状2”向下移动。按住Alt键，将“形状1”图层的效果图标 fx. 拖动到“形状2”，为耳朵复制效果，如图12-381、图12-382所示。

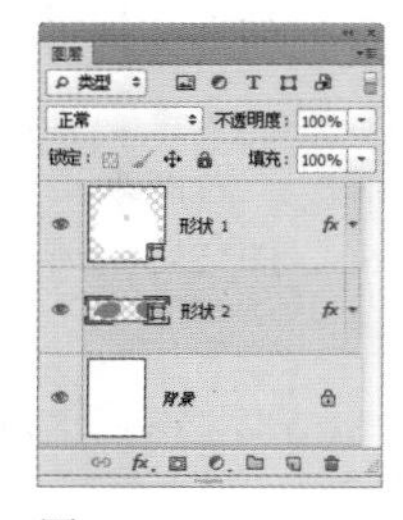

图 12-381

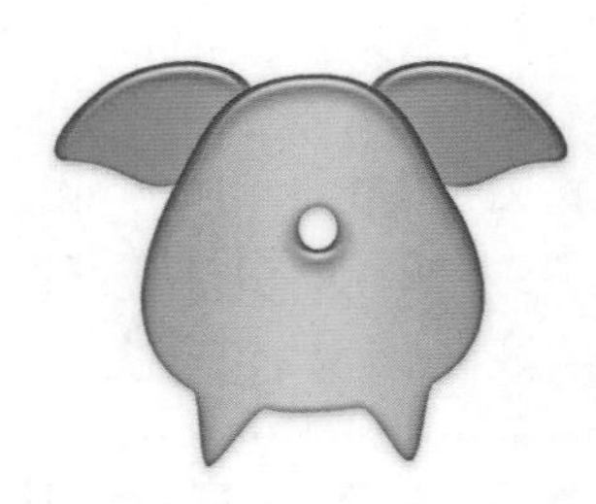

图 12-382

❽ 给小猪绘制一个像兔子一样的耳朵，复制图层样式到耳朵上，如图12-383、图12-384所示。

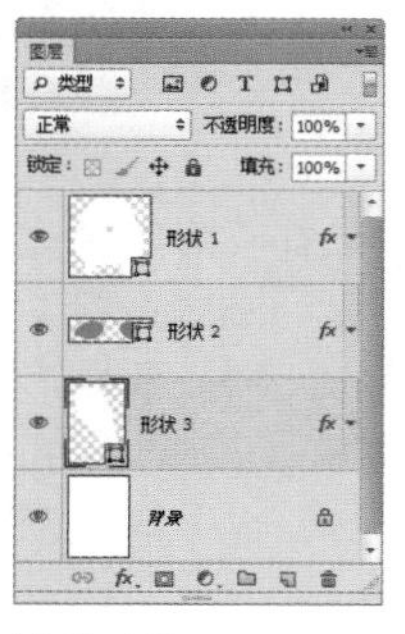

图 12-383

图 12-384

❾ 将前景色设置为黄色。双击“形状3”图层，打开“图层样式”对话框，添加“内阴影”效果，调整参数，如图12-385所示。继续添加“渐变叠加”效果，单击渐变后面的 按钮，打开渐变下拉面板，选择“透明条纹渐变”，由于前景色设置了黄色，透明条纹渐变也会呈现为黄色，将角度设置为113度，如图12-386、图12-387所示。

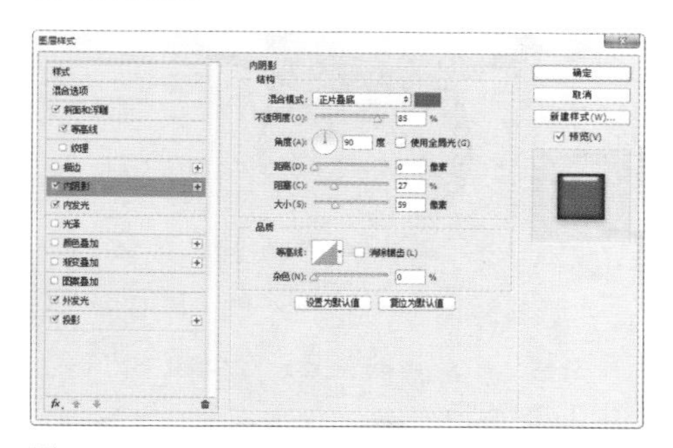

图 12-385

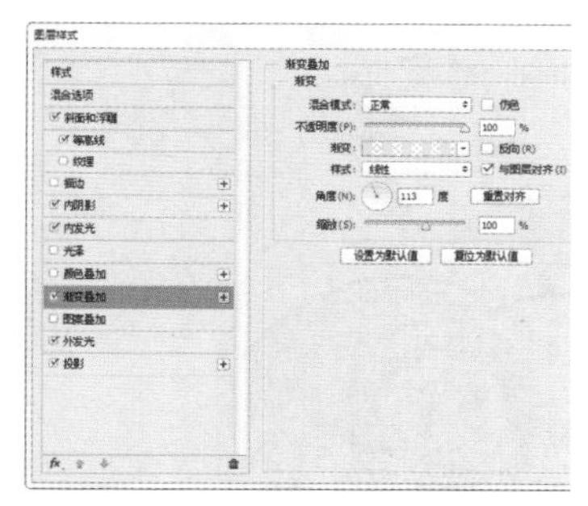

图 12-386　　图 12-387

❿ 按下Ctrl+J快捷键，复制耳朵图层，再将其水平翻转到另一侧，如图12-388所示。双击该图层，打开“图层样式”对话框，在“渐变叠加”选项中调整角度参数为65度，如图12-389、图12-390所示。

⓫ 绘制小猪的眼睛、鼻子、舌头和脸上的红点，它们位于不同的图层中，注意图层的前后位置，如图12-391所示。绘制眼睛时，可以先画一个黑色的圆形，再画一个小一点的圆形选区，按下Delete键删除选区内的图像，即可得到月牙图形。

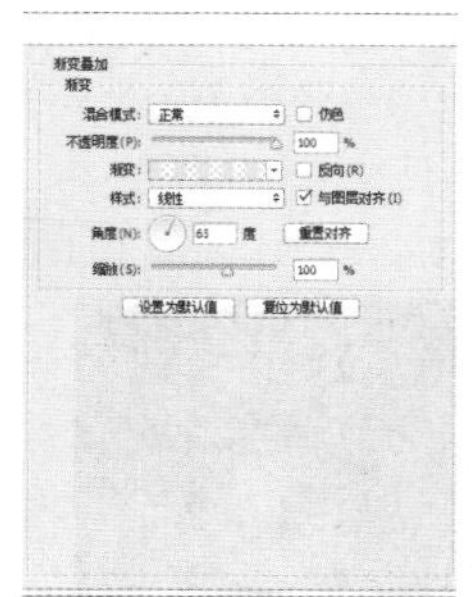

图 12-388　　图 12-389

图 12-390　　图 12-391

⓬ 选择自定形状工具 ，在形状下拉面板中选择“圆形边框”，在小猪的左眼上绘制眼镜框，如图12-392、图12-393所示。按住Alt键，将耳朵图层的效果图标 fx 拖动到眼镜图层，为眼镜框添加条纹效果，如图12-394所示。

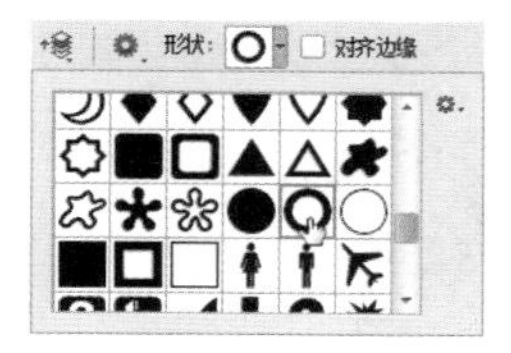

图 12-392

图 12-393　　图 12-394

⓭ 双击该图层，调整“渐变叠加”的参数，设置渐变样式为“对称的”，角度为180度，如图12-395、图12-396所示。

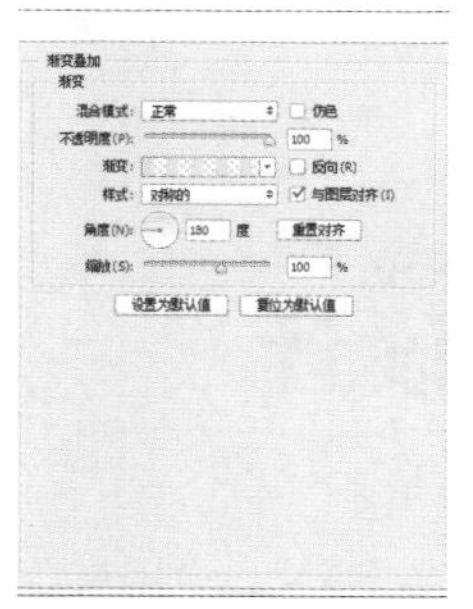

图 12-395　　图 12-396

⓮ 按下Ctrl+J快捷键复制眼镜框图层，使用移动工具 将其拖到右侧眼睛上。绘制一个圆角矩形连接两个眼镜框，如图12-397所示。

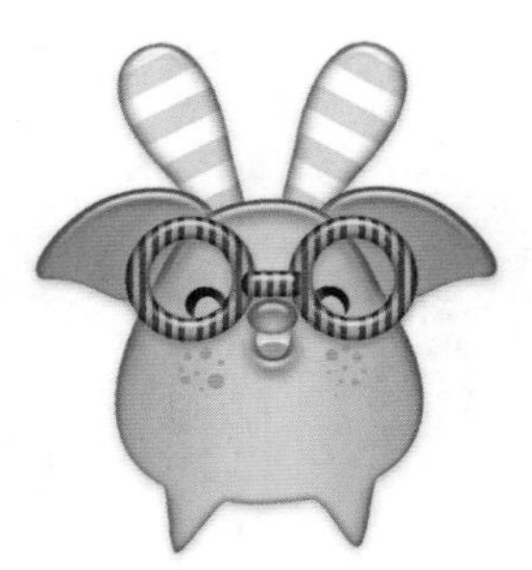

图 12-397

⑮ 将前景色设置为紫色。在眼镜框图层下方新建一个图层。选择椭圆工具，在工具选项栏中选择“像素”选项，绘制眼镜片，设置图层的不透明度为63%，如图12-398、图12-399所示。

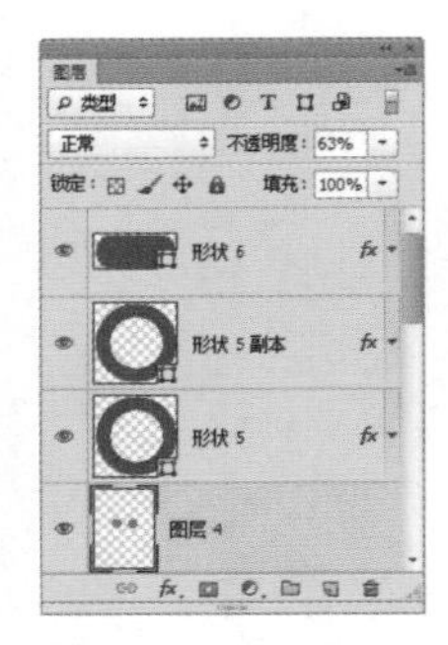

图 12-398　　图 12-399

⑯ 新建一个图层，用以制作眼睛相同的方法，制作出两个白色的月牙儿图形，设置图层的不透明度为80%，如图12-400、图12-401所示。

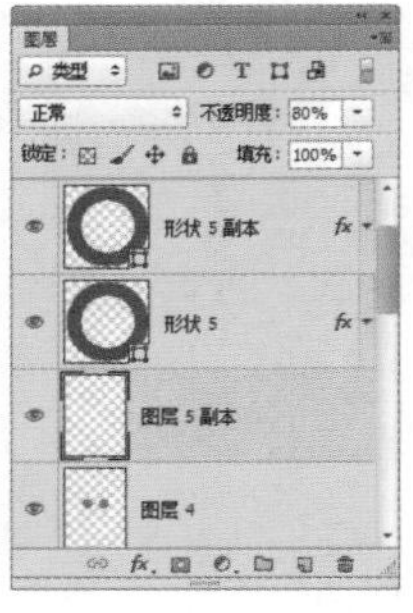

图 12-400　　图 12-401

⑰ 选择画笔工具（柔角），设置参数如图12-402所示。将前景色设置为深棕色。选择“背景”图层，单击按钮在其上方新建一个图层，在小猪的脚下单击，绘制出投影效果，如图12-403所示。

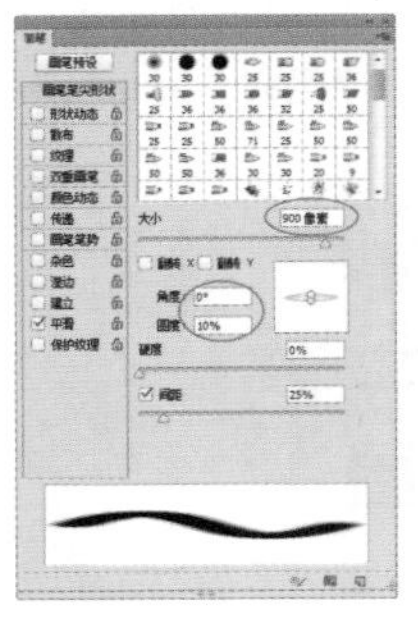

图 12-402　　图 12-403

⑱ 最后，为小猪绘制一个黄色的背景，在画面下方输入文字，效果如图12-404所示。

图 12-404

12.14 绚丽光效设计

❶ 打开光盘中的素材，如图12-405所示。

图 12-405

❷ 单击“图层”面板底部的按钮，新建一个图层。选择渐变工具，单击工具选项栏中的“径向渐变”按钮，打开渐变下拉面板，选择“透明彩虹渐变”，如图12-406所示。在画面右上方拖动鼠标创建渐变，如图12-407所示。

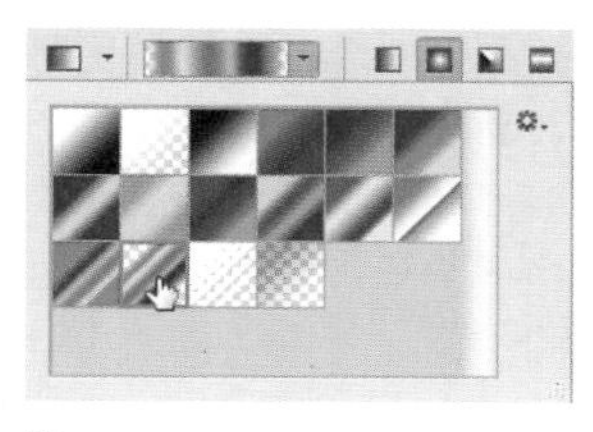

图 12-406

图 12-407

❸ 设置该图层的混合模式为“柔光”，不透明度为70%，如图12-408、图12-409所示。

图 12-408

图 12-409

❹ 单击“图层”面板底部的 按钮，新建一个图层组。在图层组的名称上双击，修改名称为“粉红色”，如图12-410所示。选择钢笔工具 ，在工具选项栏中选择“形状”选项，绘制一个图形，如图12-411所示。

图 12-410

图 12-411

❺ 在“图层”面板中设置该图层的填充不透明度为0%，如图12-412所示。双击该图层，打开“图层样式”对话框，在左侧列表中选择“内发光”效果，设置参数如图12-413所示，效果如图12-414所示。

图 12-412

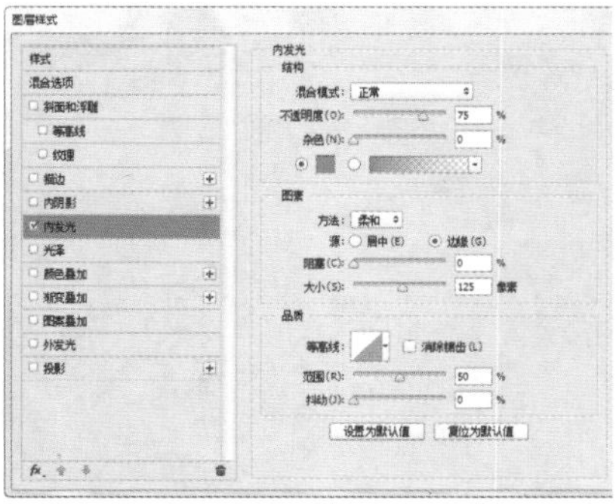

图 12-413

图 12-414

❻ 使用椭圆工具 按住Shift键绘制一个小一点的圆形，按住Alt键，将“形状1”图层后面的效果图标 拖动到“形状2”，复制图层效果。双击“内发光”效果，如图12-415所示。修改大小参数为70像素，如图12-416所示，减小发光范围，效果如图12-417所示。

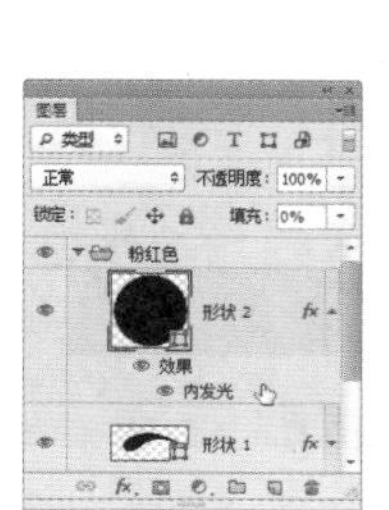

图 12-415

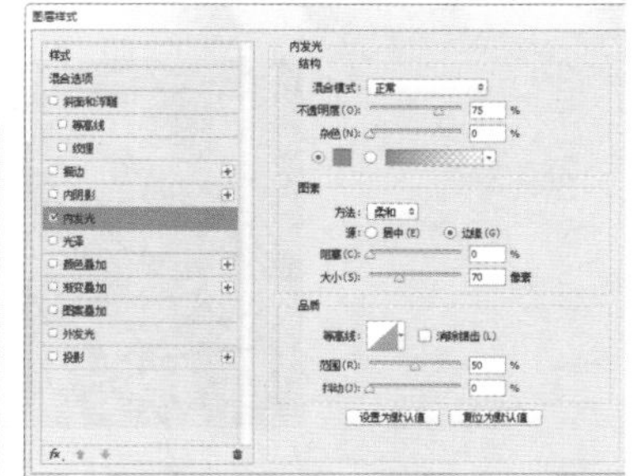

图 12-416

图 12-417

❼ 选择“形状1”图层，按下Ctrl+J快捷键复制该图层，按下Ctrl+T快捷键显示定界框，单击鼠标右键，在打开的快捷菜单中选择“垂直翻转”命令，将图形翻转，再适当缩小，如图12-418所示。

图 12-418

❽ 接下来要通过复制、变换的方法制作出更多的图形，而图形的颜色则要通过修改“图层样式”中的内发光颜色来改变。新建一个名称为“黄色”的图层组。将前面制作好的图形复制一个，拖动到该组中，如图12-419所

示。将图形放大。双击图层后面的效果图标 fx，打开“图层样式”对话框，选择“内发光”效果，单击颜色按钮，打开“拾色器”对话框，将发光颜色设置为黄色，如图12-420~图12-422所示。

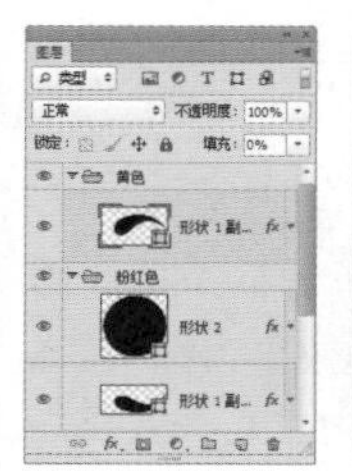

图 12-419

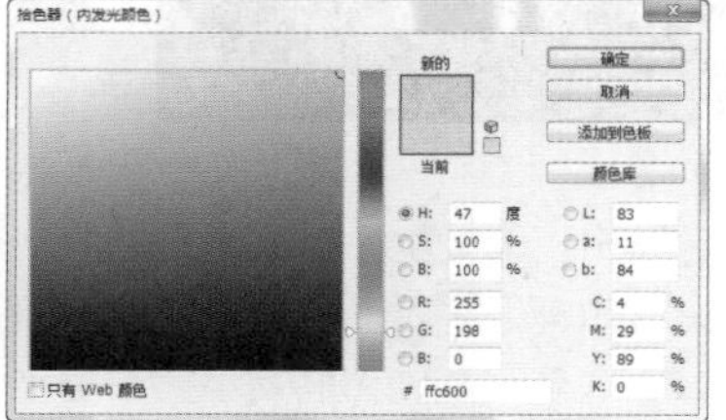

图 12-420

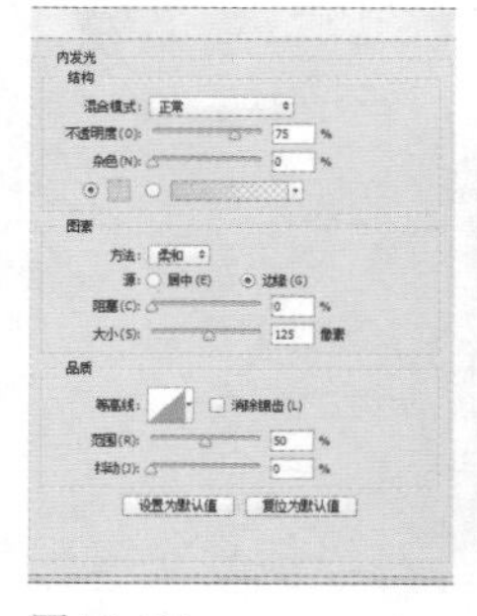

图 12-421

图 12-422

❾ 复制黄色图形，调整大小及角度，组成图12-423所示的效果。用同样的方法制作出蓝色、深蓝色、绿色、紫色和红色的图形，使画面丰富绚烂，如图12-424所示。

图 12-423

图 12-424

❿ 将前景色设置为白色。选择渐变工具，单击“径向渐变”按钮，在渐变下拉面板中选择“前景色到透明渐变”，如图12-425所示。新建一个图层，在发光图形上面创建径向渐变，如图12-426所示，设置混合模式为“叠加”，在画面中添加更多渐变，形成闪亮发光的特效，如图12-427、图12-428所示。

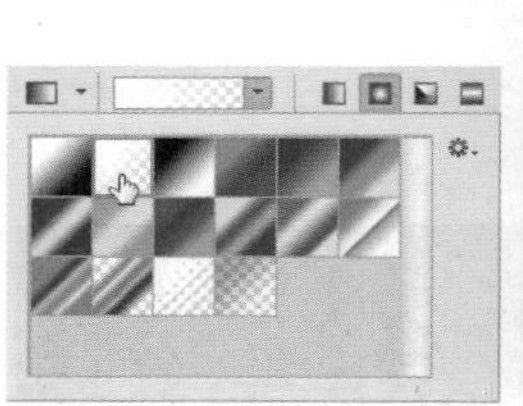

图 12-425

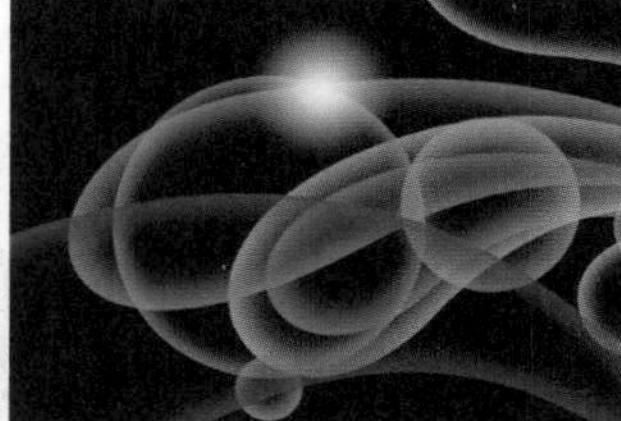

图 12-426

图 12-427

图 12-428

⓫ 打开光盘中的素材文件，如图12-429所示，使用移动工具将星星和文字拖动到当前文档中，完成后的效果如图12-430所示。

图 12-429

图 12-430

12.15 艺术海报设计

❶ 打开光盘中的素材，如图12-431所示。选择“树叶”图层，如图12-432所示。单击“路径”面板中的路径层，如图12-433所示。

图 12-431

图 12-432

图 12-433

❷ 执行“图层>矢量蒙版>当前路径”命令，或按住Ctrl键，单击“图层”面板底部的 按钮，基于当前路径创建矢量蒙版，路径以外的图像会被矢量蒙版遮盖，如图12-434、图12-435所示。

图 12-434

图 12-435

❸ 按住Ctrl键，单击“图层”面板中的 按钮，在“树叶”层下方新建图层，如图12-436所示。按住Ctrl键，单击蒙版，如图12-437所示，载入人物选区。

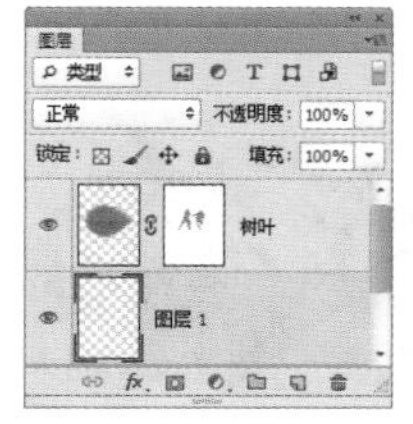

图 12-436

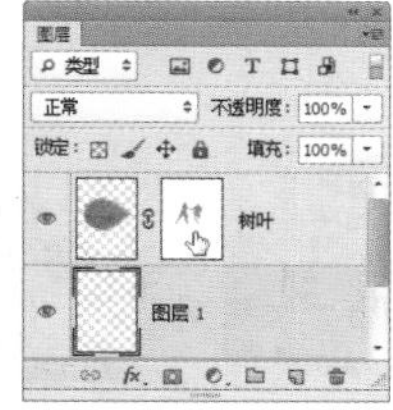

图 12-437

❹ 执行“编辑>描边”命令，打开“描边”对话框，将描边颜色设置为深绿色，宽度设置为4像素，位置选择“内部”，如图12-438所示，单击“确定”按钮，对选区进行描边。按下Ctrl+D快捷键取消选择。选择移动工具，按几次→键和↓键，将描边图像向右下方轻微移动，效果如图12-439所示。

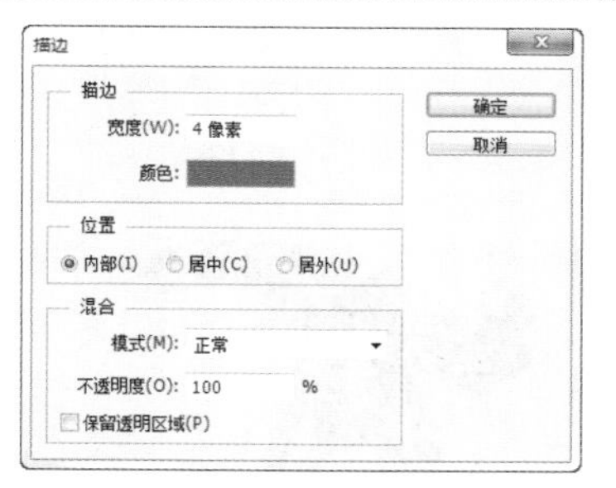

图 12-438

图 12-439

❺ 单击“图层”面板底部的 按钮，新建一个图层。选择柔角画笔工具，在运动员脚部绘制阴影，如图12-440、图12-441所示。

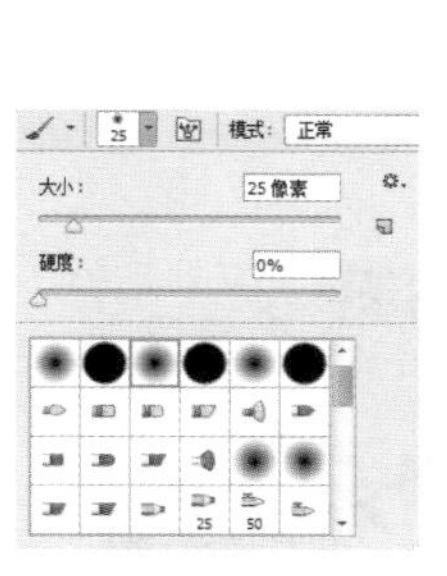

图 12-440

图 12-441

12.16 擎天柱重装上阵

❶ 按下Ctrl+O快捷键，打开光盘中的素材。打开“路径”面板，单击路径层，如图12-442所示，然后按下Ctrl+回车键，将路径转换为选区，如图12-443所示。

图 12-442　　图 12-443

❷ 打开手素材，如图12-444所示。使用移动工具将选中的变形金刚拖入到手文档中，如图12-445所示。

图 12-444　　图 12-445

❸ 按两下Ctrl+J快捷键复制图层。单击下面两个图层的眼睛图标，将它们隐藏。按下Ctrl+T快捷键显示定界框，将图像旋转，如图12-446、图12-447所示。

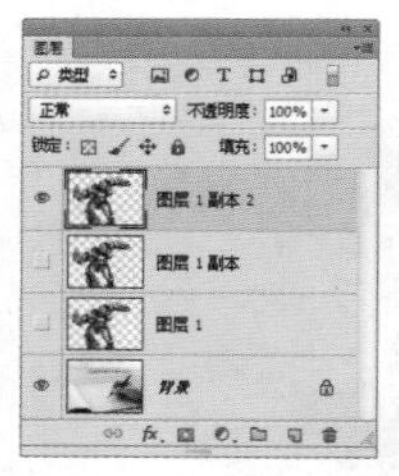

图 12-446　　图 12-447

❹ 单击“图层”面板底部的按钮，添加蒙版。使用画笔工具在变形金刚腿部涂抹黑色，将其隐藏，如图12-448、图12-449所示。

图 12-448　　图 12-449

❺ 将该图层隐藏，然后选择并显示中间的图层。按下Ctrl+T快捷键显示定界框，按住Ctrl键拖动控制点，对图像进行变形处理，按下回车键确认操作，如图12-450、图12-451所示。

图 12-450　　图 12-451

❻ 按下D键，恢复为默认的前景色和背景色。执行“滤镜>素描>绘图笔”命令，如图12-452所示。将图像处理成为铅笔素描效果，再将图层的混合模式设置为“正片叠底”，效果如图12-453所示。

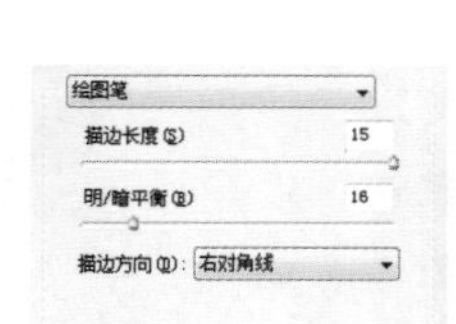

图 12-452　　图 12-453

❼ 单击“图层”面板底部的按钮，添加蒙版。用画笔工具在变形金刚上半身，以及遮挡住手指和铅笔的图像上涂抹黑色，将其隐藏起来，如图12-454所示。单击图层前面的眼睛图标，将该图层隐藏，选择并显示最下面的变形金刚图层。对该图像进行适当的扭曲，如图12-455所示。

图 12-454　　图 12-455

❽ 设置该图层的混合模式为“正片叠底”，不透明度为55%。单击“图层”面板顶部的按钮锁定透明区域，调整前景色（R39、G29、B20），按下Alt+Delete快捷键填色，如图12-456、图12-457所示。

图 12-456

图 12-457

❾ 再单击一下 按钮，解除锁定。执行“滤镜>模糊>高斯模糊”命令，如图12-458所示。让图像的边缘变得柔和，使之成为变形金刚的投影。为该图层添加蒙版，用柔角画笔工具 修改蒙版，将下半边图像隐藏，如图12-459、图12-460所示。

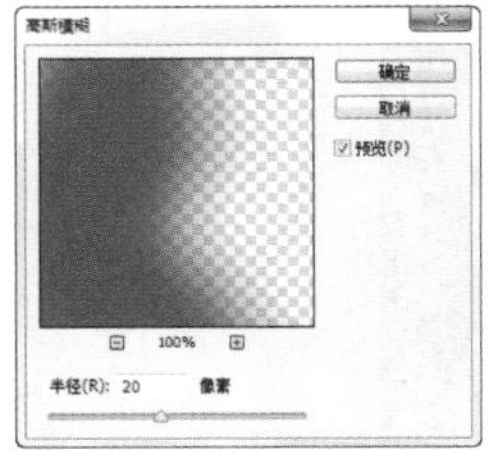
图 12-458

图 12-459

图 12-460

❿ 将上面的两个图层显示出来。单击“调整”面板中的 按钮，创建“曲线”调整图层，拖动曲线将图像调亮，如图12-461所示。将它移到到面板的最顶层。使用渐变工具 填充黑白线性渐变，对蒙版进行修改，如图12-462、图12-463所示。

⓫ 新建一个图层，设置混合模式为“柔光”，不透明度为60%。使用柔角画笔工具 在画面四周涂抹黑色，对边角进行加深处理，如图12-464、图12-465所示。

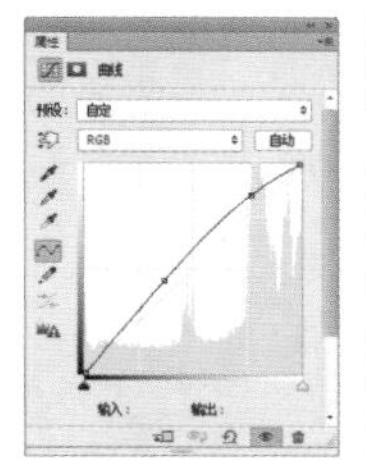
图 12-461

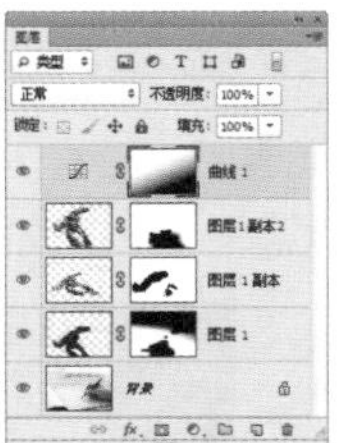
图 12-462

图 12-463

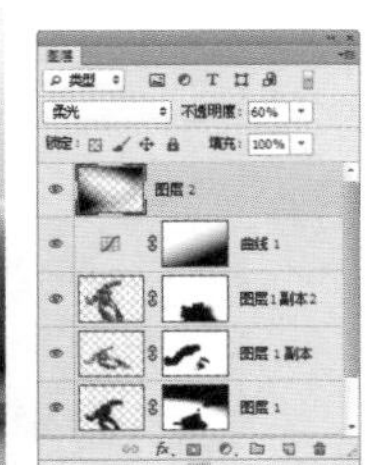
图 12-464

图 12-465

12.17 CG艺术人像

12.17.1 面部修饰

❶ 打开光盘中的素材，如图12-466所示。单击“图层”面板底部的 按钮，新建一个图层，如图12-467所示。

❷ 选择仿制图章工具 ，设置工具大小为柔角40像素，勾选“对齐”复选项，在“样本”下拉列表中选择“所有图层”选项，如图12-468所示。

图 12-466

图 12-467

图12-468

❸ 按住Alt键，在眼眉上方单击进行取样，如图12-469所示，放开Alt键，在眼眉上拖动鼠标，将眼眉遮盖，如图12-470、图12-471所示。遮盖后皮肤上有一条明显的线，将仿制图章工具的不透明度设置为30%，在这条线上涂抹，直到产生柔和的过渡，如图12-472所示。

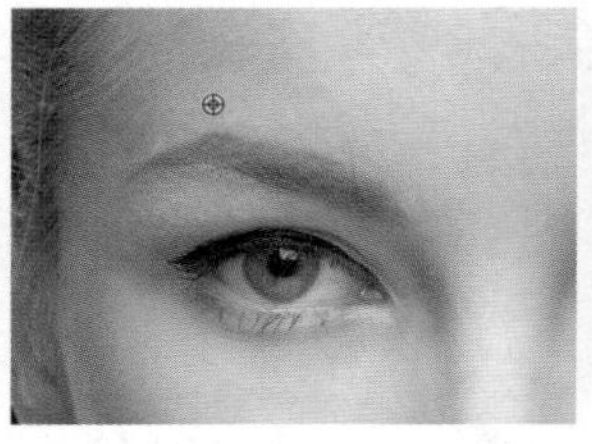

图12-469

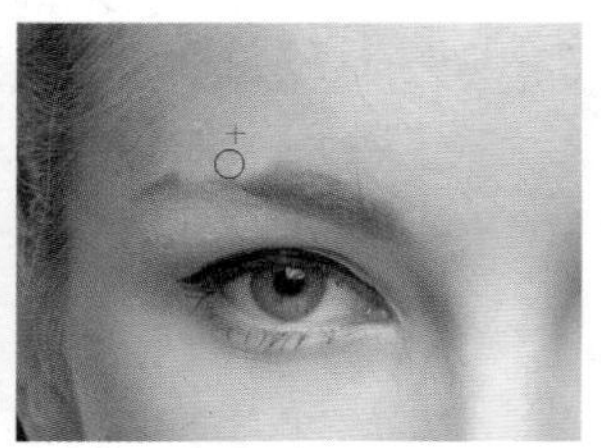

图12-470

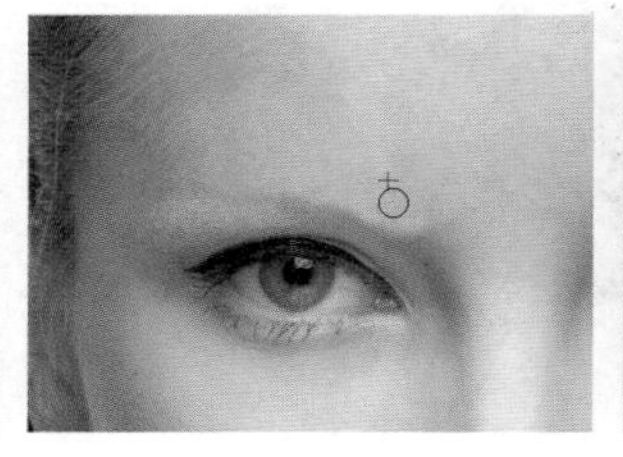

图12-471

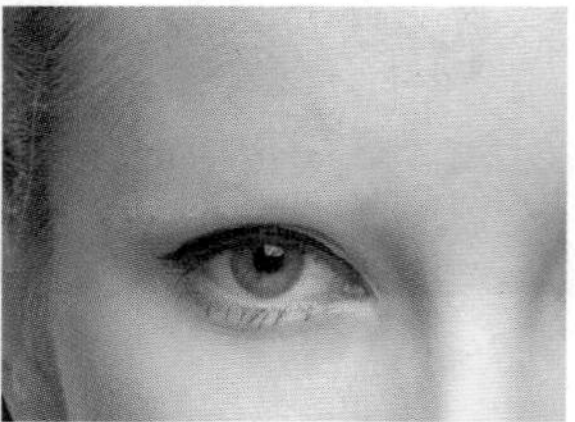

图12-472

❹ 用同样的方法处理另一侧眼眉，如图12-473所示。

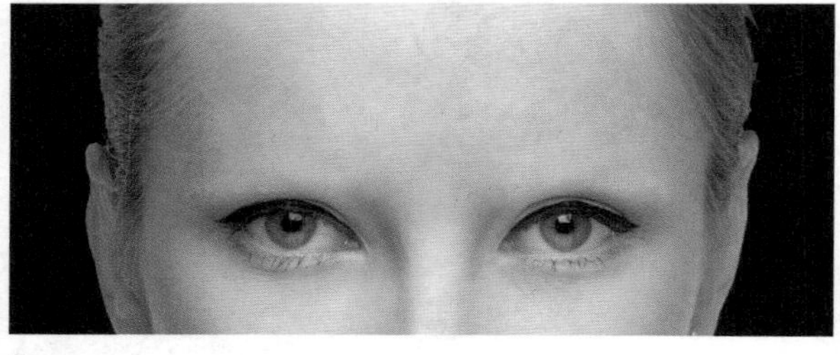

图12-473

❺ 单击“图层”面板底部的 按钮，在打开的下拉菜单中选择“色相/饱和度”命令，创建“色相/饱和度”调整图层，拖动滑块，降低饱和度参数，如图12-474、图12-475所示。

图12-474

图12-475

❻ 再创建一个“曲线”调整图层，调整曲线增加图像的对比度，如图12-476所示。再分别调整红、绿和蓝曲线，改变人像的色调，如图12-477~图12-480所示。

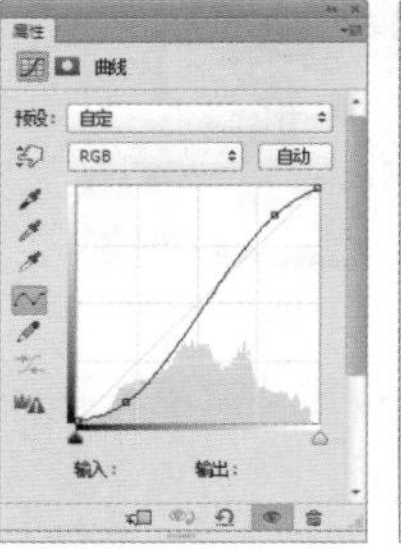

图12-476

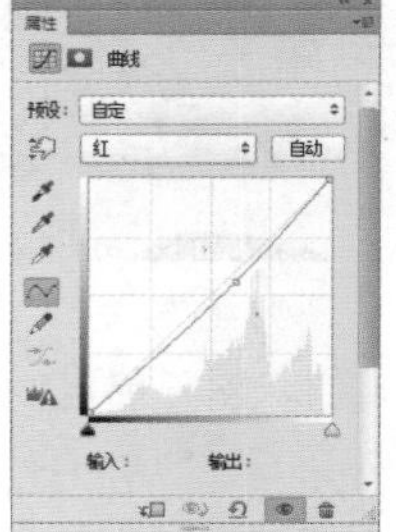

图12-477

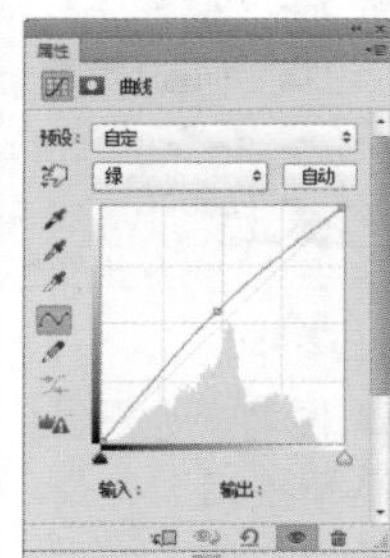

图12-478

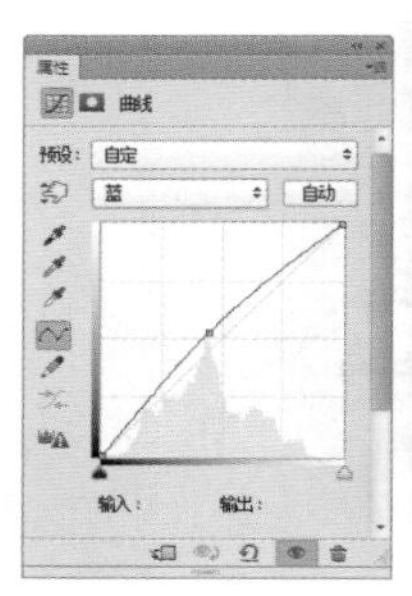

图12-479

图12-480

12.17.2 面部贴图

❶ 执行“图层>拼合图像”命令，将所有的图层合并。按住Ctrl键，单击Alpha 1通道，载入该通道中的选区，如图12-481、图12-482所示。

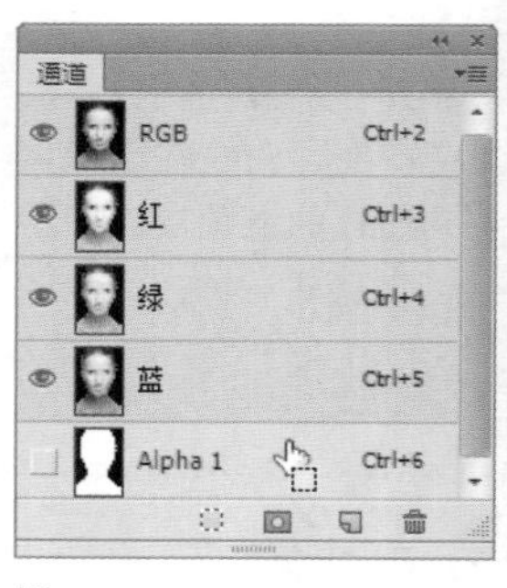

图12-481

图12-482

❷ 按下Ctrl+N快捷键，打开“新建”对话框，创建一个A4大小、分辨率为200像素/英寸的RGB文件。按下Ctrl+I快捷键，将图像反相，使背景成为黑色。

❸ 使用移动工具 将选区内的人物拖动到新建的文档中。选择钢笔工具 ，在工具选项栏中选择“形状”选项，绘制一个黑色的图形，如图12-483所示。双击形状图层，打开“图层样式”对话框，选择“斜面和浮雕”、“投影”效果，设置参数如图12-484、图12-485所示，效果如图12-486所示。

图 12-483

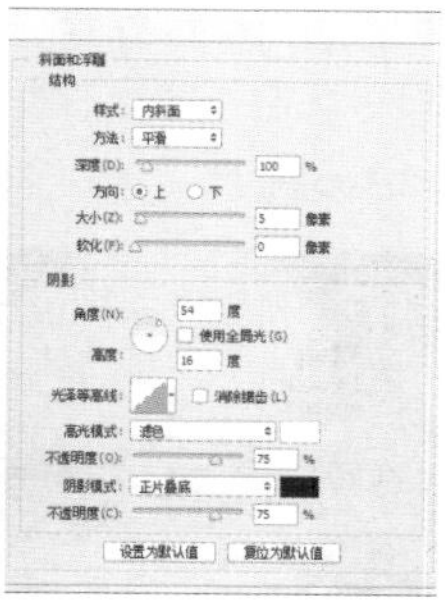

图 12-484

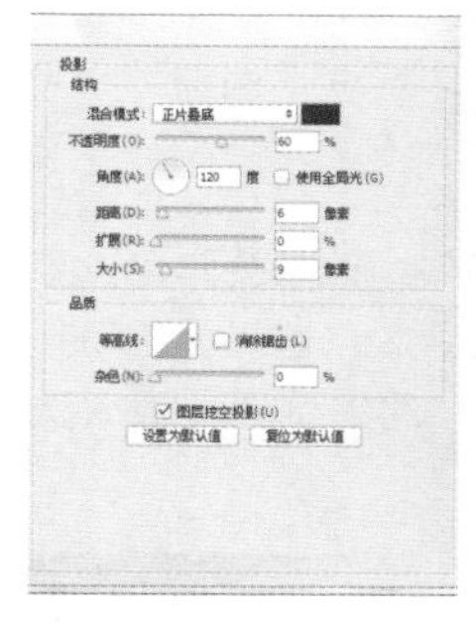

图 12-485

图 12-486

❹ 在人物的下巴、嘴唇上绘制图形，以棕色和黑色填充，设置图层的混合模式为“正片叠底”，“形状3”图层的不透明度设置为60%，如图12-487、图12-488所示。

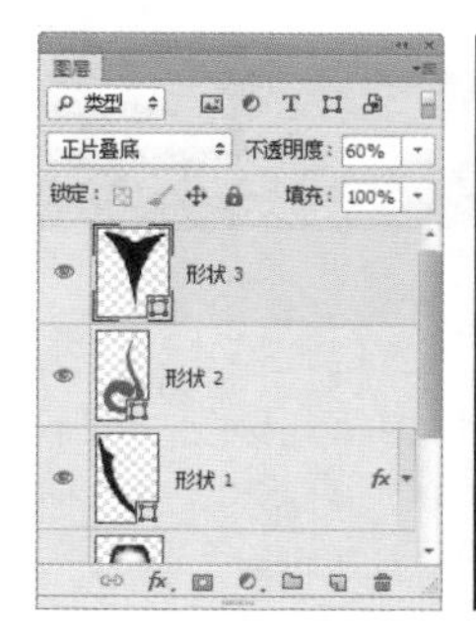

图 12-487

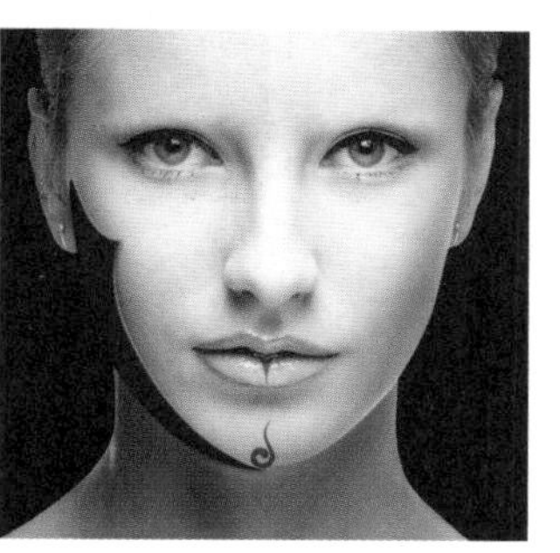

图 12-488

❺ 按住Ctrl键，单击“形状1”图层缩览图，载入选区，再按住Shift+Ctrl键，单击“形状2”图层缩览图，将该形状添加到选区内，如图12-489所示。新建一个图层，使用画笔工具 在选区内涂抹暗黄色，增加图形的立体效果，如图12-490所示。

图 12-489

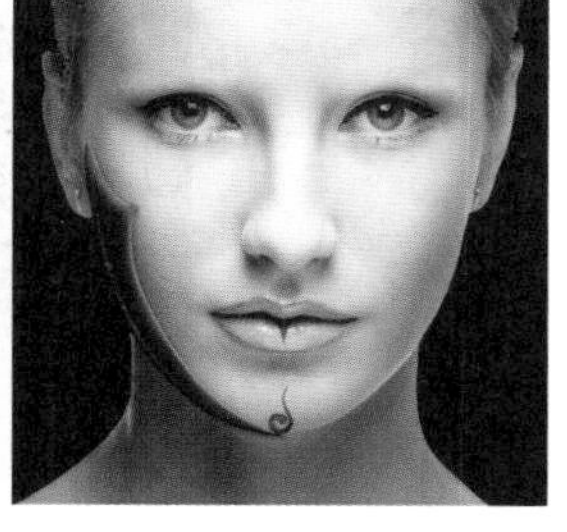

图 12-490

❻ 打开光盘中的素材，如图12-491所示。将蝴蝶拖动到人物文档中，调整大小，如图12-492所示。

图 12-491

图 12-492

❼ 按下Ctrl+U快捷键，打开“色相/饱和度”对话框，调整参数，改变蝴蝶的色彩，如图12-493、图12-494所示。

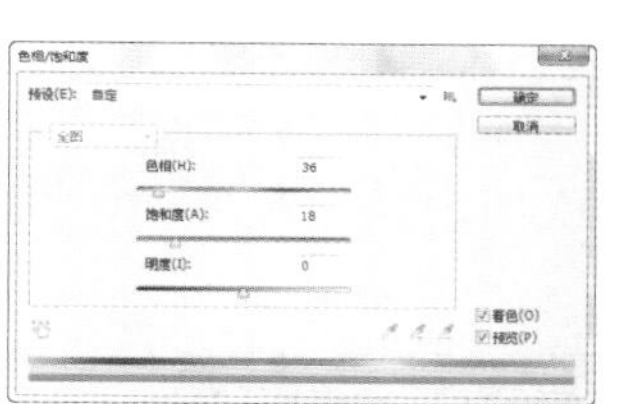

图 12-493

图 12-494

❽ 按下Ctrl+M快捷键，打开“曲线”对话框，将曲线向下调整，使蝴蝶变暗，如图12-495、图12-496所示。

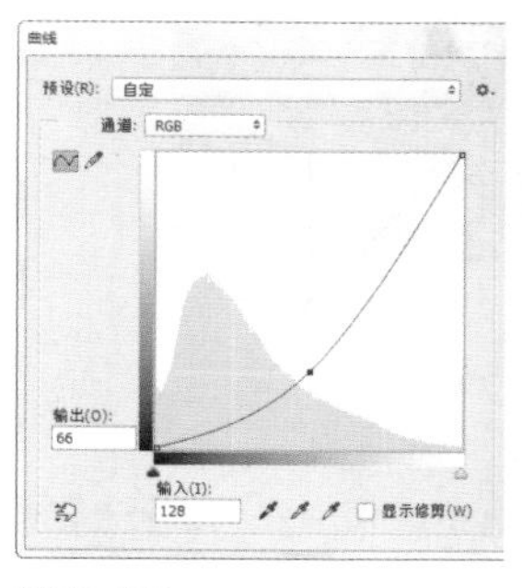

图 12-495

图 12-496

❾ 设置混合模式为“叠加”，单击“图层”面板底部的 按钮创建蒙版，使用画笔工具 在眼睛上涂抹黑色，隐藏这部分区域。在蝴蝶的底边处也涂抹黑色，使它与人物的皮肤能更好地衔接，如图12-497、图12-498所示。

❿ 再次将蝴蝶素材拖入文档中，调整大小，放置在画面下方，作为人物的衣服。按下Ctrl+U快捷键打开“色相/饱和度”对话框，调整参数，使蝴蝶变成暗绿色，如图12-499、图12-500 所示。

图 12-497

图 12-498

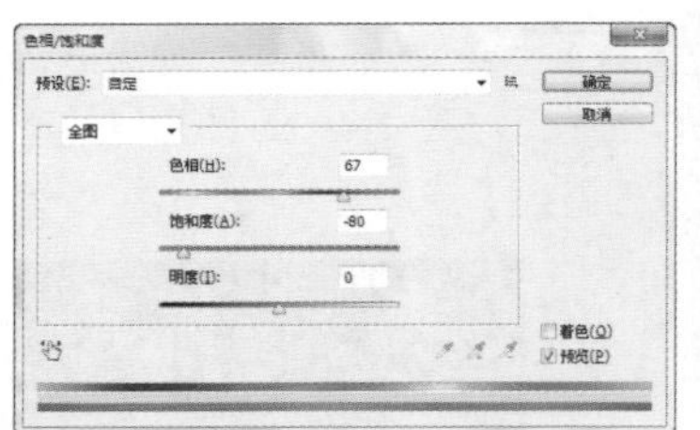

图 12-499

图 12-500

⑪ 按下Ctrl+M快捷键，打开“曲线”对话框，在曲线上单击并向下拖动，使蝴蝶的色调变暗，如图12-501、图12-502所示。

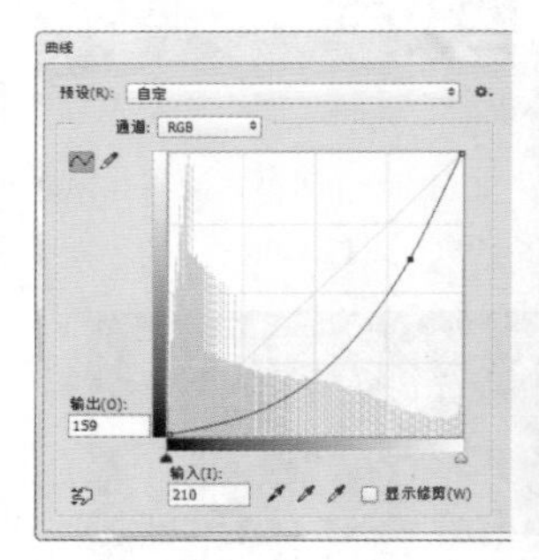

图 12-501

图 12-502

12.17.3 眼妆与头饰

❶ 打开素材文件，如图12-503所示。使用移动工具将其拖入人物文档，添加蒙版，使用画笔工具在眼睛上涂抹黑色，使眼睛显示出来，如图12-504所示。

图 12-503

图 12-504

❷ 按下Ctrl+J快捷键复制当前图层，执行“编辑>变换>水平翻转”命令，将翻转后的图像移动到右侧眼睛上，如图12-505所示。

图 12-505

❸ 按下Ctrl+E快捷键，向下合并图层，此时会弹出一个提示对话框，询问合并前是否应用蒙版，选择“应用”即可。按住Ctrl键，单击“图层5”的缩览图，载入选区，如图12-506、图12-507所示。

图 12-506

图 12-507

❹ 在当前图层下方新建一个图层，设置混合模式为“正片叠底”，不透明度为80%。在选区内填充棕色，按下Ctrl+D快捷键取消选择。使用橡皮擦工具将遮挡住眼睛的部分擦除。执行“滤镜>模糊>高斯模糊”命令，设置参数如图12-508所示。按下Ctrl+T快捷键显示定界框，适当增加图像的高度，然后按下回车键确认，如图12-509所示。

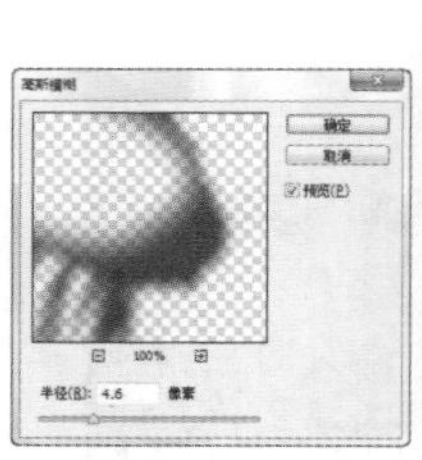

图 12-508

图 12-509

❺ 打开光盘中的素材，如图12-510、图12-511所示，使用移动工具将其拖入人物文档中。将“底图”放在“背景”图层上方，效果如图12-512所示。

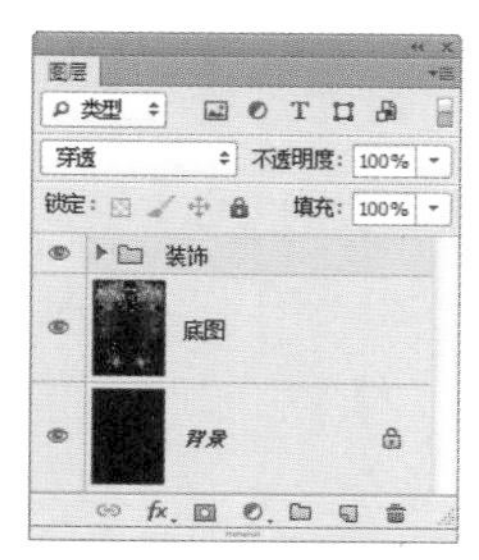

图12-510

图12-511

图12-512

❻ 在素材的衬托下，为脸部再添加些妆容。使用椭圆选框工具 在嘴唇上创建选区，如图12-513所示。单击“图层”面板底部的 按钮，选择“曲线”命令，创建“曲线”调整图层，将曲线向上调整，增加图像的亮度，如图12-514所示；再分别调整红、绿和蓝3个通道，如图12-515~图12-517所示，使嘴唇（选区内）颜色变为橙色，如图12-518所示。

图12-513

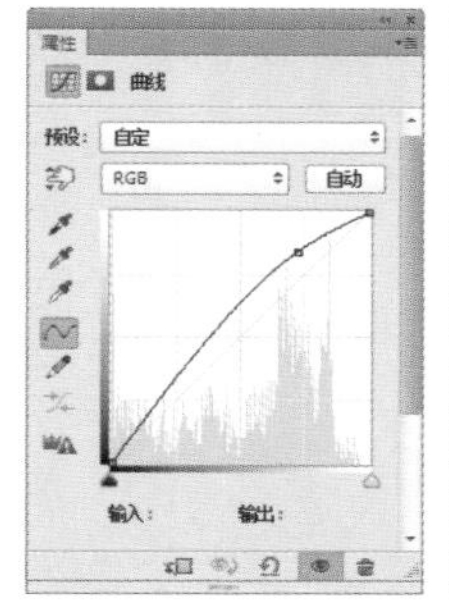

图12-514

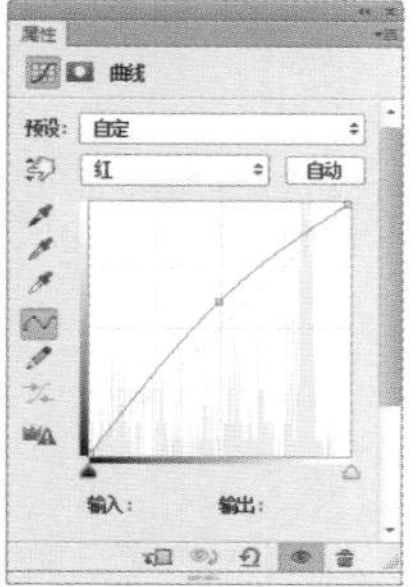

图12-515

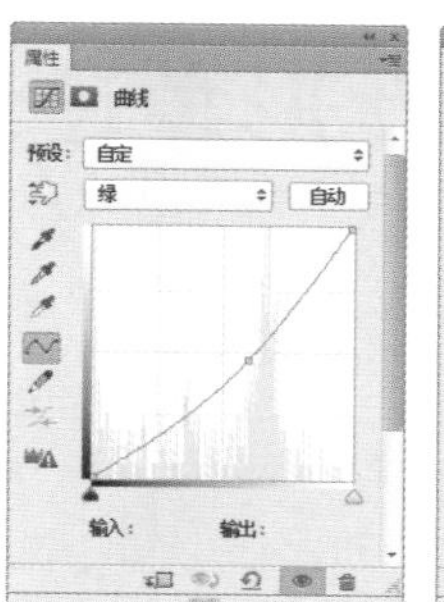

图12-516

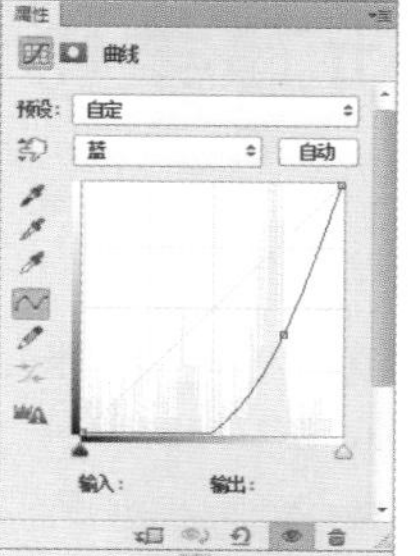

图12-517

图12-518

❼ 使用画笔工具 在嘴唇上涂抹白色，使调整图层只作用于嘴唇范围，如图12-519所示。

图12-519

12.18 动漫美少女形象设计

12.18.1 绘制底色

❶ 打开光盘中的素材，单击“路径1”，在画面中显示路径，如图12-520、图12-521所示。

图 12-520

图 12-521

❷ 新建一个图层，命名为“皮肤”，如图12-522所示。将前景色设置为淡黄色（R253、G252、B220）。使用路径选择工具在脸部路径上单击，选取路径。单击“路径”面板底部的按钮，用前景色填充路径区域，如图12-523所示。

图 12-522

图 12-523

❸ 选择身体路径，填充皮肤色（R254、G223、B177），如图12-524所示。选择脖子下面的路径，如图12-525所示，单击“路径”面板底部的按钮，将路径转换为选区，如图12-526所示。使用画笔工具（柔角）在选区内填充暖褐色，选区中间位置颜色稍浅，按下Ctrl+D快捷取消选择，如图12-527所示。用浅黄色表现脖子和锁骨，如图12-528所示。

图 12-524

图 12-525

图 12-526

图 12-527

图 12-528

❹ 按住Ctrl键，单击“图层”面板底部的按钮，在当前图层的下方新建一个图层，将其命名为“耳朵”，如图12-529所示。在“路径”面板中选取耳朵路径，填充颜色（比脸部颜色略深一点），如图12-530所示。

图 12-529

图 12-530

Tip 设置前景色时可以先使用吸管工具拾取皮肤色，再打开“拾色器”将颜色调暗。按下［键（缩小）或］键（放大）可调整画笔大小。

12.18.2 绘制眼睛

❶ 在“皮肤”图层上方新建一个图层，命名为“眼睛”。选择眼睛路径，如图12-531所示。单击“路径”面板底部的按钮，将路径转换为选区，用淡青灰色填充选区，如图12-532所示。用画笔工具（柔角）在眼角处涂抹棕色，如图12-533所示。按下Ctrl+D快捷键取消选择。

图 12-531

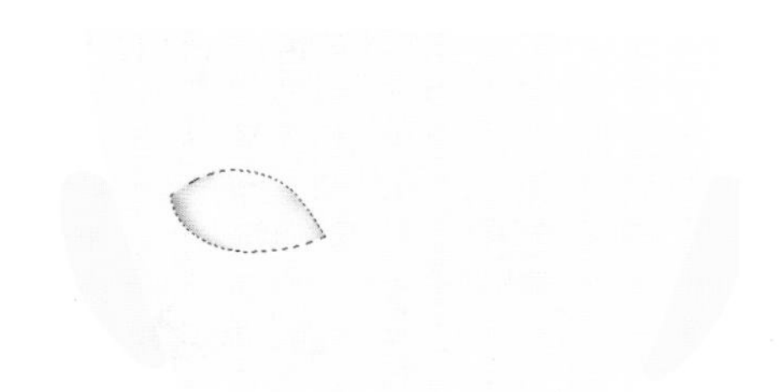

图 12-532

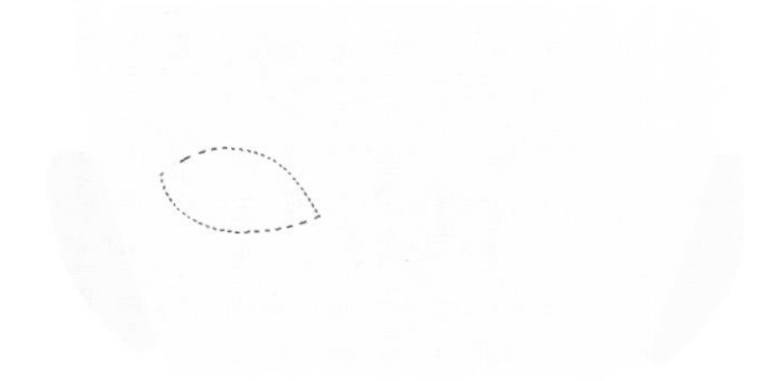

图 12-533

❷ 使用椭圆选框工具 创建一个选区，如图12-534所示；单击工具选项栏中的“从选区减去”按钮，再创建一个与当前选区重叠的选区，如图12-535所示，这两个选区进行相减运算后，可以得到月牙状选区。填充褐色，如图12-536所示。

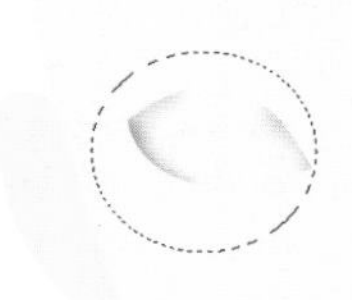

图 12-534

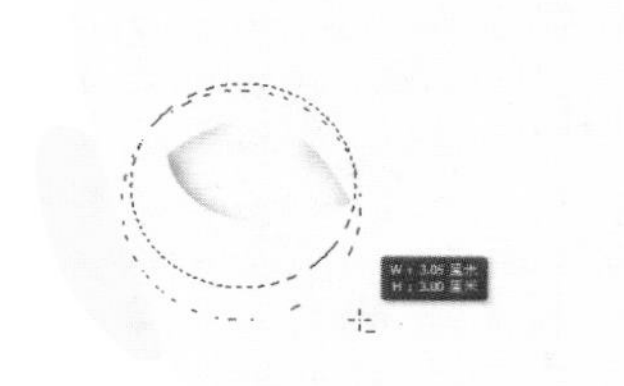

图 12-535

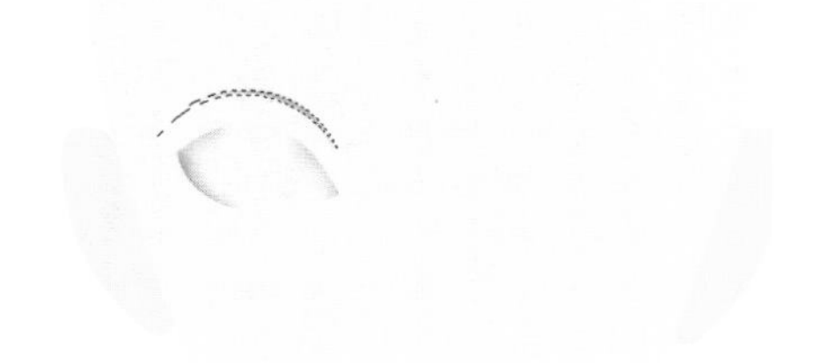

图 12-536

❸ 使用路径选择工具 按住Shift键选取眼睛、眼线及睫毛等路径，如图12-537所示，填充栗色，如图12-538所示。在“路径”面板的空白处单击，取消路径的显示，如图12-539所示。

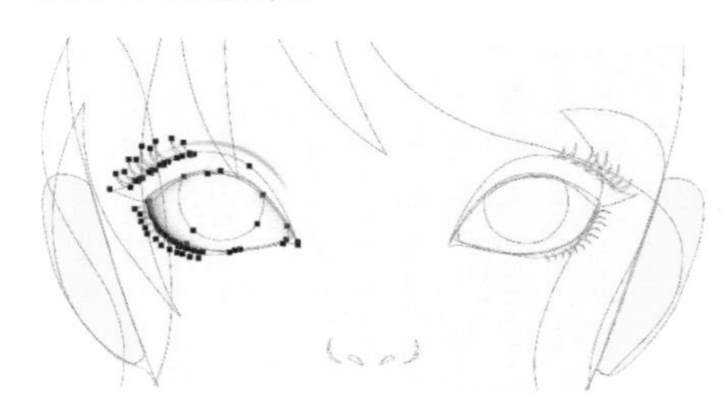

图 12-537

图 12-538

图 12-539

❹ 单击 按钮锁定该图层的透明像素，如图12-540所示。用画笔工具（柔角40像素，不透明度80%）分别在上、下眼线处涂抹浅棕色，降低画笔工具的不透明度，可使绘制的颜色过渡自然，如图12-541所示。

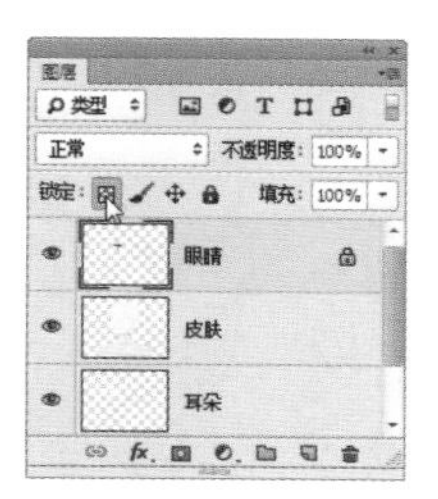

图 12-540

图 12-541

❺ 按下] 键将笔尖调大，在眼珠里面涂抹桃红色，如图12-542所示。使用椭圆选框工具（羽化2像素），按住Shift键创建一个选区，如图12-543所示，填充栗色，

按下Ctrl+D快捷键取消选择，如图12-544所示。

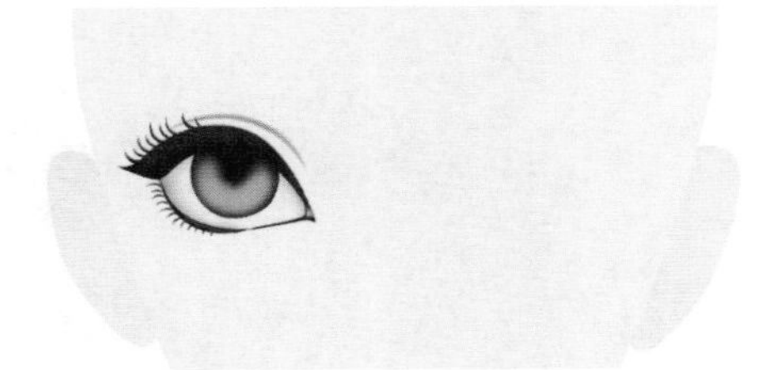

图 12-542

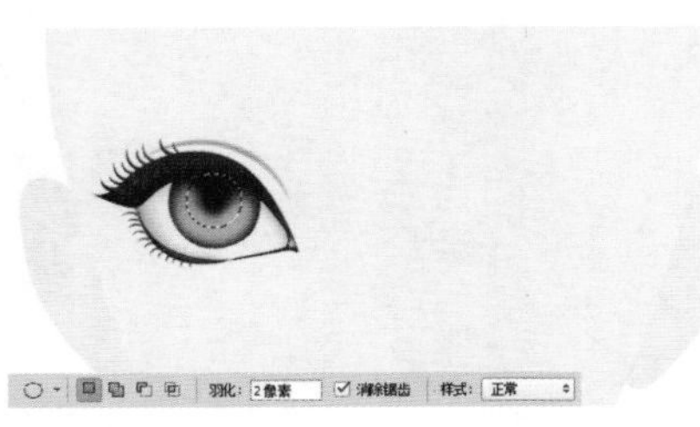

图 12-543

图 12-544

❻ 使用加深工具 沿着眼线涂抹，对颜色进行加深处理，如图12-545所示。将前景色设置为淡黄色。选择画笔工具 ，设置混合模式为“叠加”，在眼球上单击鼠标，形成闪亮的反光效果，如图12-546所示。

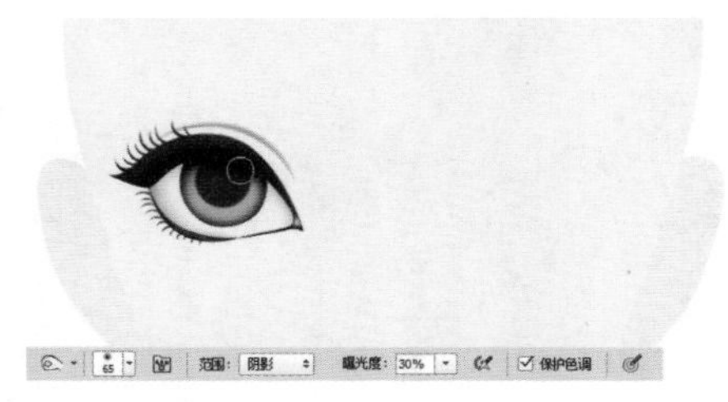

图 12-545

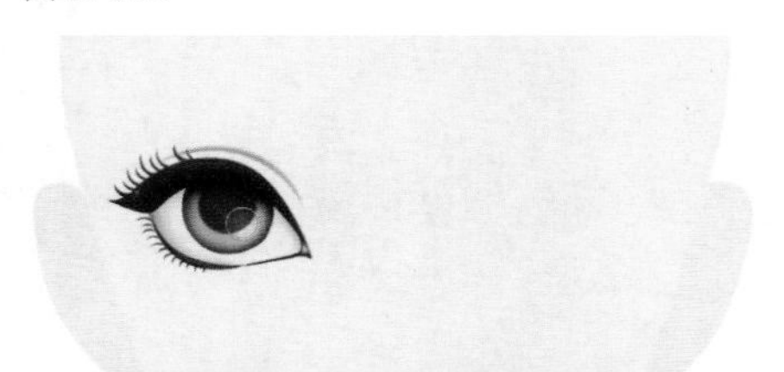

图 12-546

❼ 用画笔工具 （混合模式为正常）在眼球上绘制白色光点，如图12-547所示。将画笔工具的混合模式设置为“叠加”，不透明度为66%，将前景色设置为黄色（R255、G241、B0），在眼球上涂抹黄色，如图12-548所示。

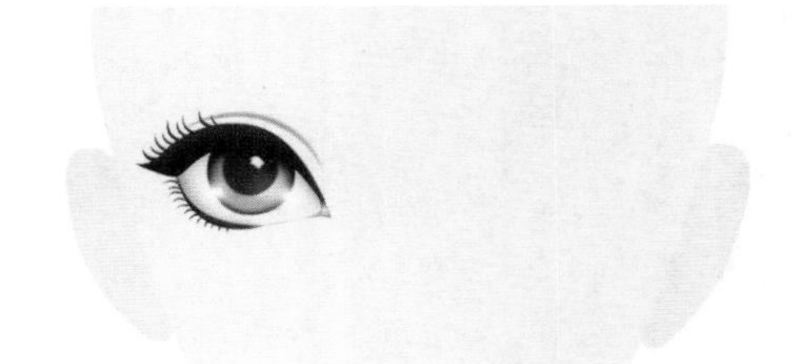

图 12-547

图 12-548

❽ 新建一个图层。用画笔工具 画出眼眉的一部分，如图12-549所示；再用涂抹工具 在笔触末端按住鼠标拖动，涂抹出眼眉形状，如图12-550所示。用橡皮擦工具 适当修饰，擦除眉头与眉梢的颜色，如图12-551所示。

图 12-549

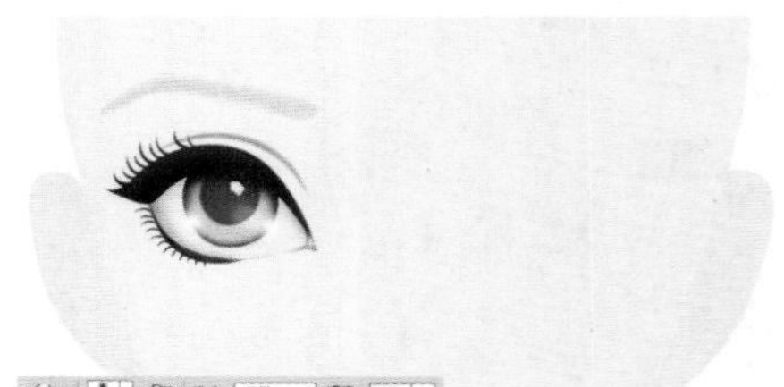

图 12-550

图 12-551

❾ 按住Ctrl键，单击“眼睛”图层，如图12-552所示。按

下Alt+Ctrl+E快捷键盖印图层，将眼睛和眼眉合并到一个新的图层中。执行“编辑>变换>水平翻转”命令，使用移动工具将图像拖到脸部的右侧，如图12-553所示。

图12-552

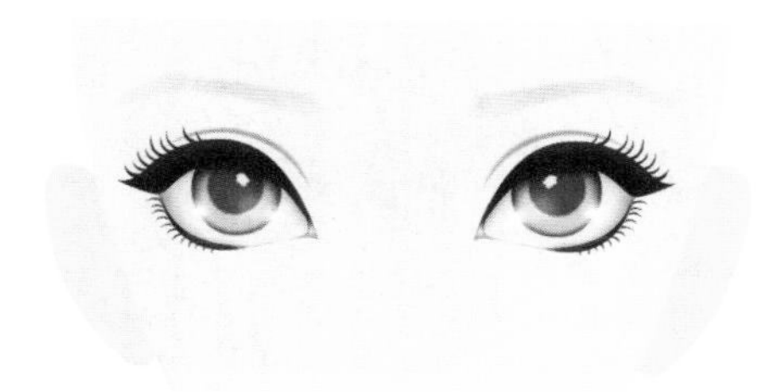

图12-553

⑩ 单击“路径”面板中的路径层，显示路径。使用路径选择工具选取鼻子路径，如图12-554所示。在“图层”面板中新建一个名称为“鼻子”的图层，用浅褐色填充路径区域，如图12-555所示。

图12-554

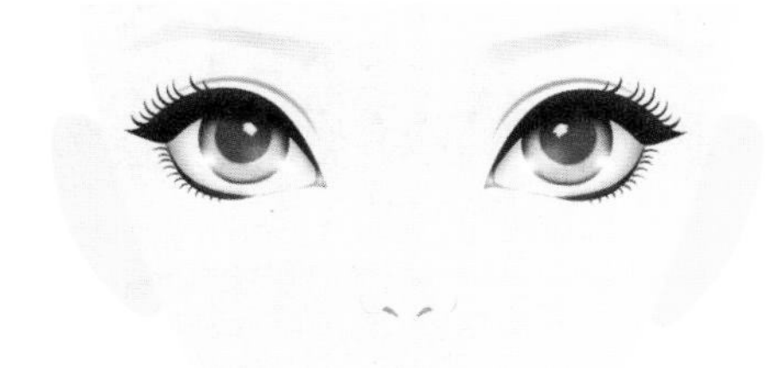

图12-555

12.18.3 绘制嘴巴和耳朵

❶ 新建图层用以绘制嘴部，同样是用选取路径进行填充的方法，如图12-556、图12-557所示。表现牙齿和嘴唇时则需要将路径转换为选区，使用画笔工具在选区内绘制出明暗效果，如图12-558~图12-561所示。

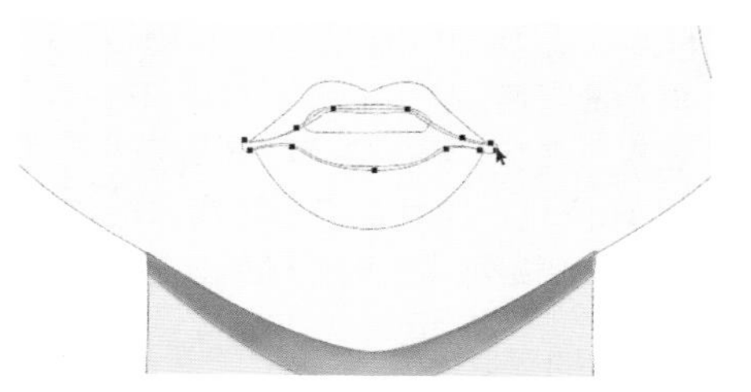

图12-556

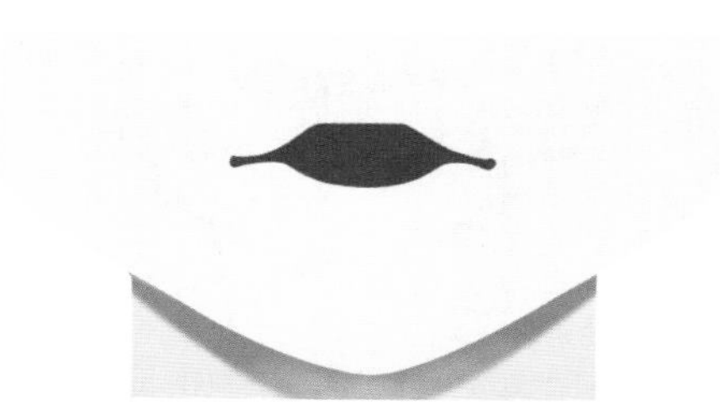

图12-557

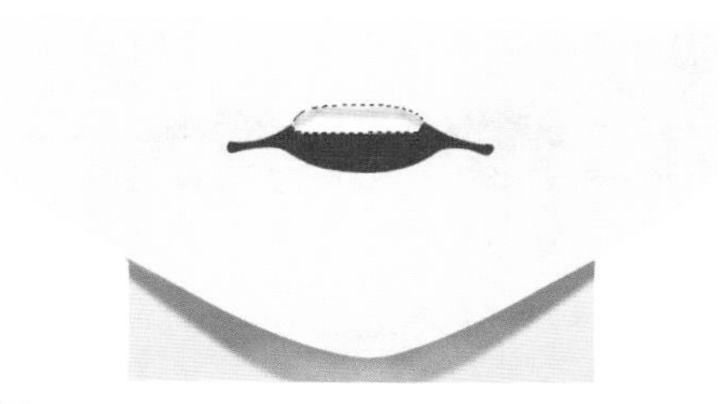

图12-558

图12-559

图12-560

图12-561

❷ 用吸管工具拾取皮肤色作为前景色。在画笔下拉面板中选择“半湿描油彩笔”笔尖，如图12-562所示，在嘴唇上单击，表现纹理感。绘制时可降低画笔的不透明度，使颜色有深浅变化，同时也能表现嘴唇的体积感。还应注意的是，需要根据嘴唇的弧线调整笔尖的角度，如图12-563所示。

图 12-562　图 12-563

❸ 分别选取“皮肤”和“耳朵”图层，绘制出五官的结构，如图12-564、图12-565所示。

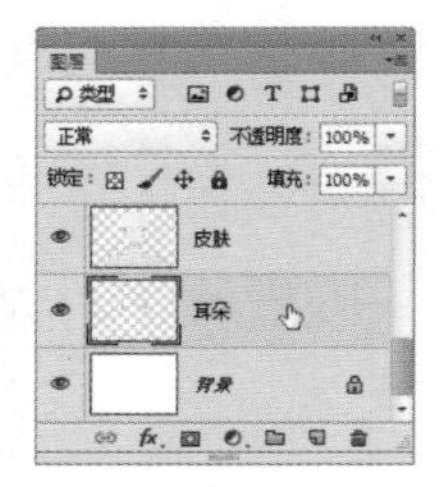

图 12-564　图 12-565

12.18.4 绘制头发

❶ 选择头发路径，如图12-566所示。在“图层”面板中新建一个名称为“头发”的图层，用黄色填充路径区域，如图12-567所示。

图 12-566　图 12-567

❷ 单击“路径”面板底部的按钮创建路径层，如图12-568所示。选择钢笔工具，在工具选项栏中选择“路径”选项，绘制头发的层次，如图12-569所示。

❸ 单击“路径”面板底部的按钮，将路径转换为选区。新建一个图层。在选区内填充棕黄色，使用橡皮擦工具（柔角，不透明度20%）适当擦除，使颜色产生明暗变化，如图12-570所示。按下Ctrl+D快捷键取消选择，效果如图12-571所示。

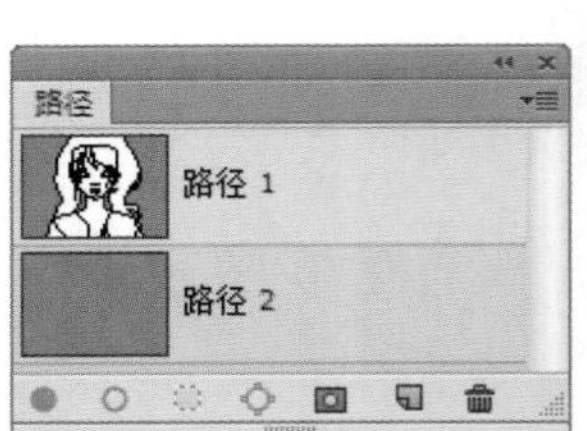

图 12-568　图 12-569

图 12-570　图 12-571

❹ 分别创建一个新的路径层和图层，用钢笔工具绘制发丝，如图12-572所示。将前景色设置为褐色。选择画笔工具，在画笔下拉面板中选择“硬边圆压力大小”笔尖，设置大小为4像素，如图12-573所示。按住Alt键，单击“路径”面板底部的按钮，打开“描边路径”对话框，勾选“模拟压力”复选项，如图12-574所示，描绘发丝路径，如图12-575所示。

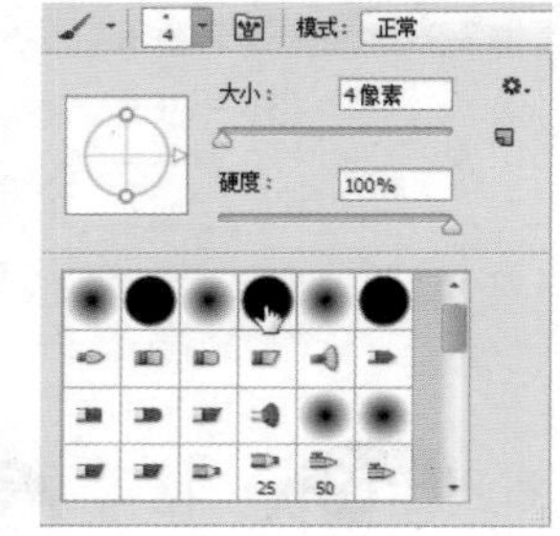

图 12-572　图 12-573

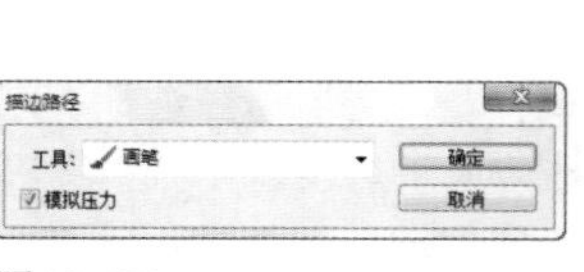

图 12-574　图 12-575

❺ 选择“头发”图层，使用加深工具涂抹，加强头发的层次感，如图12-576所示。绘制出脖子后面的头

发，如图12-577所示。

图12-576

图12-577

❻ 打开光盘中的素材，如图12-578所示。将“组1”拖入人物文档中，如图12-579所示。

图12-578

图12-579

❼ 按下Alt+Ctrl+E快捷键，将“组1”中的图像盖印到一个新的图层中，按住Ctrl键单击该图层缩览图，载入所有花朵装饰物的选区，如图12-580所示。按住Alt+Shift+Ctrl组合键单击“头发”图层缩览图，通过选区运算，得到的选区用来制作花朵在头发上形成的投影，如图12-581所示。

图12-580

图12-581

❽ 将盖印的图层删除，创建一个图层。在选区内填充褐色，按下Ctrl+D快捷键取消选择，如图12-582所示。执行“滤镜>模糊>高斯模糊”命令，对图像进行模糊处理，如图12-583所示。

图12-582

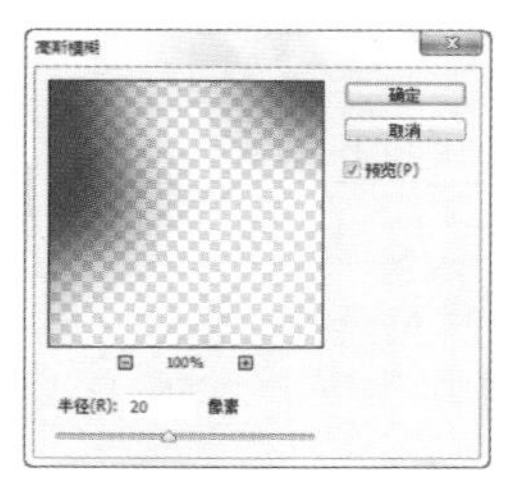

图12-583

❾ 设置该图层的混合模式为“正片叠底”，不透明度为35%，按下Ctrl+[快捷键将其移至“组1”下方，使用移动工具将投影略向下移动，如图12-584所示。选择“背景”图层，填充肉粉色（R248、G194、B172），如图12-585所示。

图12-584

图12-585

附录

Photoshop CC 2015快捷键速查表

工具/快捷键	工具/快捷键	工具/快捷键
移动工具（V）	画板工具	矩形选框工具（M）
椭圆选框工具（M）	单行选框工具	单列选框工具
套索工具（L）	多边形套索工具（L）	磁性套索工具（L）
快速选择工具（W）	魔棒工具（W）	吸管工具（I）
3D材质吸管工具（I）	颜色取样器工具（I）	标尺工具（I）
注释工具（I）	计数工具（I）	裁剪工具（C）
透视裁剪工具（C）	切片工具（C）	切片选择工具（C）
污点修复画笔工具（J）	修复画笔工具（J）	修补工具（J）
内容感知移动工具（J）	红眼工具（J）	画笔工具（B）
铅笔工具（B）	颜色替换工具（B）	混合器画笔工具（B）
仿制图章工具（S）	图案图章工具（S）	历史记录画笔工具（Y）
历史记录艺术画笔工具（Y）	橡皮擦工具（E）	背景橡皮擦工具（E）
魔术橡皮擦工具（E）	渐变工具（G）	油漆桶工具（G）
3D材质拖放工具（G）	模糊工具	锐化工具
涂抹工具	减淡工具（O）	加深工具（O）
海绵工具（O）	钢笔工具（P）	自由钢笔工具（P）
添加锚点工具	删除锚点工具	转换点工具
横排文字工具（T）	直排文字工具（T）	横排文字蒙版工具（T）
直排文字蒙版工具（T）	路径选择工具（A）	直接选择工具（A）
矩形工具（U）	圆角矩形工具（U）	椭圆工具（U）
多边形工具（U）	直线工具（U）	自定形状工具（U）
抓手工具（H）	旋转视图工具（R）	缩放工具（Z）
默认前景色/背景色（D）	前景色/背景色互换（X）	切换标准/快速蒙版模式（Q）
切换屏幕模式（F）		

面板/快捷键	面板/快捷键	面板/快捷键
动作（Alt+F9）	画笔（F5）	图层（F7）
信息（F8）	颜色（F6）	

文件菜单命令/快捷键	文件菜单命令/快捷键	文件菜单命令/快捷键
新建（Ctrl+N）	打开（Ctrl+O）	在 Bridge 中浏览（Alt+Ctrl+O）
打开为（Alt+Shift+Ctrl+O）	关闭（Ctrl+W）	关闭全部（Alt+Ctrl+W）
关闭并转到 Bridge（Shift+Ctrl+W）	存储（Ctrl+S）	存储为（Shift+Ctrl+S）
恢复（F12）	导出>导出为（Alt+Shift+Ctrl+W）	存储为 Web 所用格式（Alt+Shift+Ctrl+S）
文件简介（Alt+Shift+Ctrl+I）	打印（Ctrl+P）	打印一份（Alt+Shift+Ctrl+P）
退出（Ctrl+Q）		

编辑菜单命令/快捷键	编辑菜单命令/快捷键	编辑菜单命令/快捷键
还原/重做（Ctrl+Z）	前进一步/后退一步（Shift+Ctrl+Z / Alt+Ctrl+Z）	渐隐（Shift+Ctrl+F）
剪切（Ctrl+X）	拷贝（Ctrl+C）	合并拷贝（Shift+Ctrl+C）
粘贴（Ctrl+V）	选择性粘贴>原位粘贴（Shift+Ctrl+V）	选择性粘贴>贴入（Alt+Shift+Ctrl+V）
填充（Shift+F5）	内容识别比例（Alt+Shift+Ctrl+C）	自由变换（Ctrl+T）
变换>再次变换（Shift+Ctrl+T）	颜色设置（Shift+Ctrl+K）	键盘快捷键（Alt+Shift+Ctrl+K）
菜单（Alt+Shift+Ctrl+M）	首选项>常规（Ctrl+K）	

图像菜单命令/快捷键	图像菜单命令/快捷键	图像菜单命令/快捷键
调整>色阶（Ctrl+L）	调整>曲线（Ctrl+M）	调整>色相/饱和度（Ctrl+U）
调整>色彩平衡（Ctrl+B）	调整>黑白（Alt+Shift+Ctrl+B）	调整>反相（Ctrl+I）
调整>去色（Shift+Ctrl+U）	自动色调（Shift+Ctrl+L）	自动对比度（Alt+Shift+Ctrl+L）
自动颜色（Shift+Ctrl+B）	图像大小（Alt+Ctrl+I）	画布大小（Alt+Ctrl+C）

图层菜单命令/快捷键	图层菜单命令/快捷键	图层菜单命令/快捷键
新建>图层（Shift+Ctrl+N）	新建>通过拷贝的图层（Ctrl+J）	新建>通过剪切的图层（Shift+Ctrl+J）
快速导出为PNG（Shift+Ctrl+'）	导出为（Alt+Shift+Ctrl+'）	创建剪贴蒙版（Alt+Ctrl+G）
图层编组（Ctrl+G）	取消图层编组（Shift+Ctrl+G）	隐藏图层（Ctrl+,）
锁定图层（Ctrl+/）	合并图层（Ctrl+E）	合并可见图层（Shift+Ctrl+E）

选择菜单命令/快捷键	选择菜单命令/快捷键	选择菜单命令/快捷键
全部（Ctrl+A）	取消选择（Ctrl+D）	重新选择（Shift+Ctrl+D）
反选（Shift+Ctrl+I）	所有图层（Alt+Ctrl+A）	查找图层（Alt+Shift+Ctrl+F）
调整边缘（Alt+Ctrl+R）	修改>羽化（Shift+F6）	

滤镜菜单命令/快捷键	滤镜菜单命令/快捷键	滤镜菜单命令/快捷键
上次滤镜操作（Ctrl+F）	自适应广角（Alt+Shift+Ctrl+A）	Camera Raw滤镜（Shift+Ctrl+A）
镜头校正（Shift+Ctrl+R）	液化（Shift+Ctrl+X）	消失点（Alt+Ctrl+V）

3D菜单命令/快捷键	3D菜单命令/快捷键	3D菜单命令/快捷键
显示/隐藏多边形>选区内（Alt+Ctrl+X）	显示/隐藏多边形>显示全部（Alt+Shift+Ctrl+X）	渲染（Alt+Shift+Ctrl+R）

视图菜单命令/快捷键	视图菜单命令/快捷键	视图菜单命令/快捷键
校样颜色（Ctrl+Y）	色域警告（Shift+Ctrl+Y）	放大（Ctrl++）
缩小（Ctrl+–）	按屏幕大小缩放（Ctrl+0）	100%（Ctrl+1）
显示额外内容（Ctrl+H）	显示>目标路径（Shift+Ctrl+H）	显示>网格（Ctrl+'）
显示>参考线（Ctrl+；）	标尺（Ctrl+R）	对齐（Shift+Ctrl+;）
锁定参考线（Alt+Ctrl+;）		

帮助菜单命令/快捷键	帮助菜单命令/快捷键	帮助菜单命令/快捷键
Photoshop联机帮助（F1）		

印刷基本常识

印刷的种类

印刷的种类	
凸版印刷	凸版印刷是把油墨涂在凸起的印刷图文上，然后通过压力将油墨印在纸张和其他的承印物上，凸版印刷的机器有压盘型、平台型和滚筒型。凸版印刷组版灵活，方便校版，小批量印刷时成本较低，但不适合印刷幅面较大的印刷品
平版印刷	平版印刷也称为胶印，它是利用油墨与水的排斥原理进行印刷的，平版印刷表面的文字图像并不凸起，它是在有文字和图像的地方吸附油墨排斥水，在空白区域吸附水排除油墨，在印刷时，印版的两个滚筒相接触，一个上水，另一个则上油墨。平版印刷在拼版和制版上比较灵活，适合印刷大幅面的海报、地图和包装材料，是使用最广泛的印刷工艺
凹版印刷	凹版印刷是通过线条图文在印版版面凹陷的深浅和宽窄程度来体现画面层次的，图文凹陷越深，填入的油墨越多，印刷出的色调也就越浓，而凸版和平版印刷则是通过网点面积的大小和网线的粗细来体现画面的
孔版印刷	孔版印刷是印版图文可透过油墨漏印至承印物的印刷方法，它包括丝网印刷、打字蜡版印刷、镂空版喷刷和誊写版印刷等

印版

印版是用于传递油墨至印刷承印物的载体，印版上吸附油墨的部分为印刷部分，不吸附油墨的部分为非印刷部分，印版主要有凸版、平版、凹版和孔版。

印版	
凸版	图文部分明显高于空白部分的印版为凸版，它包括活字版、铅版、铜锌版和树脂版等
平版	图文部分与空白部分几乎处于同一平面的印版为平版，它包括锌版、铝版（PS版）等
凹版	图文部分明显低于空白部分的印版为凹版，它包括铜版、钢板等
孔版	孔版的图文由大小不同的孔洞或大小相同但数量不等的网眼组成，并且可透过油墨，它包括镂空版、喷花版、丝网印刷版和誊写版等

印后加工

印后加工是指在印刷后进行的加工工艺，包括装订、表面加工和包装加工。

印后加工	
装订	装订主要有平装、线装和精装等形式，平装的工艺简单，成本较低；线装做工精细，具有民族风格，适合古籍类的书籍；精装制作精美，封面和封底采用皮革、漆布和丝织品，成本较高
表面加工	常见的印刷品表面加工有上光、上蜡、压箔、覆膜、烫金和压凸等，表面加工可增加印刷品表面的光泽，提高印刷品耐水、耐折、耐磨等性能，在保护印刷品的同时可提高档次
包装加工	包装加工可保护商品，方便使用，它包括商品的外包装盒、包装箱和纸容器等，多采用复合材料制成，例如玻璃纸、尼龙、铝箔等薄膜物质

印刷用纸张的种类和用途

常用的印刷用纸包括新闻纸、胶版纸、铜版纸、凸版纸、字典纸、白卡纸、书皮纸等。

印刷用纸张的种类和用途	
新闻纸	新闻纸也叫白报纸，主要用于报纸和一些质量要求较低的期刊和书籍，新闻纸的纸质松软、具有良好的吸墨性
胶版纸	胶版纸主要用来印制较为高级的彩色印刷品，如彩色画报、画册、商标和宣传画等。胶版纸的伸缩性小，吸墨均匀，平滑度好，抗水性能较强。胶版纸有单面和双面之分，还有超级压光和普通压光两个等级
铜版纸	铜版纸又称印刷涂料纸，它是在原纸的表面涂布一层白色的浆料，经压光制成的高级印刷用纸。铜版纸具有较好的弹性和较强的抗水性，纸张表面光洁、纸质纤维分布均匀，主要用于印刷精致的画册、彩色商标、明信片和产品样本等。铜版纸有单面铜和双面铜之分
凸版纸	凸版纸主要用于印刷书刊、课本和表册
字典纸	字典纸是一种高级的薄型凸版印刷纸，主要用于印刷字典、工具书和袖珍手册等
白卡纸	白卡纸的伸缩性较小，折叠时不易断裂，主要用于印刷名片、请柬和包装盒等
书皮纸	书皮纸是作为封皮的用纸，常用来印刷书籍和杂志的封面

不同纸张的重量和规格

纸张按照重量可划分为两类，250g/m² 以下的称为纸，250g/m² 以上的称为纸板。纸张的规格包括形式、尺寸和定量3个方面，其中形式主要是指平版纸和卷筒纸；尺寸分为两种，平版纸的尺寸是指纸张的长度和宽度，而卷筒纸的尺寸则是指纸张的幅宽；定量指的是单位面积的重量，一般以每平方米纸张的重量为多少克来表示，例如60g胶版纸表示这种纸每平方米的重量为60g，克数越大，纸张越厚。

种类	重量	平版纸规格	卷筒纸规格
新闻纸	（49～52）± 2g/m²	787×1092、850×1168、880×1230	宽度：787、1092、1575 长度：6000～8000m
胶版纸	50、60、70、80、90、100、120、150、180g/m²	787×1092、850×1168、880×1230	宽度：787、1092、850
铜版纸	70、80、100、105、115、120、128、150、157、180、200、210、240、250g/m²	648×953、787×970、787×1092、889×1194	
凸版纸	（49～60）± 2g/m²	787×1092、850×1168、880×1230	宽度：787、1092、1575 长度：6000～8000m
字典纸	25～40g/m²	787×1092	
白卡纸	220、240、250、280、300、350、400 g/m²	787×787、787×1092、1092×1092	
书皮纸	80、100、120 g/m²	690×960、787×1092	

印刷油墨的分类

印刷油墨按照不同的印刷工艺和干燥方式等有着不同的分类，按照印刷工艺可分为凸版油墨、平版油墨、凹版油墨和孔版油墨；按照干燥方式可分为渗透干燥油墨、挥发干燥油墨、氧化结膜油墨和热固型油墨等；按照承印物可分为印报油墨、书刊油墨、包装招贴油墨和玻璃陶瓷印刷油墨等；按照色泽可分为荧光油墨、显影墨和金属粉印刷油墨等。

VI视觉识别系统手册主要内容

应用设计系统	
事物用品类	名片、信纸、信封、便笺、文件袋、资料袋、薪金袋、卷宗袋、报价单、各类商业表格和单据、各类证卡、年历、月历、日历、工商日记、奖状、奖牌、茶具、办公用品等
包装产品类	包装箱、包装盒、包装纸（单色、双色、特别色）、包装袋、专用包装（指特定的礼品、活动宣传用的包装）、容器包装、手提袋、封口胶带、包装贴纸、包装用绳、产品吊牌、产品铭牌等
环境、标识类	室内外标识（室内外直式招牌、立地招牌、大楼屋顶招牌、楼层招牌、悬挂式招牌、柜台后招牌、路牌等）、室内外指示系统（表示禁止的指示、公共环境指示、机构、部门标示牌等）、主要建筑物外观风格、建筑内部空间装饰风格、大门入口设计风格、室内形象墙、环境色彩标志等
运输工具类	营业用工具（服务用轿车、客货两用车、吉普车、展销车、移动店铺、汽船等）、运输用工具（大巴、中巴、大小型货车、厢式货柜车、平板车、工具车、货运船、客运船、游艇、飞机等）、作业用工具（起重机车、升降机、推土车、清扫车、垃圾车、消防车、救护车、电视转播车等）、车身装饰设计
广告、公关类	报纸杂志广告、招贴、电视广告、年度报告、报表、企业出版物、直邮DM广告、POP促销广告、通知单、征订单、明信片等
店铺类	店铺平面图、立体图、施工图、材料规划、空间区域色彩风格、功能设备规划（水电、照明等）、环境设施规划（柜台、桌椅、盆栽、垃圾桶、烟灰缸等环境风格）
制服类	工作服、制服、徽章、名牌、领带、领带夹、领巾、皮带、衣扣、安全帽、工作帽、毛巾、雨具等
产品类	企业相关产品
展览展示类	展示会场设计、橱窗设计、展示台、商品展示架、展板造型、展示参观指示、舞台设计、照明规划等

基础设计系统	
标志	包括企业自身的标志和商品标志
企业、组织机构的名称	相关企业、组织机构的名称
标准字	包括企业名称、产品和商标名称的标准字
标准色	对标准色的使用应做出数值化的规范设定，如印刷色数值等
辅助图形	包括企业造型、象征图案和版面编排3个设计方面
象征造型	配合企业标志、标准字体用的辅助图形，如色带、图案、吉祥物等
宣传标语、口号	相关宣传标语、口号

复习题答案

第1章

1. 位图由像素组成，可以精确地表现颜色的细微过渡，也容易在各种软件之间交换。存储空间较大。受到分辨率的制约，进行缩放时图像的清晰度会下降。主要用于Web、数码照片、扫描的图像。矢量图由数学对象定义的直线和曲线构成，占的存储空间小，与分辨率无关，任意旋转和缩放图形都会保持清晰、光滑。对于将在各种输出媒体中按照不同大小使用的图稿，例如徽标和图标等，矢量图形是最佳选择。

2. RGB 模式、CMYK 模式。

3. 执行“文件 > 新建”命令打开对话框，在“文档类型”下拉菜单中选择“画板”，再从“画板大小”中选择“iphone 6 plus”。

第2章

1. 缩放工具适合逐级放大或缩小窗口的显示比例。当图像尺寸较大，或者由于放大窗口的显示比例而不能显示全部图像时，可以使用抓手工具移动画面，如果要快速定位图像的显示区域，则可以通过“导航器”面板来操作。

2. 单击“色板”面板右上角的按钮，打开面板菜单，选择菜单中的PANTONE颜色库即可。

3. 单个图层、多个图层、图层蒙版、选区、路径、矢量形状、矢量蒙版和Alpha 通道都可以进行变换和变形处理。

第3章

1. 图层承载了图像，如果没有图层，所有的图像将位于同一平面上，想要处理任何一部分图像内容，都必须先将它选择出来。此外，图层样式、混合模式、蒙版、滤镜、文字、3D和调色命令等都依托于图层而存在。

2. 选区分为两种，一种是普通选区，一种是羽化过的选区。

3. 在“图层”面板中，混合模式用于控制当前图层中的像素与它下面图层中的像素如何混合；在绘画和修饰工具的工具选项栏，以及“渐隐”、“填充”、“描边”命令和“图层样式”对话框中，混合模式只将所添加的内容与当前操作的图层混合，而不会影响其他图层；在“应用图像”和“计算”命令中，混合模式用来混合通道。

第4章

1. 矢量蒙版通过路径和矢量形状控制图像的显示区域，与分辨率无关；剪贴蒙版用一个图层中包含像素的区域来限制它上层图像的显示范围，可通过一个图层来控制多个图层的可见内容；图层蒙版通过蒙版(灰度图像)控制图像的显示范围，还可以控制颜色调整范围和滤镜的有效范围。

2. 混合颜色带既可以隐藏当前图层中的图像，也可以让下面层中的图像穿透当前层显示出来，或者同时隐藏当前图层和下面层中的部分图像。

3. 保存选区、色彩信息和图像信息。

第5章

1. 增加对比度时，将“输入色阶”选项组中的阴影滑块和高光滑块向中间移动；降低对比度时，将“输出色阶”选项组中的两个滑块向中间移动。

2. 曲线左下角的“阴影”控制点相当于“色阶”的阴影滑块；右上角的“高光”控制点相当于“色阶”中的高光滑块；在曲线的中央(1/2处)添加的控制点相当于“色阶”的中间调滑块。

3. 山峰整体向右偏移，说明照片曝光过度；山峰紧贴直方图右端，说明高光溢出。

第6章

1. 不能。因为Photoshop无法生成新的原始数据。

2. 降噪是通过模糊杂点实现的。锐化是通过提高图像中两种相邻颜色（或灰度层次）交界处的对比度实现的。

3. 抠汽车适合使用钢笔工具；抠毛发适合使用“调整边缘”命令和通道；抠玻璃杯适合使用通道。

第7章

1. 滤镜是通过改变像素的位置或颜色来生成特效的。

2. 可以先执行“图像>模式>RGB颜色”命令，将图像转换为RGB模式，应用滤镜，之后再转换为CMYK模式（“图像>模式>CMYK颜色”命令）。

3. 智能滤镜应用于智能对象，智能滤镜可以随时修改参数、设置不透明和混合模式，智能滤镜包含图层蒙版，删除智能滤镜不会破坏原始图像。

第8章

1. 全局光可以让“投影”、“内阴影”、“斜面和浮雕”效果使用相同角度的光源。

2. 使用“图层>图层样式>缩放效果”命令进行调整。

第9章

1. 在未栅格化以前。

2. 字距微调VA用来调整两个字符之间的间距；字距调整VA用来调整当前选取的所有字符的间距。

3. 移动方向点可以改变方向线的长度和方向，从而改变曲线的形状。

第10章

1. 执行“文件>新建”命令，打开“新建”对话框，在“预设”下拉列表中选择“胶片和视频”，然后在“大小”下拉列表中选择一个文件大小选项。

2. 执行“文件>导出>渲染视频”命令，可以将视频导出为QuickTime影片。

第11章

1. Photoshop不能编辑3D模型本身的多边形网格，应该使用3D程序来编辑。

2. 在文档窗口中选择灯光，在“属性”面板中勾选“阴影”选项，即可创建阴影，拖动“柔和度”滑块，可以模糊阴影边界。

3. 执行“文件>存储”命令，选择PSD、PDF或TIFF作为保存格式。

常见问题及解答

问题	解答
从事设计工作，用PC好还是用Mac好？	PC的优势是价格低，软件丰富，适合家庭和个人使用。Mac（苹果机）运行稳定，色彩还原准确，更接近于印刷色，大的广告和设计公司都用Mac，不过就是价格有点高。在软件的操作上，PC和Mac没有太大差别，只是按键的标识有些不同而已
数码摄影后期应重点关注哪些Photoshop功能？	Photoshop体系庞大，如果只用它做照片后期，有些功能是可以舍弃的。可重点关注色彩部分，即“图像>调整”菜单中的命令、调整图层、直方图，通道、图层蒙版、抠图等也必须掌握。此外，最好花些功夫研究一下Camera Raw，它能解决照片的多数问题
从事影楼修图工作，给人像照片磨皮既繁琐也很枯燥，有没有好方法？	办法有两个，一是用Photoshop动作将磨皮过程录制下来，然后就可以用这个动作对其他照片进行自动磨皮（如果照片数量多，可以用批处理）。另外一个方法是用磨皮插件，如Kodak、Neat Image、Imagenomic-Noiseware-Professional等，它们可以让磨皮变得非常简单
一个网店店主，想给商品换漂亮的背景，感觉抠图挺难的，怎么办？	如果短期内无法掌握抠图技术，可以先用抠图插件过渡一下，像“抽出”滤镜、Knockout、Mask Pro等都挺不错的，操作方法简单，效果也很棒。但如果要对图像做更加精细的处理，如制作成服装杂志封面等，还是得用Photoshop的路径、通道等来抠图
为什么“滤镜”菜单里的滤镜数量变少了？	执行“编辑>首选项>增效工具”命令，打开对话框勾选“显示滤镜库的所有组和名称”选项，即可显示所有的滤镜
想在图层蒙版上绘画，为什么总是绘制到图像上？	可能是无意间单击了图像缩览图，使得编辑状态从蒙版转移到了图像上。只要单击一下“图层”面板中的蒙版缩览图就行了
安装了外挂滤镜，可在“滤镜”菜单里怎么也找不到？	安装位置有误。正确的位置应该是在“Adobe Photoshop CC 2015”安装程序文件夹的“Plug-ins”文件夹内
工具箱、面板被挪得乱七八糟。怎样恢复到默认位置？	执行“窗口>工作区>基本功能（默认）”命令，再执行“窗口>工作区>复位”命令即可

推荐阅读

书名：《突破平面 Illustrator CC 设计与制作深度剖析》
作者：李金蓉
92 个视频教学、84 个实例，超受欢迎的 Illustrator 自学宝典。

书名：《Illustrator CC 高手成长之路》
作者：李金蓉
172 个典型实例、75 个视频教学录像，引导你从新手迅速成长为设计高手。案例涵盖插画、平面广告、字体设计、包装、海报、产品造型、工业设计、UI、VI、动漫、动画等。

书名：《广告设计与实战》
作者：李金明
介绍了广告的历史沿革，广告设计的思想演进，分析、探讨了广告创意理论和创意方法，并从广告图形、色彩、版面编排与构成设计，以及广告媒体的选择和传播效果评价方法等方面入手，总结和归纳出广告的创意精髓、制作和表现技巧，阐述了广告设计与传播的基本原理和实践经验。

《爱上绘画：绘本的故事世界》
作者：蓉蓉

《爱上绘画：国画的趣味世界》
作者：蓉蓉

《爱上绘画：彩色铅笔的奇妙世界》
作者：蓉蓉

《爱上绘画：油画棒的涂鸦世界》
作者：蓉蓉

《爱上绘画：线描的创意世界》
作者：蓉蓉

● 轻松学、好上手：从认识工具及绘画材料开始，了解绘画技法，再到 Step by Step 教学，画画真的很简单。

● 范例众多：蔬菜、水果、花卉、动物、人物、命题作画等各式各样不同主题风格的作品，不仅能训练绘画技巧，还能培养想象力和观察力。

● 阶梯式教学：从简单的执笔方法、运笔规律到人物、动物的画法，再到命题作画，由浅入深的学习。